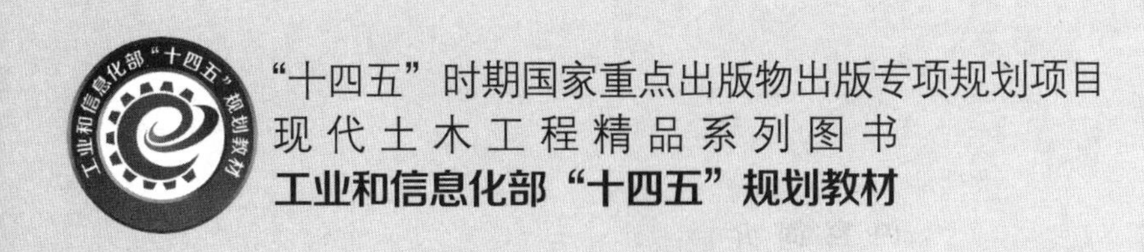

"十四五"时期国家重点出版物出版专项规划项目

现代土木工程精品系列图书

工业和信息化部"十四五"规划教材

钢结构强度设计原理

Strength Design Principle of Steel Structure

武　岳　郑朝荣　张耀春　编著

沈世钊　主审

哈爾濱工業大學出版社
HARBIN INSTITUTE OF TECHNOLOGY PRESS

内 容 简 介

本书从钢材的微观构造、钢结构的断裂与疲劳、钢结构的塑性设计、钢结构的连接与节点设计四个方面对钢结构强度设计相关理论进行了介绍。具体包括:钢材的晶体结构,钢材的变形,生产过程对钢材组织和性能的影响;应力强度因子理论及其断裂准则,能量平衡断裂理论及其断裂准则,裂纹尖端张开位移理论及其断裂准则,防止脆性断裂的措施,应力腐蚀开裂;疲劳破坏过程,断口特征与破坏机理,高周疲劳,低周疲劳,提高疲劳寿命的措施;钢材的静力性能,典型构件的极限强度承载力,钢结构的塑性分析及设计;角焊缝的性能和设计,残余应力及其测定方法,抗剪抗拉螺栓连接,栓焊混合连接;钢构件的拼接,梁柱连接和柱脚构造,连接板节点,钢管相贯节点等。

本书内容丰富、系统,结合工程实际,反映了作者多年的科研和教学成果。本书可作为土木工程专业研究生相关课程的教材,也可供房屋设计工程技术人员参考。

图书在版编目(CIP)数据

钢结构强度设计原理/武岳,郑朝荣,张耀春编著
.—哈尔滨:哈尔滨工业大学出版社,2023.1
(现代土木工程精品系列图书)
ISBN 978-7-5767-0508-9

Ⅰ.①钢… Ⅱ.①武… ②郑… ③张… Ⅲ.①钢结构
—结构设计 Ⅳ.①TU391.04

中国版本图书馆 CIP 数据核字(2022)第 256181 号

策划编辑　王桂芝　丁桂焱
责任编辑　苗金英　李长波
出版发行　哈尔滨工业大学出版社
社　　址　哈尔滨市南岗区复华四道街 10 号　邮编 150006
传　　真　0451-86414749
网　　址　http://hitpress.hit.edu.cn
印　　刷　黑龙江艺德印刷有限责任公司
开　　本　787 mm×1 092 mm　1/16　印张 24.5　字数 578 千字
版　　次　2023 年 1 月第 1 版　2023 年 1 月第 1 次印刷
书　　号　ISBN 978-7-5767-0508-9
定　　价　78.00 元

前　　言

哈尔滨工业大学的钢结构课程可以追溯到1920年建校伊始的金属结构课程，是土木工程专业的核心课程之一。自1949年以来，在李德滋、钟善桐、沈世钊、张耀春等老一辈钢结构专家的共同努力和指导下，开设了系列主干课程和特色课程，形成了完整、系统的钢结构课程体系。本书源于哈尔滨工业大学土木工程专业研究生学位课"钢结构材性与构造设计"，其内容是对本科"钢结构设计原理"课程的深化，以钢结构强度设计为核心，帮助学生了解相关基础理论和现行钢结构设计规范的编制背景资料，掌握考虑钢材断裂、疲劳和塑性发展的钢结构设计方法。

国内很多高校的土木工程专业研究生课程均设有"高等钢结构"或类似课程，但合适的教材并不多。哈尔滨工业大学（原哈尔滨建筑大学）钢木结构教研室的徐崇宝、何若全、张耀春和王用纯等教授于20世纪90年代编写了"钢结构材性与构造设计"研究生课程校内讲义，并开展了该课程的教学工作。之后，本书作者在此基础上，参阅国内外大量相关教材和规范，并结合自身教学和科研实践，于2017年撰写了比较完整的课程校内讲义并进行试讲，受到同学们的热烈欢迎，使用效果很好。在上述基础上，经过多年的教学实践及不断修改完善，形成了完整书稿。

本书主要内容分为四部分：

（1）钢材的微观构造。包括钢材的晶体结构，钢材的变形，铁碳合金状态图，生产过程对钢材组织和性能的影响，加工对钢材组织和性能的影响，钢材的热处理，建筑结构用钢等。

（2）钢结构的断裂与疲劳。包括钢结构脆性断裂事故及原因分析，断裂分类及机理，应力强度因子理论及其断裂准则，能量平衡断裂理论及其断裂准则，裂纹尖端张开位移理论及其断裂准则，防止脆性断裂的措施，应力腐蚀开裂，疲劳破坏过程与破坏机理，疲劳断口特征，高周疲劳，低周疲劳，提高疲劳寿命的措施。

（3）钢结构的塑性设计。包括钢材的静力性能，受拉受弯构件的强度承载力，钢结构的塑性分析及设计等。

（4）钢结构的连接与构造设计。包括角焊缝的性能和设计，残余应力及其测定方法，抗剪螺栓连接，抗拉螺栓连接，栓焊混合连接，钢构件的拼接，梁端的柔性连接和半刚性连接，梁和柱的刚性连接，柱脚构造、连接板节点、钢管相贯节点等。

本书的特点在于，将钢材的微观构造和宏观力学性能有机结合，更好地揭示了钢结构的各种受力机理；融合了《钢结构设计标准》(GB 50017—2017)及欧洲地区、美国相关规范的内容，使读者能够从更广阔的视角审视相关条文规定，实现对规范的活学活用。

本书由武岳拟定全书内容并统稿，负责撰写第1、4、5、6章；郑朝荣负责撰写第2、3章。张耀春教授以八十五岁高龄亲自参与并指导全书撰写工作，沈世钊院士完成全书审阅，对两位老先生的感激之情无以言表！

限于作者水平，疏漏及不足之处在所难免，热忱欢迎同行专家和广大读者批判指正。

作 者

2022年11月

目　　录

第1章　建筑结构用钢的组织构造

1.1　钢材的晶体结构

为什么不同的金属具有不同的性能，即便同一种金属在不同的条件下也可能具有不同的性能呢？大量研究表明：金属的性能除与其原子结构及原子间的结合键有关外，还与金属原子的排列方式即组织构造有关。

1.1.1　晶体结构的基本概念

1.晶体与非晶体

固态物质分为晶体和非晶体。晶体(crystal)是物质的质点(分子、原子、离子)在三维空间进行有规律的周期性排列所形成的物质。从宏观上看，晶体都有其独特的、呈对称性的形状，如食盐呈立方体、冰呈六角棱柱体、明矾呈八面体等，如图1.1所示。晶体在不同的方向上有不同的物理性质，如机械强度、导热性、热膨胀、导电性等，称为各向异性。晶体有固定的熔化温度，即熔点或凝固点。晶体的分布非常广泛，自然界的固体物质中，绝大多数都是晶体。气体、液体和非晶体物质在一定的条件下也可以转变成晶体。非晶体的外形是不规则的，物理性质也表现为各向同性。非晶体没有固定的熔点，随温度的升高逐渐由硬变软而熔化。

(a) 食盐晶体

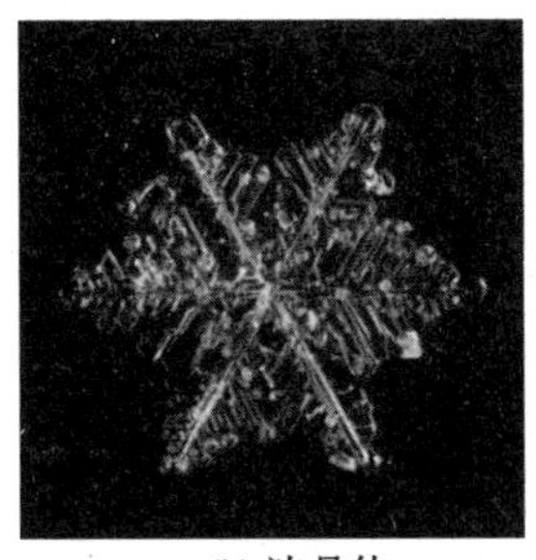
(b) 冰晶体

(c) 明矾晶体

图1.1　典型晶体照片

晶体和非晶体具有不同的物理性质主要是由于它们的微观结构不同。组成晶体的微粒——原子(也可以是离子或分子)是对称排列的，形成很规则的几何空间点阵，如图1.2(a)所示。空间点阵排列成不同的形状，在宏观上就呈现为晶体不同的几何形状。组成点阵的各个原子之间的相互作用主要是静电力。对每一个原子来说，其他原子对它作用的总效果是使它处在势能最低的状态，因此很稳定，宏观上就表现为形状固定且不易改变。晶体内部原子有规则的排列，引起了晶体各向不同的物理性质。例如原子的规则排列可以使晶体内部出现若干个晶面，如果外力沿平行晶面的方向作用，则晶体就很容易滑动(变形),这种变形还不易恢复,只要稍加力就超出了弹性限度,不能复原;而沿其他方向则弹性强度很大,能承受较大的压力、拉力且仍满足胡克定律。当晶体吸收热量时,由于不同方向原子排列疏密不同,间距不同,吸收的热量多少也不同,因此表现为有不同的传热系数和膨胀系数。

非晶体的内部组成是原子无规则的均匀排列(图 1.2(b)),没有一个方向比另一个方向特殊,如同液体内的分子排列一样,无法形成空间点阵,故表现为各向同性。

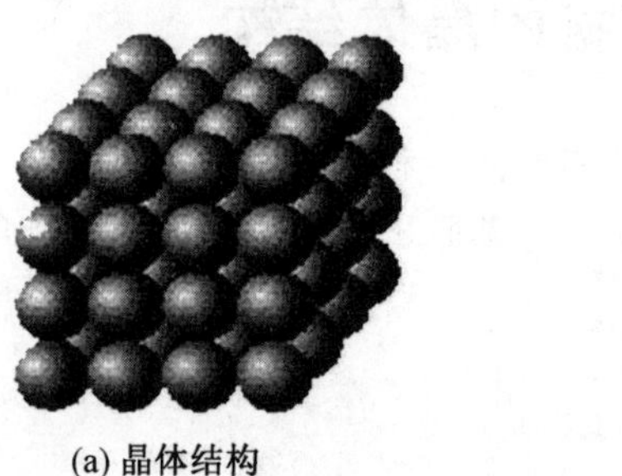
(a) 晶体结构

(b) 非晶体结构

图 1.2　晶体和非晶体的原子排列示意图

当晶体从外界吸收热量时,其内部分子、原子的平均动能增大,温度也开始升高,但并不破坏其空间点阵,仍保持规则排列。继续吸热达到一定的温度——熔点时,其分子、原子运动的剧烈程度可以破坏其有规则的排列,空间点阵也开始解体,于是晶体开始变成液体。在晶体从固体向液体转化过程中,吸收的热量用来破坏晶体的空间点阵,所以固液混合物的温度并不升高。当晶体完全熔化后,随着从外界吸收热量,温度又开始升高。而非晶体由于分子、原子的排列不规则,吸收热量后不需要破坏其空间点阵,只用来提高平均动能,所以当从外界吸收热量时,便由硬变软,最后变成液体。玻璃、松香、沥青和橡胶就是常见的非晶体。

2. 晶格、晶胞与晶格常数

(1)晶格。

为了清楚表明物质质点在空间排列的规律,常将构成晶体的实际质点抽象为几何点,称之为阵点或节点,如图 1.3(a)所示。为方便起见,将阵点用直线连接起来形成空间格子,称为晶格。

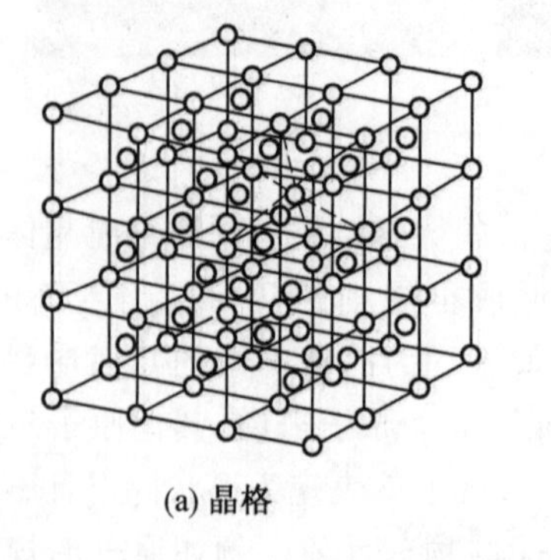
(a) 晶格

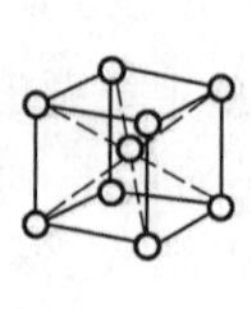
(b) 晶胞

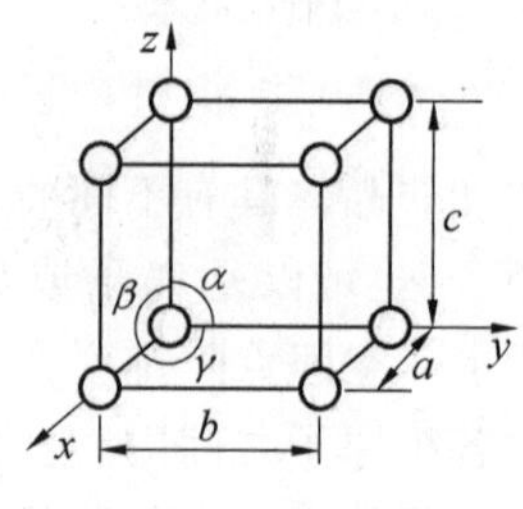

(c) 晶格常数

图 1.3　晶格、晶胞与晶格常数

(2)晶胞。

为简便起见,从晶格中选取一个能够完全反映晶格特征的最小几何单元来分析阵点排列的规律性,这个最小的几何单元称为晶胞,如图1.3(b)所示。

(3)晶格常数。

晶胞的几何特征可以用晶胞的3条棱边长 a、b、c 和3条棱边之间的夹角 α、β、γ 共6个参数来描述,如图1.3(c)所示。其中 a、b、c 称为晶格常数。金属的晶格常数一般为 $1\times10^{-10}\sim7\times10^{-10}$ m。晶格常数是晶体结构的基本参数。

3. 三种常见的金属晶格

(1)体心立方晶格(Body-centered Cubic Crystal,BCC)。

体心立方晶格(BCC)的晶胞如图1.4所示,在晶胞的中心和8个角上各有一个原子,是一个立方体($a=b=c,\alpha=\beta=\gamma=90°$),所以只用一个晶格常数 a 即可表示晶胞的大小和形状。由于晶胞角上的原子同时属于相邻的8个晶胞所共有,每个晶胞实际上只占有该原子的1/8,而中心的原子为该晶胞所独有,故体心立方晶格晶胞中的原子数 $n=8\times1/8+1=2$(个)。

晶胞中相距最近的两个原子之间距离的一半,或晶胞中原子密度最大的方向上相邻两原子之间距离的一半称为原子半径($r_{原子}$)。体心立方晶胞中原子相距最近的方向是体对角线,所以原子半径与晶格常数 a 的关系为 $r_{原子}=\sqrt{3}a/4$,如图1.5所示。

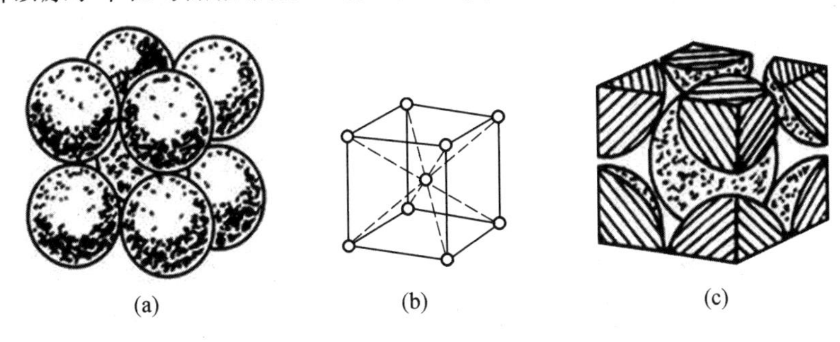

图1.4　体心立方晶格的晶胞

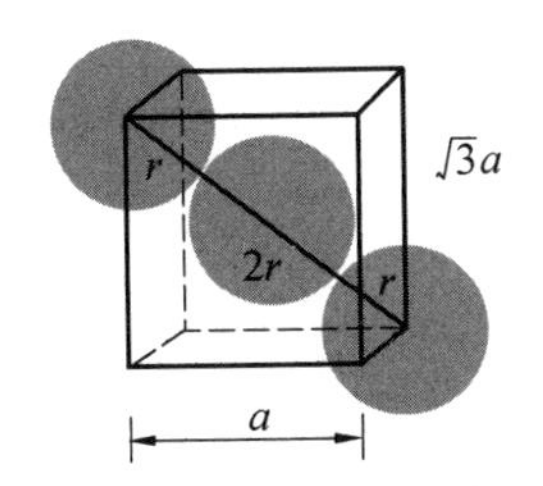

图1.5　体心立方晶胞的原子半径

属于体心立方晶格类型的金属有 α-Fe(温度低于912 ℃的铁)、铬(Cr)、钨(W)、钼(Mo)、钒(V)等。

(2)面心立方晶格(Face-centered Cubic Crystal,FCC)。

面心立方晶格(FCC)的晶胞如图1.6所示,在晶胞的6个面的中心及8个角上各有一个原子,它也是一个立方体,所以只用一个晶格常数 a 即可表示晶胞的大小和形状。由于晶胞角上的原子同时由相邻的 8 个晶胞所共有，而每个面中心的原子为 2 个晶胞共有，故面心立方晶格晶胞中的原子数 $n=8\times1/8+6\times1/2=4$(个)。面心立方晶格的原子半径为 $r_{原子}=\sqrt{2}a/4$。

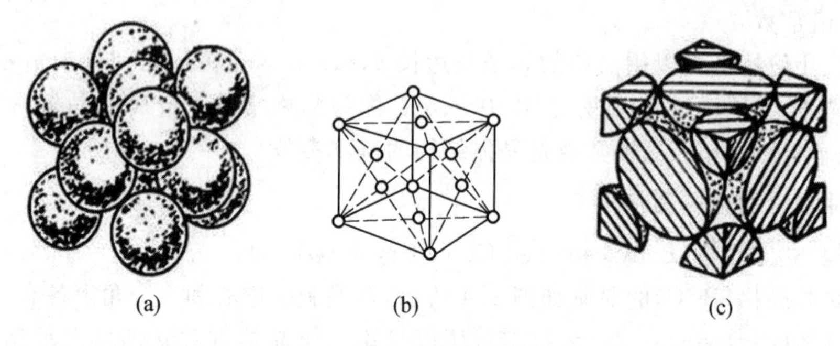

图 1.6　面心立方晶格的晶胞

属于面心立方晶格类型的金属有 γ－Fe(温度在 912～1 394 ℃的铁)、铝(Al)、铜(Cu)、银(Ag)、金(Au)、镍(Ni)等。

(3)密排六方晶格(Hexagonal Close-Packed Crystal，HCP)。

密排六方晶格(HCP)的晶胞如图 1.7 所示，在晶胞的每个角和上、下底面的中心上各有一个原子，晶胞的体内还有 3 个原子，它是一个六方柱体，由 6 个呈长方形的侧面和两个呈正六边形的底面组成，所以要用两个晶格常数来表示，一个是六边形的边长 a，另一个是六方柱体的高度 c。

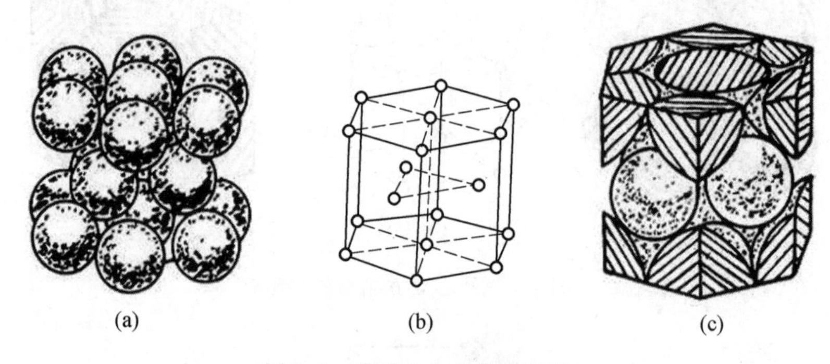

图 1.7　密排六方晶格的晶胞

由于晶胞角上的原子同时由相邻的 6 个晶胞所共有，上、下底面中心的原子为 2 个晶胞所共有，而体内的 3 个原子为该晶胞所独有，故密排六方晶格晶胞中的原子数 $n=12\times1/6+2\times1/2+3=6$(个)。密排六方晶格的原子半径为 $r_{原子}=a/2$。

属于密排六方晶格类型的金属有镁(Mg)、锌(Zn)、铍(Be)、镉(Cd)等。

4. 晶面指数(*hkl*)，晶面族{*hkl*}，晶向指数[*uvt*]，晶向族〈*uvt*〉

(1)晶面。

晶面是通过晶体中原子中心的平面，用晶面指数来表示。将晶面(该晶面不能通过原点)在 3 个晶轴上的截距的倒数比化为互质整数比，所得出的 3 个整数称为该晶面的晶面指数(indices of crystal face)，表示为(hkl)。某一晶面指数并不只代表某一具体晶面，而是代表一组相互平行的晶面,即所有相互平行的晶面都具有相同的晶面指数。图1.8所示为立方晶格中的晶面。

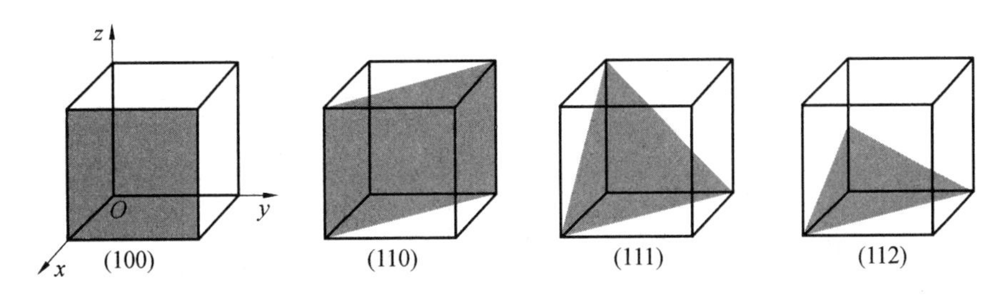

图1.8 立方晶格中的晶面

在立方晶系中,由于原子的排列具有高度的对称性,因此有些晶面虽然在空间的位向不同,但其原子排列情况完全相同,这些晶面均属于同一个晶面族,其晶面族可用大括号表示,即{hkl}。如面心立方晶胞中(111)、($\bar{1}11$)、($1\bar{1}1$)、($11\bar{1}$)同属于{111}晶面族。

晶面指数的确定步骤为:

① 以任意晶胞的3条棱边为坐标轴,以晶格常数 a、b、c 为单位长度;

② 找出某晶面在坐标轴上的截距;

③ 取截距倒数,并化为最小整数 h、k、l(负号写在数字的上面);

④ 将这3个整数用圆括号括起来,记为晶面指数。

(2)晶向。

晶向是连接晶体中任意原子列的直线,用晶向指数来表示。在通过坐标系原点的晶列直线上任取一格点,把该格点坐标化为互质整数,称为晶向指数(orientation index),表示为[uvt]。图1.9所示为立方晶格中的晶向。

由于晶体具有对称性,由对称性联系着的那些晶向可以方向不同,但它们的周期却相同,因而是等效的,这些等效晶向的全体可用〈uvt〉来表示,称为晶向族。例如,对于立方晶系,晶向[100]、[010]、[001]及其相反晶向都可以用〈100〉表示。

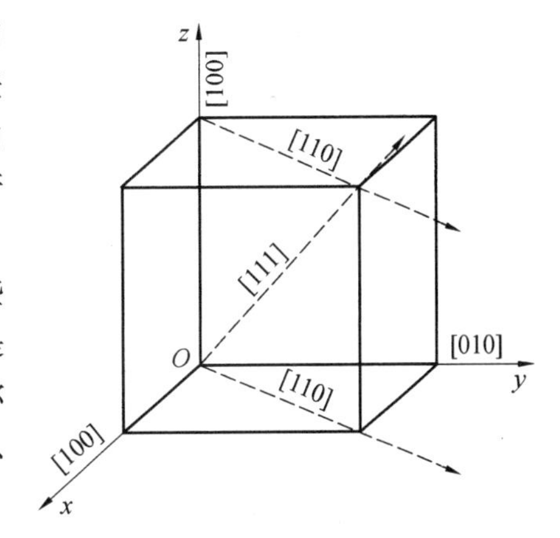

图1.9 立方晶格中的晶向

晶向指数的确定步骤为:

①以晶格3条棱边为坐标轴,以晶格长度为单位长度;

②在通过原点的晶向上任选一点,写出该点的3个坐标值;

③将坐标值按比例化为最小整数,并用方括号括起来,记为晶向指数。

补充说明:

①在立方晶格中,凡指数相同的晶面与晶向是相互垂直的,如图1.10所示。

②六方晶系采用四指数方法表示晶面和晶向。水平坐标轴选取互相成120°夹角的三坐标轴 a_1、a_2 和 a_3,垂直轴为 c 轴(图1.11)。晶面表示为($hkil$),晶面族为{$hkil$},晶

向表示为$[uvtw]$，晶向族为$\langle uvtw\rangle$。六方晶系的几个主要晶面和晶向的表示如图1.11所示。

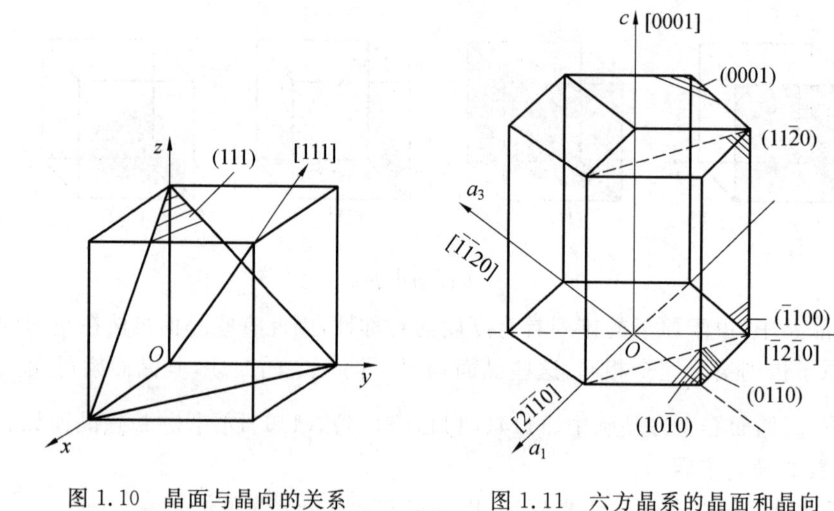

图 1.10　晶面与晶向的关系　　　　图 1.11　六方晶系的晶面和晶向

5. 晶面原子密度与晶向原子密度

单位面积中的原子数称为晶面原子密度，单位长度上的原子数称为晶向原子密度。

不同晶体结构中不同晶面、不同晶向上原子排列方式和排列密度不一样。表 1.1 给出了体心立方晶格中各主要晶面和晶向的原子密度，可以看出原子密度最大的晶面为$\{110\}$，称为密排面；原子密度最大的晶向为$\langle 111\rangle$，称为密排方向。

表 1.1　体心立方晶格中各主要晶面和晶向的原子密度

晶面指数	晶面示意图	晶面密度（原子数/面积）	晶向指数	晶向示意图	晶向密度（原子数/长度）
100	a, a	$\dfrac{\frac{1}{4}\times 4}{a^2}=\dfrac{1}{a^2}$	100	a	$\dfrac{\frac{1}{2}\times 2}{a}=\dfrac{1}{a}$
110	a, $\sqrt{2}a$	$\dfrac{\frac{1}{4}\times 4+1}{\sqrt{2}a^2}=\dfrac{1.4}{a^2}$	110	$\sqrt{2}a$	$\dfrac{\frac{1}{2}\times 2}{\sqrt{2}a}=\dfrac{0.7}{a}$
111	$\sqrt{2}a$, $\sqrt{2}a$, $\sqrt{2}a$	$\dfrac{\frac{1}{6}\times 3}{\frac{\sqrt{3}}{2}a^2}=\dfrac{0.58}{a^2}$	111	$\sqrt{3}a$	$\dfrac{\frac{1}{2}\times 2+1}{\sqrt{3}a}=\dfrac{1.16}{a}$

6. 晶体的各向异性

由于不同晶面和晶向上的原子密度不同，因此晶体在不同方向上的性能存在差异，这就是晶体的各向异性。晶体的各向异性具体表现在晶体不同方向上的弹性模量、硬度、断裂抗力、屈服强度、热膨胀系数、导热性、电阻率、电位移矢量、电极化强度、磁化率和折射率等都是不同的。以 α－Fe 为例，[111]为最大原子密度晶向，其弹性模量 $E=290$ GPa，[100]晶向的 $E=135$ GPa，前者是后者的两倍多。同样，沿原子密度最大晶向的屈服强度、磁导率等性能，也具有明显的优越性。

在工业用的金属材料中通常见不到这种各向异性特征，如上述 Fe 的弹性模量不论方向如何，其弹性模量 E 均在 210 GPa 左右。这是因为，一般固态金属均是由很多结晶颗粒组成，这些结晶颗粒称为晶粒。由于多晶体中的晶粒位向是任意的，晶粒的各向异性被互相抵消，因此在一般情况下整个晶体不显示各向异性，称之为伪等向性。

1.1.2　实际金属的晶体结构

1. 多晶体结构

各种金属多属于多晶体，由一系列晶粒组成，如图 1.12(a)所示。晶粒(grain)是内部晶胞方向与结构基本一致而外形不规则的小晶体。晶粒的形成是由于多晶体材料内的晶体在形核后的长大过程中受到相邻的、也在长大着的晶体的阻碍，以致不能在三维空间自由地长大，所以最后长到相互接触时都没有规则的外形。钢铁中的晶粒尺寸为10^{-1}～10^{-3} mm。相邻晶粒的晶格位向有明显差别，通常相差 20°～40°。由于晶粒的取向不同，因此晶粒间存在分界面，称为晶界(grain boundary)。实际上，晶界就是不同晶格位向的相邻晶粒在原子排列上的过渡区。在实际晶粒中原子也并非完全按照同一位向规则排列，而是由许多具有一定位向差(通常在 1°～2°)的小晶块组成，这些小晶块称为亚晶(subgrain)。亚晶内部是完全相同的。亚晶粒间的过渡区称为亚晶界，也称小角度晶界，也是一种原子排列不太规则的区域。

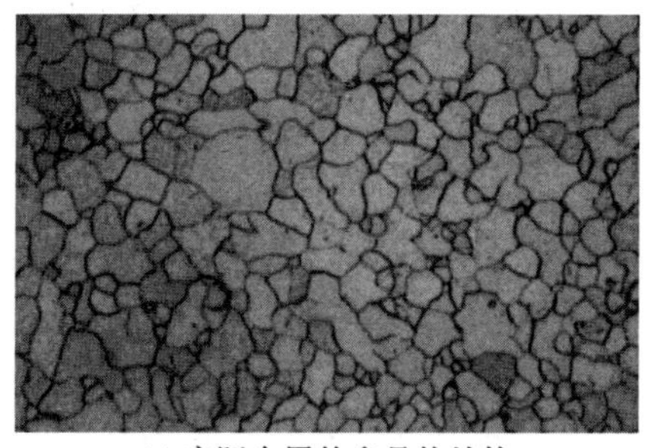

(a) 实际金属的多晶体结构

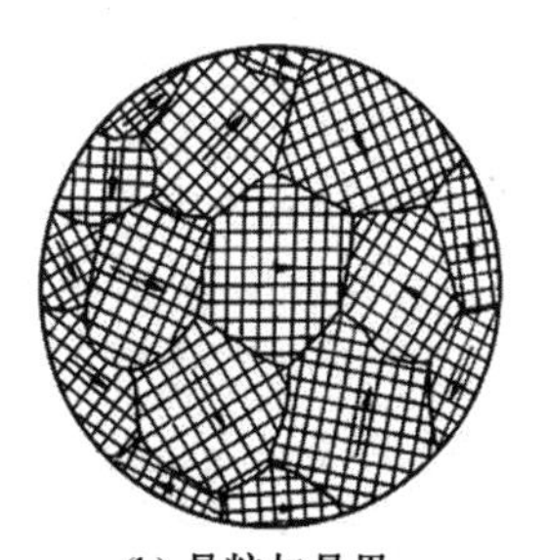

(b) 晶粒与晶界

图 1.12　多晶体结构

晶粒的组成方式是无规则的，每个取向都不同，如图 1.12(b)所示。虽然每个单晶体仍保持原来的特性，但多晶体除有固定的熔点外，其他宏观物理特性就不再与单晶体一致了。这是因为组成多晶体的单晶体仍保持着分子、原子有规则的排列，温度达不到熔解温度时不会破坏其空间点阵，故仍存在熔解温度。而其他方面的宏观性质，则因为多晶体是由大量单晶体无规则排列成的，单晶体各方向上的特性平均后，没有一个方向比另一个方向更占优势，故称为各向同性。

2. 晶体缺陷

前面介绍的都是理想状态的完整晶体，晶体中没有任何缺陷，所有晶体中的原子都在各自的平衡位置，处于能量最低状态。然而这样的理想晶体在现实中是不存在的，实际晶体中存在着大量的缺陷。所以，实际晶体都是非完整晶体。晶体中原子排列的不完整性称为晶体缺陷(crystal defects)。按照晶体缺陷的几何形态可以分为点缺陷、线缺陷和面缺陷三类。

(1)点缺陷。

点缺陷是指以一个点为中心，在它的周围造成原子排列的不规则，产生晶格畸变和内应力的晶体缺陷。点缺陷主要有间隙原子、晶格空位和置换原子三种，如图 1.13 所示。在晶格的间隙处出现多余的原子称为间隙原子；在晶格的节点处缺少原子称为晶格空位；在晶格的节点处出现原子直径不同的异类原子称为置换原子。间隙原子和大直径的置换原子会引起晶格局部“撑开”现象，称为正畸变；而晶格空位和小直径的置换原子会引起晶格局部“靠拢”现象，称为负畸变。

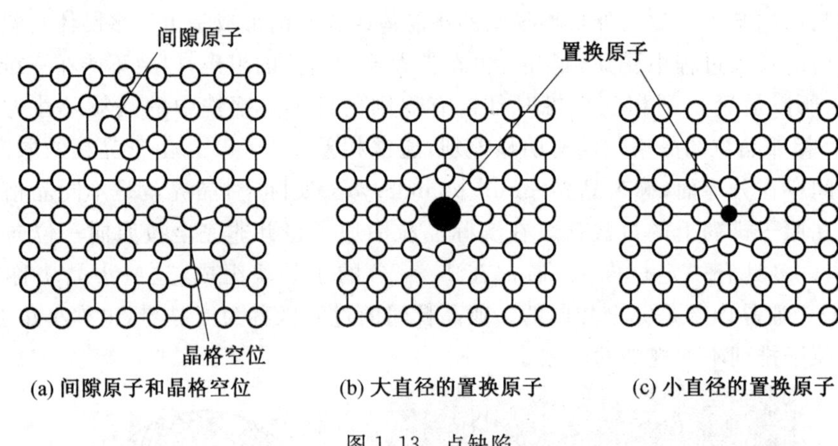

图 1.13　点缺陷

晶体中的点缺陷是在不断变化和运动的，其位置随时在变。这是金属原子扩散的一种主要方式，也是金属在固态下“相变”和化学热处理工艺的基础。

(2)线缺陷。

晶体中最常见的线缺陷是位错，这种错排现象是晶体内部局部滑移造成的，根据局部滑移的方式不同，可以分为刃型位错(edge dislocation)和螺型位错(screw dislocation)。

刃型位错好像一把刀刃插入晶体中，使 $ABCD$ 面上下两部分晶体之间产生了原子错排，故称刃型位错，多余半原子面与滑移面的交线 EF 称为刃型位错线，如图 1.14 所示。刃型位错的形成是由于晶体在切应力的作用下，一部分相对于另一部分沿一定的晶面(滑移面)和晶向(滑移方向)产生了侧向滑移。因此，也可以说位错是晶体已滑移区与未滑移区的分界线。刃型位错的范围通常只有 3～5 个原子间距宽，而位错的长度却有几百至几万个原子间距，因此可以看作是线缺陷。一般把多余的半原子面在滑移面上边的称为正刃型位错，记为“⊥”；而把多余的半原子面在滑移面下边的称为负刃型位错，记为“⊤”。

螺型位错也是在切应力的作用下形成的，如图 1.15 所示。晶体右侧受剪力 τ 作用，

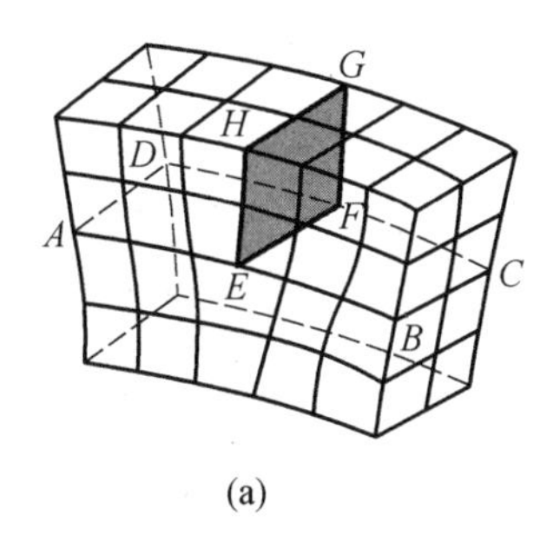

(a)

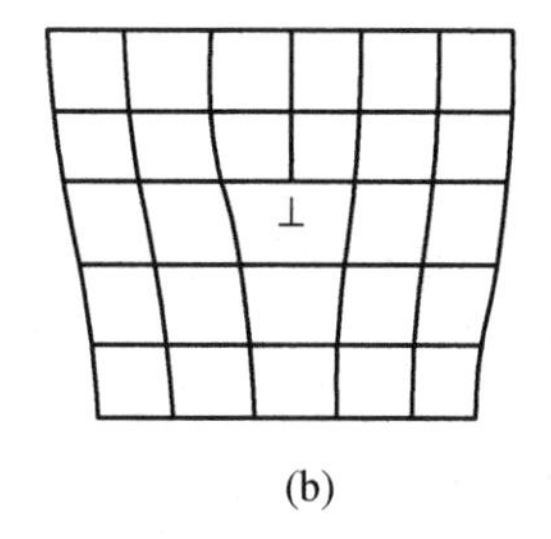

(b)

图1.14　刃型位错

使右侧上下两部分晶体沿滑移面 $ABCD$ 发生了错动，这时已滑移区和未滑移区的边界线平行于滑移方向。图1.15(b)是俯视图，"●"表示 $ABCD$ 下方的原子，"·"表示 $ABCD$ 上方的原子。可看出，在 aa' 右边的晶体上下层原子相对错动了一个原子间距，而在 BC 和 aa' 之间出现一个有几个原子间距宽的、上下层原子位置不吻合的过渡区，在这个过渡区内的上下两层的原子相互移动的距离小于一个原子间距，因此它们都处于非平衡位置。这个过渡区就是螺型位错，也是晶体已滑移区和未滑移区的分界线。之所以称其为螺型位错，是因为如果把过渡区的原子依次连接起来可以形成"螺旋线"。螺型位错用环形箭头或用S表示。

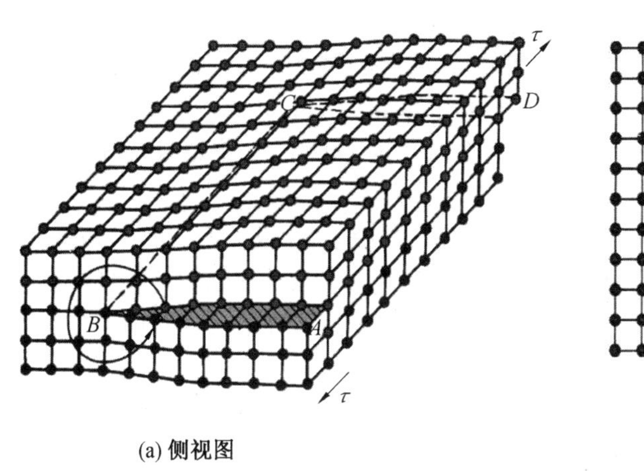

(a) 侧视图

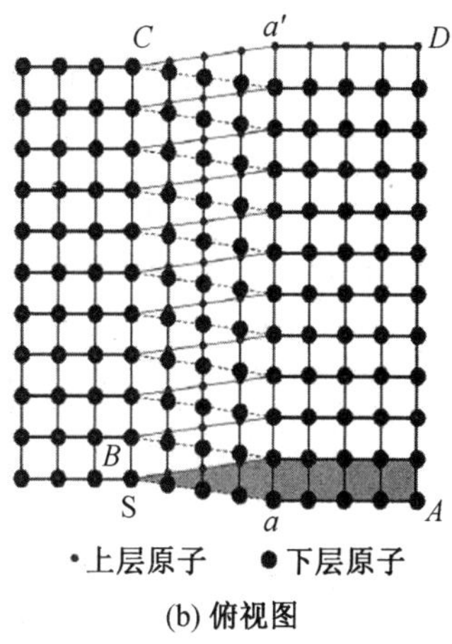

(b) 俯视图

图1.15　螺型位错

在位错周围，原子的错排使晶格发生了畸变，使金属的强度提高，但塑性和韧性下降。实际晶体中往往含有大量位错，生产中还可通过冷变形后使金属位错增多，以有效提高金属强度。

(3)面缺陷。

面缺陷包括晶界和亚晶界。晶界处的原子要同时适应相邻两个晶粒的位向，就必须从一种晶粒位向逐步过渡到另一种晶粒位向，成为不同晶粒之间的过渡层，因而晶界上的原子多处于无规则状态或两种晶粒位向的折中位置上。面缺陷的厚度主要取决于相邻两晶粒或亚晶粒的晶格位向差的大小及晶格变化的纯度。一般位向差越大，纯度越低，晶界越厚。对于金属，这个厚度通常在几个原子间距到几百个原子间距的范围内变化。晶粒之间位向差较大(10°～15°)的晶界，称为大角度晶界；亚晶粒之间位向差较小的晶界，称为小角度晶界。如图 1.16 所示。

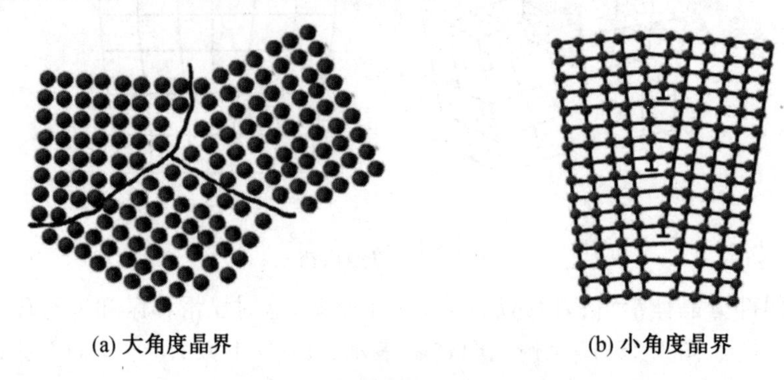

(a) 大角度晶界　　(b) 小角度晶界

图 1.16　大角度晶界和小角度晶界

面缺陷同样使晶格产生畸变，提高金属材料的强度。细化晶粒可增加晶界的数量，是强化金属的有效手段，同时，细化晶粒的金属塑性和韧性也得到改善。

1.1.3　合金的晶体结构

纯金属大都具有较好的物理、化学性能，但机械性能一般比较差，而且价格较高，种类有限，因此在工业生产中广泛应用的是合金(alloy)。合金是指由一种金属元素与一种或几种其他元素经熔炼、烧结或其他方法结合在一起而形成的具有金属特性的物质。组成合金的最基本、最简单且能独立存在的物质称为组元(component)，或简称为元。一般来说，组元就是组成合金的元素，如 Cu－Zn 合金中的 Cu 和 Zn 就是组元，但化合物也可以看作组元，如 Fe－C 合金中的 Fe_3C(渗碳体)。

与纯金属相比，合金除具有更高的机械性能外，在电、磁、化学稳定性等物理化学性能方面也可以与纯金属相媲美或者更好，如有的合金就具有强磁性、耐蚀性等特殊的物理化学性能。同时，还可以通过调节合金组元的比例获得一系列性能各不相同的合金，以满足对材料的不同性能要求。

1. 固态合金中的相

合金中含有两种或两种以上元素的原子，这些原子之间必然相互发生作用，使得结晶形成的小晶体(晶粒)中也含有两种或两种以上元素。由多种元素构成的这些小晶体的化学成分和晶格类型可以是完全一致的，也可以是不一致的，组成了合金中的相和组织。相(phase)是指合金中化学成分、晶体结构相同，并以界面互相分开的均匀的组成部分。组织(structure)是指用肉眼或显微镜所观察到的材料的微观形貌，包含合金中不同形状、大小、数量和分布的相，又称为显微组织。合金的组织可以由一种相或多种相组成，而纯金属的显微组织一般都由一种相组成。

液态时，大多数合金的组元均能相互溶解，成为成分均匀的液体，因而可以认为只具有一个液相。固态时，各种组元之间相互作用不同，可以形成各种晶体结构和化学成分的相，按晶体结构特点可分为两大类：固溶体和金属化合物。

2. 固溶体

合金的组元之间以不同的比例相互混合，混合后形成的固相的晶体结构与组成合金的某一组元的相同，这种相就称为固溶体，这种组元称为溶剂，其他组元即为溶质。

(1)固溶体分类。

固溶体按照溶质原子在晶格中所占位置，分为置换固溶体与间隙固溶体。置换固溶体是指溶质原子位于溶剂晶格的某些节点位置所形成的固溶体，犹如这些节点上的溶剂原子被溶质原子所置换一样(图 1.17(a))。置换固溶体又可分为无限固溶体和有限固溶体两类。无限固溶体是指固溶体的溶解度是无限的。组成固溶体的两种元素随比例不同可以互为溶质或溶剂。置换固溶体中溶质原子的分布一般是无序的，这种固溶体称为无序固溶体；但在一定条件下也会出现有序分布，这种固溶体称为有序固溶体。间隙固溶体是指溶质原子不是占据溶剂晶格的正常节点位置，而是填入溶剂原子间的一些间隙中(图 1.17(b))。间隙固溶体对溶质溶解都是有限的，所以都是有限固溶体。间隙固溶体中，溶质原子的排列是无序的，所以都是无序固溶体。

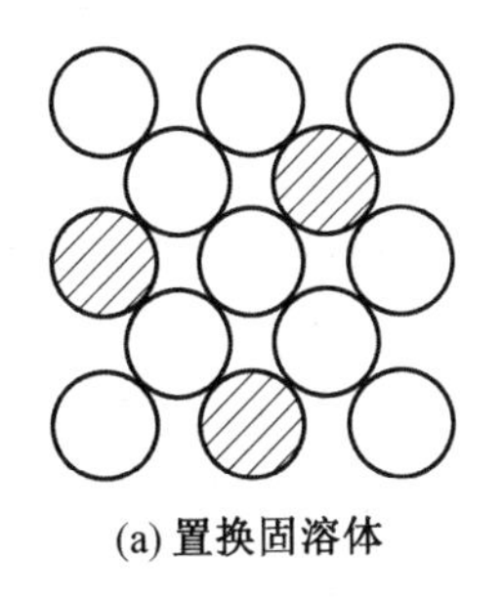

(a) 置换固溶体

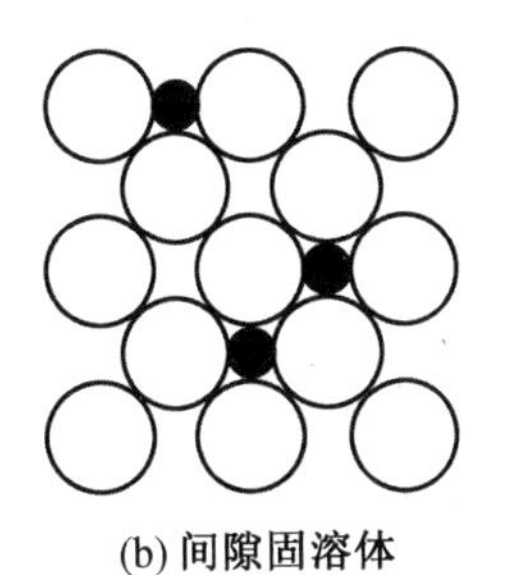

(b) 间隙固溶体

图 1.17　固溶体

(2)影响固溶体晶体结构的主要因素。

①原子直径因素。当溶质与溶剂的原子直径相差较小时易形成置换固溶体，而且直径差越小，其溶解度也会越大。这是因为，原子直径差会引起晶格的畸变，使晶格的畸变能增加。原子直径差越大，畸变能增加越大。畸变能的增加将使这种固溶体晶格结构的稳定性下降。自然这种固溶体本身的存在也就不稳定了，将会导致其他相的形成。反之，若两种原子直径差越小，畸变能增加也越小，尽管固溶体浓度不断增加，也不致因畸变能的原因而引起其晶格结构的改变。当原子尺寸差别小于某一数值时，就有可能形成无限固溶体。这个数值对以铁为基的固溶体为 8%，对以铜为基的固溶体为 10%～11%，通常在 10%～15%之间。当溶质与溶剂的原子直径差别大于 15%时是不可能形成置换固溶体的，但是可以形成间隙固溶体。

在形成间隙固溶体时只能引起固溶体晶格产生正畸变。间隙固溶体的溶解度较小。溶质原子的相对尺寸越大，越不易形成间隙固溶体，当溶质原子的相对尺寸大于某一临界数值时，间隙固溶体的溶解度下降至零，即完全不能形成间隙固溶体。

②负电性因素。负电性是指某元素的原子从其他元素原子夺取电子而变成负离子的能力。在元素周期表中，两种元素的位置距离越远，其负电性差也越大，则化学亲和力也越大。它们之间就越易于形成化合物，而不利于形成固溶体，即使形成固溶体溶解度也

很小。

③电子浓度因素。在合金中,价电子数目与原子数目 n 之比称为电子浓度。当溶质原子与溶剂原子的价电子数不相同时,溶质原子的进入将使固溶体晶格中的电子浓度以及电子云的分布有所改变。并且随着溶入的溶质数量越多,电子浓度改变越大。当达到某一极限电子浓度时,固溶体的晶格结构就不稳定了,将会出现新的相。可见,每种固溶体只能稳定存在于一定的电子浓度范围内。例如:对于溶剂是一价的,而溶质是高于一价的固溶体,若晶格结构是面心立方,其电子浓度的极限值为 1.36;若固溶体具有体心立方晶格,则电子浓度的极限值为 1.48。

④晶体结构因素。在多数情况下,晶格类型相同的元素之间溶解度较大。晶格类型不同的元素之间溶解度较小。无限固溶体只能产生于相同晶格结构的元素之间。

⑤温度因素。在一般情况下,固溶体随温度升高其溶解度也增加,这与固溶体晶格上原子的热振动有关。

上述因素的综合作用决定了固溶体的种类及其溶解度的大小。如:钢铁中常见的五元素(C、Si、Mn、S、P)与铁元素的关系。C 原子半径较小(0.077 nm)与过渡族元素 Fe 在一定条件下能形成间隙固溶体。C 固溶到体心立方的 $\alpha-$Fe 中形成的间隙固溶体(铁素体),室温时的溶解度很小(0.000 8%);当温度升高到 727 ℃时获得最大溶解度为 0.02%。C 固溶到面心立方的 $\gamma-$Fe 中所形成的间隙固溶体(奥氏体)最大溶解度可达 2.11%。Si、Mn、S、P 的原子直径远大于 C 原子,因而与 Fe 只能形成置换固溶体。其中 Si、Mn 与 Fe 的负电性差及原子尺寸差均较 S、P 的小,所以 Si、Mn 在 Fe 中的溶解度较大而 S、P 在 Fe 中的溶解度较小。尤其是 S,它的原子直径与 Fe 原子直径差约为 18%,再加上负电性相差也很大,所以 S 几乎不溶于 Fe,但与 Fe 易形成有害化合物 FeS。

(3)固溶体的性能。

当溶质含量极少时,固溶体的性能与溶剂金属基本相同。随着溶质含量的升高,通常都会使固溶体的强度、硬度升高;塑性、韧性下降。这是由于溶质原子的溶入,引起固溶体晶格畸变,使位错移动时的阻力增大,变形抗力增加。通常把溶入溶质元素形成固溶体而使金属的强度、硬度升高的现象称为固溶强化。固溶强化是金属材料的一种重要的强化途径。如果适当控制溶质的浓度,可以在显著提高金属材料强度和硬度的同时,仍可以保持相当好的塑性和韧性。工业上使用的金属材料多数都是单相固溶体合金和以固溶体为基体的多相合金。

3. 金属化合物与机械混合物

当组成合金的两种元素在化学元素周期表上的位置相距较远时,由于彼此间电化学性质差别较大,容易形成化合物,即称为金属化合物。金属化合物与化学上的化合物不同,化学上的化合物是由离子键结合的物质,各元素的原子成一定比例,可以用化学式来表示。金属化合物由金属键相结合,其组成的各个元素的成分不是严格不变的,可以在一个范围内变化。这样的金属化合物有碳化铁、碳化铬、碳化钼、铜锌合金等。

金属化合物一般都具有复杂的晶格结构,熔点高、硬而脆。在合金中金属化合物的多少、形态、大小、分布的方式等对合金的性能有不同的影响。弥散均匀分布可提高合金的强度、硬度和耐磨性,但会降低合金的塑性和韧性。若以网状或大块条状分布,则会严重降低合金的各种力学性能。通过热处理及锻造可以改变金属化合物在合金中的分布状况。

如果合金是由两种不同晶体结构的晶粒彼此机械混合组成,则称它为机械混合物。例如,铁的固溶体和化合物 Fe_3C 所组成的机械混合物,称为珠光体,它具有较高的强度和硬度,又具有一定的塑性和韧性。

1.2　钢材的变形

金属材料在外力作用下的变形可分为弹性变形和塑性变形。当外力取消后,材料变形即可消失并能完全恢复原来形状的性质称为弹性,这种可恢复的变形称为弹性变形;当外力撤除或消失后物体不能恢复原状的性质称为塑性,这种不可恢复的变形称为塑性变形。材料受力先发生弹性变形,当应力超过屈服极限后发生塑性变形,直至最终断裂,称为韧性断裂;如果材料在断裂前没有产生或只发生了极少的塑性变形就突然断裂,称为脆性断裂。金属材料的这些宏观性能表现是由其内部晶体结构所决定的,因此本节将介绍金属晶体的受力变形机制。

1.2.1　单晶体的塑性变形

当对一单晶体试样进行拉伸时,外力 P 在晶体内任一晶面上分解为两种应力,一种是平行于该晶面的切应力 τ,一种是垂直于该晶面的正应力 σ(图 1.18(a))。在正应力作用下,晶格只能产生弹性伸长,在超过原子间结合力时被拉断(图 1.18(b))。单晶体在切应力作用下发生弹性歪扭(图 1.18(c)),当切应力较小时,晶格的剪切变形也是弹性的,但当切应力达到一定大小时,晶格将沿着某个晶面产生相对移动,移动的距离为原子间距的整数倍,因此移动后原子可在新位置上重新平衡下来,形成永久的塑性变形(图 1.18(d))。这时,即使消除切应力,晶格仍将保留移动后的形状。当然,当切应力超过了晶体的切断抗力时,晶体也要发生断裂,但这种断裂与正应力引起的脆断不同,它在晶体断裂之前首先产生了塑性变形,称为韧性断裂。由此可知,正应力只能使晶体产生弹性变形或者脆性断裂,而塑性变形只有在切应力作用下才会发生。

单晶体塑性变形的方式有滑移和孪生。

1. 滑移

滑移是在切应力作用下,晶体的一部分相对于另一部分沿一定的晶面(滑移面)和一定的晶向(滑移方向)发生的相对滑动。滑移是金属塑性变形的主要方式。滑移不会改变晶体的点阵类型,也不影响晶体的取向,只是在晶体表面出现了一系列台阶状的痕迹,即显微镜下所呈现的滑移带。滑移线和滑移带的出现是滑移过程的必然结果,其实质是在切应力作用下大量位错沿某一晶面上的某一晶向移动到晶体表面而产生的台阶,如图 1.19所示。

(1)滑移变形的位错机制。

图 1.20 所示为单晶体在切应力作用下的变形情况。单晶体未受到外力作用时,原子处于平衡位置(图 1.20(a))。当切应力较小时,晶格发生弹性歪扭(图 1.20(b)),若此时

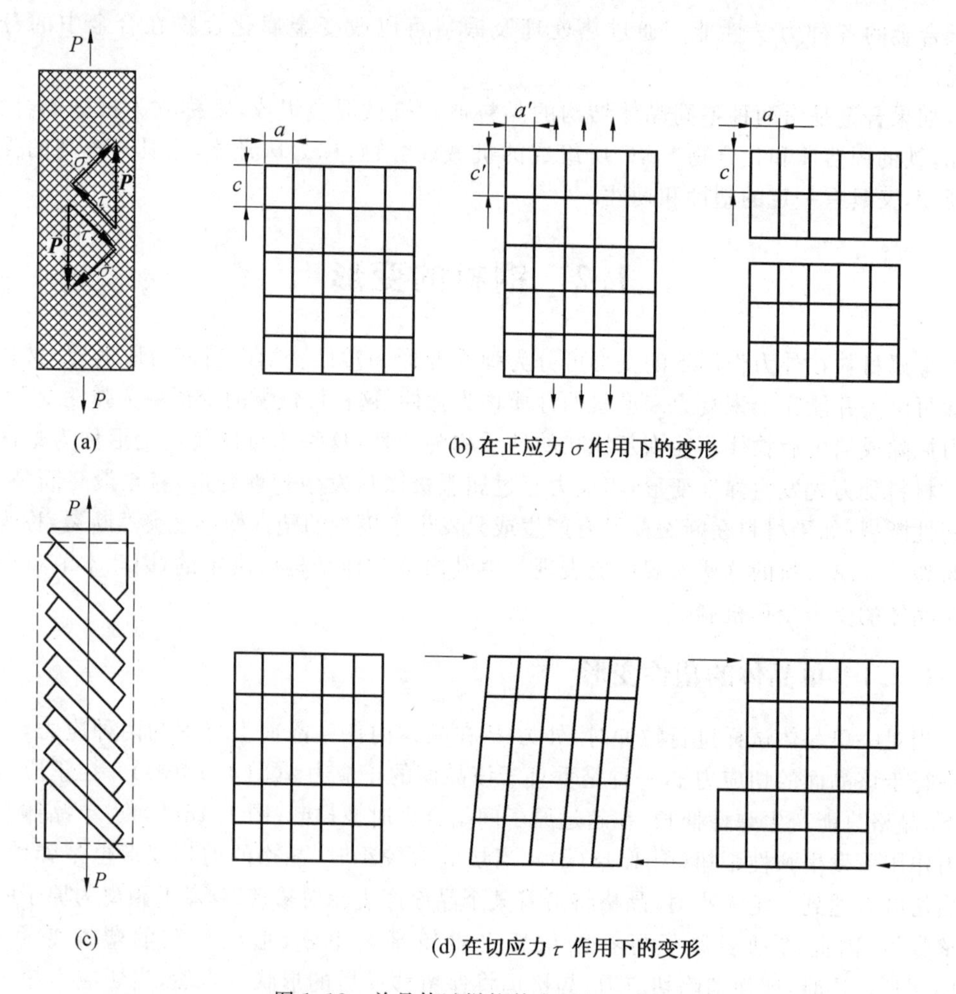

图 1.18　单晶体试样拉伸变形的示意图

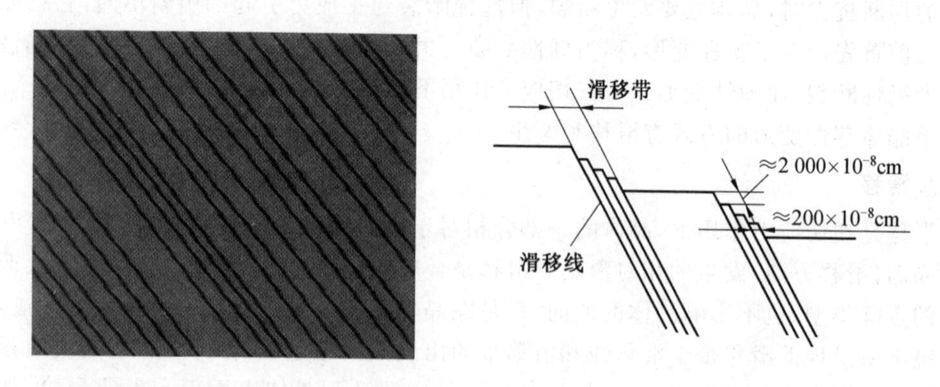

图 1.19　滑移带示意图

去除外力，则切应力消失，晶格弹性歪扭也随之消失，晶体恢复到原始状态，即产生弹性变形；若切应力继续增大到超过原子间的结合力，则在某个晶面两侧的原子将发生相对滑移，滑移的距离为原子间距的整数倍(图 1.20(c))。此时如果使切应力消失，晶格歪扭可以恢复，但已经滑移的原子不能回复到变形前的位置，即产生塑性变形（图 1.20(d)）；如果切应力继续增大，其他晶面上的原子也产生滑移，从而使晶体塑性变形继续下去。许多晶面上都发生滑移后就形成了单晶体的整体塑性变形。

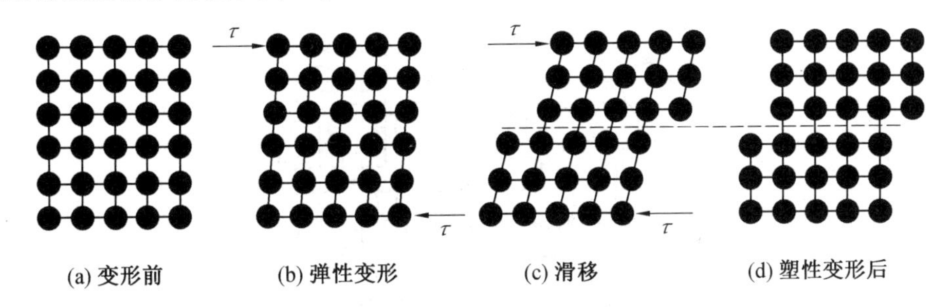

图 1.20　单晶体在切应力作用下的变形示意图

上述滑移是指滑移面上每个原子都同时移到与其相邻的另一个平衡位置上，即做刚性移动。但是研究表明，滑移时并不是整个滑移面上的原子一起做刚性移动，而是通过晶体中的位错线沿滑移面的移动实现。如图 1.21 所示，晶体在切应力作用下，滑移面上面的两列原子向右微量移动到“●”位置，滑移面下面的一列原子向左微量移动到“●”位置，这样就使位错在滑移面上向右移动一个原子间距。在切应力作用下，位错继续向右移动到晶体表面上，就形成了一个原子间距的滑移量（图 1.22）。一个晶面产生的滑移量很小，很多晶面同时滑移积累起来就产生了一定量的塑性变形。由于位错前进一个原子间距时，一起移动的原子数目并不多（只有位错中心少数几个原子），而且它们的位移量都不大，因此，使位错沿滑移面移动所需的切应力不大。位错的这种容易移动的特点，称为位错的易动性。

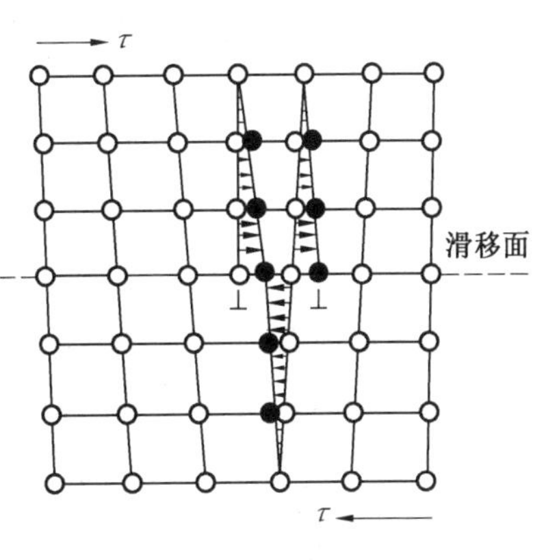

图 1.21　刃型位错运动示意图

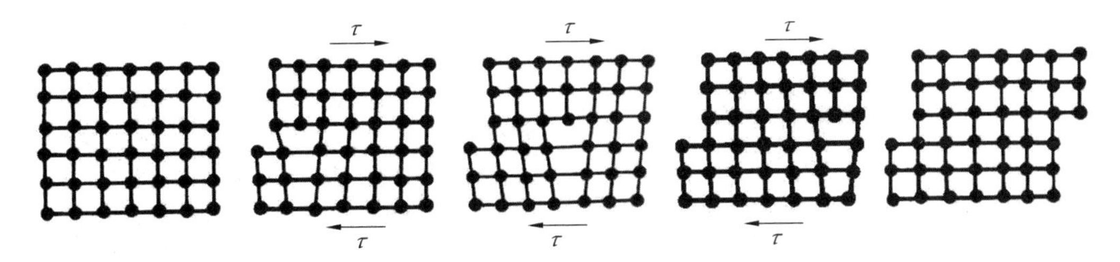

图 1.22　通过位错移动造成滑移的示意图

(2)滑移系。

滑移并不是沿着晶体中任意的晶面和晶向发生的，而总是沿晶体中原子排列最紧密的晶面和该晶面上原子排列最紧密的晶向进行的。这是因为最紧密晶面间的面间距和最紧密晶向间的原子间距最大，因而原子结合力最弱，故在较小切应力作用下便能引起它们之间的相对滑移。如图 1.23 所示，Ⅰ－Ⅰ晶面原子排列最紧密（原子间距小），面间距最大($a/\sqrt{2}$),面间结合力最弱,故常沿这样的晶面发生滑移。而Ⅱ－Ⅱ晶面原子排列最稀(原子间距大),面间距较小($a/2$),面间结合力较强,故不易沿此面滑移。这同样也可解释为什么滑移总是沿滑移面(晶面)上原子排列最紧密的方向进行。

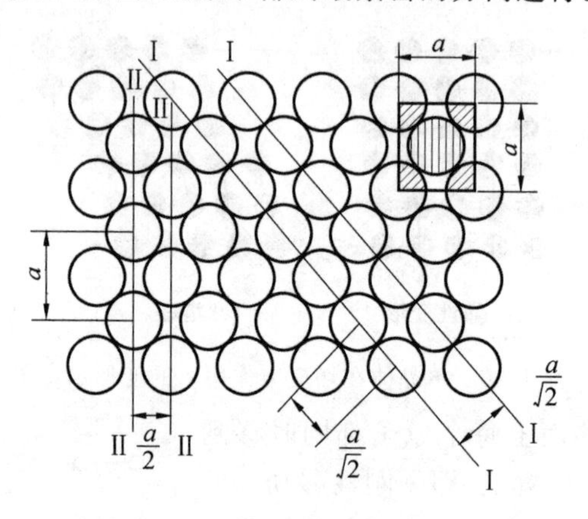

图 1.23　滑移面示意图

晶体中一个可滑移的晶面和其上一个可滑移的晶向(即原子最密集的晶向)合称为一个滑移系。滑移系越多,发生滑移的可能性越大,金属的塑性也越好。滑移系相同时,滑移方向比滑移面数对塑性影响更大。

表 1.2 所示为三种典型金属晶格的滑移系。其中,面心立方金属的滑移面(密排面)为{111},共有 4 个,滑移方向为〈110〉,每个滑移面包含 3 个滑移方向,因此共有 12 个滑移系;体心立方金属滑移面为{110},共有 6 个,滑移方向为〈111〉,每个滑移面包含 2 个滑移方向,因此共有 12 个滑移系;密排六方金属滑移面为{0001},滑移方向为〈11$\bar{2}$0〉,滑移面包含 3 个滑移方向,故有 3 个滑移系。密排六方金属滑移系少,滑移过程中可能采取空间位向少,故塑性差。

表 1.2　三种典型金属晶格的滑移系

晶格	体心立方晶格	面心立方晶格	密排六方晶格
滑移面	{110}×6	{111}×4	{0001}×1
滑移方向	〈111〉×2	〈110〉×3	〈11$\bar{2}$0〉×3
滑移系	6×2＝12	4×3＝12	1×3＝3

(3)临界分切应力。

使晶体开始滑移时的应力在滑移面滑移方向的分量称为临界分切应力(critical resolved shear stress)。设一圆柱形单晶体试样,已知截面面积为 A,外力为 F;滑移面面积为 A',滑移面的法向为 N,F 与 N 夹角为 ϕ,滑移方向与 F 的夹角为 λ,τ 为在滑移面上沿滑移方向的分切应力，如图 1.24 所示。

滑移面面积为

$$A'=\frac{A}{\cos\phi} \tag{1.1}$$

外力 F 在滑移面上的拉应力为

$$\sigma=\frac{F}{A}\cos\phi \tag{1.2}$$

外力 F 在滑移面上的切应力为

$$\tau=\sigma\cos\lambda=\frac{F}{A}\cos\phi\cos\lambda \tag{1.3}$$

设单晶体的屈服应力为 σ_s，临界分切应力为 τ_k，令 $F/A=\sigma_s$ 时，$\tau=\tau_k$，则单晶体的屈服应力与临界分切应力的关系为

$$\sigma_s=\frac{\tau_k}{\cos\phi\cos\lambda} \tag{1.4}$$

式中　$\cos\phi\cos\lambda$——取向因子；

　　材料一定时，τ_k 为常数。

由式(1.4)可知，σ_s 大小主要取决于 $\cos\phi\cos\lambda$ 的大小。当外力与滑移面和滑移方向的夹角都接近 45°时，取向因子最大，$\cos\phi\cos\lambda=0.5$，σ_s 最小，容易产生滑移，此时的位向称为软位向。当外力与滑移面平行($\phi=90°$)或垂直($\lambda=90°$)时，取向因子最小，σ_s 为无限大，不可能产生滑移，此时的位向称为硬位向。图 1.25 所示为镁晶体的 σ_s 与晶体取向因子 $\cos\lambda\cos\phi$ 的关系。

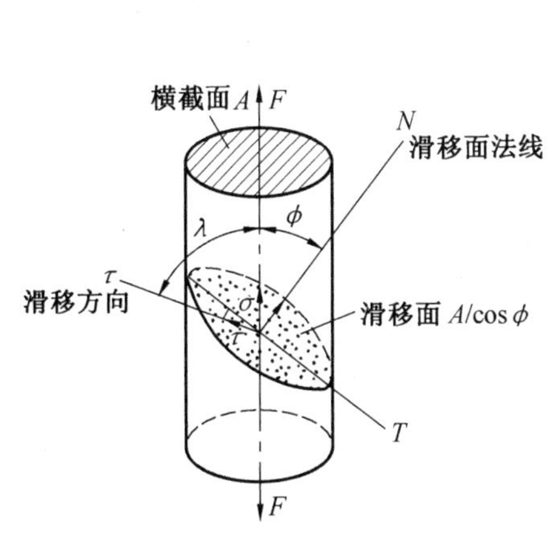

图 1.24　单晶体滑移时应力分析

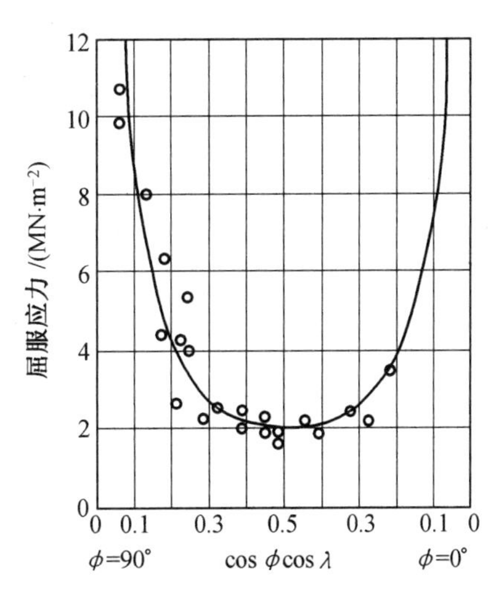

图 1.25　镁晶体屈服应力与取向因子的关系

临界分切应力 τ_k 的大小与外力 F 无关，主要取决于位错间的交互作用和位错与空位、间隙原子与杂质原子等缺陷的交互作用；材料纯度越高，临界分切应力越小。如果没有位错，临界分切应力 $\tau_k=G/30$，式中 G 为剪切模量(Pa)。此外，临界分切应力 τ_k 的大小还与温度和变形速度有关。温度越高，τ_k 越小；变形速度越快，τ_k 越大。

2. 孪生

除位错的滑移外,晶体的变形还可以通过孪生(晶)来实现,一般在变形应变量较小或者材料没有足够的滑移系进行滑移变形时占主导变形机理。孪生变形是晶体特定晶面(孪晶面)的原子沿一定方向(孪生方向)协同位移(称为切变)的结果,与滑移变形最大的不同是与滑移面距离不同的原子,滑移距离不一样。每个孪晶都有一个孪晶面和一个孪生方向,以面心立方 FCC 为例,FCC 晶体的孪晶面是(111),孪生方向是[11$\bar{2}$]。图 1.26 是 FCC 晶体孪生示意图。每层(111)面的原子都相对于邻层(111)晶面在[11$\bar{2}$]方向移动了此晶向原子间距的一个分数值,即从 C 到 c,E 到 e,G 到 g;图中 $ABHg$ 区域为原子移动后形成的孪晶。可以看出,孪晶与未变形的基体间以孪晶面为对称面呈镜面对称关系。

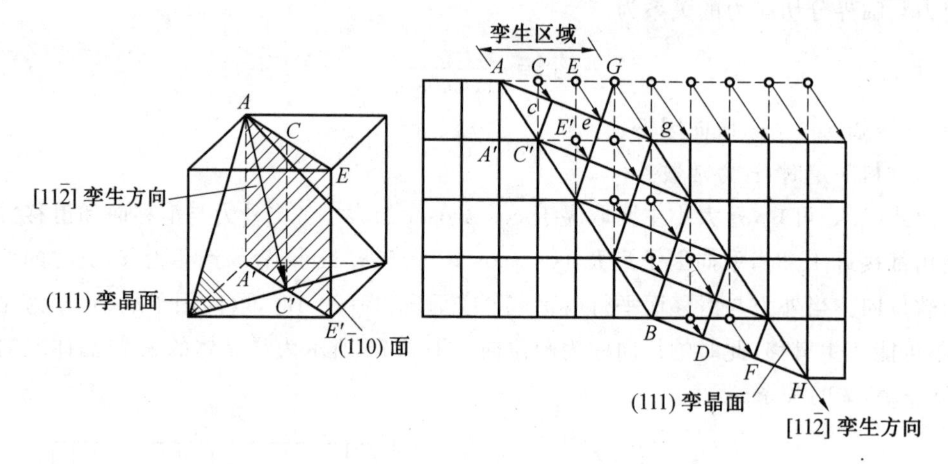

图 1.26 FCC 晶体孪生示意图

孪生与滑移的主要区别为:孪生变形时,孪生带中相邻原子面的相对位移为原子间距的分数值,且晶体位向发生变化;而滑移变形时,滑移的距离是原子间距的整数倍,晶体的位向不发生变化。孪生变形所需的临界切应力比滑移变形的临界切应力大得多,如镁的孪生临界切应力为 5~35 MN/m^2,而其滑移临界切应力为 0.83 MN/m^2。因此,只有当滑移很难进行时,晶体才发生孪生。

1.2.2 多晶体的塑性变形

多晶体的塑性变形与单晶体比较无本质上的差别,即每个晶粒的塑性变形仍以滑移或孪生方式进行。但由于晶界的存在,晶粒间位向的差异,以及变形过程中晶粒之间的互相牵制等,多晶体的塑性变形过程要比单晶体复杂得多。

1. 晶界和晶粒位向的影响

晶界处的原子是杂乱的,晶格严重畸变,加之杂质原子比较集中(增大了晶格畸变),因而使该处滑移时位错运动的阻力(即塑性变形抗力)增大,难以发生变形。图 1.27 为由两个晶粒所组成的试样,拉伸时因晶界处的塑性变形抗力大、变形小,结果形成了所谓的“竹节”现象。此外,多晶体中各晶粒位向的不同也会增大其滑移抗力。因为其中任一晶粒的滑移都会受到周围不同位向晶粒的约束和限制，所以多晶体的塑性变形抗力总是高于单晶体(图 1.28)。

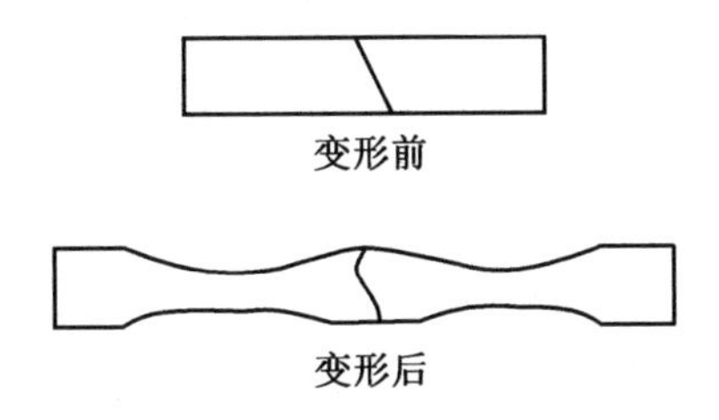

图 1.27　由两个晶粒组成的试件在拉伸时的变形

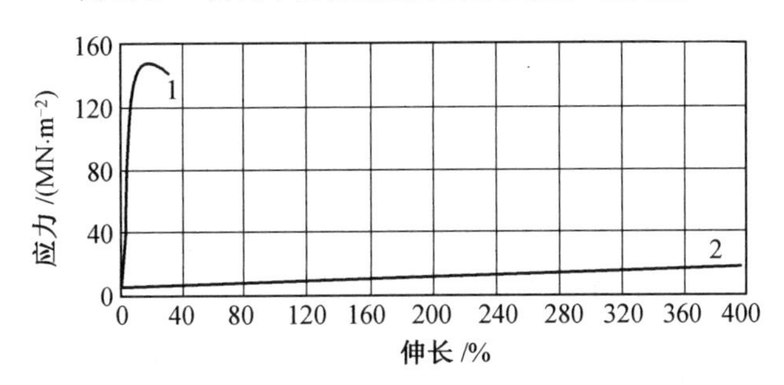

图 1.28　锌的拉伸曲线

1—多晶体试样；2—单晶体试样

从理论上来说，纯金属单晶体的屈服强度是使位错开始运动的临界切应力，其值由位错运动所受的各种阻力所决定。晶粒大小的影响是晶界影响的反映，因为晶界是位错运动的障碍，在一个晶粒内部，必须塞积足够数量的位错才能提供必要的应力，使相邻晶粒中的位错源开动并产生宏观可见的塑性变形。因而，减小晶粒尺寸将增加位错运动障碍的数目，减小晶粒内位错塞积群的长度使屈服强度提高。

许多金属及合金的屈服强度与晶粒大小的关系均符合霍尔－派奇(Hall－Patch)公式，即

$$\sigma_s = \sigma_0 + kd^{-\frac{1}{2}} \tag{1.5}$$

式中　σ_s—— 材料的屈服强度；

k—— 晶界对强度影响程度的常数；

d—— 晶粒的平均直径；

σ_0—— 晶体内对变形的阻力，相当于单晶体的屈服强度。

图 1.29 所示为纯铁的强度与其晶粒大小的关系。

由上可知，金属的晶粒粗细对其机械性能的影响很大。晶粒越细，晶界总面积越大，每个晶粒周围不同位向的晶粒数越多，因此塑性变形抗力也越大。另外，晶粒细不仅使强度增加，而且也增加其塑性和韧性。因为晶粒越细，单位体积中的晶粒数越多，变形可以分散在更多的晶粒内进行，各晶粒滑移量的总和增大，故塑性好。同时，变形分散在更多的晶粒内进行，引起裂纹过早产生和发展的应力集中得到缓和，从而具有较高的冲击荷载抗力。所以，工业上常用细化晶粒的方法来使金属材料强韧化。

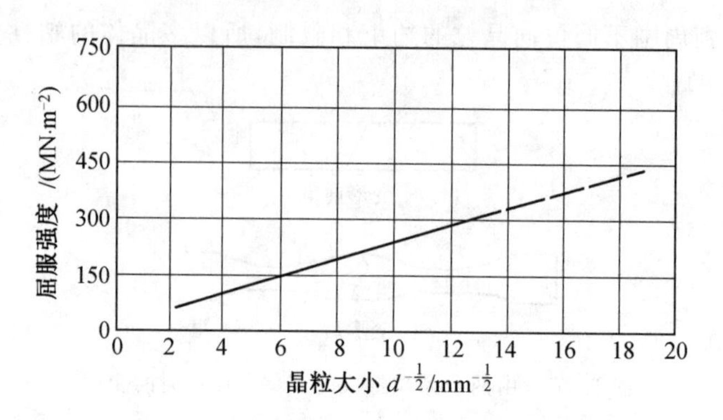

图 1.29　纯铁的强度与其晶粒大小的关系

2. 多晶体塑性变形过程

在多晶体金属中，晶粒间的位向不同，会使塑性变形产生不均匀性。处于软位向的晶粒先发生滑移变形，而处于硬位向的晶粒可能还只有弹性变形。如图 1.30 所示，用 A、B、C 表示出不同位向晶粒分批滑移的次序。而多晶体晶粒间是相互牵制的，在变形的同时也要发生相对转动，转动的结果使晶粒位向发生变化，原先处于软位向的晶粒可能转成硬位向，原先处于硬位向的晶粒也可能转成软位向，从而使变形在不同位向的晶粒之间交替地发生，使不均匀变形逐渐发展到比较均匀的变形。

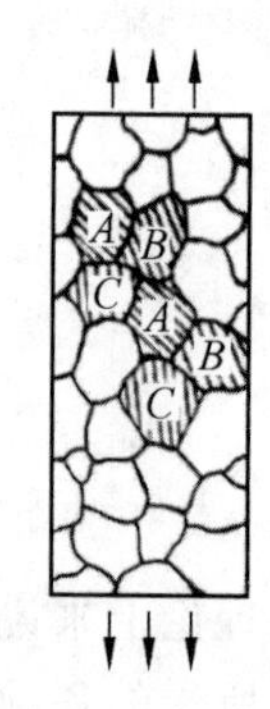

图 1.30　多晶体金属塑性变形过程

1.2.3　塑性变形对金属组织和性能的影响

金属的塑性变形不仅是为了得到所需要的尺寸和形状，更主要的是，它是强化金属的一种手段。例如，高碳弹簧钢丝采用常规热处理后其强度为 1 000～1 150 MPa；若经冷拔，通过塑性变形使钢丝强化，其强度可达 2 000 MPa 以上。性能的变化是由于组织的变化引起的，下面就来讨论塑性变形对金属组织结构和性能的影响。

1. 塑性变形对金属组织结构的影响

(1)晶粒形状的变化。

塑性变形后晶粒的外形沿着变形方向被压扁或拉长，形成细条状或纤维状，晶界变得模糊不清，且随变形量增大而加剧。这种组织称为“纤维组织”，如图 1.31 所示。

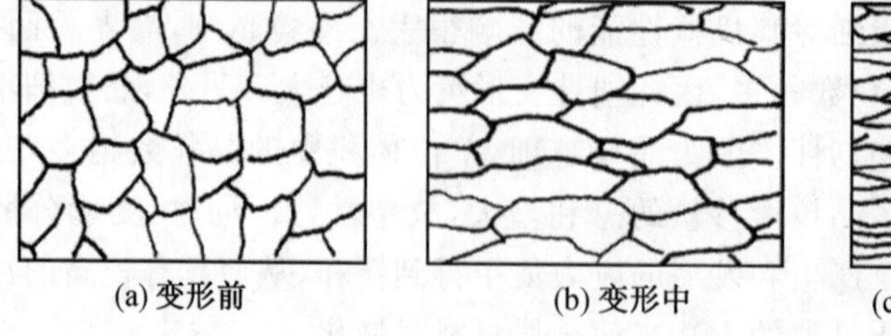

图 1.31　变形前后晶粒形状变化示意图

(2)亚结构的形成。

在未变形的晶粒内部存在着大量的位错壁(亚晶界)和位错网,随着塑性变形的发生,即位错运动,在位错之间产生一系列复杂的交互作用,大量的位错在位错壁和位错网旁边造成堆积和相互纠缠,产生了位错缠结现象。随着变形的增加,位错缠结现象进一步发展,便会把各晶粒破碎成为细碎的亚晶粒(图 1.32)。变形越大,晶粒的细碎程度便越大,亚晶界也越多,位错密度显著增加。同时,细碎的亚晶粒也随着变形的方向被拉长。

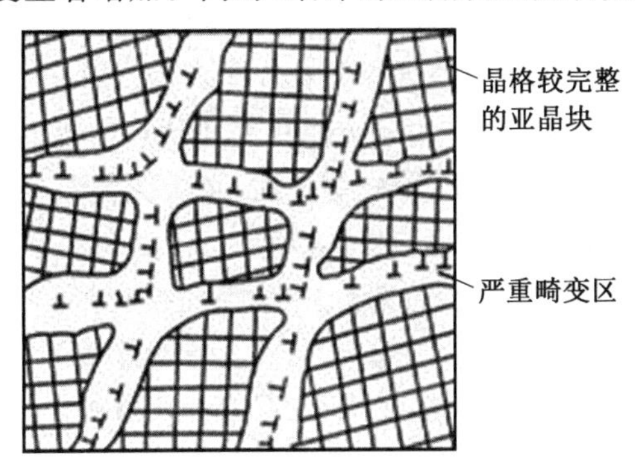

图 1.32　金属经变形后的亚结构

(3)织构现象。

金属塑性变形到很大程度(70%以上)时，由于晶粒发生转动，各晶粒的位向趋近于一致，形成特殊的择优取向，这种有序化的结构称为形变织构(图 1.33)。形变织构一般分两种:一种是各晶粒的一定晶向平行于拉拔方向，称为丝织构，如低碳钢经冷拔后，其〈110〉平行于拔丝方向；另一种是各晶粒的一定晶面和晶向平行于轧制方向，称为板织构，低碳钢的板织构为{001}—〈110〉。

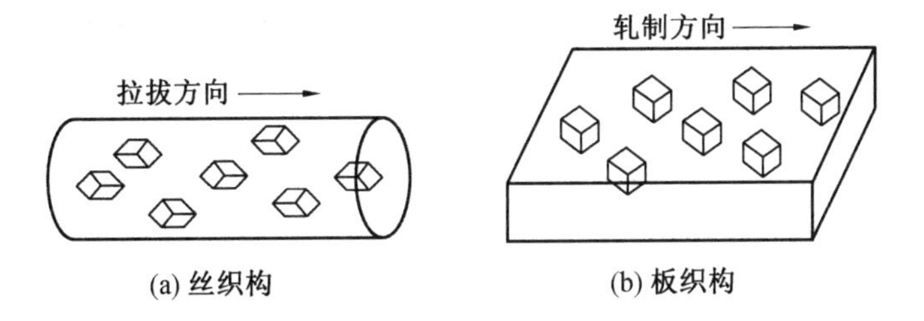

图 1.33　形变织构示意图

2. 塑性变形对金属性能的影响

(1)金属性能趋于各向异性。

纤维组织的形成,使金属的性能具有方向性,纵向的强度和塑性高于横向。各向异性还会对金属的后续加工或使用造成不利影响。例如,用有织构的板材冲制筒形零件时,由于不同方向上的塑性差别很大,因此变形不均匀,导致零件边缘不齐,即出现所谓的“制耳”现象,如图 1.34 所示。生产中为避免织构产生,常将零件的较大变形量分几次变形完成,并进行中间退火。

(2)产生冷变形强化。

晶粒破碎和位错密度增加,使金属的强度和硬度提高,塑性和韧性下降,产生了所谓

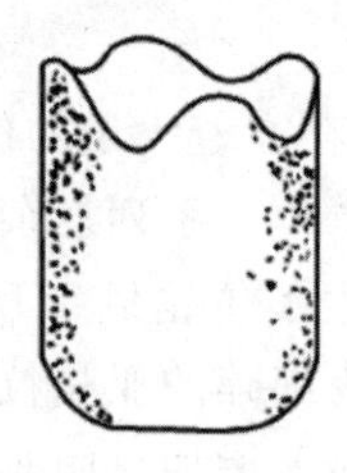

图 1.34　冲压件的制耳(左侧无,右侧有)

加工硬化(或称为冷作硬化)现象。冷变形强化在生产中具有很重要的实际意义。①可利用冷变形强化提高金属的强度、硬度和耐磨性。尤其是对于不能用热处理方法提高强度的金属更为重要。例如,使用冷挤压、冷轧等方法,可大大提高钢和其他材料的强度和硬度。②冷变形强化有利于金属进行均匀变形,这是由于金属变形部分产生了冷变形强化,使其主要在金属未变形或变形较小的部分中进行继续变形,造成金属变形趋于均匀。③冷变形强化可提高构件在使用过程中的安全性。若构件在工作过程中产生应力集中或过载现象,往往由于金属能产生冷变形强化,过载部位在发生少量塑性变形后提高了屈服点,并与所承受的应力达到平衡,变形就不会继续发展,从而提高了构件的安全性。但冷变形强化使金属塑性降低,给进一步塑性变形带来困难。为了使金属材料能继续变形,必须在加工过程中安排中间退火以消除冷变形强化。

冷变形强化不仅使金属的力学性能发生变化,而且使金属的某些物理和化学性能发生变化,如使金属电阻增加、耐蚀性降低等。

(3)形成残余应力。

经过塑性变形,外力对金属所做的功约 90%以上变成了热而散失,不到 10%的功则转化为内应力残存,使金属的内能增加。内应力又称为残余应力,是金属内部互相平衡的应力。根据残存范围的大小,内应力一般分为三类:第一类内应力是由金属的表面和内部塑性变形不均匀造成的,存在于宏观范围内,故又称宏观内应力;第二类内应力是由晶粒之间变形不均匀造成的,存在于晶粒间,故又称微观内应力或晶间内应力;第三类内应力是由晶格畸变、原子偏离平衡位置造成的,存在于原子之间,又称晶格畸变应力。第三类内应力是使金属强化的主要原因,也是变形金属中的主要内应力。

残余应力主要受到变形温度、变形速度、变形程度等因素的影响。

①变形温度的影响。一般情况下,当变形温度升高时,残余应力减小;温度降低时,出现残余应力的可能性增大。因此,不允许将变形温度降低到某一定值以下。在变形过程中温度的不均匀分布也是产生残余应力的一个原因。如果变形过程在高于室温条件下完毕,具有某一数值的残余应力时,则此残余应力会因金属冷却到室温而增加。

②变形速度的影响。通常,在室温下以非常高的变形速度使金属变形时,残余应力有减小的趋势;而在高于室温的温度下,增大变形速度时,这些应力反而有可能增加。

③变形程度的影响。随着变形程度的增加,第一类残余应力开始急剧增加。当塑性变形达到 20%～25%时,残余应力达到最大值。当变形继续增加时,残余应力将开始减小,并当变形程度超过 52%～65%时,残余应力几乎接近于零。变形程度的这种影响是指在 $T/T_m < 0.3$ 时(T、T_m分别为金属的变形和熔点的绝对温度)的变形,当温度升高

时，在较大的变形程度下才能使第一种残余应力达到最大值，并在高于 60%～70%的变形条件下，此应力也未降低到零。变形程度对第二种和第三种残余应力的影响则是另一种情况。这些残余应力的数值将随变形程度的增加而增大。图 1.35 所示为产生残余应力所消耗的能量与变形程度的关系。

内应力对金属性能的利弊视具体情况而决定。如零件表面采用辊压或喷丸处理，使表层产生残余压应力，提高了零件的疲劳强度等，这是有利的一面。但一般来说，由于内应力的存在，零件的形状和组织不稳定，而发生变形、翘曲以致开裂。此外，内应力的存在还会降低金属的耐腐蚀性。故金属在塑性变形后，通常都要进行退火处理，以消除或降低这些内应力。

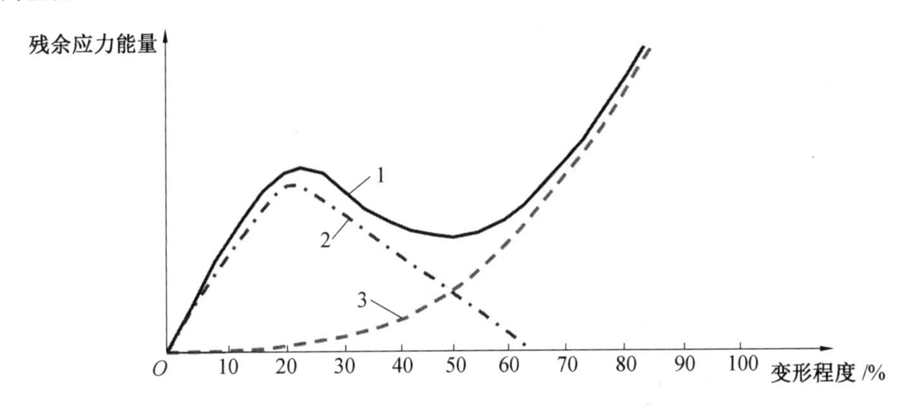

图 1.35　变形程度和残余应力能量的关系曲线

1—第一、第二及第三种残余应力总能量的变化曲线；2—第一种残余应力能量变化曲线；

3—第二及第三种残余应力总能量变化曲线

1.3　铁碳合金状态图

1.3.1　纯铁和铁碳合金的性能

1. 同素异构转变

多数金属在结晶后晶体结构都保持不变，但某些金属如 Fe、Cr、Mn、Ti 等，晶体结构会随外界条件（如温度、压力等）的改变而改变，这种转变称为同素异构转变。

纯铁由液态冷至室温的冷却曲线及晶体结构转变如图 1.36 所示。纯铁在 912 ℃以下为体心立方晶体结构，称为 α－Fe；912～1 394 ℃为面心立方晶体结构，称为 γ－Fe；1 394～1 538 ℃又呈体心立方晶体结构，称为 δ－Fe。当加热或冷却至转变温度时，就会发生相应的晶体结构转变，如下式：

$$\delta-\mathrm{Fe} \xrightleftharpoons{1\ 394\ ℃} \gamma-\mathrm{Fe} \xrightleftharpoons{912\ ℃} \alpha-\mathrm{Fe} \tag{1.6}$$

金属的同素异构转变是金属在固态下发生的一种重新“结晶”的过程。要实现晶体结构即原子排列规则的转变，首先要在晶界上形成新的晶核，继而通过原子扩散来实现晶体结构的改组，所以金属的同素异构转变过程也是不断产生晶核和晶核不断长大的过程，故也称为二次结晶。

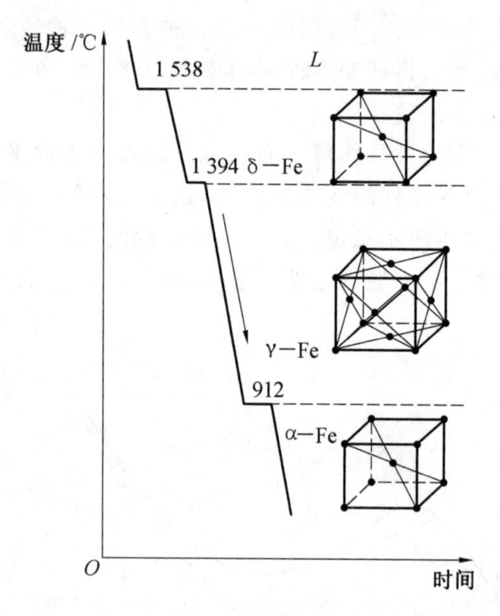

图 1.36　纯铁的冷却曲线及晶体结构转变

研究同素异构转变的意义在于：

①此类金属或含此类金属的合金可进行热处理，如钢和铸铁均可通过热处理改变性能，与铁的同素异构转变有关；

②晶体结构不同，原子密度也不同，因而晶体结构的转变必然伴随着体积变化，如当γ－Fe 转变成 α－Fe 时，其体积约膨胀 1%，从而使得钢在热处理时产生内应力（组织应力）。

2. 铁碳合金

钢铁材料是工业中应用范围最广的合金，是以铁和碳为基本组元的复杂合金。铁碳合金的平衡状态图是研究铁碳合金的基本工具。为详细分析铁碳合金平衡状态图，首先要了解铁碳合金中的基本相和基本组织。铁碳合金中的基本相有铁素体、奥氏体和渗碳体，还有两种特殊的机械混合物——珠光体和莱氏体，均为多相组织。

(1)铁素体(F)。

铁素体是碳溶入 α－Fe 中形成的一种间隙固溶体，用字母“F”表示。铁素体能够在室温下稳定存在，晶体结构保持 α－Fe 的体心立方晶体结构（图 1.37），由于 α－Fe 的晶格间隙很小，碳在 α－Fe 中的溶解度很低，室温时为 0.000 6%～0.000 8%，727 ℃时具有最大溶解度，为 0.021 8%，所以铁素体和纯铁的性能差不多，机械性能见表 1.3。

(2)奥氏体(A)。

奥氏体是碳溶入 γ－Fe 中所形成的一种间隙固溶体，用字母“A”表示。一般来说，它在高温下才能稳定存在，晶体结构保持 γ－Fe 的面心立方晶体结构（图 1.38）。由于 γ－Fe 的晶格空隙比 α－Fe 大，因而碳在奥氏体中的溶解度比在铁素体中的溶解度要高，727 ℃时为 0.77%，1 148 ℃时为 2.11%。奥氏体是一种高温组织，强度和硬度较低，但塑性很好，所以在生产中常把钢加热获得单相奥氏体组织进行塑性加工。

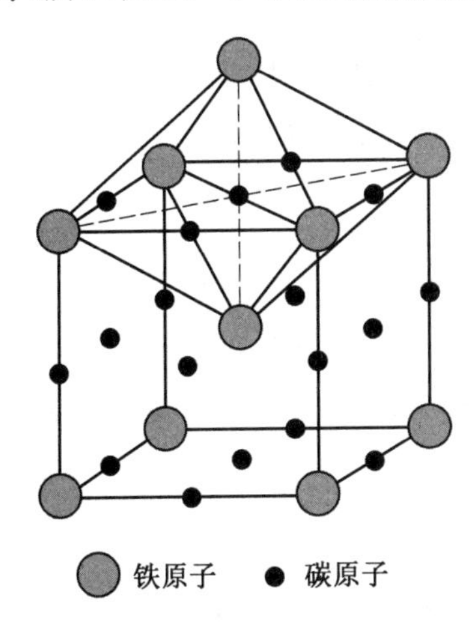

图 1.37　铁素体的晶体结构

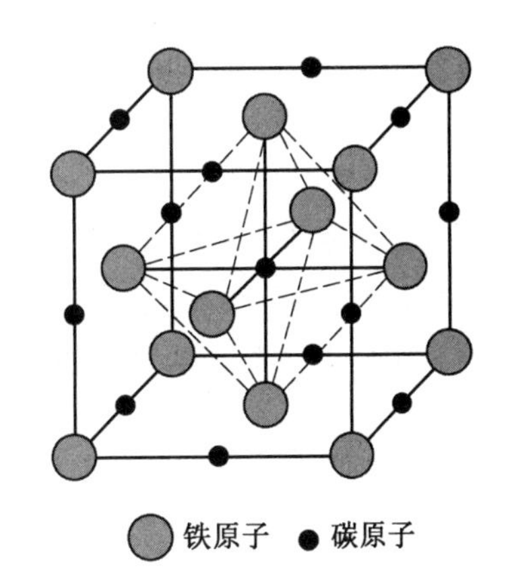

图 1.38　奥氏体的晶体结构

(3)渗碳体 (Fe_3C)。

渗碳体是铁与碳发生化学反应生成的一种化合物。渗碳体具有固定的化学成分，含碳量为 6.69%，为复杂斜方晶体结构(图 1.39)，硬度极高，脆性大，塑性和韧性几乎为零，其性能见表 1.3。渗碳体在钢中起主要的强化作用。当它为粗大的片状或网状时，合金的脆性增大；当呈细小的球状弥散分布时，不仅能提高合金的硬度和强度，还能减小脆性。

根据渗碳体的来源、结晶形态及在组织中的分布情况的不同，又可细分为三种：从液态合金中直接结晶得到的渗碳体，称为一次渗碳体($Fe_3C_{Ⅰ}$)；冷却时从奥氏体中析出的渗碳体，称为二次渗碳体($Fe_3C_{Ⅱ}$)；从铁素体中析出的渗碳体，称为三次渗碳体($Fe_3C_{Ⅲ}$)。这些渗碳体的化学成分、晶体结构和力学性能完全相同。

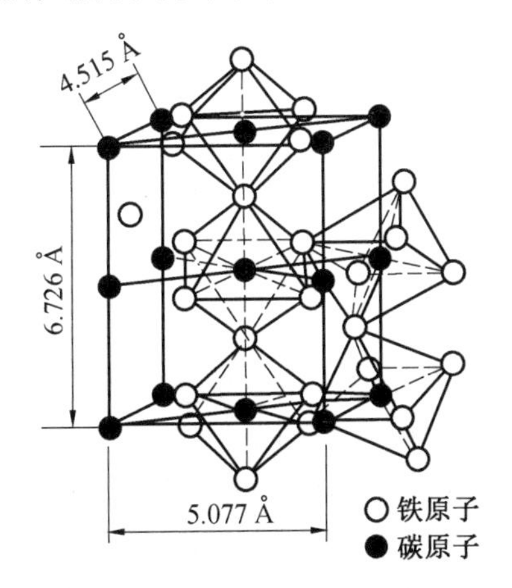

图 1.39　Fe_3C 的晶体结构(1 Å=0.1 nm)

(4)珠光体(P)。

含碳量为 0.77%的奥氏体，当温度降至 727 ℃时，同时析出铁素体和渗碳体，形成的机械混合物称为珠光体，以字母“P”表示。这种在一定的温度下，由一种一定成分的固相物质同时析出两种固相物质的反应，称为共析反应。奥氏体的共析反应可用下式表示：

$$\underset{w_C=0.77\%}{A} \xrightarrow{727\ ℃} F+Fe_3C = P \tag{1.7}$$

当奥氏体的冷却速度较小时，所得到的珠光体为片状珠光体，即铁素体和渗碳体相间分布的片层状组织，冷却速度越小，珠光体的片层越粗大。珠光体的机械性能介于铁素体和渗碳体之间，具体见表1.3。

(5)莱氏体(Ld)。

含碳量为4.3%的液态铁碳合金，当温度降至1 148 ℃时，同时结晶出奥氏体与渗碳体，形成的机械混合物称为高温莱氏体，常用“Ld”表示。这种在一定的温度下从一种一定成分的液相中同时结晶出两种固相物质的反应称为共晶反应。液态铁碳合金的共晶反应可用下式表示：

$$\underset{w_C=4.3\%}{L} \xrightarrow{1\ 148\ ℃} A+Fe_3C = Ld \tag{1.8}$$

当温度降至727 ℃时，高温莱氏体中的奥氏体同样要发生共析反应转变成珠光体，所以在727 ℃以下高温莱氏体(Ld)就变成珠光体与渗碳体的机械混合物，称为低温莱氏体，用“Ld′”表示。由于莱氏体内部有大量的硬而脆的渗碳体，所以硬度很高，脆性很大，塑性和韧性几乎为零。莱氏体不能承受塑性变形，是白口铸铁的基本组织。

表1.3 常温下铁碳合金基本组织的机械性能

组织	表示符号	硬度(HBS)	抗拉强度/MPa	延伸率/%	冲击韧性/(J·m^{-2})	结合类型
铁素体	F	80	250	50	3×10^6	间隙固溶体
渗碳体	Fe_3C	800	30	≈0	0	金属化合物
珠光体	P	160～280	800～850	20～25	3×10^5～4×10^5	铁素体和渗碳体的片层状机械混合物
莱氏体	Ld/ Ld′	＞560	—	≈0	≈0	珠光体和渗碳体的机械混合物

1.3.2 铁碳合金相图分析

相图是用来表示合金系中各个合金的结晶过程的简明图解，又称状态图或平衡图。相图上所表示的组织都是在十分缓慢冷却的条件下获得的，都是接近平衡状态的组织。所谓“相平衡”是指在合金系中，参与结晶或相变过程的各相之间的相对质量和相的浓度不再改变时所达到的一种平衡状态。根据合金相图，不仅可以看到不同成分的合金在室温下的平衡组织，而且可以了解它从高温液态以极缓慢冷却速度冷却到室温所经历的各种相变过程，同时相图还能预测其性能的变化规律。所以相图已成为研究合金中各种组织形成和变化规律的重要工具。

1.铁碳合金相图上各点、线和区域的意义

铁碳合金相图(iron－carbon diagram)是以温度(℃)为纵坐标，含碳量(%)为横坐标，表示不同成分的铁碳合金在缓慢加热或冷却条件下的结晶过程，各种相与平衡存在的温度范围与成分范围及其转变过程。实际上铁碳合金中的含碳量超过 6.67%时，因合金脆性过大而没有使用价值。因而，铁碳合金相图只研究含碳量在 6.67%以下的铁碳合金部分，如图 1.40 所示，其中各特征点的含义见表 1.4。

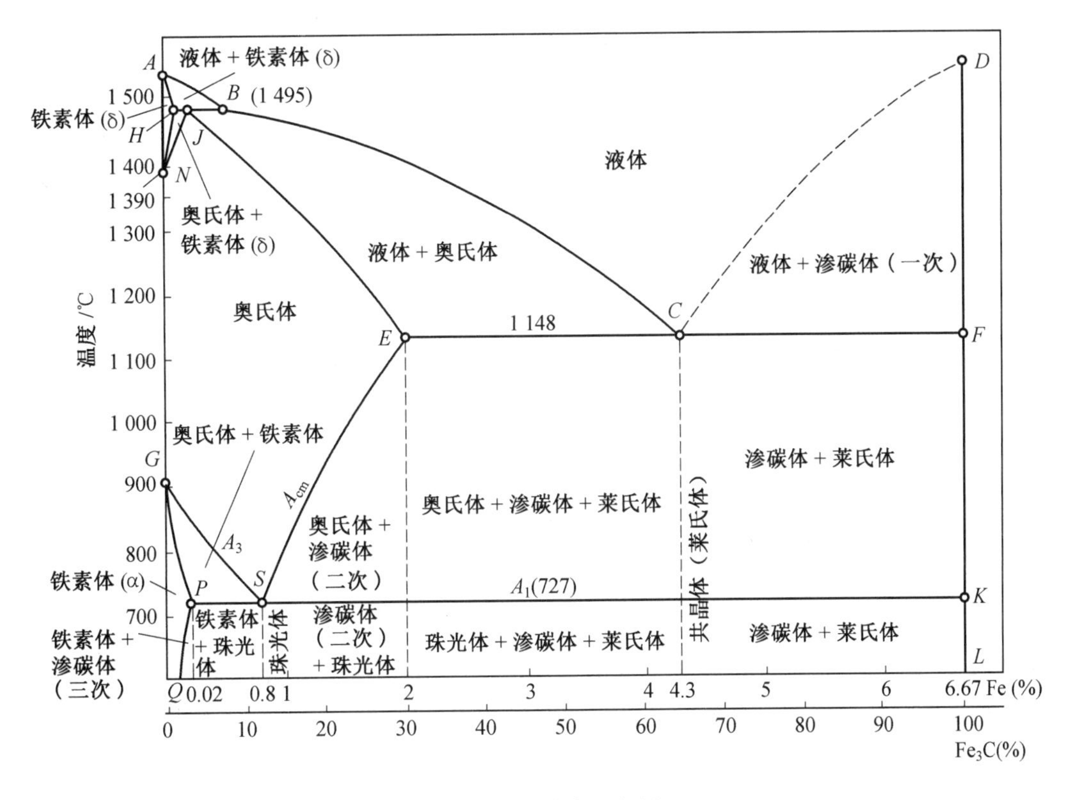

图 1.40　铁碳合金相图

各曲线之间的区域称为相区。若不考虑左上角的包晶反应区，则铁碳合金相图有 8 个封闭的相区，即 *ABCD* 线以上是液相区；*NJESG* 是奥氏体相区；*GPQ* 是铁素体相区；*BCEJ* 是奥氏体与液相金属共存区；*DFC* 是渗碳体与液相金属共存区；*GSP* 是奥氏体和铁素体两相平衡共存区；*SEFK* 是奥氏体和渗碳体两相平衡共存区；*PKLQ* 是铁素体和渗碳体两相平衡共存区。这些相区反映不同含碳量的碳钢和铸铁在不同温度下稳定存在的相。如含碳量为 0.4%的碳钢在 810 ℃位于奥氏体相区，表明此时这种钢中稳定存在的相只是单一的奥氏体(A)。当这种钢由高温缓慢冷却时，大约在 770 ℃开始发生平衡相变，出现铁素体(F)。冷到 727 ℃时发生新的平衡相变，奥氏体全部消失，转变成铁素体和渗碳体($F+Fe_3C$)。

表 1.4　铁碳合金相图中的特征点

特征点	温度/℃	w_C/%	含义	特征点	温度/℃	w_C/%	含义
A	1 538	0	纯铁的熔点	*J*	1 495	0.17	包晶点
B	1 495	0.53	包晶转变时液态合金的成分	*K*	727	6.69	渗碳体的成分
C	1 148	4.3	共晶点	*M*	770	0	纯铁磁性转变温度
D	1 227	6.69	渗碳体的熔点	*N*	1 394	0	γ－Fe⇔δ－Fe 转变温度
E	1 148	2.11	碳在 γ－Fe 中的最大溶解度	*P*	727	0.022	碳在 α－Fe 中的最大溶解度
F	1 148	6.69	渗碳体的成分	*S*	727	0.77	共析点
G	912	0	α－Fe⇔γ－Fe 转变温度	*Q*	600	0.006	该温度下碳在 α－Fe 中的溶解度
H	1 495	0.09	碳在 α－Fe 中的最大溶解度				

铁碳合金相图中有 *ECF* 和 *PSK* 两条水平线。在 *ECF* 线所对应的温度(1 148 ℃)下,发生由含碳 4.3%的液相转变为含碳 2.11%的奥氏体和渗碳体的特殊相变(共晶反应),形成莱氏体(A 和 Fe_3C 的共晶混合物)。在 *PSK* 线对应的温度(727 ℃)下,发生由含碳 0.77%的奥氏体转变为铁素体和渗碳体的特殊相变(共析反应),形成珠光体(F 和 Fe_3C 的共析混合物)。

铁碳合金相图中三条水平线(*HJB*、*ECF*、*PSK*)分别为三个等温反应线,即:

(1) 在 *HJB* 线上(1 495 ℃)发生包晶反应形成奥氏体,称为包晶线。

(2) 在 *ECF* 线上(1 148 ℃)发生共晶反应形成莱氏体,称为共晶线。

(3) 在 *PSK* 线上(727 ℃)发生共析反应形成珠光体,称为共析线。

此外,*ABCD* 线为液相线,即固态合金在加热时的熔化终了线,或液态合金冷却时结晶开始的温度线。*AHJECF* 线为固相线,即液态合金冷却时结晶终了的温度线。*GS* 线即 A_3 线,是加热时铁素体转变为奥氏体的终了温度线,或冷却时奥氏体转变为铁素体的开始温度线。*GP* 线是加热时铁素体转变为奥氏体的开始温度线,或冷却时奥氏体转变为铁素体的终了温度线。*SE* 线即 A_{cm} 线,是加热时渗碳体溶入奥氏体的终了线。即含碳量大于 0.8%时,碳在奥氏体中的溶解度线,也是冷却时从奥氏体中析出二次渗碳体的开始线。*PQ* 线是碳在铁素体中的溶解度线,也是冷却时从铁素体中析出三次渗碳体的开始线。

钢铁在加热或冷却时,其中的一些相会转变为另一些相,即发生相变(图 1.41)。在缓慢加热或冷却条件下发生的相变是平衡相变,转变产物是稳定的组织,即平衡组织。快速加热或者是快速冷却时则会发生不平衡相变，形成不稳定的组织，即不平衡组织。一旦原子有了足够的活动能力而且有足够时间完成某些运动，不平衡组织会重新转变为平衡组织。碳合金平衡相图只反映碳钢和铸铁的平衡相变和平衡组织，不反映它们的不平衡相变和不平衡组织。

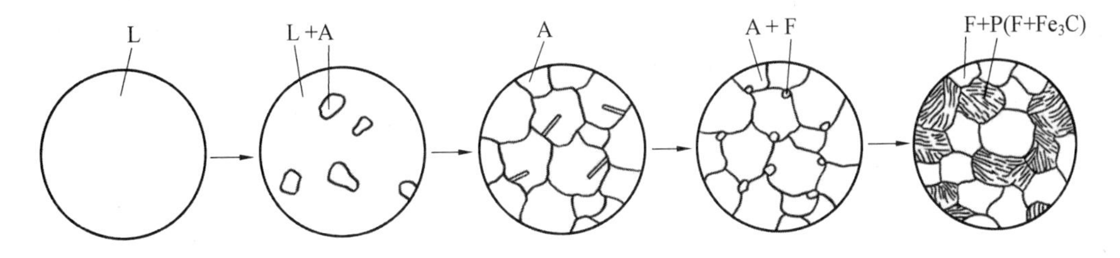

图 1.41　亚共析钢液在冷却过程中的组织转变示意图

2. 铁碳合金分类

铁碳合金通常按其含碳量(w_C)及室温平衡组织分为三大类：工业纯铁(pure iron)、碳钢(carbon steel)、铸铁(cast iron)。根据碳钢和铸铁的相变、组织特征还可把二者细分。即：

(1)工业纯铁(w_C<0.021 8%)的显微组织为固溶体。

(2)碳钢是含碳量在 0.021 8%～2.11%之间的铁碳合金。其特点是高温组织为单相的 γ，具有很好的塑性，因而可以进行锻造、轧制等加工。根据其室温组织的不同，碳钢又可分为共析钢(w_C=0.77%)、亚共析钢(w_C=0.021 8%～0.77%)和过共析钢(w_C=0.77%～2.11%)。常用的结构钢含碳量大都在 0.5%以下，由于含碳量低于 0.77%，所以组织中的渗碳体量也少于 12%，于是铁素体除去一部分要与渗碳体形成珠光体外，还会有多余的出现，所以这种钢的组织是铁素体＋珠光体。含碳量越少，钢组织中珠光体比例也越小，钢的强度也越低，但塑性越好。

(3)白口铸铁是含碳量在 2.11%～6.69%之间的铁碳合金。其特点是液态合金结晶时都发生共晶反应，液态时有良好的流动性，因而铸铁都具有良好的铸造性能。但因共晶产物是以 Fe_3C 为基的莱氏体组织，所以性能硬、脆，不能锻造，其断口呈银白色，故称为白口铸铁。

1.3.3　铁碳合金相图的应用

铁碳合金相图从客观上反映了钢铁材料的组织随成分和温度变化的规律，因此在工程上为选材、用材以及制定铸、锻、焊、热处理等热加工工艺提供了重要的理论依据。

1. 作为选材的依据

要求强度、硬度不高，但塑性、韧性及焊接性能好，要求适合于生产成形性能很好的各种型材、板材、带材、管材等，可选用低碳钢。要求强度和韧性比较好，可以用来制造工作中承受冲击荷载和要求较高强度的各种机械零件，可选用中碳钢。要求强度、硬度高而耐磨的各种切削刀具、模具及量具等，可选用高碳钢。白口铸铁的硬度极高，脆性很大，不能进行压力加工，但其铸造性能较碳钢好，适用于制造形状复杂、不受冲击且要求耐磨的铸件。

2. 铸造生产方面的应用

根据铁碳合金相图确定合金的浇注温度。浇注温度一般在液相线以上 50～100 ℃(图 1.42)。纯铁和共晶白口铸铁的铸造性能最好。后者的浇注温度比纯铁低，凝固温度区间最小，因而流动性好，分散缩孔少，可以获得致密的铸件。所以在铸铁生产中总是选在共晶成分附近；在铸钢生产中，含碳量规定在 0.15%～0.6%之间，因为这个范围内钢的结晶温度区间较小，铸造性能较好。

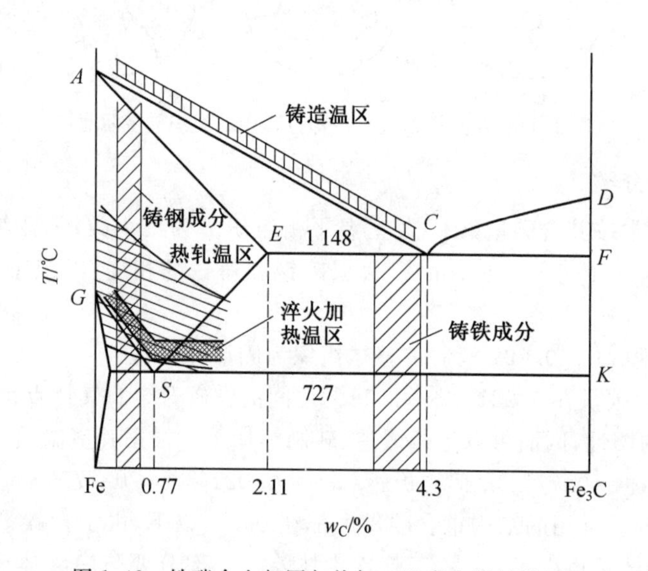

图 1.42　铁碳合金相图与热加工温度之间的关系

3. 锻造生产方面的应用

钢处于奥氏体状态时强度较低，塑性较好，因此锻造或轧制选在单相奥氏体区进行。一般始锻、始轧温度控制在固相线以下 100～200 ℃范围内。一般始锻温度为 1 150～1 250 ℃，终锻温度为 750～850 ℃。

4. 热处理方面的应用

钢材的一些热处理工艺，如退火、正火、淬火的加热温度都是依据 Fe－ Fe_3C 相图确定的，详细内容将在本章 1.6 节钢材的热处理中介绍。

在应用 Fe－Fe_3C 相图时应注意以下两点：

(1)Fe－Fe_3C 相图只反映铁碳二元合金中相的平衡状态，如含有其他元素，相图将发生变化。

(2)Fe－Fe_3C 相图反映的是平衡条件下铁碳合金中相的状态，若冷却或加热速度较快，其组织转变就不能只用相图来分析了。

1.4　生产过程对钢材组织和性能的影响

1.4.1　冶炼方法

自然界中的铁是以氧化物形态存在于铁矿石中，要从矿石中得到铁，就要用与氧的亲和力比铁更强的物质，如一氧化碳或碳等还原剂，通过还原作用从矿石中除去氧，还原出铁。同时，为了使砂质和黏土质的杂质(矿石中的废石)易于熔化为熔渣，常用石灰石作为熔剂。所有这些作用只有在足够高的温度下才会发生，因此铁的冶炼都是在可以鼓入热风的高炉内进行。装入炉膛内的铁矿石、焦炭、石灰石和少量的锰矿石，在鼓入的热风中发生反应，在高温下成为熔融的生铁(含碳量超过 2.06%的铁碳合金称为生铁或铸铁)和漂浮其上的熔渣。常温下的生铁质坚而脆，但由于其熔化温度低，在熔融状态下具有足够的流动性，且价格低廉，故在机械制造业的铸件生产中有广泛的应用。铸铁管是土木建筑业中少数应用生铁的例子之一。

铁水中含有 C、S、P 等杂质，影响铁的强度和脆性等，因此需要对铁水进行再冶炼，以去除上述杂质，并加入 Si、Mn 等，调整其成分。对铁水进行重新冶炼以调整其成分的过程称作炼钢。炼钢的主要原料是含碳较高的铁水或生铁以及废钢铁。为了去除铁水中的杂质，还需要向铁水中加入氧化剂、脱氧剂和造渣材料，以及铁合金等材料，以调整钢的成分。含碳较高的铁水或生铁加入炼钢炉以后，经过供氧吹炼、加矿石、脱碳等工序，将铁水中的杂质氧化除去，最后加入合金，进行合金化，便得到钢水。

目前主要应用的炼钢方法有平炉炼钢法、转炉炼钢法和电炉炼钢法。

(1)平炉炼钢法是将经过预热的空气和煤气送入熔池，在铁水表面燃烧，能够比较完全地将铁水中的碳和其他杂质氧化，得到优质的钢，如图 1.43 所示。同转炉炼钢法相比，可大量使用废钢，而且生铁和废钢配比灵活；对铁水成分的要求不像转炉炼钢法那样严格，可使用转炉炼钢法不能用的普通生铁；能炼的钢种比转炉炼钢法多，质量较好。在 20 世纪 50 年代以前，平炉炼钢法炼钢占世界钢产量的 85%。近年来，由于纯氧顶吹转炉炼钢技术的发展，转炉炼钢法炼钢的产量大幅度增长，世界各国平炉炼钢法炼钢产量才逐年下降。平炉炼钢法的最大缺点是冶炼时间长(一般需要 6～8 h)，燃料耗损大(热能的利用只有 20%～25%)，基建投资和生产费用高。

(2)转炉炼钢法的特点是不从外部引入热源，而是利用对已经有一定温度的铁水(必须与化铁设备或炼铁设备联用)吹入氧气和高压热空气，利用氧气与铁水中的各种元素(例如 C、Si、Mn、P 等)的化学反应放出的热量维持冶炼必需的温度，如图 1.44 所示。早期的转炉炼钢法炼钢都用空气吹炼，所含有害杂质多，尤其是含氮较多，使钢易脆，并对时效敏感。转炉炼钢法炼钢改用氧气吹炼后，大大改善了质量。如果吹入的氧气纯度高于 99.5%，则钢材的综合性能优于平炉炼钢法炼钢。氧气转炉炼钢法炼钢具有投资少、建厂快、生产效率高、原料适应性强等优点，已成为炼钢工业发展的主要方向。

(3)电炉炼钢法是以电能为热源，即令强大的电流通过电极与炉料之间的放电电弧产生冶炼所需要的热量，如图 1.45 所示。在电弧作用区，温度高达 4 000 ℃，在炉内不仅能

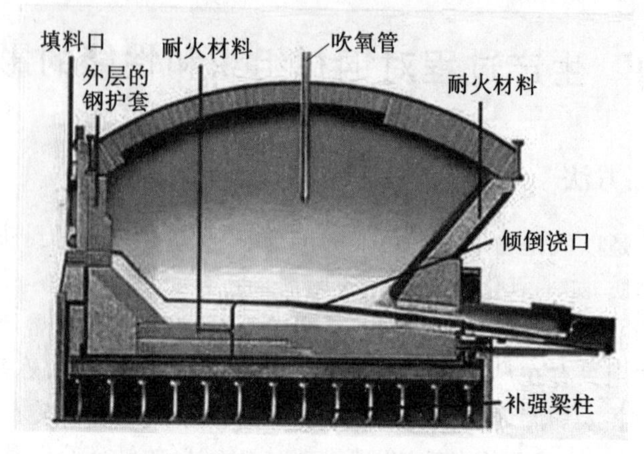

图 1.43　平炉结构示意图

造成氧化气氛，还能造成还原气氛，因此脱磷、脱硫的效率很高。电炉炼钢法炼钢多用来生产优质碳素结构钢、工具钢和合金钢。这类钢质量优良、性能均匀。在相同含碳量时，电炉炼钢法炼钢的强度和塑性优于平炉炼钢法炼钢。

冶炼这一冶金过程形成钢的化学成分与含量（质量分数）、钢的金相组织结构，还不可避免地存在冶金缺陷，从而确定不同的钢种、钢号及其相应的力学性能。

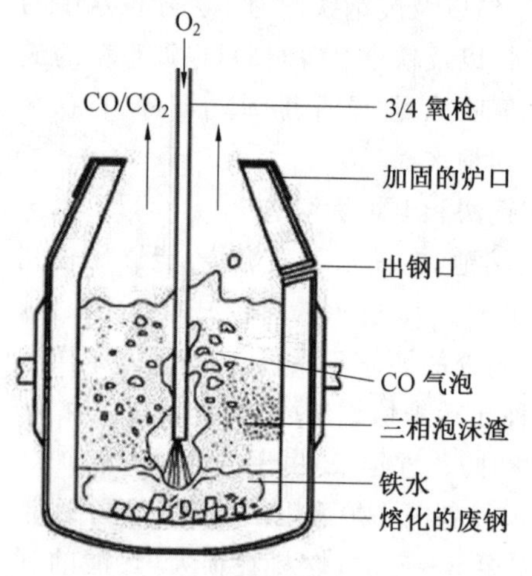

图 1.44　氧气顶吹转炉结构示意图

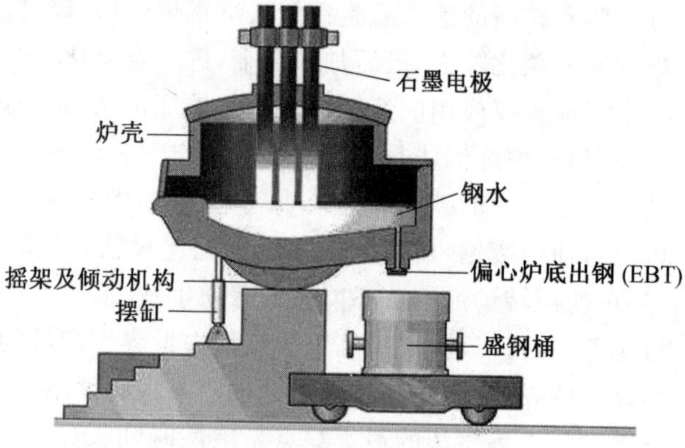

图 1.45　电弧炉结构示意图

1.4.2　钢水的结晶与铸锭

1. 凝固与结晶

物质从液态到固态的转变过程统称为凝固，如果通过凝固能形成晶体结构，则可称为结晶。凡纯元素（金属或非金属）的结晶都具有一个严格的平衡结晶温度，高于此温度便发生熔化，低于此温度才能进行结晶；处于平衡结晶温度时，液体与晶体同时共存，达到可逆平衡。而一切非晶体物质则无明显的平衡结晶温度，凝固是在某一温度范围逐渐完成。

为什么纯元素的结晶都具有一个严格不变的平衡结晶温度呢？这是因为它们的液体与晶体之间的能量在该温度下能够达到平衡。物质中能够自动向外界释放出多余的或能够对外做功的这一部分能量称为自由能(F)。同一物质的液体与晶体，由于结构不同，在不同温度下的自由能变化是不同的，如图 1.46 所示。因此便会在一定的温度下出现一个平衡点，即理论结晶温度(T_0)。当低于理论结晶温度时，由于液相的自由能($F_液$)高于固相晶体的自由能($F_晶$)，液体向晶体的转变伴随着能量释放，因而有可能发生结晶。换句话说，要使液体结晶，就必须使其温度低于理论结晶温度，造成液体与晶体间的自由能差($\Delta F = F_液 - F_晶$)，即液相与固相间的自由能差是结晶的驱动力。实际结晶温度(T_1)与理论结晶温度(T_0)之间的温度差称为过冷度($\Delta T = T_0 - T_1$)。实际上金属总是在过冷的情况下结晶，但同一金属结晶时的过冷度不是一个恒定值，它与冷却速度有关。结晶时冷却速度越大，所需过冷度就越大，即金属的实际结晶温度就越低。

由于结晶时总伴有一定的能量释放，即结晶潜热，因而利用这一热效应，便可以进行实际结晶温度的测定，这种测定结晶温度的方法称为热分析法。此法是将欲测定的金属首先加热熔化，而后以缓慢的速度进行冷却；冷速越慢，测得的实际结晶温度便越接近理论结晶温度。冷却时，将温度随时间变化的曲线记录下来，便可得到如图 1.47 所示的冷却曲线。冷却曲线出现水平台阶的温度即为实际结晶温度。水平台阶的出现是因为结晶时放出的结晶潜热补偿了金属向环境散热所引起的温度下降。必须指出，在水平台阶出现之前，常会出现一个较大的过冷现象，为结晶的发生提供足够的驱动力；而一旦结晶开始，放出潜热，便会使其温度回升到水平台阶的温度。

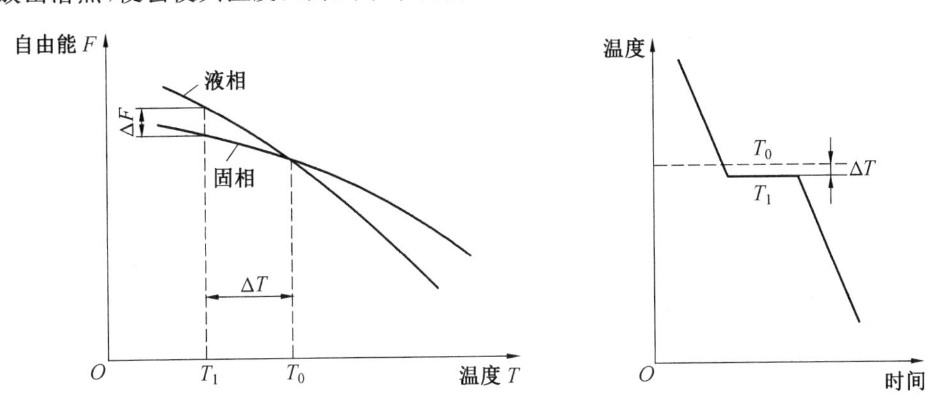

图 1.46　液体与晶体在不同温度下的自由能变化　　图 1.47　纯金属结晶时的冷却曲线示意图

2. 晶核的形成与成长

纯金属的结晶过程是在冷却曲线平台上所经历的这段时间内发生的，是不断形成晶核和晶核不断成长的过程，如图 1.48 所示。

试验证明，液态金属中总是存在着许多类似于晶体中原子有规则排列的小集团，在理论结晶温度以上，这些小集团是不稳定的，时聚时散，此起彼伏；当低于理论结晶温度时，这些小集团中的一部分就成为稳定的结晶核心，称为晶核。随着时间的推移，已形成的晶核不断成长，同时液态金属中又会不断地产生新的晶核并不断成长，直至液态金属全部消失，晶体彼此相互接触为止，所以一般纯金属是由许多晶核长成的外形不规则的晶粒和晶界所组成的多晶体。

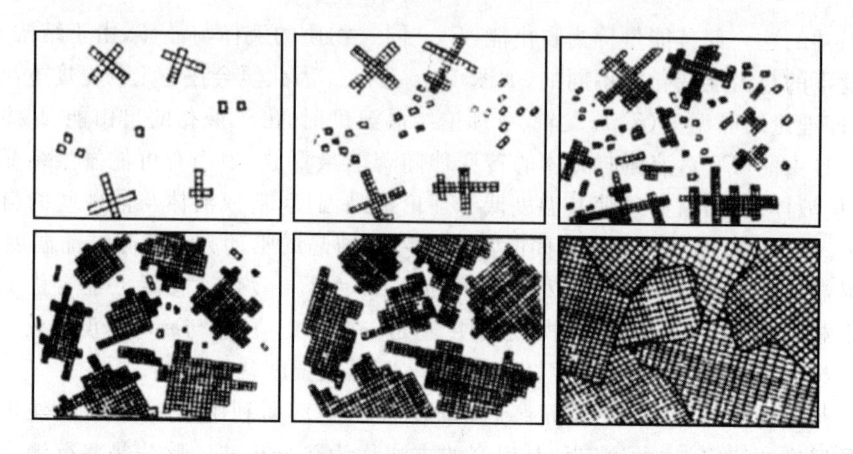

图 1.48　金属结晶过程示意图

在晶核成长初期，因其内部原子规则排列的特点，其外形也是比较规则的。随着晶核的成长，形成了晶体的棱边和顶角，由于棱边和顶角处的散热条件优于其他部位，晶粒在棱边和顶角处就能优先成长，如图 1.49 所示。由图 1.49 可见，其生长方式像树枝一样，先长出枝干(称为一次晶轴)，然后再长出分枝(称为二次晶轴)。依此类推，这些晶轴彼此交错，宛如枝条茂密的树枝。这些树枝状晶体称为枝晶，这种成长方式称为枝晶成长。冷却速度越快，枝晶成长的特点便越明显。图 1.50 所示为枝晶的显微组织。

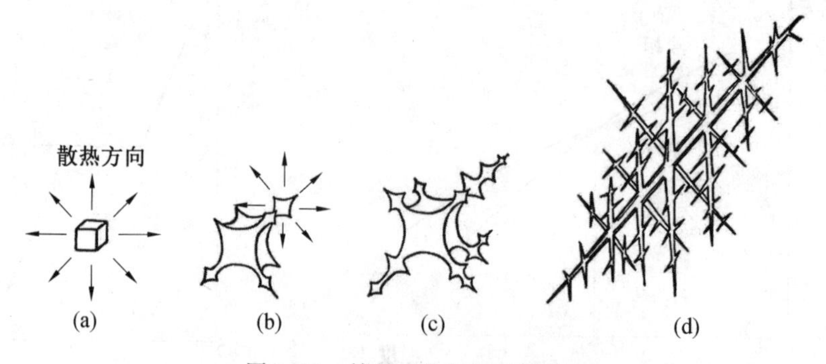

图 1.49　枝晶成长过程示意图

图 1.50　枝晶的显微组织

在枝晶成长的过程中，液体的流动、枝干本身的重力作用和彼此间的碰撞，以及杂质元素的影响等，会使某些枝干发生偏斜或折断，以致造成晶粒中的嵌镶块、亚晶界及位错等各种缺陷。

3. 晶粒的大小与控制

(1)晶粒大小与性能的关系。

金属是由许多晶粒组成的多晶体，晶粒的大小是金属组织的重要标志之一。晶粒的大小称为晶粒度(grain size)，可用单位体积内晶粒的数目来表示，数目越多晶粒越小。晶粒大小对材料的性能影响很大，实践证明，晶粒越细小，材料的强度越高；不仅如此，晶粒细小还可以提高材料的塑性和韧性。因此，工业生产中经常通过细化晶粒的方法来改善金属的机械性能。

(2)晶粒大小的控制。

金属结晶后单位体积中晶粒数目 Z_v 取决于结晶时的晶核形成率 N（晶核形成的数目/s · mm^3）和晶核成长率 G(mm/s)，它们之间存在着以下关系：

$$Z_v = 0.9\left(\frac{N}{G}\right)^{3/4} \tag{1.9}$$

可以看出，当晶核成长率 G 一定时，晶核形成率 N 越大，晶粒数目就越多，即晶粒越细；当晶核形成率一定时，晶核成长率越大，晶粒数目就越少，即晶粒越粗。因此，要控制金属结晶后晶粒的大小，必须控制晶核形成率 N 与晶核成长率 G 这两个因素。主要途径有：

①增加过冷度。金属结晶时的冷却速度越快，其过冷度便越大，不同过冷度 ΔT 对晶核形成率 N 和晶核成长率 G 的影响如图 1.51 所示。在一般过冷度下，晶核形成率 N 的增长率大于晶核成长率 G 的增加率，因此增加过冷度会使 N 与 G 的比值增大，使单位体积中晶粒数目 Z_v 增多，故晶粒变细。图 1.51 中虚线部分说明当过冷度很大时，N 和 G 随过冷度 ΔT 的增加而减小。原因是：在过冷度很大情况下，实际结晶温度已很低，液体中原子扩散速度很小，因而使结晶困难，晶核形成率 N 和晶核成长率 G 降低。实际生产中，液态

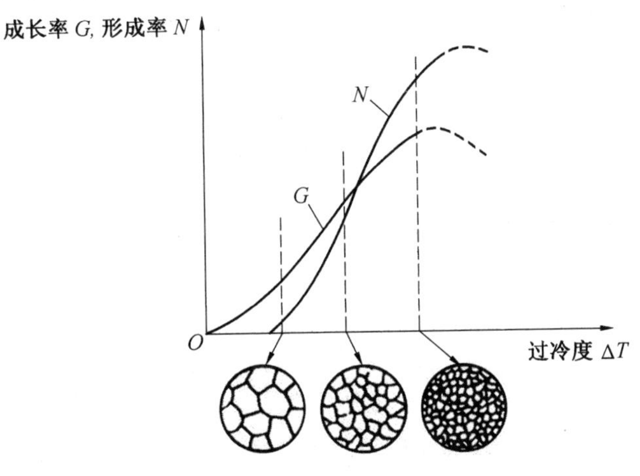

图 1.51　晶核的形成率 N 和成长率 G 与过冷度 ΔT 的关系

金属在还没有达到这种过冷程度之前早已结晶完毕。

② 变质处理。在液态金属结晶前，加入一些细小的变质剂，使金属结晶时的晶核形成率 N 增加或成长率 G 降低，这种细化晶粒的方法，称为变质处理。此法广泛用于工业生产中，例如向钢中加入钛、硼、铝等，向铸铁中加入硅、钙等，都是典型的实例。

③ 附加振动的影响。金属结晶时，如对液态金属附加机械振动、超声波振动、电磁振动等措施，由于振动能使液态金属在铸模中运动加速，造成枝晶破碎，这就不仅可以使已成长的晶粒因破碎而细化，而且破碎的枝晶可以起晶核作用，增加晶核形成率 N。所以，附加振动也能使晶粒细化。

4. 钢锭组织

钢锭的结晶是大体积液态金属的结晶，虽然其结晶过程遵循了上述基本规律，但还将受到其他各种因素，如金属纯度、熔化温度、浇注温度、冷却条件等的影响。图 1.52 为钢锭剖面组织示意图，其组织由三层不同的晶粒组成。

(1)表面细晶粒层。表层细晶粒的形成主要是因为钢液刚浇入铸模后，模壁温度较低，表层金属遭到剧烈的冷却，造成较大的过冷。此外，模壁的人工晶核作用也是这层晶粒细化的原因之一。

(2)柱状晶粒层。在表面细晶粒形成后，随着模壁温度升高，剩余液态金属的冷却逐渐减慢，并且由于结晶潜热的释放，细晶区前沿液体的过冷度减小，晶核的形成率不如成长率大，各晶粒便可得到较快的成长，而此时凡枝干垂直于模壁的晶粒，不仅因其沿着枝干向模壁传热比较有利，而且它们的成长也不致因相互抵触而受限制，所以只有这些晶粒才能优先得到成长，从而形成柱状晶粒。

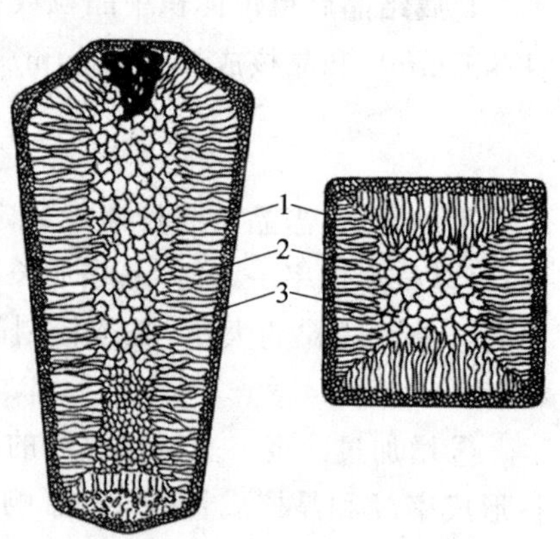

图 1.52　钢锭剖面组织示意图

1—表面细晶粒层；2—柱状晶粒层；3—中心等轴晶粒层

(3)中心等轴晶粒层。随着柱状晶粒成长到一定程度，通过已结晶的柱状晶层和模壁向外散热的速度越来越慢，在钢锭中心的剩余液体温差也越来越小，散热方向性已不明显，而趋于均匀冷却的状态；同时由于种种原因，如液体金属的流动可能将一些未熔杂质推至钢锭中心，或将柱状晶的枝晶分枝冲断，飘移到钢锭中心，它们都可以成为剩余液体的晶核，这些晶核由于在不同方向上的成长率相同，因而便形成较粗大的中心等轴晶粒层。

由上可知，钢锭组织是不均匀的。从表层到中心依次由细小的等轴晶粒、柱状晶粒和粗大的等轴晶粒组成。改变凝固条件可以改变这三层晶区的相对大小和晶粒的粗细，甚至获得只由两层或单层晶区组成的钢锭。

钢锭一般不希望得到柱状晶组织，因为其塑性较差，而且柱状晶平行排列呈现各向异性，在锻造或轧制时容易发生开裂，尤其在柱状晶层的前沿及柱状晶彼此相遇处，当存在低熔点杂质而形成一个明显的脆弱界面时，更容易发生开裂，所以生产上经常采用振动浇注或变质处理等方法来抑制结晶时柱状晶粒层的扩展。

5. 铸造缺陷

在金属铸锭中，除组织不均匀外，还经常存在各种铸造缺陷，如缩孔、疏松、气孔及偏析等。由于钢液凝固时要发生体积收缩，当钢液在钢模中由外向内、自下而上凝固时，最后凝固的部位得不到钢液的补充，便会在钢锭的上部形成缩孔。缩孔周围的微小分散孔隙称作疏松，它主要是由于枝晶在成长过程中，因枝干间得不到钢液的补充而形成的。在缩孔和疏松的周围，还常会积聚各种低熔点的杂质而形成所谓区域偏析。此外，钢锭中还可能存在气孔、裂纹、非金属夹杂以及晶粒内化学成分不均匀（或称作晶内偏析）等缺陷。

钢中化学成分与杂质分布的不均匀现象，称为偏析。一般将高于平均成分者，称为正偏析，低于平均成分者，称为负偏析。还有宏观偏析（如区域偏析）与微观偏析（如枝晶偏析、晶间偏析）之分。大锻件中的偏析与钢锭偏析密切相关，而钢锭偏析程度又与钢种、锭型、冶炼质量及浇注条件等有关。合金元素、杂质含量、钢中气体均加剧偏析的发展。钢锭越大，浇注温度越高，浇注速度越快，偏析程度就越严重。

区域偏析属于宏观偏析，是指在一个铸锭或铸件内，各区域成分不一致的现象。如镇静钢中气体在上浮过程中带动富集杂质的钢液上升的条状轨迹，形成须状 A 形偏析。顶部先结晶的晶体和高熔点的杂质下沉，仿佛结晶雨下落形成的轴心 V 形偏析。沉淀于锭底形成负偏析沉积锥（锥状负偏析区）。最后凝固的上部区域，碳、硫、磷等偏析元素富集，成为缺陷较多的正偏析区（帽口下缘偏析富集区）（图 1.53(a)）。

沸腾钢钢锭凝固时强烈析出气体，引起钢水强制对流与沸腾，与镇静钢钢锭中常见的偏析带大为不同。沸腾钢钢锭一般没有 A 形偏析和明显的 V 形偏析。但在钢锭内，却存在着显著的宏观偏析。图 1.53(b) 为典型沸腾钢钢锭中心纵剖面上含碳量的分布图。在沸腾钢钢锭内，偏析元素含量由表面向中心、自锭底向头部逐步增高。钢锭下部约 1/3 高度内，偏析元素含量由表面向中心的增加较平缓，多数情况下为负偏析区；而在上部约 1/3 高度内，偏析元素含量由表面向中心增加急剧，且在上部 10%～20% 高度内，轴心区偏析元素含量达最高值，成为沸腾钢锭内最严重的偏析区。

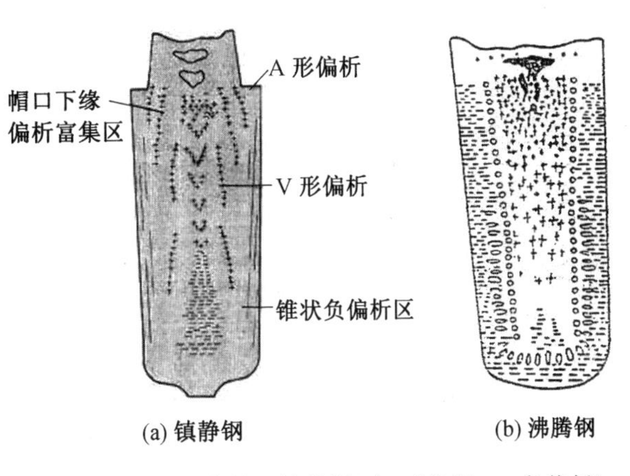

图 1.53　钢锭中的区域偏析（+ 正偏析，− 负偏析）

1.4.3 脱氧方法

钢锭因浇铸前钢液中含氧量的不同，分为沸腾钢、半镇静钢和镇静钢三种基本类型。这三种钢锭的特性比较见表 1.5。

表 1.5　几种钢锭的特性比较

钢锭种类	脱氧程度	适用的钢种（成分的限制）	用途	钢锭成坯率/%	成本	钢锭的特性		偏析
						表面质量	内部结构完整性	
沸腾钢	轻度脱氧	$w_C<0.3\%$，$w_{Mn}<0.60\%$的一般低碳钢	轧制出来即可直接使用的结构用低碳钢及薄板、表面处理钢板	90	最便宜	最好	气孔多，表面有完整的沸腾层	铸钢头部有偏析
半镇静钢	较强脱氧	主要是低碳钢（其成分较沸腾钢限制少）	在轧制出来即可直接使用的结构钢中，用沸腾钢不适宜时主要采用半镇静钢	90	较镇静钢便宜		有皮下气泡及若干二次缩孔	与沸腾钢、压盖沸腾钢相比，头部偏析轻微
镇静钢	完全脱氧	优质碳素结构钢及合金钢	切削、加工、焊接、热处理等所必需的均质材料	无保温帽为 84；带保温帽为 77	价格最高	容易产生发纹、针孔等缺陷	带保温帽时最完整	偏析最少，但有 V 型与倒 V 型偏析

沸腾钢是一种在浇铸前不脱氧或仅用锰进行轻度脱氧的钢。由于脱氧不完全，因此钢液中含氧量较高（0.02%～0.04%）。当钢液注入锭模后，在凝固过程中随着温度下降钢液中的碳氧发生反应，生成大量的CO气体，在钢锭模内产生激烈的沸腾搅拌作用，致使钢液一边沸腾，一边凝固，故称为沸腾钢。沸腾钢由于部分CO存留在钢锭内形成疏松分散的气泡，能补偿钢在凝固时的体积收缩。所以，钢锭内没有集中缩孔，头部切除量小，成材率较高。沸腾作用清除了凝固层中的杂质，故可得到表层洁净、具有一定厚度细晶带的钢锭。沸腾钢的凝固过程进行到一定程度时，由于残存钢液的温度降低，黏度增加，沸腾作用减弱，因此较多杂质残留在钢锭心部，使成分偏析增大，组织不致密，力学性能不均匀，而且韧性较低，用途受到限制。沸腾钢一般用于低碳钢，适宜轧制型钢、钢板和拉制钢丝等，也适于冲压加工，有较好的焊接性能。

半镇静钢钢锭的结构与沸腾钢相似，有少量气泡而无或少缩孔，性能则与镇静钢相近（偏析小，性能较好）。半镇静钢浇铸初期不产生气泡，当顶部自然凝固封顶后（可采用瓶口模促进封顶），由于钢液中碳和氧的富集和温度降低，因此在钢锭顶部产生少量CO气泡，填充整个钢液的凝固收缩空间。因此，可得到与沸腾钢相近的钢锭成坯率。用半镇静钢代替镇静钢后，切头减少、钢坯收得率可提高7%～10%；节约脱氧用的硅铁和铝近半。半镇静钢在冶炼操作上较难掌握，目前产量较少。国家标准《碳素结构钢》（GB/T 700—2006）已取消了半镇静钢。

镇静钢又称全脱氧钢，凝固过程中钢液内含氧量不超过0.01%（一般在0.002%～0.003%），不会与钢中碳反应生成CO气泡，因而平静地凝固成锭，故称之为镇静钢。铸前钢液须经充分脱氧，如用硅和铝脱氧，钢中含硅量在0.3%左右，含铝量在0.02%～0.06%。镇静钢锭均有缩孔，必须用带保温帽的锭模浇铸。镇静钢钢锭上部硫化物夹杂多，下部硅酸盐夹杂多，而中间部分质量最好。由于镇静钢凝固平静，所以不会发生像沸腾钢那样严重的偏析，钢锭成分较均匀，组织致密。但钢锭头部有较大缩孔，而使成材率降低，成本提高。轧制后经过切头，钢锭成坯率为85%～89%。近年广泛采用发热保温帽和隔热板保温帽等以提高成坯率。一般合金钢和优质碳素结构钢都为镇静钢。

镇静钢的性能优于沸腾钢，主要表现在容易保证必要的冲击韧性。图1.54给出化学成分十分接近的镇静钢板与沸腾钢板冲击韧性a_k随温度变化的曲线。钢的含碳量为0.20%。曲线1的钢板厚度为10 mm，为铝补充脱氧的镇静钢板，脆性转变温度约为−60 ℃；曲线2的钢板厚度为18 mm，为沸腾钢板，其冲击韧性在室温下只略低于镇静钢板，但在负温下相差悬殊，脆性转变温度约为−10 ℃。

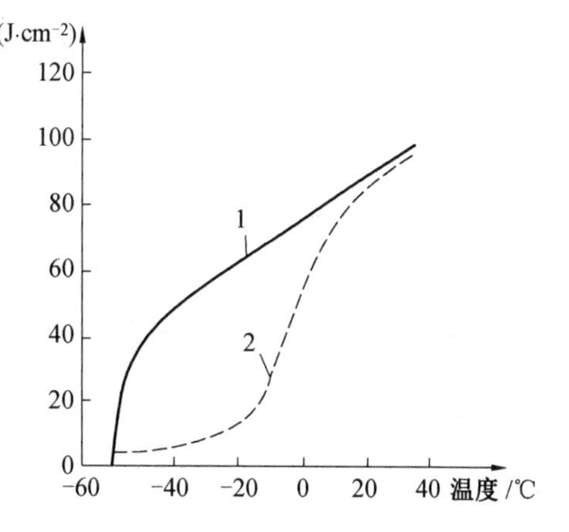

图1.54　镇静钢板与沸腾钢板冲击韧性

1—镇静钢板；2—沸腾钢板

国家标准《碳素结构钢》（GB/T 700—2006）规定，Q235钢分为A、B、C、D四个质量等级，其中A、B级可以是沸腾钢和镇静钢，C级必须是镇静钢，D级必须是特殊镇静钢。特殊镇静钢是比镇静钢脱氧程度更充分彻底的钢。国家标准《低合金高强度结构钢》(GB/T 1591—2018)规定，Q355、Q390、Q420 和 Q460 钢按化学成分和冲击韧性划分为 B、C、D、E、F 五个质量等级，其中 B 级为镇静钢，C、D、E、F 级为特殊镇静钢。

1.5　加工对钢材组织和性能的影响

金属塑性变形加工有热加工和冷加工两类方法：①热加工是将钢材加热到塑性变形阶段后再进行整体成型加工的方法，主要有热锻压和热轧两种；②冷加工是在常温下，通过冷拉、冷拔、冷轧或冷扭等方式，使钢材产生塑性变形的机械加工方法(图 1.55)。热加工和冷加工不是根据变形时是否加热来区分，而是根据变形时的温度处于再结晶温度以上还是以下来划分的。

热加工能量消耗小，但钢材表面易氧化。一般用于截面尺寸大、变形量大、在室温下加工困难的工件。冷加工一般用于截面尺寸小、塑性好、尺寸精度及表面光洁度要求高的工件。

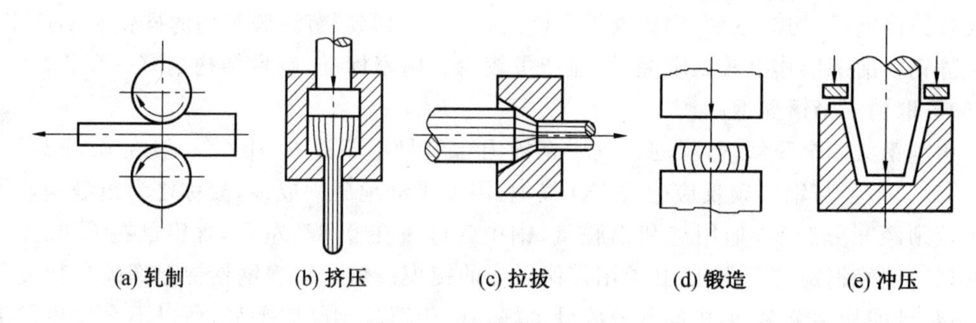

图 1.55　金属冷加工方法

1.5.1　塑性变形后的金属在加热时组织和性能的变化

金属经塑性变形后，组织结构和性能发生很大的变化。如果对变形后的金属进行加热，金属的组织结构和性能又会发生变化。随着加热温度的提高，变形金属将相继发生回复、再结晶和晶粒长大过程(图 1.56)。

1. 回复

加热温度较低时，原子仅能做短距离扩散，回复到平衡位置。例如偏离晶格结点位置的原子回复到结点位置，空位向晶体表面、晶界处或位错处移动，使晶格结点恢复到较规则形状，晶格畸变减轻，残留应力显著降低，物理和化学性能也基本恢复到变形前的情况。但显微组织尺寸没有明显改变，位错密度未显著减少，因而力学性能变化不大，称此阶段为回复。

产生回复的温度 $T_{回复}$ 为

$$T_{回复} = (0.25 \sim 0.3)\, T_{熔点} \tag{1.10}$$

式中　$T_{熔点}$ ——该金属的熔点，单位为绝对温度(K)。

由于加热温度不高，回复过程材料的强度和硬度只略有降低，塑性增大，但残余应力大大降低。工业上常对已产生冷变形强化的金属在较低温度下加热，利用回复过程使其残留应力基本消除，而保留了其强化的力学性能，这种处理称为低温去应力退火。

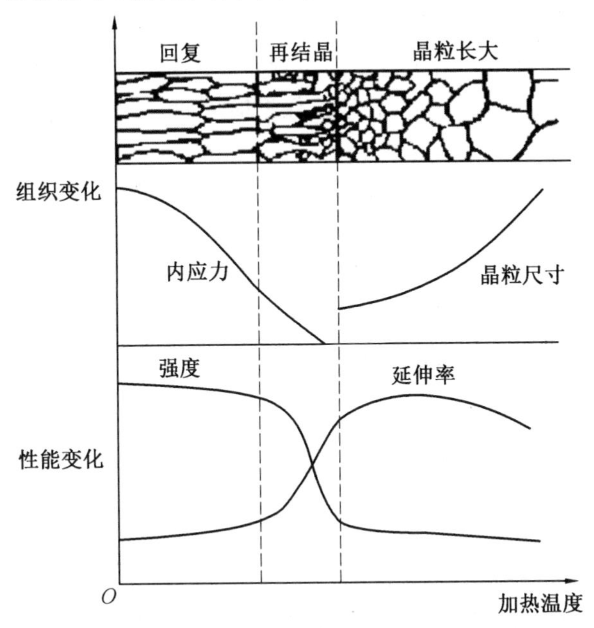

图 1.56　变形金属加热时组织和性能变化示意图

2. 再结晶

(1)再结晶过程及其对金属组织、性能的影响。

变形后的金属在较高温度加热时，由于原子扩散能力增大，被拉长(或压扁)、破碎的晶粒通过重新成核、长大变成新的均匀、细小的等轴晶，这个过程称为再结晶。变形金属进行再结晶后，金属的强度和硬度明显降低，而塑性和韧性大大提高，加工硬化现象被消除，此时内应力全部消失，物理、化学性能基本上恢复到变形以前的水平。再结晶生成的新的晶粒的晶格类型与变形前、变形后的晶格类型均一样。

(2)再结晶温度。

变形后的金属发生再结晶的温度是一个范围，并非某一恒定值。一般所说的再结晶温度指的是最低再结晶温度 $T_{再}$，通常用经大变形量(70%以上)的冷塑性变形的金属，经 1 h 加热后能完全再结晶的最低温度来表示。最低再结晶温度与金属的熔点有如下关系：

$$T_{再} = (0.35 \sim 0.4)\, T_{熔点} \tag{1.11}$$

式(1.11)中的温度单位为绝对温度(K)。

最低再结晶温度与下列因素有关：

①预先变形度。金属再结晶前塑性变形的相对变形量称为预先变形度。预先变形度越大，金属的晶体缺陷就越多，组织越不稳定，最低再结晶温度也就越低。当预先变形度达到一定大小后，金属的最低再结晶温度趋于某一稳定值。

②金属的熔点。熔点越高，最低再结晶温度也会越高。

③杂质和合金元素。金属中的微量杂质或合金元素(尤其是高熔点的元素)常会阻碍原子扩散和晶界迁移,从而显著提高再结晶温度。例如,纯铁的最低再结晶温度约为450 ℃,加入少量的碳形成低碳钢后,再结晶温度提高到500～650 ℃。

④加热速度和保温时间。由于再结晶过程是在一定时间内完成的,所以提高加热速度可使再结晶在较高的温度下发生;而延长保温时间,可使原子有充分的时间进行扩散,使再结晶过程能在较低的温度下完成。

将冷塑性变形加工的工件加热到再结晶温度以上,保持适当时间,使变形晶粒重新结晶为均匀的等轴晶粒,以消除变形强化和残留应力的退火工艺称为再结晶退火。此退火工艺也常作为冷变形加工过程中的中间退火,以恢复金属材料的塑性,便于后续加工。为缩短退火周期,常将再结晶退火加热温度定在最低再结晶温度以上100～200 ℃。

3. 再结晶后的晶粒大小与晶粒长大

晶粒大小影响金属的强度、塑性和韧性,因此生产上非常重视控制再结晶后的晶粒度,特别是对那些无相变的钢和合金。影响再结晶退火后晶粒度的主要因素是加热温度与保温时间、变形度。

(1)加热温度与保温时间。

再结晶退火加热温度越高,原子的活动能力越强,越有利于晶界的迁移,故退火后得到的晶粒越粗大,如图1.57所示。此外,当加热温度一定时,保温时间越长,晶粒越粗大,但其影响不如加热温度大。

(2)变形度。

当变形度很小时,由于金属的晶格畸变很小,不足以引起再结晶,故晶粒大小没有变化。当变形度在2%～10%范围内时,由于变形度不大,金属中仅有部分晶粒发生变形,且很不均匀,再结晶时形核数目很少,晶粒大小极不均匀,因而有利于晶粒的吞并而得到粗大的晶粒,这种变形度称为临界变形度,如图1.58所示。生产中应尽量避开在临界变形度范围内加工。当变形度超过临界变形度后,随着变形度的增大,各晶粒变形越趋于均匀,再结晶时形核率越来越高,故晶粒越细小均匀。但当变形度大于90%时,晶粒又可能急剧长大,这种现象是因形成织构造成的。

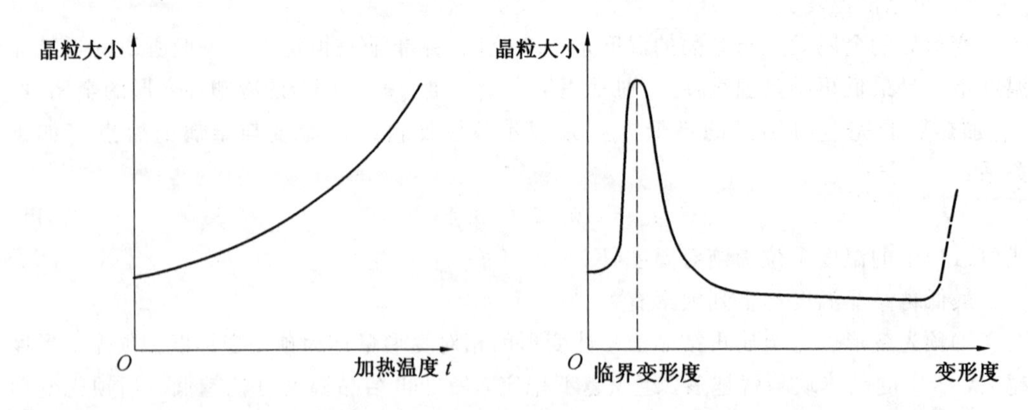

图1.57　加热温度对再结晶后晶粒大小的影响　　图1.58　变形度对再结晶后晶粒大小的影响

(3)晶粒长大。

再结晶后,若继续升高温度或延长保温时间,则再结晶后均匀细小的晶粒会逐渐长大。晶粒长大的实质是一个晶粒的边界向另一个晶粒迁移的过程,将另一晶粒的晶格位向逐步改变为与这个晶粒的晶格位向相同,于是另一晶粒便逐渐被吞并而成为一个粗大晶粒,如图 1.59 所示。

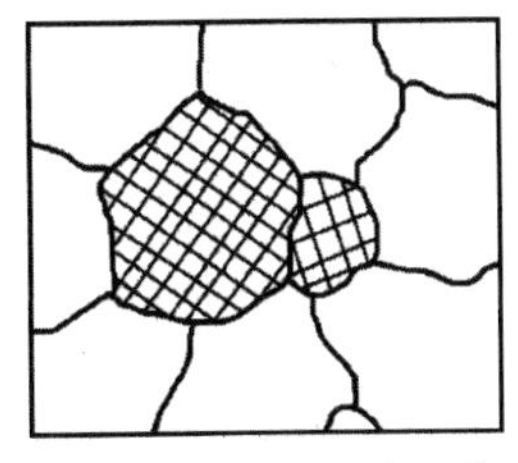

(a) 吞并长大前的两个晶粒

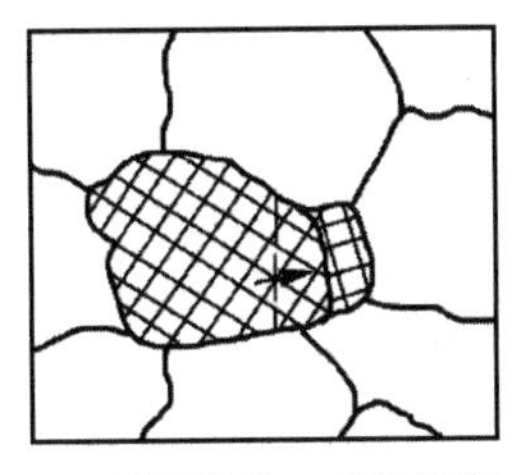

(b) 晶界移动,晶格位向转向,晶界面积减小

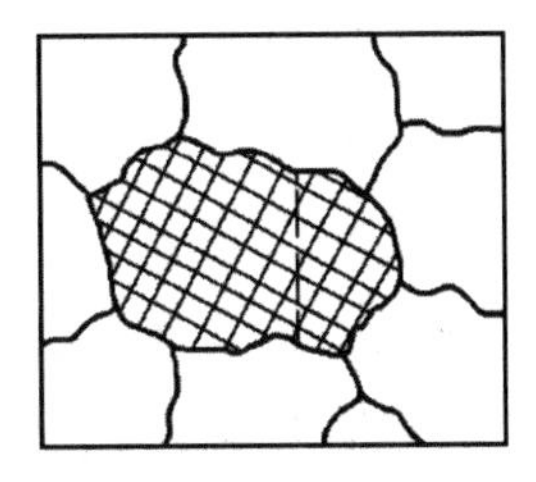

(c) 一晶粒吞并另一晶粒而成为一个粗大晶粒

图 1.59　加热温度对再结晶后晶粒大小的影响

经过再结晶后通常会获得均匀、细小的等轴晶粒,此时晶粒长大的速度并不很快。若原来变形不均匀,经过再结晶后会得到大小不等的晶粒,由于大、小晶粒之间的能量相差悬殊,因此大晶粒很容易吞并小晶粒而越长越大,从而得到粗大的晶粒,使金属力学性能显著降低。晶粒的这种不均匀急剧长大现象称为二次再结晶。

一般情况下晶粒长大是应当避免发生的现象,它会大大降低金属的机械性能。

1.5.2　钢材的热塑性变形加工

在金属的再结晶温度以上的塑性变形加工称为热加工,例如钢材的热轧和热锻。由于温度处于再结晶温度以上,金属材料发生塑性变形后,随即发生再结晶过程。因此塑性变形引起的加工硬化效应被再结晶过程的软化作用所消除,使材料保持良好的塑性状态。

1. 钢的热轧和锻压

将钢锭或钢坯加热至一定温度时,钢的组织将完全转变为奥氏体状态,奥氏体是碳溶入面心立方晶格的 γ 铁的固溶体,虽然含碳量很高,但其强度较低,塑性较好,便于塑性加工。因此钢材的轧制或锻压等热加工,经常选择在形成奥氏体时的适当温度范围内进行。选择原则是开始热加工时的温度不得过高,以免钢材氧化严重,而终止热加工时的温度也不能过低,以免钢材塑性变差,引发裂纹。一般热轧和锻压温度控制在 1 150～1 300 ℃。

钢材的轧制是通过一系列轧辊,使钢坯逐渐辊轧成所需厚度的钢板或型钢。图 1.60 是宽翼缘 H 型钢的轧制示意图。热轧的终止温度一般为 800～900 ℃,之后一般在空气中冷却,因而热轧状态相当于正火处理。大部分钢材都用热轧方法轧制。热轧状态交货的钢材,由于高温的缘故,表面生成一层氧化铁皮,因而具有一定的耐蚀性,可露天存放。但这层氧化铁皮也使热轧钢材表面粗糙,尺寸波动较大,所以要求表面光洁、尺寸精确、力学性能好的钢材,要用热轧半成品或成品为原料再冷轧生产。

锻压是锻造和冲压的合称,是将加热了的钢坯用锤击或模压的方法加工成所需的形状,钢结构中的某些连接零件常采用此种方法制造。

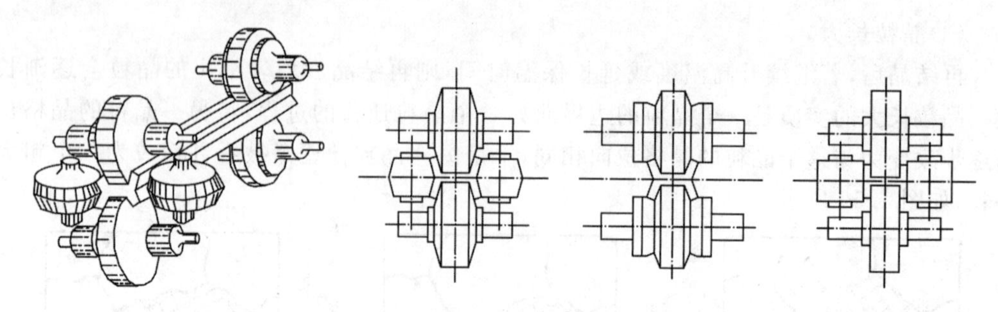

图 1.60 宽翼缘 H 型钢轧制示意图

2. 热加工对金属组织和性能的影响

(1)热加工能使铸态金属中的气孔、疏松、微裂纹焊合,提高金属的致密度;减轻甚至消除树枝晶偏析和改善夹杂物的分布等;提高金属的机械性能,特别是韧性和塑性。表1.6所示为碳钢(w_C=0.3%)在铸态和锻态下的力学性能比较。

表 1.6 碳钢(w_C=0.3%)在铸态和锻态下的力学性能比较

状 态	抗拉强度/MPa	屈服点/MPa	断后伸长率/%	断面收缩率/%	冲击功/J
铸 态	500	280	15	27	28
锻 态	530	310	20	45	56

(2)热加工能打碎铸态金属中的粗大树枝晶和柱状晶,并通过再结晶获得等轴细晶粒,而使金属的机械性能全面提高。图 1.61 所示为金属在热轧时的晶粒变形和再结晶,即晶粒细化的示意图。但晶粒细化程度与热加工的变形量和加工终了温度关系很大,一般来说,变形量应大些,加工终了温度不能太高。

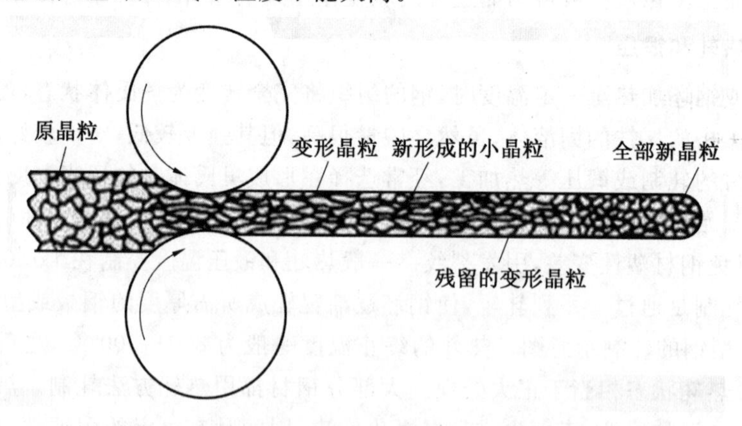

图 1.61 钢的轧制使晶粒细化图

(3)热加工能使金属中残存的枝晶偏析、可变形夹杂物沿金属流动方向被拉长,形成纤维组织,使金属的机械性能特别是塑性和韧性具有明显的方向性,纵向上的性能显著大于横向。图 1.62 为沿钢板不同方向取样进行不同温度下的夏比(V 型缺口)冲击试验,获得的冲击功随温度变化曲线。可以看出，沿钢板轧制方向(LB)的冲击韧性明显优于垂直钢板轧制方向(BH)。因此，在进行钢材性能测试时，应注意取样方向。国家标准《低合金高强度结构钢》(GB/T 1591—2018)规定，钢板拉伸试验试样应垂直于轧制方向取样，冲击试验试样应沿轧制方向取样。

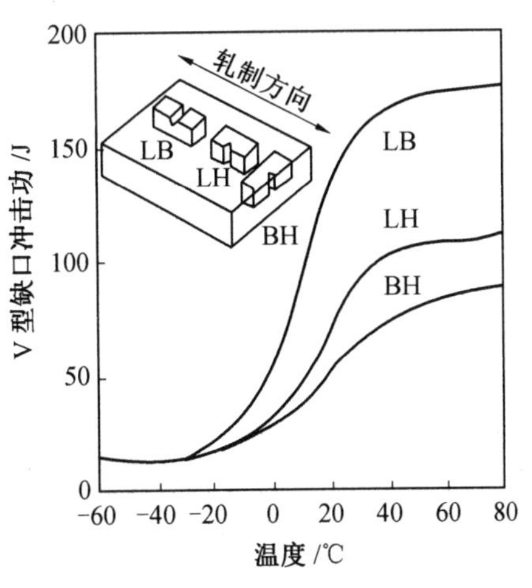

图 1.62　钢板冲击韧性的非等向性

由于热加工可使金属的组织和性能得到显著改善，所以受力复杂、荷载较大的重要工件，一般都采用热加工方法来制造。但应指出，只有在正确的加工工艺条件下才能改善组织和性能。例如，若热加工温度过高，便有可能形成粗大的晶粒；若热加工温度过低，则可能使金属产生冷变形强化、残留应力，甚至产生裂纹等。

1.5.3　钢材的冷塑性变形加工

1. 冷轧、冷弯、冷拔

在常温或低于再结晶温度情况下，通过机械的力量使钢材产生所需要的永久塑性变形，获得需要的薄板或型钢的工艺称为冷加工。冷加工包括冷轧、冷弯、冷拔等延伸性加工，也包括剪、冲、钻、刨等切削性加工。

冷轧卷板和冷轧钢板是将热轧卷板或热轧薄板经带钢冷轧机进一步加工得到的产品。由于连续冷变形引起的冷作硬化使其强度、硬度上升，韧塑性指标下降，因此抗冲压性能将恶化，只能用于简单变形的零件。必须经过退火才能恢复其机械性能。

冷弯型钢是用钢板或带钢在冷状态下弯曲成的各种断面形状的成品钢材。冷弯型钢是一种经济的轻型薄壁钢材，也称为冷弯型材。冷弯型钢是制作轻型钢结构的主要材料，具有热轧所不能生产的各种特薄、形状合理而复杂的截面。与热轧型钢相比，在相同截面面积的情况下，回转半径可增大 50%～60%，截面惯性矩可增大 0.5～3.0 倍，因而能较合理地利用材料强度；与普通钢结构(即由传统的工字钢、槽钢、角钢和钢板制作的钢结构)相比，可节约钢材 30%～50%。

冷弯成型时钢板经受一定的塑性变形，并出现强化和硬化。如图 1.63 所示卷边槽钢，冷弯成型后弯角部分屈服点大幅度提高，抗拉强度也有所提高。弯角部分的塑性变形，外侧沿圆弧方向为拉伸，沿半径方向为压缩，内侧则沿弧度线压缩，而沿半径方向拉伸。这些塑性变形都是垂直于构件受力方向的，对构件抗拉和抗压性能的影响相同。材料弯成圆角时半径和板厚之比 r/t 越小，塑性应变越大，屈服点提高幅度也越大。计算表明：截面的棱角部分强度可提高 50%，截面的平板部分由于冷弯过程中也经受辗压，强度提高约 10%；按全截面计算，强度平均提高 15%左右。因此，当计算截面面积全部有效的受拉、受压或受弯构件的强度时，可考虑冷弯效应的影响，按《冷弯薄壁型钢结构技术规范》(GB 50018—2002)规定提高钢材的强度设计值。

冷拔是将钢筋用强力拔过截面小于钢筋截面的拔丝模，如图 1.64 所示。在冷拔过程

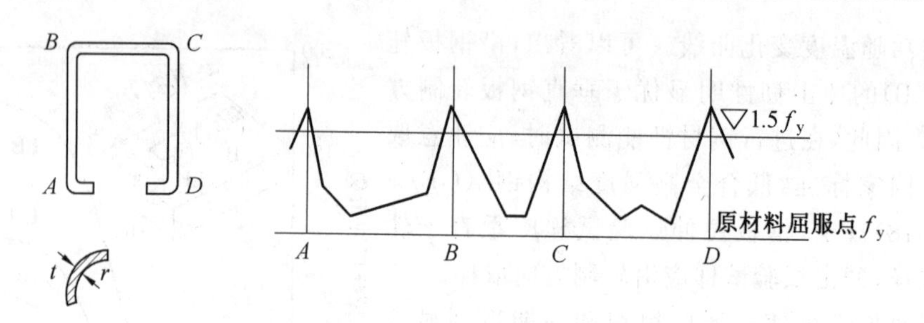

图 1.63　冷弯型钢屈服点提高

中，钢筋不仅受拉，而且同时受到挤压作用。经过一次或多次冷拔后得到的冷拔低碳钢丝，屈服强度可提高 40%～60%，但已失去钢的塑性和韧性，变得硬脆。组成平行钢丝束、钢铰线或钢丝绳等的基本材料——高强钢丝，就是由热处理的优质碳素结构钢盘条经多次连续冷拔而成的。

2. 冷加工对金属组织和性能的影响

(1) 晶粒沿变形方向拉长，趋于各向异化。

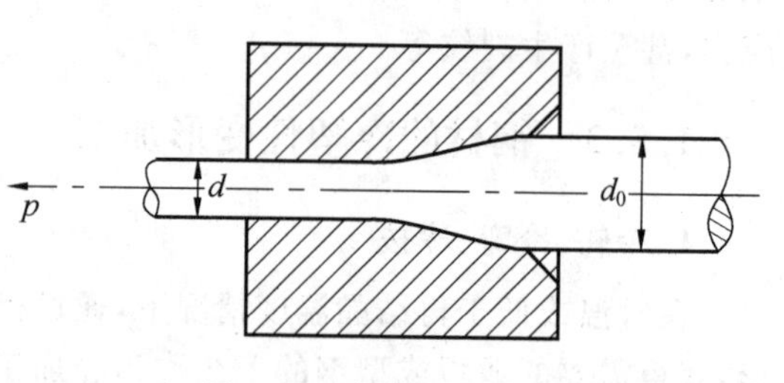

图 1.64　钢筋冷拔原理

金属在发生冷塑性变形时，随着外形的变化，其内部晶粒形状由原来的等轴晶粒逐渐变为沿变形方向伸长的晶粒，在晶粒内部也出现了滑移带或孪晶带(图 1.65)。当变形程度很大时，晶粒被显著地拉成纤维状，这种组织称为冷加工纤维组织。随着变形程度的加剧，原来位向不同的各个晶粒会逐渐取得近于一致的位向，而形成了形变织构，使金属材料的性能呈现明显的各向异性。

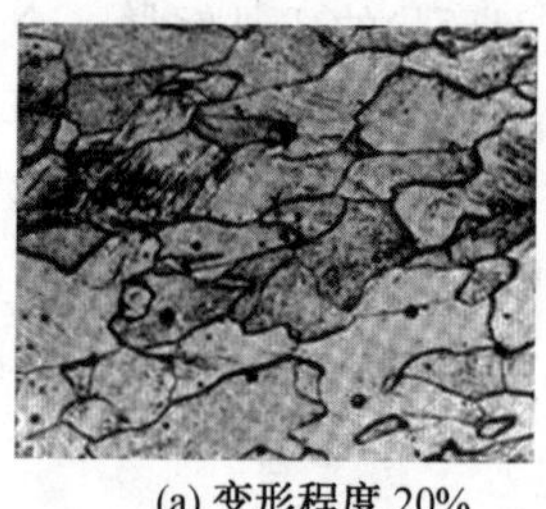

(a) 变形程度 20%

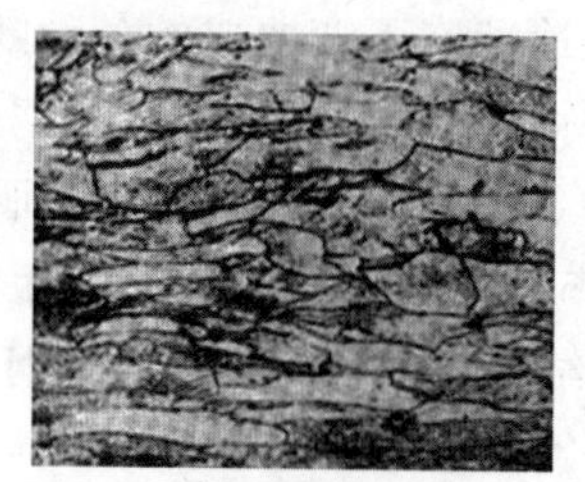

(b) 变形程度 50%

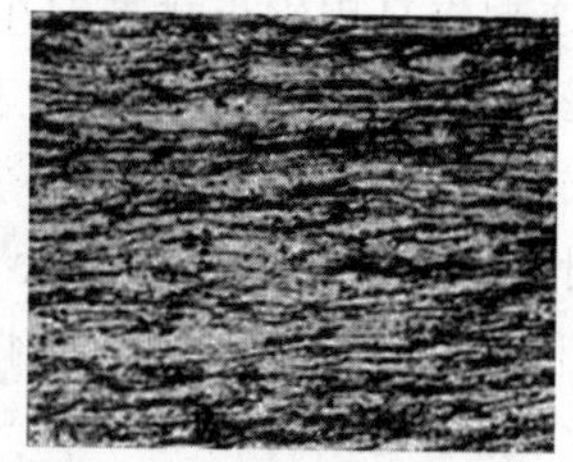

(c) 变形程度 70%

图 1.65　工业纯铁冷塑性变形后组织(放大 150 倍)

(2)晶粒破碎位错密度增加，产生加工硬化。

钢材在冷加工变形时，在滑移区域，晶粒破碎，晶格歪扭，从而对继续滑移造成阻力，要使它重新产生滑移就必须增加外力，这就意味着屈服强度有所提高，但由于减少了可以利用的滑移面，故钢的塑性降低，这种现象称为冷作硬化或应变硬化。另外，由于在塑性变形中产生了内应力，钢材的弹性模量会有所降低。

将经过冷拉的钢筋于常温下存放 15～20 d，或加热到 100～200 ℃并保持一定时间，这个过程称为时效处理，前者称为自然时效，后者称为人工时效。冷拉以后再经时效处理的钢筋，其屈服点进一步提高，抗拉极限强度稍见增长，塑性继续有所降低，这种现象称为应变时效硬化。由于时效过程中内应力的消减，弹性模量可基本恢复。应变时效硬化对钢材性能的影响如图 1.66 所示。

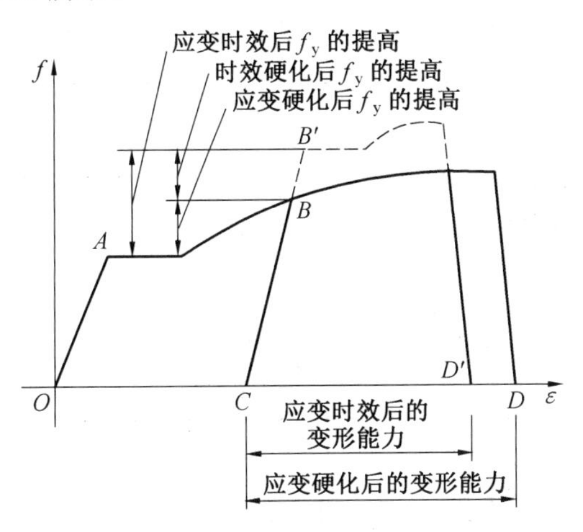

图 1.66　应变时效硬化对钢材性能的影响

钢材产生应变时效硬化的原因是，在高温时溶于铁中的少量氮和碳，随着时间的增长逐渐由固溶体中析出，生成氮化物和碳化物，散存在铁素体晶粒的滑动界面上，对晶粒的塑性滑移起到遏制作用，从而使钢材的强度提高，塑性和韧性下降。产生时效硬化的过程一般较长，在钢材产生一定数量的塑性变形后，铁素体晶体中的固溶氮和碳将更容易析出，从而使已经冷作硬化的钢材又发生时效硬化现象，故又称为应变时效硬化。这种硬化在高温作用下会快速发展，人工时效就是据此提出来的。

1.6　钢材的热处理

热处理是将固态金属或合金在一定介质中加热、保温和冷却，以改变材料整体或表面组织，从而获得所需性能的工艺。热处理可大幅改善金属材料的工艺性能和使用性能，绝大多数机械零件必须经过热处理。

1.6.1　钢在加热时的组织转变

1. 钢的奥氏体化

钢能进行热处理是因为钢会发生固态相变，因此钢的热处理大多是将钢加热到临界温度以上，获得奥氏体组织，然后再以不同的方式冷却，使钢获得不同的组织而具有不同的性能。通常将钢加热获得奥氏体的转变过程称为奥氏体化过程。

当钢缓慢加热或冷却时，其固态下的临界点分别用 $Fe-Fe_3C$ 相图中的平衡线 A_1（*PSK* 线或共析线）、A_3（*GS* 线）、A_{cm}（*ES* 线）表示，如图 1.67 所示。以共析钢为例，将共析钢缓慢加热至 A_1 线以上，可获得单相奥氏体组织，而将共析钢缓慢冷却至 A_1 线以下，可获得珠光体组织。因此，A_1 线是共析钢在缓慢加热或缓慢冷却时，奥氏体和珠光体相互转变的临界温度。同理，A_3 线是亚共析钢在缓慢加热或缓慢冷却时，先共析铁素体和奥氏体相互转变的临界温度；而 A_{cm} 线是过共析钢在缓慢加热或缓慢冷却时，二次渗碳体和奥氏体相互转变的临界温度。对成分一定的钢来说，A_1、A_3、A_{cm} 是确定的温度点，是非常缓慢加热和非常缓慢冷却条件下的临界温度点，统称为平衡临界温度。

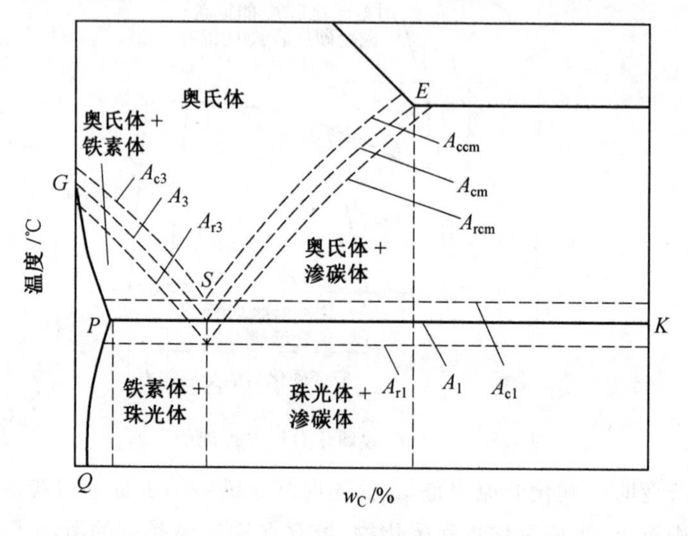

图 1.67 热处理临界点

实际生产中，钢在热处理时的加热和冷却不是缓慢进行的，而是具有一定的加热速度和冷却速度。因此，相变不是按照平衡临界温度进行的，总存在不同程度的滞后现象。加热时，实际相变的临界温度高于平衡临界温度；冷却时，实际相变的临界温度低于平衡临界温度。总之，实际相变的临界温度偏离了平衡临界温度，加热和冷却速度越大，偏离程度也越大。通常将加热时的临界温度标为 A_{c1}、A_{c3}、A_{ccm}，冷却时标为 A_{r1}、A_{r3}、A_{rcm}。

当钢（以共析钢为例）加热至 A_{c1} 线以上时，珠光体将转变为奥氏体。转变的反应式为

$$\underset{\substack{\text{体心立方} \\ 0.0218\%}}{\alpha} + \underset{\substack{\text{正交晶系} \\ 6.69\%}}{Fe_3C} \longrightarrow \underset{\substack{\text{面心立方} \\ 0.77\%}}{\gamma} \tag{1.12}$$

铁素体的晶体结构是体心立方结构，含碳量为 0.021 8%，而渗碳体的晶体结构属于正交晶系，含碳量为 6.69%。两者转变的产物是面心立方结构的、含碳量为 0.77%的奥氏体。转变的反应物和生成物的晶体结构和成分都不相同，因此转变过程中必然涉及碳的重新分布和铁的晶格改组，这两个变化是借助于碳原子和铁原子的扩散进行的，所以，珠光体向奥氏体的转变（即奥氏体化）是一个扩散型相变，是借助于原子扩散，通过形核和长大方式进行的。该转变过程可分为奥氏体晶核的形成、奥氏体晶核的长大、剩余渗碳体的溶解及奥氏体成分的均匀化四个阶段，如图 1.68 所示。

(1)奥氏体形核。将共析钢加热到 A_{c1} 温度以上，奥氏体晶核优先在铁素体和渗碳体相界面上形核。这是因为相界面上原子排列不规则，偏离了平衡位置，处于能量较高的状态，并且相界面上碳浓度处于过渡状态（即界面一侧是含碳量低的铁素体，另一侧是含碳量高的渗碳体），容易出现碳浓度起伏，因此相界面上了具备形核所需的结构起伏（原子排

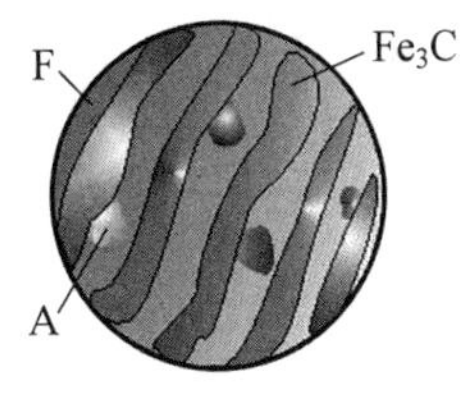

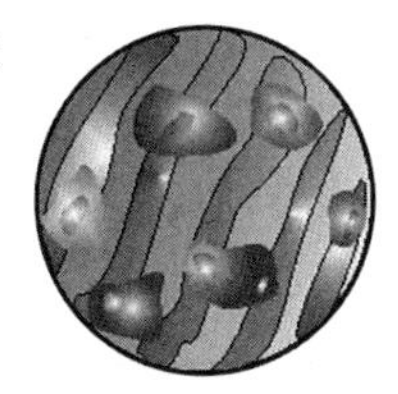

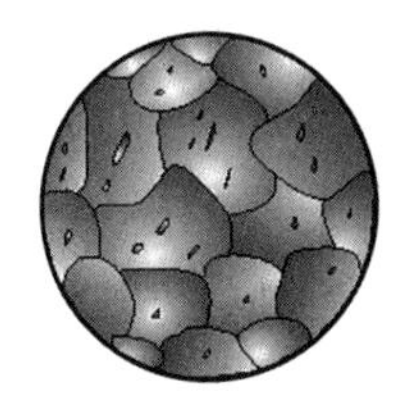

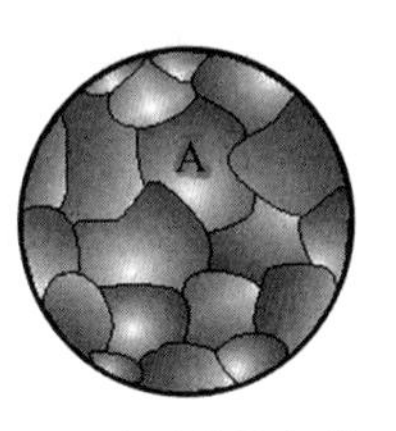

(b) 奥氏体长大　(c) 剩余渗碳体溶解　(d) 奥氏体均匀化

图 1.68　珠光体向奥氏体转变过程示意图

F—铁素体；A—奥氏体；Fe_3C—渗碳体

列不规则)、能量起伏(处于高能量状态)和浓度起伏。所以，奥氏体晶核优先在相界面上形核。

(2)奥氏体长大。在相界面上形成奥氏体晶核后，与含碳量高的渗碳体接触的奥氏体一侧含碳量高，而与含碳量低的铁素体接触的奥氏体一侧含碳量低。这必然导致碳在奥氏体中由高浓度一侧向低浓度一侧扩散。碳在奥氏体中的扩散一方面促使铁素体向奥氏体转变，另一方面也促使渗碳体不断地溶入奥氏体中。这样奥氏体就随之长大。铁素体向奥氏体的转变速度，通常要比渗碳体的溶解速度快得多，因此铁素体比渗碳体消失得早。铁素体的消失标志着奥氏体长大结束。

(3)剩余渗碳体溶解。铁素体消失后，随保温时间的延长，剩余渗碳体通过碳原子的扩散，逐渐溶入奥氏体中，直至渗碳体消失。

(4)奥氏体均匀化。渗碳体完全消失后，碳在奥氏体中的成分是不均匀的，原来是渗碳体的位置碳浓度高，原来是铁素体的位置碳浓度低。随着保温时间的延长，通过碳原子的扩散，得到均匀的、共析成分的奥氏体。

亚共析钢和过共析钢的奥氏体形成过程与共析钢基本相同，但有过剩相转变和溶解的特点。要获得单相的奥氏体，亚共析钢必须加热至 A_{c3} 以上，过共析钢必须加热至 A_{ccm} 以上。

影响奥氏体转变的因素有：

①加热温度。随加热温度的提高，原子扩散能力增强，奥氏体化速度加快。

②加热速度。加热速度越快，发生转变的温度越高，转变所需的时间越短。

③钢中含碳量。含碳量增加，铁素体和渗碳体的相界面增大，转变速度加快。

④合金元素。钴、镍等加快奥氏体化过程；铬、钼、钒等减慢奥氏体化过程；硅、铝、锰等不影响奥氏体化过程。由于合金元素的扩散速度比碳慢得多，所以合金钢的热处理加热温度一般较高，保温时间更长。

⑤原始组织。原始组织中渗碳体为片状时奥氏体形成速度快，渗碳体间距越小，转变速度越快。

2. 奥氏体晶粒的长大及其影响因素

钢加热的目的是得到成分均匀的、细小的奥氏体晶粒，以便钢在冷却后得到细小的组织，具有好的力学性能。因此奥氏体晶粒大小是评价钢加热质量的重要指标之一。

(1)晶粒度的概念。

晶粒度是指在金相显微镜下,单位面积上的晶粒个数。一般根据标准晶粒度等级图(图 1.69)确定钢的奥氏体晶粒大小。标准晶粒度等级分为 8 级,1～4 级为粗晶粒度,5～8 级为细晶粒度。奥氏体晶粒大小与晶粒度级别的关系为

$$n = 2^{N-1} \tag{1.13}$$

式中　n——在显微镜下放大 100 倍时,每平方英寸(in^2,1 in^2 = 6.451 6 cm^2)面积上的奥氏体晶粒个数;

N——奥氏体的晶粒度级别。

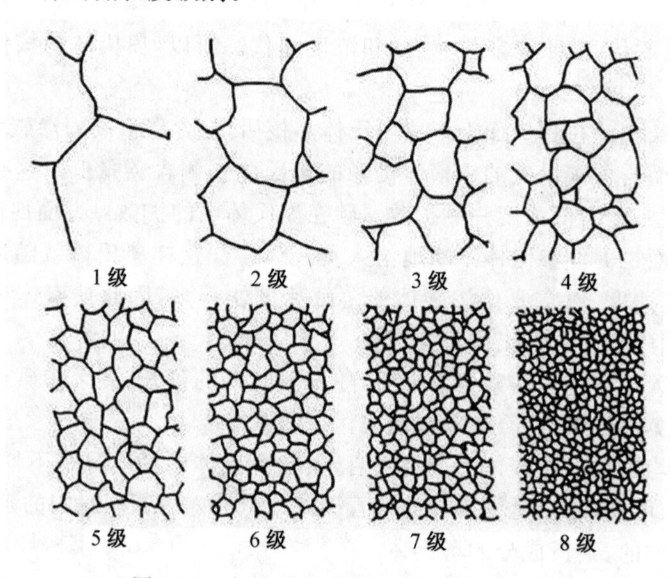

图 1.69　标准晶粒度等级(放大 100 倍)

某一具体热处理或热加工条件下的奥氏体的晶粒度称为实际晶粒度,它决定钢的性能。钢加热到 930 ℃±10 ℃、保温 8 h、冷却后测得的晶粒度称为本质晶粒度。钢在加热时奥氏体晶粒长大的倾向用本质晶粒度来表示。晶粒度为 1～4 级,称为本质粗晶粒钢;晶粒度为 5～8 级,则为本质细晶粒钢。需要说明的是,本质细晶粒钢加热至 930 ℃仍为细晶粒,但高于 930 ℃,本质细晶粒可能具有更大的长大倾向(图 1.70)。

一般经铝脱氧的钢为本质细晶粒钢,只用锰硅脱氧的为本质粗晶粒钢。通常优质结构钢都是本质细晶粒钢。需经热处理的工件一般也都采用本质细晶粒钢。

(2)影响奥氏体晶粒大小的因素。

①加热温度和保温时间。提高加热温度和延长保温时间,会加速原子扩散,有利于晶界迁移,使奥氏体晶粒长大。在一定温度保温下,最初奥氏体晶粒长大迅速,随保温时间延长,奥氏体晶粒长大放缓,并且加热温度升高,最初奥氏体晶粒长大越来越迅速。这说明在加热温度和保温时间这两个因素中,温度的影响尤为显著。所以,在合理选择保温时间的同时,更应该严格控制加热温度。

②加热速度。奥氏体转变过程中,加热速度越快,过热度越大,则奥氏体的形核率越高,转变刚结束时的奥氏体晶粒越细小。但是,若在高温下长时间保温,则晶粒很容易长

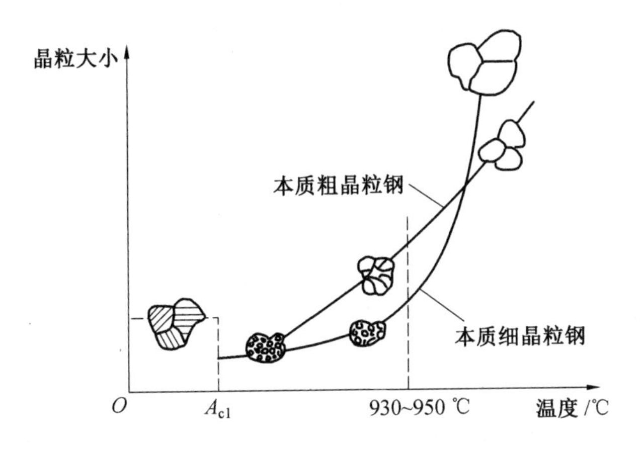

图 1.70　钢的本质晶粒度示意图

大。实际生产中的表面淬火就是利用快速加热、短时保温的方法，来获得细小的奥氏体晶粒。

③ 化学成分的影响。化学成分的影响可分为碳的影响和合金元素的影响。

a. 碳的影响。随奥氏体中含碳量的增加，碳原子和铁原子扩散速度加快，晶界迁移速度增大，奥氏体晶粒长大的倾向性增强。但是，如果碳以碳化物的形式存在于钢中，则会降低晶界迁移的速度，阻碍奥氏体晶粒长大。一旦碳化物溶解于奥氏体中，阻碍晶粒长大的作用就会丧失，奥氏体晶粒将迅速长大。

b. 合金元素的影响。钢冶炼时，用适量的铝能脱氧固氮，或加入适量的钛、锆、铌、钒等强碳化物形成元素，可以得到本质细晶粒钢。原因是，这些合金元素能在钢中形成碳化物或氮化物。这些碳化物或氮化物的熔点很高，加热时不容易溶入奥氏体中，具有阻碍晶界迁移、抑制奥氏体晶粒长大的作用。在钢中不形成碳化物的元素（如硅、镍、铜）也有阻碍奥氏体晶粒长大的作用，但作用不明显。而锰、磷、氮则加速奥氏体晶粒长大。

1.6.2　钢在冷却时的组织转变

钢加热的目的是为了获得细小、成分均匀的奥氏体晶粒，为冷却做准备。而冷却方式和冷却速度对钢冷却后的组织和性能产生决定性的影响，因此掌握钢冷却时的转变规律十分重要。

1. 两个基本概念

(1)过冷奥氏体。

处于平衡临界温度 A_1 以下的奥氏体，称为过冷奥氏体。过冷奥氏体自由能高，处于热力学不稳定状态，将发生组织转变。根据冷却速度（即过冷度）的不同，过冷奥氏体将转变为不同组织，性能具有很大的差异。表 1.7 所示为 45 号钢奥氏体化后经不同方式冷却后的性能差异。

表 1.7　45 号钢经 840 ℃加热在不同方式冷却后的力学性能

冷却方法	抗拉强度 /MPa	屈服点 /MPa	断后伸长率 /%	断面收缩率 /%	硬度(HRC)
随炉冷却	530	280	32.5	49.3	15～18
空气中冷却	670～720	340	15～18	45～50	18～24
油中冷却	900	620	18～20	48	40～50
水中冷却	1 100	720	7～8	12～14	52～60

(2)钢的冷却方式——等温冷却和连续冷却。

热处理生产中,奥氏体化的钢冷却方式有两种:一种是等温冷却,如图 1.71 曲线 1 所示,将奥氏体化的钢迅速冷却至平衡临界温度 A_1 以下的某一温度,保温一定时间,使过冷奥氏体发生等温转变,转变结束后再冷至室温;另一种是连续冷却,如图 1.71 曲线 2 所示,将奥氏体化的钢以一定冷却速度一直冷却至室温,使过冷奥氏体在一定温度范围内发生连续转变。连续冷却在热处理生产中更为常用。

虽然过冷奥氏体连续冷却在生产上更为常用,但其转变是在一定温度范围内进行的,得到的组织很复杂,分析起来较困难。而在等温条件下,可以独立改变温度和时间,更有利于了解过冷奥氏体的转变规律。因此以下先介绍过冷奥氏体的等温转变规律。

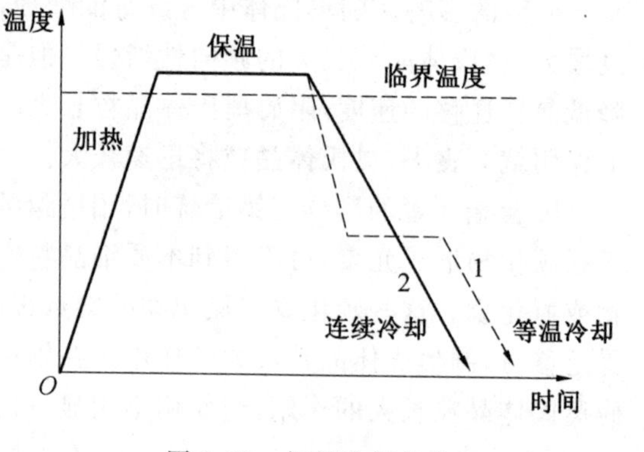

图 1.71　钢的冷却方式

2. 过冷奥氏体的等温转变曲线

过冷奥氏体等温转变曲线反映了其在不同温度下等温转变的规律,包括转变开始和转变结束的时间、转变产物的类型以及其转变量和温度、时间之间的关系等。因为过冷奥氏体等温转变曲线和英文字母“C”相似,故称 C 曲线。下面以图 1.72 所示共析钢为例进行介绍。

(1)图中各条线代表的意义。

① A_1 水平线。图中最上部的水平线是 A_1 线,它是奥氏体和珠光体发生相互转变的平衡临界温度。

② 两条 C 曲线。图中有两条曲线,左边一条 C 曲线是过冷奥氏体转变开始线。一定温度下,温度纵轴到该曲线的水平距离代表过冷奥氏体开始等温转变所需要的时间,称为孕育期。孕育期越长,过冷奥氏体越稳定;孕育期越短,过冷奥氏体越不稳定。从图中可见:在 550 ℃左右,孕育期最短,过冷奥氏体稳定性最差。右边一条 C 曲线是过冷奥氏体转变终止线。一定温度下,温度纵轴到该曲线的水平距离代表过冷奥氏体等温转变结束所需要的时间。

③ M_s 和 M_f 水平线。C 曲线下部有两条水平线 M_s 和 M_f,分别代表过冷奥氏体发生

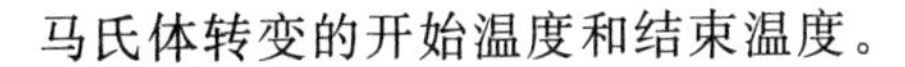

马氏体转变的开始温度和结束温度。

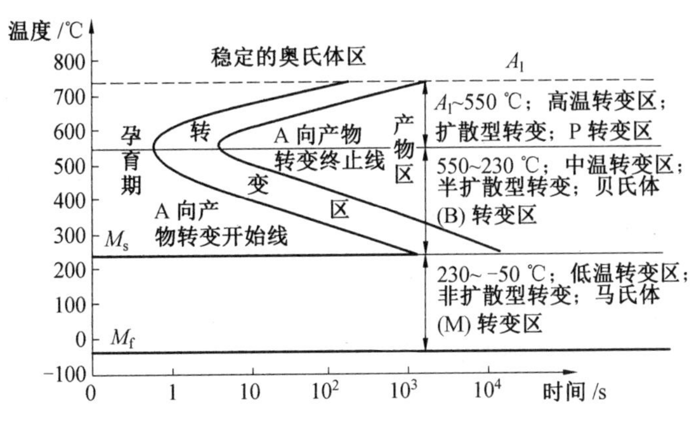

图 1.72　共析钢的等温转变图

(2)图中各区域代表的意义。

① 奥氏体区。A_1水平线以上的区域称奥氏体区。在此区域，共析钢的稳定组织是奥氏体。

② 过冷奥氏体区。由 A_1水平线、温度纵轴、M_s 水平线和左边的 C 曲线(即过冷奥氏体转变开始线)围成的区域，称过冷奥氏体区。在此区域，过冷奥氏体稳定存在。

③ 珠光体转变区及其转变产物区。由 A_1水平线、550 ℃水平线、两条 C 曲线围成的区域，称为珠光体转变区。其右侧的区域称为珠光体转变产物区。在珠光体转变区中，发生过冷奥氏体向珠光体的等温转变。转变产物是片状珠光体，它是由片状铁素体和片状渗碳体交替组成的混合物。

④ 贝氏体转变区及其转变产物区。由 550 ℃水平线、M_s 水平线和两条 C 曲线围成的区域称为贝氏体转变区。其右侧的区域称为贝氏体转变产物区。在贝氏体转变区中，发生过冷奥氏体向贝氏体的等温转变，转变产物称为贝氏体(B)。

⑤ 马氏体转变区。M_s 和 M_f 水平线之间的区域是马氏体转变区。在该区域，过冷奥氏体向马氏体转变。转变的产物称为马氏体(M)。马氏体转变只在连续冷却中形成，而不会在等温冷却中形成。

3. 过冷奥氏体转变产物的组织与性能

(1)珠光体(P)。

珠光体是渗碳体和铁素体组成的两相混合物。珠光体中铁素体量多而渗碳体量少。根据渗碳体的形态，珠光体可以分为两种：片状珠光体和粒状珠光体。

片状珠光体由片层相间的铁素体和渗碳体组成。若奥氏体晶粒越细小，珠光体转变时过冷度越大，得到的珠光体越细，则钢的强度、硬度越高，塑性、韧性越好。

渗碳体呈颗粒状分布在铁素体上的珠光体，称为粒状珠光体。粒状珠光体的钢，若成分一定，则力学性能取决于铁素体晶粒的大小和渗碳体颗粒的大小、形态和分布。铁素体晶粒越细小，渗碳体颗粒越细小、形状越接近于球形、分布越均匀，则钢的强度和硬度越高，塑性和韧性越好。

(2)贝氏体(B)。

贝氏体转变温度介于珠光体转变温度和马氏体转变温度之间,故贝氏体转变又称中温转变,转变产物称为贝氏体。贝氏体是含碳过饱和的铁素体和碳化物两相组成的混合物。碳化物是从过冷奥氏体中通过碳原子扩散析出的,而铁素体是由过冷奥氏体通过切变完成的,因此贝氏体转变中只有碳原子的扩散,而无铁原子的扩散。

根据形成温度的不同,贝氏体有两种:上贝氏体和下贝氏体。上贝氏体的形成温度范围是550～350 ℃,由平行排列的长条状的含碳过饱和铁素体和夹于其间的断续小条状渗碳体组成。下贝氏体的形成温度范围为350 ℃～M_s,是由含碳过饱和的细针状铁素体和在其内部析出的细小碳化物组成。上贝氏体强度、硬度较低,对裂纹的产生抵抗力很小,同时铁素体之间的平直界面可能成为裂纹的扩展通道,故上贝氏体塑性、韧性较差。下贝氏体强度硬度较高,塑性和韧性较好。生产中的等温淬火就是为了得到下贝氏体。

(3)马氏体(M)。

奥氏体化的钢,当冷却速度大于临界淬火速度,并冷至 M_s 以下,将发生马氏体转变。在生产上,这一热处理工艺称淬火。由于马氏体转变是在低温下进行的,故也称为低温转变。根据组织形态,马氏体可分为两种:板条马氏体和片状马氏体;在含碳量小于0.2%的低碳钢中形成的马氏体全部是板条状,故板条马氏体又称低碳马氏体;通常在含碳量大于1.0%的高碳钢中形成的马氏体全部是片状,故片状马氏体又称高碳马氏体。

马氏体转变是典型的非扩散型相变。奥氏体为面心立方晶体结构,当快速冷却抑制珠光体转变和贝氏体转变发生,直接过冷至 M_s 以下时,其晶体结构将以切变方式转变为体心立方晶体结构。由于转变温度较低,原奥氏体中溶解的过饱和碳原子没有能力扩散,因此所有溶解在原奥氏体中的碳原子难以析出,马氏体体心立方晶格发生畸变,含碳量越高,畸变越大,内应力也越大。马氏体实质上就是碳溶于α－Fe后形成的过饱和间隙固溶体,具有很高的强度和硬度。

亚共析钢和过共析钢过冷奥氏体的等温转变曲线与共析钢的奥氏体等温转变曲线相比,除了C曲线分别多出一条先析铁素体析出线或先析渗碳体析出线外,形态相似。通常,亚共析钢的C曲线随着含碳量的增加而向右移,过共析钢的C曲线随着含碳量的增加而向左移。故在碳钢中,共析钢的C曲线最靠右,其过冷奥氏体最稳定。

1.6.3　钢的热处理工艺

将原材料或半成品置于空气或特定介质中,用适当方式进行加热、保温和冷却,使之获得所需要的力学或工艺性能的工艺方法,称为热处理。按其特点,可分为普通热处理、化学热处理和表面热处理三种。其中,普通热处理在建筑用钢方面应用较多,包括退火、正火、淬火和回火四种基本工艺。

1. 普通热处理

(1)退火。

退火是将金属缓慢加热到一定温度,保持足够时间,然后以适宜速度冷却的一种金属热处理工艺。许多钢材都是以退火热处理状态供货的。退火的目的包括:①改善或消除钢铁在铸造、锻压、轧制和焊接过程中所造成的各种组织缺陷以及残余应力,防止工件变形、开裂；②软化工件以便进行切削加工；③细化晶粒，改善组织以提高工件的机械性能；④为最终热处理（淬火、回火）做好组织准备。

常用的退火工艺有完全退火、等温退火、球化退火、再结晶退火、去应力退火等。

①完全退火可用以细化中、低碳钢经铸造、锻压和焊接后出现的力学性能不佳的粗大过热组织。其操作工艺为，将工件加热到铁素体全部转变为奥氏体的温度以上 30～50 ℃（即 850～900 ℃），保温一段时间，然后随炉缓慢冷却至 500 ℃以下，再放至空气中冷却，在冷却过程中奥氏体再次发生转变，即可使钢的组织变细。

②等温退火可用以降低某些含镍、铬量较高的合金结构钢的高硬度，以进行切削加工。一般先以较快速度冷却到奥氏体最不稳定的温度，保温适当时间，奥氏体转变为托氏体或索氏体，硬度即可降低。

③球化退火可用以降低工具钢和轴承钢锻压后的偏高硬度。其操作工艺为，将工件加热到钢开始形成奥氏体的温度以上 20～40 ℃，保温后缓慢冷却，在冷却过程中珠光体中的片层状渗碳体变为球状，从而降低了硬度。

④再结晶退火可用以消除金属线材、薄板在冷拔、冷轧过程中的硬化现象（硬度升高、塑性下降）。其加热温度一般为钢开始形成奥氏体的温度以下 50～150 ℃，只有这样才能消除加工硬化效应使金属软化。

⑤去应力退火又称低温退火，主要用来消除铸件、热轧件、锻件、焊接件和冷加工件中的残余应力。去应力退火的操作是将钢件随炉缓慢加热至 500～600 ℃，经一段时间后，随炉缓慢冷却至 200～300 ℃出炉。钢在去应力退火过程中并无组织变化，残余应力是在加热、保温和冷却过程中消除的。

(2)正火。

正火是将钢件加热到临界温度 A_{c3} 或 A_{ccm} 以上 40～60 ℃，保温一定时间，达到完全奥氏体化和均匀化，然后在自然流通的空气中均匀冷却。大件正火也可采用风冷、喷雾冷却等以获得正火均匀的效果。

退火和正火是应用非常广泛的热处理工艺。对一般低碳钢和低合金钢，其操作方法为：在炉中将钢材加热至 850～900 ℃，保温一段时间后，若随炉温冷却至 500 ℃以下，再放于空气中冷却的工艺称为完全退火；若保温后从炉中取出在空气中冷却的工艺称为正火。正火的冷却速度比退火快，正火后的钢材组织比退火细，强度和硬度有所提高。如果钢材在终止热轧时的温度正好控制在上述范围内，可得到正火的效果，称为控轧。如果热轧卷板的成卷温度正好在上述范围内，则卷板内部的钢材可得到退火的效果，钢材会变软。

(3)淬火。

淬火工艺是将钢件加热到 900 ℃以上，保温后快速在水中或油中冷却。在极大的冷却速度下原子来不及扩散，因此含有较多碳原子的面心立方晶格的奥氏体，以无扩散方式转变为碳原子过饱和的 α－Fe 固溶体，称为马氏体。由于 α－Fe 的含碳量是过饱和状态，因此体心立方晶格被撑长为歪曲的体心正方晶格。晶格的畸变增加了钢材的强度和硬度，同时使塑性和韧性降低。马氏体是一种不稳定的组织，不宜用于建筑结构。

(4)回火。

回火工艺是将淬火后的钢材加热到某一温度进行保温，而后在空气中冷却。其目的是消除残余应力，调整强度和硬度，减少脆性，增加塑性和韧性，形成较稳定的组织。将淬火后的钢材加热至 500～650 ℃，保温后在空气中冷却，称为高温回火。高温回火后的马氏体转化为铁素体和粒状渗碳体的机械混合物，称为索氏体。索氏体钢具有强度、塑性、韧性都较好的综合机械性能。通常称淬火加高温回火的工艺为调质处理。强度较高的钢材，如 Q420 中的 C、D、E 级钢和高强度螺栓的钢材，都要经过调质处理。

表 1.8 给出了上述四种热处理工艺的特点比较。

表 1.8　普通热处理的工艺特点和应用

类别	工艺特点	目的和应用
退火	将工件加热到一定温度(相变或不相变)，保温后缓冷下来，或通过相变以获得珠光体组织，或不发生相变的消除应力降低硬度的一种热处理方法	(1)降低硬度、提高塑性、改善切削加工性能或压力加工性能； (2)经相变退火提高成分和组织的均匀性、改善加工工艺性能，并为下道工序做准备； (3)消除铸、锻、焊、轧冷加工等所产生的内应力
正火	一般将钢件加热到临界温度 A_{c3} 或 A_{ccm} + 40～60 ℃，保温一定时间，达到完全奥氏体化和均匀化，然后在自然流通的空气中均匀冷却。大件正火也可采用风冷、喷雾冷却等以获得正火均匀的效果	调整钢件的硬度、细化组织及消除网状碳化物，并为淬火做好组织准备。其主要应用如下： (1)用于含碳量低于 0.25%的低碳钢工件，得到量多且细小的珠光体组织，提高硬度，从而改善其切削加工性能； (2)消除过共析钢中网状渗碳体，为球化退火做准备； (3)作为中碳钢合金结构钢淬火前的预先处理，以减少淬火缺陷； (4)作为要求不高的普通结构件的最终热处理； (5)用于淬火返修件消除内应力和细化组织以防重淬火时产生变形与开裂
淬火	将工件加热至 A_{c3} 或 A_{c1} + 20～30 ℃，保温一定时间而后快速冷却，获得均匀细小的马氏体组织或均匀细小马氏体和粒状渗碳体混合组织	(1)提高硬度和耐磨性； (2)淬火后经中温或高温回火，可获得良好的综合机械性能

续表 1.8

类别	工艺特点	目的和应用
回火	将淬火后的工件重新加热到 A_{c1} 以下某一温度，保温一段时间，然后取出以一定方式冷却下来	(1)降低脆性，消除内应力，减少工件的变形和开裂； (2)调整硬度，提高塑性和韧性，获得工件所要求的机械性能； (3)稳定工件尺寸

2. 化学热处理

将工件置于一定温度的活性介质中保温，使一种或几种元素渗入其表面的工艺，称为化学热处理。如渗碳和渗氮。

渗碳是使碳原子渗入钢质工件表层的化学热处理工艺。渗碳后，工件表面含碳量一般高于0.8%。淬火并低温回火后，在提高硬度和耐磨性的同时，心部能保持相当高的韧性，可承受冲击荷载，疲劳强度较高。但缺点是处理温度高，工件畸变大。渗碳工艺广泛应用于飞机、汽车、机床等设备的重要零件中，如齿轮轴和凸轮轴等，是应用最广、发展得最全面的化学热处理工艺。

渗氮是使氮原子向金属工件表层扩散的化学热处理工艺。钢铁渗氮后，可形成以氮化物为主的表层。当钢中含有铬、铝、钼等氮化物时，可获得比渗碳层更高的硬度，更高的耐磨、耐蚀和抗疲劳性能。渗氮主要用于对精度、畸变量、疲劳强度和耐磨性要求都很高的工件，如镗床主轴、镗杆，磨床主轴，气缸套等。

3. 表面热处理

快速加热工件，使表面组织迅速相变，转变成奥氏体，经淬火冷却，使表面淬硬而心部仍保持材料的原有性能，称为表面热处理。表面热处理的主要方法有火焰淬火和感应加热热处理。

火焰淬火是利用乙炔火焰直接加热工件表面的方法。其成本低，但质量不易控制。感应加热是利用交变电流在工件表面感应巨大涡流，使工件表面迅速加热的方法。感应加热时淬火件变形小、节能、成本低、生产率高，可较大地提高零件的扭转和弯曲疲劳强度及表面的耐磨性。表面热处理主要用于机械零件加工，在土木工程领域应用较少。

1.7　建筑结构用钢

1.7.1　建筑用钢的种类

我国的建筑用钢主要为碳素结构钢和低合金高强度结构钢两种，优质碳素结构钢在冷拔碳素钢丝和连接用紧固件中也有应用。另外，厚度方向性能钢板、焊接结构用耐候钢、铸钢等在某些情况下也有应用。

1. 碳素结构钢

碳素结构钢一般由转炉或平炉冶炼，主要原料为铁水加废钢，钢中含硫、磷量高于优质碳素结构钢，一般含硫量≤0.050％，含磷量≤0.045％。由原料带入钢中的其他合金元素含量，如铬、镍、铜一般不超过 0.30％。按其含碳量的不同，碳素结构钢可分为：低碳钢（含碳量≤0.25％）、中碳钢（含碳量 0.25％～0.60％）、高碳钢（含碳量＞0.60％）。建筑用碳素结构钢一般为低碳钢，强度较低，但塑性、韧性、冷变形性能好；除少数情况外，一般不做热处理，直接使用；多制成条钢、异型钢材、钢板等。

按国家标准《碳素结构钢》（GB/T 700—2006）生产的钢材有 Q195、Q215、Q235 和 Q275 共四种品牌，板材厚度不大于 16 mm 的相应牌号钢材的屈服点分别为 195、215、235 和 275（N/mm^2）。建筑工程中常用的碳素结构钢牌号为 Q235，由于该牌号钢既具有较高的强度，又具有较好的塑性和韧性，可焊性也好，故能较好地满足一般钢结构的要求。相反用 Q195 和 Q215 号钢，虽塑性很好，但强度太低；而 Q275 号钢，其强度很高，但塑性较差，焊性亦差，所以均不适用。

Q235 号钢冶炼方便，成本较低，适于各种加工，因此大量被用作轧制各种型钢、钢板等。其力学性能稳定，对轧制、加热、急剧冷却时的敏感性较小。Q235－A 级钢一般仅适用于承受静荷载作用的结构，Q235－C 和 D 级钢可用于重要焊接的结构。另外，由于 Q235－D 级钢含有足够的形成细晶粒结构的元素，同时对硫、磷有害元素控制严格，故其冲击韧性很好，具有较强的抗冲击、振动荷载的能力，尤其适宜在较低温度下使用。Q195 和 Q215 号钢常用作生产一般使用的钢钉、铆钉、螺栓及铁丝等；Q275 号钢多用于生产机械零件和工具等。

表 1.9～1.11 分别给出了 Q235 号钢的化学成分和脱氧方法、拉伸和冲击试验以及冷弯试验的结果要求。其中，符号“F”代表沸腾钢，符号“Z”和“TZ”分别代表镇静钢和特种镇静钢。在具体标注时“Z”和“TZ”可以省略。

表 1.9　Q235 号钢的化学成分和脱氧方法（GB/T 700—2006）

<table>
<tr><th rowspan="2">牌号</th><th rowspan="2">等级</th><th colspan="5">化学成分/％　不大于</th><th rowspan="2">脱氧方法</th></tr>
<tr><th>C</th><th>Mn</th><th>Si</th><th>S</th><th>P</th></tr>
<tr><td rowspan="4">Q235</td><td>A</td><td>0.22</td><td rowspan="4">1.40</td><td rowspan="4">0.35</td><td>0.050</td><td rowspan="2">0.045</td><td rowspan="2">F、Z</td></tr>
<tr><td>B</td><td>0.20</td><td>0.045</td></tr>
<tr><td>C</td><td rowspan="2">0.17</td><td>0.040</td><td>0.040</td><td>Z</td></tr>
<tr><td>D</td><td>0.035</td><td>0.035</td><td>TZ</td></tr>
</table>

表 1.10　Q235 号钢的拉伸和冲击试验结果要求(GB/T 700—2006)

<table>
<tr><th rowspan="4">牌号</th><th rowspan="4">等级</th><th colspan="12">拉伸试验</th><th colspan="2">冲击试验
(V 型缺口)</th></tr>
<tr><th colspan="6">屈服点 σ_s/(N·mm^{-2})　不小于</th><th rowspan="3">抗拉
强度
σ_b/
(N·mm^{-2})</th><th colspan="5">断后伸长率 δ_s/%　不小于</th><th rowspan="3">温度
/℃</th><th rowspan="3">冲击功
(纵向)/J
不小于</th></tr>
<tr><th colspan="6">厚度(或直径)/mm</th><th colspan="5">钢板厚度(直径)/mm</th></tr>
<tr><th>≤16</th><th>>16
～40</th><th>>40
～60</th><th>>60
～100</th><th>>100
～150</th><th>>150
～200</th><th>≤40</th><th>>40
～60</th><th>>60
～100</th><th>>100
～150</th><th>>150
～200</th></tr>
<tr><td rowspan="4">Q235</td><td>A</td><td rowspan="4">235</td><td rowspan="4">225</td><td rowspan="4">215</td><td rowspan="4">205</td><td rowspan="4">195</td><td rowspan="4">185</td><td rowspan="4">370～500</td><td rowspan="4">26</td><td rowspan="4">25</td><td rowspan="4">24</td><td rowspan="4">22</td><td rowspan="4">21</td><td>—</td><td>—</td></tr>
<tr><td>B</td><td>20</td><td rowspan="3">27</td></tr>
<tr><td>C</td><td>0</td></tr>
<tr><td>D</td><td>−20</td></tr>
</table>

表 1.11　Q235 号钢的冷弯试验结果要求(GB/T 700—2006)

牌号	试样方向	冷弯试验　$B=2a$　180°	
		a,钢材厚度(直径)/mm	
		≤60	＞60～100
		弯心直径 d	
Q235	纵向	a	$2a$
	横向	$1.5a$	$2.5a$

2. 低合金高强度结构钢

低合金高强度结构钢是在碳素钢结构的基础上,添加少量的一种或多种合金元素(总含量＜5%)的一种结构钢。其目的是提高钢的屈服强度、抗拉强度、耐磨性、耐蚀性与耐低温性等。低合金高强度结构钢是综合性较为理想的建筑钢材,在大跨度、承受动荷载和冲击荷载的结构中更适用。与使用碳素钢相比,可以节约钢材 20%～30%。

按交货状态的不同,低合金高强度结构钢可分为热轧钢、正火及正火轧制钢(牌号后缀为 N)和热机械轧制钢(牌号后缀为 M)三种类型。正火是将钢材加热到 Ac3 温度以上 40～60 ℃,保温一定时间,然后在空气中进行冷却;经此处理后可改善钢材组织和塑性,降低碳当量,并提高冲击韧性(－20 ℃时可保证冲击功值不小于 40 J,比热轧状态钢提高 15%以上)。正火轧制也叫控制轧制,是将最终变形控制在一定温度范围内的轧制工艺。其钢材产品的性能也可达到相当于正火后的状态。热机械轧制(TMCP)是在一定温度范围内,控制钢材轧制变形的轧制工艺。其钢材微观结构均匀,晶粒细化,具有优异的力学性能、防脆断性能和抗疲劳性能,以及良好的耐蚀性和焊接性能。

国家标准《低合金高强度结构钢》(GB/T 1591—2018)按交货状态的不同,规定了热轧钢(牌号为 Q355、Q390、Q420、Q460 共四种)、正火与正火轧制钢(牌号为 Q355N、Q390N、Q420N、Q460N 共四种)、热机械轧制钢(牌号为 Q355M、Q390M、Q420M、Q460M、Q500M、Q550M、Q620M、Q690M 共八种)共三大类型供工程应用。正火和正火轧制钢与热机械轧制钢的综合性能更为良好,但价格也高于普通热轧钢(一般约高出 15%)。设计选材时,应按结构承载条件的性能要求,考虑安全性、经济性和优材优用的原则,合理进行选材。对不同的钢材牌号还规定了不同的质量等级,见表 1.12。其中,取消了各牌号 A 级钢,对正火与正火轧制钢和热机械轧制钢,增加了 F 级质量等级要求,其冲击功(纵向)可保证在低温－60 ℃条件下不低于 27 J。表 1.13～1.15 给出了工程中常用的 Q355、Q390、Q420 和 Q460 这四种牌号钢材的拉伸和冲击性能。

表 1.12　各牌号钢材的质量等级(GB/T 1591—2018)

钢材牌号	质量等级					
	A	B	C	D	E	F
Q355		●	●	●		
Q355N		●	●	●	●	●
Q355M		●	●	●	●	●
Q390		●	●	●		
Q390N		●	●	●	●	
Q390M		●	●	●	●	
Q420		●	●			
Q420N		●	●	●	●	
Q420M		●	●	●	●	
Q460			●			
Q460N			●	●	●	
Q460M			●	●	●	

表 1.13　低合金高强度钢的拉伸性能(GB/T 1591—2018)

牌号	质量等级	屈服点 σ_s/(N·mm^{-2})　不小于					抗拉强度 σ_b /(N·mm^{-2})
		钢板厚度(直径)/mm					
		≤16	>16~40	>40~63	>63~80	>80~100	
Q355	B、C、D	355	345	335	325	315	470~630
Q390	B、C、D	390	380	360	340	340	490~650
Q420	B、C	420	410	390	370	370	520~680
Q460	C	460	450	430	410	410	550~720

表 1.14　低合金高强度钢的伸长率(GB/T 1591—2018)

牌号	质量等级	试件方向	伸长率 δ_s/%　不小于		
			钢板厚度(直径)/mm		
			≤40	>40~63	>63~100
Q355	B、C、D	纵向	22	21	20
		横向	20	19	18
Q390	B、C、D	纵向	21	20	20
		横向	20	19	19
Q420	B、C	纵向	20	19	19
Q460	C	纵向	18	17	17

表 1.15　夏比(V 型缺口)冲击试验的温度和冲击吸收能量(GB/T 1591—2018)

牌号	质量等级	冲击功 A_{kv}/J　不小于					
		+20 ℃		0 ℃		−20 ℃	
		纵向	横向	纵向	横向	纵向	横向
Q355、Q390、Q420	B	34	27	—	—	—	—
Q355、Q390、Q420、Q460	C	—	—	34	27	—	—
Q355、Q390	D	—	—	—	—	34	27

3. 建筑结构用钢板

国内的建筑钢结构用钢材以前主要采用低碳钢，近些年低合金高强度结构钢成为建筑钢结构的主力品种。对于大跨或高层建筑钢结构而言，低合金高强度结构钢存在某些性能缺陷，以 Q345 钢为例，它的厚板(t>50～100 mm)力学性能指标及工艺性能较其薄板(t<16 mm)有明显下降；虽然随着生产工艺的改进，目前已大幅压缩了板厚造成的屈服强度级差，但板厚级差仍然明显存在。实际工程中绝大多数大跨度或超高层建筑按设计要求均需采用厚板，现代钢结构对钢材的力学性能及加工性能提出了越来越严格的要求，普通低合金高强度结构钢已不能完全满足建设趋势要求。

在此背景下，我国自行研发了新型高性能结构钢，由于其最早来源于产品标准《高层建筑结构用钢板》(YB 4104—2000)，按该标准生产的钢材因其代号中有"GJ"两个字母，故通常也称为 GJ 钢。由于 GJ 钢材优良的力学性能（较目前普遍采用的低合金高强度结构钢，特别是在厚板及超厚板方面有更好的综合性能)，而且品种规格齐全，可按照国内、国外不同标准组织生产，适用范围广，所以近年来在国内的工程建设中得以逐步应用。国家重大建设项目如国家奥林匹克主体育场("鸟巢")、首都新机场、国家大剧院、厦门国际会展中心、广州体育馆等，以及超高层建筑，如上海东方明珠电视塔、北京银泰大厦、CCTV 大楼等，在设计上均部分选用了 GJ 系列钢材。

按国家标准《建筑结构用钢板》(GB/T 19879—2015)生产的钢材有厚度为 6～200 mm的 Q345GJ，厚度为 6～150 mm 的 Q235GJ、Q390GJ、Q420GJ 和 Q460GJ，厚度为 12～40 mm 的 Q500GJ、Q550GJ、Q620GJ、Q690GJ 热轧钢板。各强度级别又分为 Z 向和非 Z 向钢，Z 向钢有 Z15、Z25、Z35 三个等级。各牌号又按不同冲击试验要求分为 B、C、D、E 质量等级。该类钢板纯净度高(有害的 S、P 元素含量少)，轧制过程控制严格，具有强度高，强度波动小，强度厚度效应小，塑性、韧性、焊接性能好等优点，是一种高性能的钢材，特别适用于地震区高层大跨等重大钢结构工程。

Q355 与 Q345GJ 钢的化学成分比较见表 1.16。可以看出，GJ 钢对 S、P 的含量控制更加严格。S 和 P(特别是 S)是钢中的有害成分，它们降低钢材的塑性、韧性、可焊性和疲劳强度。钢结构在梁柱节点或箱形柱角部等处的焊缝连接，由于局部构造形成的高约束，焊接时产生的收缩应力容易引起沿板厚方向的层状撕裂。非金属杂质 S、P 的存在会严重恶化钢材的性能，是造成钢材层状撕裂的重要原因，GJ 系列结构钢对 S、P 含量的严格要求，使得钢材的抗层状撕裂能力得以提高。

GJ 钢的拉伸性能见表 1.17。与表 1.13 比较可以看出，GJ 钢的厚度效应更小，屈强比更低。低的屈强比使得建筑结构在地震作用下有良好的塑性变形能力，对于提高结构的抗震能力非常重要。

表 1.16　Q355 与 Q345GJ 钢的化学成分比较

牌号	质量等级	化学成分(质量分数)/%													
		C		Si	Mn	P	S	V	Nb	Ti	Cr	Cu	Ni	Mo	Als
		$t\leqslant40$ mm	$t>40$ mm	$\leqslant$											$\geqslant$
Q355	B	0.24		0.55	1.60	0.035	0.035	—	—	—	0.30	0.40	0.30	—	—
	C	0.20	0.22			0.030	0.030								
	D	0.20	0.22			0.025	0.025								
Q345GJ	B、C	0.20		0.55	1.60	0.025	0.015	0.150	0.070	0.035	0.30	0.30	0.30	0.20	0.015
	D、E	0.18				0.020	0.010								

表 1.17　GJ 钢的拉伸性能(GB/T 19879—2015)

牌号	质量等级	屈服点 σ_s/(N·mm^{-2})　不小于					抗拉强度 σ_b/(N·mm^{-2}) 不小于			屈强比 σ_s/σ_b		断后伸长率/% 不小于
		钢板厚度(直径)/mm										
		6～16	>16～50	>50～100	>100～150	>150～200	≤100	>100～150	>150～200	6～150	>150～200	
Q235GJ	B～E	235	235～345	225～335	215～325	—	400～510	380～510	—	≤0.80	—	23
Q345GJ	B～E	345	345～455	335～445	325～435	305～415	490～610	470～610	470～610	≤0.80	≤0.80	22
Q390GJ	B～E	390	390～510	380～500	370～490	—	510～660	490～640	—	≤0.83	—	20
Q420GJ	B～E	420	420～550	410～540	400～530	—	530～680	510～660	—	≤0.83	—	20
Q460GJ	B～E	460	460～600	450～590	440～580	—	570～720	550～720	—	≤0.83	—	18

4. 优质碳素结构钢

优质碳素结构钢(quality carbon structure steel)与碳素结构钢的主要区别在于钢中含杂质元素较少，磷、硫等有害元素的质量分数均不大于 0.035%，其他缺陷的限制也较严格，具有较好的综合性能。按照国家标准《优质碳素结构钢》(GB/T 699—2015)生产的钢材共有两大类，一类为普通含锰量(小于 0.80%)的钢，另一类为较高含锰量(0.80%～1.20%)的钢，两类的钢号均用两位数字表示，它表示钢中平均含碳量的万分数，前者数字后不加 Mn，后者数字后加 Mn，如 45 号钢，表示平均含碳量为 0.45%的优质碳素钢；45Mn 号钢，则表示同样含碳量但锰的含量也较高的优质碳素钢。含碳量在 0.25%以下，多不经热处理直接使用，或经渗碳、碳氮共渗等处理，制造中小齿轮、轴类、活塞销等；含碳量在 0.25%～0.60%，典型钢号有 40、45、40Mn、45Mn 等，多经调质处理，制造各种机械零件及紧固件等；含碳量超过 0.60%，如 65、70、85、65Mn、70Mn 等，多作为弹簧钢使用。可按不热处理和热处理(退火、正火、高温回火)状态交货，用作压力加工用钢(热压力加工、顶锻及冷拔坯料)和切削加工用钢。也可按不同表面状态(酸洗、喷丸、剥皮或磨光)交货。由于价格较高，钢结构中使用较少，仅用经热处理的优质碳素结构钢冷拔高强钢丝或制作高强度螺栓、自攻螺钉等。

5. 其他建筑用钢

在某些情况下，要采用一些有别于上述牌号的钢材时，其材质应符合国家的相关标准。例如，当焊接承重结构为防止钢材的层状撕裂而采用 Z 向钢时，应符合《厚度方向性能钢板》(GB/T 5313—2010)的规定；当在钢结构中采用铸钢件时，应满足《一般工程用铸造碳钢件》(GB/T 11352—2009)的规定等。

对处于外露环境，且对耐腐蚀有特殊要求的或在腐蚀性气态和固态介质作用下的承重结构，宜采用耐候钢。耐候钢是在低碳钢或低合金钢中加入铜、磷、铬、镍、钛等合金元素制成的一种耐大气腐蚀的钢材。在大气作用下，表面自动生成一种致密的防腐薄膜，起到抗腐蚀作用。其材质要求应符合现行国家标准《焊接结构用耐候钢》(GB/T 4172—2000)规定。

1.7.2　钢材的选用

1. 钢材选用原则和建议

钢材的选用要确保结构安全性和经济性。为了保证承重结构的承载能力，防止在一定条件下出现脆性破坏，应根据结构的重要性、荷载特征、连接方法、工作环境、应力状态和钢材厚度等因素综合考虑，选用合适牌号和质量等级的钢材。

一般而言，对于直接承受动力荷载的构件和结构(如吊车梁、工作平台梁或直接承受车辆荷载的栈桥构件等)、重要的构件或结构(如桁架、屋面楼面大梁、框架横梁及其他受拉力较大的类似结构和构件等)、采用焊接连接的结构以及处于低温下工作的结构，应采用质量较高的钢材。对承受静力荷载的受拉及受弯的重要焊接构件和结构，宜选用较薄的型钢和板材；当选用的型材或板材的厚度较大时，宜采用质量较高的钢材，以防钢材中较大的残余拉应力和缺陷等与外力共同作用形成三向拉应力场，引起脆性破坏。

承重结构采用的钢材应具有抗拉强度、伸长率、屈服强度和含硫、磷量的合格保证，对焊接结构还应具有含碳量的合格保证。焊接承重结构以及重要的非焊接承重结构采用的钢材，还应具有冷弯试验的合格保证。

根据多年的实践经验总结，并适当参考了有关国外规范的规定，《钢结构设计标准》(GB 50017—2017)具体给出了建筑结构用钢应具有的冲击韧性合格保证建议，即钢材质量等级选用建议，见表 1.18。

表 1.18　钢材质量等级选用建议

<table>
<tr><th colspan="2" rowspan="2">结构类别</th><th colspan="4">工作温度/℃</th></tr>
<tr><th>$T>0$</th><th>$-20<T\leqslant 0$</th><th colspan="2">$-40<T\leqslant -20$</th></tr>
<tr><td rowspan="2">不需验算疲劳</td><td>非焊接结构</td><td>B 级钢
（允许用 A 级钢）</td><td rowspan="2">B 级钢</td><td rowspan="2">B 级钢</td><td rowspan="4">受拉构件及承重结构的受拉板件：
(1)板厚或直径小于 40 mm 时用 C 级钢
(2)板厚或直径不小于 40 mm 时用 D 级钢
(3)重要承重结构的受拉板材宜选建筑结构用钢板</td></tr>
<tr><td>焊接结构</td><td>B 级钢
（允许用
Q345A～Q420A）</td></tr>
<tr><td rowspan="2">需验算疲劳</td><td>非焊接结构</td><td>B 级钢</td><td>Q235B、Q390C、
Q345GJC、Q420C、
Q345B、Q460 C</td><td>Q235C、Q390D、
Q345GJC、Q420D、
Q345C、Q460D</td></tr>
<tr><td>焊接结构</td><td>B 级钢</td><td>Q235C、Q390D、
Q345GJC、Q420D、
Q345C、Q460D</td><td>Q235D、Q390E、
Q345GJD、Q420E、
Q345D、Q460E</td></tr>
</table>

注：对于露天或非采暖房屋的结构，结构工作温度可按国家标准《采暖通风与空气调节设计规范》(GB 50019—2015)取建筑物所在地区室外累年最低日平均温度；对于室内工作的构件，如能确保始终在某一温度以上，可将其作为工作温度，如采暖房间的工作温度可视为 0 ℃以上；否则可按当地室外最低日平均温度提高 5 ℃采用。

为了简化订货，选择钢材时要尽量统一规格，减少钢材牌号和型材的种类，还要考虑市场的供应情况和制造厂的工艺可能性。对于某些拼接组合结构（如焊接组合梁、桁架等），可以选用两种不同牌号的钢材，受力大、由强度控制的部分（如组合梁的翼缘、桁架的弦杆等）用强度高的钢材；受力小、由稳定控制的部分（如组合梁的腹板、桁架的腹杆等）用强度低的钢材，可达到经济合理的目的。

2. 国外防脆选材的有关建议

欧洲钢结构设计规范(EN 1993－1－10:2005)针对三种应力水平(σ_{Ed})和七种参考温度，给出了不必进行脆性断裂验算的各种牌号钢材制成的构件的最大板厚限值，见表 1.19。表中的 $f_y(t)$ 为考虑钢板厚度 t 影响的钢材屈服强度，可按下式确定：

$$f_y(t)=f_{y,nom}-0.25t/t_0 \tag{1.14}$$

式中　$f_{y,nom}$——钢材的名义屈服强度(N/mm^2)；

t——钢板厚度(mm)；

$t_0=1$ mm。

表 1.19 欧洲 EC3 规范规定的钢构件板件最大厚度限值(mm)

钢材牌号	质量等级	冲击功		参考温度 T_{Ed} / ℃																				
		温度 /℃	J_{min}	10	0	−10	−20	−30	−40	−50	10	0	−10	−20	−30	−40	−50	10	0	−10	−20	−30	−40	−50
				$\sigma_{Ed}=0.75f_y(t)$							$\sigma_{Ed}=0.5f_y(t)$							$\sigma_{Ed}=0.25f_y(t)$						
S235	JR	20	27	60	50	40	35	30	25	20	90	75	65	55	45	40	35	135	115	100	85	75	65	60
	J0	0	27	90	75	60	50	40	35	30	125	105	90	75	65	55	45	175	155	135	115	100	85	75
	J2	−20	27	125	105	90	75	60	50	40	170	145	125	105	90	75	65	200	200	175	155	135	115	100
S355	JR	20	27	40	35	25	20	15	15	10	65	55	45	40	30	25	25	110	95	80	70	60	55	45
	J0	0	27	60	50	40	35	25	20	15	95	80	65	55	45	40	30	150	130	110	95	80	70	60
	J2	−20	27	90	75	60	50	40	35	25	135	110	95	80	65	55	45	200	175	150	130	110	95	80
	K2,M,N	−20	40	110	90	75	60	50	40	35	155	135	110	95	80	65	55	200	200	175	150	130	110	95
	ML,NL	−50	27	155	130	110	90	75	60	50	200	180	155	135	110	95	80	210	200	200	200	175	150	130
S420	M,N	−20	40	95	80	65	55	45	35	30	140	120	100	85	70	60	50	200	185	160	140	120	100	85
	ML,NL	−50	27	135	115	95	80	65	55	45	190	165	140	120	100	85	70	200	200	200	185	160	140	120
S460	Q	−20	30	70	60	50	40	30	25	20	110	95	75	65	55	45	35	175	155	130	115	95	80	70
	M,N	−20	40	90	70	60	50	40	30	25	130	110	95	75	65	55	45	200	175	155	130	115	95	80
	QL	−40	30	105	90	70	60	50	40	30	155	130	110	95	75	65	55	200	200	175	155	130	115	95
	ML,NL	−50	27	125	105	90	70	60	50	40	180	155	130	110	95	75	65	200	200	200	175	155	130	115
	QL1	−60	30	150	125	105	90	70	60	50	200	180	155	130	110	95	75	215	200	200	200	175	155	130

* 注:①当实际应力处于表中所给三个应力水平中间时,可以通过线性内插确定,但不能用于外推。

②冲击功最小值 J_{min} 是沿钢材轧制方向提取试件测得的。

③表中钢材 S235、S355、S420、S460 相当于我国的 Q235、Q355、Q420、Q460,表中的 JR、J0、J2 大致相当于我国的 B、C、D 级钢。

表1.19中数值是在假定加载应变速率为$4\times10^{-4}\,s^{-1}$，钢材没有经过任何冷弯加工的情况下获得的。当实际情况有出入时，可通过调整参考温度的方式加以修正。此外，还给出了基于断裂力学的评估方法。这些方法同时考虑了钢材的强度等级、材料韧性、材料厚度、应力水平、加载速率、参考温度和构件冷加工情况等对脆性破坏的影响，规定比较详细，具有可操作性。

俄罗斯地处欧洲西北部，冬季气候寒冷，过去曾发生不少钢结构的脆性破坏事故。经过大量的理论和试验研究，苏联《钢结构设计规范》（$CH_N\Pi$ Ⅱ－23－81）提出了一套考虑脆性破坏的强度计算方法。该规范规定，建造在－65～－30 ℃气温地区的钢结构中，都要考虑脆性破坏的抗力，按下式验算强度：

$$\sigma_{max} \leqslant \beta R_u/\gamma_u \tag{1.15}$$

式中 σ_{max}—— 构件计算截面的最大名义拉应力，计算时不考虑动力系数，按净截面算出；

β—— 计算系数，考虑了使用时的最低计算温度、钢材牌号、构件的构造和连接形式以及构件板厚的影响，总的趋势是计算温度越低，所用钢材的屈服强度越高，构件的板厚越厚，采用焊接连接形式引起的应力集中越严重，β就越低，最低时可达0.6；

R_u—— 钢材的计算抗拉强度；

γ_u—— 相应的抗力系数，取1.3。

美国钢结构协会《建筑钢结构设计规范》（ANSI/AISC 360—16）规定：当板厚小于50 mm时，可不对钢材提出C_V值的要求；对于采用全熔透焊缝相互拼接的重型型钢（翼缘板厚≥50 mm），当主要承受由拉力和弯矩引起的拉应力作用时，在钢材的供货合同中应由供货商提供C_V试验值，并满足20 ℃的C_V平均值不小于27 J的要求。对于由板厚≥50 mm采用全熔透焊缝组成的焊接组合截面钢构件，当主要承受由拉力和弯矩引起的拉应力作用时，其钢材也应满足上述要求。规范条文说明还指出，由于真实结构中钢材的应变速率远低于夏比V型缺口冲击试验中的应变速率，因此试验温度可比预期的结构使用温度高。

厚板的内部及轧制重型型材的腹板－翼缘交接部位，由于铸锭偏析、在热轧过程中所产生的少许变形、较高的加工温度及型钢轧制后的冷却速度较低等原因，可能会包含较多的粗晶粒组织和/或冲击韧性较低的材料。这种特性对于受压构件或非焊接构件不会产生不良的影响，然而，当重型型材截面通过拼接接头或全熔透坡口焊缝连接穿过厚板内部的粗晶粒组织和/或冲击韧性较低的材料时，由焊接收缩引起的拉应变就会导致开裂。当板厚较小时，焊缝收缩也比较小，开裂的可能性就会大大降低。因此，板厚对于钢材冲击韧性的影响是十分显著的。与美国和欧洲的规范相比，我国对钢构件冲击韧性的要求只是考虑板厚大于等于40 mm和小于40 mm两种情况。

3. 国内外钢材的互换问题

随着经济全球化时代的到来，不少国外钢材进入了中国的建筑领域，也有不少中国建筑企业去国外承揽工程；有些项目的方案设计或初步设计由国外设计，其材料及构件截面选择也相应地采用欧标或美标钢材及型钢。由于各国的钢材标准不同，在使用国外钢材时，必须全面了解不同牌号钢材的质量保证项目，包括化学成分和机械性能，检查厂家提供的质保书，并应进行抽样复验，其复验结果应符合现行国家产品标准和设计要求，方可与我国相应的钢材进行代换。表 1.20 给出了以强度指标为依据的各国钢材牌号与我国钢材牌号的近似对应关系，供代换时参考。

表 1.20　国内外钢材牌号对应关系

国别	中国	美国	日本	欧盟	英国	俄罗斯	澳大利亚
钢材牌号	Q235	A36	SS400 SM400 SN400	S235	40	C235	250 C250
	Q355	A242，A441， A572－50，A588	SM490 SN490	S355	50B，C，D	C345	350 C350
	Q390	—	—	—	50F	C390	400 Hd400
	Q420	A572－60	SA440B SA440C	S420	—	C440	—
	Q460	A572－65	—	S460	55C，E，F	—	450 C450

以欧标 S355 和国标 Q355 为例，两者均为设计中常用的钢材牌号。表 1.21、表 1.22 分别给出了 S355 和 Q355 伸长率和冲击韧性的比较。可以看出，两者的力学性能基本一致，完全可以相互代换。当然，这里所说的代换是从材料强度角度考虑，对于型材，还要考虑材料截面差异。此外，不同规范对于荷载组合、分项系数和控制指标等方面的差异，也是不可忽视的因素。只有从设计整体上进行考量，才能确保涉外工程的安全性和合理性。

表 1.21　中欧低合金高强度钢的拉伸性能比较

牌号	质量等级	屈服点 σ_s/(N · mm^{-2})　不小于						抗拉强度 σ_b/(N · mm^{-2})		
		钢板厚度(直径)/mm								
		≤16	>16～40	>40～63	>63～80	>80～100	>100～150	＜3	≥3～100	>100～150
Q355	B、C、D	355	345	335	325	315	295	470～630		450～600
S355	JR、J0、J2	355	345	335	325	315	295	510～680	490～630	470～630

表 1.22　中欧低合金高强度钢的伸长率和冲击韧性比较

牌号	质量等级	不同钢板厚度(直径)(mm)时的伸长率 δ_s/%　不小于				不同温度下的冲击功 A_{kv}/J		
		≤40	>40～63	>63～100	>100～150	+20 ℃	0 ℃	−20 ℃
Q355	B	22	21	20	18	34	—	—
	C	22	21	20	18	—	34	—
	D	22	21	20	18	—	—	34
S355	JR	22	21	20	18	27	—	—
	J0	22	21	20	18	—	27	—
	J2	22	21	20	18	—	—	27

思考题与习题

1. 什么是金属的塑性变形？塑性变形方式有哪些？

2. 试说明单晶体和多晶体塑性变形的原理。

3. 试根据多晶体塑性变形的特点说明：为什么细晶粒金属不仅强度高，而且塑性、韧性也好？

4. 什么是冷变形强化现象？试用生产实例说明冷变形强化现象的利弊。

5. 什么是回复？在回复过程中金属的组织和性能有何变化？

6. 什么是再结晶？在再结晶过程中金属的组织和性能有何变化？

7. 将未经塑性变形的金属加热到再结晶温度会发生再结晶吗？为什么？

8. 从金属学观点如何区分热变形加工和冷变形加工？为什么在某些热变形加工过程中也会产生冷变形强化和晶粒粗大现象？

9. 金属经热塑性变形后，其组织和性能有何变化？

10. 用下列三种方法制成的齿轮，哪种合理？为什么？

(1)用厚钢板切成齿坯再加工成齿轮。

(2)用钢棒切下做齿坯并加工成齿轮。

(3)用圆钢棒热镦成齿坯再加工成齿轮。

11. 有一块低碳钢钢板，被炮弹射穿一孔，试问孔周围金属的组织和性能有何变化？为什么？

12. 试探讨对于涉外工程，当需要根据欧标或美标选用钢材时，需要注意哪些问题？

第2章 钢结构断裂

钢结构的强度破坏可分为两类：一类是以屈服为主的破坏，即静载作用下无缺陷钢材的传统强度问题；另一类是以断裂为主的破坏，即含裂纹钢材的断裂强度问题。目前，人们对传统强度的认识已相当深刻，工程中强度设计的实践经验也十分丰富，并具备了大量的对于传统强度的控制能力。在这个前提下，断裂引起的钢结构失效在工程中越来越突出，已成为最主要的因素之一。

2.1 概 述

2.1.1 钢结构脆性断裂事故及原因分析

钢结构的脆性断裂遍及桥梁、船舶、油罐、液罐、压力容器及工业厂房等领域。下面将介绍典型的钢结构脆断事故，并分析脆断发生的主要原因。

早期的钢结构连接经常采用铆钉连接，因此钢结构脆断最早发生在铆接结构时期，且多数出现在储液罐和高压水管中。世界上第一次有记录的钢结构脆断事故是1886年10月发生在美国纽约州的铆接立柱式钢水塔破坏(图2.1)。这个钢水塔在一次静载压力验收试验中，水塔下边25.4 mm的厚板突然产生一条6.1 m长的竖向裂缝，裂开部位钢板脆性很大。此外，1925年12月美国一座直径为35.7 m、高为12.8 m的油罐，油罐壁厚为25 mm，由软钢制成，油罐中装满原油，当气温由15 ℃骤降至−20 ℃时油罐发生脆断，并引起火灾。由于铆钉连接的塑性和韧性较好，传力可靠，质量易于检查，因此铆接钢结构的脆断事故为数不多，没有引起人们的重视。

后来，焊接钢结构迅速发展，这也使得脆断事故大大增多。1938～1956年间，比利时Albert运河上有14座焊接拱形空腹式桁架钢桥(图2.2)发生断裂，其中有6座为负温下脆断，只承受较小的外荷载，且大部分钢桥均在下弦与桥墩支座的连接处发生断裂。比较典型的例子为：1938年跨度为74.5 m的Hasselt桥在交付使用一年后突然裂成三段坠入Albert运河中。该桥用软钢制造，上、下弦均为两根工字钢组合焊成的箱形截面，最大厚度为56 mm，节点板为铸件。破坏发生时气温较低，桥梁只承受较小的荷载。破坏由下弦断裂开始，有的裂口经过焊缝，有的只经过钢板，6 min后钢桥发生坍塌。

典型的脆断事故还有20世纪40年代初期美国的一批焊接船舶。1943～1947年间，美国制造的5 000艘全焊接“自由轮”，竟发生1 000多起断裂事故，其中238艘完全毁坏，有的甚至折成两段。据记载，1943年1月一艘油轮在码头交付使用时突然断成两截，当时气温为−5 ℃，船上只有试航的载重，断裂时船体所受拉应力仅为70 MPa，远小于钢材的屈服强度250 MPa。在以后的10年中，又有200多艘在第二次世界大战期间建造的焊接船舶发生断裂。

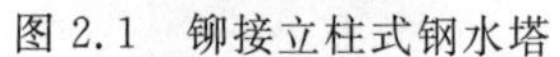

图 2.1　铆接立柱式钢水塔　　　　图 2.2　Albert 运河上的焊接拱形空腹式桁架钢桥

焊接的压力容器和油罐，也不乏脆断的报道。1949 年东俄亥俄州煤气公司的圆柱形液态天然气罐发生爆炸，使周围的街市化为废墟。尤其引人注目的是 20 世纪 50 年代初美国的北极星导弹固体燃料发动机壳，材料为 D_6AC 高强度钢（σ_s = 1 400 MPa），经传统强度方法检验合格，但在试验发射时发生爆炸事故，然而破坏应力却不到 σ_s 的一半。此外，1952 年欧洲有三座直径为 44 m、高为 13.7 m 的油罐破坏。当时这些油罐还未使用，气温为 −4 ℃，最大板厚为 22 mm，材料均为软钢。施工时油罐的焊缝曾从罐内加工凿平，还因矫正变形而对油罐猛烈锤击过。冷加工和凿痕至少是引起脆性破坏的部分原因。从破坏的油罐上切取带凿痕的试样在 0 ℃下进行弯曲试验（有凿痕一侧受拉），发现折断时没有明显变形；而磨去冷加工部分和凿痕的试样，则弯至 45°不出现裂纹。1989 年 1 月，我国内蒙古某糖厂的废蜜储罐在 −11.9 ℃时发生爆裂。该罐直径为 20 m，高为 15.76 m，罐身共上下 10 层，由 6～18 mm 钢板焊成，容量 5 600 t，当时实储 4 300 t，应力尚低。经分析，该起事故是由于焊缝严重未焊透和质量差（图 2.3）引起裂纹扩展，从而导致低温脆断突然发生。

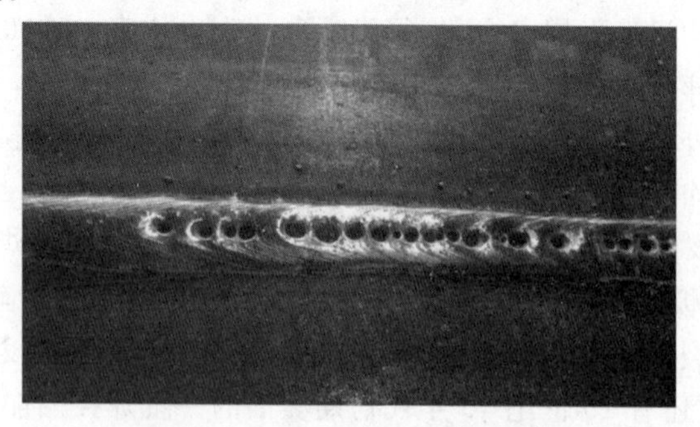

图 2.3　内蒙古的废蜜储罐焊缝

1972 年，我国东北某发电厂在施工过程中，36 m 钢屋架在低温下焊接并运输至施工现场后，发现 85%的运送单元在下弦转角节点板上产生不同程度的裂缝（图 2.4），其中有两条裂缝延伸到远离热影响区的部位，最长达 110 mm，宽为 0.1～ 0.2 mm。经过试验与分析，造成脆断的主要原因有：材质不合格，低温冲击韧性差，汇交于节点板上各杆之间的空隙过小，焊接产生较大的残余应力。

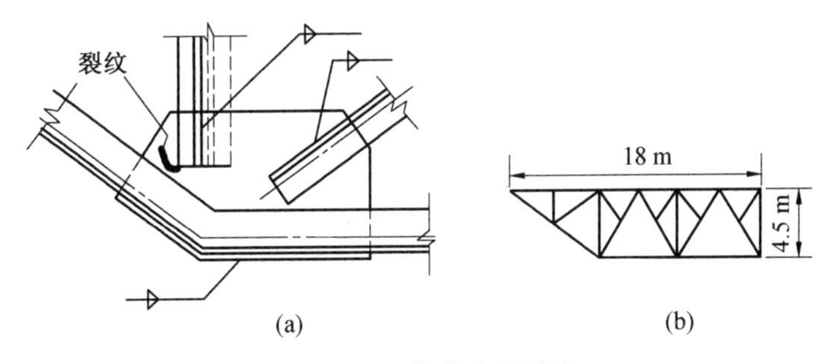

图 2.4　屋架节点板裂纹

苏联的严寒地区面积大，发生脆断事故的可能性比较大。据记载，苏联在 1950～1967 年间发生的 80 多起土建钢结构破坏事故中，屋盖结构占 30%，板结构占 27%，无线电桅杆占 24%，栈桥和皮带机桥占 12%，其他结构占 7%。在屋盖结构中，桁架比实腹构件更容易脆断。

在上述脆断事故发生后，人们进行了大量的调查研究，总结出脆断具有以下特点：

(1)断裂时的工作应力较低，通常远小于钢材的屈服强度，因此这类破坏通常称为"低应力脆断"。

(2)脆断总是由构件内部存在宏观尺寸(肉眼可见的 0.1 mm 以上)的裂纹源扩展引起，裂纹源一旦超过一定尺寸(临界尺寸)，裂纹将以极高速度扩展，直至断裂。

(3)无论是中、低强度钢，还是高强度钢，都可能发生脆性断裂。中、低强度钢的脆断一般发生在较低的温度(15 ℃以下)，而高强度钢则没有明显的温度效应。

针对上述钢结构脆断事故及其特点，分析钢结构发生脆断的原因主要有：

(1)材料选用不当。

对于高强度钢，虽然其强度较高，但塑性和韧性性能较差，脆性很大，因此容易发生脆断。中、低强度钢在常温下具有良好的塑性和韧性性能，属于塑性材料。然而，当温度在 0 ℃以下时，随温度降低，其强度略有提高，而塑性和韧性降低，脆性增大，出现"低温冷脆"现象。尤其是当温度下降到某一温度区间(脆性转变温度区，如图 2.5 中的 T_1～T_2 区间所示)内时，钢材的冲击韧性对温度十分敏感，冲击韧性值急剧下降，其破坏性质从韧性断裂变为低温脆断。因此，中、低强度钢在低温下同样可能发生脆断。由图 2.5 可知，对于中、低强度钢，当工作温度小于零塑性转变温度 NDT(T_1)时，试样发生完全的脆性断裂，此时断口由 100%的晶粒状组成；当工作温度大于全塑性转变温度 FTP(T_2)时，试样发生完全的韧性断裂，此时断口由 100%的纤维状组成。不同牌号和等级的钢材具有不同的脆性转变温度区和转变温度。

材料力学对于钢材要求测定五项力学性能指标，即屈服强度 σ_s(或名义屈服强度 $\sigma_{0.2}$)、抗拉强度 σ_u、伸长率 δ、截面收缩率 Ψ 和冲击韧性 a_k，其中冲击韧性反映了钢材抵抗低温脆断的能力。因此，对于低温下工作的钢结构，特别是受动力荷载作用时，钢材应具有负温冲击韧性的合格保证，从而避免断裂发生。设计时应根据结构所处的工作温度，按照现行国家标准《钢结构设计标准》(GB 50017—2017)的相关规定选择合适的钢材牌号和等级。

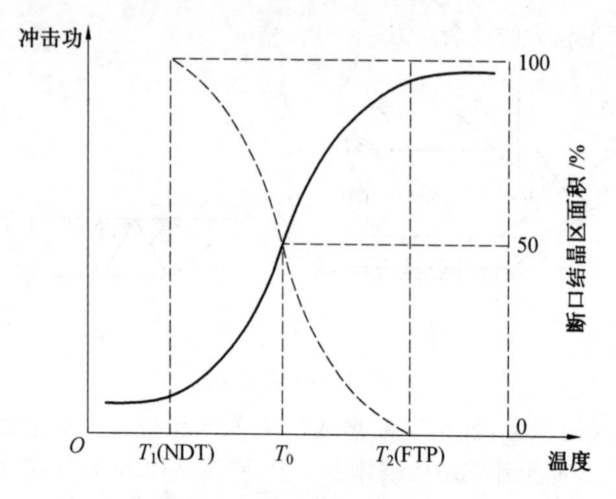

图 2.5 冲击功与工作温度的关系

(2)设计不合理、制造工艺不完善。

在钢构件设计和制造过程中,不可避免地存在孔洞、槽口、截面突然改变以及钢材内部缺陷等,此时截面中的应力分布不再保持均匀。在荷载作用下,这些缺陷部位将产生局部高峰应力,而其余部位应力较低,这种现象称为应力集中。应力集中的严重程度用应力集中系数来衡量,缺口边缘沿受力方向的最大应力 σ_{max} 和按净截面的平均应力 $\sigma_0=N/A_n$ 的比值称为应力集中系数,即 $k=\sigma_{max}/\sigma_0$。

当钢材在某一局部出现应力集中时,由于主应力线在绕过孔洞等缺陷时发生弯折,不仅在孔口边缘处会产生沿力作用方向的高峰应力,而且会在孔洞附近产生垂直于力作用方向的横向应力,甚至产生三向拉应力(图 2.6),从而导致材料脆性破坏。应力集中越严重、出现的同号三向拉应力水平越接近,钢材发生脆断的危险性也越大。

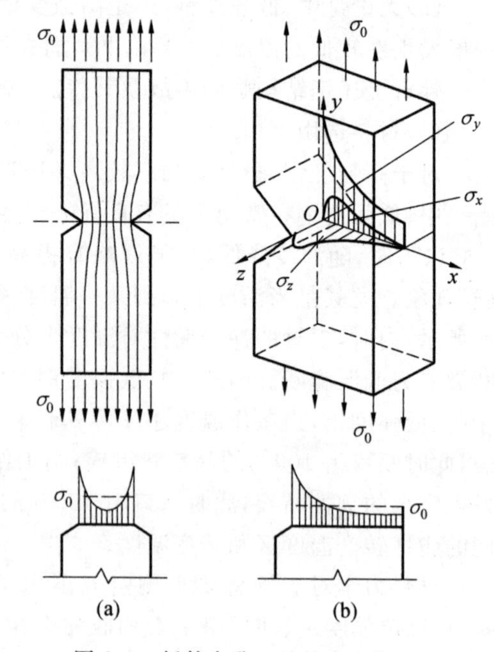

图 2.6 板件在孔口处的应力集中

因此,在进行钢结构设计时,应尽量使构件和连接节点的形状与构造合理,防止截面的突然改变。

(3)焊缝缺陷及残余应力。

焊接结构发生脆断事故比铆接结构频繁,主要有以下四个原因:

①焊缝或多或少存在一些缺陷,如裂纹、欠焊、夹渣、气孔、未融合和未焊透等(图 2.7),这些缺陷统称为类裂纹。正是由于这些类裂纹的存在,因此材料的实际强度大大低于其理论强度。

②焊接后结构内部存在残余应力。其中残余拉应力与其他作用应力结合在一起,可

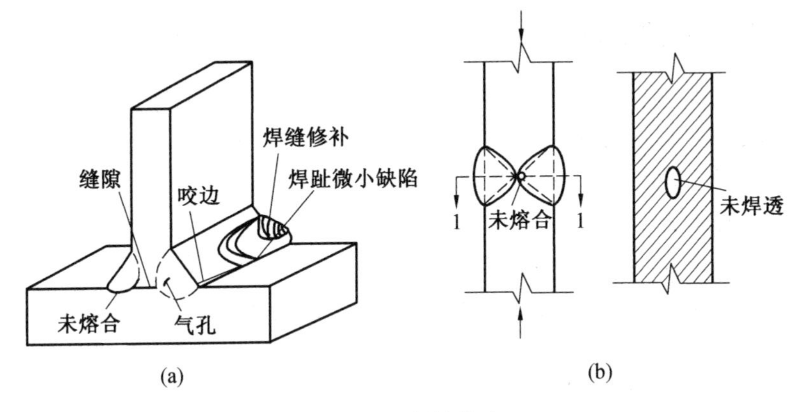

图 2.7　焊缝缺陷

能导致钢材更容易开裂。

③焊接结构往往刚性较大，当出现多条焊缝汇交时，脆性增大，导致钢材的塑性变形很难发展。图 2.8 给出了三向受拉和单向受拉构件焊接区的应力应变曲线及其与原钢材的对比。可以看出，相比原钢材，焊接结构的强度有所提高，塑性性能明显变差。尤其是三向受拉时，钢材几乎不发生塑性变形，故易发生脆断。

④焊接使结构形成连续的整体，一旦裂纹开展，没有止裂的构造措施，就有可能一裂到底，不像在铆接结构中裂纹常在接缝处终止。

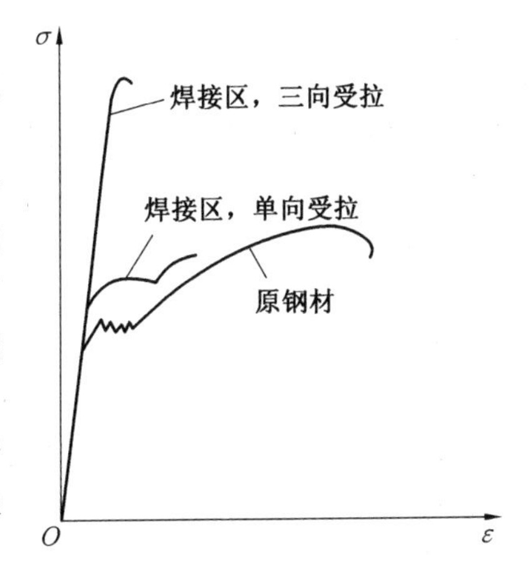

图 2.8　三向受拉焊接区的应力应变关系

因此，为了防止焊接结构的脆性断裂，需采用质量较好的钢材，并保证具有较高的焊接质量。

(4)检验技术不完善。

钢结构脆断起源于构件内部或连接处裂纹的形成及发展，因此采用先进的检验技术来检测裂纹的形式、位置和尺寸对于结构选材非常重要。目前，检验裂纹的主要手段有：肉眼外观检查、X 射线和 γ 射线探伤、超声波探伤等，检验时按一定比例抽检。

研究表明，X 射线和 γ 射线探伤、超声波探伤等无损探伤技术不能识别出微裂纹(尺寸在 0.1 mm 以下)，因此无法剔除质量较差的钢材，从而使得这些钢材在使用过程中裂纹迅速扩展并造成脆断。

综上，低温下材料选用不当、设计不合理、制造工艺不完善、焊缝缺陷及残余应力及检验技术不完善是导致钢结构脆断的主要原因，其中由设计不合理、制造工艺不完善和焊缝缺陷所引起的应力集中的影响非常重要。除此之外，还有以下因素导致钢结构脆断事故频发：现在的钢结构比过去复杂得多，有的使用条件恶劣(如海洋结构)，有的荷载很大；钢材强度趋于提高，钢板厚度趋于增大；设计时采用更精细的计算方法并利用材料的塑性性能以尽量降低造价，致使结构的实际安全储备比过去有所降低等。这些因素综合在一起，钢结构发生脆断的概率就会提高。

2.1.2　断裂分类及机理

钢材的断裂过程通常包括裂纹的形成与扩展两个阶段，随着温度、应力状态、加荷速率的不同，表现出不同的断裂形式。从宏观上来说，按照断裂前与断裂过程中塑性变形程度的不同，可将钢材的断裂分为脆性断裂和韧性断裂。

脆性断裂的特征为：

①断裂时的应力远小于钢材的屈服强度，甚至远小于设计应力；

②断裂前没有显著变形（宏观塑性变形），吸收能量很小，破坏突然发生，无事故先兆，因此具有很大的危险性；

③断口一般与正应力或正应变方向垂直，发生正断（图 1.20(b)）；

④断口宏观上比较平齐光亮，表面呈放射状或结晶状。

材料的脆性是引起脆性断裂的重要原因，因此高强度钢通常发生脆性断裂。另外，有些延性较好的钢材（中、低强度钢），在某些情况下，比如低温环境、厚截面、内部或表面有严重缺陷（裂纹）或受高应变速率荷载（如冲击荷载）作用，也会发生脆性断裂。

韧性断裂也称为延性断裂，其断裂特征为：

①破坏时的应力超过钢材的屈服强度；

②有明显的宏观塑性变形，并出现颈缩现象，断裂过程中吸收较多的能量；

③断口一般平行于最大切应力方向，并与主应力方向成 45°，发生切断（图 1.20(d)）；

④断口表面呈纤维状、暗灰色。纤维状是塑性变形过程中，众多微细裂纹的不同扩展和相互连接造成的，而暗灰色则是纤维断口表面对光的反射能力很弱所致。

韧性断裂的断口通常分为三个区域：纤维区、放射区和剪切唇区，即断口特征三要素，如图 2.9 所示。中、低强度钢在常温下静力拉伸试验时常发生韧性断裂。

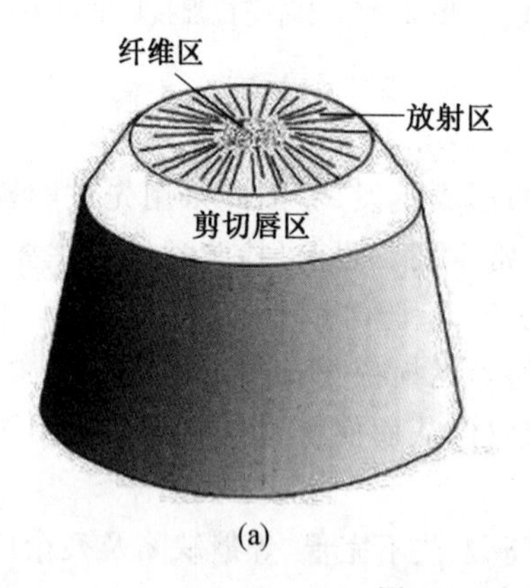

(a)

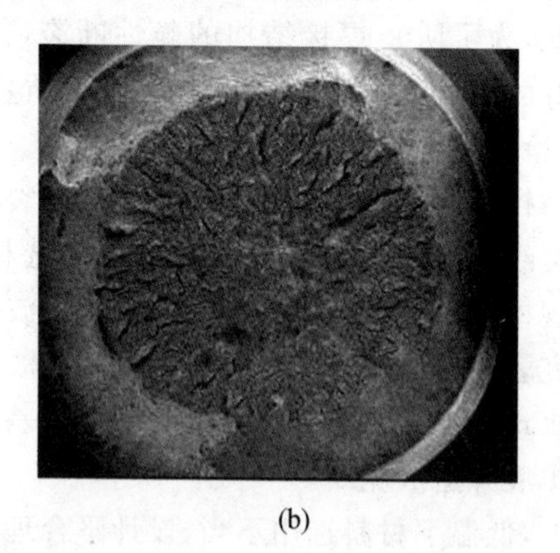
(b)

图 2.9　韧性断裂断口三要素

从微观上来说，按照晶体材料断裂时裂纹扩展的途径不同，钢材的断裂可分为穿晶断裂和沿晶断裂（图 2.10）。穿晶断裂是指裂纹穿过晶粒内部而发生的断裂；沿晶断裂是指裂纹沿晶界扩展而发生的断裂，不在某一平面内运动。穿晶断裂和沿晶断裂既可以是脆性断裂，又可以是韧性断裂。

根据断裂机理的不同，钢材的断裂又可分为解理断裂和剪切断裂。其中解理断裂是指裂纹沿解理面扩展，最终导致解理面分离，此时发生脆性断裂。这也解释了第 1 章 1.2.2节中正应力只能使晶体产生弹性变形和脆性断裂的原因。解理面是指晶面指数低或表面能量低的晶面，一般表面光滑平整。剪切断裂是指裂纹沿最大切应力面(与主应力面成 45°)扩展，此时发生韧性断裂。这也解释了第 1 章 1.2.2 节中只有在切应力作用下，晶体才可能发生韧性断裂。

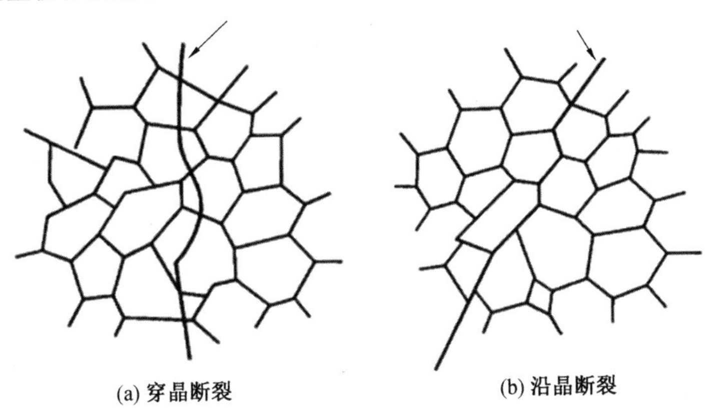

图 2.10　穿晶断裂和沿晶断裂示意图

由上述可知，脆性断裂的断裂机理主要表现为解理面沿垂直于正应力或正应变方向发生分离，从而导致钢材发生穿晶断裂或沿晶断裂。韧性断裂的断裂机理主要表现为晶粒发生滑移分离和韧窝。滑移分离是指金属在外荷载作用下产生塑性变形时，在金属内沿着密排面和密排方向(即原子密度最大的晶面和晶向)发生滑移而产生的分离剪切断裂。韧窝是钢材在局部范围内发生塑性变形并导致显微空洞，晶核经形核、长大和聚集后(即微孔聚合)，最终相互连接而导致钢材发生穿晶断裂或沿晶断裂后，在断口表面所留下的痕迹。

2.2　断裂力学简介

2.2.1　断裂力学的观点

一般情况下，按照常规设计方法所设计的钢结构，绝大多数都能够保证安全使用。但是有时也会发生意外的脆性断裂事故，特别是对于高强度和超高强度($\sigma_s \geq$ 1 400 MPa)钢结构、焊接钢结构，或者处于低温或腐蚀环境中的钢结构，意外的脆断事故就更加频繁。这些事故发生时，事前无明显预兆，破坏非常突然，以致造成重大损失，甚至引起灾难。尤其是发生事故时应力低于屈服强度 σ_s，是用传统的材料力学观点所无法解释的，这就引起了人们的高度重视。

通过对大量的低应力脆断事故进行广泛深入的研究，发现传统的设计思想存在一个严重的问题，就是把材料视为无缺陷的均匀连续体，这与工程结构的实际情况是不相符合的。对于工程实际结构，钢材内部在冶炼、轧制、热处理等制造过程中不可避免地产生各种微裂纹，焊接也会引入不同形式的焊缝缺陷(统称为类裂纹)，而且这些裂纹在无损探伤检验时又没有被发现。正是这些裂纹的客观存在,使得钢材在使用过程中,由于应力集中、低温环境、疲劳和腐蚀等原因,裂纹进一步扩展。当裂纹尺寸达到临界尺寸时,就会发生低应力脆断事故,钢材的实际强度远远低于理论强度。

虽然缺陷或裂纹是造成构件低应力脆断的原因,但是,也不是说构件存在裂纹就一定会发生断裂。断裂力学作为研究含裂纹物体的强度和裂纹扩展规律的一门学科,萌芽于1920 年 Griffith 对玻璃低应力脆断的研究,建立于 20 世纪 50 年代,成为固体力学的新分支。断裂力学从宏观的连续介质力学出发,研究含缺陷或裂纹的物体(简称含裂纹体)在外界条件(荷载、温度、介质腐蚀和中子辐射等)作用下宏观裂纹的扩展、失稳扩展、传播和止裂规律。虽然断裂力学研究起步较晚,但由于它主要解决材料或结构的安全问题,故其试验与理论研究均发展迅速,并在工程上得到了广泛应用。

断裂力学研究的主要任务是:确定各类材料的断裂韧度;确定含裂纹体在给定外力作用下是否会发生断裂,即建立断裂准则;研究荷载作用下裂纹扩展规律;研究在腐蚀环境和应力同时作用下物体的断裂(即应力腐蚀)。具体来说,主要探讨含裂纹体的断裂韧性、临界荷载(最大剩余强度)和安全度,含不同几何形状裂纹的物体的裂纹容限尺寸,以及选择与评定合适的防断裂材料等。

2.2.2　断裂力学发展概况

1920 年,Griffith 研究了玻璃、陶瓷等脆性材料中裂纹的扩展,提出了以含裂纹体的应变能释放率为参量的裂纹失稳扩展准则。其内容是:结构体系内裂纹扩展,应变能降低,用于裂纹增加新自由表面的表面能。裂纹扩展的临界条件是:当裂纹扩展单位面积时,应变能释放率等于自由表面能增加率。Griffith 理论很好地解释了脆性材料的低应力脆断现象,可用于估算断裂强度,并给出了断裂强度与裂纹长度之间的公式。

1944 年,Zener 和 Hollmon 把 Griffith 理论用于金属材料的脆性断裂。不久,Irwin 和 Orowan 分别指出,能量平衡应该是体系内储存的应变能与表面能、塑性变形所做的功之间的能量平衡,从而对 Griffith 理论进行修正,得到了 Irwin－Orowan 理论。该理论指出:对于延性大的材料,表面能与塑性功相比一般很小,可忽略。

此后,学者们从更广义的角度——功能转换关系建立了能量释放率断裂准则,将裂纹扩展单位面积时弹性系统释放的能量定义为裂纹扩展能量释放率或裂纹扩展驱动力,将裂纹扩展所需要消耗的能量定义为裂纹扩展阻力率,裂纹发生失稳扩展的临界条件是裂纹扩展能量释放率等于裂纹扩展阻力率。

20 世纪 50 年代,Irwin 提出了描述含裂纹体裂纹尖端附近应力场的一个参量——应力强度因子 K,并建立了以 K 为参量的裂纹扩展准则——应力强度因子准则(亦称 K 准则)。其内容为:裂纹失稳扩展的临界条件为 $K_{\mathrm{I}}=K_{\mathrm{Ic}}$,其中 K_{I} 为 Ⅰ 型裂纹的应力强度因子,可由弹性力学方法求得;K_{Ic} 为材料的临界应力强度因子或平面应变断裂韧度,可由试验测定。Irwin 的另一贡献是指出能量方法等价于应力强度方法。

1961 年,Wells 发表了有关裂纹尖端张开位移(Crack Tip Opening Displacement, CTOD)的著名文章,提出了以裂纹尖端张开位移 δ 作为断裂参量判别裂纹失稳扩展的一个近似工程方法。其内容是:不管含裂纹体的形状、尺寸、受力大小和方式如何,当 δ 达到其临界值δ_c时，裂纹开始失稳扩展。δ_c表征材料的断裂韧度，由试验测得。对于韧性材料的短裂纹平面应力问题，特别是含裂纹体内出现“大范围”屈服和全面屈服情况，可采用此法。

1968年，Rice提出了围绕二维含裂纹体裂纹尖端的一个与路径无关的回路积分，并将其定义为J积分。J积分可用来描述裂纹尖端附近在非线性弹性情况下的应力应变场，基于此建立了$J_I = J_{Ic}$的断裂准则，其中J_{Ic}为表征材料断裂韧度的临界J积分值，可由试验测得。

2.2.3　断裂力学的研究方法

由于研究的观点和出发点不同，断裂力学分为微观断裂力学和宏观断裂力学。微观断裂力学是研究原子位错等晶体尺度内的断裂过程，宏观断裂力学是在不涉及材料内部断裂机理的条件下，通过连续介质力学分析和试验研究估算与控制含裂纹体的断裂强度（剩余强度）。

宏观断裂力学通常又分为线弹性断裂力学和弹塑性断裂力学。线弹性断裂力学把含裂纹体视为线弹性材料，利用弹性力学的方法去分析裂纹尖端的应力场、位移场，以及与裂纹扩展有关的能量关系，并由此确定平面应变问题的裂纹扩展规律和断裂准则。研究表明，应用线弹性断裂力学分析所得的结果，对于高强度和超高强度钢材是足够精确的；对于中、低强度钢材，只要裂纹尖端的塑性区尺寸远比裂纹尺寸小（即“小范围屈服”），经过适当的修正，也是有效的。弹塑性断裂力学是应用弹塑性力学研究含裂纹体的裂纹扩展规律和断裂准则，适用于裂纹尖端附近有较大范围塑性区或全面塑性区的情况。由于直接求裂纹尖端附近塑性区断裂问题的解析解十分困难，目前多采用CTOD法和J积分等近似或试验方法进行分析。对于薄板平面应力断裂问题的研究，通常应采用弹塑性断裂力学。弹塑性断裂力学在焊接结构缺陷的评定，核电工程的安全性评定，压力容器、管道和飞行器的断裂控制及结构物的低周疲劳和蠕变断裂的研究方面起重要作用。弹塑性断裂力学虽然取得一定进展，但其理论迄今仍不成熟，弹塑性裂纹体的扩展规律还有待于进一步研究。

2.3　线弹性断裂力学

研究含裂纹体的强度和裂纹扩展有两种观点：一种是应力场强度的观点，它认为裂纹失稳扩展的临界状态是裂纹尖端的应力强度因子K达到材料的断裂韧度K_c，由此建立的脆性断裂准则，称为应力强度因子准则（K准则）；另一种是能量平衡的观点，它认为裂纹扩展的动力是构件在裂纹扩展中所释放出来的能量，提供产生新裂纹表面所消耗的能量，由此建立的脆性断裂准则，称为能量释放率断裂准则（G准则）。

2.3.1　裂纹尖端区域的应力场和位移场

1. 裂纹及其分类

实际钢构件中存在多种多样的缺陷，如冶炼中产生的夹渣、气孔，加工中引起的刀痕、刻槽，焊接中产生的气孔、夹渣、咬边、未融合和未焊透等，通常把这些缺陷统称为裂纹。

裂纹按其几何特征可分为穿透裂纹、表面裂纹和深埋裂纹。通常把裂纹延伸到构件厚度一半以上视为穿透裂纹，并常作为理想尖裂纹处理；将裂纹位于构件表面，或裂纹深度相对于构件厚度较小的裂纹称为表面裂纹，并常作为半椭圆片状裂纹；将裂纹位于构件内部称为深埋裂纹，并常简化为椭圆片状裂纹或圆形片状裂纹。

裂纹按其受力特征可以分为张开型裂纹、滑开型裂纹和撕开型裂纹(图 2.11)。

①张开型裂纹也叫Ⅰ型裂纹，是指在与裂纹面正交的拉应力作用下，裂纹面产生张开位移而形成的一种裂纹。Ⅰ型裂纹是最常见也是最危险的裂纹形式，容易引起低应力脆断。

②滑开型裂纹也叫Ⅱ型裂纹，是指在与裂纹面平行而与裂纹尖端线垂直的切应力作用下，使裂纹面产生沿裂纹面内的相对滑动而形成的一种裂纹。

③撕开型裂纹也叫Ⅲ型裂纹，是指在与裂纹面平行且与裂纹尖端线平行的切应力作用下，使裂纹面产生沿裂纹面外的相对滑动而形成的一种裂纹。

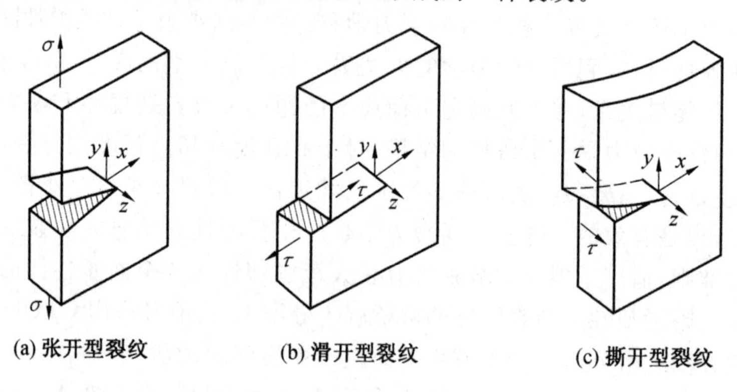

图 2.11　裂纹的力学特征分类

材料变形时，各质点都要产生位移。Ⅰ型及Ⅱ型裂纹不会发生厚度方向的变形，即 $u\neq0, v\neq0, w=0$；但Ⅲ型裂纹则不然，变形时 $u=v=0, w\neq0$。这里，u、v、w 分别为 x、y、z 方向上的位移。

如果体内裂纹同时受到正应力和剪应力的作用或裂纹与正应力成一角度(如薄壁容器的斜裂纹)，这时就同时存在Ⅰ型和Ⅱ型(或Ⅰ型和Ⅲ型)裂纹，称为复合型裂纹。实际情况中，即使裂纹是复合型的，也往往把它当作Ⅰ型裂纹来处理，这样做既简单又安全。因此在断裂力学研究中，重点是研究Ⅰ型裂纹。

2. Ⅰ型裂纹尖端区域的应力场和位移场

(1)双向受拉“无限大”平板。

所谓“无限大”板是指板的几何尺寸远大于(比如说 10 倍以上)裂纹的长度。对于图 2.12 所示的具有长为 $2a$ 的Ⅰ型中心穿透裂纹的“无限大”平板，在“无限远”处受双向等值拉应力作用问题，由线弹性力学方法可得裂纹尖端区域的应力分量 σ_x、σ_y 和 τ_{xy} 的表达式为

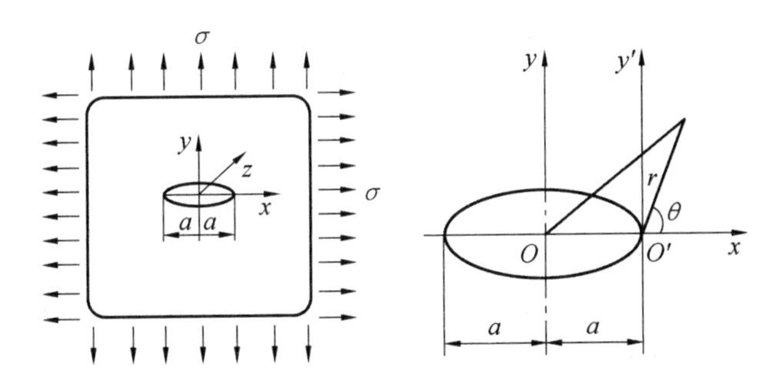

图 2.12　双向受拉“无限大”平板及其坐标示意图

$$\begin{cases}\sigma_x=\dfrac{K_{\mathrm{I}}}{\sqrt{2\pi r}}\cos\dfrac{\theta}{2}\left(1-\sin\dfrac{\theta}{2}\sin\dfrac{3\theta}{2}\right)\\ \sigma_y=\dfrac{K_{\mathrm{I}}}{\sqrt{2\pi r}}\cos\dfrac{\theta}{2}\left(1+\sin\dfrac{\theta}{2}\sin\dfrac{3\theta}{2}\right)\\ \tau_{xy}=\dfrac{K_{\mathrm{I}}}{\sqrt{2\pi r}}\cos\dfrac{\theta}{2}\sin\dfrac{\theta}{2}\cos\dfrac{3\theta}{2}\end{cases}\tag{2.1}$$

式中　K_{I}——Ⅰ型裂纹的应力强度因子，表征裂纹尖端区域的应力场强弱程度；

r——裂纹尖端附近区域内任一点至裂纹尖端的距离；

θ——该点与裂纹尖端连线与 x 轴的夹角，称为极角。

式(2.1)只适用于裂纹尖端附近区域，即要求 $r\ll a$。

由上式可知：①对于裂纹尖端附近区域内某一定点(r,θ)，其应力大小取决于 K_{I}的大小，K_{I}越大，该点的应力也越大。②$\sigma_{ij}\propto 1/\sqrt{r}$，当 $r\to 0$ 时，$\sigma_{ij}\to\infty$，因此应力具有 $1/\sqrt{r}$ 的奇异性。③应力分量可视为两部分，一部分是关于场分布的描述，它随点的坐标而变化，通过 r 的奇异性及角分布函数(极角 θ 的函数)来体现；另一部分是关于场强度的描述，由应力强度因子 K_{I}来表示，它与含裂纹体的几何形式及外加荷载有关。因此，式(2.1)对所有Ⅰ型裂纹问题都适用，所不同的是 K_{I}的取值。

由线弹性力学方法可得裂纹尖端区域的位移分量 u 和 v 的表达式为

$$\begin{cases}u=\dfrac{K_{\mathrm{I}}}{2G}\sqrt{\dfrac{r}{2\pi}}\left[\cos\dfrac{\theta}{2}\left(\kappa-1+2\sin^2\dfrac{\theta}{2}\right)\right]\\ v=\dfrac{K_{\mathrm{I}}}{2G}\sqrt{\dfrac{r}{2\pi}}\left[\sin\dfrac{\theta}{2}\left(\kappa+1-2\cos^2\dfrac{\theta}{2}\right)\right]\end{cases}\tag{2.2}$$

其中

$$\kappa=\begin{cases}(3-\mu)/(1+\mu) & \text{(平面应力状态)}\\ 3-4\mu & \text{(平面应变状态)}\end{cases}$$

式中　μ——泊松比。

同样地，式(2.2)只适用于裂纹尖端附近区域。

(2)单向受拉“无限大”平板。

对于图 2.13 所示的具有长为 $2a$ 的Ⅰ型中心穿透裂纹的“无限大”平板，在“无限远”处受单向拉伸作用问题，其裂纹尖端附近的应力场表达式为

$$\begin{cases}\sigma_x=\dfrac{K_{\mathrm{I}}}{\sqrt{2\pi r}}\cos\dfrac{\theta}{2}\left(1-\sin\dfrac{\theta}{2}\sin\dfrac{3\theta}{2}\right)-\sigma\\ \sigma_y=\dfrac{K_{\mathrm{I}}}{\sqrt{2\pi r}}\cos\dfrac{\theta}{2}\left(1+\sin\dfrac{\theta}{2}\sin\dfrac{3\theta}{2}\right)\\ \tau_{xy}=\dfrac{K_{\mathrm{I}}}{\sqrt{2\pi r}}\cos\dfrac{\theta}{2}\sin\dfrac{\theta}{2}\cos\dfrac{3\theta}{2}\end{cases}\tag{2.3}$$

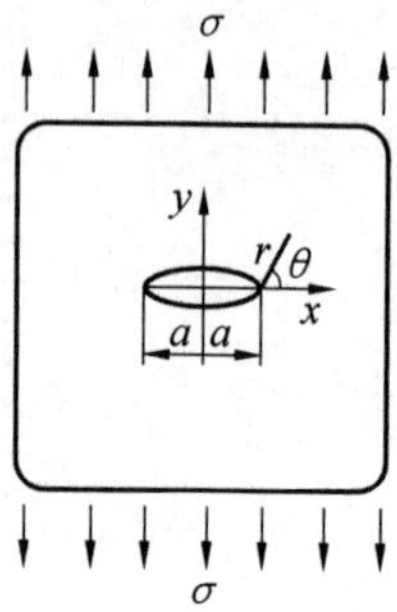

图 2.13　单向受拉“无限大”平板

可见，单向均匀拉伸时的应力场相比双向均匀拉伸时仅在 σ_x 多了一项“$-\sigma$”。考虑到 r 很小时，奇异项远比附加项“$-\sigma$”大得多，因此，通常情况下，单向均匀拉伸时裂纹尖端附近的应力分量和位移分量的表达式也可采用式(2.1)和式(2.2)。

3. Ⅱ型和Ⅲ型裂纹尖端区域的应力场和位移场

(1) Ⅱ型裂纹。

Ⅱ型裂纹问题与Ⅰ型裂纹问题的主要差别在于受力条件不同，Ⅱ型裂纹问题所受的是“无限远”处的均匀切应力作用，如图 2.14 所示。

Ⅱ型裂纹尖端附近的应力场和位移场的表达式分别为

$$\begin{cases}\sigma_x=\dfrac{-K_{\mathrm{II}}}{\sqrt{2\pi r}}\sin\dfrac{\theta}{2}\left(2+\cos\dfrac{\theta}{2}\cos\dfrac{3\theta}{2}\right)\\ \sigma_y=\dfrac{K_{\mathrm{II}}}{\sqrt{2\pi r}}\cos\dfrac{\theta}{2}\sin\dfrac{\theta}{2}\cos\dfrac{3\theta}{2}\\ \tau_{xy}=\dfrac{K_{\mathrm{II}}}{\sqrt{2\pi r}}\cos\dfrac{\theta}{2}\left(1-\sin\dfrac{\theta}{2}\sin\dfrac{3\theta}{2}\right)\end{cases}\tag{2.4}$$

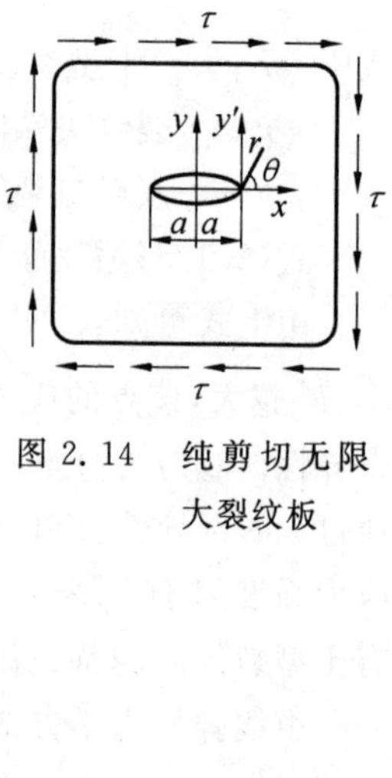

$$\begin{cases}u=\dfrac{K_{\mathrm{II}}}{4G}\sqrt{\dfrac{r}{2\pi}}\left[(2\kappa+3)\sin\dfrac{\theta}{2}+\sin\dfrac{3\theta}{2}\right]\\ v=-\dfrac{K_{\mathrm{II}}}{4G}\sqrt{\dfrac{r}{2\pi}}\left[(2\kappa-3)\cos\dfrac{\theta}{2}+\cos\dfrac{3\theta}{2}\right]\end{cases}\tag{2.5}$$

图 2.14　纯剪切无限大裂纹板

式中　K_{II}——Ⅱ型裂纹的应力强度因子。

(2) Ⅲ型裂纹。

对于Ⅰ型和Ⅱ型裂纹来说，都属于平面问题。但对于Ⅲ型裂纹，由于裂纹面是沿 z 向错开(图 2.15)，因此平行于 xOy 平面的位移 $u=0$，$v=0$，只有 z 向的位移 $w\neq0$，这一问题属于反平面问题。

Ⅲ型裂纹尖端附近的应力场和位移场的表达式分别为

$$\begin{cases}\tau_{yz}=\dfrac{K_{\mathrm{III}}}{\sqrt{2\pi r}}\cos\dfrac{\theta}{2}\\ \tau_{zx}=-\dfrac{K_{\mathrm{III}}}{\sqrt{2\pi r}}\sin\dfrac{\theta}{2}\end{cases}\tag{2.6}$$

$$w=\frac{2K_{\mathrm{III}}}{G}\sqrt{\frac{r}{2\pi}}\sin\frac{\theta}{2}\tag{2.7}$$

式中　K_{III}——Ⅲ型裂纹尖端的应力强度因子。

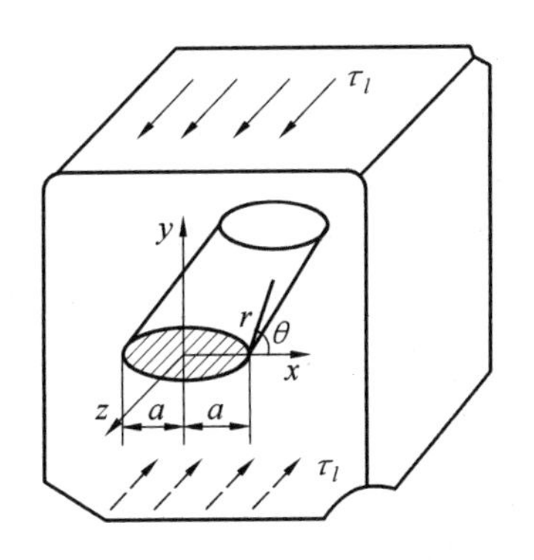

图 2.15　面外纯剪切无限大裂纹板

将上述所得的Ⅰ、Ⅱ、Ⅲ型裂纹尖端的应力场统一采用张量表示为

$$\sigma_{ij}=\frac{K_m}{\sqrt{2\pi}}r^{-\frac{1}{2}}f_{ij}(\theta) \tag{2.8}$$

式中　K_m——表征裂纹尖端附近区域应力场强弱的程度，下标 m 分别取Ⅰ、Ⅱ和Ⅲ，即 K_{I}、K_{II}和 K_{III}；

$f_{ij}(\theta)$——角分布函数为极角 θ 的函数。

式(2.8)只适用于裂纹尖端附近区域。

需要说明的是，虽然上述表达式是根据具中心穿透裂纹的“无限大”平板且在均匀外加应力作用下获得的，但是，进一步的分析表明，这些解具有普遍的意义。也就是说，对于其他有限尺寸板或“半无限大”板的穿透裂纹(包括中心裂纹和边裂纹)，在非均匀受力条件下，裂纹尖端附近的应力场表达式也是相同的。其不同之处仅仅是应力强度因子的不同。因此，对于特定的含裂纹体，只需要确定相应的应力强度因子就可以了。此外，在相同加载形式的情况下，对两个或者更多的不同加载系统引起的总应力场，可以通过应力强度因子的代数和来求得，即叠加原理。应该指出：相同加载形式指的是，全部是Ⅰ型加载，或全部是Ⅱ型加载，或全部是Ⅲ型加载。

2.3.2　应力强度因子理论及 K 准则

1. 概述

在线弹性断裂力学中，由于裂纹尖端应力场的强弱程度主要由应力强度因子 K_m(m 分别代表Ⅰ、Ⅱ、Ⅲ型裂纹)来描述，故通过它可以建立断裂准则(亦称为 K 准则)，以解决工程结构的脆断问题。因此，人们更关心的是 K_m的求解。

K_m的大小与含裂纹体的几何形状、外部加载形式和裂纹长度等因素有关，将其写成通式为

$$\begin{cases}K_{\text{I}}=\alpha\sigma\sqrt{\pi a}\\K_{\text{II}}=\beta\tau\sqrt{\pi a}\\K_{\text{III}}=\gamma\tau_l\sqrt{\pi a}\end{cases} \tag{2.9}$$

式中　α、β和 γ——分别为Ⅰ型、Ⅱ型和Ⅲ型裂纹的几何形状因子；

σ——拉应力；

τ 和 τ_l——分别为面内切应力和面外切应力。

K_m的常用单位为 $\mathrm{MPa \cdot m^{1/2}}$或 $\mathrm{MN \cdot m^{-3/2}}$。

确定应力强度因子 K_m是线弹性断裂力学的重要内容。对于Ⅰ、Ⅱ、Ⅲ型裂纹确定K_m的关键是确定裂纹几何形状因子。在一般情况下，裂纹几何形状因子的确定是相当复杂的。确定应力强度因子的方法大体可分为解析法、数值法和试验法。在几何形状比较简单的情况下，可用解析法；但在较复杂的情况下，往往难以得到严格的解析解，故常用数值法；在某些情况下，还可以用试验来测定应力强度因子。常用的应力强度因子表达式已汇编成手册，使用时只需根据实际问题从手册中找出相应的应力强度因子表达式即可。

2. 典型裂纹尖端的应力强度因子表达式

由于应力强度因子与含裂纹体的几何形状、外部加载形式和裂纹长度等因素有关，因此，根据含裂纹体的几何形状和外部加载形式，将裂纹分为“无限大”平板Ⅰ型穿透裂纹、有限宽平板Ⅰ型穿透裂纹、“无限大”体内深埋Ⅰ型裂纹、“半无限”体表面半椭圆片状Ⅰ型裂纹、有限厚度板表面半椭圆片状Ⅰ型裂纹及“无限大”板Ⅱ、Ⅲ型中心穿透裂纹等六种典型裂纹形式。由于篇幅所限，下面将直接给出此六种裂纹问题的应力强度因子表达式。

(1)“无限大”平板Ⅰ型穿透裂纹问题。

①如图 2.12 所示，对于具有长为 $2a$ 的Ⅰ型中心穿透裂纹的“无限大”平板，在“无限远”处受到双向拉应力作用，其应力强度因子表达式为

$$K_{\mathrm{I}}=\sigma\sqrt{\pi a} \tag{2.10}$$

②如图 2.16 所示，对于具有长为 $2a$ 的Ⅰ型中心穿透裂纹的“无限大”平板，在裂纹表面上距裂纹中心点 $x=\pm b$ 处各作用一对集中力 P(单位厚度上承受的压力)，其应力强度因子表达式为

$$K_{\mathrm{I}}=\frac{2P\sqrt{a}}{\sqrt{\pi}\sqrt{a^2-b^2}} \tag{2.11}$$

式(2.11)是一个很有用的表达式，根据叠加原理，利用它可以解决很多与此受力情况类似的裂纹问题。

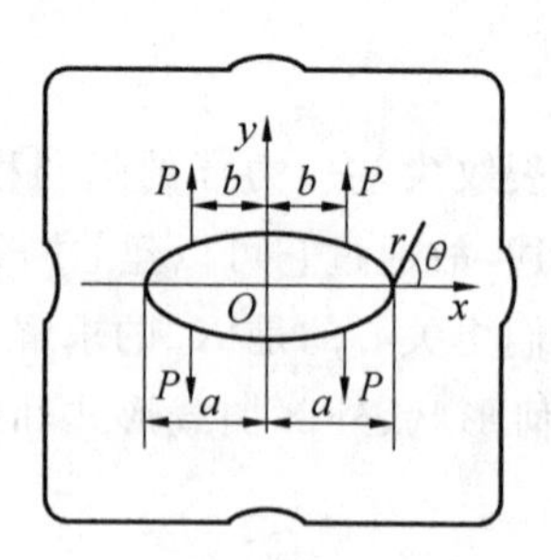

图 2.16　受集中力作用的“无限大”裂纹板

③如图 2.17(a)所示，对于具有长为 $2a$ 的Ⅰ型中心穿透裂纹的“无限大”平板，在裂纹面上 $-a\leqslant x\leqslant -a_1$ 和 $a_1\leqslant x\leqslant a$ 处各受到均匀分布的张应力 p 作用，其应力强度因子表达式为

$$K_{\mathrm{I}}=2p\sqrt{\frac{a}{\pi}}\arccos\frac{a_1}{a} \tag{2.12}$$

推论：如图 2.17(b)所示，若在整个裂纹面上 $-a\leqslant x\leqslant a$，都承受均匀分布的张应力 p 作用，则由式(2.12)，其中 $a_1=0$，可得应力强度因子表达式为

$$K_{\mathrm{I}}=2p\sqrt{\frac{a}{\pi}}\arccos\frac{0}{a}=2p\sqrt{\frac{a}{\pi}}\frac{\pi}{2}=p\sqrt{\pi a} \tag{2.13}$$

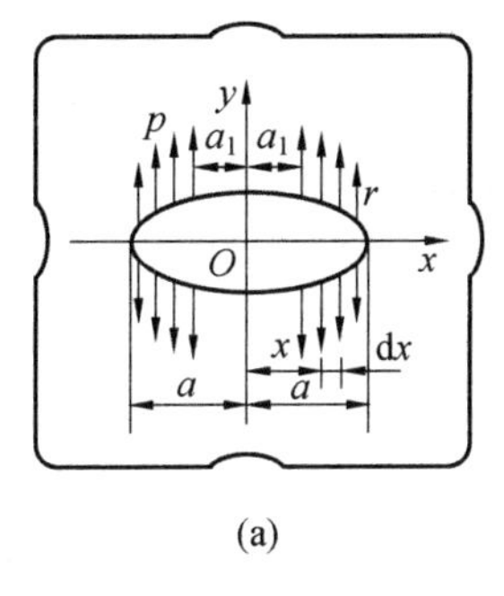

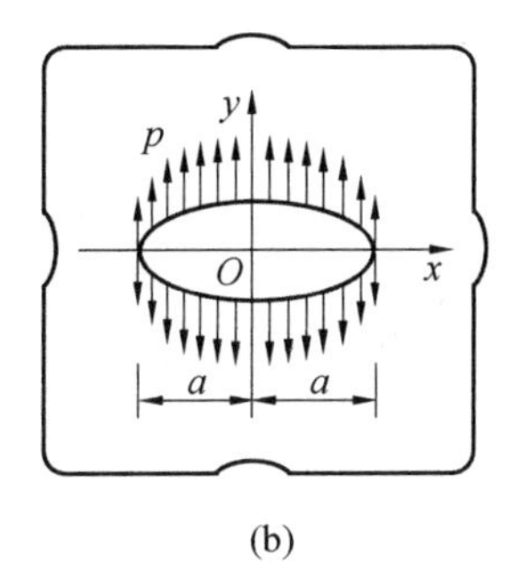

图 2.17　受均布张力的“无限大”裂纹板

④如图 2.13 所示，对于具有长为 $2a$ 的Ⅰ型中心穿透裂纹的“无限大”平板，在“无限远”处受单向均匀拉应力作用，其裂纹尖端的应力强度因子与①中的式(2.10)相等。

⑤如图 2.18 所示，对于具有周期性分布的Ⅰ型中心穿透裂纹的“无限大”平板，每个裂纹长为 $2a$，裂纹中心间距为 $2b$，且在“无限远”处受双向拉应力作用，其裂纹尖端的应力强度因子表达式为

$$K_{\mathrm{I}}=\left(\frac{2b}{\pi a}\tan\frac{\pi a}{2b}\right)^{1/2}\cdot\sigma\sqrt{\pi a} \tag{2.14}$$

式中　$\sigma\sqrt{\pi a}$——“无限大”平板中仅有一个中心穿透裂纹时的应力强度因子。

修正系数 $\left(\frac{2b}{\pi a}\tan\frac{\pi a}{2b}\right)^{1/2}$ 可视为由于其他裂纹存在而使应力强度因子增大，因此该修正系数不小于 1。

当 $b\gg a$ 时，$\frac{\pi a}{2b}\to 0$，则 $\frac{2b}{\pi a}\tan\frac{\pi a}{2b}=1$，则应力强度因子可表示为 $K_{\mathrm{I}}=\sigma\sqrt{\pi a}$。这表明，当相邻的两个裂纹之间的间距相对于裂纹长度足够大时，裂纹之间的相互影响可忽略不计。

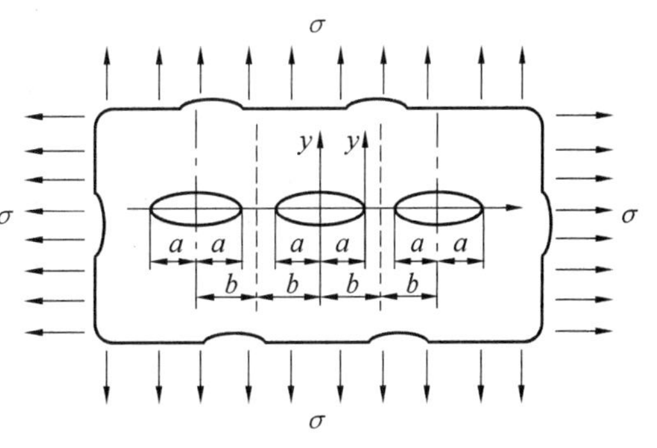

图 2.18　具有周期性裂纹的“无限大”平板

(2)有限宽平板Ⅰ型穿透裂纹问题。

前面研究了“无限大”平板Ⅰ型穿透裂纹问题。然而，工程中的很多实际问题，特别是测定材料断裂韧度所用的各种试样，其裂纹长度与板的几何尺寸相比都不是很小，此时就必须考虑板的自由边界对裂纹尖端应力强度因子的影响。这里主要介绍一些有限宽平板Ⅰ型穿透裂纹尖端的应力强度因子的近似

公式。

①将图 2.18 所示的“无限大”平板沿相邻裂纹间隔线(虚线)切开,可得如图 2.19(a)所示的具有长为 $2a$ 的Ⅰ型中心穿透裂纹、宽为 $2b$ 的有限宽平板,且在“无限远”处受到单向拉应力作用。

对于该种类型的有限宽平板,其应力强度因子可近似由式(2.14)确定。显然,这种近似未考虑自由边界处因解除了位移约束而产生的影响。对于受单向拉伸作用的有限宽板条,其在两侧自由边界沿 x 方向可以自由变形而不受约束;而对于图 2.18 中虚线所示截面,由于它不是自由边界,再考虑到对称关系,故不可能沿 x 方向自由变形。因此,按式(2.14)求出的应力强度因子较实际情况略低,是偏于不安全的。故当 a/b 较大时,需要加以修正。研究表明:当 $a/b \leqslant 0.5$ 时,按式(2.14)计算产生的误差小于 5%,可近似采用;而当 a/b 较大时,可采用 Isida 经验公式(式(2.15))或 Feddersen 修正式(式(2.16))进行计算。

$$K_{\mathrm{I}}=\left(\sec\frac{\pi a}{2b}\right)^{1/2}\cdot\sigma\sqrt{\pi a} \tag{2.15}$$

$$K_{\mathrm{I}}=F\cdot\left(\sec\frac{\pi a}{2b}\right)^{1/2}\cdot\sigma\sqrt{\pi a} \tag{2.16}$$

式中　F——修正系数,$F=1-0.025\left(\frac{a}{b}\right)^2+0.06\left(\frac{a}{b}\right)^4$。

对于 Isida 经验公式,当 $a/b \leqslant 0.7$ 时,误差为 0.3%;而对于 Feddersen 公式,无论a/b 取何值,其误差均小于 0.1%。

②将图 2.18 所示的“无限大”平板沿相邻裂纹中心线(点划线)切开,可得如图 2.19(b)所示的具有长为 a 的Ⅰ型双边穿透裂纹、宽度为 $2b$ 的有限宽平板,且在“无限远”处受到单向拉应力作用。

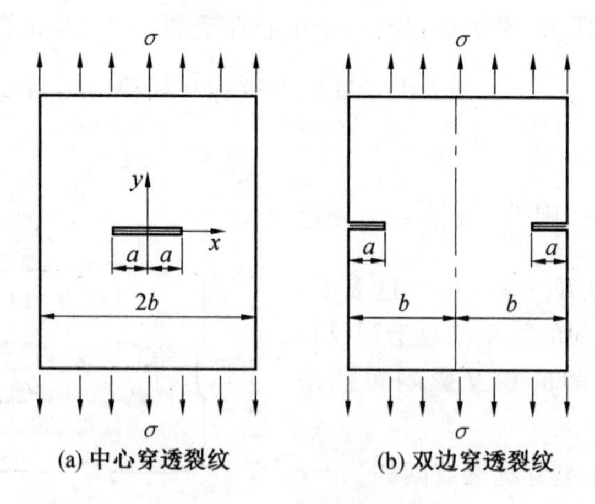

图 2.19　有限宽板条

对于此有限宽平板,其应力强度因子也可近似由式(2.14)确定。当 $a/b<0.4$ 时,按式(2.14)计算产生的误差小于 5%。当 a/b 较大时,需采用 Irwin 修正公式,即

$$K_{\mathrm{I}}=F\cdot\left(\frac{2b}{\pi a}\tan\frac{\pi a}{2b}\right)^{1/2}\cdot\sigma\sqrt{\pi a} \tag{2.17}$$

式中　$F=1+0.122\cos^4\left(\frac{\pi a}{2b}\right)$，无论 a/b 取何值，其误差均小于 0.5%。

③将图 2.20(a)所示的“无限大”平板沿裂纹中心线(点划线)切开，可得如图 2.20(b)所示的具有长为 a 的Ⅰ型单边穿透裂纹的“半无限”宽平板。“半无限”宽平板是指板在宽度方向的一条边界线离裂纹的距离 b 比边裂纹长度 a 大一个数量级以上。

此时，无裂纹自由边界对裂尖的应力强度因子 K_{I} 的影响可以不计，而切开裂纹所在边缘则因放松约束使 K_{I} 有所增大，其影响程度采用修正系数 α 来表示。采取交替迭代法，求得 α 的近似值为 1.12，因此，“半无限”宽板边缘裂纹尖端的应力强度因子为

$$K_{\mathrm{I}}=1.12\sigma\sqrt{\pi a} \tag{2.18}$$

④如图 2.20(c)所示，当板的宽度 b 与边裂纹长度 a 属于同一数量级时，可视为有限宽板条问题。此时，则必须既考虑裂纹边界又考虑无裂纹边界对裂尖 K_{I} 的影响。根据边界配位法，可求出修正系数 α 的表达式为

$$\alpha=1.12+\left[-0.231\left(\frac{a}{b}\right)+10.55\left(\frac{a}{b}\right)^2-21.70\left(\frac{a}{b}\right)^3+30.35\left(\frac{a}{b}\right)^4\right] \tag{2.19}$$

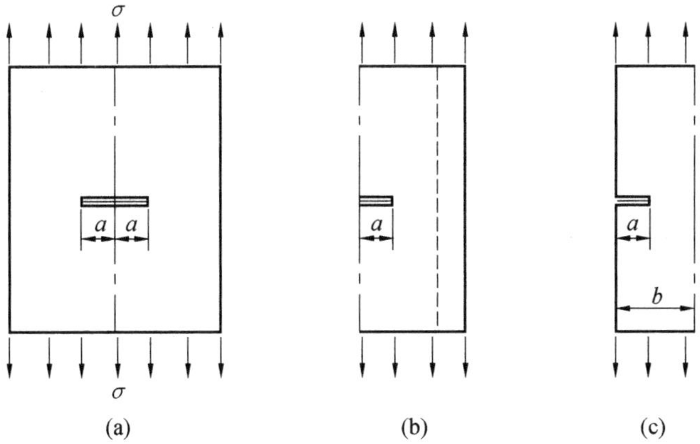

图 2.20　具有单边穿透裂纹的“无限大”平板、“半无限”宽平板和有限宽板条

式(2.19)的右端第一项反映了裂纹所在边界的影响，其后各项反映了无裂纹自由边界的影响。当 a/b 很小时，含(a/b)以及高次幂的各项与首项相比很小，可以略去不计。这正是式(2.18)所示的“半无限”宽板边裂纹的情况。

(3)“无限大”体内深埋Ⅰ型裂纹问题。

工程中经常会碰到构件内部存在非穿透的缺陷问题。在断裂力学中，常将这类缺陷视为深埋裂纹。深埋裂纹的计算模型是“无限大”体内的椭圆片状裂纹。由于片状裂纹在物体内部的取向通常较难从超声波探伤的结果来判断，所以，计算时总是取裂纹面与拉应力垂直的方向(即Ⅰ型裂纹)，以保证计算结果偏于安全。

对于如图 2.21 所示的“无限大”体内深埋Ⅰ型椭圆片状裂纹，“无限远”处受垂直于椭圆片所在平面的均匀拉应力作用。

在椭圆周边上各点处的 K_{I} 不相等，p 点的 K_{I} 可表示为

$$K_{\mathrm{I}}=\frac{1}{\phi_0}\left(\sin^2\theta+\frac{a^2}{c^2}\cos^2\theta\right)^{1/4}\sigma\sqrt{\pi a} \tag{2.20}$$

其中

$$\phi_0=\int_0^{\pi/2}\left(\sin^2\theta+\frac{a^2}{c^2}\cos^2\theta\right)^{1/2}\mathrm{d}\theta \tag{2.21}$$

式中　ϕ_0——第二类完全椭圆积分。当短轴、长轴之比 a/c 一定时，ϕ_0 是一个常数，可由椭圆积分表(表 2.1)查出。

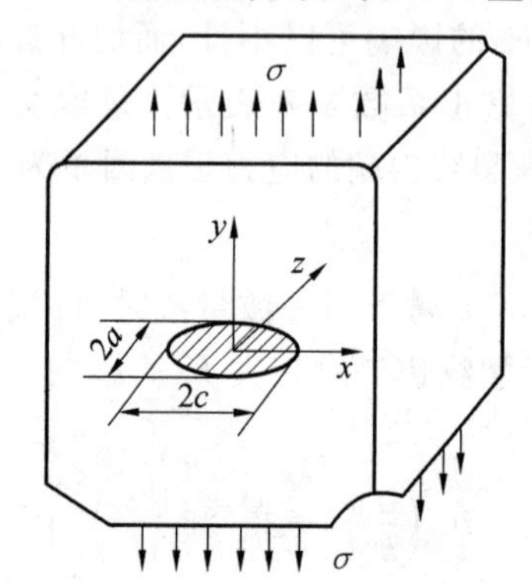

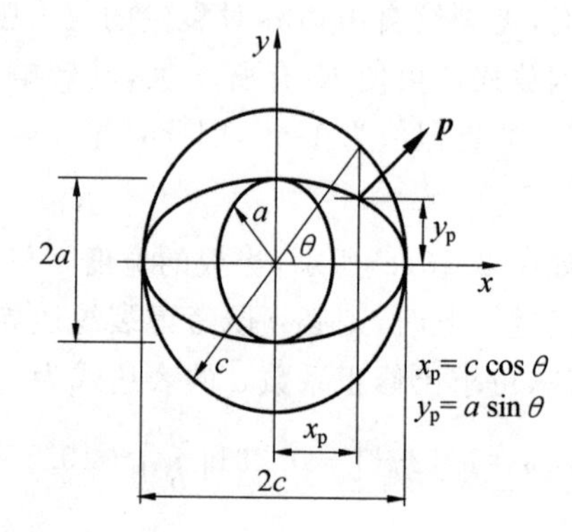

图 2.21　深埋椭圆片状裂纹

表 2.1　第二类完全椭圆积分 ϕ_0 的值

a/c	ϕ_0	a/c	ϕ_0	a/c	ϕ_0
0	1.000 0	0.35	1.122 7	0.70	1.345 6
0.05	1.004 5	0.40	1.150 7	0.75	1.381 5
0.10	1.014 8	0.45	1.180 2	0.80	1.418 1
0.15	1.031 4	0.50	1.211 1	0.85	1.476 9
0.20	1.050 5	0.55	1.243 2	0.90	1.493 5
0.25	1.072 3	0.60	1.276 4	0.95	1.531 8
0.30	1.096 5	0.65	1.310 5	1.00	1.570 8

由于 $a<c$，故式(2.21)中的 $\left(\sin^2\theta+\frac{a^2}{c^2}\cos^2\theta\right)^{1/4}$ 的最大值为 1。当 $\theta=\pm\frac{\pi}{2}$ 时，达到最大值。由此可知，在短轴的端点处，应力强度因子 K_{I} 最大，其值为

$$K_{\mathrm{Imax}}=\frac{\sigma\sqrt{\pi a}}{\phi_0} \tag{2.22}$$

因此，椭圆片状裂纹总是从短轴端点开始发生失稳扩展。

由式(2.21)还可做如下讨论：

①若 $a=c$，则椭圆片状裂纹成为圆形片状裂纹，这时有

$$\phi_0=\int_0^{\pi/2}\left(\sin^2\theta+\frac{a^2}{c^2}\cos^2\theta\right)^{1/2}\mathrm{d}\theta=\frac{\pi}{2}$$

则式(2.22)化为

$$K_{\mathrm{I}}=\frac{2}{\pi}\sigma\sqrt{\pi a}$$

可见,圆形片状裂纹前缘各点处的 $K_{\rm I}$均相等。

②若 $a \ll c$,则 $a/c \to 0$,这时有

$$\phi_0 = \int_0^{\pi/2} \sin\theta \mathrm{d}\theta = 1$$

则式(2.22)化为

$$K_{\rm I} = \sqrt{\sin\theta}\sigma\sqrt{\pi a}$$

当 $\theta = \frac{\pi}{2}$时,$K_{\rm I}$有最大值 $\sigma\sqrt{\pi a}$。可见,当 $a \ll c$ 时,"无限大"体内的椭圆片状裂纹可近似按"无限大"板内的中心穿透裂纹来处理。

(4)"半无限"体表面半椭圆片状Ⅰ型裂纹问题。

工程中更多碰到的是表面裂纹(常按表面半椭圆片状裂纹来考虑)问题,该问题迄今尚未获得严格的解析解。一般根据前述"无限大"体内椭圆片状裂纹问题的应力强度因子表达式经过适当修正而得。

在含椭圆片状裂纹的"无限大"体中,用垂直于裂纹面并包含椭圆长轴的平面将"无限大"体切成两半,得到"半无限"体表面半椭圆片状裂纹的情况,如图 2.22 所示。含裂纹的切开面现在变成解除原来约束的自由面,它对裂纹尖端附近 $K_{\rm I}$的影响,常用前表面修正系数 M_1来体现。由式(2.18)可知,$M_1 = 1.12$。于是,"半无限"体表面半椭圆片状裂纹最深点(A 点)的应力强度因子近似表达式为

$$K_{\rm I} = M_1 \frac{\sigma\sqrt{\pi a}}{\phi_0} = 1.12 \frac{\sigma\sqrt{\pi a}}{\phi_0} \tag{2.23}$$

进一步的研究表明,前表面修正系数 M_1按式(2.24)计算将更好地体现前自由表面对 $K_{\rm I}$的影响,尤其对于 $a/2c$ 不是很小时的深表面裂纹。

$$M_1 = 1.0 + 0.12\left(1 - \frac{a}{2c}\right)^2 \tag{2.24}$$

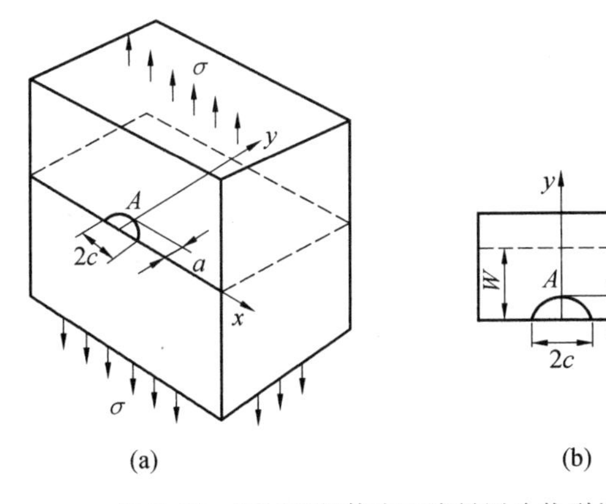

图 2.22 "半无限"体表面半椭圆片状裂纹

(5)有限厚度板表面半椭圆片状Ⅰ型裂纹问题。

对于图 2.22 中的"半无限"体表面半椭圆片状Ⅰ型裂纹,利用图 2.22(b)中的虚线所对应的平面将其切开,可得到有限厚度板表面半椭圆裂纹。

此时，由于裂纹深度 a 与板厚 W 之比(a/W)不是很小，故在考虑前自由表面对 K_{I} 的影响，而引入前表面修正系数 M_1 的同时，还必须考虑后表面对裂纹尖端附近应力场的影响，而引入后表面修正系数 M_2。因此，半椭圆表面裂纹在最深点(A 点)的应力强度因子表达式为

$$K_{\mathrm{I}}=M_1 \cdot M_2 \frac{\sigma\sqrt{\pi a}}{\phi_0}=M_{\mathrm{e}} \frac{\sigma\sqrt{\pi a}}{\phi_0} \tag{2.25}$$

式中，前自由表面修正系数 M_1 和后自由表面修正系数 M_2 的表达式分别采用式(2.24)和式(2.26)；M_{e} 称为弹性修正系数。

$$M_2=\left(\frac{2W}{\pi a}\tan\frac{\pi a}{2W}\right)^{1/2} \tag{2.26}$$

由式(2.26)可知，当 $a \ll W$ 时，$M_2 \to 1$。这表示由于后自由表面离裂纹很远，可以不考虑它对 K_{I} 的影响，这就是“半无限”体表面半椭圆片状Ⅰ型裂纹的情况(见式(2.23))。

工程上作为近似计算，常采用以下公式：

$$K_{\mathrm{I}}=1.1\frac{\sigma\sqrt{\pi a}}{\phi_0} \tag{2.27}$$

(6)“无限大”板Ⅱ型、Ⅲ型中心穿透裂纹问题。

①对于图 2.14 所示的具有中心穿透裂纹的“无限大”平板Ⅱ型裂纹问题，其应力强度因子表达式为

$$K_{\mathrm{II}}=\tau\sqrt{\pi a} \tag{2.28}$$

②对于图 2.15 所示的具有中心穿透裂纹的“无限大”平板Ⅲ型裂纹问题，其应力强度因子表达式为

$$K_{\mathrm{III}}=\tau_l\sqrt{\pi a} \tag{2.29}$$

3. 裂纹尖端附近的塑性区

由裂纹尖端区域的应力场表达式(式(2.1))可知，裂纹尖端存在应力奇异性，即当 $r \to 0$(即无限接近裂纹尖端)时，应力 σ_x、σ_y、τ_{xy} 趋于无限大。然而，对于钢材来说，即使是超高强度钢，当裂纹尖端附近的应力达到一定程度时，材料就发生塑性变形。这就意味着，围绕裂纹尖端总有一个发生塑性变形的区域。因此，前面在讨论Ⅰ型裂纹尖端的应力强度因子 K_{I} 时，所采用的线弹性断裂力学方法，从原则上讲是不适用于塑性区的。然而，当塑性区尺寸远较裂纹长度小(小一个数量级以上)时，即在所谓的“小范围屈服”情况下，其塑性区周围的广大区域仍是弹性区。此时，只要对塑性区影响做出考虑，将应力强度因子进行适当的修正，则线弹性断裂力学的结论仍可近似地推广使用。对于裂尖区域的“大范围屈服”或者全面屈服问题，则必须采用弹塑性断裂力学的方法来处理。

(1)屈服准则。

由材料力学可知，在单向拉伸应力作用下，只要钢材所受的应力达到屈服强度 σ_{s} 就会发生屈服，产生塑性变形。而在复杂应力状态下，对于塑性材料，通常用来建立屈服准则的理论有两种：一是最大切应力理论，该理论认为当最大切应力达到单向拉伸屈服的最大切应力时，材料就发生屈服，所建立的屈服准则称为 Tresca 屈服准则，如式(2.30)所示；二是形状改变比能理论，该理论认为当形状改变比能达到单向拉伸屈服时的形状改变

比能时，材料就发生屈服，所建立的屈服准则称为 von－Mises 屈服准则，如式(2.31)所示。

$$\sigma_1-\sigma_3=\sigma_s \tag{2.30}$$

$$(\sigma_1-\sigma_2)^2+(\sigma_2-\sigma_3)^2+(\sigma_3-\sigma_1)^2=2\sigma_s^2 \tag{2.31}$$

式中　σ_1、σ_2和σ_3——分别为弹性体微元的第一、第二和第三主应力。

对于含裂纹体，即使外加荷载是单向拉伸的情况，其裂纹尖端附近区域也处于复杂应力状态。对于薄平板，属于平面应力问题，为二向应力状态；对于厚板，属于平面应变问题，为三向应力状态。因此，裂纹尖端附近区域的塑性区大小可按上述两种屈服准则来确定。

(2)“小范围屈服”时裂纹尖端的塑性区。

这里以Ⅰ型裂纹问题为例来讨论裂纹尖端的塑性区。对于Ⅰ型裂纹问题，裂纹尖端附近区域的应力分量由式(2.1)确定。由弹性力学知，主应力的计算式为

$$\begin{cases}\left.\begin{matrix}\sigma_1\\\sigma_2\end{matrix}\right\}=\dfrac{\sigma_x+\sigma_y}{2}\pm\sqrt{\left(\dfrac{\sigma_x-\sigma_y}{2}\right)^2+\tau_{xy}^2}\\ \sigma_3=\begin{cases}0 & (\text{平面应力})\\ \mu(\sigma_1+\sigma_2) & (\text{平面应变})\end{cases}\end{cases} \tag{2.32}$$

将式(2.1)代入式(2.32)，便可得裂纹尖端附近区域任意点的主应力为

$$\begin{cases}\sigma_1=\dfrac{K_{\mathrm{I}}}{\sqrt{2\pi r}}\cos\dfrac{\theta}{2}\left(1+\sin\dfrac{\theta}{2}\right)\\ \sigma_2=\dfrac{K_{\mathrm{I}}}{\sqrt{2\pi r}}\cos\dfrac{\theta}{2}\left(1-\sin\dfrac{\theta}{2}\right)\\ \sigma_3=\begin{cases}0 & (\text{平面应力})\\ 2\mu\dfrac{K_{\mathrm{I}}}{\sqrt{2\pi r}}\cos\dfrac{\theta}{2} & (\text{平面应变})\end{cases}\end{cases} \tag{2.33}$$

知道了主应力表达式，就可以由屈服准则确定裂纹尖端塑性区的形状和尺寸。

①基于 Tresca 屈服准则的塑性区边界方程。对于平面应力问题，由式(2.30)和式(2.33)得

$$\sigma_1-\sigma_3=\frac{K_{\mathrm{I}}}{\sqrt{2\pi r}}\cos\frac{\theta}{2}\left(1+\sin\frac{\theta}{2}\right)-0=\sigma_s \tag{2.34}$$

故有Ⅰ型裂纹尖端塑性区的边界方程：

$$r(\theta)=\frac{1}{2\pi}\left(\frac{K_{\mathrm{I}}}{\sigma_s}\right)^2\cos^2\frac{\theta}{2}\left(1+\sin\frac{\theta}{2}\right)^2 \tag{2.35}$$

在裂纹延长线上($\theta=0°$)，可得塑性区边界到裂尖的距离为

$$r_0=\frac{1}{2\pi}\left(\frac{K_{\mathrm{I}}}{\sigma_s}\right)^2 \tag{2.36}$$

用 r_0(式(2.36))除式(2.35)两边，得无量纲边界方程：

$$\frac{r(\theta)}{r_0}=\cos^2\frac{\theta}{2}\left(1+\sin\frac{\theta}{2}\right)^2 \tag{2.37}$$

图 2.23 中的实线是以式(2.37)绘出的无量纲塑性区边界曲线。

对于平面应变问题，由式(2.30)和式(2.33)得

$$\sigma_1-\sigma_3=\frac{K_{\mathrm{I}}}{\sqrt{2\pi r}}\cos\frac{\theta}{2}\left(1+\sin\frac{\theta}{2}\right)-2\mu\frac{K_{\mathrm{I}}}{\sqrt{2\pi r}}\cos\frac{\theta}{2}=\sigma_s$$

由此解出Ⅰ型裂纹尖端塑性区的边界方程为

$$r(\theta)=\frac{1}{2\pi}\left(\frac{K_{\mathrm{I}}}{\sigma_s}\right)^2\cos^2\frac{\theta}{2}\left(1-2\mu+\sin\frac{\theta}{2}\right)^2 \tag{2.38}$$

与平面应力情况相同，用 r_0(式(2.36))除式(2.38)两边，得无量纲方程：

$$\frac{r(\theta)}{r_0}=\cos^2\frac{\theta}{2}\left(1-2\mu+\sin\frac{\theta}{2}\right)^2 \tag{2.39}$$

取钢材的泊松比为 $\mu=0.3$，可由上式绘出无量纲塑性区的边界曲线如图 2.23 中的虚线所示。

②基于 Mises 屈服准则的塑性区边界方程。对于平面应力问题，将式(2.33)代入式(2.31)，经化简后得

$$\frac{K_{\mathrm{I}}^2}{2\pi r}\left[\cos^2\frac{\theta}{2}\left(1+3\sin^2\frac{\theta}{2}\right)\right]=\sigma_s^2 \tag{2.40}$$

由此解出Ⅰ型裂纹尖端塑性区的边界方程为

$$r(\theta)=\frac{1}{2\pi}\left(\frac{K_{\mathrm{I}}}{\sigma_s}\right)^2\left[\cos^2\frac{\theta}{2}\left(1+3\sin^2\frac{\theta}{2}\right)\right] \tag{2.41}$$

在裂纹延长线上($\theta=0°$)，可得塑性区边界到裂尖的距离为

$$r_0=\frac{1}{2\pi}\left(\frac{K_{\mathrm{I}}}{\sigma_s}\right)^2 \tag{2.42}$$

用 r_0(式(2.42))除式(2.41)的两边，得无量纲方程：

$$\frac{r(\theta)}{r_0}=\cos^2\frac{\theta}{2}\left(1+3\sin^2\frac{\theta}{2}\right) \tag{2.43}$$

图 2.24 中的实线是以式(2.43)绘出的无量纲塑性区边界曲线。

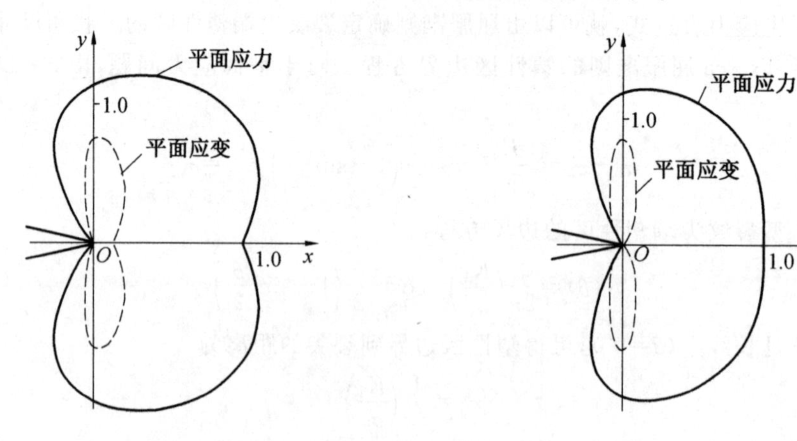

图 2.23 基于 Tresca 屈服准则的无量纲塑性边界 图 2.24 基于 Mises 屈服准则的无量纲塑性边界

对于平面应变问题，将式(2.33)代入式(2.31)，经化简后得

$$\frac{K_{\mathrm{I}}^2}{2\pi r}\left[\frac{3}{4}\sin^2\theta+(1-2\mu)^2\cos^2\frac{\theta}{2}\right]=\sigma_s^2 \tag{2.44}$$

由此解出Ⅰ型裂纹尖端塑性区的边界方程为

$$r(\theta)=\frac{1}{2\pi}\left(\frac{K_{\mathrm{I}}}{\sigma_{\mathrm{s}}}\right)^{2}\cos^{2}\frac{\theta}{2}\left[(1-2\mu)^{2}+3\sin^{2}\frac{\theta}{2}\right] \tag{2.45}$$

与平面应力情况相同，用 r_0（式(2.42)）除式(2.45)的两边，得无量纲方程：

$$\frac{r(\theta)}{r_0}=\cos^{2}\frac{\theta}{2}\left[(1-2\mu)^{2}+3\sin^{2}\frac{\theta}{2}\right] \tag{2.46}$$

取钢材的泊松比为 $\mu=0.3$，可由上式绘出无量纲塑性区的边界曲线如图2.24中的虚线所示。

裂纹尖端塑性区的大小，一般用塑性区边界到裂尖的距离 r_0 来表示，r_0 为塑性区的特征尺寸，其表达式为

$$r_0=\begin{cases}\dfrac{1}{2\pi}\left(\dfrac{K_{\mathrm{I}}}{\sigma_{\mathrm{s}}}\right)^{2} & \text{（平面应力）}\\[2ex] \dfrac{1}{2\pi}\left(\dfrac{K_{\mathrm{I}}}{\sigma_{\mathrm{s}}}\right)^{2}(1-2\mu)^{2} & \text{（平面应变）}\end{cases} \tag{2.47}$$

取钢材的泊松比为 $\mu=0.3$，平面应变情况下的塑性区特征尺寸约为平面应力情况下的0.16倍。可见，平面应变情况下三向拉应力状态对裂纹尖端塑性变形产生了强烈的约束。

(3)应力松弛对塑性区的影响。

在塑性区内，由于材料发生塑性变形，因此塑性区中的应力重新分布而引起应力松弛，进而使塑性区域扩大。

由式(2.1)可知，在裂纹延长线上（$\theta=0°$），裂纹尖端附近的应力分量为

$$\sigma_{\mathrm{y}}\big|_{\theta=0°}=\frac{K_{\mathrm{I}}}{\sqrt{2\pi r}} \tag{2.48}$$

σ_{y} 沿 x 轴的变化如图2.25中的虚线 ABC 所示。此时，σ_{y} 在其净截面上产生的应力总和（即曲线 ABC 以下的面积）应与外力相平衡。考虑到塑性区的材料因产生塑性变形而引起应力松弛，虚线上的 AB 段将下降到 DB（即有效屈服应力 σ_{ys}）的水平。与此同时，塑性区域尺寸将从 r_{ys} 增大到 R，这是因为裂纹尖端区域发生屈服时，若按理想塑性材料考虑，最大应力 $\sigma_{\mathrm{y}}=\sigma_{\mathrm{ys}}$，且当应力 σ_{y} 重新分布后仍使净截面的应力总和与外力相平衡。由于 AB 段应力水平的下降，因而 BC 段的应力水平将相应升高，其中一部分将升高到 σ_{ys}。故裂纹尖端的塑性区将进一步扩大。也就是说，在裂纹尖端沿 x 轴，用虚线 ABC 所示的 σ_{y} 的分布规律，因塑性变形而改变为由实线 $DBEF$ 所代替。塑性区尺寸将由 $DB(r_{\mathrm{ys}})$ 扩大到 $DE(R)$，这就是应力松弛现象。

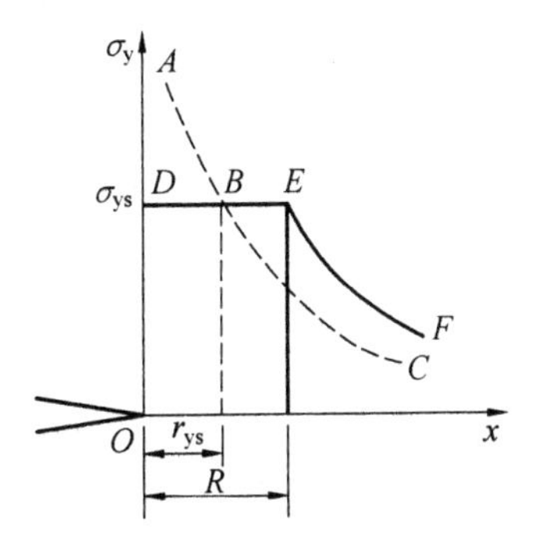

图2.25　净截面上 σ_{y} 分布图

根据应力松弛前后净截面上的总内力相等这一条件可以确定应力松弛后裂纹尖端的塑性区尺寸。

对于平面应力情况，由于 $\sigma_{\mathrm{ys}}=\sigma_{\mathrm{s}}$，$r_{\mathrm{ys}}=\dfrac{1}{2\pi}\left(\dfrac{K_{\mathrm{I}}}{\sigma_{\mathrm{s}}}\right)^{2}$，于是，裂纹尖端的塑性区尺寸为

$$R=\frac{1}{\pi}\left(\frac{K_{\mathrm{I}}}{\sigma_{\mathrm{s}}}\right)^{2} \tag{2.49}$$

对于平面应变情况，由于 $\sigma_{ys}=\sigma_s/(1-2\mu)$，$r_{ys}=\frac{1}{2\pi}(1-2\mu)^2\left(\frac{K_{\mathrm{I}}}{\sigma_s}\right)^2$，可得裂纹尖端的塑性区尺寸为

$$R=\frac{1}{\pi}(1-2\mu)^{2}\left(\frac{K_{\mathrm{I}}}{\sigma_{\mathrm{s}}}\right)^{2} \tag{2.50}$$

将式(2.49)、式(2.50)分别与式(2.47)对比可知，在考虑应力松弛后，平面应力、应变情况下的屈服区在 x 轴上的宽度均扩大了一倍。

需要说明的是，由环形切口圆棒试样的拉伸试验可知，三向拉伸应力作用下钢材的屈服强度为 $\sigma_{ys}=\sqrt{2\sqrt{2}}\,\sigma_s$。即实际试验所得的钢材屈服强度比理论值 $2.5\sigma_s$（泊松比为 $\mu=0.3$ 时）小，其原因可表述为：对于平面应变情况的厚试样而言，其前、后表面为平面应力状态，而中间则为平面应变状态，再加上裂纹钝化效应的影响，故三向拉伸应力对钢材的约束系数大概在 1.5～2.0 之间，因此，可取为$\sqrt{2\sqrt{2}}$。由此可得裂纹尖端的塑性区尺寸为

$$R=\frac{1}{2\sqrt{2}\,\pi}\left(\frac{K_{\mathrm{I}}}{\sigma_{\mathrm{s}}}\right)^{2} \tag{2.51}$$

因此，对于平面应变一般是采用式(2.51)而不采用式(2.50)。比较式(2.51)与式(2.49)可知，平面应变情况下的塑性区尺寸约为平面应力下的 1/3。

以上对裂纹尖端附近塑性区形状和尺寸的讨论，是基于“假定材料为理想弹塑性材料”，即材料发生屈服后无强化。而对于钢材而言，由于强化现象，裂纹尖端塑性区尺寸要比前面所得的结果小。

由前述可知，线弹性断裂力学只有在“小范围屈服”时才可以考虑塑性区的影响，将应力强度因子进行修正。“小范围屈服”是指塑性区尺寸较裂纹长度小一个数量级以上，即

$$R\leqslant a/10 \tag{2.52}$$

对于平面应力情况的“无限大”平板Ⅰ型穿透裂纹问题，由式(2.49)可得

$$R=\frac{1}{\pi}\left(\frac{K_{\mathrm{I}}}{\sigma_{\mathrm{s}}}\right)^{2}=\frac{1}{\pi}\left(\frac{\sigma\sqrt{\pi a}}{\sigma_{\mathrm{s}}}\right)^{2}\leqslant\frac{a}{10}$$

于是有

$$\frac{\sigma}{\sigma_{\mathrm{s}}}\leqslant 0.316 \tag{2.53a}$$

对于平面应变情况的“无限大”平板Ⅰ型穿透裂纹问题，由式(2.51)可得

$$R=\frac{1}{2\sqrt{2}\,\pi}\left(\frac{K_{\mathrm{I}}}{\sigma_{\mathrm{s}}}\right)^{2}=\frac{1}{2\sqrt{2}\,\pi}\left(\frac{\sigma\sqrt{\pi a}}{\sigma_{\mathrm{s}}}\right)^{2}\leqslant\frac{a}{10}$$

于是有

$$\frac{\sigma}{\sigma_{\mathrm{s}}}\leqslant 0.532 \tag{2.53b}$$

综合考虑平面应力和平面应变情况后，一般认为当应力水平 $\sigma/\sigma_s\leqslant 0.5$ 时，线弹性断裂力学才适用。

4. 应力强度因子的塑性区修正

针对裂纹尖端的"小范围屈服"问题，Irwin 提出了"有效裂纹长度"法来考虑塑性区的影响，用它对应力强度因子 K_{I} 进行修正，得到了所谓的"有效应力强度因子"。

(1)Irwin 的"有效裂纹长度"模型。

假设发生应力松弛后，裂纹尖端附近的塑性区在 x 轴上的尺寸为 $R=AB$，实际的应力分布规律如图 2.26 中的实线 DEF 所示。

为使线弹性理论解仍然适用，假想地将裂纹尖端右移到 O 点，把实际的弹塑性应力场改用一个虚构的弹性应力场来代替。从而使由虚线所代表的弹性应力 σ_y 曲线，正好与塑性区边界 E 点处由实线所代表的弹塑性应力曲线的弹性部分相重合。以 O 点为假想的裂纹尖端时，则在 $r=R-r_y$ 处，$\sigma_y(r)|_{\theta=0°}=\sigma_{ys}$，由式(2.48)得

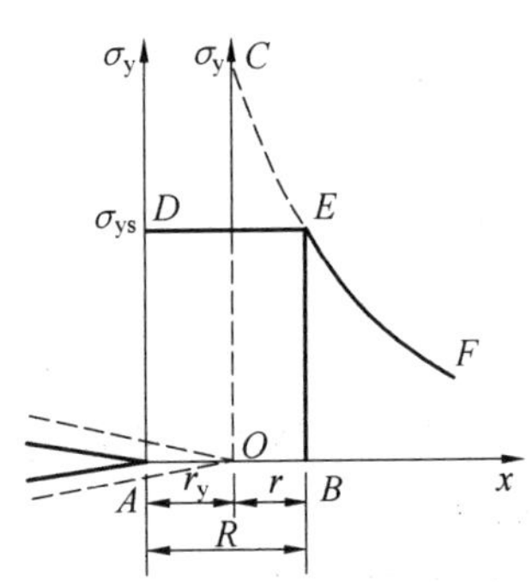

图 2.26　裂纹长度的塑性区修正

$$\sigma_y(r)|_{\theta=0°}=\frac{K_{\mathrm{I}}}{\sqrt{2\pi r}}=\frac{K_{\mathrm{I}}}{\sqrt{2\pi(R-r_y)}}=\sigma_{ys}$$

由此解出

$$r_y=R-\frac{1}{2\pi}\left(\frac{K_{\mathrm{I}}}{\sigma_{ys}}\right)^2$$

对于平面应力情况：由于 $R=\frac{1}{\pi}\left(\frac{K_{\mathrm{I}}}{\sigma_s}\right)^2$，$\sigma_{ys}=\sigma_s$，故

$$r_y=\frac{1}{\pi}\left(\frac{K_{\mathrm{I}}}{\sigma_s}\right)^2-\frac{1}{2\pi}\left(\frac{K_{\mathrm{I}}}{\sigma_s}\right)^2=\frac{1}{2\pi}\left(\frac{K_{\mathrm{I}}}{\sigma_s}\right)^2 \tag{2.54a}$$

对于平面应变情况：由于 $R=\frac{1}{2\sqrt{2}\,\pi}\left(\frac{K_{\mathrm{I}}}{\sigma_s}\right)^2$，$\sigma_{ys}=\sqrt{2\sqrt{2}}\,\sigma_s$，故

$$r_y=\frac{1}{2\sqrt{2}\,\pi}\left(\frac{K_{\mathrm{I}}}{\sigma_s}\right)^2-\frac{1}{2\pi}\left[\frac{K_{\mathrm{I}}}{\sqrt{2\sqrt{2}}\,\sigma_s}\right]^2=\frac{1}{4\sqrt{2}\,\pi}\left(\frac{K_{\mathrm{I}}}{\sigma_s}\right)^2 \tag{2.54b}$$

由式(2.54a)、式(2.54b)可以看到，不论是平面应力还是平面应变情况，裂纹长度的修正值 r_y 都恰好等于塑性区尺寸 R 的一半，即修正裂纹(有效裂纹)的裂尖正好位于 x 轴上塑性区的中心。

求出 r_y 后，即可算出"有效裂纹长度"$a^*=a+r_y$，其中 a 为实际裂纹长度。

(2)塑性区修正系数。

在利用线弹性断裂力学计算"小范围屈服"时的应力强度因子 K_{I}时，只需用有效裂纹长度 a^* 代替 a 即可。由于应力强度因子 K_{I}是 a^* 的函数，而 r_y 又是 K_{I}的函数，所以，对裂尖的 K_{I} 进行塑性区修正是比较复杂的。

对于普遍形式的裂纹问题，当考虑塑性区修正时，K_{I}的表达式为

$$K_{\mathrm{I}}=\alpha\sigma\sqrt{\pi a^*}=\alpha\sigma\sqrt{\pi(a+r_y)} \tag{2.55}$$

分别将式(2. 54a)、式(2.54b)代入式(2.55)，化简得到平面应力和平面应变情况下的应力强度因子表达式为

$$K_{\mathrm{I}}=\alpha\sigma\sqrt{\pi a}\frac{1}{\sqrt{1-\frac{\alpha^{2}}{2}\left(\frac{\sigma}{\sigma_{\mathrm{s}}}\right)^{2}}}\quad (平面应力) \tag{2.56a}$$

$$K_{\mathrm{I}}=\alpha\sigma\sqrt{\pi a}\frac{1}{\sqrt{1-\frac{\alpha^{2}}{4\sqrt{2}}\left(\frac{\sigma}{\sigma_{\mathrm{s}}}\right)^{2}}}\quad (平面应变) \tag{2.56b}$$

可见，考虑塑性区的影响后，K_{I}有所增大，其增大系数 M_{P}(塑性修正系数)分别为

$$M_{\mathrm{P}}=\frac{1}{\sqrt{1-\frac{\alpha^{2}}{2}\left(\frac{\sigma}{\sigma_{\mathrm{s}}}\right)^{2}}}\quad (平面应力) \tag{2.57a}$$

$$M_{\mathrm{P}}=\frac{1}{\sqrt{1-\frac{\alpha^{2}}{4\sqrt{2}}\left(\frac{\sigma}{\sigma_{\mathrm{s}}}\right)^{2}}}\quad (平面应变) \tag{2.57b}$$

对于工程上多见的“半无限”体表面半椭圆片状裂纹，式(2.23)给出了半椭圆裂纹最深点的 K_{I}表达式。令 $\alpha=M_{1}/\phi_{0}=1.12/\phi_{0}$，并将其代入式(2.57b)，可得平面应变情况下的塑性修正系数约为

$$M_{\mathrm{P}}=\frac{\phi_{0}}{\sqrt{\phi_{0}^{2}-0.222\left(\frac{\sigma}{\sigma_{\mathrm{s}}}\right)^{2}}} \tag{2.58}$$

因此，平面应变情况下考虑塑性区修正后“半无限”体表面半椭圆片状裂尖的应力强度因子表达式为

$$K_{\mathrm{I}}=\frac{M_{1}M_{\mathrm{P}}\sigma\sqrt{\pi a}}{\phi_{0}}=\frac{1.12\sigma\sqrt{\pi a}}{\sqrt{\phi_{0}^{2}-0.222\left(\frac{\sigma}{\sigma_{\mathrm{s}}}\right)^{2}}} \tag{2.59}$$

同样地，对于有限厚度板表面半椭圆片状裂纹，式(2.25)给出了裂纹最深点的 K_{I} 的表达式。令 $\alpha=M_{\mathrm{e}}/\phi_{0}=1.1/\phi_{0}$，并将其代入式(2.57b)，可得平面应变情况下的塑性修正系数约为

$$M_{\mathrm{P}}=\frac{\phi_{0}}{\sqrt{\phi_{0}^{2}-0.212\left(\frac{\sigma}{\sigma_{\mathrm{s}}}\right)^{2}}} \tag{2.60}$$

因此，平面应变情况下考虑塑性区修正后有限厚度板表面半椭圆片状裂纹尖端的应力强度因子表达式为

$$K_{\mathrm{I}}=\frac{M_{\mathrm{e}}M_{\mathrm{P}}\sigma\sqrt{\pi a}}{\phi_{0}}=\frac{1.1\sigma\sqrt{\pi a}}{\sqrt{\phi_{0}^{2}-0.212\left(\frac{\sigma}{\sigma_{\mathrm{s}}}\right)^{2}}} \tag{2.61}$$

5. 临界应力强度因子 K_{Ic}的试验测定

如前所述，在线弹性断裂力学中，材料发生脆性断裂的准则为基于应力强度因子的 K 准则。其中 K_{Ic}是材料在平面应变情况下抵抗裂纹失稳扩展能力的度量(即应力强度因子 K_{I}的临界值)，称为材料的平面应变断裂韧度，它是一种材料常数。在一定条件下，

K_{Ic}与加载方式、试样类型和尺寸无关，但与试验温度和加载速率有关，可以通过试验测定。

如果已知含裂纹试样的K_I的表达式，而且试样尺寸又能保证裂纹尖端处于平面应变状态，那么，只要测得试样在裂纹发生失稳扩展时的临界荷载P_c，即可代入相应的K_I表达式而求得试样的平面应变断裂韧度K_{Ic}。

(1)标准试样及K_I的表达式。

用于测试平面应变断裂韧度K_{Ic}的标准试样主要有：三点弯曲试样、紧凑拉伸试样、C形拉伸试样和圆形紧凑拉伸试样等，下面分别介绍。

图 2.27 为标准三点弯曲试样的尺寸示意图，试样厚度B为其宽度W的 50%，试样长度s为W的 4 倍，裂纹长度a为W的 45%～55%。标准三点弯曲试样的K_I的表达式为

$$K_I=\frac{Ps}{BW^{3/2}}f\left(\frac{a}{W}\right) \tag{2.62}$$

式中 $f\left(\frac{a}{W}\right)=\frac{3\left(\frac{a}{W}\right)^{1/2}\left[1.99-\frac{a}{W}\left(1-\frac{a}{W}\right)\left(2.15-3.93\frac{a}{W}+2.7\frac{a^2}{W^2}\right)\right]}{2\left(1+\frac{2a}{W}\right)\left(1-\frac{a}{W}\right)^{3/2}}$，其数值可由表 2.2 查得。

表 2.2　标准三点弯曲试样的 $f(a/W)$ 值

a/W	$f(a/W)$	a/W	$f(a/W)$	a/W	$f(a/W)$
0.450	2.29	0.485	2.54	0.520	2.84
0.455	2.32	0.490	2.58	0.525	2.89
0.460	2.35	0.495	2.62	0.530	2.94
0.465	2.39	0.500	2.66	0.535	2.99
0.470	2.43	0.505	2.70	0.540	3.04
0.475	2.46	0.510	2.75	0.545	3.09
0.480	2.50	0.515	2.79	0.550	3.14

图 2.28 为标准紧凑拉伸试样的尺寸示意图，其尺寸具有如下关系：$B=0.5W$，$H=0.6W$，$W_1=1.25W$，$F=2E=0.55W$，$D=0.25W$，$a=(0.45\sim0.55)W$，其K_I表达式为

$$K_I=\frac{P}{BW^{1/2}}f\left(\frac{a}{W}\right) \tag{2.63}$$

式中 $f\left(\frac{a}{W}\right)=\frac{\left(2+\frac{a}{W}\right)\left[0.886+4.64\left(\frac{a}{W}\right)-13.32\left(\frac{a}{W}\right)^2+14.72\left(\frac{a}{W}\right)^3-5.6\left(\frac{a}{W}\right)^4\right]}{\left(1-\frac{a}{W}\right)^{3/2}}$，

其数值可由表 2.3 查得。

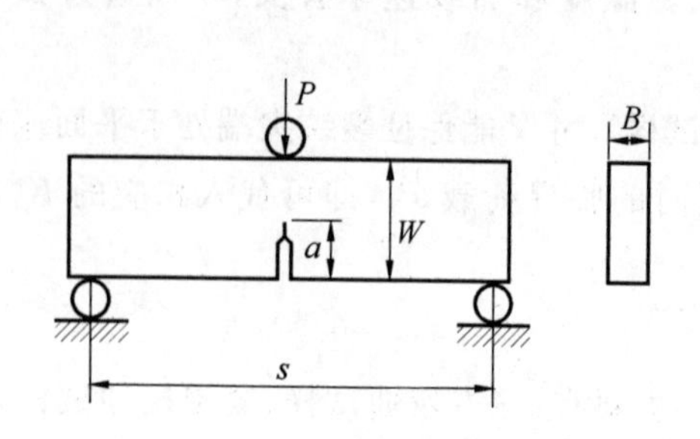

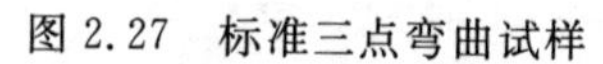
图 2.27　标准三点弯曲试样

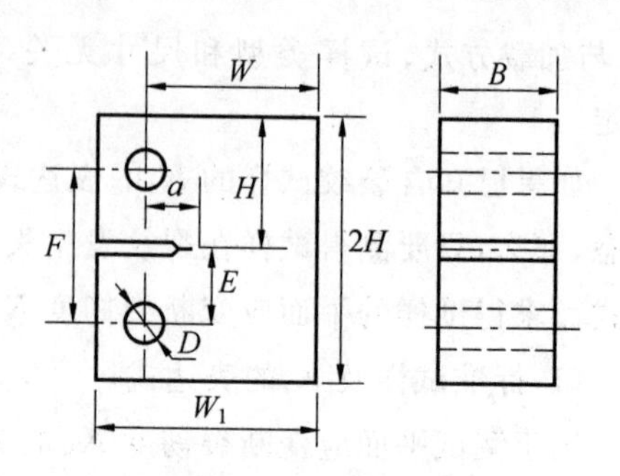

图 2.28　紧凑拉伸试样

表 2.3　标准紧凑拉伸试样的 $f(a/W)$ 值

a/W	$f(a/W)$	a/W	$f(a/W)$	a/W	$f(a/W)$
0.450	8.34	0.485	9.23	0.520	10.29
0.455	8.46	0.490	9.37	0.525	10.45
0.460	8.58	0.495	9.51	0.530	10.63
0.465	8.70	0.500	9.66	0.535	10.80
0.470	8.83	0.505	9.81	0.540	10.98
0.475	8.96	0.510	9.96	0.545	11.17
0.480	9.09	0.515	10.12	0.550	11.36

图 2.29 给出了两种形式标准 C 形拉伸试样的尺寸示意图，一种是加载孔的偏置尺寸 X 与试样宽度 W 的比值为 0.5 的试样(图 2.29(a))，是一种半环形试样；一种是 $X/W=0$ 的试样(图 2.29(b))，是从圆环上所能截取的最小尺寸的 C 形试样。$B=0.25W$，$a=(0.45\sim0.55)W$。标准 C 形拉伸试样只适用于空心圆柱体，而且只能测定 $C-R$ 取向(即裂纹面的法线方向是圆周方向)，裂纹扩展是半径方向的断裂韧度。标准 C 形拉伸试样的 K_{I} 的表达式为

$$K_{\mathrm{I}}=\left(\frac{P}{BW^{1/2}}\right)\left[3\left(\frac{X}{W}\right)+1.9+1.1\left(\frac{a}{W}\right)\right]\cdot\left[1+0.25\left(1-\frac{a}{W}\right)^{2}\left(1-\frac{r_1}{r_2}\right)\right]\cdot f\left(\frac{a}{W}\right) \tag{2.64}$$

式中 $f\left(\frac{a}{W}\right)=\dfrac{\left(\frac{a}{W}\right)^{1/2}\left[3.74+6.30\left(\frac{a}{W}\right)+6.32\left(\frac{a}{W}\right)^{2}-2.43\left(\frac{a}{W}\right)^{3}\right]}{\left(1-\frac{a}{W}\right)^{3/2}}$，其数值可由表 2.4 查得。

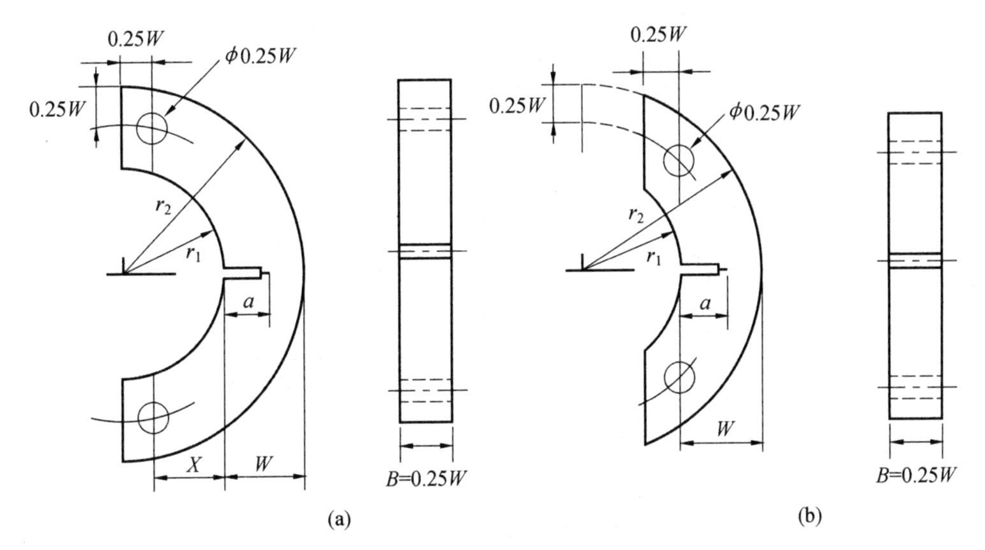

图 2.29　C 形拉伸试样

表 2.4　C 形拉伸试样的 $f(a/W)$ 值

a/W	$f(a/W)$	a/W	$f(a/W)$	a/W	$f(a/W)$
0.450	3.23	0.485	3.57	0.520	3.97
0.455	3.27	0.490	3.62	0.525	4.03
0.460	3.32	0.495	3.68	0.530	4.10
0.465	3.37	0.500	3.73	0.535	4.17
0.470	3.42	0.505	3.79	0.540	4.24
0.475	3.47	0.510	3.85	0.545	4.31
0.480	3.52	0.515	3.91	0.550	4.38

图 2.30 为标准圆形紧凑拉伸试样的尺寸示意图，$B = 0.5W$，$a = (0.45\sim0.55)W$，其 K_I 的表达式为

$$K_\mathrm{I}=\frac{P}{BW^{1/2}}f\left(\frac{a}{W}\right) \tag{2.65}$$

式中 $f\left(\frac{a}{W}\right)=\dfrac{\left(2+\frac{a}{W}\right)\left[0.76+4.8\left(\frac{a}{W}\right)-11.58\left(\frac{a}{W}\right)^2+11.43\left(\frac{a}{W}\right)^3-4.08\left(\frac{a}{W}\right)^4\right]}{\left(1-\frac{a}{W}\right)^{3/2}}$，其数值可由表 2.5 查得。

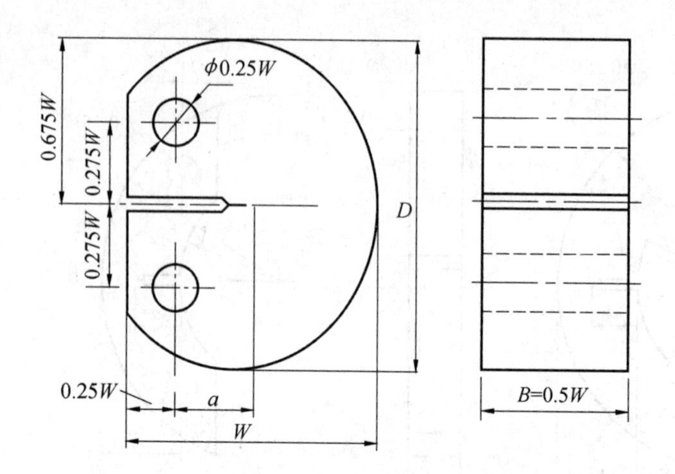

图 2.30　圆形紧凑拉伸试样

表 2.5　圆形紧凑拉伸试样的 $f(a/W)$ 值

a/W	$f(a/W)$	a/W	$f(a/W)$	a/W	$f(a/W)$
0.450	8.71	0.485	9.70	0.520	10.86
0.455	8.84	0.490	9.85	0.525	11.05
0.460	8.97	0.495	10.01	0.530	11.24
0.465	9.11	0.500	10.17	0.535	11.43
0.470	9.25	0.505	10.34	0.540	11.63
0.475	9.40	0.510	10.51	0.545	11.83
0.480	9.55	0.515	10.68	0.550	12.04

(2)试验结果及临界荷载确定。

①试验结果。测试 K_{Ic}前，首先应测量试样的尺寸，并在裂纹嘴两侧用专用胶水贴上刀口，装好夹式引伸计，然后将试样安装在材料试验机上，经过对中，再将引伸计和荷载传感器的输出端通过前置放大器后，依次接到 $X-Y$ 函数记录仪的 x 轴和 y 轴上。为了消除机件之间的间隙，应在弹性范围内进行反复加载和卸载，确认试验机和仪器处于正常工作状况后，才开始正式试验。随着荷载 P 及裂纹嘴张开位移 V 的增加，可自动绘出 $P-V$ 曲线。试验进行到不能承受更大的荷载为止。

应当指出，加载速率对 K_{IC}值的影响较大，高速加载会导致偏高的 K_{IC}值。因此，按国标 GB/T 4161—2007 的要求，试验时应使应力强度因子的增加速率处于 0.55～2.75 MPa · $m^{1/2}$/s。

②临界荷载 P_c的确定。从试样的 K_I表达式可以看出，当试样的类型和尺寸给定后，只要确定了临界荷载 P_c，即裂纹开始失稳扩展时的荷载，即可计算出 K_{Ic}。因此，如何根据试验得到的 $P-V$ 曲线确定临界荷载 P_c至关重要。

如果材料很脆或者试样尺寸很大，则裂纹一开始扩展试样就断裂。这时最大断裂荷载 P_{max}就是裂纹失稳扩展的临界荷载。然而，在一般情况下，试样断裂前裂纹都有不同程度的缓慢扩展，失稳扩展没有明显的标志，最大断裂荷载不再是裂纹开始失稳时的临界荷载。因此，K_{Ic}测试标准中通常把裂纹扩展量 Δa（包括裂纹的真实扩展量和塑性区等效扩展量）达到裂纹初始长度 a 的 2%（即 $\Delta a/a = 2\%$）时的荷载作为临界荷载，称为"条件临界荷载"，用 P_{cc}表示。

由于实际测试时，绘出的是 $P-V$ 曲线，而不是 $P-\Delta a$ 曲线，因此，要在 $P-V$ 曲线上找出相应于裂纹扩展量 $\Delta a/a = 2\%$的点，就必须建立 V 与 Δa 之间的关系。理论研究表明，裂纹相对扩展量为 $\mathrm{d}a/a = 2\%$时的点与裂纹嘴相对张开位移增量为 $\mathrm{d}V/V = 5\%$时的点相对应。于是，只要在 $P-V$ 曲线上找出 $\mathrm{d}V/V = 5\%$的点，便可获得条件临界荷载 P_{cc}的数值。

如果裂纹没有扩展，$P-V$ 曲线应为直线段，假定在某一荷载 P 下，裂纹嘴的张开位移为 V，则 $P-V$ 曲线的初始直线段的斜率可表示为 P/V；如果裂纹扩展了，$P-V$ 曲线将偏离初始直线段，则在同一荷载 P 下，裂纹嘴的张开位移必然有一个增量 $\mathrm{d}V$，与此相对应的 $P-V$ 曲线中的割线斜率就应为 $P/(V+\mathrm{d}V)$。当裂纹嘴的张开位移相对增量 $\mathrm{d}V/V = 5\%$时，该割线斜率的数值为 $95\%P/V$。也就是说，与裂纹相对扩展量为 2%的点（即与裂纹嘴张开位移的相对增量为 5%的点）对应的 $P-V$ 曲线上的割线斜率比裂纹未扩展时初始直线段的斜率下降了 5%。由此，可用作图法从 $P-V$ 曲线上确定条件临界荷载 P_{cc}的数值。

K_I试验所得的 $P-V$ 曲线通常有三种类型，如图 2.31 所示。

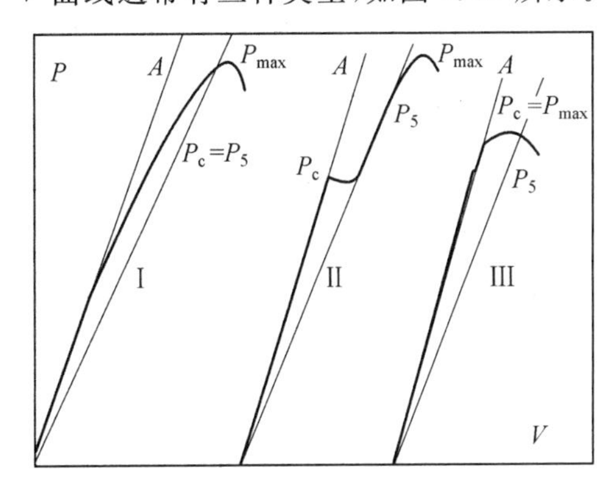

图 2.31 三种类型的 $P-V$ 曲线

当试样的厚度很大或材料的韧性很差时，往往测得第Ⅲ类曲线。在这种情况下，裂纹在加载过程中没有扩展，当荷载达到最大值时，试样骤然发生断裂，这时的最大荷载 P_{max}就可作为 P_c。

当试样的厚度稍小或材料的韧性不是很差时，则可测得第Ⅱ类曲线。此类曲线有一个明显的"迸发"平台，这是由于在加载过程中，处于平面应变状态的中心层失稳扩展，然而处于平面应力状态的表面层还不能扩展，因此，中心层的裂纹扩展很快就被表面层拖住。这种试样在达到"迸发"荷载时，往往可以听到清脆的"爆裂"声。这时"迸发"荷载就可以作为 P_c。由于显微组织不均匀，有时在 $P-V$ 曲线上可能会多次出现"迸发"平台，此时应取第一个迸发平台的荷载作为 P_c。

当试样的厚度减到最小限度或材料韧性较好时，所得到的是第Ⅰ类曲线。这时不能以最大荷载 P_{max} 作为 P_c。因为在达到 P_{max} 前，裂纹已逐步扩展。由于裂纹最初的“迸发”性扩展量很小，迸发荷载在 $P-V$ 曲线上难以分辨，无法像第二类曲线那样用迸发荷载作为 P_c，所以这时只能根据裂纹相对扩展量的2%这个条件去确定 P_c（即 $P_c=P_5$）。

综上所述，确定 P_c 的方法是：过 $P-V$ 曲线的线性段作直线 OA，并通过 O 点作一条其斜率比 OA 斜率小5%的割线，它与 $P-V$ 曲线的交点记作 P_5，如图2.31所示。如果在 P_5 之前，$P-V$ 曲线上每一点的负载都低于 P_5，则取 $P_c=P_5$；如果在 P_5 之前还有一个超过 P_5 的最大荷载 P_{max}，则取 P_{max} 为 P_c。如图2.31中Ⅱ类曲线取迸发荷载为 P_c，Ⅲ类曲线取 P_{max} 为 P_c。

③国产钢材的平面应变断裂韧度 K_{Ic}。表2.6列出了几种国产钢材在常温下的平面应变断裂韧度 K_{Ic} 的数值，供参考。

表2.6　几种国产钢材在常温下的平面应变断裂韧度 K_{Ic} 值

材料	强度指标/MPa		K_{Ic} /(MPa·m$^{1/2}$)	材料	强度指标/MPa		K_{Ic} /(MPa·m$^{1/2}$)
	$\sigma_{0.2}$	σ_b			$\sigma_{0.2}$	σ_b	
40钢	294	549	70.7～71.9	18SiMnMoNiCr	490		276
45钢	315～355	804	101	$20SiMn_2MoVA$	1 216	1 481	113
$30Cr_2MoV$	549	686	140～155	15MnMoVCu	520	677	38.5～74.4
40CrNiMoA	1 579	1 942	42.2	$30CrMnSiNi_2A$	1 393		80.3
	1 383	1 491	63.3	40MnSiV	1 471	1 648	83.7
	1 334	1 393	90.0	稀土镁球铁		1 304	35.7～38.8
$34CrNi_3Mo$	539	716	121～138	铜钼球铁			34.1～35.7
14MnMoNbB	834	883	152～166	重轨钢	510～628	853～1 040	37.2～48.4
14SiMnCrNiMoV	834	873	82.8～88.1				

6. *K* 准则及其工程应用

应力强度因子 K 是描述裂纹尖端附近应力场强弱程度的参量，裂纹是否会发生失稳扩展取决于 K 值的大小。在外荷载作用下，当含裂纹体裂纹尖端的应力强度因子 K 达到材料的临界值 K_c 时，裂纹就发生失稳扩展而导致含裂纹体断裂。由此建立了基于应力强度因子的断裂准则，称为 K 准则。

对于Ⅰ型裂纹，在平面应变情况下，K 准则的表达式为

$$K_I=K_{Ic} \tag{2.66}$$

式中　K_I——Ⅰ型裂纹的应力强度因子，反映了裂纹尖端附近应力场强弱程度的参量，它是含裂纹体所受的荷载、几何形状和裂纹长度等因素的函数，可通过查手册或理论计算确定；

K_{Ic}——平面应变情况下 K_I 的临界值，它是材料常数，称为材料的断裂韧度，可通过试验测定。K_{Ic} 的常用单位为 MPa·m$^{1/2}$ 或 MN·m$^{-3/2}$。

对于Ⅱ型、Ⅲ型和复合型裂纹，原则上可仿照式(2.66)建立相应的断裂准则。由于 K_{IIc} 和 K_{IIIc} 测试困难，故目前一般通过复合型裂纹的断裂准则来建立 K_{IIc}、K_{IIIc} 与 K_{Ic} 之间的关系，采用 K_{Ic} 来间接表示。

采用 K 准则可以解决传统强度设计中不能解决的带裂纹体的断裂问题。但必须指出，在应用 K 准则进行断裂分析时，首先要用无损探伤技术，例如目前常用的超声波探伤、磁粉探伤和荧光探伤等技术，把缺陷的形状、位置、尺寸弄清楚，然后把缺陷简化成分析计算的裂纹模型。如果是设计构件，估计可能出现的最大裂纹长度和可能承受的最大荷载，作为抗断裂的依据，还要准确可靠地测出材料的断裂韧度 K_{Ic} 值。

应用 K 准则可以解决以下问题：

(1)已知构件的几何形状、裂纹长度和材料断裂韧度值，确定含裂纹体的临界荷载 σ_c，即裂纹失稳扩展时对应的最大荷载。

(2)已知构件的几何形状、所受荷载和材料断裂韧度值，确定含裂纹体的裂纹容限长度 a_c，即裂纹失稳扩展时对应的最大裂纹长度。

(3)确定含裂纹体的安全度，即 $K_{\mathrm{Ic}}/K_{\mathrm{I}}$。

(4)选择与评定钢材。按照传统的强度设计思想，选择与评定钢材主要依据屈服强度 σ_s；但按抗断裂设计应选用 K_{Ic} 高的钢材。一般情况下，钢材的 σ_s 越高，K_{Ic} 反而越低，所以选择与评定钢材应该两者兼顾，全面考虑。

【例 2.1】 具有中心穿透裂纹的厚钢板，远端受均匀单向拉伸作用。板宽 $2b = 200$ mm，裂纹长度 $2a = 80$ mm，钢板断裂韧度为 $K_{\mathrm{Ic}} = 66\ \mathrm{MPa \cdot m^{1/2}}$，求此钢板的临界荷载。

解　由于 $a/b = 0.4 < 0.5$，故本题属于平面应变情况的有限宽平板Ⅰ型中心穿透裂纹问题，属于前面 2. 中第(2)类的第①条，其应力强度因子可近似由式(2.14)确定，即

$$K_{\mathrm{I}} = \left(\frac{2b}{\pi a}\tan\frac{\pi a}{2b}\right)^{1/2} \cdot \sigma\sqrt{\pi a}$$

对于临界状态，即 $K_{\mathrm{I}} = K_{\mathrm{Ic}}$，有

$$\left(\frac{2b}{\pi a}\tan\frac{\pi a}{2b}\right)^{1/2} \cdot \sigma_c\sqrt{\pi a} = K_{\mathrm{Ic}}$$

于是得

$$\sigma_c = \frac{K_{\mathrm{Ic}}}{\sqrt{\pi a \cdot \dfrac{2b}{\pi a}\tan\dfrac{\pi a}{2b}}} = \frac{66}{\sqrt{0.2 \times \tan\dfrac{0.04\pi}{0.2}}} = 173.14(\mathrm{MPa})$$

也就是说，在给定条件下，当板的拉伸应力达到 173.14 MPa 时，裂纹发生失稳扩展。

【例 2.2】 矩形截面简支钢梁的长(l)×高(h)×宽(b)= 1 000 mm × 100 mm × 50 mm。假设钢材的断裂韧度为 $K_{\mathrm{Ic}} = 41\ \mathrm{MN \cdot m^{-3/2}}$，抗拉强度设计值为 $\sigma = 660$ MPa。梁跨中受集中力 F 作用，跨中下边缘有一长 5 mm 的横向穿透裂纹。试求梁不发生破坏时的最大荷载 $F_{\max}$。

解　(1)应用 K 准则确定最大荷载 $F_{\max}$。

由于梁高 $h = 100$ mm，边缘穿透裂纹长度 $a = 5$ mm，$h \gg a$，故本题属于"半无限"宽平板Ⅰ型穿透裂纹问题，属于前面 2. 中第(2)类的第③条，其应力强度因子可近似由式

(2.18)确定,即

$$K_{\mathrm{I}}=1.12\sigma\sqrt{\pi a}$$

对于临界状态,即 $K_{\mathrm{I}}=K_{\mathrm{Ic}}$,有

$$1.12\sigma_{\mathrm{c}}\sqrt{\pi a}=K_{\mathrm{Ic}}$$

由于

$$\sigma_{\mathrm{c}}=\frac{F_{\max}l}{4W_x}=\frac{3F_{\max}l}{2bh^2}$$

于是得

$$F_{\max}\leqslant\frac{2bh^2K_{\mathrm{Ic}}}{1.12\times3l\sqrt{\pi a}}=\frac{2\times0.05\times0.1^2\times41\times10^6}{1.12\times3\times1\times\sqrt{\pi\times0.005}}=97.4(\mathrm{kN})$$

(2)应用传统强度理论确定最大荷载 $F_{\max}$。

梁跨中边缘纤维的最大应力应小于抗拉强度设计值,故

$$\sigma_{\max}=\frac{3F_{\max}l}{2bh^2}\leqslant\sigma$$

于是得

$$F_{\max}\leqslant\frac{2bh^2\sigma}{3l}=\frac{2\times0.05\times0.1^2\times660\times10^6}{3\times1}=220(\mathrm{kN})$$

综上可得,梁不发生破坏时的最大荷载 $F_{\max}$ 为 97.4 kN。

【例 2.3】 现设计一高强度钢材的压力容器,设计许用应力为$[\sigma]$ =1 400 MPa。采用无损探伤设备只能发现深度大于 1 mm 的裂纹,因此,假定容器内壁焊缝热影响区沿母材方向(最不利方向和位置)存在深度 a = 1 mm,长度 c = 2 mm 的表面浅裂纹。现有两种钢材,其力学性能见表 2.7。全面考虑,应选择何种钢材为佳?

表 2.7 两种钢材的力学性能

钢材	屈服强度 σ_{s}	焊缝热影响区 $K_{\mathrm{Ic}}/(\mathrm{MPa}\cdot\mathrm{m}^{1/2})$
A	2 100	46.5
B	1 700	77.5

解 (1)从传统设计观点分析,钢材 A 的安全系数为

$$n_{\mathrm{A}}=\frac{(\sigma_{\mathrm{s}})_{\mathrm{A}}}{[\sigma]}=\frac{2\ 100}{1\ 400}=1.5$$

钢材 B 的安全系数为

$$n_{\mathrm{B}}=\frac{(\sigma_{\mathrm{s}})_{\mathrm{B}}}{[\sigma]}=\frac{1\ 700}{1\ 400}=1.22$$

两种钢材均满足强度要求,但 A 材的安全系数高于 B 材。

(2)从断裂力学观点分析,本题可简化为“半无限”体表面半椭圆片状Ⅰ型裂纹受均匀拉应力作用的情况,属于前面 2. 中第(4)类,其应力强度因子可近似由式(2.23)确定,即

$$K_{\mathrm{I}}=M_1\frac{\sigma\sqrt{\pi a}}{\phi_0}=1.12\frac{\sigma\sqrt{\pi a}}{\phi_0}$$

考虑到钢材裂纹尖端的塑性区修正，取应力强度因子为式(2.59)，即

$$K_{\mathrm{I}}=\frac{M_{1}M_{\mathrm{P}}\sigma\sqrt{\pi a}}{\phi_{0}}=\frac{1.12\sigma\sqrt{\pi a}}{\sqrt{\phi_{0}^{2}-0.222\left(\dfrac{\sigma}{\sigma_{\mathrm{s}}}\right)^{2}}}$$

由于 $a/c=0.5$，查表 2.1 可得 $\varphi_0=1.211$。于是有

$$(K_{\mathrm{I}})_{\mathrm{A}}=\frac{1.12\times 1\,400\sqrt{0.001\pi}}{\sqrt{1.211^{2}-0.222\left(\dfrac{1\,400}{2\,100}\right)^{2}}}=75.1\ (\mathrm{MPa}\cdot\mathrm{m}^{1/2})>(K_{\mathrm{Ic}})_{\mathrm{A}}=46.5\ \mathrm{MPa}\cdot\mathrm{m}^{1/2}$$

$$(K_{\mathrm{I}})_{\mathrm{B}}=\frac{1.12\times 1\,400\sqrt{0.001\pi}}{\sqrt{1.211^{2}-0.222\left(\dfrac{1\,400}{1\,700}\right)^{2}}}=76.6\ (\mathrm{MPa}\cdot\mathrm{m}^{1/2})<(K_{\mathrm{Ic}})_{\mathrm{B}}=77.5\ \mathrm{MPa}\cdot\mathrm{m}^{1/2}$$

由此可见，只能选择钢材 B，因为它既满足强度要求，又有合适的抗断裂能力。若按照传统的设计思想选择钢材 A，将会导致容器发生低应力脆断。

2.3.3　能量平衡断裂理论及 G 准则

1. Griffith 理论

1920 年，英国学者 Griffith 对玻璃、陶瓷等脆性材料进行了断裂分析，建立了脆性断裂准则，成功地解释了这类材料的实际断裂强度远低于其理论强度的原因。

Griffith 针对如图 2.32 所示的厚度为 t 的薄平板进行研究。先在板的上下两端施加均布拉应力 σ，当板处于平衡状态后，把上下两端固定起来，使之构成能量封闭系统。设此时板内储藏的总变形能为 U_0。然后，设想在板中沿垂直于 σ 方向切开一条长度为 $2a$ 的穿透裂纹，裂纹长度远小于板的面内尺寸，故此板可视为“无限大”板。由于切开了一条穿透裂纹，裂纹就形成了上下两个自由表面，原来作用在此两表面的拉应力 σ 消失了。与此同时，上下两个自由表面发生相对张开位移，消失掉的 σ 对此张开位移做负功，使板内应变能由原来的 U_0 减小到 U_0-U，即应变能降低了 U。

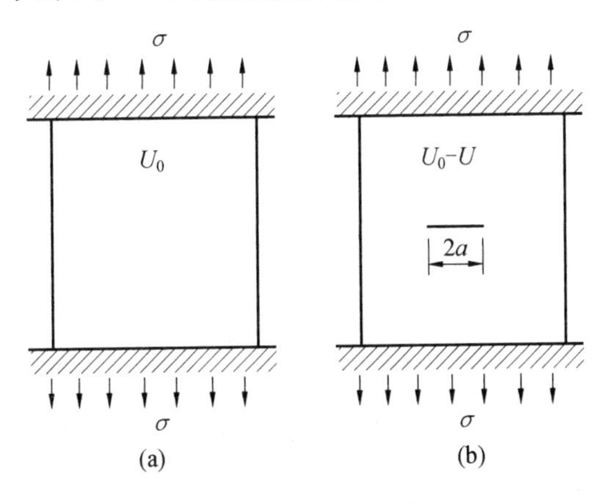

图 2.32　Griffith 平板

Griffith 根据 Inglis(1913 年)对“无限大”薄板内开了一个扁平穿透椭圆孔后分析得到的应力场、位移场计算公式，得出当椭圆孔短轴尺寸趋于零(相当于理想尖裂纹)时，降

低的应变能为

$$U=\frac{\pi\sigma^2 a^2}{E}t=\frac{\pi\sigma^2 A^2}{4Et} \tag{2.67}$$

式中 A——裂纹单侧自由表面的面积，$A=2at$；

E——材料的弹性模量。

另外，由于裂纹处新形成两个自由表面，从而有表面能增加。设 γ_e 为表面能密度，则两个自由表面总的表面能为

$$W=2A\gamma_e \tag{2.68}$$

这里注意到板的上下两端是固定的，外力不做功，外力势能不改变。因此，具有穿透裂纹的薄平板相对于初始状态（无裂纹薄平板）的总势能为

$$\Pi=-U+W=-\frac{\pi\sigma^2 A^2}{4Et}+2A\gamma_e \tag{2.69}$$

图 2.33 给出了应变能 U、表面能 W 和总势能 Π 随裂纹长度的变化曲线。由势能极值原理可知，总势能为极大值的条件为

$$\frac{\partial \Pi}{\partial A}=0 \quad 且 \quad \frac{\partial^2 \Pi}{\partial A^2}<0 \tag{2.70}$$

将式(2.69)代入式(2.70)可得

$$\frac{\partial^2 \Pi}{\partial A^2}=-\frac{\pi\sigma^2}{2Et}<0 \tag{2.71}$$

故总势能取极大值的条件成立。同时，当

$$\frac{\partial \Pi}{\partial A}=0 \Rightarrow \frac{\pi\sigma^2 A}{2Et}=2\gamma_e \tag{2.72}$$

时，裂纹处于不稳定平衡状态。

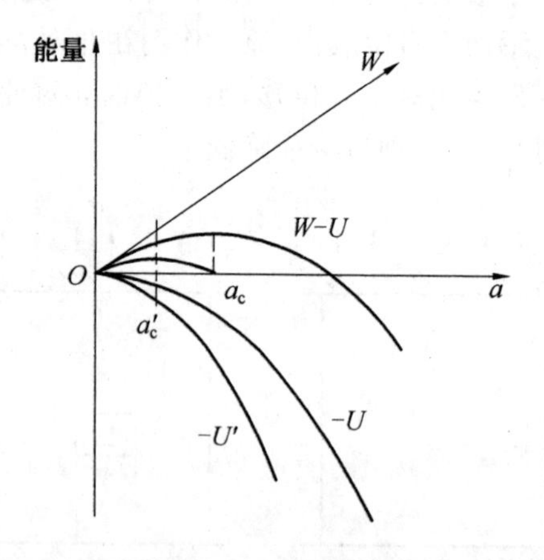

图 2.33 应变能、表面能和总势能随裂纹长度的变化

式(2.72)表明，当裂纹扩展单位面积，系统释放的应变能恰好等于形成裂纹自由表面所需的表面能时，裂纹就处于不稳定的平衡状态；或裂纹扩展单位面积，系统释放的应变能大于形成裂纹自由表面所需的表面能时，裂纹就会失稳扩展而最终断裂。当然，若系统释放的应变能小于形成自由表面所需的表面能，裂纹就不会扩展，处于稳定平衡状态。

于是，若给定裂纹长度 $2a$，则由式(2.72)可得临界应力 σ_c 为

$$\sigma_c=\sqrt{\frac{2E\gamma_e}{\pi a}} \tag{2.73}$$

若给定拉应力 σ，也可确定出裂纹临界长度为 $2a_c$，其中 a_c 的计算式为

$$a_c=\frac{2E\gamma_e}{\pi\sigma^2} \tag{2.74}$$

由式(2.73)和式(2.74)可知，对于含有中心穿透裂纹长度为 $2a$ 的构件而言，当外加应力 σ 大于 σ_c 时，裂纹便会失稳扩展；同样地，对于受拉应力为 σ 的含中心穿透裂纹的构件而言，当裂纹长度 $2a$ 大于 $2a_c$ 时，裂纹也会失稳扩展。注意，以上分析都是以薄平板为例，属于平面应力情况。对于属于平面应变情况的厚板，只要将上式中的 E 用 $\frac{E}{1-\mu^2}$ 代替即可。

Griffith 理论仅适用于完全脆性材料。实际上对绝大多数金属材料，在断裂前和断裂过程中裂尖总存在塑性区，裂尖也因塑性变形而钝化，此时 Griffith 理论失效。

2. Irwin－Orowan 理论

1948 年，Irwin 对 Griffith 理论进行修正，修正后的理论既适用于脆性材料，又适用于发生塑性变形的金属材料。在此期间，Orowan 也提出过类似的修正理论，故将该理论称作 Irwin－Orowan 理论。Irwin－Orowan 理论认为，裂纹扩展过程中系统所释放的能量不仅用于形成新裂纹表面所需要的表面能，还用于裂尖区产生塑性变形所需的塑性功。

裂纹扩展单位面积时，内力对塑性变形所做的“塑性功”可用 γ_p 表示，于是总塑性功为 $W=2A\gamma_p$。因此式(2.69)和式(2.72)应改写为

$$\Pi=-U+W_e+W_p=-\frac{\pi\sigma^2A^2}{4Et}+2A\gamma_e+2A\gamma_p \tag{2.75}$$

$$\frac{\partial\Pi}{\partial A}=0\Rightarrow\frac{\pi\sigma^2A}{2Et}=2\gamma_e+2\gamma_p \tag{2.76}$$

于是，若给定裂纹长度 a，则由式(2.76)可得临界拉应力 σ_c 为

$$\sigma_c=\sqrt{\frac{2E(\gamma_e+\gamma_p)}{\pi a}} \tag{2.77}$$

若给定拉应力 σ，也可确定出裂纹临界长度 a_c 为

$$a_c=\frac{2E(\gamma_e+\gamma_p)}{\pi\sigma^2} \tag{2.78}$$

对于金属材料，通常 γ_p 比 γ_e 大三个数量级，因而 γ_e 可忽略不计，于是式(2.77)和式(2.78)又可写为

$$\sigma_c=\sqrt{\frac{2E\gamma_p}{\pi a}} \tag{2.79}$$

$$a_c=\frac{2E\gamma_p}{\pi\sigma^2} \tag{2.80}$$

3. 能量释放率断裂准则(G 准则)

现在，从更广义的角度——功能转换关系来研究裂纹扩展过程中的能量关系。设有

一裂纹体，其裂纹面积为 A。若裂纹面积扩展了 dA，在这个过程中，荷载所做的功为 dW，体系弹性应变能减小了 dU，塑性功增加了 dW_p，裂纹表面能增加了 dW_e。

假定这一过程是绝热和静态的，既不考虑热功间的转换，也不考虑动能的变化，于是，根据能量守恒和转换定律，体系内能的增加应等于外力功，即

$$dW = -dU + dW_p + dW_e \tag{2.81}$$

式中　dW_p、dW_e——裂纹扩展所需要消耗的能量，也即阻止裂纹扩展的能量。因此要使裂纹扩展，系统必须提供能量。

若裂纹扩展 dA 时弹性系统释放的能量记为 $-d\Pi = dW + dU$，则由式(2.81)可得

$$-d\Pi = dW + dU = dW_p + dW_e \tag{2.82}$$

定义裂纹扩展单位面积弹性系统释放的能量为裂纹扩展能量释放率，用 G 表示，则有

$$G = -\frac{\partial \Pi}{\partial A} = \frac{\partial W}{\partial A} + \frac{\partial U}{\partial A} \tag{2.83}$$

定义裂纹扩展单位面积所需要消耗的能量为裂纹扩展阻力率，用 R 或 G_c 表示，则

$$R = G_c = \frac{\partial W_p}{\partial A} + \frac{\partial W_e}{\partial A} \tag{2.84}$$

裂纹扩展所消耗的塑性功和表面能都与材料性质有关，都是材料常数，而与外载及裂纹的几何形状无关。因此，R 或 G_c 反映了材料抵抗断裂的能力，称为材料的断裂韧度，它可以由材料试验测定。

当 G 达到 G_c 时，裂纹将开始失稳扩展。因此，能量释放率断裂准则(即 G 准则)为

$$G = G_c \tag{2.85}$$

2.3.4　G 与 K 的关系

由上述可知，由裂纹尖端附近区域应力场的分析获得了裂纹失稳扩展的应力强度因子准则 $K = K_c$，由裂纹扩展过程中的能量守恒和转换分析获得了裂纹失稳扩展的能量释放率断裂准则 $G = G_c$。这两种准则描述的是同一个问题，因此，它们之间必然有内在的联系。由线弹性断裂力学推导可得，Ⅰ型裂纹的裂纹扩展能量释放率 G_I 与应力强度因子 K_I 的转换关系式为

$$G_I = \begin{cases} \dfrac{K_I^2}{E} & (\text{平面应力问题}) \\ \dfrac{(1-\mu^2)K_I^2}{E} & (\text{平面应变问题}) \end{cases} \tag{2.86}$$

同样，可得Ⅰ型裂纹的裂纹扩展阻力率 G_{Ic} 与应力强度因子临界值 K_{Ic} 的转换关系式为

$$G_{Ic} = \begin{cases} \dfrac{K_{Ic}^2}{E} & (\text{平面应力问题}) \\ \dfrac{(1-\mu^2)K_{Ic}^2}{E} & (\text{平面应变问题}) \end{cases} \tag{2.87}$$

可见，在线弹性条件下，K 准则和 G 准则是等效的。式(2.86)、式(2.87)所描述的关

系对Ⅰ型裂纹问题是普遍适用的。同样地，对于Ⅱ型、Ⅲ型裂纹，也有着与Ⅰ型裂纹相仿的关系。

2.4　弹塑性断裂力学概述

前述线弹性断裂力学仅适用于发生线弹性变形断裂的高强度钢和发生“小范围屈服”然后断裂的中、低强度钢，即在裂纹失稳扩展前裂纹区域无塑性变形或无明显的塑性变形。描述线弹性断裂问题的参量主要有应力强度因子 K 和裂纹扩展能量释放率 G。K 是建立在裂纹尖端附近应力应变场具有 $r^{-1/2}$ 阶奇异性基础之上的，反映了这种奇异性的强度。当有“小范围屈服”时，可以采用 Irwin 的修正方法将裂纹长度用有效裂纹长度代替，继续使用 K 参量；但当塑性变形较大时，则不能进行修正。G 表示了当裂纹有微量扩展 $\mathrm{d}a$ 时，含裂纹体的能量释放量为 $\mathrm{d}U$，当进入弹塑性阶段时，G 就失去了表征含裂纹体裂纹稳定扩展和断裂的意义。

然而，对于由中、低强度钢制成的构件，由于其断裂韧度较高(除了低温、厚截面或高应变速率情况外)，裂纹在扩展前，其尖端的塑性区尺寸已接近甚至超过裂纹长度，此类断裂属于“大范围屈服”断裂。另外，由于存在很高的局部应力与焊接残余应力，压力容器上的接管部位往往产生很大的塑性区，此时发生全面屈服断裂。解决“大范围屈服”与全面屈服断裂问题是弹塑性断裂力学的任务。

弹塑性断裂力学要解决的中心问题是：如何在“大范围屈服”条件下，确定出能定量描述裂纹尖端区域弹塑性应力应变场强度的参量，以便既能用理论建立起这些参量与裂纹几何形状、外荷载之间的关系，又易于通过试验来测定它们，并最后建立便于工程应用的断裂准则。目前应用最多的是 CTOD(Crack Tip Opening Displacement，裂纹尖端张开位移)理论和 J 积分理论，所建立的弹塑性断裂准则分别为 CTOD 准则和 J 积分准则。J 积分有两种定义：一是回路积分定义，即由围绕裂纹尖端周围区域的应力、应变和位移所组成的围线积分给出，而使 J 积分具有应力场和位移场强度的性质，它不仅适用于线弹性材料，也适用于弹塑性材料。J 积分的另一种定义是形变功率定义，即由外荷载对试样所做的形变功率给出，这使得 J 积分易于通过试验测定。在塑性力学的全量理论描述下，上述两种定义是等效的。由于篇幅有限，本节不对 J 理论及其断裂准则进行介绍，感兴趣的读者可参考断裂力学的相关教材。

本节主要对 CTOD 理论及其断裂准则进行简要介绍。1961 年，Wells 提出了 CTOD 理论：含裂纹体受荷后，裂纹尖端附近存在的塑性区将导致裂尖表面张开，这个张开量称为裂尖张开位移，通常用 δ 表示。Wells 认为：当 δ 达到材料的临界值 δ_c 时，裂纹发生失稳扩展，这就是弹塑性断裂的 CTOD 准则，其表达式为

$$\delta=\delta_c \tag{2.88}$$

对于 CTOD 准则，需要解决三个方面的问题：(1)找出裂纹尖端张开位移 δ 与裂纹几何尺寸、外荷载之间的关系式，即 δ 的计算公式；(2)试验测定材料的裂纹尖端张开位移临界值 δ_c，即断裂韧度；(3)CTOD 准则的工程应用。

2.4.1 Irwin 有效裂纹长度模型的 CTOD

在 2.3.2 节讨论“小范围屈服”的塑性区修正时，Irwin 曾引入“有效裂纹长度”($a^*=a+r_y$)的概念，即为考虑塑性区的影响假想地把原裂纹尖端 O 移至 O'，$OO'=r_y$(图 2.34)。这样一来，当以假想的“有效裂纹尖端点”O'作为新的裂纹尖端时，原裂纹尖端 O 产生了张开位移 δ。

平面应力情况下，含裂纹体的位移场表达式如式(2.2)所示。此式对于任意裂纹几何形状和外荷载均适用，所不同的是应力强度因子 K_{I}的表达式不同。当以 O'点为裂尖时，O 点处(即 $\theta=\pi$，$r=r_y=\frac{1}{2\pi}\left(\frac{K_{\mathrm{I}}}{\sigma_s}\right)^2$)沿 y 方向的张开位移为

$$\delta=2v=\frac{4}{\pi}\frac{K_{\mathrm{I}}^2}{E\sigma_s}=\frac{4G_{\mathrm{I}}}{\pi\sigma_s} \tag{2.89a}$$

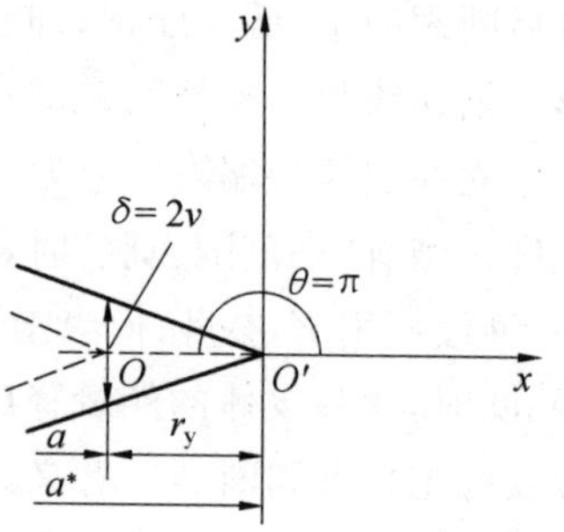

图 2.34 裂纹尖端张开位移

平面应变情况下，当以 O'点为裂尖时，O 点处(即 $\theta=\pi$，$r=r_y=\frac{1}{2\pi}\left(\frac{K_{\mathrm{I}}}{\sigma_s}\right)^2(1-2\mu)^2$)沿 y 方向的张开位移为

$$\delta=2v=\frac{4}{\pi}\frac{K_{\mathrm{I}}^2}{E\sigma_s}(1-2\mu)(1-\mu^2)=\frac{4G_{\mathrm{I}}}{\pi\sigma_s}(1-2\mu) \tag{2.89b}$$

此即为 Irwin 提出的“小范围屈服”时的 CTOD 计算式。式中，σ_s 为钢材的屈服强度，G_{I}为裂纹扩展能量释放率。

2.4.2 D－B 带状塑性区模型的 CTOD

Dugdale 通过拉伸试验，提出了裂纹尖端塑性区呈尖劈带状特征的假设，从而得到了一个类似于 Barrenblett 的模型，该模型称为 D－B 模型。D－B 模型对“小范围屈服”和“大范围屈服”均适用，应用该模型可处理含Ⅰ型中心穿透裂纹的“无限大”薄板(属于平面应力情况，裂纹尖端塑性区较大)在均匀拉伸应力作用下的弹塑性断裂问题。

D－B 模型假设：裂纹尖端区域的塑性区沿裂纹线两边延伸呈尖劈带状(图 2.35(a))；塑性区的材料为理想塑性状态，整个裂纹和塑性区周围仍为广大的弹性区所包围；塑性区与弹性区交界面上作用有均匀分布的屈服应力 σ_s。

于是，可以认为模型在远场均匀拉应力 σ 作用下裂纹长度从 $2a$ 延长到 $2c$，塑性区尺寸 $R=c-a$，当以带状塑性区尖端点 c 为“裂尖”点时，原裂纹端点的张开量就是裂纹尖端张开位移 δ。

1. 带状塑性区的尺寸 *R*

假想地把塑性区挖去，在弹性区与塑性区界面上加上均匀拉应力 σ_s，于是得到如图 2.35(b)所示的裂纹长度 $2c$，在远场应力 σ 和界面应力 σ_s 作用下的线弹性问题。此时裂纹尖端点 c 的应力强度因子 K_{I}^c 应由两部分组成：一是由远场均匀拉应力 σ 产生的 $K_{\mathrm{I}}^{(1)}$，另一个是塑性区部位的界面应力 σ_s 所产生的 $K_{\mathrm{I}}^{(2)}$，参考式(2.10)和式(2.12)，可得 $K_{\mathrm{I}}^{(1)}$

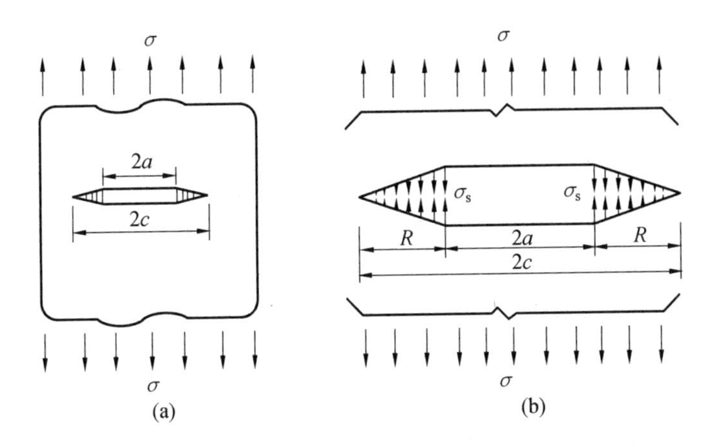

图 2.35　D—B 带状塑性区模型

和 $K_{\mathrm{I}}^{(2)}$ 的表达式为

$$K_{\mathrm{I}}^{(1)}=\sigma\sqrt{\pi c} \tag{2.90}$$

$$K_{\mathrm{I}}^{(2)}=-2\sigma_{s}\sqrt{\frac{c}{\pi}}\arccos\frac{a}{c} \tag{2.91}$$

从而

$$K_{\mathrm{I}}^{c}=K_{\mathrm{I}}^{(1)}+K_{\mathrm{I}}^{(2)}=\sigma\sqrt{\pi c}-2\sigma_{s}\sqrt{\frac{c}{\pi}}\arccos\frac{a}{c} \tag{2.92}$$

由于 c 点是塑性区的端点，应无奇异性，故 $K_{\mathrm{I}}^{c}\equiv 0$，于是代入式(2.92)，得

$$c=a/\cos\frac{\pi\sigma}{2\sigma_{s}}=a\cdot\sec\frac{\pi\sigma}{2\sigma_{s}} \tag{2.93}$$

由于塑性区尺寸为 $R=c-a$，故可得

$$R=a\left(\sec\frac{\pi\sigma}{2\sigma_{s}}-1\right) \tag{2.94}$$

将 $\sec\frac{\pi\sigma}{2\sigma_{s}}$ 按泰勒级数展开，并忽略高阶项，可得

$$\sec\frac{\pi\sigma}{2\sigma_{s}}\approx 1+\frac{1}{2}\left(\frac{\pi\sigma}{2\sigma_{s}}\right)^{2} \tag{2.95}$$

代入式(2.94)，可得 R 的近似表达式为

$$R=\frac{a}{2}\left(\frac{\pi\sigma}{2\sigma_{s}}\right)^{2} \tag{2.96}$$

考虑到无限大平板有中心穿透裂纹时，$\sigma\sqrt{\pi a}=K_{\mathrm{I}}$，故有

$$R=\frac{\pi}{8}\left(\frac{K_{\mathrm{I}}}{\sigma_{s}}\right)^{2}\approx 0.39\left(\frac{K_{\mathrm{I}}}{\sigma_{s}}\right)^{2} \tag{2.97}$$

将式(2.97)与平面应力情况下 Irwin 小范围屈服时的塑性区尺寸(见式(2.49))进行比较，可见，D—B 模型的塑性区尺寸稍大一些。

2. 裂纹尖端张开位移 δ

由于 D—B 带状塑性区模型推导裂纹尖端张开位移 δ 的过程非常复杂，因此这里直接给出原裂纹尖端张开位移 δ 的表达式如下：

$$\delta=\frac{8\sigma_s a}{E\pi}\ln\sec\frac{\pi\sigma}{2\sigma_s} \tag{2.98}$$

由式(2.98)可见，当$\frac{\sigma}{\sigma_s}\to 1$ 时，$\delta\to\infty$，因此 D－B 模型不适用于全面屈服(即 $\sigma=\sigma_s$)情况。有限元计算表明，对于“小范围屈服”或“大范围屈服”，当 $\sigma/\sigma_s\leqslant 0.6$ 时，按该式所得的结果是令人满意的。

D－B 带状塑性区模型是一个含Ⅰ型中心穿透裂纹的“无限大”平板的平面应力问题。由于它消除了裂纹尖端的应力奇异性，实质上是一个线弹性化的模型，因此，当塑性区较小时，δ 与线弹性参量 K_I之间存在一致性。

将式(2.98)中的函数 $\ln\sec\frac{\pi\sigma}{2\sigma_s}$展开为幂级数，得

$$\delta=\frac{8\sigma_s a}{E\pi}\left[\frac{1}{2}\left(\frac{\pi\sigma}{2\sigma_s}\right)^2+\frac{1}{12}\left(\frac{\pi\sigma}{2\sigma_s}\right)^4+\cdots\right] \tag{2.98a}$$

当 $\sigma\ll 0.5\sigma_s$，即“小范围屈服”时，可只取首项，所带来的误差小于 11%，此时得

$$\delta=\frac{8\sigma_s a}{E\pi}\left[\frac{1}{2}\left(\frac{\pi\sigma}{2\sigma_s}\right)^2\right]=\frac{\sigma^2\pi a}{E\sigma_s} \tag{2.99}$$

由于 $K_\text{I}=\sigma\sqrt{\pi a}$ 和 $G_\text{I}=\frac{K_\text{I}^2}{E}$，故

$$\delta=\frac{K_\text{I}^2}{E\sigma_s}=\frac{G_\text{I}}{\sigma_s} \tag{2.100}$$

式(2.100)表示“小范围屈服”条件下裂尖张开位移 δ 与 K_I、G_I之间的关系。该结果与 Irwin 的“有效裂纹长度”模型所得的式(2.89a)具有相同的形式，只是系数稍有差别。

2.4.3　全面屈服条件下的 CTOD

在压力容器中，一些管道或焊接部件的高应力集中区及残余应力区中往往发生短裂纹。由于这些区域内的应力达到甚至超过钢材的屈服强度，因此裂纹处于塑性区包围中，这就是所谓的全面屈服。如图 2.36 所示，压力容器接管根部由于应力集中影响，局部应力明显升高，使得包围裂纹的一个相当大的区域(图中阴影部分)发生屈服，因此较小的裂纹也可能引起断裂。

对于全面屈服情况，荷载的微小变化都会引起应变和 CTOD 的很大变化，故在大应变情况下，不宜采用应力而应该采用应变作为断裂分析的依据，去寻求裂尖张开位移 δ 与应变 e、裂纹几何形状和材料性能之间的关系。

基于 Wells 的宽板(含中心穿透裂纹的宽板)拉伸试验结果，可绘出无量纲 CTOD($\Phi=\delta/2\pi e_s a$)与标称应变 e/e_s之间的关系曲线，如图 2.37 所示。其中，e_s是相应于屈服强度 σ_s 的屈服应变，标称应变 e 是指试样标准长度的平均应变，通常两个标点取在通过裂纹中心而与裂纹垂直的线上。

由图 2.37 可以看出，试验数据构成一个较宽的分散带。实际应用时，为偏于安全，通常将 Wells 公式(式(2.101a))、Burdekin 公式(式(2.101b))、JWES2805 标准中的公式

(式(2.101c))和我国压力容器缺陷评定规范(CVDA－1984)中的公式(式(2.101d))作为裂纹容限和合理选材的计算依据。上述公式适用于钢材的线弹性、弹塑性和全塑性等各个阶段。

$$\begin{cases}\Phi=\left(\dfrac{e}{e_s}\right)^2 & \left(\dfrac{e}{e_s}\leqslant 1\right)\\ \Phi=\dfrac{e}{e_s} & \left(\dfrac{e}{e_s}>1\right)\end{cases}\tag{2.101a}$$

$$\begin{cases}\Phi=\left(\dfrac{e}{e_s}\right)^2 & \left(\dfrac{e}{e_s}\leqslant 0.5\right)\\ \Phi=\dfrac{e}{e_s}-0.25 & \left(\dfrac{e}{e_s}>0.5\right)\end{cases}\tag{2.101b}$$

$$\Phi\approx 0.5\left(\frac{e}{e_s}\right)\tag{2.101c}$$

$$\begin{cases}\Phi=\left(\dfrac{e}{e_s}\right)^2 & \left(\dfrac{e}{e_s}\leqslant 1\right)\\ \Phi=\dfrac{1}{2}\left(\dfrac{e}{e_s}+1\right) & \left(\dfrac{e}{e_s}>1\right)\end{cases}\tag{2.101d}$$

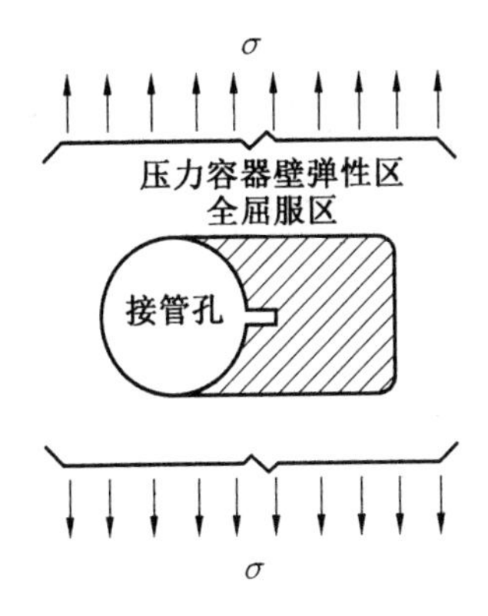

图 2.36　全面屈服区中的小裂纹

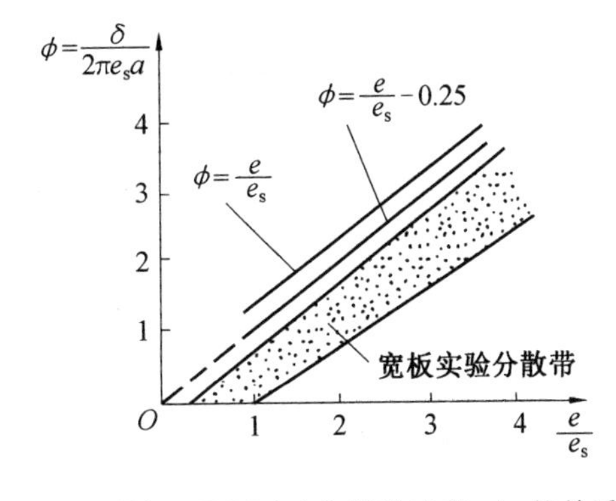

图 2.37　无量纲 CTOD(Φ)与标称应变 e/e_s 的关系曲线

图 2.38 给出了上述四个公式所得的无量纲 CTOD(Φ)与标称应变 e/e_s 之间的关系曲线。由图可见，CVDA 曲线在 $0\leqslant e/e_s\leqslant 0.5$ 范围内与 Burdekin 曲线相同；在 $0\leqslant e/e_s\leqslant 1.5$ 范围内比 Burdekin 曲线偏于保守，有较高的安全裕度；而在 $1.5\leqslant e/e_s\leqslant 8.76$ 范围内则比 JWES2805 设计曲线偏于保守，但比其余的设计曲线有较小的安全裕度。

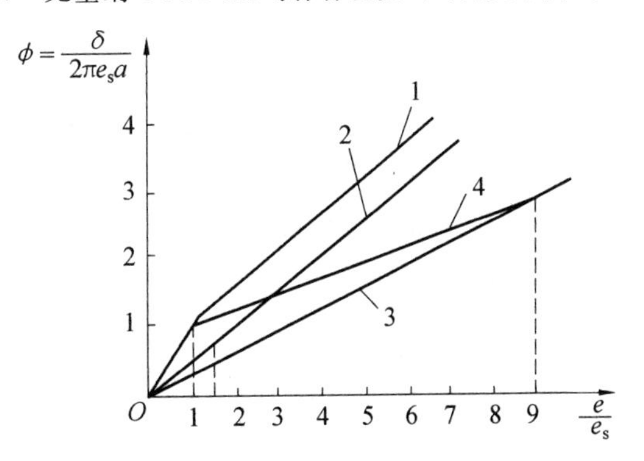

图 2.38　几种设计曲线比较图

1—Wells 曲线；2—Burdekin 公式；3—JWES2805 曲线；4—CVDA 曲线

2.4.4 临界裂纹尖端张开位移 δ_c 的试验测定

临界裂纹尖端张开位移 δ_c 是 CTOD 准则的一个重要参量，它与 K_{Ic} 一样，是材料断裂韧性好坏的量度，可通过试验测定。国标《金属材料裂纹尖端张开位移试验方法》(GB/T 2358—94)对 CTOD 的试验原理和方法进行了详细的说明，本节对此做简单介绍。

CTOD 的试验方法适用于线弹性断裂力学失效的延性断裂情况，可认为是平面应变断裂韧度 K_{Ic} 试验的延伸。因此，CTOD 试验的许多具体方法沿用了 K_{Ic} 试验的有关规定，例如利用同样的夹式引伸仪和荷载传感器获得荷载一位移曲线，但由于 CTOD 试验的范围不同，它又具有自身的一些特点。实践表明，δ_c 可以用小型三点弯曲试样在全面屈服下通过间接方法测出。

(1)标准小型三点弯曲试样。

图 2.39 为标准小型三点弯曲试样的尺寸示意图，其中试样长度 s 为宽度 W 的 4 倍，宽度 W 及裂纹长度 a 可采用三种不同的尺寸规格：$W = B$、$a = (0.25\sim0.35)W$，$W = 1.2B$、$a = (0.35\sim0.45)W$，$W = 2B$、$a = (0.45\sim0.45)W$。由于 CTOD 不要求试样满足平面应变的条件，因此，规定试样的厚度 B 一般等于被测材料的厚度(即实际厚度)。

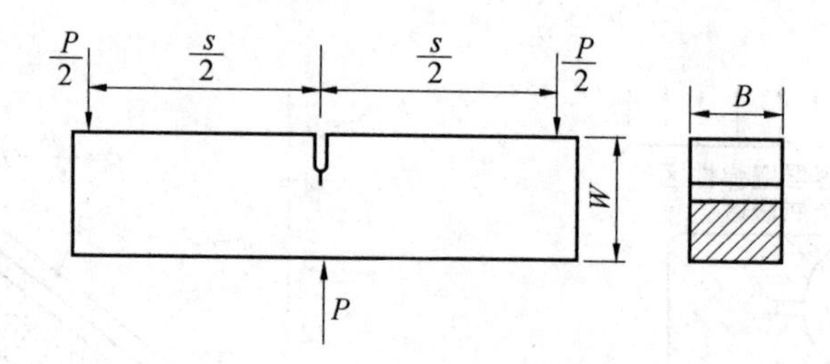

图 2.39 标准小型三点弯曲试样

(2)δ 的表达式。

由试验直接准确地测量出裂纹尖端张开位移 δ 是困难的，目前均利用小型三点弯曲试样的几何变形关系(图 2.40)，由试验测得的裂纹嘴的张开位移 V 去推算 δ。为此，必须建立 δ 与 V 之间的关系式。

小型三点弯曲试样受力弯曲时，滑移线场理论分析表明，裂纹尖端塑性变形引起的滑移线对称平分缺口夹角 2θ 的平面，试样的变形可视为绕某中心点(图 2.40 中的 C 点)的刚体移动。该中心点到裂纹尖端的距离为 $r(W-a)$，其中 r 称为转动因子。利用相似三角形的比例关系容易写出

$$\frac{\delta}{V}=\frac{r(W-a)}{z+a+r(W-a)}$$

故

$$\delta=\frac{r(W-a)V}{z+a+r(W-a)} \tag{2.102}$$

式中 z——刀口厚度。

对弹塑性情况，裂纹尖端张开位移 δ 可由弹性的 δ_E 和塑性的 δ_P 两部分组成，即

$$\delta=\delta_E+\delta_P \tag{2.103}$$

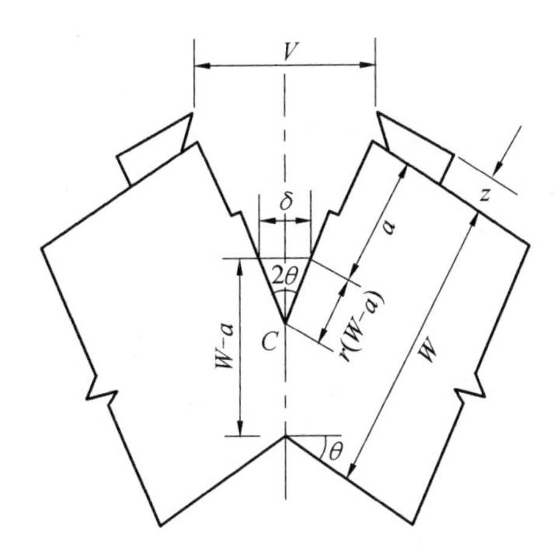

图 2.40　裂纹尖端张开位移 δ 与裂纹嘴的张开位移 V 的关系图

式中　δ_E——对应于荷载 P 的裂纹尖端弹性张开位移，参见式(2.100)，其计算式为式(2.104a)和式(2.104b)；

δ_P——韧带塑性变形所产生的裂纹尖端塑性张开位移，其计算式为式(2.105)。

$$\delta_E=\frac{K_I^2}{E\sigma_s}=\frac{G_I}{\sigma_s}\quad（平面应力）\tag{2.104a}$$

$$\delta_E=\frac{K_I^2(1-\mu^2)}{E\sigma_s}\quad（平面应变）\tag{2.104b}$$

$$\delta_P=\frac{r(W-a)V_P}{z+a+r(W-a)}\tag{2.105}$$

式中　μ——泊松比；韧带全面屈服后，转动因子 r 一般取 0.45，也可由试验标定；

V_P——裂纹嘴张开位移的塑性分量。

将式(2.104b)、式(2.105)代入式(2.103)，得到平面应变情况下 δ 的计算式为

$$\delta=\delta_E+\delta_P=\frac{K_I^2(1-\mu^2)}{E\sigma_s}+\frac{r(W-a)V_P}{z+a+r(W-a)}\tag{2.106}$$

式中　K_I——对应于荷载 P 的应力强度因子，可由式(2.107)计算得到。

$$K_I=\frac{P}{BW^{1/2}}\cdot f\left(\frac{a}{W}\right)\tag{2.107}$$

式中　$f\left(\frac{a}{W}\right)=\left[7.51+3.00\left(\frac{a}{W}-0.5\right)^2\right]\sec\frac{\pi a}{2W}\cdot\sqrt{\tan\frac{\pi a}{2W}}$。

(3)临界荷载 P_c 的确定。

与 K_I 试验所得的结果(图 2.31)类似，CTOD 试验所得的 $P-V$ 曲线也大致分为三类，如图 2.41 所示，现分别讨论其临界荷载 P_c 的确定方法。

第一类 $P-V$ 曲线：裂纹嘴的张开位移 V 随荷载 P 增大而增大，直到突然发生失稳断裂(图 2.41(a))，发生断裂前没有发生明显的亚临界扩展，此时，最大荷载 P_{max} 即为临界荷载 P_c，相应的临界位移为 V_c。将 P_c 及 V_c 的塑性分量 V_{cP} 代入式(2.100)和式(2.101)就可算出临界裂纹尖端张开位移 δ_c。

第二类 $P-V$ 曲线：试验过程中，$P-V$ 曲线由于裂纹扩展而出现明显的“迸发”平

台,之后又逐渐上升,直至断裂(图 2.41(b))。这时取“迸发”平台的荷载作为临界荷载 P_c,由“迸发”平台对应的荷载 P_c 和位移 V_c 的塑性分量 V_{cP} 计算 δ_c。

第三类 $P-V$ 曲线:荷载通过最高点后连续下降而位移不断增大,或荷载达到最大值后一直保持恒定而出现相当长的平台(图 2.41(c))。这两种情况都由于裂纹产生亚临界扩展,而不能从 $P-V$ 曲线上直接判定临界荷载 P_c。临界荷载应该是启裂点,需要借助电位法、电阻法、声发射法或氧化发蓝等方法来确定。这时,应该由启裂点对应的荷载 P_i 和位移 V_i 的塑性分量 V_P 来计算临界裂纹尖端张开位移 δ_c。由于篇幅所限,这里不对电位法、电阻法、声发射法或氧化发蓝等方法进行介绍,感兴趣的读者可参考相关资料。

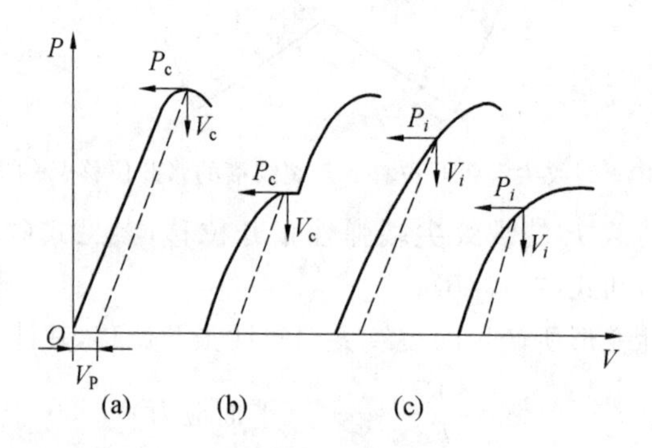

图 2.41　CTOD 试验所得的三类 $P-V$ 曲线

2.4.5　CTOD 准则的工程应用

CTOD 准则主要用于韧性较好的中、低强度钢,特别是压力容器和管道。考虑到曲面压力容器壁中的“膨胀效应”以及容器中的裂纹多为表面裂纹和深埋裂纹,故将平板穿透裂纹所得的公式用于压力容器和管道时,还需进行一些修正。

(1)膨胀效应修正。

压力容器曲面上的穿透裂纹,由于器壁受内压力,将使裂纹向外膨胀,而在裂纹端部产生附加弯矩。附加弯矩的附加应力与原工作应力叠加,使有效作用应力增大,故按平板公式进行 CTOD 计算时,应在工作应力中引入膨胀效应系数 M,用 $M\sigma$ 代替 σ。

膨胀效应系数 M 的表达式为

$$M=\sqrt{1+\beta\frac{a^2}{Rt}},\quad \beta=\begin{cases}1.61 & (\text{圆筒轴向裂纹})\\ 0.32 & (\text{圆筒环向裂纹})\\ 1.93 & (\text{球形容器裂纹})\end{cases} \tag{2.108}$$

式中　a——裂纹长度;

R——压力容器半径;

t——壁厚。

(2)裂纹长度修正。

压力容器上的表面裂纹或深埋裂纹应换算为等效的穿透裂纹。非贯穿裂纹的 K_{I} 表达式为 $K_{\mathrm{I}}=\alpha\sigma\sqrt{\pi a}=\sigma\sqrt{\pi(\alpha^2 a)}$;“无限大”板中心穿透裂纹的 K_{I} 表达式为 $K_{\mathrm{I}}=\sigma\sqrt{\pi a^*}$,其中 a^* 为等效穿透裂纹长度。

按应力强度因子 K_I 等效原则，令非贯穿裂纹的 K_I 等于“无限大”板中心穿透裂纹的 K_I，则等效穿透裂纹长度为

$$a^* = \alpha^2 a \tag{2.109}$$

(3)材料加工硬化修正。

对于 $\sigma_s = 200 \sim 400$ MPa 的低碳钢，考虑到钢材的加工硬化，可用流变应力 σ_f 代替屈服强度 σ_s，流变应力 σ_f 一般取

$$\sigma_f = \frac{1}{2}(\sigma_s + \sigma_b) \tag{2.110}$$

式中　σ_b——钢材的抗拉强度。

综上所述，对于压力容器和管道，D－B 模型的 δ 计算式可由式(2.98)修正为

$$\delta = \frac{8\sigma_f a^*}{E\pi}\ln \sec\frac{\pi(M\sigma)}{2\sigma_f} \tag{2.111}$$

【例 2.4】 圆筒形压力容器采用钢材制成，外径 $D = 800$ mm，壁厚 $t = 20$ mm，内压力 $p = 12$ MPa，焊缝处有一长 24 mm、深 8 mm 的轴向表面裂纹。钢材的屈服强度 $\sigma_s = 558$ MPa，弹性模量 $E = 2.06\times10^5$ MPa，VCTOD 的临界值 $\delta_c = 0.02$ mm。若安全系数为 $n = 1.5$，试校核该容器是否安全。

解　(1)不考虑缺陷，按传统强度设计考虑。

轴向应力：$\sigma_m = \dfrac{pD_i}{4t} = \dfrac{12\times(800-2\times20)}{4\times20} = 114$ (MPa)

环向应力：$\sigma_\theta = \dfrac{pD_i}{2t} = \dfrac{12\times(800-2\times20)}{2\times20} = 228$ (MPa)

径向应力：$\sigma_r = p = 12$ MPa

由第三强度理论可得：$\sigma_{r3} = \sigma_1 - \sigma_3 = 216\ \text{MPa} < [\sigma] = \dfrac{\sigma_s}{n} = \dfrac{558}{1.5} = 372$ (MPa)

因此是安全的。

(2)考虑缺陷，按抗断裂设计考虑。

对于轴向表面裂纹，其在环向应力作用下表现为Ⅰ型裂纹，最为不利。因此，圆筒形压力容器的最大工作应力为环向应力：$\sigma_\theta = 228$ MPa。

因 $\sigma_\theta/\sigma_s = 228/558 = 0.409 < 0.6$，故可按 D－B 模型进行计算。

容器表面的半椭圆片状裂纹，$2c = 24$ mm，$a = 8$ mm，故 $a/c = 0.667$。查表 2.1 可得 $\phi_0 = 1.322$。

由于裂纹深度 a 与壁厚 t 同一量级，故可认为是有限厚度板表面半椭圆片状裂纹问题。由式(2.27)知

$$\alpha = \frac{1.1}{\phi_0} = \frac{1.1}{1.322} = 0.832$$

故等效穿透裂纹长为

$$a^* = 0.832^2 \times 8 = 5.538\ (\text{mm})$$

膨胀效应修正系数为

$$M = \sqrt{1 + 1.61\frac{a^{*2}}{Rt}} = \sqrt{1 + 1.61\frac{5.538^2}{(400-20)\times20}} = 1.003$$

将 a^*、M 代入式(2.111),可得

$$\delta=\frac{8\sigma_s a^*}{E\pi}\ln\sec\frac{\pi M\sigma}{2\sigma_s}=\frac{8\times558\times5.538}{2.06\times10^5\pi}\ln\sec\frac{\pi\times1.003\times228}{2\times558}=0.00853\ (\mathrm{mm})$$

因 $\delta=0.008\,53\ \mathrm{mm}<\delta_c=0.02\ \mathrm{mm}$,所以该容器安全。

2.5　防止脆性断裂的措施

由上述分析可知,影响钢材脆性断裂的直接因素是裂纹几何形状和裂纹尺寸、作用应力和材料的断裂韧性。裂纹尺寸越大,作用应力越高,发生断裂的可能性越大;材料的断裂韧性越高,抵抗断裂破坏的能力越强,发生断裂的可能性越小。此外,设计时还应注意结构形式和构造措施问题,优良的结构形式和构造措施可大大减少断裂破坏的发生。下面将分别从上述这些因素出发探讨防止钢材脆性断裂的措施。

2.5.1　控制裂纹初始长度

用低碳钢或低合金钢焊成的钢结构,只要板厚度不大,施工质量优良,一般不会存在显著的宏观裂纹。因此,控制裂纹初始长度主要由保证施工质量和加强检验来解决。对于焊接结构而言,焊缝质量主要取决于咬边、裂纹、欠焊、夹渣和气孔等缺陷。因为这些缺陷或者本身就起裂纹的作用,或者能够引发裂纹。检验发现缺陷超过裂纹容限长度,就需要加以补救。国际焊接学会(IIW)建议的焊接质量控制要求见表 2.8。从断裂力学的观点来看,IIW 对裂纹的要求有些偏高,因为完全不允许裂纹存在是不现实的,而且实际上长度小于 6 mm 的裂纹在检验时不易被发现。我国国家标准《钢结构工程施工质量验收标准》(GB 50205—2020)对不同质量等级的焊缝规定不同的外观缺陷限值。对内部缺陷则以国家标准《钢焊缝手工超声波探伤方法和探伤结果分级》(GB/T 11345—2013)为准。

表 2.8　IIW 焊接质量控制要求

缺陷类型	质量控制要求
裂纹	不允许
欠焊	不允许大于 1 mm 深(或 5%厚度)及大于 6 mm 长
夹渣	不允许大于 6 mm 长或总长大于厚度的 6 倍
气孔	不允许投影面积大于 3%
咬边及剖面不规则性	不允许深度大于 0.35 mm 或大于 5%厚度

焊缝是否会出现裂纹,与施焊工艺、材料以及设计细节都有关系。当焊接结构的板厚较大(大于 25 mm)时,如果含碳量高、连接内部有约束作用、焊肉外形不适当或者冷却过快,都有可能出现裂纹。1953 年鞍山钢铁公司三大工程改造时,为确保 36 mm 的热轧钢板(钢号 A3)的屈服强度不低于 216 $\mathrm{N/mm^2}$,冶炼时曾将钢中的含碳量提高到 0.27%以上。从而导致在冬季焊接施工中,在不预热的条件下,大量焊接结构(主要是大型全焊钢柱)产生脆断。后来,从钢材化学成分上进行了调整,把含碳量控制在 0.22%左右,同时

在焊接工艺上增加预热措施使焊缝冷却缓慢，才解决了断裂问题。

焊缝冷却时的收缩作用受到约束，有可能出现裂纹，在板厚较大的焊接结构的设计和施工中应予以注意。图 2.42 所示为两块厚板的 T 形连接，角焊缝熔化金属在冷却和凝固过程中，靠近板边的熔化金属因热量迅速被板吸收而首先冷却，中央和表面的熔化金属收缩如果受到阻碍，则将在焊缝内出现残余拉应力。当两板间未留缝隙而不能相对移动时，焊缝因收缩受到约束而产生的残余拉应力有可能促使它开裂。如图 2.43 所示，在两板之间垫上软钢丝留出缝隙，使焊缝有收缩余地，则裂纹就不会出现。若竖立的板为粗糙不平的火焰切割边，则无须垫以软钢丝。

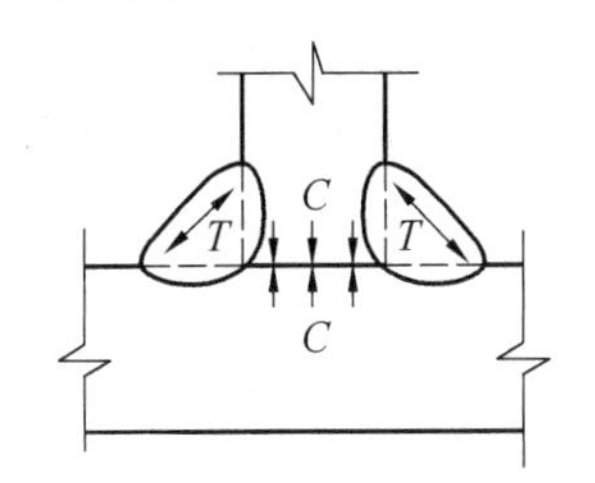

图 2.42　角焊缝可能出现裂纹的情况

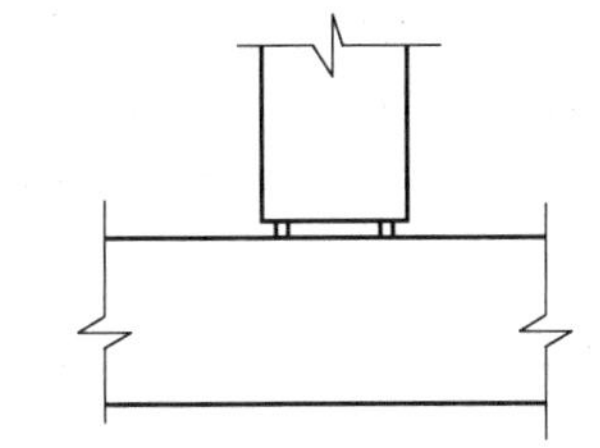

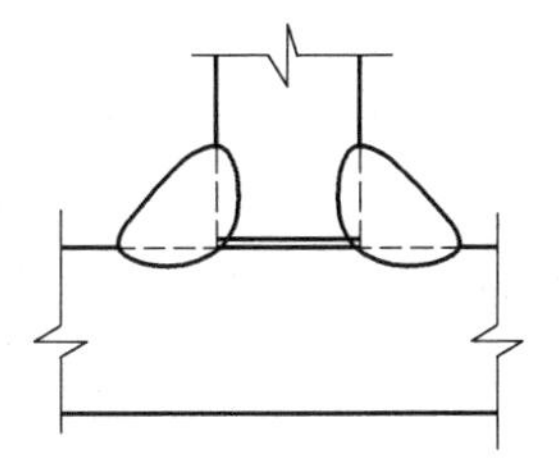

图 2.43　T 形连接两板间留出缝隙

把角焊缝的表面做成凹形，有利于缓和应力集中。但是经验表明，凹形表面的焊缝，焊后比凸形的容易开裂，原因是凹形焊缝的表面有较大的收缩拉应力，并且在 45°截面上焊缝厚度最小。凸形焊缝表面拉力不大，而 45°截面又有所加强，情况要好得多(图 2.44)。因此，在凹形焊缝开裂的情况下，改用凸形焊缝，就不再开裂。

焊缝的收缩作用还可能引起板的层间撕裂。当两块厚板在其端部垂直相焊时，如图 2.45(a)和(c)的做法，竖板就会出现层间撕裂，而图 2.45 (b)和(d)的做法则可以避免撕裂。

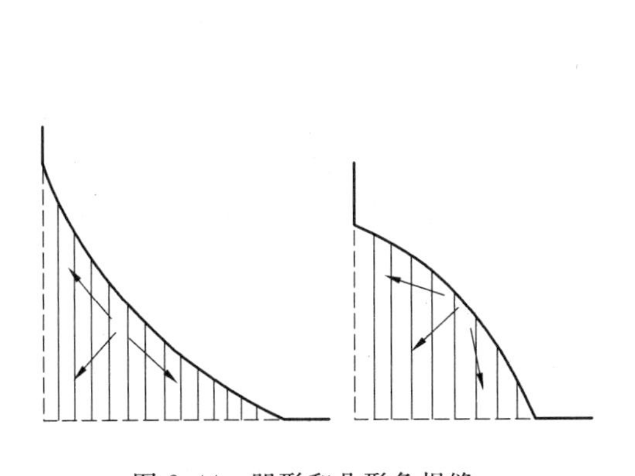

图 2.44　凹形和凸形角焊缝

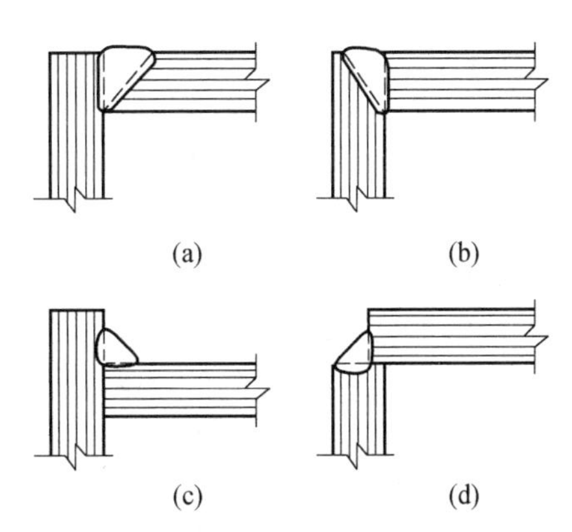

图 2.45　层间撕裂及其防止措施

综上所述，控制焊接结构的裂纹初始长度需要在焊缝设计、施焊工艺和焊后检验等各个环节加以注意。

2.5.2　控制作用应力

考察断裂问题时，作用应力 σ 应是无缺陷构件的实际应力，它不仅与外荷载的大小有关，也与构造形状及施焊条件有关。

实际结构中不可避免地存在孔洞、刻槽、凹角、缺口、裂纹等缺陷以及截面突变，产生严重的应力集中。厚度越大的钢板，缺口中心沿板厚方向的收缩变形受到的约束越大，其在缺口中心部位的三向拉应力也越大，钢材越易于发生脆性断裂。

施焊过程导致构件产生残余应力，其中收缩受到约束的构件中存在的残余拉应力最为不利。如图 2.46 所示，对接工字钢在两端都连于不能移动的支承时，整个截面受到残余拉应力。这种明显而突出的情况在工程实践中虽不多见，但构件收缩受到其他构件约束的情况还是有的，同时，被焊构件内部的不同部分之间也存在或多或少的约束。没有约束的构件如图 2.47 所示用纵向焊缝把板对接的情况，在焊缝近旁有很大的残余拉应力，但残余拉应力沿板宽方向下降很快，故裂纹不会向两旁扩展。因此，对作用应力不仅要看它的大小，更重要的是要看应力状态。

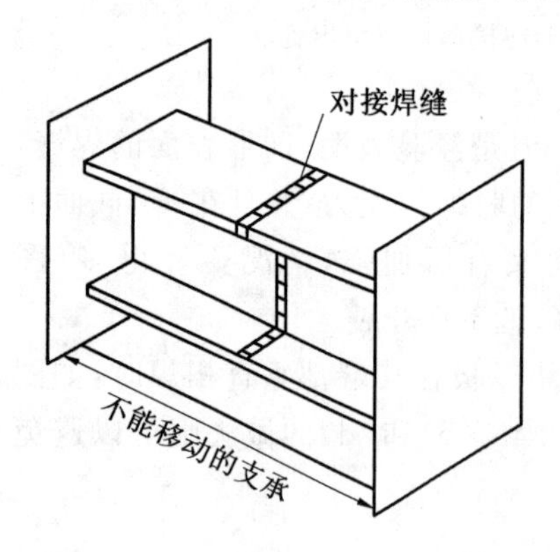

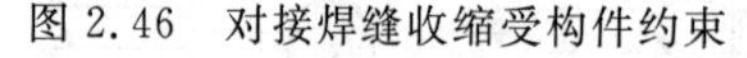

图 2.46　对接焊缝收缩受构件约束

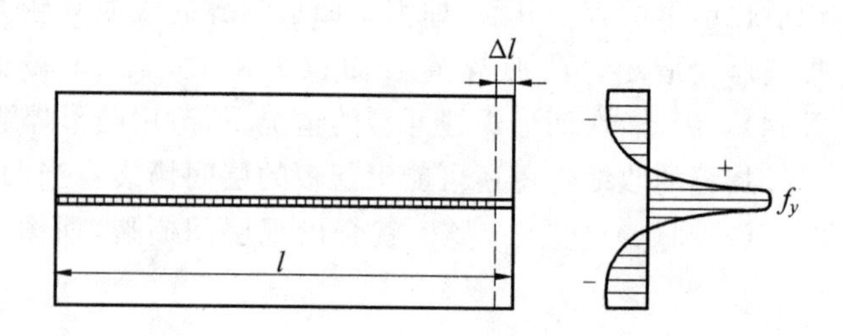

图 2.47　收缩不受约束的构件中的残余应力

瑞士金属结构中心依照欧洲钢结构协会的有关规定，将焊接构件中零件的应力状态分为三级，即弱应力状态、中等应力状态和强应力状态。图 2.48 给出了典型构件的应力状态，其中图 2.48(a)属于弱应力状态的零件，都以 A 标记；图 2.48(b)属于中等应力状态的零件，都以 B 标记；图 2.48(c)属于强应力状态的零件，都以 C 标记。从图中可以看出：焊缝不多的零件，受到的约束较少，属于弱应力状态；集中多条焊缝，包括两条相互垂直焊缝的零件则属于强应力状态。除图示之外，加劲肋、隔板、支承等次要构件都归于弱应力状态一类。

由上述可知，在进行钢结构设计时，应尽量使构件和连接节点的形状和构造合理，防止截面突变；在进行钢结构的焊接构造设计和施工时，应尽量减少焊接残余应力。这些措施均有助于防止脆断。

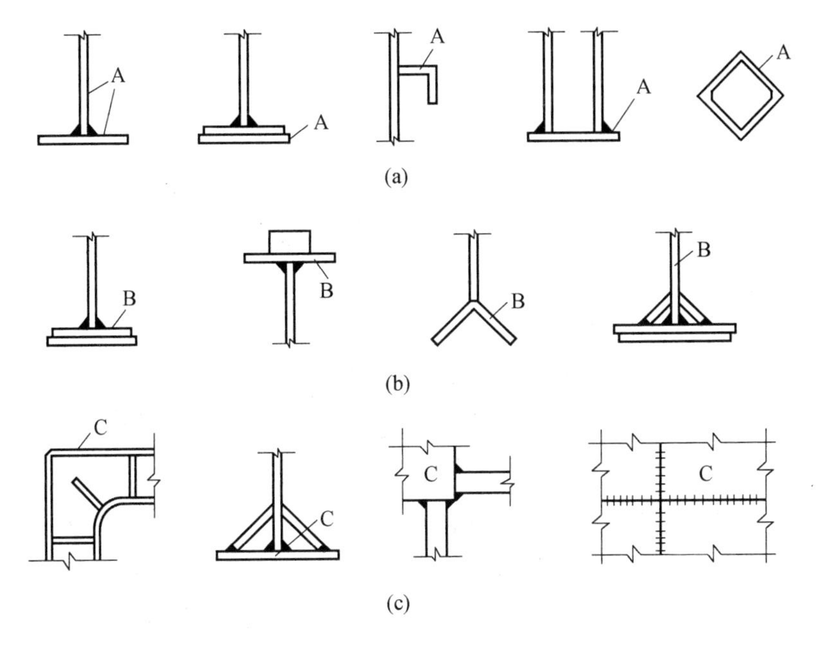

图 2.48　应力状态分类

2.5.3　提高断裂韧性

钢材的断裂韧性一般是在常温、静载、单一母材情况下进行试验得到的，表征断裂韧性的参量有：临界应力强度因子 K_{Ic}、裂纹扩展阻力率（或临界裂纹扩展能量释放率）G_c、临界裂纹尖端张开位移 δ_c 和临界 J 积分值 J_{Ic} 等，分别对应于应力强度因子准则、能量释放率准则、CTOD 准则等断裂准则和 J 积分断裂准则的右边项。然而，实际钢结构经常在低温、动力荷载、焊接成型下工作，且其厚度有时候比试验中试样的尺寸大很多，因此其断裂韧性（或冲击韧性）受温度、加荷速率、钢材厚度和非单一母材等因素影响显著。因此，本节主要对钢材断裂韧性（或冲击韧性）的影响因素进行讨论，基于此可提出提高断裂韧性的措施以防止发生脆性断裂。

1. 温度的影响

众所周知，温度对钢材的性能有显著影响。当温度下降到某一温度区间时，钢材的冲击韧性急剧下降，对温度十分敏感，出现低温脆断。因此，在低温下工作的钢结构，尤其是承受动力荷载作用时，为了防止低温脆断，钢材应根据其所处温度条件具备一定的韧性。

测量韧性的方法，现阶段大多采用冲击韧性试验。我国早期钢材标准采用的是梅氏 U 型缺口试样。然而，V 型缺口比 U 型尖锐，更接近于构件断裂的条件。因此，很多国家都采用国际标准 ISO/R 148 所规定的夏比 V 型缺口试样，我国现行钢材标准也规定以 V 型缺口冲击试验来确定钢材的韧性。由冲击韧性试验可得，钢材断裂时吸收的能量与温度有密切关系（图 2.49）。吸收的能量可以划分为三个区域，即变形是塑性的、弹塑性的和弹性的，后者属于完全脆性的断裂。显然，要求钢材的冲击韧性不低于Ⅰ线，以避免出现完全脆性断裂；也不高于Ⅱ线，因为对钢材要求过高，必然会提高造价。因此，冲击韧性的指标宜定在Ⅰ和Ⅱ线之间。

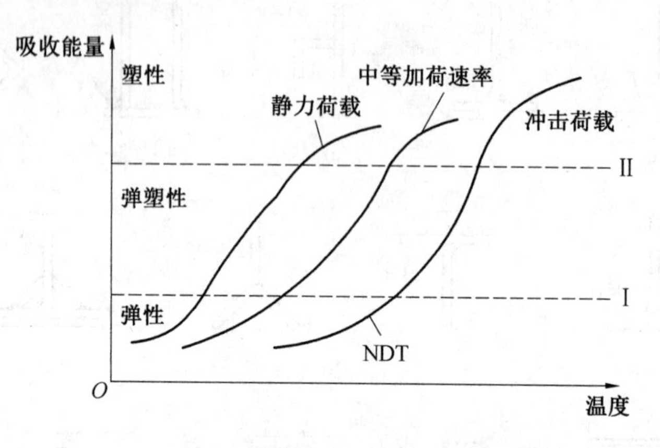

图 2.49　断裂吸收能量随温度的变化

对于厚度不大而韧性又高的钢材，国际标准组织关于结构钢材的标准(ISO 6300)对屈服强度为 235 ～ 355 N/mm^2 的同一牌号钢材在不同工作温度下要求冲击功不低于 27 J。选用钢号时应同时确定用哪一级。分级标准如下：

A 级：不要求冲击试验；

B 级：要求＋20 ℃冲击试验；

C 级：要求 0 ℃冲击试验；

D 级：要求－20 ℃冲击试验和＋20 ℃时效冲击试验。

我国标准《碳素结构钢》(GB/T 700—2006)和《低合金高强度结构钢》(GB/T 1591—2018)分别保证纵向取样的 V 型缺口试样的冲击功 C_V 不低于 27 J 和 34 J。其中前者对 Q235 钢参照国际标准分为 A、B、C、D 四级，其冲击韧性值与国际标准相同，只是 D 级未要求时效冲击试验。而后者则参照国际标准分为 A、B、C、D、E 五级，其中 E 级钢的冲击功 C_V 为 27 J，其余等级的低合金钢的 C_V 均取 34 J。

2. 加荷速率的影响

加荷速率也是影响钢材断裂韧性的一个重要因素。Barsom 和 Rolfe 按应变速率 $\dot{\varepsilon}$ 把加荷速率分为三级，分别为缓慢加荷、中等加荷和动力加荷，所对应的应变速率分别为 $\dot{\varepsilon}=10^{-5}\ \mathrm{s}^{-1}$、$\dot{\varepsilon}=10^{-3}\ \mathrm{s}^{-1}$ 和 $\dot{\varepsilon}=10\ \mathrm{s}^{-1}$。当应变速率低于 $10^{-5}\ \mathrm{s}^{-1}$ 时，属于静力作用，应变速率效应可略去不计。对于房屋结构中的一般动荷载，如厂房中吊车梁的应变速率大多在 $10^{-4}\ \mathrm{s}^{-1}$ 左右，最多不超过 $10^{-3}\ \mathrm{s}^{-1}$，属于中等加荷作用。对于冲击试验和落锤试验的荷载而言，由于重锤的运动速度很大，作用力也很大，往往导致构件产生很大的形变，因此属于动力加荷作用。

从图 2.49 可以看出，随着加荷速率的减小，曲线向温度较低的方向移动。对于同一冲击韧性的材料，当设计承受冲击荷载时，允许的最低使用温度(NDT)要比承受静力荷载时高得多。因此，设计者应该了解加荷速率的影响。图 2.50 给出了加荷速率对断裂韧度 K_{Ic} 的影响。由图可见，中等加荷时的 K_{Ic} 比缓慢加荷时下降不多，而动力加荷时则下降很多。

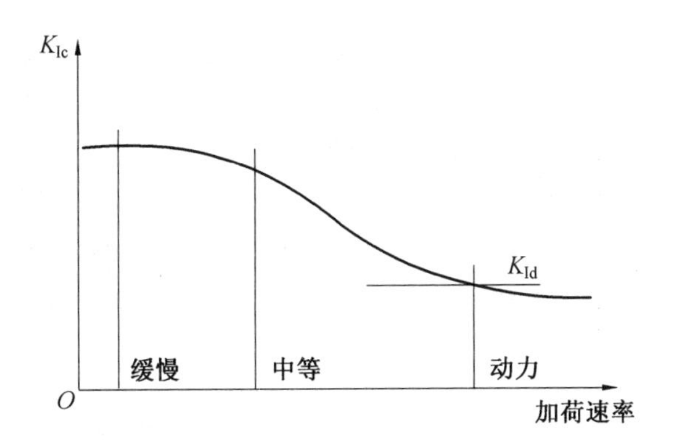

图 2.50　加荷速率对断裂韧性的影响

3. 钢材厚度的影响

钢材的厚度对其断裂韧性也有影响。厚钢板的断裂韧性低于薄钢板的，不仅是由于其在轧制过程中内部组织构造的区别，还因在应力集中下厚钢板缺口处沿厚度方向的塑性变形受到约束而不能实现，应力接近于平面应变状态所致。图 2.51 比较了有切口薄板和厚板在同样拉应力作用下的应力分布情况。图中 σ_1 为纵向应力，因有切口而呈现明显的分布不均匀；σ_2 为横向应力，因应力线弯曲而产生；σ_3 为沿厚度方向的应力。由图可以看出，薄板切口处沿厚度方向的变形受到的约束作用较小，属于平面应力状态；厚板切口处的塑性变形要求沿厚度方向缩小，但受到附近弹性部分的约束而不能实现，接近于平面应变状态。图 2.52 给出了钢材的断裂韧性随厚度的变化情况。可以看出，薄钢板断裂时几乎呈完全韧性的剪切断口，厚度稍大时呈韧性和脆性的混合断口，厚钢板则呈脆性的平断口。因此，作为材料的韧性指标值，应取平面应变状态的断裂韧性 K_{Ic}。

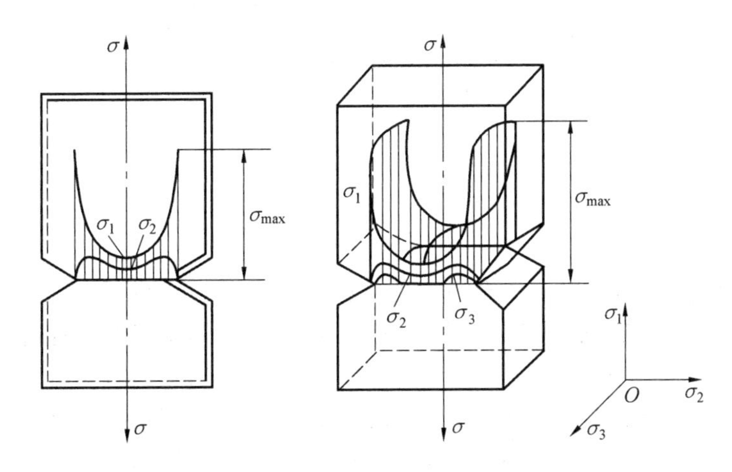

图 2.51　厚度对切口截面应力分布的影响

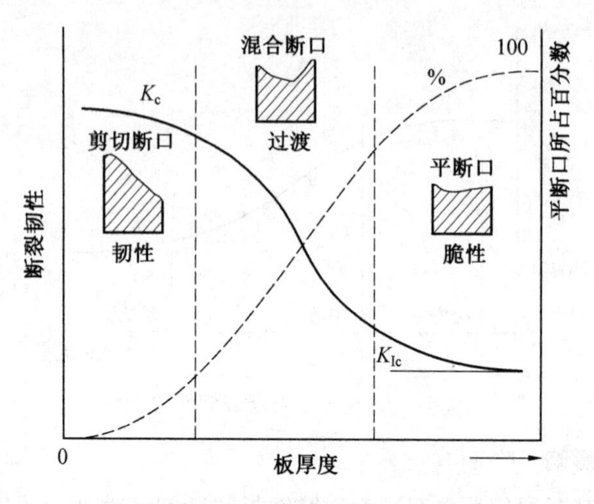

图 2.52　断裂韧性随厚度变化

对于不同厚度(大于等于 12 mm)的钢板,进行夏比冲击试验的标准试样都是 10 mm×10 mm×55 mm(图 2.53)。因此小试样冲击试验反映不出带缺口厚钢板处于平面应变状态的不利情况。如果一块 12 mm 厚的钢板和另一块 40 mm 厚的钢板试验所得的冲击韧性值相同,则后者实际上的韧性要比前者低。这是小试样冲击韧性试验的一个缺点。夏比冲击试验的另一个缺点是难于把裂纹扩展和裂纹形成区分开来。

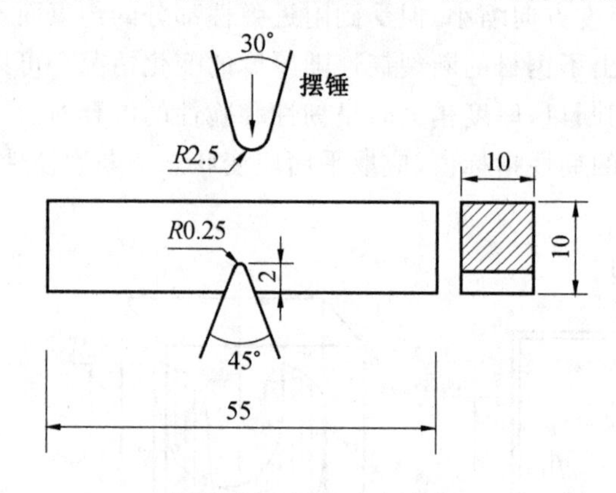

图 2.53　夏比冲击试验

为了弥补上述缺点,可以采用全厚度的试样做静力拉伸试验(图 2.54)或落锤试验(图 2.55)。静力拉伸试验的试样两侧都有 V 型缺口,在不同温度下进行这种试验,可以通过断口处颗粒状部分所占面积百分比的变化来确定钢材的脆性转变温度,也可以通过试样拉断的延伸率、厚度缩减率或拉伸图所包的能量来考察韧脆性的转化。落锤试验的试样在下表面堆焊一小段脆性焊珠,并在焊珠表面锯出一道横向缺口。试样支于两端的支承块上,以确定试样刚发生断裂的最高温度,即零塑性转变温度 NDT。落锤试验所得的 NDT 值比 V 型缺口冲击试验所得的脆性转变温度高 15～ 25 ℃,其原因是落锤试验的动力效应大。关于落锤试验方法的详细信息,可参考我国国家标准《铁素体钢的无塑性转变温度落锤试验方法》(GB/T 6803—2008)。

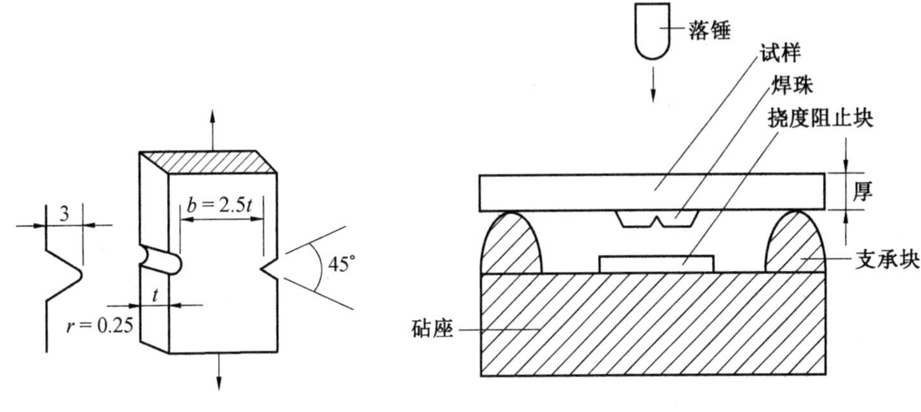

图 2.54　带缺口厚钢板的静力拉伸试验　　图 2.55　落锤试验

4. 非单一母材的影响

(1)钢材焊缝、熔合线、热影响区的影响。

焊接结构的脆断可能在焊缝或热影响区的缺陷处开始，因此除了考虑母材的断裂韧性外，还必须考虑材料焊接后焊缝、熔合线和热影响区处的断裂韧性。

C－Mn 钢是焊接结构中常用的钢材。如图 2.56 所示，C－Mn 钢经自动焊后热影响区和焊缝金属的断裂韧性 δ_c 均比母材低，其中热影响区的断裂韧性最低。因此，低合金钢焊接接头区的断裂韧性不仅取决于钢的成分，还与焊接工艺有关。图 2.57 给出了 Mn－Cr－Mo－V钢焊接后的断裂韧性 δ_c 与试验温度的关系。可以看出，热影响区的断裂韧性比母材低，而焊缝处的脆性转变温度高于热影响区的。

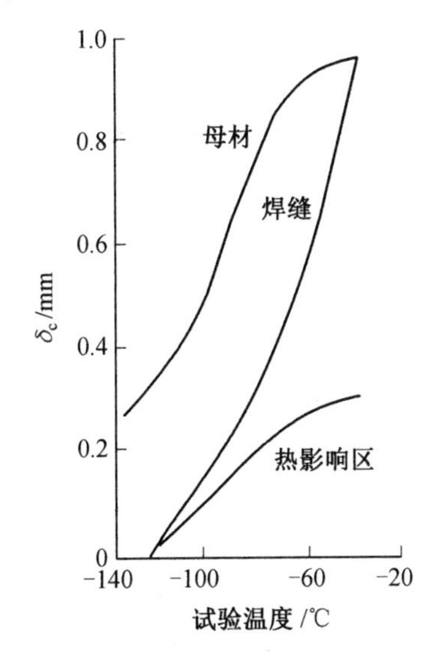

图 2.56　C－Mn 钢焊接后的断裂韧性与温度的关系

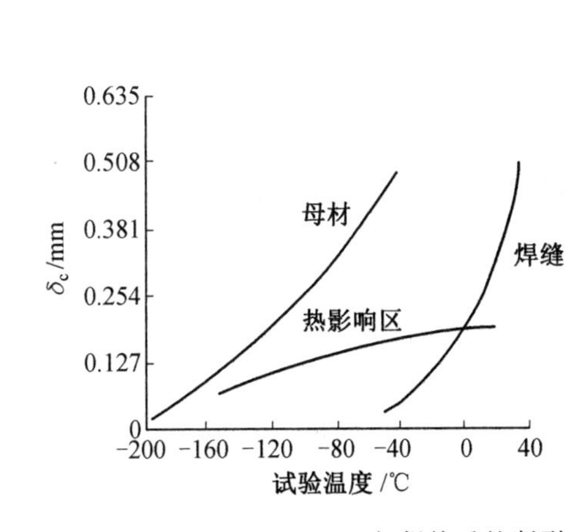

图 2.57　Mn－Cr－Mo－V 钢焊接后的断裂韧性与温度的关系

各种焊接方法对焊接接头区的脆性有一定的影响。焊接时，若输入很大热量(如电渣焊)，由于焊缝附近长期受高温作用而促使热影响区晶粒粗化，降低该区域的韧性。焊接工艺的影响较为复杂,对具体过程应做具体分析。试验表明:焊接热循环时,受变形影响产生热变形脆性,特别是当焊接接头区预先存在缺陷时,在缺口附近区域经受连续热循环而产生大的塑性变形,使裂纹尖端附近区域韧性降低,从而造成局部脆性。

(2)钢材成分、组织结构的影响。

由于断裂韧性是材料本身固有的力学性能,因此它是由材料的成分和组织结构所决定的。可以说,如何提高钢材的断裂韧性是冶金等各方面工作者的一个重大课题。

①夹杂和第二相对 K_c 的影响。钢材中存在夹杂物(如硫化物、氧化物等)和某些第二相(如渗碳体 Fe_3C 等、金属化合物等),其韧性比基体材料差,故称为脆性相。它们的存在,一般都使钢材的断裂韧性 K_{Ic} 下降。随着含碳量的增加,Fe_3C 减少,钢材强度提高的同时 K_c 急剧下降,因此发展高强度高韧性钢种的趋势是降低碳含量。采用球化工艺,使珠光体球化可大大改善钢材的塑性和韧性。

②杂质和回火脆的影响。很多合金钢在 400～575 ℃间的回火后慢冷,或在更高温度回火后慢冷,能使钢的韧性和断裂韧性大幅下降,称为高温回火脆。其原因是微量杂质元素,如锑(Sb)、锡(Sn)、砷(As)、磷(P)等富集在奥氏体晶粒边界,降低了晶界结合能,使断裂沿原始奥氏体晶界进行。生产上行之有效的降低回火脆的方法是回火快冷。

③晶粒度的影响。由于晶界两边晶粒的取向不同,因此晶界处原子排列紊乱。当塑性变形穿过晶界时,晶界表面阻力较晶粒内大。材料晶粒越细,晶界表面积越大,从而使裂纹失稳扩展所需消耗的能量就越大,即 K_c 提高。因此,细化晶粒是使强度和韧性同时提高的有效手段,如用 Al 代替 Si－Mn 脱氧,可获得本质细晶粒钢。

④组织结构的影响。钢加热到 A_{C1}(一般为 850～900 ℃)以上就转变为奥氏体,在不同温度下等温转变,就可以获得不同的转变产物,如亚共析铁素体、珠光体、贝氏体、索氏体等。其组织结构不同,K_c 也不同。一般来说,贝氏体、索氏体的韧性不好。研究表明,焊接接头区的脆性大一般是由于相变后得到贝氏体和索氏体组织引起的。

2.5.4 控制结构形式和构造措施

1. 结构形式的影响

把结构设计成超静定结构,可以减少断裂造成的损失。因为一旦个别构件断裂,结构仍可以保持稳定。当采用超静定结构时,应注意使荷载多路径传递。举例来说:设计一个跨越结构,如果用一根大梁,得到的是单路径结构;如果改用几根相互平行的梁,并在上面连以钢筋混凝土板,就称为多路径结构。单一的大梁如果受拉翼缘发生脆性断裂,结构就要破坏。而多梁结构中一根梁的受拉翼缘脆断而退出工作,将会出现内力重新分布。由于脆断时应力一般没有达到设计应力,内力重分布后结构仍可安全承载。这个例子既说明多路径结构不易整体破坏,也说明次要构件也可以和主要构件一样,对荷载的多路径传递做出贡献。

一根构件,也有单路径和多路径之别。一根拉杆如果由几个平行的元件组成,共同承担拉力,那么此杆也是多路径的。从控制脆断的角度考虑,它优于单路径杆。例如设计某焊接工字型梁,过去认为不宜用多层翼缘板,理由是用多层板时应力分布不均匀。但是,当梁的弯矩很大时,单层翼缘板也必须很厚,单板脆断的可能性要比多层板大得多。而且单板一旦失稳断裂,必定一断到底。而对于多层板梁而言,假如有一块板出现裂纹,不至波及其他各层板。因此,对梁做防断裂设计时,如果受拉翼缘由一块厚板组成,材料的韧性要求优于多层较薄的板,才能够得到统一的安全保证。图 2.58 给出了单层翼缘板和多层翼缘板的构造情况。此外,需要说明的是,图中二者的腹板与翼缘的焊接方式也有所不同,其中图 2.58(b)所示的有缝隙的角焊缝连接,不仅使焊缝收缩所受到的约束少,还有利于裂缝到缝隙处停止。因此,从抵抗断裂来说,图 2.58(b)的方案优于图 2.58(a)的方案。

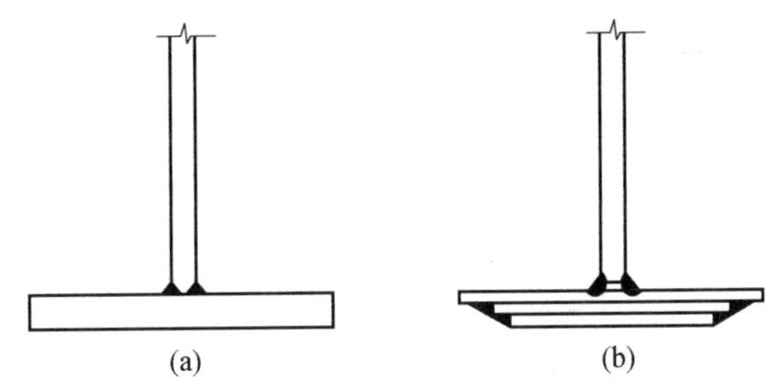

图 2.58　单层翼缘板和多层翼缘板

2. 焊接结构构造措施的影响

图 2.59 给出了一些在负温下发生脆性断裂的示例。图 2.59(a)所示为一渔船甲板,板上焊有窄板条,以限制钢板上铺设的木板移动。由于板条不是受力构件,在它的接头处没有焊接,板条的缝隙相当于一个宽度为 a 的初始裂纹。当温度降低到 −16 ℃时,甲板从图中 A 点即焊缝处开裂,并向两旁延伸。图 2.59(b)所示为输电塔的受拉主杆,用覆盖角钢和角焊缝拼接。断裂从拼接焊缝处的 A 点开始。当时最低温度为 −50 ℃,低温使导线张力增大是促使构件断裂的原因之一。图 2.59(c)所示为球形储液罐,焊有水平支承环。支承环拼接处虽有焊缝,但并未焊透(见截面 1—1)。支承环与罐体间的焊缝也未焊透。在 −20 ℃时,裂纹从焊缝交点处发展到罐体。图 2.59(d)所示为一榀桁架的下弦杆拼接,杆截面为工字形,由四根角钢及一块板组成,拼接时板采用对接焊缝,角钢则用覆盖角钢和角焊缝,在 −38 ℃时从中部焊缝 A 点处开始断裂。

在以上事例中,发生脆断的共同原因是存在与焊缝相交的构造缝隙,或相当于构造缝隙的未焊透焊缝。构造缝隙相当于狭长的裂纹,造成高度的应力集中,焊缝则造成较大的残余拉应力并使近旁金属因热塑性变形而时效硬化,增大脆性。因此,低温地区钢结构的构造设计必须避免这种情况。例如,板的拼接最好采用两面焊的坡口焊缝进行对接。若只能一面焊而又不能设置衬板保证焊透,则可以用拼接板和角焊缝。此时构造细节建议采用图 2.60 中所示的两种方式之一:要么把被拼接的两块板分开 50 mm;要么两板虽然靠近,但焊缝在未达到缝隙前 30 mm 处中止。这样处理,焊缝端部就不存在造成高度应力集中的构造缝隙。

低温地区结构的构造细部应保证焊缝能够焊透。图 2.61(a)中的容器节点,由于筒壳部分延伸下来,它和锥壳之间的焊缝 A 就不可能焊透。因为焊缝背部角度很小,焊根无法补焊。改成图 2.61(b)的方案,筒壳部分不向下延伸,焊缝 B 就可以焊透。因此,设

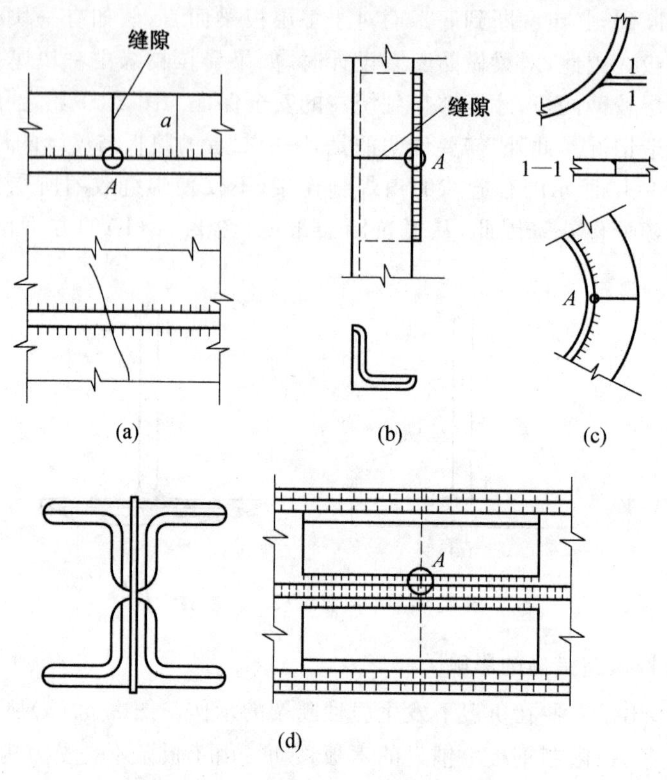

图 2.59　发生脆性断裂的构造示例

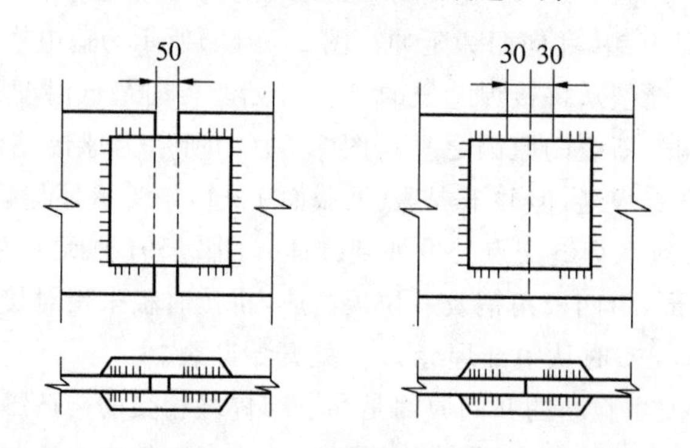

图 2.60　低温地区板的拼接

计时必须注意焊缝的施工条件，以保证施焊方便，能够焊透。

为了防止裂纹开展后整个结构失稳断裂，可以采用带有止裂件的构造措施。止裂件或者应力很低，或者韧性很高，裂纹一旦扩展到它的边缘，就不再继续前进。图 2.62 所示为用于船壳的方案，即在主材之间嵌入高韧性的钢板作为止裂件。另一种方案是采用不受力的纵向加劲肋作为止裂件，如高韧性的工字钢。当一侧主材出现裂缝时，它必须贯穿整个工字钢后才能继续扩展。

综上所述，构造设计是十分细微的问题，要求设计者精心处理。就受力情况而言，要注意以下几点：

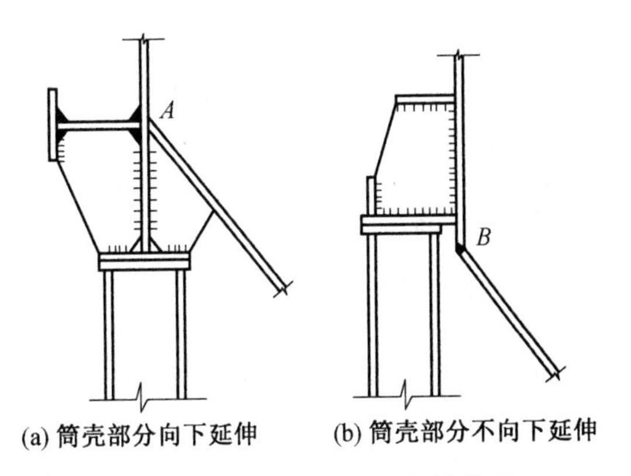

图 2.61　保证容器节点的焊缝焊透

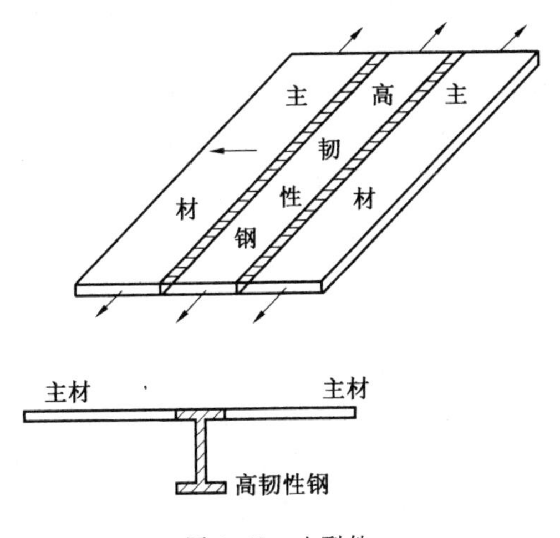

图 2.62　止裂件

①传力要明确。在整个传力过程中，各个零件的受力情况都应加以考虑，不使某一个负担过重。连接构造的实际性能应尽量与计算分析时的简图一致。有多余的约束时，应不至于对结构起不利作用。

②构件的连接节点应尽可能避免偏心，不能完全避免时应考虑偏心的影响。

③尽量减缓应力集中，对承受疲劳荷载或处于低温环境的结构更应注意，不能忽视任何一个细小零件。

④要考虑结构或零件变形的影响，如变形引起的次应力和应力分布不均匀等。

⑤避免在结构内产生过大的残余应力，避免焊缝过度密集。

⑥沿厚度方向可能出现层间撕裂，偏析集中区容易出现裂纹，这些都应成为设计时考虑的因素，应予以注意。

另外，构造设计应为施工提供必要的条件，包括尽量简化构造(以节省工时)，能够施焊并且易于施焊(以保证质量)以及安装时容易就位和便于调整等。

2.6　应力腐蚀开裂

前述介绍的含裂纹体的断裂准则，例如 K 准则、G 准则、CTOD 准则和 J 积分准则等，只适用于处在非腐蚀性环境的钢构件。在腐蚀性介质中，即使工作应力低于式(2.66)、式(2.85)或式(2.88)所确定的临界应力 σ_c，含裂纹钢构件经过一定的时间也会出现脆性断裂，这种现象称为应力腐蚀开裂(Stress Corrosion Cracking，SCC)，也称为滞后断裂或延迟断裂。出现这种现象的原因是：钢构件中原来存在的小裂纹在腐蚀性介质作用下随着时间的增长而逐渐扩展，待达到临界尺寸时，构件突然脆断。

应力腐蚀开裂最早出现在黄铜子弹壳中，介质是潮湿铵离子 NH_4^+，应力是冷加工造成的残余拉应力。19 世纪 20 年代，蒸汽机锅炉用低碳钢在高温浓碱溶液中发生应力腐蚀，又称“碱脆”。20 世纪初期，出现了低碳钢在硝酸盐中的应力腐蚀以及铝合金在湿空气中的应力腐蚀；30 年代初又出现了不锈钢在沸腾氯化物溶液中的应力腐蚀；到了 50 年代，随着高强度钢的广泛应用，又出现了超高强度钢在水介质中的应力腐蚀断裂事故，自此应力腐蚀受到了广泛的重视。1974 年的调查结果表明，我国铁路桥梁的高强度螺栓在十几年间大约有五千分之一发生了应力腐蚀开裂。

2.6.1　应力腐蚀开裂过程

传统的应力腐蚀试验一般采用表面近乎无缺陷的光滑试样来研究金属构件的应力腐蚀开裂，一般要经过以下三个阶段：

(1)金属构件表面覆盖有氧化膜或防腐蚀的金属镀层。在拉应力和腐蚀性介质的联合作用下，金属保护膜破坏，出现局部穿透(图 2.63(a))使金属表面直接暴露在腐蚀性介质中，形成蚀坑(图 2.63(b))。

(2)当蚀坑进一步发展并达到一定的尖锐度时，蚀坑尖端应力集中使裂纹成核发展，成为应力腐蚀的裂纹源(图 2.63(c))。

(3)在拉应力和腐蚀性介质的联合作用下，裂纹继续扩展，到达临界裂纹尺寸后，构件突然脆断(图 2.63(d))。

应力腐蚀开裂的总时间主要由两部分组成：裂纹源(蚀坑)的生核孕育阶段和由裂纹源至断裂的裂纹扩展阶段，前者约占开裂总时间的 90%，而后者约占 10%。

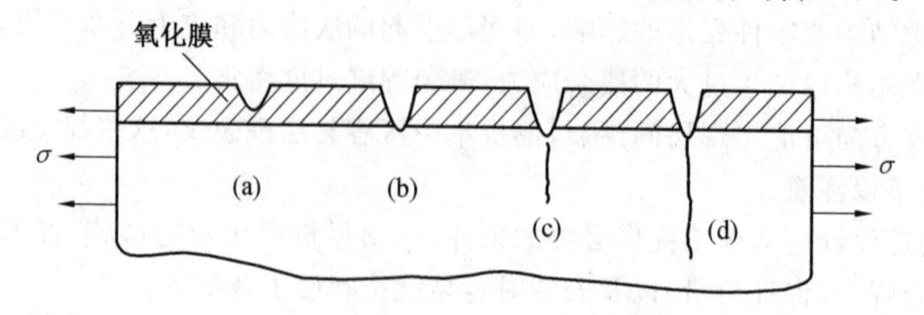

图 2.63　应力腐蚀开裂的过程

由上述可知，在进行应力腐蚀试验时，只要选用对腐蚀性介质不敏感的材料，就不会产生裂纹源(蚀坑),也就不会发生应力腐蚀开裂。然而,许多试验研究或工程实践表明,采用上述材料制成的构件在实际承载条件下,同样会发生应力腐蚀开裂,而且它有可能对应力腐蚀是高度敏感的。这是什么原因呢?分析表明,实际工程中的构件一般都不同程度地存在着宏观裂纹或类似裂纹的缺陷,裂纹尖端的三向应力状态引起的形变使氧化膜破裂而处于活化状态,腐蚀中阴极反应产生的氢原子很容易渗入构件而引起局部氢脆。因此,在应力腐蚀试验时,不能忽视宏观裂纹的亚临界扩展,而应该采用含预制宏观裂纹的试样,来测定腐蚀性介质对裂纹扩展速率的影响以及应力腐蚀开裂时间。

2.6.2 应力腐蚀断裂特征

大多数的应力腐蚀断裂均具有以下特征:

(1)应力腐蚀断裂一般是在非常低的应力和非常弱的腐蚀性介质共同作用下产生的,拉应力是产生应力腐蚀开裂的必要条件。

如果构件不和特定的腐蚀性介质相接触,则只有当构件内原来就存在临界尺寸的裂纹时,构件才可能在低应力条件下发生脆断。如果裂纹原始尺寸小于临界尺寸,则在工作应力条件下,裂纹不会扩展,构件也不会脆断。

如果构件和腐蚀性介质接触但不存在拉应力,则构件仅受腐蚀作用。有可能经长时间腐蚀剥离后,构件断面不断减小而最终破坏;也可能是局部腐蚀或沿晶界腐蚀,这时虽然断面没有明显减小,但也会导致破坏。然而,上述问题都是典型的腐蚀问题,而不是应力腐蚀断裂问题。

如果构件和特定的腐蚀性介质相接触,同时又受到拉应力(一般远低于材料的屈服强度,该应力的来源可以是外加应力,也可以是焊接、冷加工、热处理或装配过程中产生的残余应力)作用,则构件上蚀坑尖端的裂纹源或原来存在的小裂纹会随着时间的增长而逐渐扩展,裂纹的扩展方向常垂直于拉应力方向。当裂纹尺寸达到临界尺寸时,构件突然发生脆断。引起金属构件应力腐蚀开裂的应力一定是拉应力,而不会是压应力。因为压应力不能使裂纹尖端处氧化膜破裂。拉应力越大,应力腐蚀开裂所需的时间越短。

(2)应力腐蚀断裂是脆性断裂。

延性和脆性材料的应力腐蚀断裂均呈现脆性断裂,其破坏往往会造成灾难性的事故。从断口特征看,应力腐蚀断裂与非腐蚀的平面应变脆性断裂有一些区别。应力腐蚀断裂的断面颜色灰暗,且周围有裂纹分枝存在。可观察到沙滩条纹、羽毛状、撕裂岭、扇子形和冰糖状以及腐蚀产物等特征。断裂途径有穿晶型、沿晶型和混合型三种。一般来说,碳钢、铜合金、镍基合金多半是沿晶型断裂,奥氏体不锈钢、镁合金是穿晶型断裂;钛合金则多为混合型断裂。然而,在改变腐蚀性介质后,同一种合金的断裂形式也会改变。

(3)纯金属一般不发生应力腐蚀,但只要含有少量的合金元素,就会产生应力腐蚀,且应力腐蚀只在特定的合金与介质组合条件下才会发生。

奥氏体不锈钢在氯化物溶液中具有很高的应力腐蚀断裂敏感性(通常称为氯脆),而铁素体不锈钢对氯化物溶液却不敏感,对应力腐蚀断裂敏感的钢材—介质组合,见表2.9。

表 2.9　对应力腐蚀断裂敏感的钢材—介质组合

钢材类型	介质
碳钢、低合金钢	NaOH 水溶液，硝酸盐水溶液，碳酸盐水溶液，液体氨，H_2S 水溶液等
高强度钢	水介质，海水，H_2S 水溶液，HCN 溶液等
奥氏体不锈钢	氯化物水溶液，高温水，海水，H_2S 水溶液，NaOH 水溶液等
马氏体不锈钢	海水，NaCl 水溶液，NaOH 水溶液，NH_3 溶液，H_2SO_4，H_2S 水溶液等
铝合金	湿空气，海水，NaCl 水溶液，高纯水等
钛合金	海水，甲醇，液态 N_2O_4，发烟硝酸，NaCl 水溶液，熔盐等
镁合金	湿空气，高纯水，$KCl+K_2CrO_4$ 水溶液等
铜合金	含氨或铵离子的溶液，$NaNO_2$，醋酸钠，酒石酸，甲酸钠溶液等

2.6.3　应力腐蚀临界应力强度因子

用什么参量来描述应力腐蚀断裂呢？试验研究表明，含裂纹构件在腐蚀性介质和拉应力共同作用下的断裂存在一个应力强度因子的临界值（或门槛值），即应力腐蚀临界应力强度因子 K_{Iscc}。当裂纹尖端的应力强度因子低于 K_{Iscc} 时，裂纹停止扩展。下面介绍 K_{Iscc} 的确定方法。

在腐蚀性介质中做试验来测定材料的断裂韧度，所得结果要比在无腐蚀性介质的大气中测得的低。现在仍用 K_{Ic} 表示有腐蚀性介质时的断裂韧度，设构件原始裂纹尺寸为 a_0，应力达到临界应力 σ_c 时试样发生断裂，则有

$$K_{\mathrm{I}}=\alpha\sigma_c\sqrt{\pi a_0}=K_{\mathrm{Ic}} \tag{2.112}$$

如果 $\sigma=\sigma_1<\sigma_c$，试样不会立即断裂，但由于应力腐蚀作用，裂纹尺寸 a_0 会随着时间增长逐渐增大，经过时间 t_1 后，a_0 增大到 a_1，此时有

$$\alpha\sigma_1\sqrt{\pi a_1}=K_{\mathrm{Ic}} \tag{2.113}$$

即试样在应力低于 σ_c 的条件下发生断裂。

如果 $\sigma=\sigma_2<\sigma_1<\sigma_c$，则试样在经过比 t_1 大的时间 t_2 后发生断裂。仍然用 a_0 计算应力为 σ_1 和 σ_2 时的应力强度因子：

$$\alpha\sigma_1\sqrt{\pi a_0}=K_{\mathrm{I1}} \tag{2.114}$$

$$\alpha\sigma_2\sqrt{\pi a_0}=K_{\mathrm{I2}} \tag{2.115}$$

并把它们和相应的时间 t_1、t_2 分别作为纵横坐标作图，如图 2.64 所示。将应力逐步减小，可以发现曲线有一水平渐近线，其纵坐标为 K_{Iscc}。在腐蚀性介质中，当按原始裂纹算得的应力强度因子低于它的临界值（或门槛值）K_{Iscc} 时，不论时间多长，试样都不会断裂。

每一种材料在特定的腐蚀性介质中的 K_{Iscc} 是个常数，K_{Iscc} 是裂纹应力腐蚀开裂的一种重要参数，其大小与试样材料和腐蚀性介质有关，一般取 $K_{\mathrm{Iscc}}=\left(\frac{1}{2}\sim\frac{1}{5}\right)K_{\mathrm{Ic}}$。通常将 $K_{\mathrm{Iscc}}/K_{\mathrm{Ic}}$ 用于衡量材料在腐蚀性介质中应力腐蚀断裂的敏感性，该值越低，意味着含裂纹构件在腐蚀性介质中对应力腐蚀断裂越敏感。

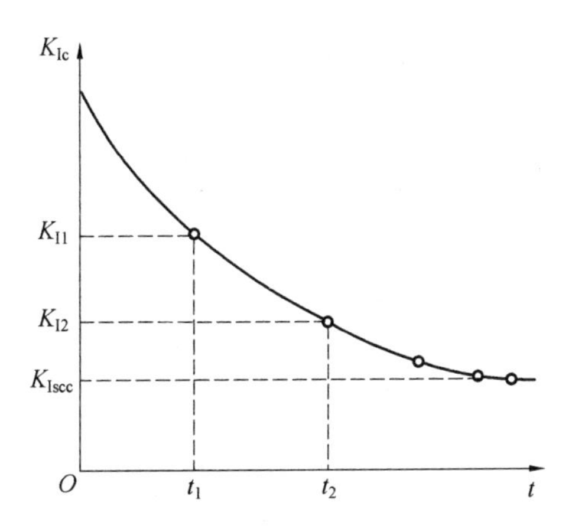

图 2.64　腐蚀性介质中构件的断裂韧度与时间的关系曲线

钢材的含碳量越高，则韧性越低，抵抗应力腐蚀断裂的性能也越差。清华大学曾对含碳量不同但强度级别相同的高强度螺栓材料 20MnTiB 和 40B 钢进行过试验，测得含碳量低的 20MnTiB 的 K_{Iscc} 值比 40B 钢的大一倍以上，因此，在有可能出现应力腐蚀的环境下不宜用含碳量高的 40B 钢。显然，在腐蚀环境下，加强高强度螺栓质量控制，避免使用有明显裂纹的螺栓，也是十分必要的。

思考题与习题

1. 为什么钢结构脆性断裂时的工作应力远小于钢材的屈服强度，甚至远小于设计应力？

2. 列举近十年来发生的钢结构脆性断裂事故，并分析其原因。

3. 何为“无限大”平板、“半无限”宽平板和有限宽板？

4. 为什么要对应力强度因子进行塑性区修正？什么条件下可进行修正？

5. 为什么平面应变情况下的塑性区要比平面应力情况下的小很多？

6. 圆柱形壳体的内径 $D=700$ mm，壁厚 $t=20$ mm，内压力 $p=40$ MPa。有一轴向表面裂纹，裂纹长度 $2c=6$ mm，裂纹深度 $a=2$ mm。若材料的平面应变断裂韧度 $K_{Ic}=60\ \text{MPa}\cdot\text{m}^{1/2}$，$\sigma_s=1\ 400$ MPa，安全系数取 $n=1.6$。试按第三强度理论及断裂准则计算其工作安全裕度。（分别考虑与不考虑应力强度因子的塑性修正）

7. 试比较小范围屈服、大范围屈服与全截面屈服时的裂纹尖端张开位移 CTOD 计算式。

8. 钢结构设计时，可采取哪些措施来提高断裂韧性？

9. 在腐蚀性环境中，如何控制钢材不发生应力腐蚀开裂？

第3章　钢结构疲劳

疲劳断裂是工程结构的主要破坏形式。土建钢结构中，过去主要是铁路桥梁（铆接钢结构）偶尔发生疲劳破坏，随着焊接钢结构的发展，疲劳破坏现象越来越多。焊接钢桥的疲劳破坏屡见不鲜，焊接吊车梁、塔架和塔带机的疲劳破坏也时有发生。国内外发生了多起由于结构疲劳断裂引发的重大安全事故。1967 年 12 月 15 日，美国西弗吉尼亚州的 Point Pleasant 桥突然毁坏，造成 46 人死亡，该事故是由一根带环拉杆中的缺陷在疲劳、腐蚀作用下扩展到临界尺寸引起的；1980 年 3 月 27 日，英国北海的 Ekofisk 油田的 Alexander 号钻井平台倾覆，造成 127 人落水、38 人死亡，事故原因为：撑管与支腿连接因其焊缝处的裂纹在波浪力等循环荷载作用下扩展至 100 多毫米后而断裂，从而导致平台倾覆；1998 年 6 月 3 日，德国汉诺威地区发生了一起高速列车出轨事故，多节车厢断成数截，100 多人遇难，该事故是列车弹性车轮疲劳断裂所致；2000 年 9 月 3 日，三峡工地上一塔带机发生倒塌事故，伤亡 33 人，专家组调查表明：塔带机尾部吊耳的焊接质量问题引发吊耳断裂是造成倒塌的直接原因之一。据统计，在各种金属结构的断裂事故中有 80%以上属于疲劳断裂。

由于疲劳断裂的名义应力往往远小于钢材的抗拉强度或第 2 章中的断裂临界应力 σ_c，故疲劳断裂一般没有明显的宏观塑性变形，破坏十分突然，往往引起灾难性事故，造成巨大经济损失。因此，开展钢结构疲劳研究具有重要意义。

3.1　概　述

3.1.1　疲劳的定义和特点

1. 疲劳的定义

疲劳一词的英文是 Fatigue，意思是“劳累、疲倦”。作为专业术语，其由法国力学家 Poncelet 于 1839 年引入，用来表达材料在循环荷载作用下的损伤和破坏。美国材料与试验协会（ASTM）在《疲劳试验及数据统计分析　相关术语的标准定义》（ASTM E206－72）中将疲劳定义为：在某点或某些点承受扰动应力，且在足够多的循环扰动作用之后形成裂纹或完全断裂的材料中所发生的局部、永久结构变化的发展过程。该定义适用于所有的金属与非金属材料。

土建钢结构的疲劳破坏可定义为：在连续交变应力或应变作用下，钢材由于逐渐累积损伤而形成裂纹，或使裂纹进一步扩展，而最终造成断裂的现象。简单来说，钢材在连续交变应力或应变作用下所发生的性能变化称为损伤，出现可见裂纹或者断裂都称为疲劳破坏，其中导致材料开裂称为疲劳断裂，有时也简称疲劳。

2. 疲劳的特点

由上述定义可知，疲劳具有以下特点：

(1)只有在连续交变应力或应变作用下，疲劳破坏才可能发生。

连续交变应力或应变是指随时间变化的应力或应变。更一般地，也可称之为连续交变荷载，可以是力、应力、应变、位移等。图 3.1 给出了应力 σ 随时间变化的疲劳荷载形式。可以看出，荷载随时间变化可以是有规则的，也可以是不规则的，甚至是随机的。如当弯矩不变时，旋转轴弯曲运动中某点的应力是常幅循环应力(或等幅循环应力)；桥式起重机分批吊装不同的重物时，吊车梁承受变幅循环应力；钢结构房屋在风荷载或地震作用下所产生的应力是随机的。由上述三种应力引起的疲劳分别称为常幅疲劳、变幅疲劳和随机疲劳。

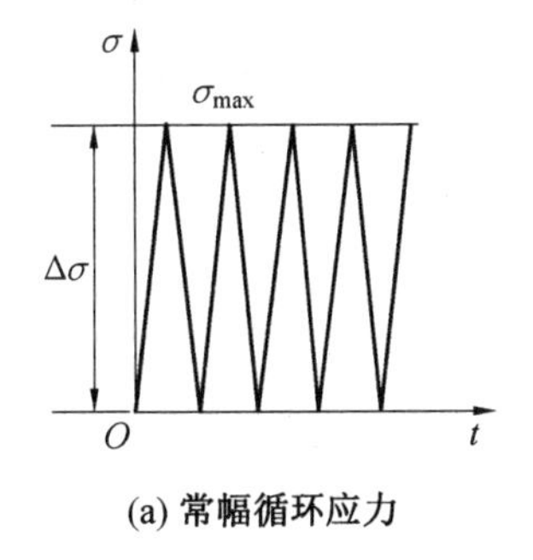

(a) 常幅循环应力

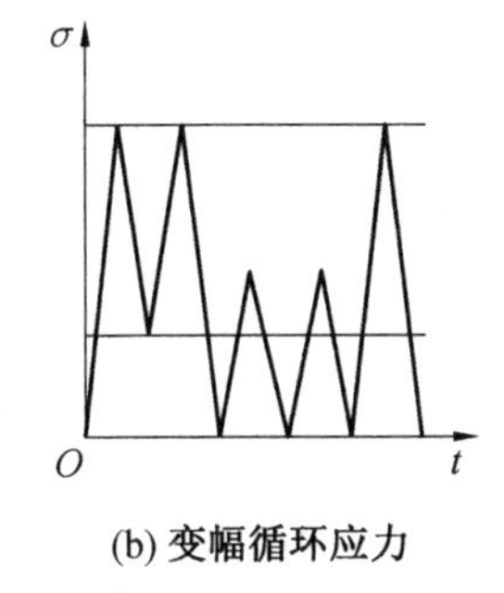

(b) 变幅循环应力

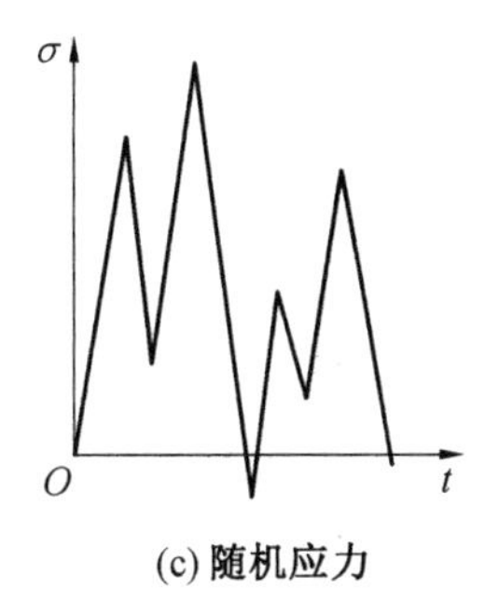

(c) 随机应力

图 3.1　疲劳荷载形式分类

描述荷载一时间变化关系的图形或表格，称为荷载谱。荷载谱依据所施加的荷载形式可分为应力谱、应变谱、位移谱和加速度谱等。在研究疲劳问题时，首先要对荷载谱进行描述与简化。

最简单的循环荷载是常幅循环荷载，图 3.2 给出了正弦型常幅循环应力。图中 σ_{max} 是循环最大应力，σ_{min} 是循环最小应力，以拉应力为正，压应力为负；这两个参数是描述循环应力水平的基本量。由这两个参量可求得其他参量，如平均应力 σ_m、应力幅 $\Delta\sigma$ 和应力比 R，其表达式如下：

$$\sigma_m = (\sigma_{max} + \sigma_{min})/2 \tag{3.1}$$

$$\Delta\sigma = \sigma_{max} - \sigma_{min} \tag{3.2}$$

$$R = \sigma_{min} / \sigma_{max} \tag{3.3}$$

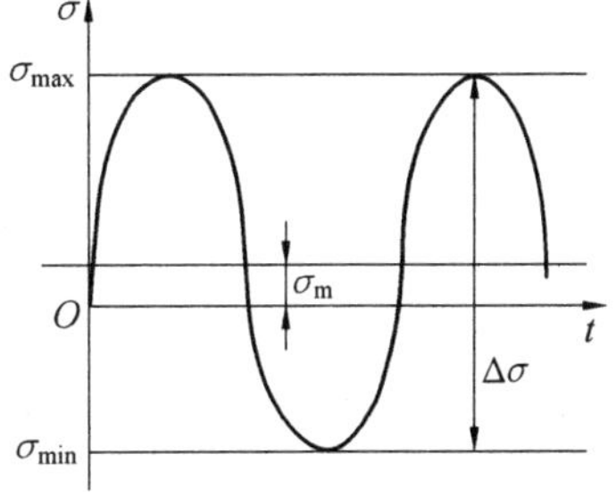

图 3.2　正弦型常幅循环应力

应力比 R 反映了应力的不同循环特征。如图 3.3 所示，当 $\sigma_{max} = -\sigma_{min}$ 时，$R=-1$，表示对称循环应力；当 $\sigma_{min} = 0$ 时，$R = 0$，表示脉冲循环应力；当 $\sigma_{max} = \sigma_{min}$ 时，$R=1$，$\Delta\sigma = 0$，表示静载。本章主要讨论 $R < 1$ 的情况。当 $R > 1$ 时，表示 σ_{max} 和 σ_{min} 均为压应力，由于疲劳断裂是由拉应力产生的，因此这种情况不在本章讨论范围内。

上述参量中需且只需已知任意两个参量，便可确定循环应力水平。为使用方便，设计时一般用最大应力 σ_{max} 和最小应力 σ_{min}，二者比较直观，便于设计控制；试验时，一般采用

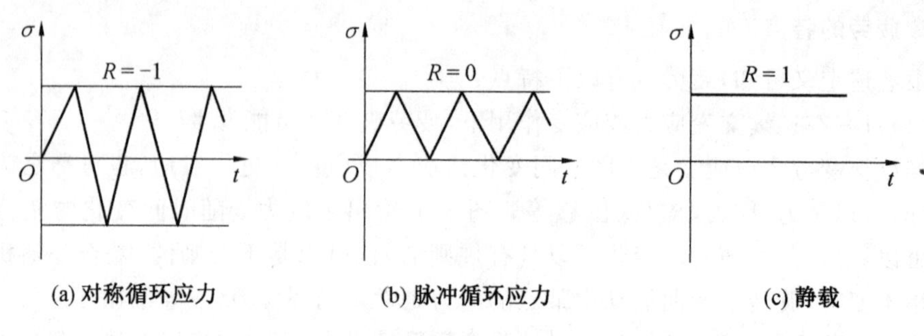

(a) 对称循环应力　(b) 脉冲循环应力　(c) 静载

图 3.3　不同应力比 R 下的应力循环

平均应力 σ_m 和应力幅 $\Delta\sigma$，便于施加荷载；分析时，一般采用应力幅 $\Delta\sigma$ 和应力比 R，便于按循环特性分类研究。除上述描述循环应力水平的参量外，描述循环应力特征的还有循环频率和波形。循环频率是指单位时间内应力的变化快慢，波形可以是三角波、正弦波、矩形波和梯形波等。所有这些参量中，应力幅 $\Delta\sigma$ 对疲劳性能影响最大，因此是主要控制参量；应力比 R 对疲劳性能的影响也较大；而频率和波形的影响很小。

(2)疲劳破坏起源于高应力或高应变的局部，形成裂纹源。

与静载作用下结构的破坏取决于整体不同，疲劳破坏是由应力或应变较高的局部开始，形成损伤并逐渐累积，并最终发生破坏。可见，局部性是疲劳的显著特点。

构件或连接的应力集中处，常常是疲劳破坏的起源。疲劳研究所关心的正是这些由几何形状变化或材料缺陷等引起应力集中的局部细节，研究这些细节处的应力应变。因此，要注意细节设计，尽可能减小应力集中。

(3)疲劳破坏是在足够多次交变荷载作用下，形成宏观裂纹或断裂。

足够多次的交变荷载作用后，钢材从高应力或高应变的局部形成裂纹，称为裂纹起始或裂纹萌生(initiation)。此后，在持续交变荷载作用下，裂纹进一步扩展(propagation)，直至达到临界尺寸而发生断裂。一般来说，疲劳破坏过程要经历裂纹形成(或裂纹萌生)、裂纹缓慢扩展和裂纹失稳扩展(断裂)等三个阶段。研究疲劳裂纹形成和扩展的机理及规律，是疲劳研究的主要任务。

(4)疲劳破坏是一个发展过程。

疲劳破坏过程是一个发展的过程，交变荷载每作用一次循环，代表钢材受到一次损伤，因此疲劳破坏过程实际上是钢材损伤累积的过程，该过程包括微裂纹的生成与扩散、宏观裂纹的形成与扩展，以及钢材最终的疲劳断裂。

3.1.2　疲劳研究概况

工程技术人员对疲劳问题的研究已历经一个多世纪。金属疲劳的最初研究是德国矿业工程师 Albert 在 1829 年前后所完成的对矿山升降机铁链的反复加载试验，以校验其可靠性。1839 年，法国力学家 Poncelet 论述了疲劳问题并最早使用“疲劳”这一术语来描述“在反复施加的荷载作用下的结构破坏现象”。1943 年，英国铁路工程师 Rankine 对疲劳断裂的不同特征有了认识，并注意到机器部件存在应力集中的危险性。1852～1869 年，德国铁路工程师 Wöhler 对钢质车轴的疲劳破坏进行了系统的试验研究，发现车轴在循环荷载作用下的强度大大低于其静载强度；对于疲劳，应力幅比构件承受的最大应力更重要，应力幅越大，疲劳寿命越短；当应力幅小于某一极限值时，疲劳破坏将不会发生；他最先提出了描述疲劳行为的 $S-N$ 曲线（应力－疲劳寿命曲线）和疲劳极限（fatigue limit）的概念，从而将疲劳纳入科学研究的范畴。1870～1890 年，一些研究者发展了 Wöhler 的经典研究工作，如德国工程师 Gerber 开始研究疲劳设计方法，并提出了考虑平均应力影响的疲劳寿命计算方法；Goodman 提出了一个有关平均应力的简化理论。1910 年，Basquin 提出了描述金属材料 $S-N$ 曲线的经验规律，并指出：双对数坐标系下的应力和荷载循环次数在很大范围内表现为线性关系。Bairstow 通过多级循环加载试验测量滞回曲线，确定了形变滞后与疲劳破坏的关系。1929～1930 年，Haigh 合理解释了高强度钢和软钢的缺口试件对疲劳的不同响应。1937 年，Neuber 提出了缺口处的应力梯度效应，并指出缺口根部区域内的平均应力比峰值应力更能代表受载的严重程度。

20 世纪初，光学显微镜开始应用于疲劳机理的研究，使人们观察到了局部滑移线和滑移带引起的裂纹。20 世纪 30 年代，伦敦国家物理实验室的 Herbert、Gough 等在疲劳机理的研究上做出重大的贡献，他们根据材料内部组织的改变来解释疲劳现象，还研究了弯曲和扭转荷载的复合效应。1945 年，Miner 在 Palmgren 工作的基础上提出了疲劳线性累积损伤理论，这个著名的理论通常称为 Palmgren－Miner 准则，或 Miner 准则。尽管存在一些缺陷，这个准则在疲劳寿命估算中仍然是一个重要的工具。20 世纪 60 年代，Coffin 和 Manson 各自提出了塑性应变幅和疲劳寿命之间的经验关系，即 Coffin－Manson 公式，使低周疲劳的研究取得了突破，它是目前缺口应变疲劳分析的基础。

综上，人们为认识和控制疲劳破坏进行了不懈的努力，在疲劳现象的观察、疲劳机理的认识、疲劳规律的研究、疲劳寿命的预测和抗疲劳设计方法的发展等方面积累了丰富的知识。20 世纪 50 年代断裂力学的发展，进一步促进了疲劳裂纹扩展规律、疲劳破坏机理及控制等方面的研究。疲劳破坏涉及交变荷载的多次作用，涉及材料缺陷的形成与扩展，涉及使用环境的影响，等等，问题的复杂性是显而易见的。因此，疲劳的许多问题的认识和根本解决，还有待于进一步深入的研究。尽管如此，了解现代研究成果，掌握疲劳的基本概念、规律和方法，对于广大工程技术人员在实践中成功地进行抗疲劳设计无疑是十分有益的。

3.1.3　疲劳破坏过程与疲劳寿命

1. 疲劳破坏过程

疲劳破坏过程比较复杂，受多种因素影响。按疲劳裂纹发展过程大致可分为以下 3 个阶段。

（1）裂纹形成阶段。

对于一个无裂纹或含类裂纹缺陷的光滑试样，其在交变应力作用下，虽然名义应力不超过材料的屈服强度，但由于材料组织性能不均匀，在试样的表面局部区域仍然产生滑移，这是因为试样表面是平面应力状态，容易塑性滑移。多次反复的循环滑移应变，产生金属的挤出和挤入的滑移带，从而形成微裂纹的核。

一旦微观裂纹成核，微裂纹就沿着滑移面扩展，这个面是与主应力约成 45°角的最大剪应力作用面。此阶段扩展深入表面很浅，大约十几微米(裂纹长度大致在 0.05 mm 以内)，而且不是单一的裂纹，是许多沿滑移带的裂纹，称其为裂纹扩展的第一阶段。若继续加载，微观裂纹就会发展成为宏观裂纹。

(2)宏观裂纹扩展阶段。

此时裂纹扩展方向基本上与主应力垂直，且为单一裂纹扩展。一般认为裂纹长度 a 在(0.01 mm，a_c)(a_c为裂纹临界尺寸)范围内的扩展为宏观裂纹扩展阶段，又称为裂纹扩展的第二阶段。借助电子显微镜可在断口表面观察到此阶段中每一应力循环所遗留的疲劳条带。

(3)失稳扩展阶段。

当裂纹扩大到临界尺寸 a_c时，产生失稳扩展而快速断裂。

2. 疲劳寿命

疲劳寿命是指结构或构件在循环荷载作用下直至破坏所作用的循环次数或所经历的时间。它不仅取决于循环应力水平及其作用次数与时间，还依赖于材料抵抗疲劳破坏的能力。疲劳研究的主要目的就是预测疲劳寿命和建立抗疲劳设计方法。

材料的疲劳寿命可采用最简单的二阶段疲劳寿命模型(图 3.4)来描述，即将疲劳损伤过程分为裂纹形成和裂纹缓慢扩展两个阶段。由于裂纹开始发生失稳扩展到最终断裂的时间非常短，荷载循环次数非常少，因此在确定疲劳寿命时通常不考虑这个阶段。将结构或材料从受循环荷载开始到裂纹达到某一给定的裂纹长度 a_0 为止的循环次数称为裂纹形成寿命 N_1，此为第一阶段；此后，裂纹继续扩展到临界裂纹长度 a_{cr}时的循环次数称为裂纹扩展寿命 N_2，此为第二阶段。

图 3.4　二阶段疲劳寿命模型

完整的疲劳分析需要考虑图 3.4 中两个阶段的寿命。但在某些情况下，也可能只需要考虑裂纹形成或裂纹扩展其中之一。例如，对于焊接钢结构而言，实际上其疲劳寿命主要取决于裂纹扩展寿命 N_2，这是因为钢结构在焊接过程中总会不可避免地引入各种微小缺陷，这些缺陷本身就起着裂纹或类裂纹的作用，故钢结构的裂纹形成寿命 N_1 很小。此外，钢材屈服强度也会对钢结构的疲劳寿命有影响。对于高强钢和超高强钢，由于其强度很高、脆性很大，一旦出现裂纹就会迅速扩展，因此裂纹扩展寿命 N_2很短，故通常只需考虑其裂纹形成寿命 N_1。对于中、低强度钢，由于其延性好、断裂韧度较大，因此其裂纹扩展寿命 N_2较长。

对疲劳裂纹形成寿命 N_1进行分析时，一般可采用应力－寿命关系或应变－寿命关系，即传统疲劳分析方法；而针对疲劳裂纹扩展寿命 N_2进行分析时，则必须考虑裂纹的存在，采用断裂力学方法进行研究，故称为断裂疲劳。

3.1.4　疲劳断口特征

1. 疲劳断口的宏观特征

疲劳破坏的断口大都有一些共同的特征。图3.5给出了一钢板疲劳破坏时的断口示意图。由图可知，疲劳断口主要包括裂纹源、裂纹扩展区和瞬时断裂区三部分。各部分具有以下宏观形貌特征：

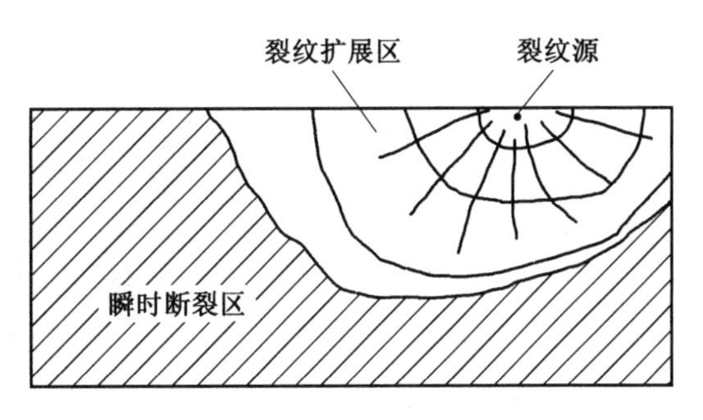

图3.5　疲劳断口示意图

①裂纹源即疲劳破坏的起始点，它一般位于构件的表面，通常在高应力高应变局部或材料缺陷处。对于非焊接构件，构件的表面刻痕、轧钢皮凹凸、轧钢缺陷和分层、焰切边不平整以及冲孔壁上的裂纹等，都是裂纹源可能出现的地方。对于焊接构件，裂纹源频繁出现在焊趾处(图3.6)，因为那里常有焊渣侵入；此外，疲劳裂纹还经常起源于焊缝端部。有些焊接构件疲劳破坏起源于焊缝的内部缺陷，如气孔(图3.7)、欠焊和夹渣等。图3.6和图3.7分别给出了焊接工字形截面翼缘和腹板间的角焊缝从表面和内部发展疲劳裂纹的情况。但是，如图2.19所示，内部裂纹的作用相当于宽度为其一半的表面裂纹。因此，疲劳破坏发生在表面的情况居多。裂纹源一般是一个，也可以有多个，如在承受双向弯曲的构件中可能有两个疲劳源；当名义应力较高时，可能出现多个疲劳源。疲劳裂纹萌生后，构件并不会立即断裂，此后还会发生裂纹的缓慢扩展过程。一般来说，可以根据裂纹源区及裂纹缓慢扩展区的形貌特征确定裂纹源的先后产生次序。

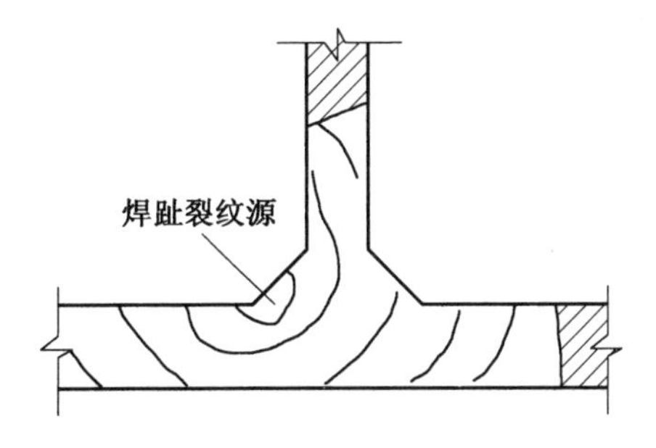

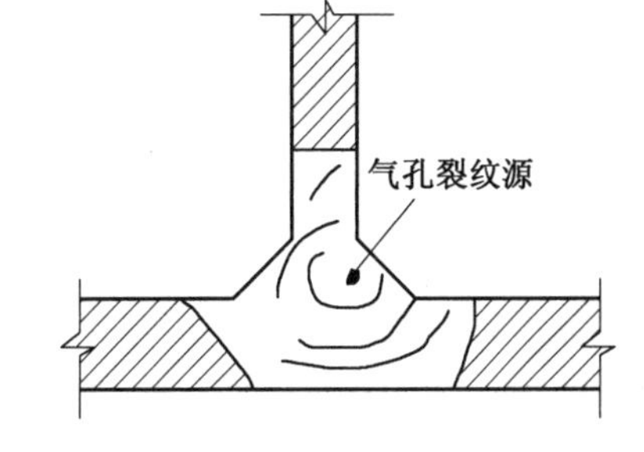

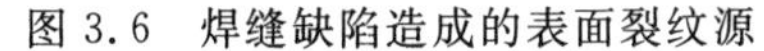

图3.6　焊缝缺陷造成的表面裂纹源　　图3.7　焊缝缺陷造成的内部裂纹源

②裂纹扩展区中的裂纹大体上以同心圆的形式从表面的裂纹源向内部逐渐扩展，形成宏观裂纹。裂纹扩展区断面光滑平整，这是因为裂纹扩展过程中由于许多次的应力交替变化，导致裂纹两表面经过多次张开闭合，两表面互相碾磨而产生光滑区。裂纹扩展区的大小与材料的断裂韧性和构件所受的应力水平有关：当材料断裂韧性较好或构件所受

应力较小时，它不会很快被拉断，故扩展区所占范围较大；反之，当材料断裂韧性较差或构件所受应力很大时，扩展区就比较小。

裂纹扩展区断面上肉眼可见有光滑的“海滩条带”(beach mark)和腐蚀痕迹。图3.8(a)给出了钢构件的疲劳断口照片，可以看出“海滩条带”就像海水退离沙滩后留下的痕迹一样。“海滩条带”揭示了疲劳裂纹不断扩展的过程，其凹侧指向裂纹源，凸侧指向裂纹扩展方向，最终形成同心圆的形式。“海滩条带”之间的间距一般不同，在裂纹源区附近其间距较密，表明在循环加载初期裂纹扩展较慢；远离裂纹源区的“海滩条带”间距较大，表明裂纹扩展速度较快。

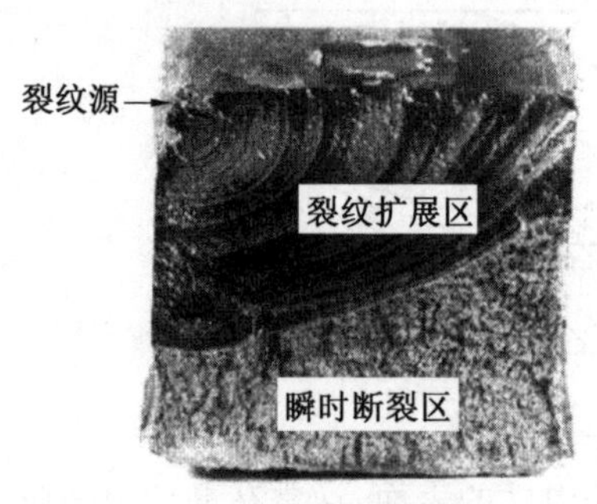

(a) 宏观“海滩条带”

(b) 微观疲劳条纹

图 3.8 “海滩条带”及其放大图

③瞬时断裂区是裂纹最后失稳扩展所形成的断口区域。当裂纹扩展到一定程度后，截面削弱过大，构件因过载被快速拉断。拉断区一般为脆性的晶粒状断口，表面粗糙，这是因为断裂发生太快，因此塑性变形得不到发展。因此，疲劳断裂属于低应力脆性断裂，将疲劳断口对合在一起，一般都能吻合得很好，这表明构件在疲劳断裂之前并未发生较大的塑性变形。即使钢材本身具有很好的延性，宏观上疲劳断裂也不会发生明显的塑性变形。

疲劳破坏与静强度破坏具有明显的区别，主要表现为：a. 静强度破坏是在高应力作用下构件整体强度不足时发生的瞬时破坏；疲劳破坏则是在满足静强度条件的低交变应力作用下，构件局部损伤累积的结果。b. 静强度破坏断口粗糙、无表面磨蚀或腐蚀痕迹；疲劳断口则有裂纹源、裂纹扩展区和瞬时断裂区，裂纹扩展区比较光滑，瞬时断裂区比较粗糙，在裂纹扩展区还伴随有海滩条带或腐蚀痕迹。c. 延性材料静强度破坏时塑性变形明显，疲劳断口则无明显塑性变形。d. 局部应力集中对构件极限承载力影响不大，但对疲劳寿命影响较大。

2. 疲劳断口的微观特征

利用高倍电子显微镜可以观察到疲劳裂纹扩展的三种微观机制，即微解理型(micro-cleavage)、条纹型(striation)和微孔聚合型(microvoid coalescence)。图3.9给出了$Cr_{12}Ni_2WMoV$钢中疲劳裂纹扩展的微观照片，其中图3.9(a)为微解理型疲劳断口，对应于较低的裂纹扩展速率($10^{-7} \sim 10^{-5}$ mm/cycle)；图3.9(b)为条纹型疲劳断口，对应的裂纹扩展速率为$10^{-6} \sim 10^{-3}$ mm/cycle；图3.9(c)为微孔聚合型疲劳断口，对应于较高的疲劳裂纹扩展速率($10^{-4} \sim 10^{-1}$ mm/cycle)。

值得注意的是，图3.8(b)和图3.9(b)中出现了大量的微观疲劳条纹。疲劳条纹的形成与荷载循环有关，由条纹间距可以粗略估计对应的疲劳裂纹扩展速率。必须指出，微观疲劳条纹不同于前述宏观疲劳断口的“海滩条带”。“海滩条带”的形成与周期荷载循环块对应，肉眼可见；而疲劳条纹则与单个荷载循环对应，需要利用高倍电子显微镜(10^3～10^4倍)才能观察到。一条“海滩条带”可能含有成上千上万条疲劳条纹。

(a) 微解理型　　(b) 条纹型　　(c) 微孔聚合型

图3.9 $Cr_{12}Ni_2WMoV$钢的微观疲劳断口

采用不同的观察工具可获得不同的疲劳断口观察内容。表3.1列出了与不同观察工具相对应的观察内容。

表3.1 不同观察工具的放大倍数及其对应的疲劳断口观察内容

观察工具	肉眼，放大镜	金相显微镜	电子显微镜
放大倍数	1～10	10～1 000	1 000 以上
观察对象	宏观断口，海滩条带	裂纹源，夹杂，缺陷	条纹，微解理，微孔聚合

3. 疲劳断口分析

由上述可知，疲劳断口特征主要包括裂纹扩展区的大小、“海滩条带”的形状和尺寸以及断口微观形貌等。由疲劳断口提供的大量信息，可对结构或构件的失效原因进行分析。

首先，观察疲劳断口的宏观形貌，根据是否存在裂纹源、裂纹扩展区和瞬时断裂区等三个特征区域，可判断是否为疲劳破坏；若为疲劳破坏，则可由裂纹扩展区的大小，判断破坏时的最大裂纹尺寸，进而可利用断裂力学方法，由构件的几何形状及最大裂纹尺寸估计破坏荷载，判断破坏是否在正常工作荷载状态下发生；此外，裂纹源的位置还可以指示裂纹起源于何处，以便分析引发裂纹的主要原因。

利用金相显微镜或低倍电子显微镜，可对裂纹源进一步观察和确认，并且判断是否因为材料缺陷所引起，缺陷的类型和大小如何。根据宏观“海滩条带”和微观疲劳条纹的数据资料，结合荷载谱分析，还可以估计疲劳裂纹扩展速率。

疲劳断口分析不仅有助于分析和判断构件的失效原因，而且可为改进疲劳研究和抗疲劳设计提供参考。因此，发生疲劳破坏后，应尽量保护好断口，避免损失宝贵的信息。

3.1.5　疲劳破坏机理

1. 疲劳裂纹萌生机理

材料中疲劳裂纹的起始或萌生，也称为疲劳裂纹成核(nucleation)。疲劳裂纹成核处，称为“裂纹源”。裂纹起源于高应力处。一般来说，有两种部位将会出现高应力。

(1)应力集中处。

材料中含有缺陷、夹杂，或构件中有孔、切口、台阶等，则这类几何不连续处将引起应力集中，成为“裂纹源”。

(2)构件表面。

在大多数情况下，构件中高应力区域总是在表面或近表面处，如工字型截面受弯构件的最大正应力和最大剪应力分别位于上下翼缘的外表面和腹板表面处。表面还难免有加工痕迹(如切削刀痕)及环境腐蚀的影响。同时，表面处于平面应力状态，有利于塑性滑移的进行，而滑移是材料中裂纹成核的重要过程。

金属大多是多晶体，各晶粒有各自不同的排列方位。在高应力作用下，材料晶粒中易滑移平面的方位若与最大作用剪应力一致，则将发生滑移。

滑移可以在单调荷载下发生，也可以在循环荷载下发生。图 3.10 中示出了在较大荷载作用下发生的粗滑移和在较小的循环荷载作用下发生的细滑移。

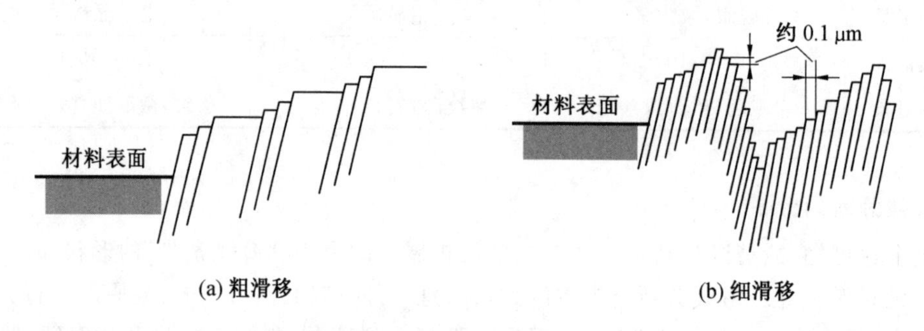

图 3.10　延性金属中的滑移

在循环荷载作用下，材料表面发生滑移带“挤出”和“凹入”，进一步形成应力集中，导致微裂纹产生。滑移的发展过程与施加的荷载及循环次数有关，图 3.11 是多晶体镍中同一位置在不同循环次数时的金相照片，其中的黑色围线是晶粒边界。由图 3.11 可见，经历了 10^4 次循环后，只有少数几处出现滑移，滑移线细，表示其深度较浅，用电解抛光将表面去除几个微米，这些浅滑移线可以消除。随着循环次数增加，滑移线(或滑移带)越来越密集，越来越粗(深)，如图中到 27×10^4 次循环时所示。

应当注意，滑移主要是在晶粒内进行的。深度大于几个微米的少数几条滑移带穿过晶粒，称为持久滑移带或称驻留滑移带，微裂纹正是由这些持久滑移带发展而成的。滑移只在局部高应力区发生，在其余大部分材料处，甚至直至断裂都没有什么滑移。表面光洁可延缓滑移，延长裂纹萌生寿命。

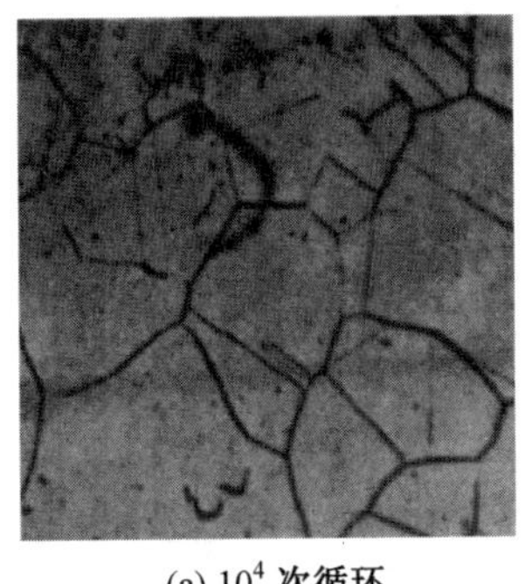
(a) 10^4 次循环

(b) 5×10^4 次循环

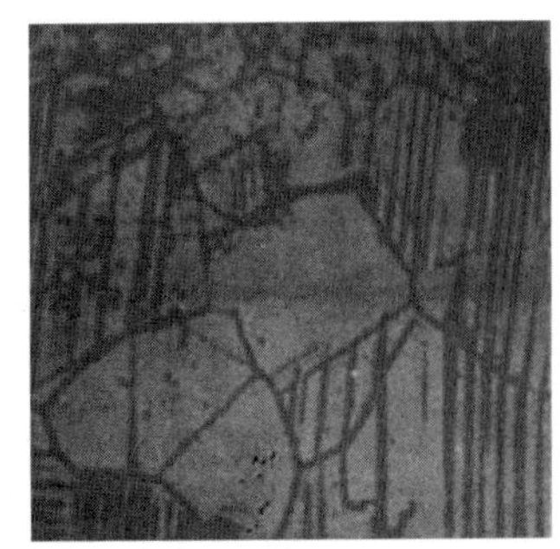
(c) 27×10^4 次循环

图 3.11　循环荷载作用下多晶体镍中滑移的发展

2. 疲劳裂纹扩展机理

疲劳裂纹在高应力处由持久滑移带成核，是由最大剪应力控制的。形成的微裂纹与最大剪应力方向一致，如图 3.12 所示。

在循环荷载作用下，由持久滑移带形成的微裂纹沿 45°最大剪应力作用面继续扩展或相互连接。此后，有少数几条微裂纹达到几十微米的长度，逐步汇聚成一条主裂纹，并由沿最大剪应力面扩展逐步转向沿垂直于荷载作用线的最大拉应力面扩展。裂纹沿 45°最大剪应力面的扩展是第 1 阶段的扩展，在最大拉应力面内的扩展是第 2 阶段的扩展。从第 1 阶段向第 2 阶段转变所对应的裂纹尺寸主要取决于材料和作用应力水平，但通常都在 0.05 mm内，只有几个晶粒的尺寸。第 1 阶段裂纹扩展的尺寸虽小，对寿命的贡献却很大，对于高强钢或超高强钢尤其如此。

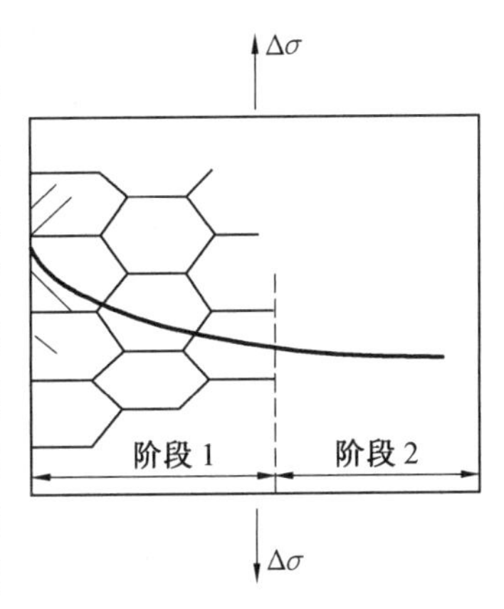

图 3.12　裂纹扩展二阶段

与第 1 阶段相比，第 2 阶段的裂纹扩展较便于观察。C. Laird(1967)直接观察了循环应力作用下延性材料中裂纹尖端几何形状的改变，提出了描述疲劳裂纹扩展的“塑性钝化模型”，如图 3.13 所示。图 3.13 中 a 示出了循环开始时的裂纹尖端形状；随着循环应力增加，裂纹逐步张开，裂尖材料由于高度的应力集中而沿最大剪应力方向滑移(图 3.13 中 b)；应力进一步增大，裂纹充分张开，裂尖钝化成半圆形，开创出新的表面(图 3.13 中 c)；卸载时已张开的裂纹要收缩，但新开创的裂纹面却不能消失，它将在卸载引入的压应力作用下失稳而在裂尖形成凹槽形；最后，在最大循环压应力作用下，又成为尖裂纹，但其长度已增加了一个 Δa。下一循环，裂纹又张开、钝化、扩展、锐化，重复上述过程。这样，每一个应力循环，将在裂纹面上留下一条痕迹，称之为疲劳条纹(striation)。

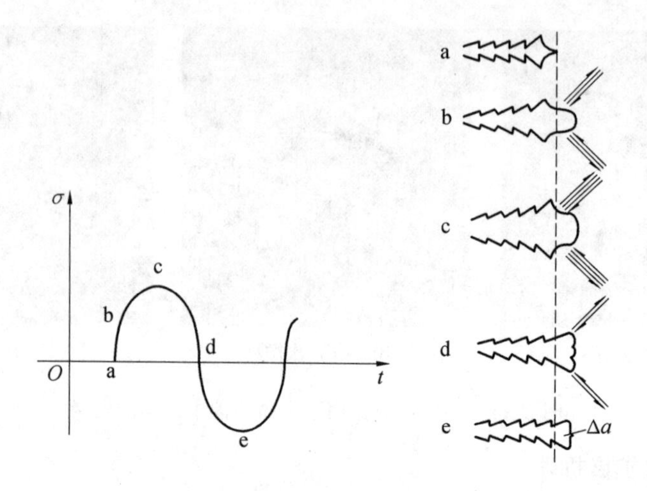

图 3.13　塑性钝化过程

3.1.6　疲劳分类

疲劳破坏根据工作环境一般可分为机械疲劳、热疲劳和腐蚀疲劳等三类。其中机械疲劳又可按荷载幅度和频率不同分为常幅疲劳、变幅疲劳和随机疲劳；按疲劳寿命和循环应力水平不同分为高周疲劳(high-cycle fatigue)和低周疲劳(low-cycle fatigue)，图 3.14 给出了这两类疲劳关于循环最大应力 σ_{max} 与钢材屈服强度 σ_y 的关系、疲劳寿命 N_f 和变形形式的区别。

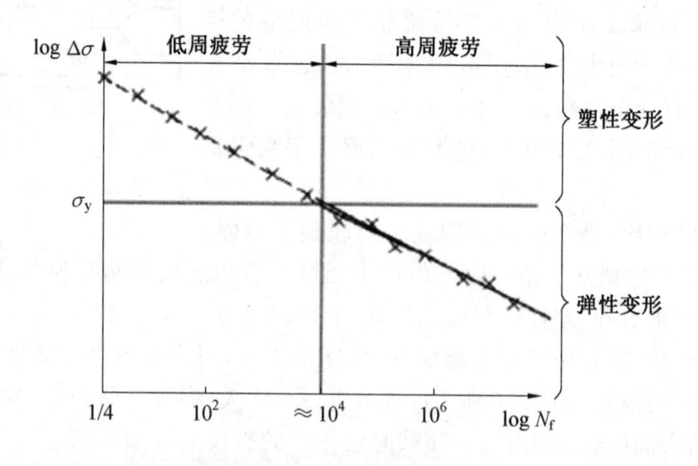

图 3.14　两种类型的疲劳

当循环应力水平较低时(远低于钢材屈服强度 σ_y)，钢材只产生弹性应变，此时疲劳寿命较长、循环次数 N_f 较多(大于 1×10^4 次)，这种类型的疲劳称为高周疲劳，又称为应力疲劳(stree fatigue)。由于高周疲劳的循环应力通常远小于屈服强度，故结构和构件容易发生脆性断裂，不易为人们事先察觉。因此，高周疲劳是非常危险的。高周疲劳的常见例子有：吊车梁在反复吊装过程中的疲劳问题，桥梁在车辆和火车的循环荷载作用下的疲劳问题，建筑结构在随机风荷载作用下的疲劳问题，压力容器和输气管道在流体的随机脉冲压力作用下的疲劳问题，海洋钻井平台在波浪荷载作用下的疲劳问题等。

当循环应力水平较高时（接近或超过钢材屈服强度 σ_y），钢材产生塑性应变，此时疲劳寿命较短、循环次数 N_f 较少（小于 1×10^4 次），这种类型的疲劳称为低周疲劳，又称为应变疲劳（strain fatigue）。由于低周疲劳产生塑性应变，钢材将发生韧性断裂。低周疲劳的常见例子为钢框架梁柱焊接节点在强烈地震作用下的疲劳问题。

热疲劳是指由于温度的循环变化而引起应变的循环变化，并由此产生疲劳破坏。产生热疲劳必须有两个条件，即：温度循环变化和机械约束。温度变化，使材料膨胀或收缩，但由于受到约束，从而产生热应力。太阳的热梯度使大体积结构产生热应力，它将在几年内产生几万次循环，车轮因制动摩擦发热也能引起热疲劳。

腐蚀疲劳是在循环应力应变和腐蚀环境联合作用下产生的开裂和破坏。如在潮湿隧道中的钢轨，位于矿区和海滨的铁路和桥梁等，都有可能发生腐蚀疲劳。

3.1.7　结构抗疲劳设计方法

疲劳设计的首要任务是要回答构件和连接在服役的荷载环境下安全使用寿命有多长的问题，或是确定使用寿命期内许用应力有多大的问题。随着疲劳研究的不断深入和实践经验的不断累积，疲劳设计方法经历了从最传统的无限寿命设计到经济实用的安全寿命设计和破损安全设计。

1. 无限寿命设计

无限寿命设计是最早的抗疲劳设计方法，它要求构件的设计应力低于其疲劳极限，从而具有无限寿命。一般认为，对于循环次数超过 10^7 次的构件，即可认为具有无限寿命。无限寿命设计至今仍是一种简单而合理并被普遍采用的抗疲劳设计方法。

无限寿命设计常常使设计的构件用料多、不经济，早期适用于飞行器的抗疲劳设计。随着现代工业特别是航空工业的发展，飞机朝着高速、高性能、低质量的方向发展，要求充分利用材料的承载潜力，不断提高设计应力水平。因此，疲劳设计方法已从无限寿命设计向有限寿命设计转变。

2. 安全寿命设计

安全寿命设计主要依据试验和分析得到的金属材料的应力－疲劳寿命（$S-N$）曲线或应变－疲劳寿命（$\varepsilon-N$）曲线来进行设计。安全寿命设计只保证构件在规定的使用期限内能安全使用，因此，它允许构件的工作应力超过其疲劳极限，从而减少材料用量。安全寿命设计是一种非常经济实用的抗疲劳设计方法，也是当前飞机结构设计所采用的方法。

安全寿命设计首先要估计一个荷载谱，然后通过分析和试验找出关键构件在这一荷载谱作用下的预期寿命，再引入安全系数以得到安全寿命，以考虑疲劳数据的分散性和其他未知因素的影响。安全寿命决定使用期限，结构或构件用到安全寿命即予报废或更换。安全寿命设计可以根据材料的 $S-N$ 曲线设计，也可以根据材料的 $\varepsilon-N$ 曲线进行设计，前者称为名义应力有限寿命设计，适用于高周疲劳问题，后者称为局部应力应变法，适用于低周疲劳问题。

土建结构的疲劳破坏不像飞机结构那样，可以采用使用寿命法来代替安全寿命法。两者的差别是，前者在结构达到安全使用寿命时不立即报废，并且承认在达到安全寿命前有可能出现疲劳裂缝。因此，设计过程也没有飞机结构那样细致，一般不对结构做疲劳试验，而是利用典型构造细节试验的结果做出分析计算。

3. 破损安全设计

破损安全设计是一种新的疲劳设计方法，其实质是：结构在规定的设计工作年限内，允许结构的某一部分出现疲劳裂纹并扩展，但其剩余强度应大于设计应力，从而保证裂纹被发现前其他部分还能安全承载。这种方法在设计中要求有严格的定期检查及维修制度并采取断裂控制措施，以确保裂纹在被检测出来而未修复之前不致造成结构破坏。在这种思路指导下，结构应该按 2.5.4 节所论述的多路径传递来设计。同时，设计者应该注意结构各部分都易于检查到；对于个别在检查时无法观察到的部位，则应通过计算来保障它不会出现疲劳损伤。当采用这种设计方法时，确定容许应力幅可以由 N 的平均值减去一倍标准差，而不是像图 3.25 那样减去二倍标准差。实际上，安全寿命法和破损安全法往往是结合在一起的。例如，首先按安全寿命法的思路进行设计，争取在使用期限不出现裂缝，同时也注意荷载的多路径传递和结构各部分都易于检查，在意外地出现裂缝时仍然保证安全。

3.2 高周疲劳

3.2.1 基本 $S-N$ 曲线

在高周疲劳问题中，材料的疲劳性能可以用表征循环荷载应力水平的应力幅或最大应力与表征疲劳寿命的材料到裂纹萌生(此时即认定材料失效)时的循环周次之间的关系来描述，称为疲劳强度－寿命关系或 $S-N$ 曲线。对于常幅循环应力，为了分析方便，采用应力比 R 和应力幅 $\Delta\sigma$ 描述循环应力水平。如前所述，如果给定应力比，应力幅就是控制疲劳破坏的主要参量。由于对称常幅循环荷载容易实现，故工程中一般将 $R=-1$ 的对称常幅循环荷载下获得的应力－寿命关系，称为材料的基本疲劳曲线。

在工程和试验中，裂纹萌生的实时判定是一个难题。在试验中为了简便，针对不同的材料分别采用下面的标准判定裂纹萌生或失效。

(1)脆性材料小尺寸试件发生断裂。对于中高强度钢等脆性材料，裂纹从萌生到扩展至小尺寸圆截面试件断裂的时间很短，对整个寿命的影响很小，因此这样判定是合理的。

(2)延性材料小尺寸试件出现可见小裂纹或 5%～15%的应变降。对于延性较好的材料，裂纹萌生后有相当长的一段扩展阶段，这个阶段不能计入裂纹萌生寿命。如果观察手段足够好，就可以用小裂纹(如尺寸在 1 mm 左右)的出现作为裂纹萌生的判定标准，也可以监测试件在常幅循环应力作用下的应变变化，利用裂纹萌生可能导致局部应变释放的规律，通过监测应变降来确定试件中是否萌生裂纹。

1. 一般形状和主要特征

早期研究钢结构疲劳，试验是唯一的手段。根据《金属材料 疲劳试验 轴向力控制方法》(GB/T 3075—2008),金属材料的疲劳试验一般采用小尺寸的圆形或矩形横截面试件,试件数量不能太少,一般取 8～12 个。

在给定的应力比下,给试件施加不同应力幅的常幅循环应力,记录它失效时的循环荷载次数(即寿命)。以疲劳寿命为横轴、应力幅为纵轴,描点并进行数据拟合,即可得到如图 3.15 所示的 $S-N$ 曲线。在曲线上,疲劳寿命为断裂前交变应力的最大循环次数,它不仅取决于应力水平,还取决于材料抵抗疲劳破坏的能力。对应于某疲劳寿命 N 的应力,称为寿命为 N 时的疲劳强度,记为 σ_{N}。在 $R=-1$ 的对称循环荷载下疲劳寿命为 N 的疲劳强度,记为 $\sigma_{\mathrm{N}(R=-1)}$。

由图 3.15 可知,应力水平(应力幅或最大应力)越低,疲劳寿命越长。当应力水平小于某个极限值时,无论施加多少次循环应力,试件永远不会发生破坏,寿命趋于无限大。因此,$S-N$ 曲线存在一条水平渐近线。通常将疲劳寿命 N 趋于无穷大时所对应的应力称为疲劳极限,记为 σ_{f}。在 $R=-1$ 的对称循环荷载下的疲劳极限,记为 $\sigma_{\mathrm{f}(R=-1)}$,简记为 σ_{-1}。由于传统疲劳试验机频率低,开展疲劳试验耗时长,测试成本高,一次疲劳试验很少超过 10^7 周次循环荷载,因此 10^7 周次就成为传统高周疲劳寿命的上限。金属材料在经历 10^6 或 10^7 周次以上循环荷载以后仍然未发生破坏所对应的临界应力,称为疲劳极限。

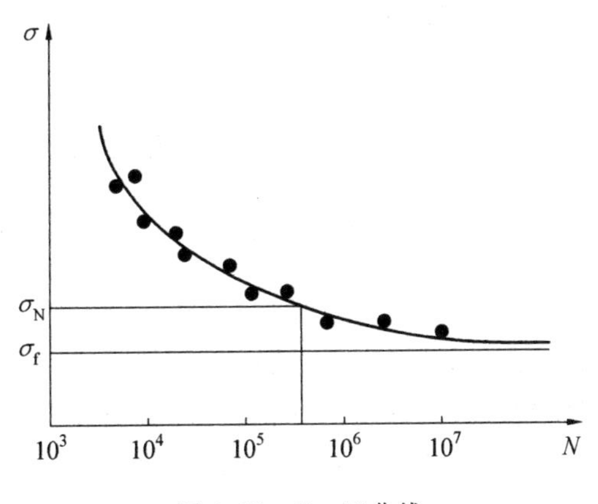

图 3.15　$S-N$ 曲线

$\sigma-N$ 曲线常用双对数坐标绘制,所得结果一般为直线。但当 N 大到一定程度时,σ 不再下降或下降非常缓慢。图 3.16 绘出两条不同的 $\sigma-N$ 曲线:光滑试件的疲劳强度明显高于带槽试件,这是因为带槽试件的应力集中使疲劳强度降低。因此,应力集中是研究疲劳问题的重要因素。在实际结构中,应力集中的程度由构造细节决定(见 3.2.3 节)。图 3.17 给出有横向对接焊缝的试件的疲劳强度 $\sigma_{\max}$ 随焊缝余高角度 θ 的变化情况,由图可知:角度 θ 越小,应力集中越严重,疲劳强度越低。由此可见,构造细节是设计承受疲劳荷载的结构时必须十分注意的问题。即使在一种连接形式选定之后,设计细节的具体处理以及施工操作是否合格,都会对疲劳强度有比较大的影响。

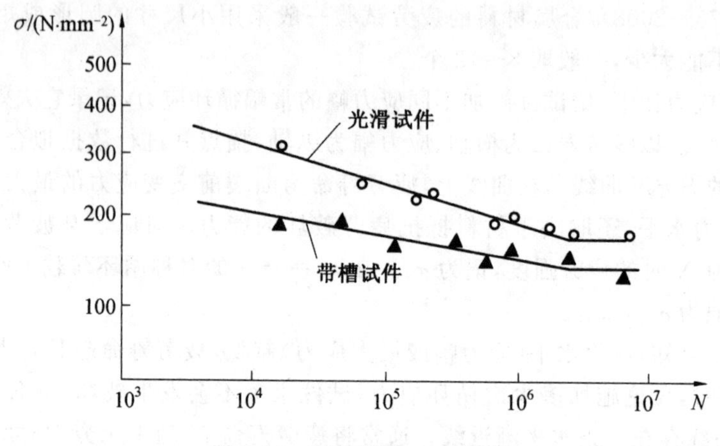

图 3.16　试验所得 $\sigma-N$ 曲线

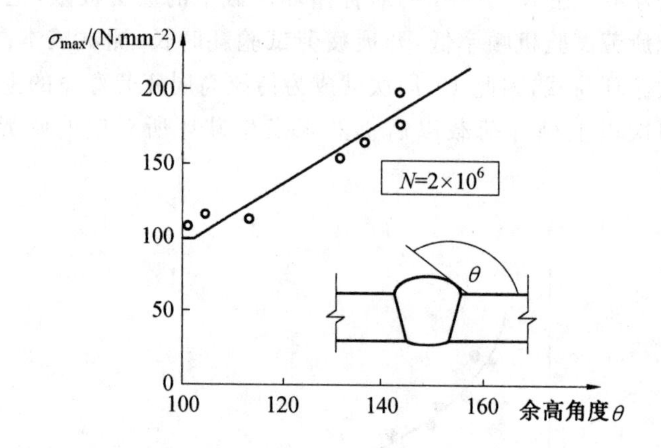

图 3.17　对接焊缝余高角度的影响

试验点的分布经常比较离散，从图 3.17 可以看到这一点。疲劳是一种随机现象，影响疲劳的因素如材料特性、裂源处的几何形状、应力应变史和所处环境等都具有随机性，有的因素如环境还会在结构的使用期限内发生变化。所以，有必要用概率的方法来分析疲劳问题。

图 3.16 的 $\sigma-N$ 曲线是针对某一类试件在特定的应力循环（如脉冲、交变等）下疲劳破坏绘制的。要全面地了解一种构件的疲劳性能，就需要画出它在不同应力循环下的几条 $\sigma-N$ 曲线。应力循环的特征可以由应力比 R 来表示。图 3.18 是用角焊缝连接的试件在不同应力比 R 作用下的 $\sigma-N$ 曲线。有了这样的资料，就可以给出在某一循环次数 N 时不同应力比 R 所对应的疲劳强度 σ_{max}。最常用的表达曲线是 Goodman 提出的以 σ_{max} 和 σ_{min} 为纵横坐标的疲劳图，如图 3.19 所示。图中 OAA' 和 OD 为倾斜 45°的直线，A 点纵坐标是 $N=N_1$ 时循环应力作用下的 σ_{max}，B 点和 C 点的纵坐标分别为 $N=N_1$ 时 $R=0$ 和 $R=0.5$ 的疲劳强度。若 $N=N_2<N_1$，则疲劳强度有所提高，如图 3.19 的曲线 $A'B'C'D$ 所示。长期以来，按 $N=2\times10^6$ 绘制的这种疲劳强度曲线曾经是一些设计规范对疲劳计算的规定的依据。

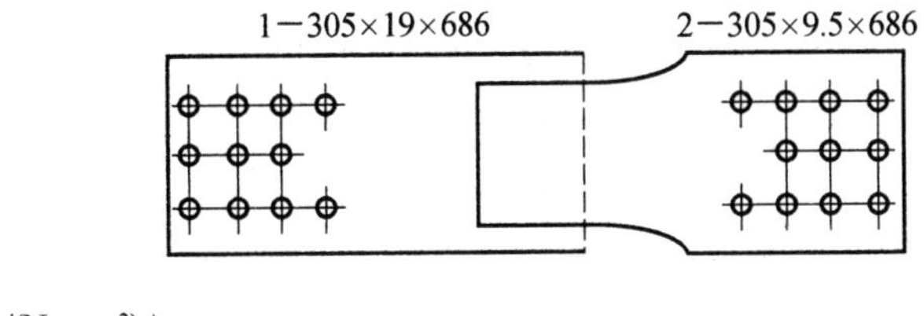

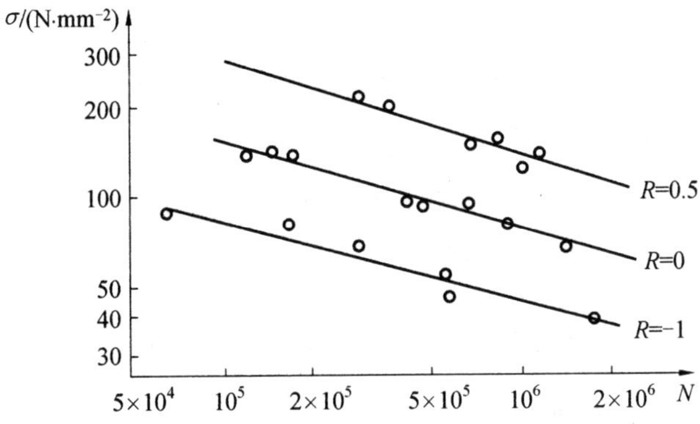

图 3.18 应力循环特征的影响

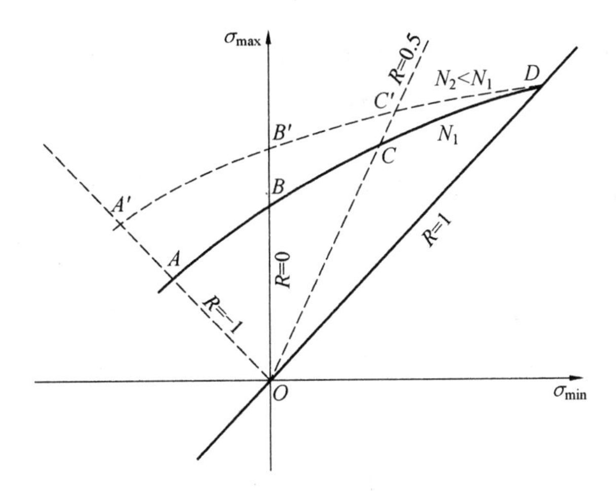

图 3.19 用最大最小应力表示的疲劳强度曲线

2. 数学表达

(1) Wöhler 公式。

针对 $S-N$ 曲线，德国工程师 Wöhler（沃勒）最早提出了一个指数形式的表达式，即

$$e^{m\sigma}N=c \tag{3.4}$$

式中，m 和 c 是与材料、应力比、加载方式等有关的参数。对式(3.4)两边同时取对数，可得半对数线性关系式：

$$\sigma=a+b\lg N \tag{3.5}$$

式中，$a=\dfrac{\lg c}{m\lg e}$；$b=-\dfrac{1}{m\lg e}$。

(2)Basquin 公式。

1910 年 Basquin 在研究材料的弯曲疲劳特性时，提出了描述材料 $S-N$ 曲线的幂函数表达式，即

$$\sigma^m N = c \tag{3.6}$$

对式(3.6)两边同时取对数，可得双对数线性关系式，即

$$\lg \sigma = a + b\lg N \tag{3.7}$$

式中，$a=\frac{\lg c}{m}$；$b=-\frac{1}{m}$。Basquin 公式是最常用的幂函数表达式。

(3)Stromeyer 公式。

上述两个公式不能表达 $S-N$ 曲线存在水平渐近线的情况。1914 年，Stromeyer 基于 Basquin 公式提出了一个新的表达式，即

$$(\sigma - \sigma_f)^m N = c \tag{3.8}$$

式中引入了疲劳极限 σ_f。显然，当 σ 趋于 σ_f 时，寿命 N 趋于无穷大。

3.2.2 疲劳设计准则

1. 应力比准则

非焊接钢结构可采用应力比准则来进行疲劳计算。由图 3.18 可知，对于一定的疲劳寿命(2×10^6 次)，构件(或构造细节)的疲劳强度 σ_{max} 和以应力比 R 为代表的应力循环特征密切相关。

当以 $n=2\times10^6$ 次为疲劳寿命时，对 σ_{max} 引进安全系数，即可得到设计用的疲劳应力容许值

$$[\sigma_{max}] = f(R) \tag{3.9}$$

把应力限制在$[\sigma_{max}]$以内，这就是应力比准则。我国 1975 年开始试行的 TJ 17－74 规范所规定的疲劳容许应力计算公式是

$$[\sigma^\rho] = \frac{[\sigma_0^\rho]}{1-k\rho} \tag{3.10}$$

式中，$[\sigma^\rho]$和 ρ 分别相当于式(3.9)中的$[\sigma_{max}]$和 R；$[\sigma_0^\rho]$和 k 则是和材料标号以及构件构造特征相关的数值。$[\sigma_0^\rho]$即图 3.19 中的$\overline{OB}$($N_1=2\times10^6$)除以安全系数。图 3.20 给出按式(3.10)画出的两条疲劳容许应力曲线。曲线Ⅰ用于有横向对接焊缝的构件，焊缝未经机械加工。曲线Ⅱ用于用纵向角焊缝连接的构件端部。

2. 应力幅准则

自从焊接结构用于承受疲劳荷载以来，工程界从实践中逐渐认识到和这类结构疲劳强度密切相关的不是应力比 R，而是应力幅 $\Delta\sigma$。图 3.21 是在美国完成的焊接梁疲劳试验的结果，图中Ⅰ、Ⅱ分别为单块翼缘板的焊接工字形截面梁和翼缘加焊盖板的梁(即中部为双层翼缘板的梁)。尽管最小应力 σ_{min} 的值采用了三种相差悬殊的数据，应力幅和破坏循环次数之间的关系曲线都落在同一条直线的附近。此图采用了双对数坐标，实线为平均回归线，虚线给出 95%保证率的范围。梁的疲劳试验还表明，不同钢材标号的试件

试验结果也落在同一条直线附近，因此，$\Delta\sigma-N$ 曲线并不随钢材强度变化。

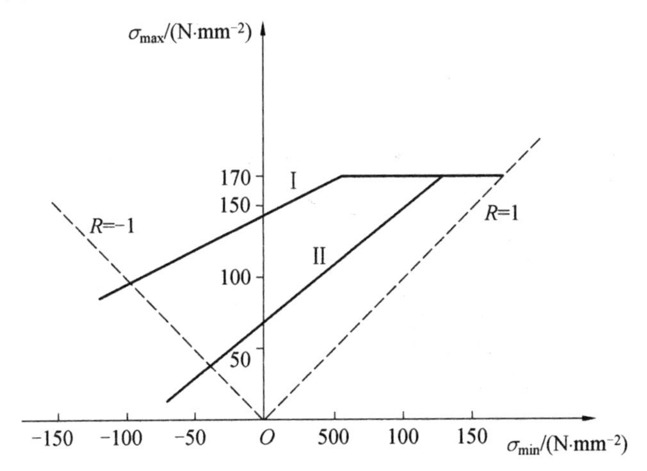

图 3.20　疲劳容许应力

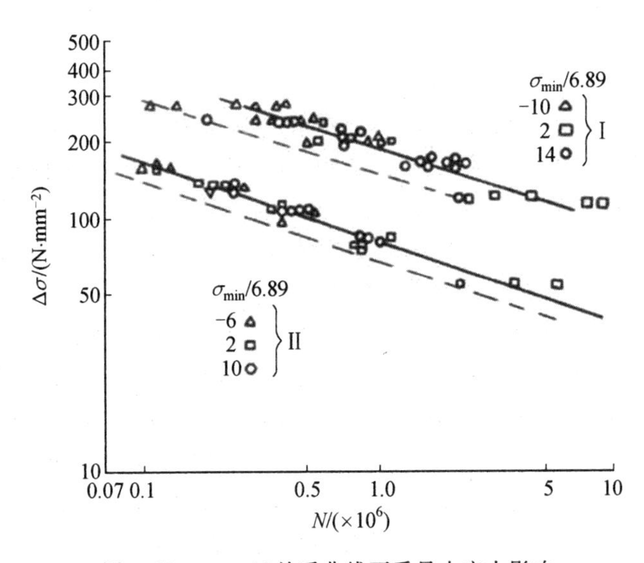

图 3.21　$\Delta\sigma-N$ 关系曲线不受最小应力影响

应力幅准则的计算公式是

$$\Delta\sigma \leqslant [\Delta\sigma] \tag{3.11}$$

式中，$[\Delta\sigma]$是容许应力幅，它随构造细节而不同，也随破坏前循环次数变化。为了对两个准则进行比较，容许应力幅也可以用 $\sigma_{max}-\sigma_{min}$ 关系曲线来表示。图 3.22 所画的一组平行线表示具有横向对接焊缝，焊缝表面磨平并经过精确方法检查的构件$[\sigma_{max}]$(母材屈服点是 345 N/mm^2)。这一组平行线的倾角都是 45°。只有这样，对于不同的 R 值才能得到相同的容许应力幅。例如，当 $N \geqslant 2\times10^6$ 时，对应于 $R=0$ 的 σ_{max}是 110 N/mm^2。对应于 $R=-1$ 的 σ_{max}则是它的一半，即 55 N/mm^2，σ_{min} 为 $-\sigma_{max}=-55$ N/mm^2，$\sigma_{max}-\sigma_{min}$ 仍然是 110 N/mm^2。图 3.20 中线段Ⅰ、Ⅱ的倾角都不是 45°，而且各自的倾角不同。

焊接结构疲劳计算宜以应力幅为准则，原因在于结构内部的残余应力。前文说过，疲

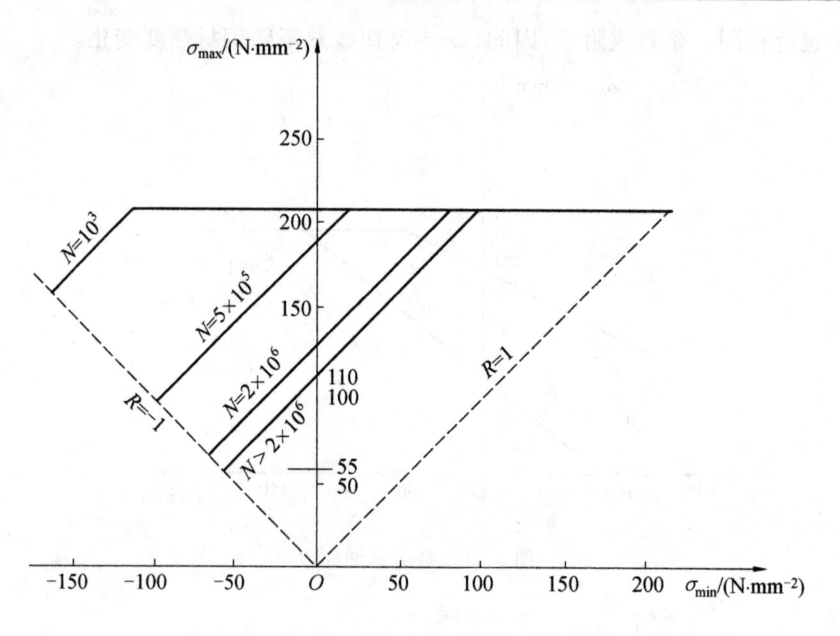

图 3.22　按应力幅准则得到的疲劳容许应力

劳裂纹常起源于焊趾或焊缝内部的缺陷，而焊缝及其近旁经常存在高达材料屈服点的拉伸残余应力。将残余应力图形简化为由几条直线组成（图 3.23），并假定残余拉应力达到了母材屈服点 f_y，考察这一构件在承受疲劳荷载时的应力变化情况。图 3.23(a)给出承受荷载前残余应力图形，图 3.23(b)为施加的脉冲拉应力 $\sigma(R=0)$，图 3.23(c)为在此脉冲拉应力的作用下结构应力波动情况：在原有残余应力(1)的基础上增加均布拉应力 σ 时，应力已达屈服点部分不再增加，应力分布如实折线(2)所示，在卸荷时构件应力普遍减少 σ，如折线(3)，焊缝残余应力减小了 σ，此后即在(2)和(3)之间反复变动。因此，焊缝旁实际应力的变化范围不是表面上的由 σ 到 0，而是由 f_y 到$(f_y-\sigma)$。如果施加疲劳应力不是脉冲的而是交变的$(R=-1)$，即由 $\sigma/2$ 变至$-\sigma/2$，则应力最大处的实际变化范围仍然是由 f_y 到$(f_y-\sigma)$。这就是说，不论脉冲循环还是对称循环，只要应力幅相同，对构件疲劳的实际效果就相同，而与应力循环特征 R 或平均应力无关。

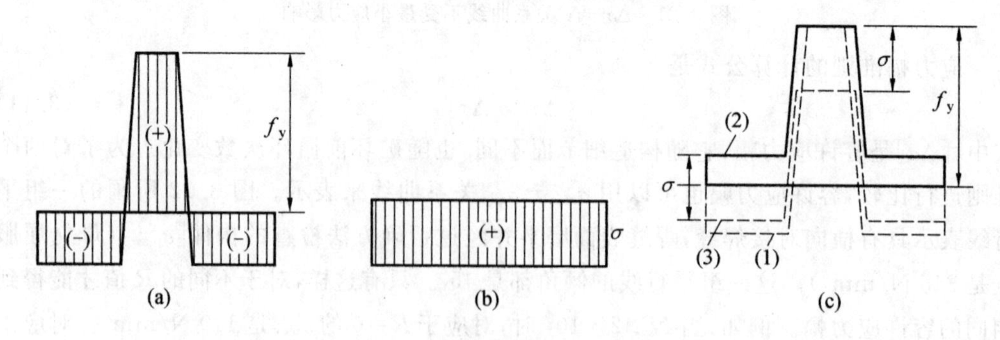

图 3.23　焊接构件的应力波动

从以上分析可知，图 3.23 的焊接构件在承受拉应力 σ 后卸载，其残余应力的峰值由 f_y 下降为$(f_y-\sigma)$。如果所加拉应力高达 f_y，则残余应力完全消失。因此，如果构件在早

期经受少量 $\sigma_{max}=f_y$ 的高额应力幅 $\Delta\sigma_1$，然后承受正常使用条件下的较小应力幅 $\Delta\sigma_2$，则其疲劳寿命将比始终承受 $\Delta\sigma_2$ 的情况要高。有文献报道过焊接 T 形连接试件的试验结果：在 $\pm0.4f_y$ 的应力循环作用下，3 个试件的平均寿命为 401 800 次；而先经过 10 次 $\pm f_y$ 的应力循环后再承受 $\pm0.4f_y$ 的应力循环，3 个试件的平均寿命提高到 923 000 次。但是，在工程设计中，要想利用上述消除或减小残余应力的方法并不容易，需在交付使用前有意识地通过提高应力幅来消除残余应力。

残余应力对焊接结构疲劳性能的影响，还可以通过经热处理消除焊接残余应力的试件和未消除应力试件的对比试验来观测。图 3.24 给出有纵向角焊缝的试件在 $N=2\times10^6$ 时的疲劳强度。由图可见，对 $R<0$ 的试件，残余应力对疲劳强度的影响大，而对 $R\geqslant0$ 的试件影响不大。有的试验研究还得出 $R>0$ 时退火后的构件疲劳强度反而比未退火者降低的结论。

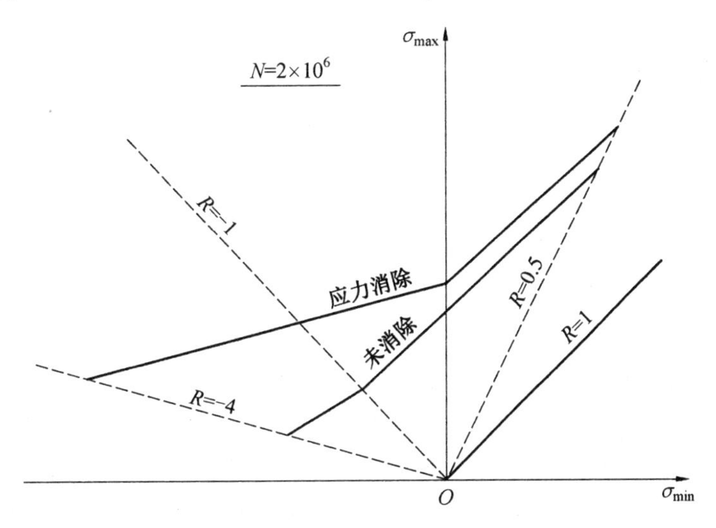

图 3.24　残余应力对疲劳强度的影响

应力幅准则既然是由存在高额残余拉应力的情况得出的，那么它对非焊接构件是否适用？这个问题从图 3.24 可以得到回答：对于 $R\geqslant0$ 的应力循环，应力幅准则完全适用，因为有残余应力和无残余应力的构件疲劳强度相差不大。对于 $R<0$ 的应力循环，采用应力幅准则偏于安全较多。冶金工业部建筑研究总院就我国近年来完成的疲劳试验数据对应力幅进行统计分析，几组焊接试件的 $\lg[\Delta\sigma]-\lg N$ 关系曲线都呈直线，斜率在 -3～-3.5 之间。对无焊缝的带孔试件，$R=0$～0.2 者试验点都落在斜率为 -3.38 的直线附近，但 $R=-1$ 的试验点都高出较多。这和图 3.24 所示的情况是一致的。在采用应力幅准则时如何对待非焊接构件，各国做法不同。英国桥梁规范 BS 5400 规定，当非焊接零件承受变号循环应力时，把应力幅中的压应力乘 0.6 再和拉应力相加，成为有效应力幅 $\Delta\sigma_e$，也就是说用

$$\Delta\sigma_e=\sigma_{max}-0.6\sigma_{min}$$

来代替

$$\Delta\sigma=\sigma_{max}-\sigma_{min}$$

这里σ_{min}为负值。

《钢结构设计标准》(GBJ 50017—2017)对非焊接结构一律取下列有效应力幅：

$$\Delta\sigma_e=\sigma_{max}-0.7\sigma_{min} \tag{3.12}$$

此式在应力循环不变号时稍偏安全，但一般并不过分安全。

国内外的大量疲劳试验证明，构件或连接的应力幅 $\Delta\sigma$ 与疲劳寿命 n 之间呈指数为负数的幂函数关系，如图 3.25(a)所示。对应某一循环寿命(也称疲劳寿命)n_1，就有一个应力幅$\Delta\sigma_1$与之相应，说明构件或连接在该应力幅值下循环n_1次就会发生疲劳破坏。为了方便分析，可对该曲线关系取对数，则 $\lg\Delta\sigma$ 和 $\lg n$ 之间在双对数坐标系中呈直线关系，如图 3.25(b)所示。

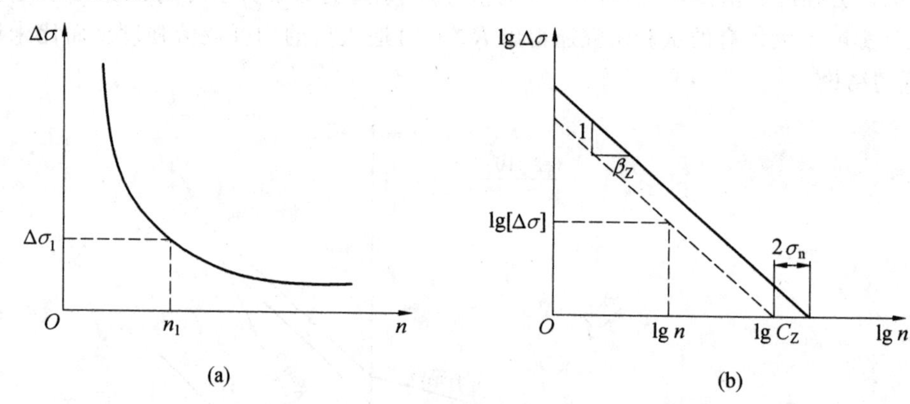

图 3.25　应力幅与循环寿命的关系

考虑到 $\Delta\sigma$ 与 n 之间的关系曲线是试验平均值回归所得，同时考虑到试验数据的离散性，取 n 的平均值减去 2 倍标准差($2\sigma_n$)的虚线(图 3.25(b))来确定疲劳强度的下限值。若 n 符合正态分布，则构件或连接的疲劳强度的保证率为 95%，称该虚线上的应力幅为对应某疲劳寿命的容许应力幅$[\Delta\sigma]$。令虚线与横坐标交于 $\lg C_Z$ 点，虚线的斜率为 $-1/\beta_Z$，则可由两个三角形的相似关系求出

$$\frac{1}{\beta_Z}=\frac{\lg[\Delta\sigma]}{\lg C_Z-\lg n}=\frac{\lg[\Delta\sigma]}{\lg(C_Z/n)} \tag{3.13}$$

可求得对应于疲劳寿命 n 的容许应力幅$[\Delta\sigma]$的表达式为

$$[\Delta\sigma]=\left(\frac{C_Z}{n}\right)^{1/\beta_Z} \tag{3.14}$$

式中　C_Z、β_Z——不同构件和连接类别的试验参数。

应当指出，式(3.14)中忽略了钢材静力强度对疲劳强度的影响，认为所有连接形式的容许应力幅都与钢材的静力强度无关。国内外的试验研究表明：除个别在疲劳计算中不起控制作用类别的疲劳强度有随钢材的强度提高而稍有增加外，大多数焊接连接类别的疲劳强度均不受钢材静力强度的影响。因此，为简化表达，在疲劳验算时，忽略了钢材静力强度差异的影响。

3.2.3　国内抗疲劳设计方法

1.《钢结构设计标准》中的规定

我国《钢结构设计标准》(GB 50017—2017)规定，直接承受动力荷载重复作用的钢结构构件及其连接，当应力变化的循环次数 n 等于或大于 5×10^4 次时，应进行疲劳计算。疲劳计算采用基于名义应力的容许应力幅法。名义应力按弹性状态计算，容许应力幅按构件和连接类别、应力循环次数以及计算部位的板件厚度确定。

对于常幅疲劳，若在结构使用寿命期间所受的应力幅较低，其正应力幅和剪应力幅的疲劳设计应满足

$$\Delta\sigma \leqslant \gamma_t\,[\Delta\sigma]_{1\times10^8} \tag{3.15}$$

$$\Delta\tau \leqslant [\Delta\tau]_{1\times10^8} \tag{3.16}$$

式中　$\Delta\sigma$ 和 $\Delta\tau$——分别为构件或连接计算部位的正应力幅和剪应力幅；

γ_t——板厚修正系数；

$[\Delta\sigma]_{1\times10^8}$ 和 $[\Delta\tau]_{1\times10^8}$——分别为常幅疲劳正应力幅和剪应力幅的疲劳截止限，即疲劳寿命为 1×10^8 时的容许正应力幅和容许剪应力幅。

对于焊接部位，正应力幅 $\Delta\sigma$ 和剪应力幅 $\Delta\tau$ 分别为

$$\begin{cases}\Delta\sigma = \sigma_{\max} - \sigma_{\min} \\ \Delta\tau = \tau_{\max} - \tau_{\min}\end{cases} \tag{3.17}$$

对于非焊接部位，正应力幅 $\Delta\sigma$ 和剪应力幅 $\Delta\tau$ 分别为

$$\begin{cases}\Delta\sigma = \sigma_{\max} - 0.7\sigma_{\min} \\ \Delta\tau = \tau_{\max} - 0.7\tau_{\min}\end{cases} \tag{3.18}$$

式中　$\sigma_{\max}$ 和 $\sigma_{\min}$——分别为计算部位应力循环中的最大拉应力和最小拉应力(或压应力)，拉应力取正值，压应力取负值；

$\tau_{\max}$ 和 $\tau_{\min}$——分别为计算部位应力循环中的最大剪应力和最小剪应力。

对于横向角焊缝连接和对接焊缝连接，当板厚 t 超过 25 mm 时，板厚修正系数 γ_t 为

$$\gamma_t = (25/t)^{0.25} \tag{3.19}$$

对于螺栓轴向受拉连接，当螺栓的公称直径 d 大于 30 mm 时，板厚修正系数 γ_t 为

$$\gamma_t = (30/d)^{0.25} \tag{3.20}$$

其他情况下，γ_t 取 1。

当常幅疲劳的应力幅不满足式(3.15)或式(3.16)时，应按照结构预期使用寿命按式(3.21)或式(3.22)进行疲劳强度验算：

$$\Delta\sigma \leqslant \gamma_t[\Delta\sigma] \tag{3.21}$$

$$\Delta\tau \leqslant [\Delta\tau] \tag{3.22}$$

式中　$[\Delta\sigma]$、$[\Delta\tau]$——常幅疲劳的容许正应力幅和容许剪应力幅。

当应力循环次数 $n \leqslant 5\times10^6$ 时，容许正应力幅按式(3.13)计算，式中，参数 C_Z、β_Z 按表 3.2 确定。

当应力循环次数 $5\times10^6 < n \leqslant 1\times10^8$ 时，容许正应力幅按式(3.23)计算：

$$[\Delta\sigma]=\left[\left([\Delta\sigma]_{5\times10^6}\right)^2\frac{C_Z}{n}\right]^{1/(\beta_Z+2)} \tag{3.23}$$

当应力循环次数 $n\leqslant 1\times10^8$ 时，容许剪应力幅按式(3.24)计算：

$$[\Delta\tau]=\left(\frac{C_J}{n}\right)^{1/\beta_J} \tag{3.24}$$

2.构造细节分类和疲劳计算参数

无论以应力比或以应力幅为计算准则，构件的构造细节都对它的疲劳性能有重大影响。构造细节的区别体现在构件本身的拼接、附件的连接情况以及和其他构件的连接等。拼接和连接造成的应力集中越严重，构件的抗疲劳性能越差。

为设计方便，《钢结构设计标准》(GB 50017—2017)将正应力幅作用下的构件和连接分为14个类别，分别为Z1～Z14，如标准附录K中的表K.0.1～K.0.5所示，涵盖了非焊接、纵向传力焊缝、横向传力焊缝、非传力焊缝、钢管截面等不同受力特点和构造的构件和连接分类。可将剪应力幅作用下的构件和连接分为J1～J3等3个类别，分别对应于角焊缝受剪、普通螺栓受剪和栓钉受剪等情况。

此外，《钢结构设计标准》(GB 50017—2017)还给出了正应力幅和剪应力幅作用下不同种类别的构件和连接的疲劳计算参数和疲劳强度－寿命($S-N$)曲线。

表3.2给出了正应力幅作用下14类构件和连接的 C_Z 和 β_Z 系数以及对应于不同疲劳寿命 n 的容许正应力幅，相应的对数坐标系下的容许正应力幅的 $S-N$ 曲线如图3.26所示。图3.26中纵坐标 $S=\lg\Delta\sigma$，横坐标 $N=\lg n$。Z1～Z14类构件和连接分别由不存在构造应力集中变化到应力集中最为严重，其容许应力幅逐渐减小。研究表明，对变幅疲劳问题，低应力幅在高周循环阶段的疲劳损伤程度有所降低，为了将常幅疲劳与变幅疲劳计算相协调和合理衔接，在常幅疲劳计算中，对于不同范围的应力循环次数 n，其容许正应力幅 $[\Delta\sigma]$ 计算时采用的 $S-N$ 曲线的斜率有所不同。由图3.26可知，当应力循环次数 $n\leqslant5\times10^6$ 时，$S-N$ 曲线的斜率采用 β_Z；当应力循环次数 $5\times10^6<n\leqslant1\times10^8$ 时，$S-N$ 曲线的斜率采用 β_Z+2。此外，图中还存在一个不发生疲劳损伤的截止限，即应力循环次数 $n=1\times10^8$ 对应的容许正应力幅 $[\Delta\sigma_L]_{1\times10^8}$。

表3.2　正应力幅的疲劳计算参数

构件与连接类别	构件与连接相关系数		$[\Delta\sigma]_{2\times10^6}$ /(N·mm^{-2})	$[\Delta\sigma]_{5\times10^6}$ /(N·mm^{-2})	$[\Delta\sigma_L]_{1\times10^8}$ /(N·mm^{-2})
	C_Z	β_Z			
Z1	$1\,920\times10^{12}$	4	176	140	85
Z2	861×10^{12}	4	144	115	70
Z3	3.91×10^{12}	3	125	92	51
Z4	2.81×10^{12}	3	112	83	46
Z5	2.00×10^{12}	3	100	74	41
Z6	1.46×10^{12}	3	90	66	36
Z7	1.02×10^{12}	3	80	59	32
Z8	0.72×10^{12}	3	71	52	29

续表 3.2

构件与连接类别	构件与连接相关系数		$[\Delta\sigma]_{2\times10^6}$ /(N·mm^{-2})	$[\Delta\sigma]_{5\times10^6}$ /(N·mm^{-2})	$[\Delta\sigma_L]_{1\times10^8}$ /(N·mm^{-2})
	C_Z	β_Z			
Z9	0.50×10^{12}	3	63	46	25
Z10	0.35×10^{12}	3	56	41	23
Z11	0.25×10^{12}	3	50	37	20
Z12	0.18×10^{12}	3	45	33	18
Z13	0.13×10^{12}	3	40	29	16
Z14	0.09×10^{12}	3	36	26	14

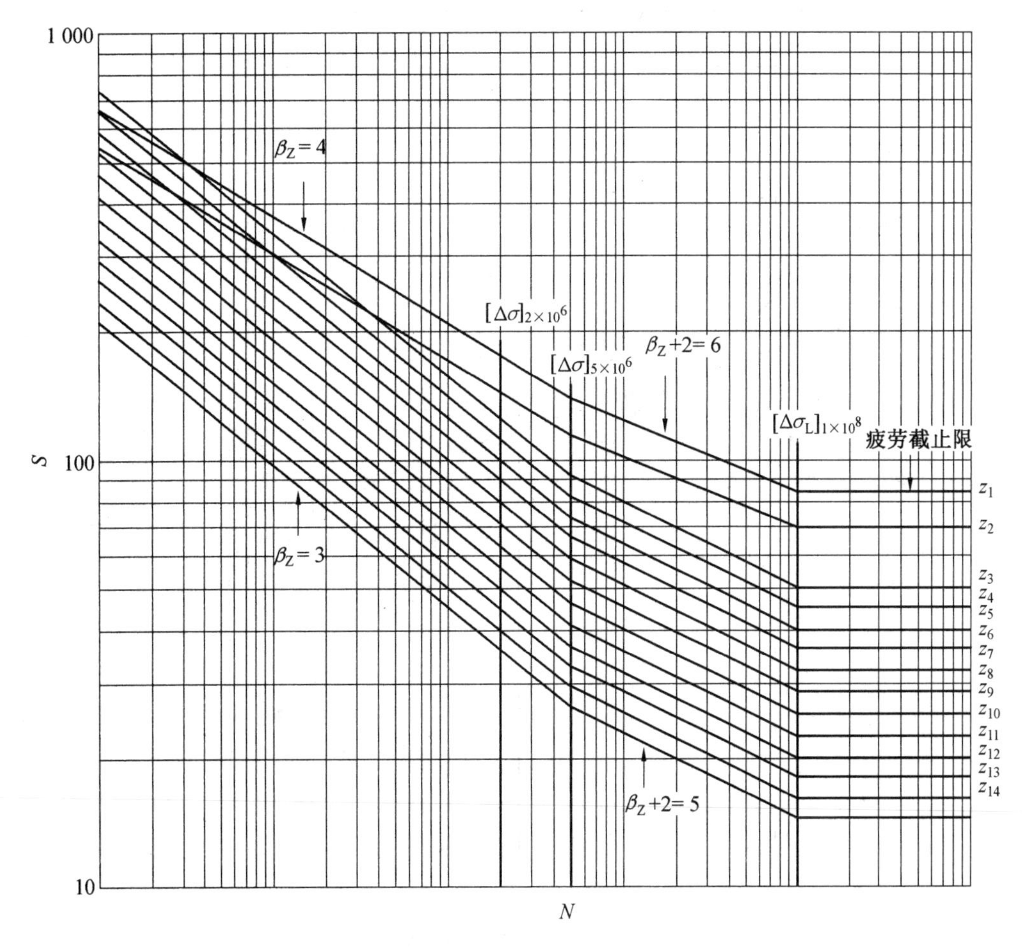

图 3.26　正应力幅的 $S-N$ 曲线

表 3.3 和图 3.27 分别给出了剪应力幅作用下 3 类构件和连接的 C_J 和 β_J 系数、对应于不同疲劳寿命 n 的容许剪应力幅以及疲劳强度－寿命($S-N$)曲线。由图 3.27 可知，当应力循环次数 $n\leqslant1\times10^8$ 时，$S-N$ 曲线的斜率 $-1/\beta_J$ 保持不变。同样地，当应力循环次

数 $n=1\times10^8$时，$S-N$ 曲线存在一个不发生疲劳损伤的截止限，即低于该截止限的应力幅一般不会导致疲劳损伤。

表 3.3　剪应力幅的疲劳计算参数

构件与连接类别	构件与连接的相关系数		$[\Delta\tau]_{2\times10^6}$ /(N·mm^{-2})	$[\Delta\tau_L]_{1\times10^8}$ /(N·mm^{-2})
	C_J	β_J		
J1	4.10×10^{11}	3	59	16
J2	2.00×10^{16}	5	100	46
J3	8.61×10^{21}	8	90	55

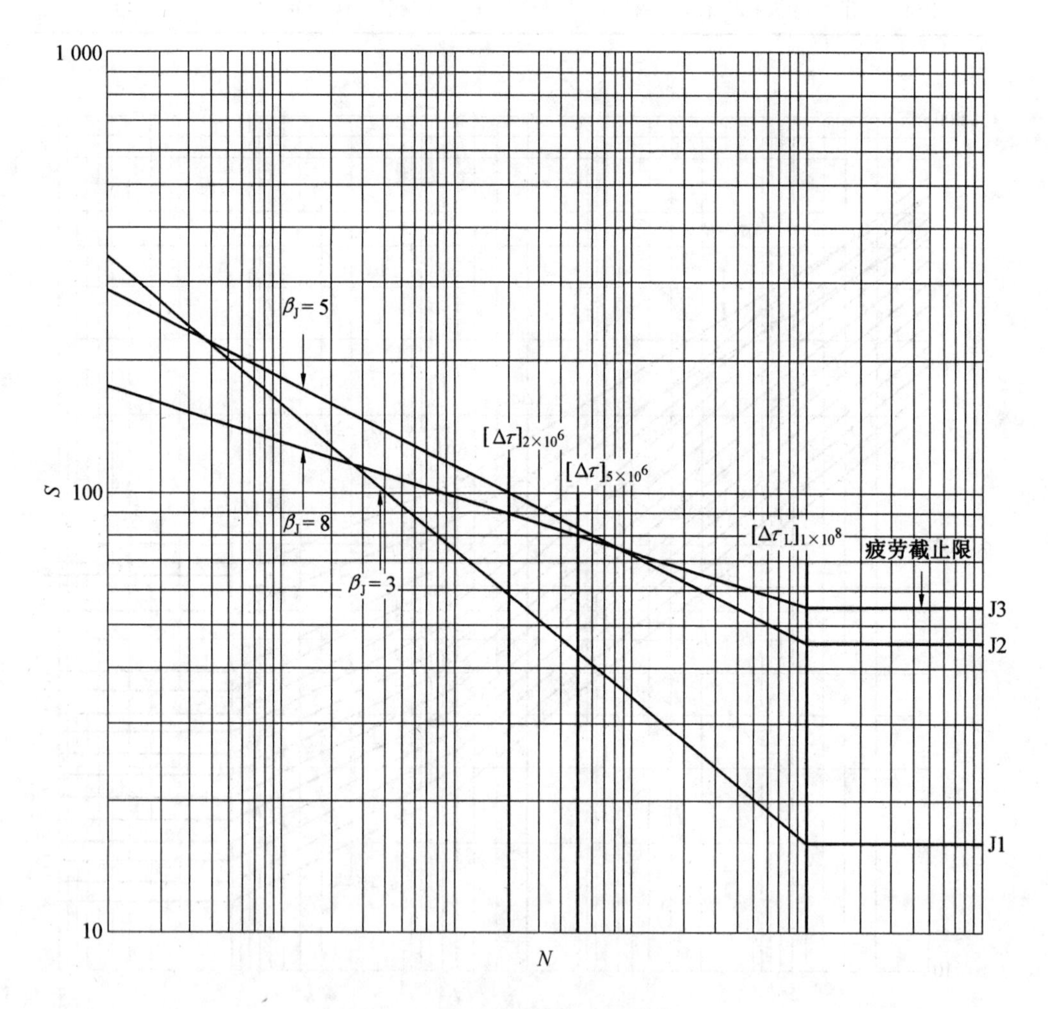

图 3.27　剪应力幅的 $S-N$ 曲线

【例 3.1】　如图 3.28 所示，一焊接箱型钢梁，在跨中截面受到$F_{min}=10$ kN 和$F_{max}=100$ kN 的常幅交变荷载作用，跨中截面对水平形心轴的惯性矩为$I_z=68.5\times10^{-6}\ m^4$。该梁翼缘与腹板由单侧施焊手工焊接而成，$h_f=10$ mm，角焊缝符合二级外观质量标准，翼缘与腹板很好贴合，若欲使构件在服役期间内能承受 2×10^6 次交变荷载作用，试校核其疲劳强度。

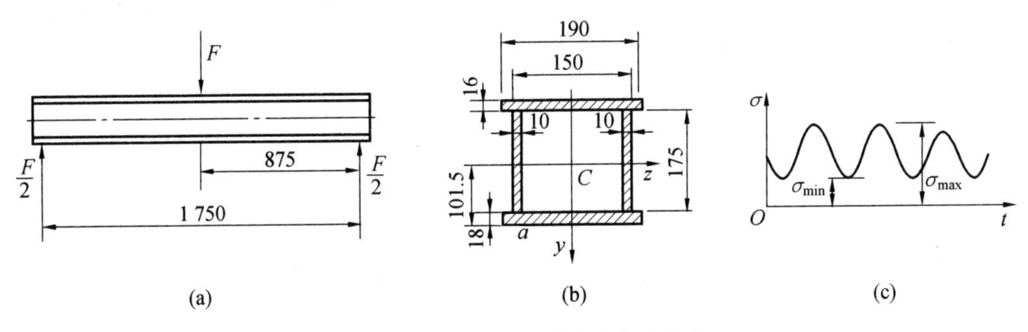

图 3.28　钢梁尺寸及所受疲劳应力谱

解　(1)正应力幅校核。

计算跨中截面危险点(a 点)的正应力幅:

$$\sigma_{\min}=\frac{M_{\min}y_a}{I_z}=\frac{(F_{\min}l/4)y_a}{I_z}=\frac{(10\times10^3\,\mathrm{N}\times1\,750\ \mathrm{mm}/4)\times101.5\ \mathrm{mm}}{68.5\times10^6\,\mathrm{mm}^4}=6.48\ \mathrm{N/mm^2}$$

$$\sigma_{\max}=\frac{M_{\max}y_a}{I_z}=\frac{(F_{\max}l/4)y_a}{I_z}=\frac{(100\times10^3\,\mathrm{N}\times1\,750\ \mathrm{mm}/4)\times101.5\ \mathrm{mm}}{68.5\times10^6\,\mathrm{mm}^4}=64.83\ \mathrm{N/mm^2}$$

$$\Delta\sigma=\sigma_{\max}-\sigma_{\min}=64.83\ \mathrm{N/mm^2}-6.48\ \mathrm{N/mm^2}=58.35\ \mathrm{N/mm^2}$$

确定疲劳截止限:该梁$\gamma_t=1.0$,查《钢结构设计标准》(GB 50017—2017)中附录 K 的表 K.0.2 可知,在正应力幅计算时,该梁为 Z5 类,查表 3.2 可知,$[\Delta\sigma_L]_{1\times10^8}=41\ \mathrm{N/mm^2}$,显然 $\Delta\sigma>\gamma_t[\Delta\sigma_L]_{1\times10^8}$。

确定容许正应力幅$[\Delta\sigma]$,并校核疲劳强度:

查表 3.2 可知,$C_Z=2.00\times10^{12}$,$\beta_Z=3$,$[\Delta\sigma]_{2\times10^6}=100\ \mathrm{N/mm^2}$,显然,$\Delta\sigma\leqslant\gamma_t[\Delta\sigma]$,该梁正应力幅满足疲劳强度要求。

(2)剪应力幅校核。

水平形心轴以上截面对水平形心轴的面积矩为

$$\begin{aligned}S_{Z上}&=16\ \mathrm{mm}\times190\ \mathrm{mm}\times\left[\frac{16}{2}+(175-101.5+18)\right]\mathrm{mm}+\\&\quad 2\times10\ \mathrm{mm}\times(175-101.5+18)\ \mathrm{mm}\times[(175-101.5+18)/2]\ \mathrm{mm}\\&=386\,202.5\ \mathrm{mm^3}\end{aligned}$$

水平形心轴以下截面对水平形心轴的面积矩为

$$\begin{aligned}S_{Z下}&=18\ \mathrm{mm}\times190\ \mathrm{mm}\times(101.5-18/2)\ \mathrm{mm}+\\&\quad 2\times10\ \mathrm{mm}\times(101.5-18)\ \mathrm{mm}\times[(101.5-18)/2]\ \mathrm{mm}\\&=386\,072\ \mathrm{mm^3}\end{aligned}$$

梁上翼缘与腹板交接处以上截面对水平形心轴的面积矩为

$$S_{f上}=16\ \mathrm{mm}\times190\ \mathrm{mm}\times\left[\frac{16}{2}+(175-101.5+18)\right]\mathrm{mm}=302\,480\ \mathrm{mm^3}$$

梁下翼缘与腹板交接处以下截面对水平形心轴的面积矩为

$$S_{f下}=18\ \mathrm{mm}\times190\ \mathrm{mm}\times(101.5-18/2)\mathrm{mm}=316\,350\ \mathrm{mm^3}$$

由于 $S_{f下}>S_{f上}$，$S_{Z上}>S_{Z下}$，故取 $S_f=S_{f下}$，$S_Z=S_{Z上}$。最大剪应力位于$\frac{S_Z}{2t}$和$\frac{S_f}{2\times 0.7h_f}$两者中大的位置，即 $\max\left\{\frac{S_Z}{2t},\frac{S_f}{2\times 0.7h_f}\right\}$。

$$\frac{S_Z}{2t}=\frac{386\ 202.5}{2\times 10}\text{mm}^2=19\ 310.12\ \text{mm}^2$$

$$\frac{S_f}{2\times 0.7h_f}=\frac{316\ 350}{2\times 0.7\times 10}\text{mm}^2=22\ 596.43\ \text{mm}^2$$

梁中剪力为 $V_y=F/2$，则最大剪应力位于下翼缘与腹板交接处。

$$\tau_{\max}=\frac{V_{y\max}S_f}{I_z\times 2\times 0.7h_f}=\frac{50\times 10^3\ \text{N}\times 316\ 350\ \text{mm}^3}{68.5\times 10^6\ \text{mm}^4\times 2\times 0.7\times 10\ \text{mm}}=16.49\ \text{N/mm}^2$$

同理

$$\tau_{\min}=\frac{V_{y\min}S_f}{I_z\times 2\times 0.7h_f}=\frac{5\times 10^3\ \text{N}\times 316\ 350\ \text{mm}^3}{68.5\times 10^6\ \text{mm}^4\times 2\times 0.7\times 10\ \text{mm}}=1.65\ \text{N/mm}^2$$

$$\Delta\tau=\tau_{\max}-\tau_{\min}=16.49\ \text{N/mm}^2-1.65\ \text{N/mm}^2=14.84\ \text{N/mm}^2$$

确定疲劳截止限：查标准 GB 50017—2017 中附录 K 的表 K.0.6 可知，在剪应力幅计算时，该梁为 J1 类，查表 3.3 可知，$[\Delta\tau_L]_{1\times 10^8}=16\ \text{N/mm}^2$，显然 $\Delta\tau<[\Delta\tau_L]_{1\times 10^8}$，该梁剪应力幅满足疲劳强度要求。

3.2.4　变幅疲劳和随机疲劳

1. Miner 线性累积损伤准则

实际结构或构件所承受的交变荷载一般不是常幅循环荷载，而是变幅循环荷载或随机荷载。拿吊车梁来说，吊车操作时并不总是满载的，小车在吊车桥上所处的部位和吊车的运行速度也是变化的，吊车轨道的维修情况也是每天不同。这些因素使得吊车梁每次的荷载循环都不尽相同。图 3.29(a)给出了随机荷载作用下结构或构件的应力谱示意图。图 3.29(b)则是将其简化为常幅循环荷载后所得的应力谱。显然，二者对结构或构件的疲劳产生的效果不会完全相同。按常幅循环荷载来计算或进行试验，当然要比变幅循环荷载简单得多。但是，如果不是大部分循环荷载都达到最大值，则按常幅应力幅 $\Delta\sigma=\sigma_{\max}-\sigma_{\min}$ 计算是不够经济合理的。

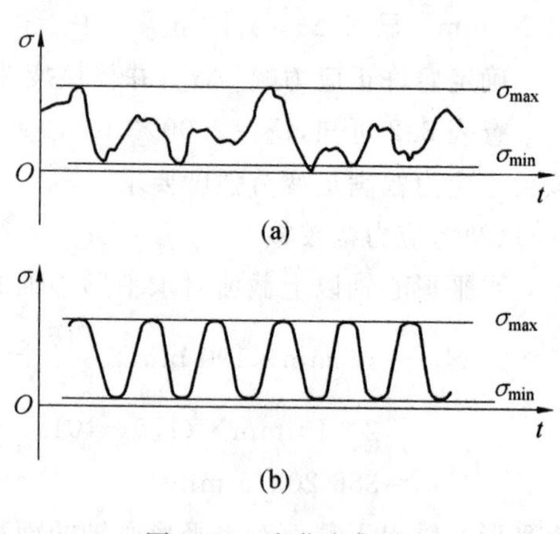

图 3.29　疲劳应力谱

如图 3.30 所示，假定结构或构件在常幅应力幅 $\Delta\sigma_1$ 下的疲劳寿命为 N_1，若在该应力幅下循环 1 次，将引起 $1/N_1$ 的疲劳寿命损伤，若循环 n_1 次，则造成的损伤为 n_1/N_1；同样地，假定该试件在常幅应力幅 $\Delta\sigma_2$ 下的疲劳寿命为 N_2，若在应力幅 $\Delta\sigma_2$ 下循环 n_2 次，则造成的损伤为 n_2/N_2；依此类推。由此，变幅循环荷载的疲劳问题，可以由式(3.25)表达的 Miner 线性累积损伤准则(linear cumulative damage criteria)来计算。

$$\frac{n_1}{N_1}+\cdots+\frac{n_i}{N_i}+\cdots+\frac{n_m}{N_m}=1 \tag{3.25}$$

式中　n_i——应力幅 $\Delta\sigma_i$ 对构件的作用次数；

N_i——常幅应力幅 $\Delta\sigma_i$ 作用下构件的预期寿命，可由式(3.26)进行表示；

m——变幅循环荷载等效为常幅循环荷载的级数。

因此，只有变幅循环荷载的所有损伤之和 $\sum n_i/N_i$ 等于1时，才会发生疲劳破坏。

$$N_i\ (\Delta\sigma_i)^{\beta}=C \quad 或 \quad N_i=\frac{C}{(\Delta\sigma_i)^{\beta}} \tag{3.26}$$

将式(3.26)代入式(3.25)，可得

$$\frac{n_1\ (\Delta\sigma_1)^{\beta}}{C}+\cdots+\frac{n_i\ (\Delta\sigma_i)^{\beta}}{C}+\cdots+\frac{n_m\ (\Delta\sigma_m)^{\beta}}{C}=\frac{\sum_{i=1}^{m}n_i\ (\Delta\sigma_i)^{\beta}}{C}=1 \tag{3.27}$$

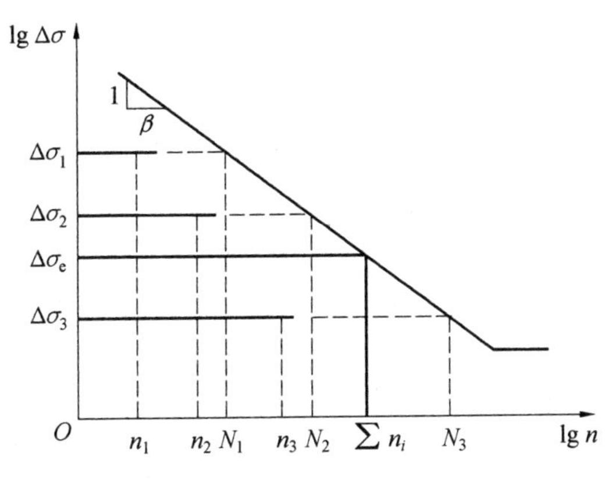

图3.30　疲劳寿命曲线与累积损伤计算示意图

式(3.25)成立的前提是假定整个疲劳寿命只包括裂纹扩展阶段且不同水平的应力幅作用的先后顺序不影响疲劳寿命，因此与实际情况是有一定出入的。故变幅循环荷载作用下的疲劳试验所得的 $\sum n_i/N_i$ 往往不一定等于1。对于焊接构件，$\sum n_i/N_i$ 常大于1，因此，式(3.25)一般能保证构件安全。

由于Miner线性积累损伤准则简单明了、使用方便，因此是目前最通用的方法。在具体应用这一准则时，可以采用等效常幅应力幅来代替变动的应力幅。即假定另有一等效常幅疲劳应力幅 $\Delta\sigma_e$(图3.30)，循环 $\sum n_i$ 次后，也使该类别的部件产生疲劳破坏，则有

$$N=\sum_{i=1}^{m}n_i=C\ (\Delta\sigma_e)^{-\beta} \quad 或 \quad (\Delta\sigma_e)^{\beta}\sum_{i=1}^{m}n_i=C \tag{3.28}$$

由式(3.27)和式(3.28)可得

$$\sum_{i=1}^{m}n_i\ (\Delta\sigma_i)^{\beta}=C=(\Delta\sigma_e)^{\beta}\sum_{i=1}^{m}n_i \tag{3.29}$$

故等效常幅疲劳应力幅 $\Delta\sigma_e$ 可表示为

$$\Delta\sigma_{\mathrm{e}}=\left(\frac{\sum_{i=1}^{m}n_i\ (\Delta\sigma_i)^{\beta}}{\sum_{i=1}^{m}n_i}\right)^{1/\beta} \tag{3.30}$$

经过多年的工程实践和现场测试分析，已获得了一些有代表性车间的重级工作制吊车梁和重级、中级工作制吊车桁架的设计应力谱。由于不同车间内的吊车梁在50年设计工作年限内的应力循环次数并不相同，为便于比较，统一按循环次数 2×10^6 计算出了相应的等效常幅应力幅 $\Delta\sigma_{\mathrm{e}}$。并将变幅应力谱中的最大应力幅 $\max(\Delta\sigma_i)$ 看成满负荷工作时常幅设计应力幅 $\Delta\sigma$，则实际工作吊车梁的欠载效应的等效系数为 $\alpha_{\mathrm{f}}=\dfrac{\Delta\sigma_{\mathrm{e}}}{\Delta\sigma}$。对于重级工作制硬钩吊车，$\alpha_{\mathrm{f}}=1.0$；对于重级工作制软钩吊车，$\alpha_{\mathrm{f}}=0.8$；对于中级工作制吊车，$\alpha_{\mathrm{f}}=0.5$。

美国一研究机构完成了有盖板钢梁在变幅循环应力作用下的疲劳试验，采用式(3.30)确定了常幅等效应力幅 $\Delta\sigma_{\mathrm{e}}$ 并进行了常幅循环应力疲劳试验，通过对比发现，试验点都在置信下限以上，这在一定程度表明式(3.30)的等效应力幅是可行的。

在变幅疲劳的计算中还需解决一个问题，即如何确定不同水平的应力幅 $\Delta\sigma_i$ 对应的作用频数 n_i。关于这个问题，目前存在多种计数法，其中最常用的是雨流计数法，介绍如下。

设有图3.31(a)所示的一段应力谱，由 $\sigma_{\min}$ 经过一段波折达到 $\sigma_{\min}$，然后经过两段波折又回到 $\sigma_{\min}$。将此图旋转90°使时间轴指向下方(图3.31(b))。设想图中的各线段为一多层塔的各层屋面，受到由 A 点泻下的雨水作用。当雨水流至该层屋面的另一端时，若无下层屋面遮挡，则雨水反向流动；若有下层屋面遮挡，则雨水落至下层屋面，并继续顺着该层屋面往下流动。例如：从 A 点向 B 点下流的雨水可以落到下层屋面的 B' 点并下流至 D 点；由于 D 点的下层屋面无法接住 D 点的雨水，故雨水反向流动，即沿 DE 流动；从 D 点向 E 点下流的雨水可以落到下层屋面的 E' 点并流至 G 点，之后落到 G' 点再流至 I 点，至此流动结束。因此，$AD-DI$ 为一个应力循环。雨水停止继续下流的条件是水流遇到

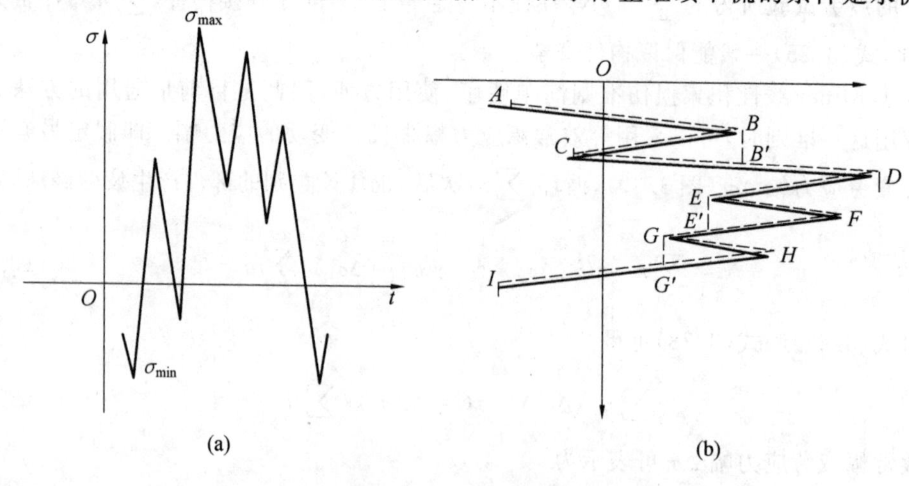

图3.31　雨流计数法

已有的流线,如从 C、F 和 H 点下流的雨水就是这样。

流线确定之后即可计数。在这一段应力谱中,共有四个应力幅。其中 $AD-DI$ 为一个循环。其应力幅为 $\Delta\sigma_1=\sigma_{max}-\sigma_{min}$。应力循环 $BC-CB'$ 的应力幅为 $\Delta\sigma_2$。其余两个应力循环 $EF-FE'$ 和 $GH-HG'$ 相差不大,统一作为 $\Delta\sigma_3$。因此计数结果为 $n_1=n_2=1$,$n_3=2$。

工程中经常要面对材料或结构在随机荷载作用下的疲劳寿命预测问题。如果能够将随机荷载谱转化为变幅荷载谱,就可以利用变幅荷载谱的寿命预测方法来解决随机荷载谱的寿命预测问题。其基本思路为:假设随机荷载谱可看作是以典型荷载谱块为基础重复的荷载一时间历程,通过雨流计数法,可以识别出典型荷载谱块所包含的一系列循环荷载,从而将其转化为变幅荷载一时间历程,即变幅荷载谱。雨流计数法的主要内涵是对应力幅及其频次进行统计,其主要步骤与上述介绍的过程类似,这里不再赘述。

2. 国内抗疲劳设计方法

由图 3.26 可知,正应力幅的疲劳强度 $S-N$ 曲线由两段斜率不同的直线段(分别对应应力循环次数 $n\leqslant5\times10^6$ 和 $5\times10^6<n\leqslant1\times10^8$)组成,故 Miner 线性累积损伤准则的式(3.25)将变换为

$$\sum\frac{n_i}{N_i}+\sum\frac{n_j}{N_j}=1 \tag{3.31}$$

式中　$\sum n_i/N_i$ 和 $\sum n_j/N_j$ ——两个等效常幅循环应力幅块中产生的总疲劳寿命损伤。

假设构件或连接类别相同的变幅疲劳和常幅疲劳具有相同的疲劳曲线,如图 3.32 所示,该图给出了具有 6 个应力幅水平的变幅疲劳的例子。按照 $S-N$ 曲线的方程,参照式(3.26)对于$\Delta\sigma_1\sim\Delta\sigma_6$,每一个应力幅水平均有

$$N_i=\frac{C_Z}{(\Delta\sigma_i)^{\beta_Z}},\quad i=1\sim3 \tag{3.32}$$

$$N_j=\frac{C'_Z}{(\Delta\sigma_j)^{\beta_Z+2}},\quad j=4\sim6 \tag{3.33}$$

由于斜率β_Z与β_Z+2 的两条 $S-N$ 曲线在 $n=5\times10^6$ 处交汇,则满足

$$C'_Z=\frac{(\Delta\sigma_{5\times10^6})^{\beta_Z+2}}{(\Delta\sigma_{5\times10^6})^{\beta_Z}}C_Z=(\Delta\sigma_{5\times10^6})^2C_Z \tag{3.34}$$

设想另有一等效常幅疲劳应力幅 $\Delta\sigma_e$(图 3.32),循环 2×10^6 次后,也使该类别的部件产生疲劳破坏,则有

$$C_Z=2\times10^6(\Delta\sigma_e)^{\beta_Z} \tag{3.35}$$

将式(3.32)~(3.35)代入式(3.31),可得到常幅疲劳 2×10^6 次的等效正应力幅为

$$\Delta\sigma_e=\left[\frac{\sum n_i(\Delta\sigma_i)^{\beta_Z}+([\Delta\sigma]_{5\times10^6})^{-2}\sum n_j(\Delta\sigma_j)^{\beta_Z+2}}{2\times10^6}\right]^{1/\beta_Z} \tag{3.36}$$

式中　$[\Delta\sigma]_{5\times10^6}$ ——循环次数 n 为 5×10^6 的容许正应力幅,按照构件和类别选取;

$\Delta\sigma_i$ 和 n_i ——分别为应力谱中在 $\Delta\sigma_i\geqslant[\Delta\sigma]_{5\times10^6}$ 范围内的正应力幅及其频次;

$\Delta\sigma_j$ 和 n_j ——分别为应力谱中在$[\Delta\sigma]_{1\times10^8}\leqslant\Delta\sigma_i<[\Delta\sigma]_{5\times10^6}$ 范围内的正应力幅及

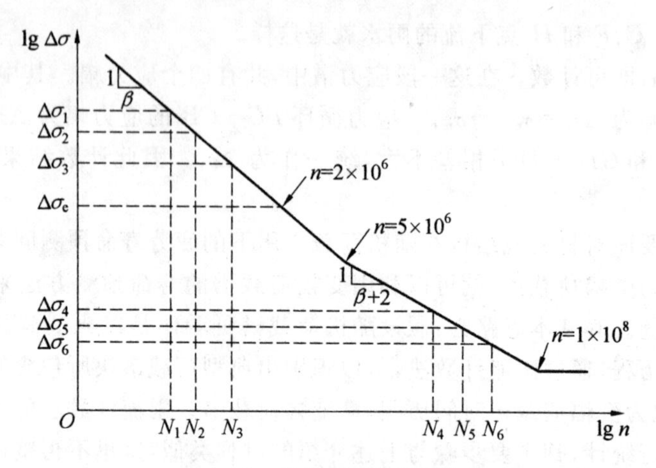

图 3.32　变幅疲劳的疲劳曲线

其频次。

同理，可得应力循环 $n=2\times10^6$ 次常幅疲劳的等效剪应力幅为

$$\Delta\tau_e=\left[\frac{\sum n_i(\Delta\tau_i)^{\beta_J}}{2\times10^6}\right]^{1/\beta_J} \tag{3.37}$$

《钢结构设计标准》(GB 50017—2017)规定，在结构使用寿命期间，当变幅疲劳的等效应力幅满足式(3.38)或式(3.39)时，则疲劳强度满足要求。

正应力幅：

$$\Delta\sigma_e\leqslant\gamma_t\left[\Delta\sigma_L\right]_{1\times10^8} \tag{3.38}$$

式中　$\Delta\sigma_e$——变幅疲劳的等效正应力幅，按式(3.15)计算；

$[\Delta\sigma_L]_{1\times10^8}$、$\gamma_t$——同式(3.15)。

剪应力幅：

$$\Delta\tau_e\leqslant\left[\Delta\tau_L\right]_{1\times10^8} \tag{3.39}$$

式中　$\Delta\tau_e$——变幅疲劳的等效正应力幅，按式(3.16)计算；

$[\Delta\tau_L]_{1\times10^8}$——同式(3.16)。

当变幅疲劳的等效应力幅不满足式(3.38)或式(3.39)时，按式(3.40)或式(3.41)进行验算。

正应力幅：

$$\Delta\sigma_e\leqslant\gamma_t\left[\Delta\sigma\right]_{2\times10^6} \tag{3.40}$$

式中　$\Delta\sigma_e$、γ_t——同式(3.38)；

$[\Delta\sigma]_{2\times10^6}$——应力循环次数 $n=2\times10^6$ 时的容许正应力幅。

剪应力幅：

$$\Delta\tau_e\leqslant\left[\Delta\tau\right]_{2\times10^6} \tag{3.41}$$

式中　$\Delta\tau_e$——同式(3.39)；

$[\Delta\tau]_{2\times10^6}$——应力循环次数 $n=2\times10^6$ 时的容许剪应力幅。

3.3 低周疲劳

在疲劳问题中，对于循环应力水平较低（$\sigma_{max} < \sigma_s$）、寿命较长的高周疲劳问题，采用应力—寿命（即 $S-N$）曲线描述疲劳性能是恰当的。然而，工程中有许多构件和连接，在其整个使用寿命期间，所经历的荷载循环次数并不多。以压力容器为例，如果每天经受两次荷载循环，则在30年的使用期限内，荷载的总循环次数还不到 2.5×10^4 次。一般来说，在寿命较短的情况下，设计应力或应变水平可以高一些，以充分发挥材料的潜力。在这样的情况下，结构构件和连接中的某些高应力的局部（尤其是缺口根部）就进入屈服状态。

众所周知，对于延性较好的钢材，一旦发生屈服，即使应力变化非常小，应变的变化也会比较大，而且应力和应变之间的关系也不再是一一对应的关系。应变成为比应力更敏感的参量，因此，一般采用应变作为低周疲劳问题的控制参量。

3.3.1 循环应力应变响应

在循环荷载作用下，材料的应力应变曲线与在单调加载条件下相比，有很大不同。这主要表现在材料应力应变曲线的循环滞回行为上。

1. 滞回行为

在常幅应变循环试验中，连续监测低碳钢的应力应变响应，可以得到一系列的环状曲线，如图3.33所示。这些环状曲线通常称为滞回曲线或滞回环（hysteresis loops）。

滞回环有以下特点：

(1)滞回环随循环次数而改变，表明循环次数对应力应变响应有影响。

由图3.33可以看出，在低碳钢的常幅对称应变循环试验中，随着循环次数增加，循环应力幅不断增大，以致滞回环顶点位置随循环次数不断改变。

(2)经过一定循环周次之后，有稳态滞回环出现。

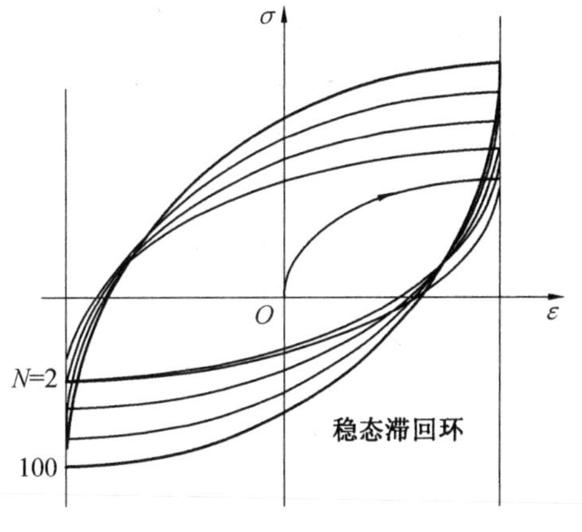

图3.33 低碳钢的循环应力应变响应

大多数金属材料，在达到一定的荷载循环次数之后，应力应变响应会逐渐趋于稳定，形成稳态滞回环。如图3.33所示的低碳钢，荷载循环约100次，即可形成稳态滞回环。必须指出，有些材料需要经历相当多的循环次数之后才能形成稳态滞回环，还有些材料甚至永远也得不到稳态滞回环。对于这些材料，可以把在给定应变幅下一半寿命处的滞回环，作为名义稳态滞回环。

(3)有循环硬化和循环软化现象。

在常幅对称应变循环下，随着循环次数增加，应力幅不断增大的现象，称为循环硬化。

图 3.33 中的低碳钢就是循环硬化的。反之，如果随着循环次数的增加，应力幅不断减小，则称为循环软化。

循环硬化和软化现象与材料及其热处理状态有关。一般来说，低强度、软材料趋于循环硬化，高强度、硬材料则趋于循环软化。例如，完全退火铜是循环硬化的，而冷拉铜则是循环软化的，如图 3.34 所示。不完全退火铜在循环应变幅较小时，是循环硬化的；而在循环应变幅较大时，又是循环软化的。

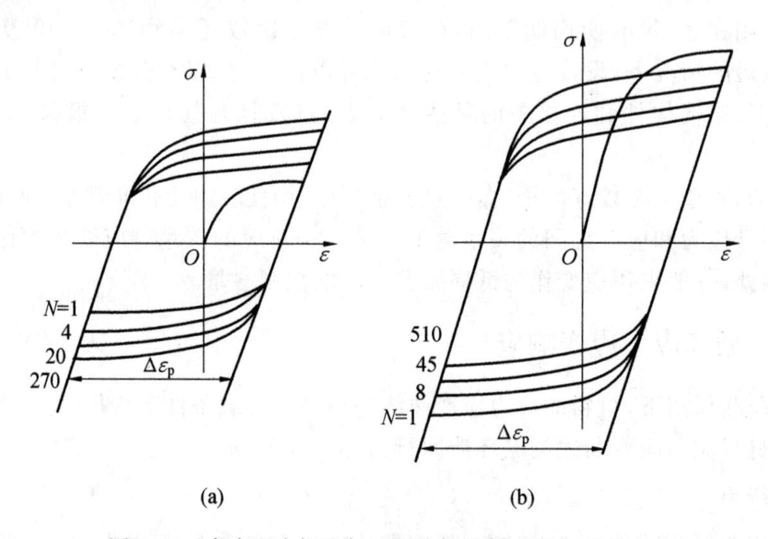

图 3.34　完全退火铜和加工硬化铜的循环应力应变响应

2. 循环半应力幅 σ_a—半应变幅 ε_a 曲线

利用在不同应变水平下的常幅对称循环疲劳试验，可以得到一族稳态滞回环。将这些稳态滞回环绘制在同一坐标图中，如图 3.35 所示，然后将每个稳态滞回环的顶点连成一条曲线。该曲线反映了在不同稳态滞回环中与循环半应变幅 ε_a($\varepsilon_a = \Delta\varepsilon/2 = (\varepsilon_{max} - \varepsilon_{min})/2$)对应的半应力幅 σ_a($\sigma_a = \Delta\sigma/2 = (\sigma_{max} - \sigma_{min})/2$)响应，因此称为循环半应力幅—半应变幅曲线。值得注意的是，与单调应力应变曲线不同，循环半应力幅—半应变幅曲线并不是真实的加载路径。

应力应变曲线上任一点的应变 ε，均可以表示为弹性应变 ε_e 与塑性应变 ε_p 之和，即

$$\varepsilon = \varepsilon_e + \varepsilon_p \tag{3.42}$$

应力与弹性应变的关系可以用 Hooke 定律描述，即

$$\sigma = E\varepsilon_e \tag{3.43}$$

应力与塑性应变的关系则采用 Holomon 关系表达，即

$$\sigma = K\varepsilon_p^n \tag{3.44}$$

式中　K——强度系数，具有应力的量纲(MPa)；

N——应变强化指数。对于常用的金属材料，n 一般在 0 ～ 0.6 之间。$n = 0$ 表示无应变强化，应力与塑性应变无关，是理想的塑性材料。

根据式(3.42) ～ (3.44)，可以将应力应变关系表示为

$$\varepsilon = \varepsilon_e + \varepsilon_p = \frac{\sigma}{E} + \left(\frac{\sigma}{K}\right)^{1/n} \tag{3.45}$$

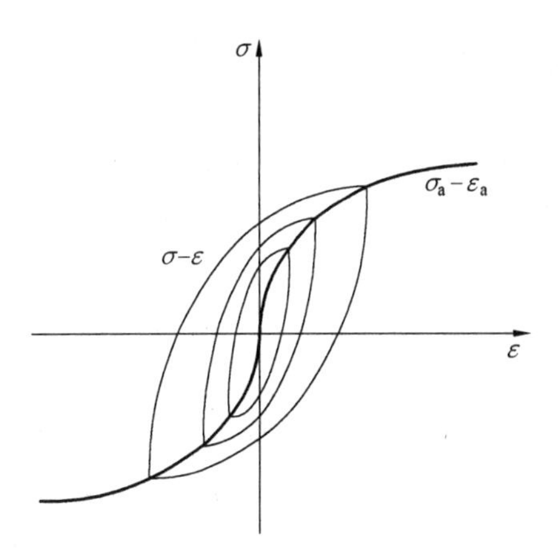

图 3.35　循环应力幅一应变幅曲线

这就是著名的 Remberg—Osgood 弹塑性应力应变关系。

仿照式(3.45),可将循环半应力幅 σ_a一半应变幅 ε_a关系表示为

$$\varepsilon_a=\varepsilon_{ea}+\varepsilon_{pa}=\frac{\sigma_a}{E}+\left(\frac{\sigma_a}{K'}\right)^{1/n'} \tag{3.46}$$

式中　ε_{ea}和 ε_{pa}——分别为弹性半应变幅和塑性半应变幅;

K'——循环强度系数,具有应力量纲(MPa);

n'——循环应变强化指数。

式(3.46)称为循环半应力幅一半应变幅方程。对于大多数金属材料,循环应变强化指数 n'取值一般在 0.1 ～ 0.2 之间。

3. 包辛格效应

在金属塑性加工过程中,正向加载引起的塑性应变强化导致金属材料在随后的反向加载过程中呈现塑性应变软化(屈服极限降低)的现象称为包辛格效应(Bauschinger effect)。这一现象是包辛格(J. Bauschinger)于 1886 年在金属材料的力学性能试验中发现的。

包辛格效应可用图 3.36 中的曲线来说明。具有强化性质的材料受拉且拉应力超过屈服极限(A 点)后,材料进入强化阶段(AD 段)。若在 B 点卸载,则再受拉时,拉伸屈服极限由没有塑性变形时的 A 点提高到 B 点。若在卸载后反向加载,则压缩屈服极限的绝对值由没有塑性变形时的 A'点降低到 B'点。图中 $OACC'$线是对应更大塑性变形的加载—卸载—反向加载路径,其中与 C 和 C'点对应的值分别为新的拉伸屈服极限和压缩屈服极限。

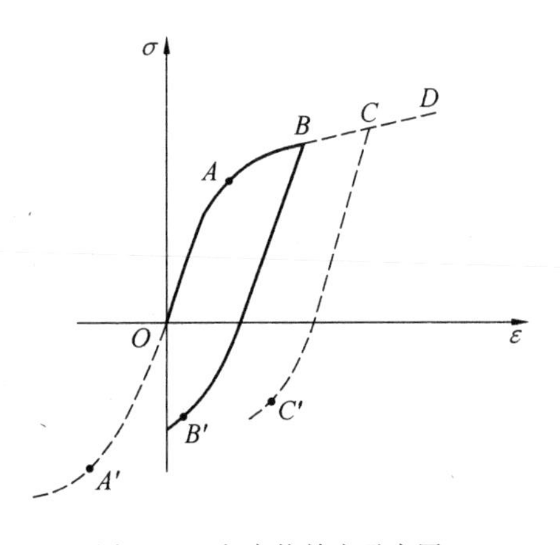

图 3.36　包辛格效应示意图

在金属单晶体材料中不会出现包辛格效应,所以一般认为,它是由多晶体材料晶界间的残余

应力引起的。包辛格效应使材料具有各向异性性质。若一个方向屈服极限提高的值和相反方向降低的值相等,则称为理想包辛格效应。

关于包辛格效应机制的研究对发展复杂循环塑性形变的本构模型,对从本质上理解加工硬化现象,以及对合理说明一些疲劳效应都至关重要。

4. 滞回性能

滞回性能即滞回曲线的性能。滞回曲线指在反复荷载作用下结构的荷载变形曲线,它反映结构在反复受力过程中的变形特征、刚度退化及能量消耗。滞回曲线的典型形状一般有四种:梭形、弓形、反 S 形和 Z 形。梭形说明滞回曲线的形状非常饱满(图 3.37(a)),反映出整个结构或构件的塑性变形能力很强,具有很好的耗能能力。弓形具有"捏缩"效应,显示出滞回曲线受到了一定的滑移影响(图 3.37(b)),滞回曲线的形状比较饱满,但饱满程度比梭形要低,反映出整个结构或构件的塑性变形能力比较强。反 S 形反映了更多的滑移影响,滞回曲线的形状不饱满(图 3.37(c)),说明该结构或构件延性和吸收地震能量的能力较差。例如一般框架、梁柱节点和剪力墙等的滞回曲线均属此类。Z 形反映出滞回曲线受到了大量的滑移影响,具有滑移性质(图 3.37(d))。

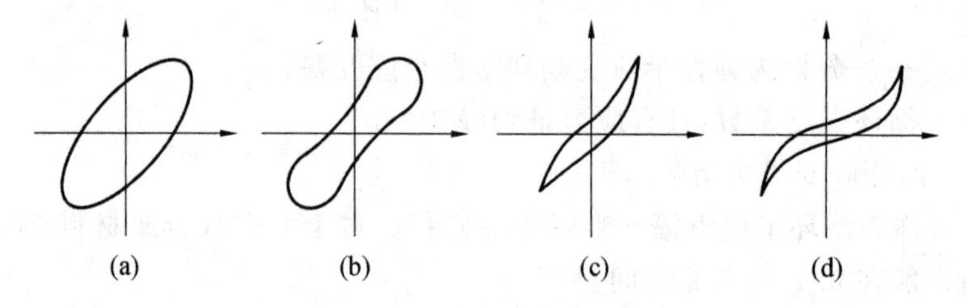

图 3.37　不同类型滞回曲线

钢材在多次重复的循环荷载作用下滞回环丰满而稳定(图 3.38),这为钢结构在地震作用下的耗能能力提供了基础。不过在抗震设计中包辛格效应明显,随着循环中拉力增大,受压切线模量 E_t 不断下降。

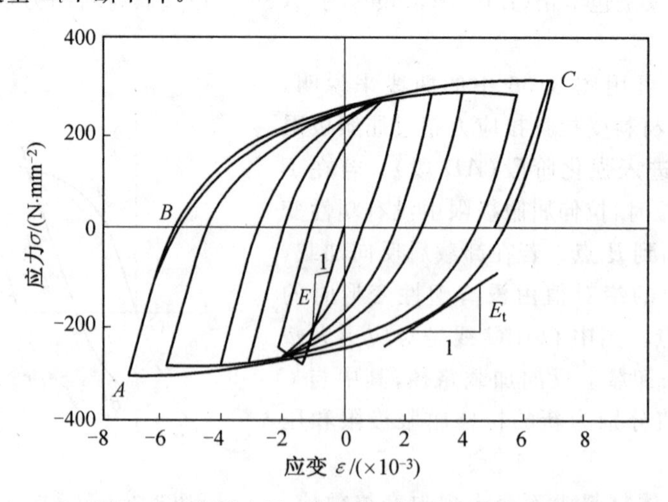

图 3.38　钢材在循环荷载作用下的应力应变关系

3.3.2　循环应变—寿命曲线

按照标准试验方法，在 $R=-1$ 对称循环荷载下，开展给定应变幅下的对称常幅循环疲劳试验，可得到图 3.39 所示的应变—寿命曲线。图中，荷载用半应变幅 ε_a 表示，寿命用荷载反向次数表示。注意到每个荷载循环有两次荷载反向，若 N 为总的荷载循环次数，则 $2N$ 就是总的荷载反向次数。由图 3.39 可知，半应变幅 ε_a 越小，寿命 N 越长；若荷载（半应力幅 σ_a 或半应变幅 ε_a）低于某一荷载水平，则寿命可以趋于无穷大。

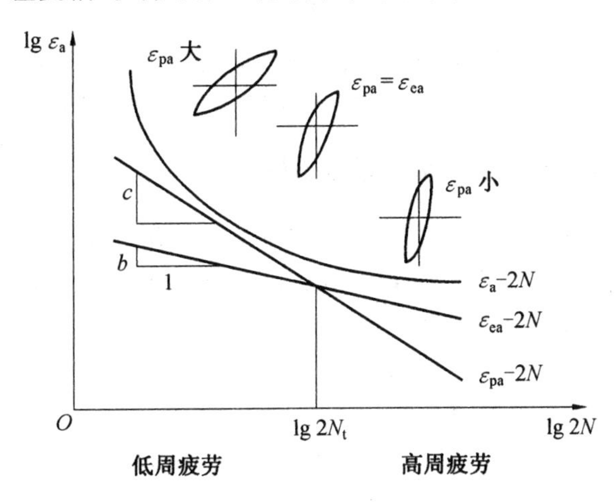

图 3.39　典型的应变—寿命曲线

图 3.39 中分别画出了双对数坐标系下的弹性半应变幅与荷载反向次数 $\lg\varepsilon_{ea}-\lg(2N)$ 和塑性半应变幅与荷载反向次数 $\lg\varepsilon_{pa}-\lg(2N)$ 之间的关系，可以看出它们都呈双对数线性关系。因此，分别有

$$\varepsilon_{ea}=\frac{\sigma'_f}{E}(2N)^b \tag{3.47}$$

$$\varepsilon_{pa}=\varepsilon'_f(2N)^c \tag{3.48}$$

式(4.47)反映了弹性半应变幅 ε_{ea} 与寿命 N 之间的关系，σ'_f 称为疲劳强度系数，具有应力量纲；b 为疲劳强度指数，一般为 $-0.06\sim-0.14$，估计时可取 -0.1。式(3.48)反映了塑性半应变幅 ε_{pa} 与寿命 N 之间的关系，ε'_f 称为疲劳延性系数，与应变一样，无量纲；c 为疲劳延性指数，一般为 $-0.5\sim-0.7$，常取 -0.6。b 和 c 分别为图中两直线的斜率。

因此，应变—寿命关系可以表示为

$$\varepsilon_a=\varepsilon_{ea}+\varepsilon_{pa}=\frac{\sigma'_f}{E}(2N)^b+\varepsilon'_f(2N)^c \tag{3.49}$$

在长寿命区间，有 $\varepsilon_a\approx\varepsilon_{ea}$，以弹性半应变幅 ε_{ea} 为主，塑性半应变幅 ε_{pa} 的影响可以忽略。式(3.47)可以改写为

$$\varepsilon_{ea}^{m_1}N=c_1 \tag{3.50}$$

这与反映高周疲劳性能的 Basquin 公式一致。

在短寿命区间，有 $\varepsilon_a\approx\varepsilon_{pa}$，以塑性半应变幅 ε_{pa} 为主，弹性半应变幅 ε_{ea} 的影响可以忽略。式(3.48)可以改写为

$$\varepsilon_{pa}^{m_2} N = c_2 \tag{3.51}$$

这就是著名的 Manson－Coffin 低周疲劳公式。

如果 $\varepsilon_{pa}=\varepsilon_{pa}$，则根据式(3.47)和式(3.48)有

$$c_2 \frac{\sigma'_f}{E} (2N)^b = \varepsilon'_f (2N)^c \tag{3.52}$$

由此可求得

$$2N_t = \left(\frac{\varepsilon'_f E}{\sigma'_f}\right)^{\frac{1}{b-c}} \tag{3.53}$$

N_t称为转变寿命，若寿命大于 N_t，则荷载以弹性应变为主，属于高周疲劳(应力疲劳)；若寿命小于 N_t，则荷载以塑性应变为主，属于低周疲劳(应变疲劳)，如图 3.39 所示。

3.3.3　循环应变－寿命曲线的近似估计

在应变控制下，一般金属材料的应变－寿命关系具有如图 3.40 所示的特征。当半应变幅 $\varepsilon_a = 0.01$ 时，许多材料都有大致相同的寿命。在高应变区间，材料的延性越好，寿命越长；而在低应变区间，强度高的材料寿命长一些。

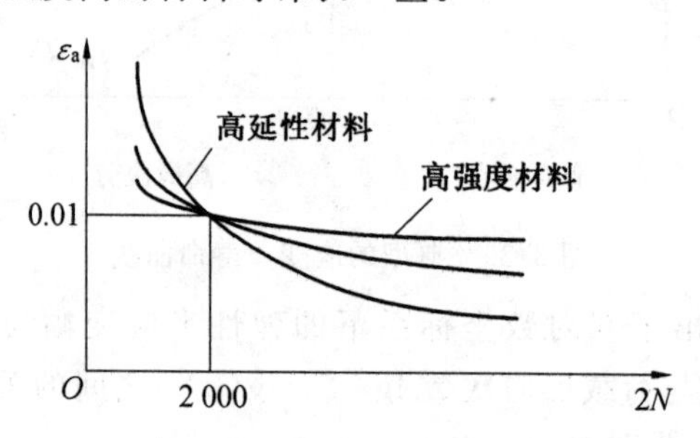

图 3.40　不同金属应变－寿命关系的特征

1965 年，Manson 在对钢、钛、铝合金材料开展大量试验研究的基础上，提出了一个由材料单调拉伸性能估计应变－寿命曲线的经验公式

$$\varepsilon_a = 1.75 \frac{\sigma_u}{E}(2N)^{-0.12} + 0.5\varepsilon_f^{0.6}(2N)^{-0.6} \tag{3.54}$$

式中　σ_u——材料的极限强度；

　　　ε_f——断裂真应变。

式(3.49)给出的关于应变－寿命关系的估计值，仅适用于常幅对称应变循环。那么，残余平均应力或平均应变的影响应如何考虑呢？美国汽车工程师协会(SAE)的《疲劳设计手册》中采用下述经验公式考虑平均应力的影响。

$$\Delta\varepsilon_a = \frac{\sigma'_f - \sigma_m}{E} (2N)^b + \varepsilon'_f (2N)^c \tag{3.55}$$

式中　σ_m——平均应力。

在对称循环荷载下，当 $\sigma_m = 0$ 时，式(3.55)即退化为式(3.49)。

由于式(3.55)中的 b、c 都小于零，因此当寿命 N 相同时，平均应力越大，可承受的半应变幅 ε_a 越小；或半应变幅不变，平均应力越大，则寿命 N 越短。可见，拉伸平均应力是

不利的，减小平均应力则可提高疲劳寿命。

下面讨论利用应变一寿命曲线进行疲劳寿命估算的方法。

假定应变或应力时程已知，则必须首先进行循环应力应变响应分析，得到稳态滞回环，确定循环半应变幅 ε_a 和平均应力 σ_m，然后利用式(3.55)估算疲劳寿命 N。如果构件承受的是常幅对称应变循环，则 $\sigma_m = 0$，可直接利用式(3.49)估算疲劳寿命 N。

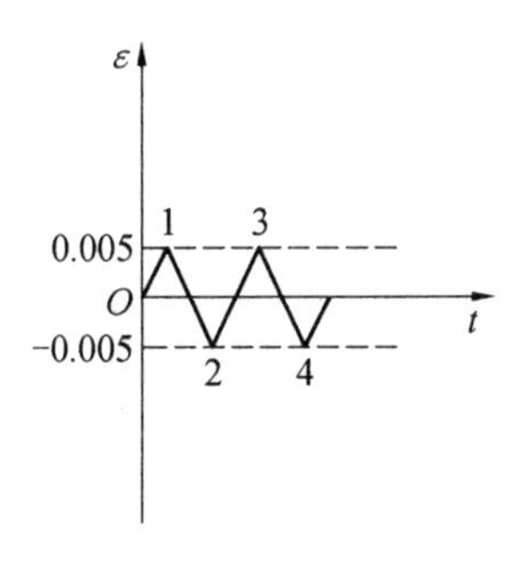

图 3.41　应变历程

【例 3.2】　某试件所用材料 $E = 210$ GPa，$\sigma'_f = 930$ MPa，$b = -0.095$，$c = -0.47$，$\varepsilon'_f = 0.26$，试估计该试件在如图 3.41 所示的应变历程下的寿命。

解　应变历程为常幅对称应变循环，并且有

$$\varepsilon_a = 0.005 \text{ 和 } \sigma_m = 0$$

因此可以利用式(3.49)估算疲劳寿命 N，有

$$\varepsilon_a = \frac{\sigma'_f}{E}(2N)^b + \varepsilon'_f(2N)^c = 0.05$$

将上述参数代入上式，求解方程，得 $N = 5\,858$。

3.4　提高疲劳寿命的措施

由上述可知，影响钢结构疲劳寿命的主要因素是应力幅或应变幅、循环次数和构造细节，而与破坏部位的最大应力或应变和钢材的静力强度并无多大关系。因此，提高结构疲劳寿命的措施可以从设计、工艺和构造等三方面入手，即通过合理的结构设计、消除切口和表面敲击等工艺措施以及构造细节的适当设计以缓和应力集中，尽量使结构的尺寸由静力计算(强度、稳定)而不是疲劳来控制。

3.4.1　设计措施

对焊接结构来说，构造细节主要表现在构件之间相互连接的方式和焊缝的形式。在同样的应力幅作用下，结构没有焊缝(也没有截面变化)的部位，疲劳破坏前的循环次数要高于有对接焊缝的部位，后者又高于有角焊缝的部位。图 3.42 给出三组 $\Delta\sigma - N$ 曲线的比较，图中实线为根据试验值得出的平均曲线，虚线则由 N 的平均值减去它的 2 倍标准差得出。

十分明显，为了提高结构的疲劳寿命，首先是采用适当的构造细节，尽量使结构的尺寸由静力计算(强度、稳定)而不是疲劳来控制。但是，由于疲劳问题的随机性以及影响因素多，即使这样也不一定能完全排除疲劳损伤。因此，保证施工质量以减小初始裂纹尺寸是一个重要环节。图 3.43 表示一个特定构件的疲劳寿命的分区，也就是按前文提到的疲劳破坏的三个阶段划分。当构件在承受疲劳荷载前已经有尺寸为 a_1 的缺陷时，则不存在裂纹形成区。图 3.44 中给出了某一构件在两个不同应力幅 $\Delta\sigma_1$ 和 $\Delta\sigma_2$ 作用下的寿命曲线 ABC 和 ADE。从图中可以看出，延长疲劳寿命有三种方法。首先是减小初始裂纹尺

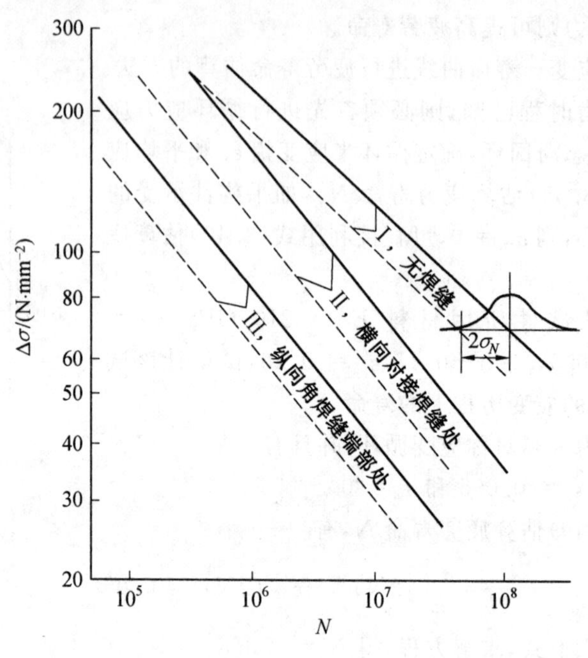

图 3.42　不同构造细节的 $\Delta\sigma-N$ 曲线

寸 a_1，如果把 a_1 减小为 $a_1/2$，则构件所能承受的循环次数增加 ΔN_1。这个增加颇为可观，原因是在裂纹尺寸很小时，扩展速率 da/dN 很低。其他两种方法是降低构件所承受的应力和采用韧性较好的材料。图中 C 点和 E 点对应于同一裂纹尺寸 a_2，应力幅由 $\Delta\sigma_1$ 降低到 $\Delta\sigma_2$，循环次数增加 ΔN_2。在曲线 ABC 上，B 点表示低韧性材料裂纹缓慢扩展区的终止点，C 点表示高韧性材料的终止点，由 B 到 C，循环次数增加 ΔN_3。降低应力幅要求增大构件截面，从而提高造价。采用高韧性材料和加强施工质量控制也都要提高造价。如何权衡轻重做出最佳方案的抉择，要求设计者具有明确的技术经济观点。

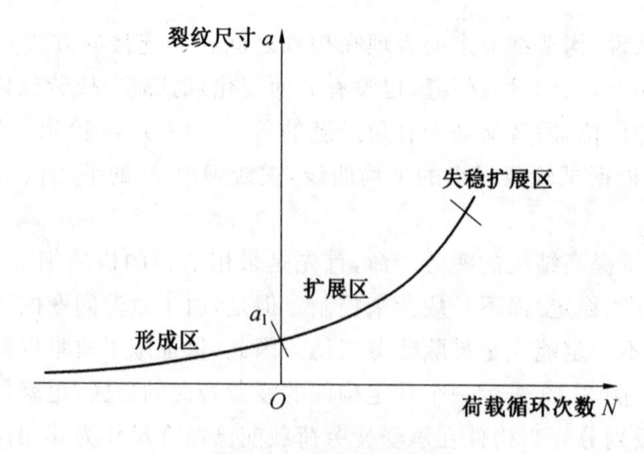

图 3.43　疲劳寿命分区

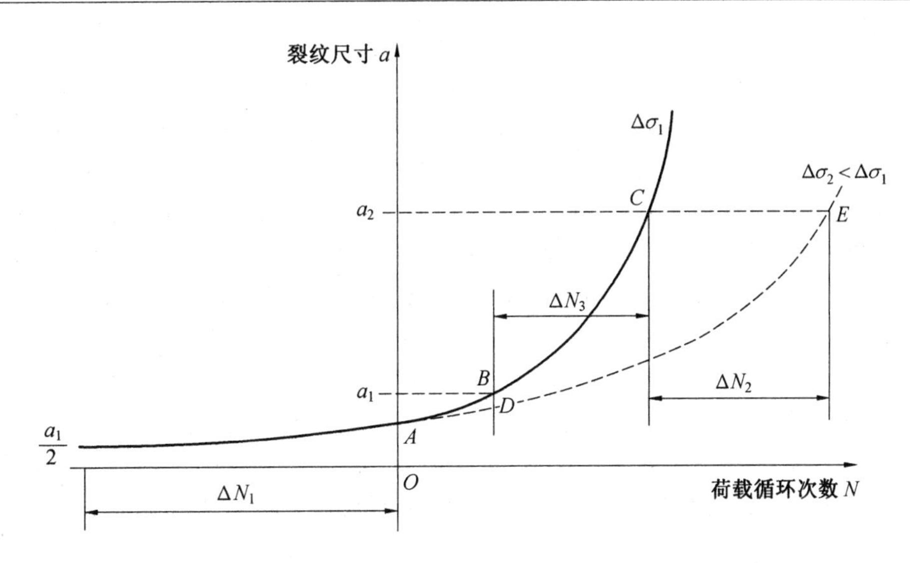

图 3.44　延长疲劳寿命的措施

3.4.2　工艺措施

对于焊接后的构件来说，缓和应力集中最普遍的方法是磨去焊缝的表面部分，如对接焊缝可通过磨去余高来减小应力集中。相比于对接焊缝，角焊缝的焊趾处经常存在咬边和焊渣侵入，存在显著的应力集中，常常是疲劳破坏的裂纹源。虽然角焊缝连接的疲劳性能较差，但承受疲劳荷载的结构很难完全避开这种焊缝不用。因此，通常需要打磨角焊缝的趾部来改善连接的疲劳性能。打磨焊趾时，为得到较好的效果，必须如图 3.45 所示的 B 焊缝那样不仅磨去切口，还要再磨去 0.5 mm 的母材，以除去侵入的焊渣。打磨后的表面不应存在明显的刻痕。这样做虽然使钢板截面稍有削弱，但提高疲劳寿命非常显著。如果像图中 A 焊缝那样只磨去部分焊缝，就得不到改善效果。如果焊缝内部再没有显著缺陷，则疲劳强度可以提高到和母材相同。

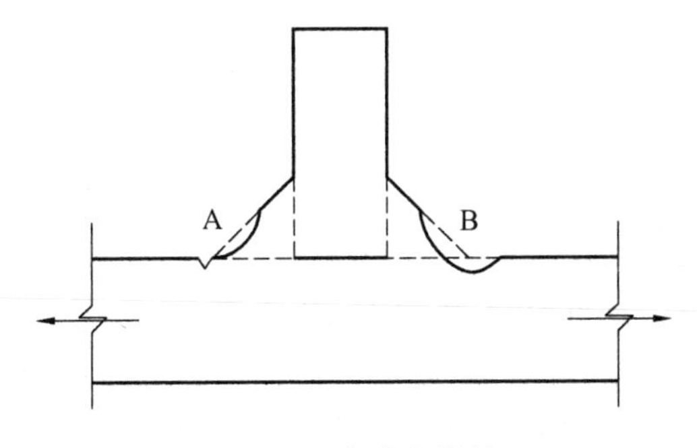

图 3.45　打磨角焊缝

除打磨焊趾外，对角焊缝的焊趾采用钨极气体保护电弧焊使其重新熔化，也可以起到消除切口的作用。这种钨极电弧焊不会在趾部产生焊渣侵入，只要重新熔化的深度足够，原有切口、裂缝以及侵入的焊渣都可以消除，从而使疲劳性能得到改善。这种方法在不同应力幅情况下的疲劳寿命都能同样提高。

在焊缝及其附近母材的表层形成残余压应力，也是改善疲劳性能、提高疲劳寿命的一种有效方法。对钢材表层喷射金属丸粒或用锤子进行敲击，则表层在冲击荷载作用下趋于向侧向扩张，但被下层的钢材所阻止，从而产生残余压应力。这个残余压应力和敲击造成的冷作硬化均使疲劳强度提高，同时尖锐的切口也被钝化。梁的疲劳试验表明，当它在承受荷载后对其进行敲击处理，其疲劳性能改善效果要好于未承受荷载时的效果。

上述各种工艺措施对不同连接构造的疲劳性能的改善效果不尽相同。对某一特定的构造来说，虽然目前还没有充分的研究成果证明哪种工艺措施的改善效果最好、实施最简便，不过可以肯定的是，这些措施对屈服强度 σ_y 高于 400 N/mm^2 的高强度钢的疲劳性能改善要比普通碳素钢更为有效。这是因为：(1)高强度钢的疲劳强度高于低碳钢的，所以前者的裂纹形成寿命比后者长，因此，若把焊接结构的初始缺陷消除，则其疲劳性能改善效果将十分可观。(2)高强度钢焊接后的残余拉应力高于低碳钢的相应值，因此通过施加残余压应力来改善其疲劳性能、提高疲劳寿命的效果也优于低碳钢。

3.4.3 构造措施

由以上可知，构造细节对提高疲劳寿命有非常重要的影响，因此，特别要注意构造细节设计，尽可能减小应力集中。处理构造细节时，主要遵循以下原则：

(1)优先采用应力集中不严重的方案。如图 3.46 所示，拼接一块板时能用对接焊缝，就不要用拼接板加角焊缝。在梁的下翼缘板上焊一块节点板时，采用如图 3.47(a)所示的做法将产生严重的应力集中，若把节点板做成截面缓和过渡的构件(图 3.47(b))就可以减小应力集中，提高其容许应力幅。

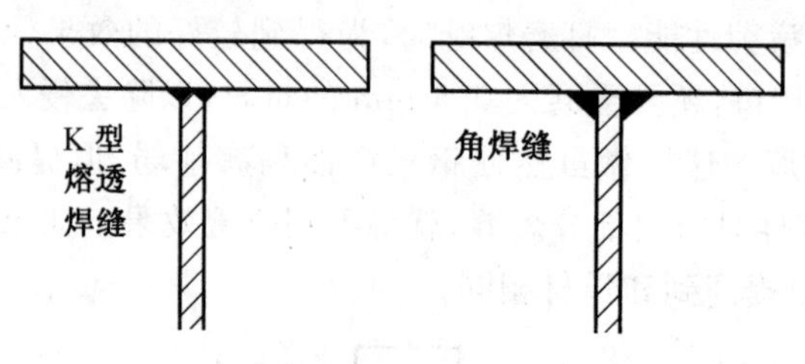

图 3.46　对接焊缝与角焊缝

(2)必须采用应力集中严重的构造时，尽量把它放在低应力区。图 3.48(a)中在工字梁下翼缘焊接两层翼缘板时，无论是只用纵焊缝或兼用端焊缝，在外层板切断处总是有焊缝引起的严重应力集中。图中 A 点为梁下翼缘外层板的理论切断点，B 点为静力计算所要求的切断点。若直接在 B 点切断，则该处的应力幅会超过允许值，梁将发生疲劳破坏。因此，为了不增大梁截面，需要把外层板延伸到 C 点再切断，因为 C 点的应力幅较小，截面尺寸不受疲劳控制。虽然外层翼缘板多延伸了 a_2-a_1，但比起增大梁截面还是节省了一些钢材。

(3)优先选用抗疲劳性能好的连接方式。摩擦型高强度螺栓抗剪连接具有较高的疲劳强度，图 3.47(c)中将焊接改为摩擦型高强度螺栓连接，图 3.48(b)中将外层翼缘板的焊缝在理论切断点(B 点)停止，并改用摩擦型高强度螺栓来传递板的内力，均可大大提高梁的疲劳强度。试验研究表明，贴有外层翼缘板的宽翼缘工字梁，当板端连接改用螺栓连

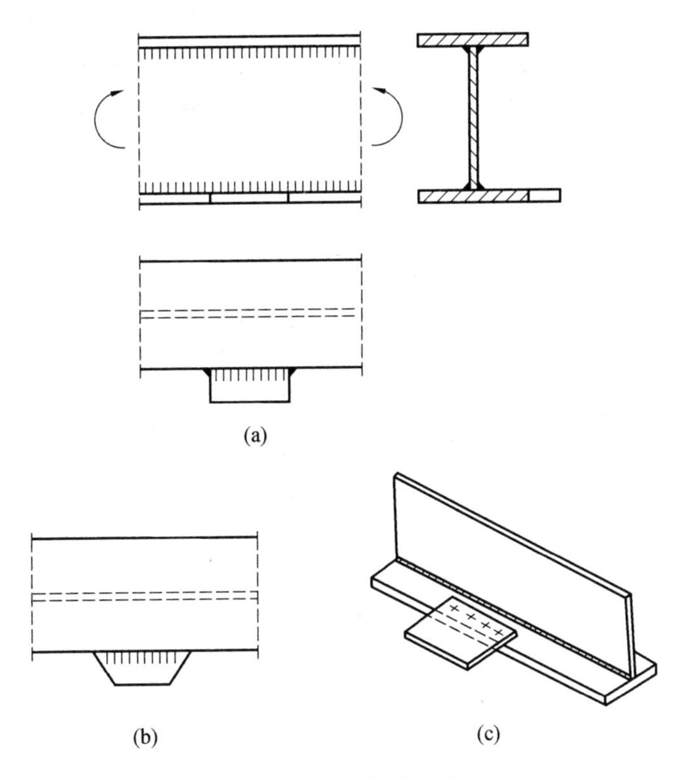

图 3.47　连接板的处理

接后，疲劳强度提高一倍多。采用这种构造细节，外层翼缘板无须多加延伸即可避免疲劳计算控制梁的截面尺寸。螺栓数量应足以传递翼缘板的全部内力，施工时建议先在梁翼缘和外层板上钻孔，把二者接触面清理干净后用定位焊缝固定，再安装高强度螺栓，最后焊外层板边缘的纵向角焊缝。

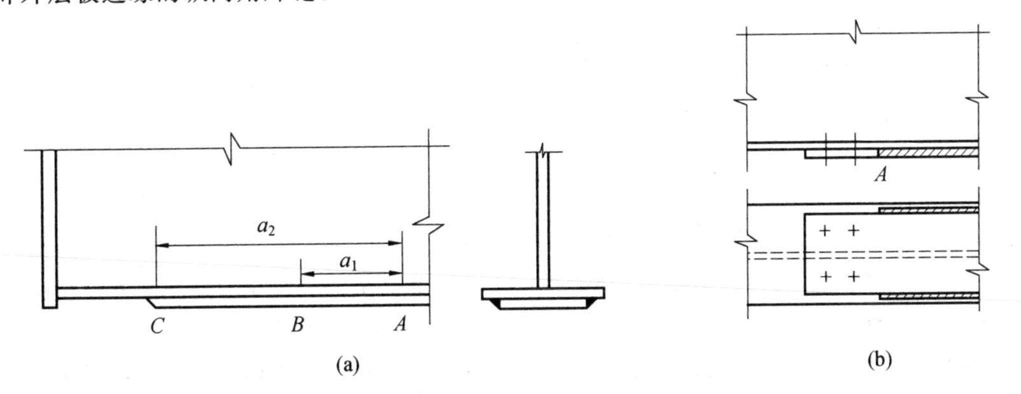

图 3.48　外层翼缘板的切断

(4)除截面突变外，构件的变形也会促成应力分布不均匀。图 3.49 所示的梁柱焊接节点，当柱腹板在梁两翼缘处焊有横向加劲肋时(如图中虚线所示)，那么梁端截面弯曲时符合平截面假定，梁端应力分布较均匀；当柱腹板上无加劲肋时，由于柱翼缘的变形，梁端截面不能保持平截面，梁翼缘的应力分布不均匀。这类应力分布不均匀的影响，设计规范在对构造细节分类时一般都不考虑。因此，在疲劳计算时，应该以应力高峰处的应力幅为准，而不能用均匀分布来确定应力幅。当梁通过焊接端板用螺栓连于柱翼缘时(图 3.50(a))，若螺栓间距较大而端板刚度不足，则梁翼缘和端板间的焊缝应力将因端板变形而分布不均匀，如图 3.50(b)所示。在验算梁端截面的疲劳强度时，也需要考虑应力集中系数 $c=\sigma_1/\sigma_0$。

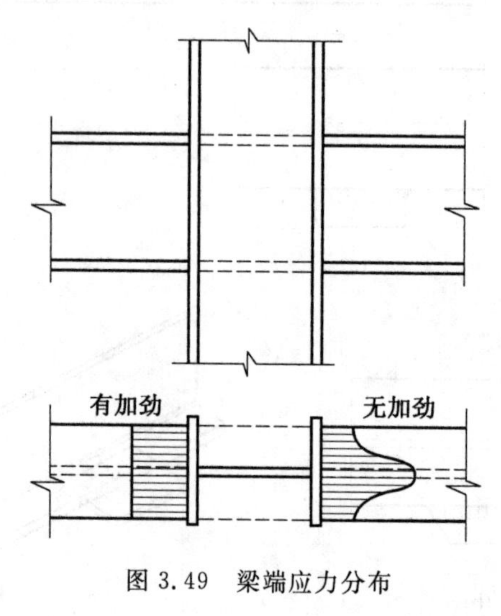

图 3.49 梁端应力分布

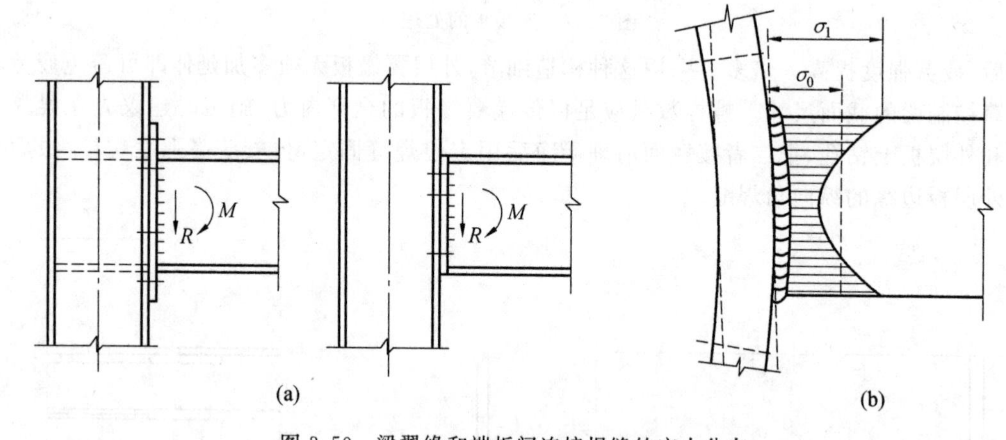

图 3.50 梁翼缘和端板间连接焊缝的应力分布

(5)焊接残余应力对疲劳强度的影响很大，应尽量避免。采用应力幅准则并通过试验确定容许应力幅，可以把残余应力的效应考虑在内。但是，在设计构造细节时还应注意分析焊接变形受到的约束及由此产生的应力。如图 3.51 所示，梁的横向加劲肋如果用角焊缝和受拉翼缘连接，由于该角焊缝与腹板翼缘的角焊缝相互交汇，焊缝的收缩将驱使受拉翼缘发生图 3.51 中的变形，但受到一定约束，从而使焊缝和翼缘表面层出现很大的残余拉应力。如果加劲肋和梁腹板之间的焊缝同时一直延伸到翼缘，则三条相互垂直的焊缝交汇于一点，在该点产生三轴拉应力，情况更为不利。因此，设计吊车梁或桥梁时，经常把横向加劲肋做得短一些，加劲肋下端和受拉翼缘空出一段距离(图 3.52(a))。这段距离建议取 50～100 mm,并且要验算加劲肋端部的疲劳强度。对于连接横向支撑处的横向加劲肋,可以把加劲肋延伸下来和翼缘顶紧不焊,但肋端切成斜角,和腹板之间仍然留出 50～100 mm(图 3.52(b))。此外,还可以将图 3.52(a)中的加劲肋下端焊上一段角钢,角钢和翼缘顶紧不焊(图 3.52(c))。试验研究表明,带角钢的梁的疲劳寿命有所减少。主要原因可能是:当角钢和下翼缘顶紧时,翼缘两侧的应力相差较大,从而造成疲劳强度降低。

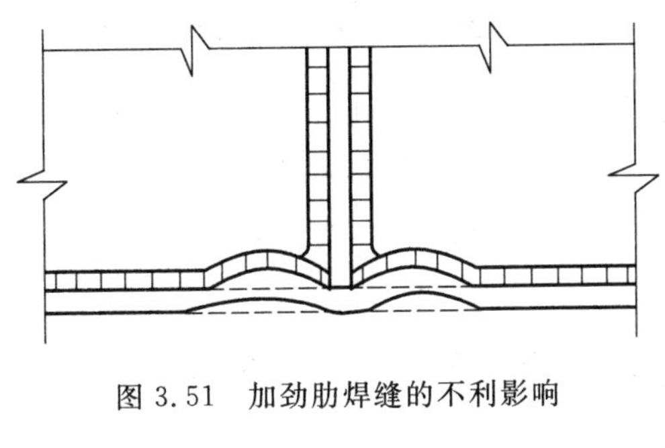

图 3.51　加劲肋焊缝的不利影响

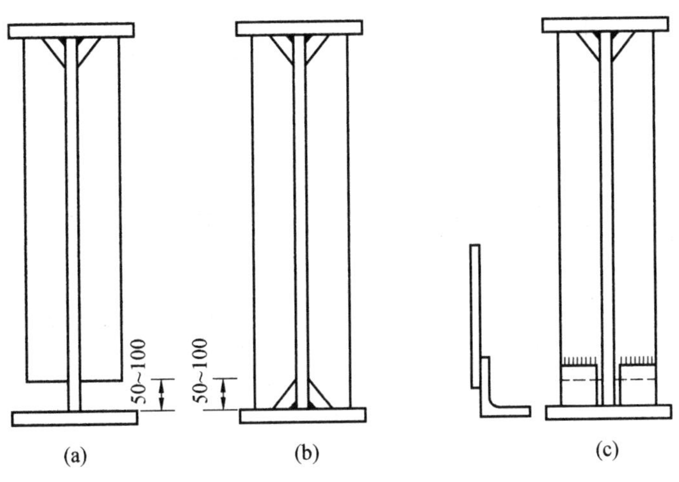

图 3.52　加劲肋端部处理

(6)设计时若忽视了结构中实际存在的约束,也可能导致焊接结构发生疲劳破坏。图 3.53 所示为桥面系中的纵梁用角焊缝连于横梁的加劲肋上。设计者的意图是此连接只传递剪力,但实际上角焊缝约束了纵梁端部的转动,使其产生很大的弯曲应力,再加上焊缝端部正好位于高应力区,从而导致图中的加劲肋上端产生裂纹。裂纹也可能出现在纵梁焊缝端部的腹板上。这类连接如果采用图 3.54 所示的构造方式,纵梁与加劲肋螺栓连接,梁端有转动的余地,就不会出现疲劳裂纹。

(7)桁架节点处的次应力不容忽视。对于图 3.55 所示的桁架支座节点,下弦杆是零杆,但是桁架变形使它产生弯曲次应力。节点板的下边缘焊有一块底板,焊缝端部在循环荷载作用下导致节点板开裂。因此,焊缝端部不应放置于高次应力的地方。如果底板只和端竖杆相焊而不和节点板焊接,就可以避免此类事故。

(8)吊车梁经常在腹板受压区边缘(包括加劲肋与腹板连接焊缝的端部和加劲肋之间的区格中部)产生裂纹,有时也会在上翼缘连接焊缝处开裂(图 3.56)。吊车梁的上翼缘

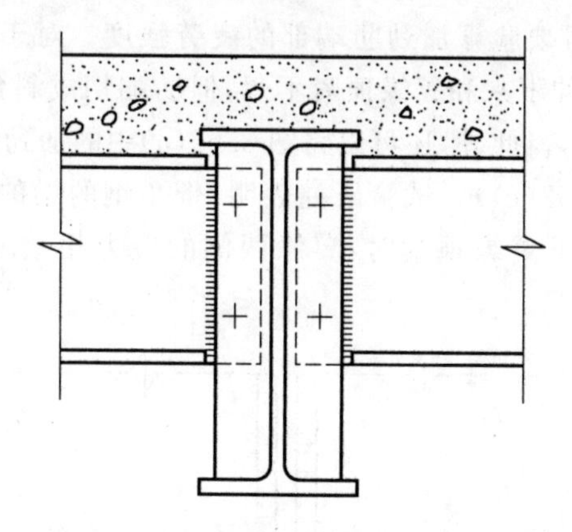

图 3.53　约束应力在焊缝端部造成的裂纹

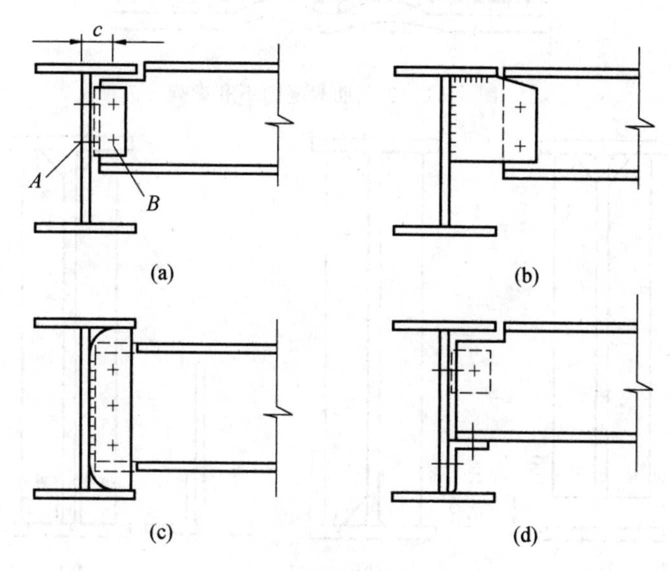

图 3.54　梁与梁的简支连接

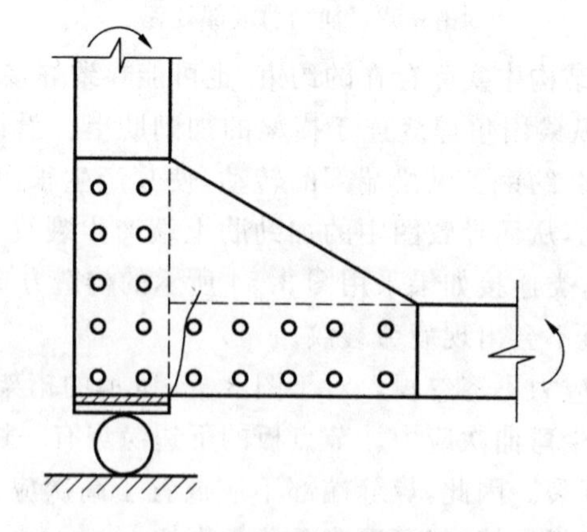

图 3.55　次应力对桁架支座节点造成疲劳破坏

连接焊缝及其附近的腹板，同时受到以下应力作用：整体弯曲产生的正应力和剪应力，轮压局部挤压及其偏心作用产生的正应力和剪应力，以及作用于轨顶的吊车水平制动力和啃轨力形成的扭矩所产生的正应力和剪应力，情况十分复杂。分析其原因，认为是偏心轮压力 P 和水平力 T 作用下梁的上翼缘发生扭转和侧移(图 3.57)，导致腹板上部产生较大的弯曲应力。因此，要特别防止轮压偏心。

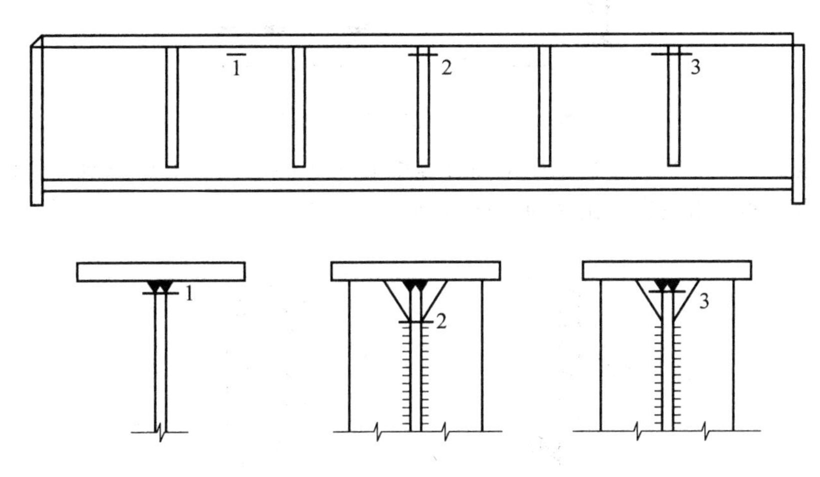

图 3.56　吊车梁受压区腹板和焊缝的疲劳裂纹

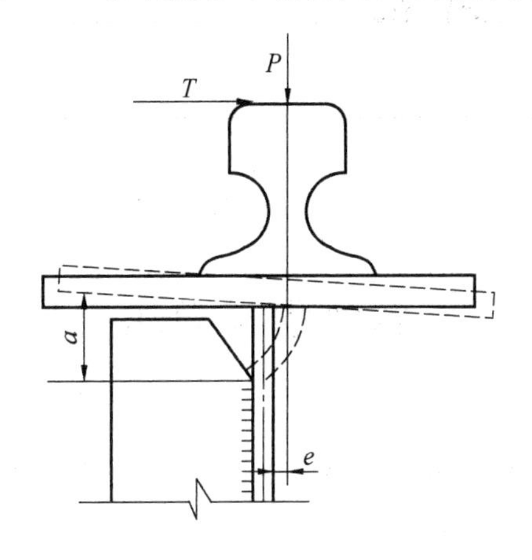

图 3.57　轮压偏心和水平力

(9)施工质量对构件的疲劳寿命有很大影响，施工中加焊小零件有时会严重降低疲劳寿命。如图 3.58 所示为箱型梁腹板和翼缘的连接，焊缝采用单边坡口焊，在焊缝根部一侧加上衬板以保证焊透。焊接衬板时如果因为衬板不受力而采用间断焊缝与腹板、翼缘连接时，将会降低梁的疲劳寿命，反而不如不加衬板、焊缝没有完全焊透的性能好。因此，用衬板的时候只能采用连续焊缝，否则就不用衬板，而采用不焊透的坡口焊缝，或两侧角焊缝。由此可见，对承受疲劳荷载的结构来说，任何一处细节，任何一个零件，都不能认为是次要而可以不认真对待的。在施工过程中还应注意，不得在拉应力大的部位加焊任何零件。

(10)防止焊接构件在运输过程中出现疲劳破坏。如图 3.59 所示，裂纹发生在加劲肋

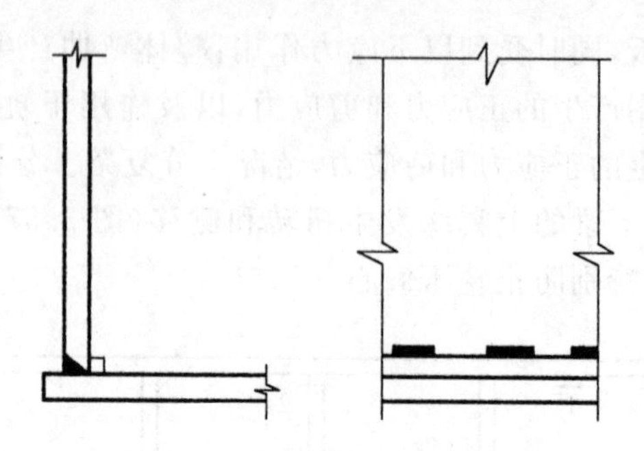

图 3.58　间断焊缝降低疲劳寿命

端部的腹板上。主要原因是长距离运输过程中梁的支垫不好而出现周期性的摆动，使得腹板长度为 a 的自由段发生出平面弯曲，从而产生裂纹。

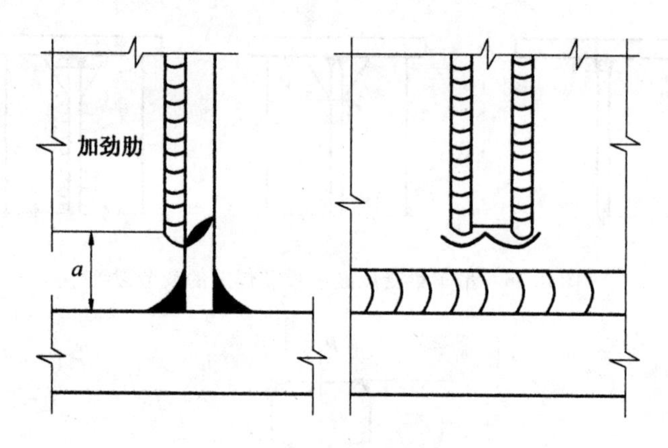

图 3.59　梁运输中出现的裂纹

思考题与习题

1. 什么是疲劳？疲劳的主要特点有哪些？

2. 简述常幅疲劳、变幅疲劳和随机疲劳的区别，并举例说明。

3. 疲劳裂纹发展有哪些阶段？

4. 何为疲劳的二阶段寿命模型？焊接钢结构、高强钢、中低强度钢的疲劳寿命有何特点？

5. 简述疲劳断口的组成及各部分的宏观形貌特征？

6. 如何根据疲劳断口特征进行结构或构件的失效原因分析？

7. 简述疲劳裂纹的起始位置和扩展方向。

8. 简述疲劳断口与静强度破坏断口的主要区别。

9. 简述疲劳裂纹塑性钝化模型。

10. 高周疲劳和低周疲劳有哪些区别？

11. 试结合 $S-N$ 曲线分析应力比对疲劳强度和疲劳寿命的影响规律。

12. 为何影响焊接结构疲劳强度的主要因素是应力幅而不是应力比？

13. 非焊接结构的应力幅如何计算？为什么？

14. 两块截面为 400 mm×20 mm 的钢板，采用对接焊缝连接，其焊缝质量为一级，表面进行磨平加工，对接焊接后的钢板承受重复轴心拉力荷载，预期循环次数为 10^6 次，荷载标准值为 $N_{min}=0$，$N_{max}=135$ kN，试进行疲劳验算。

15. 什么是等效应力幅？是根据什么原理求得的？

16. 对于图 3.60 中的随机应力谱，试用雨流计数法确定各循环的应力幅 $\Delta\sigma$ 和平均应力 σ_m。

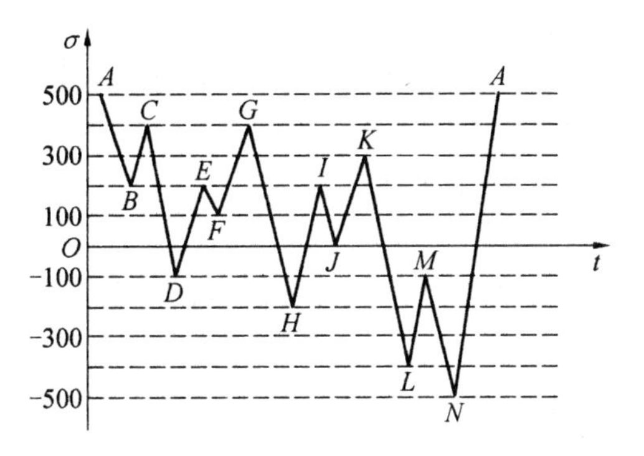

图 3.60　习题 16 中的随机应力谱

17. 试导出转变寿命的表达式 $2N_t=\left(\frac{\varepsilon'_f E}{\sigma'_f}\right)^{\frac{1}{b-c}}$。算出表 3.4 中钢材的转变寿命 $2N_t$，并确定此时的半应变幅 ε_a。

表 3.4　习题 17 中的钢材参数

参数	σ'_f /MPa	ε'_f	b	c	E/GPa
低强钢	800	1.0	−0.1	−0.5	200
高强钢	2700	0.1	−0.08	−0.7	210

18. 疲劳寿命的主要影响因素有哪些？怎样提高钢结构的疲劳寿命？

19. 打磨焊趾、引入残余压应力可以提高疲劳寿命，为什么？

20. 采用构造措施来提高结构和构件的疲劳寿命的细节设计原则有哪些？

第4章　钢结构塑性设计

在钢结构设计中适当利用钢材塑性不仅可以节省材料、降低造价，还可以通过内力调节提升结构抗灾能力。本章分别从材料、构件和结构三个层面介绍钢结构的塑性设计理论。其中，4.1节介绍钢材静力性能各项指标的概念和工程意义，讨论弹性变形、塑性变形及断裂行为的基本规律及其与材料内部组织构造的关系；4.2～4.4节分别介绍受拉、受弯和偏压构件考虑塑性发展的极限承载力计算方法；4.5节介绍极限分析方法；4.6节介绍钢结构塑性设计的基本概念、必要条件和简化计算方法。

4.1　钢材的静力性能

4.1.1　钢材的破坏形式

钢材有两种完全不同的破坏形式：延性断裂（ductile fracture）和脆性断裂（brittle fracture）。钢结构所用的钢材在正常使用条件下，虽然有较高的塑性和韧性，但在某些条件下仍然存在发生脆性破坏的可能性。

延性断裂的主要特征是，破坏前具有较大的塑性变形，常在钢材表面出现明显的相互垂直交错的锈迹剥落线。只有当构件中的应力达到抗拉强度后才会发生破坏，破坏后的断口外貌呈杯锥状，杯锥底垂直于主应力，锥面平行于最大切应力，与主应力呈45°，断口表面呈纤维状，色泽发暗，如图4.1(a)所示。由于延性断裂前总有较大的塑性变形发生，且变形持续时间较长，容易被发现和抢修加固，因此不致发生严重后果。钢材延性断裂前的较大塑性变形能力，可以实现构件和结构中的内力重分布，钢结构的塑性设计就是建立在这种足够的塑性变形能力上。

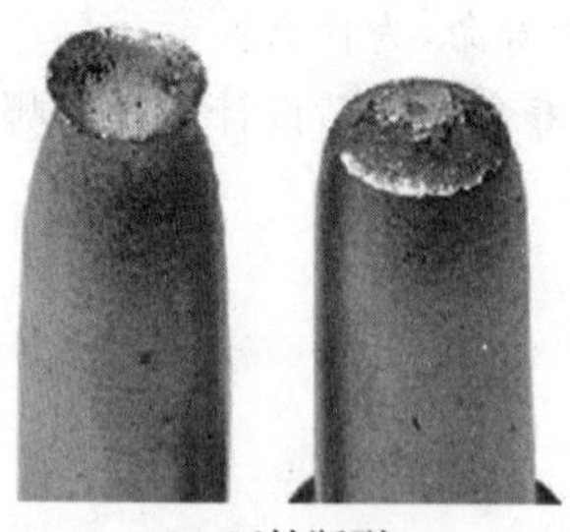
(a) 延性断裂

(b) 脆性断裂

图4.1　钢材的延性断裂与脆性断裂

脆性断裂的主要特征是，破坏前塑性变形很小，或根本没有塑性变形，而突然迅速断裂。破坏后的断口平直，呈有光泽的晶粒状或有人字纹，如图4.1(b)所示。由于破坏前没有任何预兆，破坏速度又极快，无法察觉和补救，而且一旦发生常引发整个结构的破坏，后果非常严重，因此在钢结构的设计、施工和使用过程中，要特别注意防止脆性破坏的发生。

钢材存在的两种破坏形式与其内在的组织构造和外部的工作条件有关。试验和分析均证明，在剪力作用下，具有体心立方晶格的铁素体很容易通过位错移动形成滑移，即形成塑性变形；而其抵抗沿晶格方向伸长至拉断的能力却强大得多，因此当单晶铁素体承受拉力作用时，总是首先沿最大剪应力方向产生塑性滑移变形（图 4.2）。实际钢材是由铁素体和珠光体等组成的，由于珠光体间层的限制，阻遏了铁素体的滑移变形，因此受力初期表现出弹性性能。当应力达到一定数值，珠光体间层失去了约束铁素体在最大剪应力方向滑移的能力，此时钢材将出现屈服现象，先前铁素体被约束的塑性变形就充分表现出来，直到最后破坏。显然，当内外因素使钢材中铁素体的塑性变形无法发生时，钢材将出现脆性破坏。

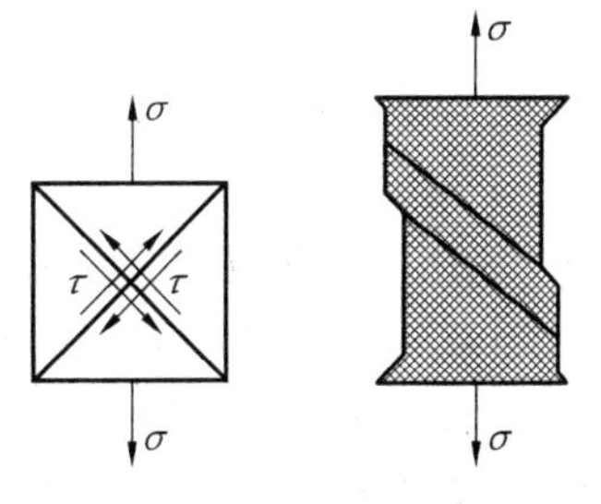

图 4.2　铁素体单晶体的塑性滑移

4.1.2　单向拉伸试验

钢材的多项性能指标可通过单向一次（也称单调）拉伸试验获得。试验一般都是在标准条件下进行的，即：试件的尺寸符合国家标准，表面光滑，没有孔洞、刻槽等缺陷；荷载分级逐次增加，直到试件破坏；试验一般在 10～35 ℃的室温内进行，对温度要求严格的试验，试验温度应为 23 ℃±5 ℃。

图 4.3 给出了典型的钢材单调拉伸应力应变曲线。该曲线从宏观上可以分为三个阶段，$Oabc$ 为弹性阶段，$cdef$ 为均匀塑性变形阶段，fg 为局部塑性变形阶段。

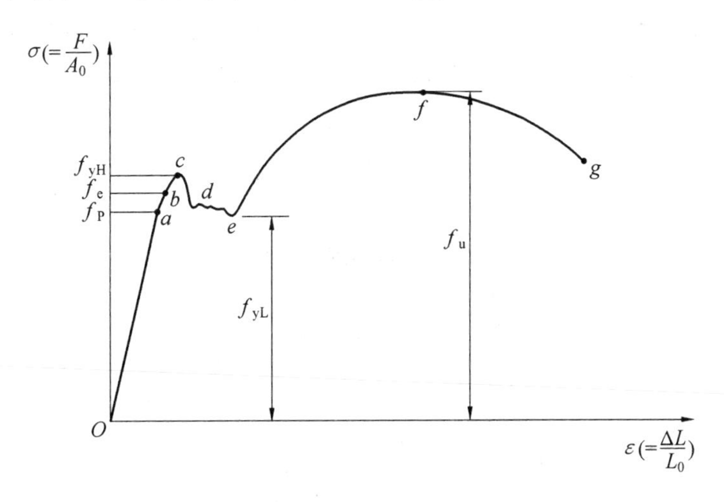

图 4.3　钢材的单调拉伸应力应变曲线

对钢材的应力应变有两种定义方式：工程应力应变和真应力应变。以下具体介绍。

1. 工程应力 $\boldsymbol{\sigma}$ 和工程应变 $\boldsymbol{\varepsilon}$

工程应力（engineering stress）也称为名义应力（nominal stress），可按下式计算：

$$\sigma = F/A_0 \tag{4.1}$$

式中　F——垂直于构件横截面的外荷载；

A_0——构件的初始截面面积。

工程应变(engineering strain)可按下式计算：

$$\varepsilon = \Delta L/L_0 \tag{4.2}$$

式中　ΔL——构件在外荷载 F 作用下的伸长量；

L_0——构件的初始长度。

工程应力应变的特点是以构件的初始状态作为计算参考系，忽略了由于变形引起的构件截面面积和长度变化，因而操作简便，在工程中应用广泛。

2. 真应力 S 和真应变 e

我们知道，材料屈服后继续变形将产生加工硬化，但在图 4.3 中 f 点之后的曲线反而下降，显然不符合材料的硬化规律。这是因为工程应力和应变是以试样的初始截面面积 A_0 和标距长度 L_0 来计量，但实际上在变形过程的每一瞬时，试样的截面面积和长度都在变化，这样自然不能反映变形过程中真实的应力和应变的变化，因此应采用真应力和真应变来描述。

真应力(true stress)按下式计算：

$$S = F/A \tag{4.3}$$

式中　A——构件的瞬时截面面积。

真应变(true strain)按下式计算：

$$e = \int_{L_0}^{L} \frac{dL}{L} = \ln \frac{L}{L_0} \tag{4.4}$$

图 4.4 所示为工程应力应变和真应力应变的比较。可以看出，真应力应变曲线在颈缩段仍然上升，说明材料抵抗塑性变形的能力随应变增加而增加，即发生了应变硬化。

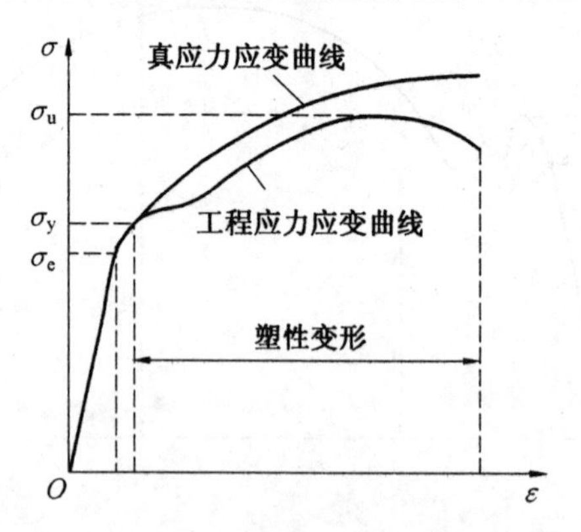

图 4.4　工程应力应变和真应力应变的比较

从试样开始屈服到发生颈缩，这一段应变范围中真应力和应变的关系，可用以下方程描述：

$$S = Ke^n \tag{4.5}$$

式中　n——应变硬化指数；

K——强度系数。

如取对数，则有

$$\ln S = \ln K + n \ln e \tag{4.6}$$

在双对数坐标中真应力和真应变呈线性关系，直线的斜率即为 n，而 K 相当于 $e=1.0$ 时的真应力，如图 4.5 所示。应变硬化指数 n 反映了材料开始屈服以后，继续变形时材料的应变硬化情况，对于理想弹性体 $n=1$ 为一 45°斜线，对于理想塑性体 $n=0$ 为一水平直线。

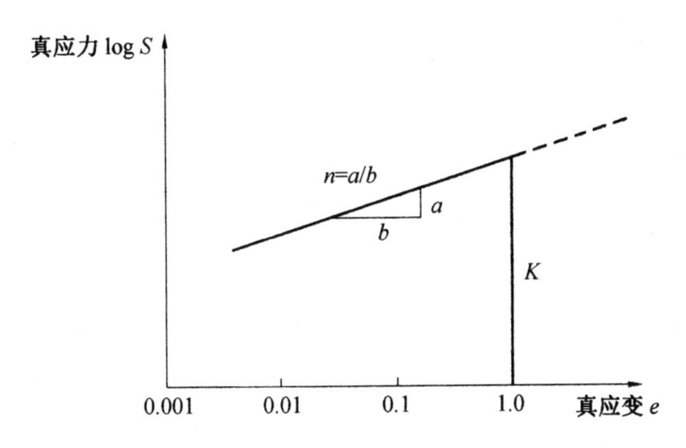

图 4.5　双对数坐标上的真应力应变关系

3. 工程应力应变与真应力应变的关系

颈缩前，试样在变形前和变形后符合体积不变原理，即

$$L_0 \cdot A_0 = L \cdot A \tag{4.7}$$

据此可推导真应力为

$$S = \frac{F}{A} = \frac{F}{A_0} \cdot \frac{A_0}{A} = \sigma \cdot \frac{L}{L_0} = \sigma(1+\varepsilon) \tag{4.8}$$

可见，拉伸时 $\varepsilon>0$，真应力 S 大于工程应力 σ；压缩时 $\varepsilon<0$，真应力 S 小于工程应力 σ。

真应变为

$$e = \ln \frac{L}{L_0} = \ln(1+\varepsilon) \tag{4.9}$$

对式(4.9)做级数展开，得

$$e = \varepsilon - \frac{\varepsilon^2}{2} + \frac{\varepsilon^3}{3} - \cdots \tag{4.10}$$

可见，真应变 e 总是小于工程应变 ε。

综上，工程应力应变与真应力应变在弹性变形阶段的差别很小，可以忽略；并且工程应力应变便于测量和计算，因此在工程设计和材料选用中，一般以工程应力应变为依据。本书中的应力应变如无特殊说明，均为工程应力应变。

4.1.3　钢材的弹性变形性能

1. 比例极限 f_p

比例极限(proportional limit)是应力应变曲线上符合线性关系的最高应力值,对应图 4.3 中的 a 点。国标 GB/T 228.1—2010 规定:在应力应变曲线上的切线与应力轴夹角的正切值较其直线部分与应力轴夹角的正切值增加 50%时(图 4.6),切点所对应的应力值为规定的比例极限。有时也可取 $\varepsilon=1\times10^{-4}$ 残余应变对应的应力值为比例极限。

比例极限在理论上很有意义,是材料从弹性变形向塑性变形的转变点。但它很难被准确测定出来,因为从直线向曲线转变的分界点与变形测量仪器的分辨率直接相关,仪器的分辨率越高对微小变形显示的能力越强,测出的分界点越低。因此在现行国家标准中已经取消了这项性能的测定,改用规定塑性(非比例)延伸性能代替。

在比例极限范围内的钢材力学性能表现出两个特点:

(1)从宏观看,力与伸长为直线关系,弹性伸长与力的大小和试样标距长短成正比,与材料弹性模量及试样横截面面积成反比。

(2)变形是完全可逆的。加力时产生变形,卸力后变形完全恢复。从微观上看,变形的可逆性与材料原子间作用力有直接关系。施加拉力时,在力的作用下,原子间的平衡力受到破坏,为达到新的平衡,原子的位置必须做新的调整即产生位移,使外力、斥力和引力三者平衡;外力去除后,原子依靠彼此间的作用力又回到平衡位置,使变形恢复,表现出弹性变形的可逆性,即在弹性范围保持力一段时间,卸力后仍沿原轨迹回复。

2. 弹性极限 f_e

当力加到图 4.3 中 b 点时卸除力,应变仍可回到原点,但不是沿原曲线轨迹回到原点,而是在不同程度上滞后于应力回到原点,形成一个闭合环,加力和卸力所表现的特性仍为弹性行为,只不过有不同程度的滞后,因此称为弹性滞后(图 4.7),这个阶段很短,也称为理论弹性阶段。当超过 b 点后,就会产生微塑性应变。弹性极限为材料受拉后能够完全弹性恢复的最高应力值,超过该值即认为材料开始屈服。工程上很难区分 f_p 和 f_e,习惯上视为同一点。但实际上,比例极限与弹性极限并非完全等同,一般情况下,材料的弹性极限稍高于比例极限。

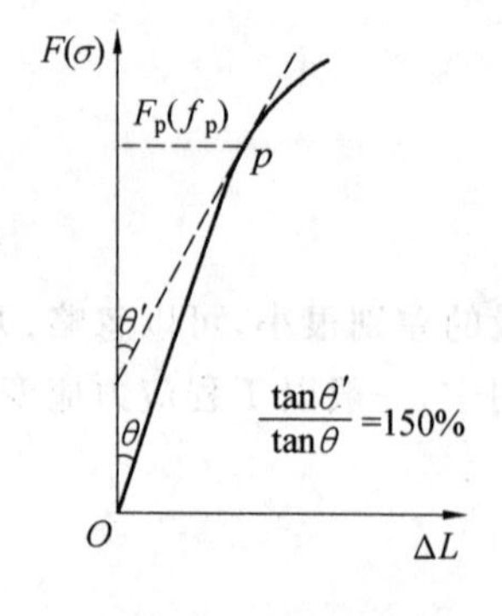

图 4.6　比例极限

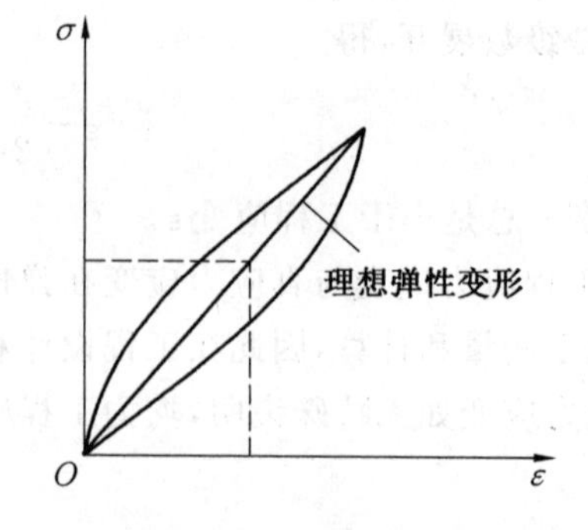

图 4.7　弹性滞后

3. 弹性模量 E

由于在比例极限以内的拉伸试验中，无论在加力或卸力期间应力和应变都保持单值线性关系，因此钢材的弹性模量是 Oa 段的斜率，可用以下公式求得：

$$E=\sigma/\varepsilon \tag{4.11}$$

弹性模量是衡量工程材料性能的重要参数，在宏观上反映了材料抵抗弹性变形的能力，在微观上反映了使原子离开平衡位置的难易程度。因合金成分不同、热处理状态不同、冷塑性变形不同等，金属材料的弹性模量值会有5%或者更大的波动。但是总体来说，金属材料的弹性模量是一个对组织不敏感的力学性能指标，合金化、热处理(纤维组织)、冷塑性变形等对弹性模量的影响较小，温度、加载速率等外在因素对其影响也不大，所以一般工程应用中都把弹性模量作为常数。

4. 弹性比功 a_e

对于某些频繁出现的荷载，如风荷载，需要对建筑结构进行弹性设计。要求结构在规定的弹性变形量下，具有吸收和释放弹性功的能力，这就需要对弹性比功进行规定。弹性比功(elastic strain energy)又称为弹性比能或应变比能，用 a_e表示，是指材料在弹性变形过程中吸收变形功而不发生永久变形的能力。

弹性比功在物理意义上代表单位体积材料所吸收的最大弹性变形功，是一个韧度指标；其大小可用应力应变曲线上弹性阶段所围面积来衡量(图4.8)，即

$$a_e=\frac{1}{2}f_e\varepsilon_e=\frac{f_e^2}{2E} \tag{4.12}$$

式中　f_e——弹性极限；

ε_e——弹性极限应变。

对于一般的工程材料，E 不易改变，因此常用提高弹性极限 f_e的方法来提高弹性比功。

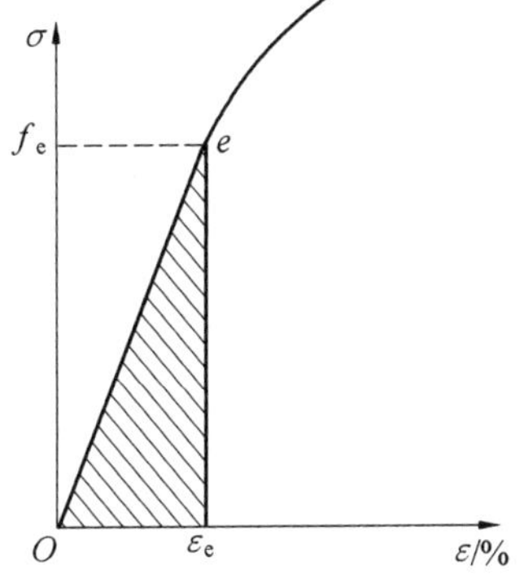

图4.8　弹性比功

4.1.4　钢材的塑性变形性能

1. 屈服强度 f_y 和条件屈服强度 $f_{0.2}$

当力加至图4.3中 c 点时，突然产生塑性变形，由于试样变形速度非常快，以致试验机夹头的拉伸速度跟不上试样的变形速度，试验力不能完全有效地施加于试样上，在曲线这个阶段上表现出力不同程度的下降，而试样塑性变形急剧增加，直至达到 e 点结束。此时，在试样的外表面能观察到与试样轴线呈45°的明显的滑移带，这些带称为吕德斯带(图4.9)；开始是在局部位置产生，逐渐扩展至试样整个标距内；宏观上，一条吕德斯带包含大量滑移面，当作用在滑移面上的切应力达到临界值时，位错沿滑移方向运动。在此期间，应力相对稳定，试样不产生应变硬化。

试样发生屈服而力首次下降前的最高应力(c 点)称为上屈服强度(upper yield strength)，图4.3中 de 范围内的最低点称为下屈服强度(lower yield strength)。一般认

为，上屈服强度与试验条件（如加荷速率和试件对中的准确性等）有关，而下屈服强度的数值对试验条件不敏感，所以我国标准一直以来计算时以下屈服点作为材料抗力的标准值（用 f_y表示）。为了与欧盟标准的 S355 钢材牌号对应，根据《低合金高强度结构钢》（GB/T 1591—2018）规定，2019 年 2 月 1 日起，取消 Q345 钢材牌号，改为以上屈服点表示的 Q355。

理论上，材料的屈服强度应理解为开始塑性变形时的应力值。但实际上，对于连续屈服的材料，这很难作为判定材料屈服的准则，因为工程中的多晶体材料，其各晶粒的位向不同，不可能同时开始塑性变形，只有当较多晶粒发生塑性变形时，才能造成宏观塑性变形的效果。因此，钢材的塑性变形具有以下特点：(1)起始塑性变形非同时；(2)塑性变形不均匀；(3)塑性变形的时间性（包括蠕变和松弛）；(4)塑性过程伴随着钢材力学性能（包括物理化学性能）的改变。

有的金属材料的屈服点不明显，在测量上有困难，因此为了衡量材料的屈服特性，规定产生永久残余塑性变形等于一定值（一般为原长度的 0.2%）时的应力，称为条件屈服强度或简称屈服强度 $f_{0.2}$，如图 4.10 所示。

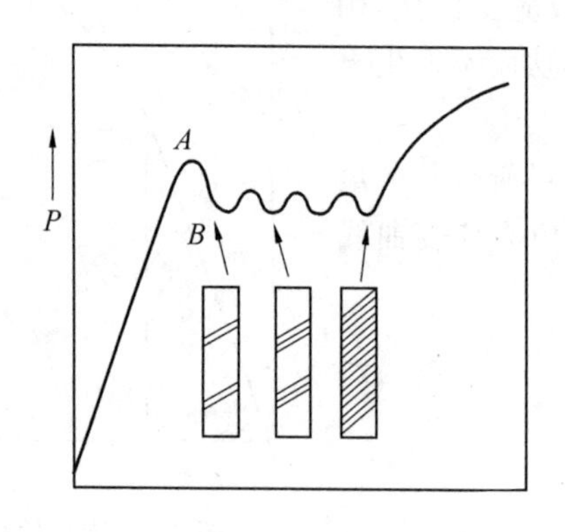

图 4.9　吕德斯带

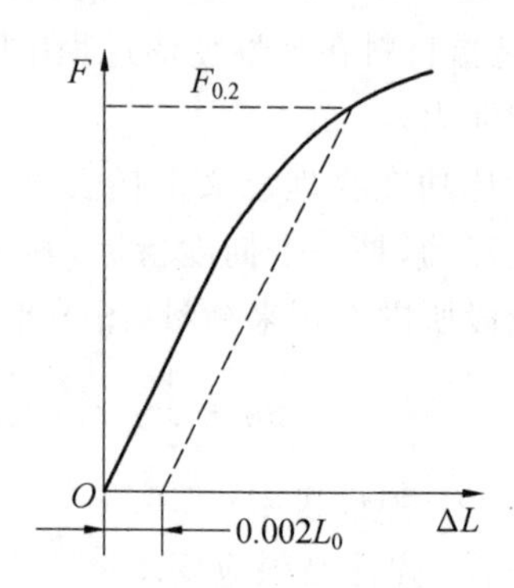

图 4.10　条件屈服强度

2. 抗拉强度 f_u和断裂强度 f_k

屈服阶段结束后，试样在塑性变形下产生应变硬化，在图 4.3 中 e 点后应力不断上升，在这个阶段内试样的变形是均匀和连续的，应变硬化效应是由于位错密度增加而引起的，在此过程中，不同方向的滑移系产生交叉滑移，位错大量增殖，位错密度迅速增加，此时必须不断施加力，才能使位错继续滑移运动，直至 f 点。f 点通常是应力应变曲线的最高点，该点所对应的应力 f_u即为抗拉强度（ultimate tensile stress）。

对于脆性材料和不形成颈缩的塑性材料，其拉伸最高荷载就是断裂荷载，因此抗拉强度就代表断裂强度；如钢丝绳的设计。对于形成颈缩的塑性材料，其抗拉强度代表产生最大均匀变形的抗力，也表示材料在静力拉伸条件下的极限承载能力。

对于进入颈缩阶段的塑性材料，在三向拉应力作用下，断裂首先发生于试件的中心部位，出现锯齿状纤维断口，呈环状；当环状纤维区扩展到一定尺寸，达到裂纹临界尺寸后，开始失稳扩展而形成放射区；最后在平面应力状态下形成杯状周边为 45°的剪切唇破断（图 4.11）。与图 4.3 中 g 点所对应的应力 σ_k即为断裂强度，其实际是反映材料抵抗切断能力的大小。

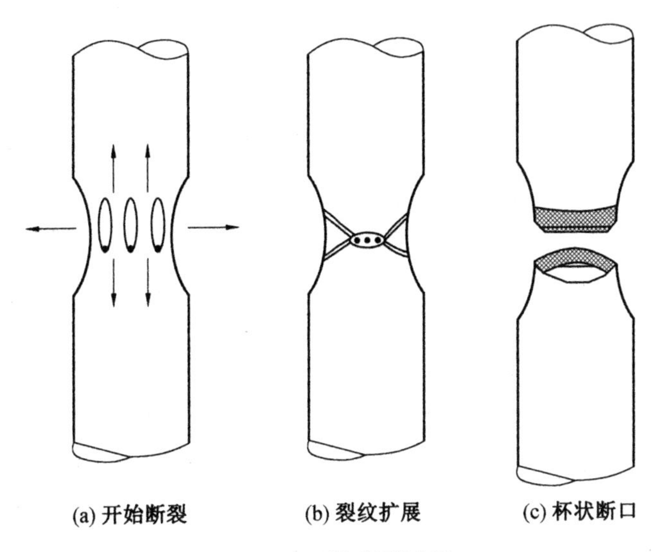

图 4.11　颈缩断裂过程

3. 延伸率 δ_k 和断面收缩率 Ψ_k

(1)延伸率。

延伸率是试样拉伸断裂后标距段的总变形 ΔL_k 与原标距长度 L_0 之比，即

$$\delta_k=\frac{L_k-L_0}{L_0}\times 100\%=\frac{\Delta L_k}{L_0}\times 100\% \tag{4.13}$$

式中　L_k——拉伸断裂后测得的标距。

对形成颈缩的材料，塑性变形＝均匀塑性变形＋集中塑性变形，于是有

$$L_k-L_0=\beta L_0+\gamma\sqrt{A_0} \tag{4.14}$$

$$\delta_k=\frac{L_k-L_0}{L_0}=\beta+\gamma\frac{\sqrt{A_0}}{L_0} \tag{4.15}$$

式中　A_0——试样的原始截面面积；

β、γ——与材料相关的常数。

在进行单向拉伸试验时，为了使同一材料制成的不同尺寸试样的结果具有可比性，要求 $L_0/\sqrt{A_0}=K$ 必须为常数。对于直径为 d_0 的圆形截面拉伸试样，即

$$L_0=5d_0\text{ 时},\frac{L_0}{\sqrt{A_0}}=\frac{5d_0}{\sqrt{\pi d_0^2/4}}=\frac{10}{\sqrt{\pi}}=5.65 \tag{4.16}$$

$$L_0=10d_0\text{ 时},\frac{L_0}{\sqrt{A_0}}=\frac{20}{\sqrt{\pi}}=11.3 \tag{4.17}$$

低碳钢颈缩部分的变形在总变形中占很大比重，如图 4.12 所示。颈缩局部及其影响区的塑性变形在断后伸长率中占很大的比重。显然，同种材料的断后伸长率不仅取决于材质，而且取决于试样的标距。试样越短，局部变形所占比例越大，δ 也就越大。用 10 倍直径试样测定的断后伸长率记作 δ_{10}，用 5 倍直径试样测定的断后伸长率记作 δ_5。国家标准推荐使用短比例试样。工程上通常认为，材料的断后伸长率 $\delta>5\%$ 属于韧断，$\delta<5\%$

则属于脆断。

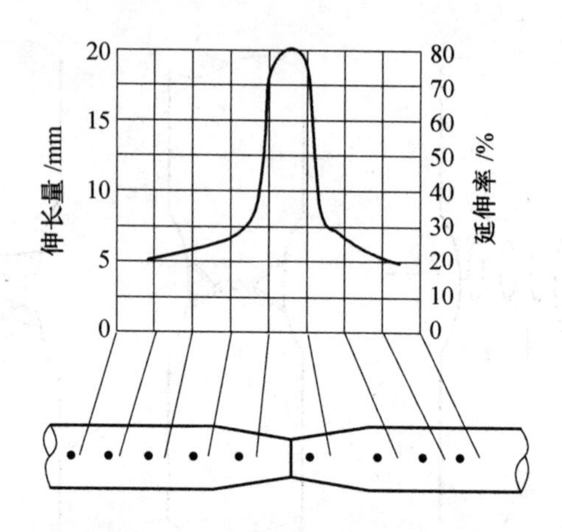

图 4.12　颈缩部分的变形

(2)断面收缩率。

断面收缩率为试样拉断后,断口处横截面面积的最大缩减量与原始横截面面积的百分比,即

$$\psi_k=\frac{A_0-A_k}{A_0}\times 100\% \tag{4.18}$$

式中　A_k——试样断口处的最小截面面积。

断面收缩率与试样尺寸无关,只取决于材料性质。断面收缩率越大,钢材的塑性越好。

钢板和型钢在热轧成型过程中会破坏钢锭的铸造组织,细化钢材的晶粒,同时钢锭浇铸时形成的气泡和裂纹,可在高温和压力作用下焊合,从而使钢材的力学性能得到改善。然而这种改善主要体现在沿轧制方向上,因钢材内部的非金属夹杂物(主要为硫化物、氧化物、硅酸盐等)经过轧压后被压成薄片,仍残留在钢板中(一般与钢板表面平行),而使钢板出现分层(夹层)现象。这种非金属夹层现象使钢材沿厚度方向受拉的性能恶化。钢板沿厚度方向的受力性能(主要为延性性能)称为 Z 向性能。钢板的 Z 向性能可使用沿厚度方向的标准拉伸试件的断面收缩率来度量。我国生产的抗层状撕裂钢板(通常简称为 Z 向钢)的标志是在钢号后面加上钢板等级标志 Z15、Z25、Z35,Z 字后面的数字为断面收缩率的指标(%)。一般厚钢板较易产生层状撕裂,因为钢板越厚,非金属夹杂缺陷越多,且焊缝也越厚,焊接应力和变形也越大。为解决这个问题,最好采用 Z 向钢。

(3)延伸率与断面收缩率的关系。

颈缩前,根据体积不变原理,由式(4.13)和式(4.18)可得

$$L=L_0+\Delta L=L_0\left(1+\frac{\Delta L}{L_0}\right)=L_0(1+\delta) \tag{4.19a}$$

$$A=A_0-\Delta A=A_0\left(1-\frac{\Delta A}{A_0}\right)=A_0(1-\psi) \tag{4.19b}$$

式中　δ 和 ψ——颈缩前的瞬时延伸率与断面收缩率。

将式(4.19)代入式(4.7)可得延伸率与断面收缩率之间的关系为

$$\delta=\frac{\psi}{1-\psi} \quad 或 \quad \psi=\frac{\delta}{1+\delta} \tag{4.20}$$

可以看出，在颈缩前 δ 恒大于 ψ。

4. 静力韧度 U_T

韧性是描述材料在塑性变形和断裂过程（释放热能）中所吸收的能量，也指材料抵抗裂纹扩展的能力。材料韧性的力学性能指标包括静力韧度、冲击韧度、断裂韧度。冲击韧度、断裂韧度已在第2章介绍过了，这里主要介绍静力韧度。

静力韧度（U_T）是指静力拉伸时单位体积材料断裂前所吸收的变形功。一般用真应力应变曲线（图4.4）下包围的面积来精确表示：

$$U_T=\int_0^{e_k} S\mathrm{d}e \tag{4.21}$$

式中　e_k——真实断裂应变。

要计算真应力应变曲线下的面积比较麻烦，一般采用简化方法来计算静力韧度。忽略弹性变形部分（这部分较小），并将应变硬化阶段线性化，从而得到简化的真应力应变曲线，如图4.13所示。曲线的应变硬化从屈服强度 f_y 开始，至真实断裂强度 S_k 结束。直线的斜率采用应变硬化模量 $D=\tan\alpha$，则静力韧度等于梯形的面积，即

$$U_T=\frac{f_y+S_k}{2}e_k=\frac{f_y+S_k}{2}\frac{S_k-f_y}{D}=\frac{S_k^2-f_y^2}{2D} \tag{4.22}$$

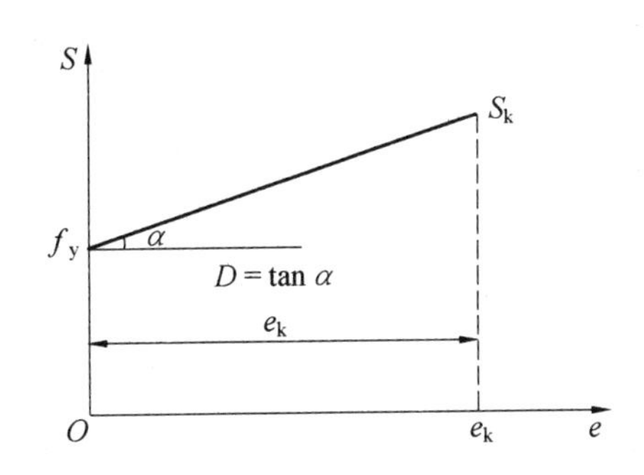

图4.13　真应力应变近似曲线

静力韧度是强度和塑性的综合指标，只有二者具有较好的配合时，才能获得较高的韧性。式(4.22)表明，S_k 越大，静力韧度越大；屈服强度越小，静力韧度越大。由于工程中要提高钢材的真实断裂强度 S_k 是很困难的，所以通常只考虑屈服强度对静力韧度的影响。

4.1.5　短柱试验

所谓"短柱"（stub－column）是指从压杆上截取其一段做成轴心受压试件，并保证其受压时不会发生整体失稳。短柱试验类似于材性试件的拉伸试验。拉伸试验可以给出钢材受拉时的应力应变曲线，从而得出材料的基本性能，包括屈服点、抗拉强度、弹性模量和伸长率等。短柱试验则可以给出杆件截面受压时的应力应变曲线，确定实际型材全截面的平均力学性能，包括一般型材都具有的残余应力、冷弯型材的冷弯效应和局部屈曲及

连续开孔等的影响。

1. 试件要求

短柱试件应用冷锯由实际型材的中部截取，截取部位应离开杆件火焰切割端不少于杆件截面高度 h。试件长度应满足下列要求：

热轧型材　$L\leqslant\begin{Bmatrix}20\,i_{\min}\\5h\end{Bmatrix}$取大者；$L\geqslant\begin{Bmatrix}2h+250\text{ mm}\\3h\end{Bmatrix}$取小者

冷弯型材　$3h_{\max}\leqslant L\leqslant 20i_{\min}$

式中　h——截面高度；

$h_{\max}$——截面最大边长；

$i_{\min}$——截面最小回转半径。

在这个长度范围内，柱段既不致因受压而整体失稳，又可保有杆件原来的残余应力不变，并且可以避免限制局部屈曲特性的发展。柱段割出后铣平端面并使之垂直于轴线。在柱段试验时，两端都放置一定厚度的端板（图 4.14(a)），使压力分布均匀，但端板不和柱段焊接。采用这些措施，可保证测得的柱段残余应力和杆件的实际状态相同，可以用于较长杆件的性能分析。

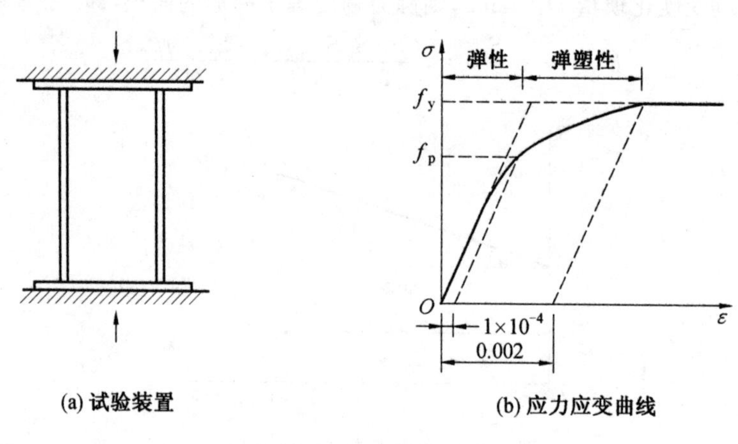

图 4.14　短柱试验

2. 试验方法

试验时，应在短柱中央截面处设置应变片或千分表，用以测定试件的应力应变曲线兼作对中之用。短柱试件两端不加焊封板，直接置于试验机上做轴心受压试验。

普钢型材全截面力学性能可按下列规定确定：

(1)比例极限 σ_p。试验曲线中有略显偏离直线的分界点时，取该分界点的应力；无明显分界点时，取相应于 1×10^{-4} 残余应变处的压应力（图 4.14(b)）。

(2)屈服强度 σ_y。与单向拉伸试验取法相同。

(3)截面残余压应力的峰值 σ_{rc} 为

$$\sigma_{rc}=\sigma_y-\sigma_p \tag{4.23}$$

式中　σ_{rc}——影响压杆稳定性能的重要指标。由短柱试验获得 σ_{rc}，要比残余应力的直接测量简易得多。

通过短柱压缩试验,可以确定全截面的平均应力应变之间的关系,进而确定相应的切线模量曲线。由于这种全截面的应力应变关系反映了截面残余应力及柱子缺陷的影响,因此实际柱子的强度常可表作相应短柱压缩试验得出的应力应变关系所确定的切线模量的函数。通常,这样得到的柱子强度是偏于安全的。

薄钢型材全截面力学性能可按下列规定确定:

(1)当不发生板件的局部屈曲时,同普钢。

(2)当发生局部屈曲时,板件的局部屈曲临界荷载由板厚两侧的应力应变曲线分离点确定(图 4.15)。

(3)全截面的极限荷载,由应力应变曲线的最高点确定。

(a) 试验装置及试件

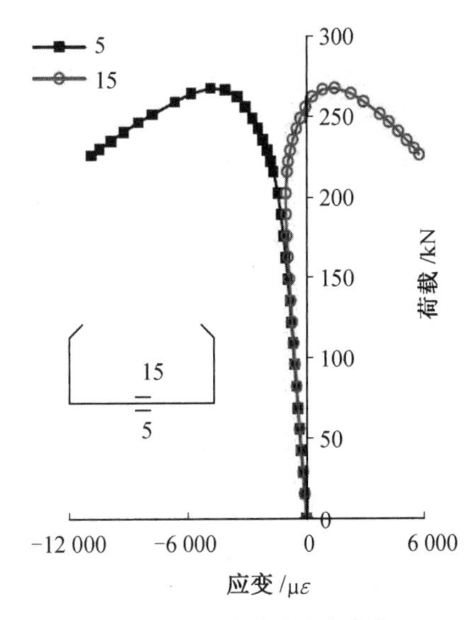

(b) 腹板两侧应力应变曲线

图 4.15　薄钢型材短柱试验

图 4.15 所示为薄钢型材短柱试验,在试件内外表面同一位置处成对布置应变片,图中 5 和 15 为相应的应变片编号。在受压初期,内外两侧的应变值基本一致;当屈曲发生时,受到板件局部弯曲变形的影响,内外两侧应变值开始彼此分离。荷载继续增加,凹侧 5 号应变增大较快,凸侧 15 号应变则增加缓慢。最后,凸侧面上的应变值减小,出现应变反向现象。凸面上最大压应变(即板厚两侧的应力应变曲线分离点)所对应的荷载,即为临界屈曲荷载。

4.2　受拉构件的强度承载力

4.2.1　影响拉杆强度的因素

在杆系结构体系中(如桁架、网架、网壳、塔架等),拉杆和压杆是主要受力构件,通过连接节点形成整体结构。构件的截面类型多为角钢、H 型钢、槽钢、钢管、冷弯型钢等。

影响等直受拉构件强度的因素，包括构件的初弯曲、残余应力、截面的削弱、受力初偏心和连接构造等。杆件的初弯曲，在受拉后趋于减小，对强度影响不大。自相平衡的残余应力，在受拉后，残余拉应力部分首先屈服，随着拉力的增加，截面逐渐屈服，最后全截面屈服，除了降低了比例极限之外，对截面的受拉强度无影响。截面的削弱可以通过净截面验算考虑。因连接构造和初偏心使截面不能有效传力时，可通过有效截面给予考虑。

4.2.2　受拉构件强度承载力的确定

根据标准静力拉伸试验，可获得钢材的屈服强度 f_y、抗拉强度 f_u 以及伸长率 δ_k 等参数。我国《钢结构设计标准》(以下简称《标准》)所推荐的钢材均有明显的屈服平台，其应力应变曲线大致如图 4.16 所示。其中 δ_B 为颈缩前的均匀伸长率，δ_N 为颈缩后直到断裂的局部集中伸长率，δ_B 比 δ_N 小很多，一般不超过 δ_N 的 50%。

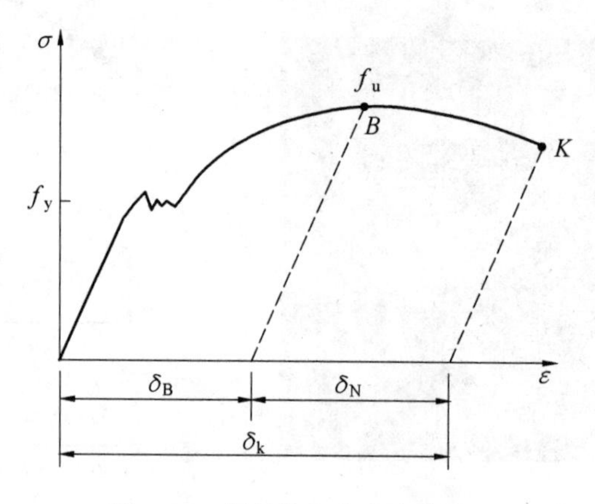

图 4.16　钢材的应力应变曲线

对于等直截面无削弱的拉杆，可否取 f_u 作为强度指标呢？下面以 Q460 热轧钢材为例，说明该问题。《标准》给出，厚度≤16 mm 的该钢材的强度指标为 $f_y=460\ \text{N/mm}^2$，$f_u=550\ \text{N/mm}^2$。现行国标《低合金高强度结构钢》(GB/T 1591—2018)规定，Q460 热轧钢板厚度小于 40 mm 的断后伸长率 δ_k 不小于 18%。

假设其 $\delta_B=0.4\delta_N$，$\delta_k=\delta_B+\delta_N=\delta_B+\delta_B/0.4=3.5\delta_B\geqslant 18\%$，则 $\delta_B\geqslant 5.14\%$，也就是说当应力达到 f_u 时，1 m 长的受拉构件的伸长量将大于 5.14 cm，显然属于过度变形，已不适于承载，因此应以 f_y 为强度指标。

对于有连续开孔的等直截面拉杆(图 4.17(a))，当净截面处以 f_u 为强度指标时，由于净截面所占比重较大，杆件的伸长量不可忽视，故应取 f_y 为强度指标。

对于有局部削弱的等直截面拉杆(图 4.17(b))，当净截面处达到抗拉强度时，仅在该处产生有限的变形，因此在净截面处可以 f_u 为强度指标。考虑到达 f_u 后，构件将被拉断，因此应取较高的抗力分项系数。毛截面处仍取 f_y 为强度指标。

对于高强度螺栓摩擦型连接的构件(图 4.18)，可以认为连接传力所依靠的摩擦力均匀分布于螺孔四周，故在孔前接触面已传递一半的力。因此，最外列螺栓处危险截面的净截面强度计算应考虑孔前传力的影响。

综合上述，《标准》规定，当轴心受拉构件端部连接和中部拼接处组成截面的各板件均

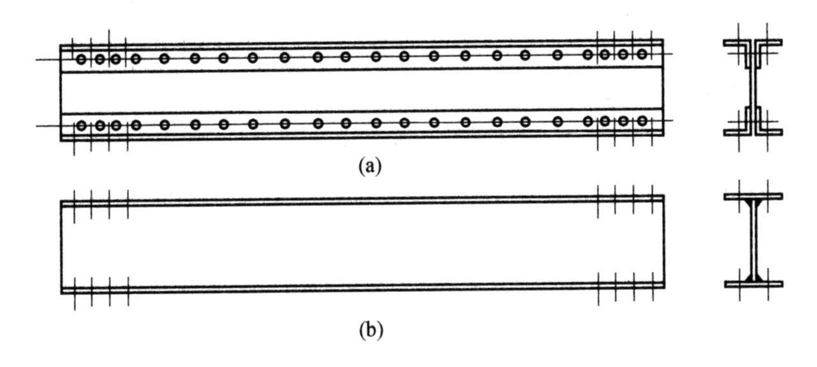

图 4.17　有孔拉杆

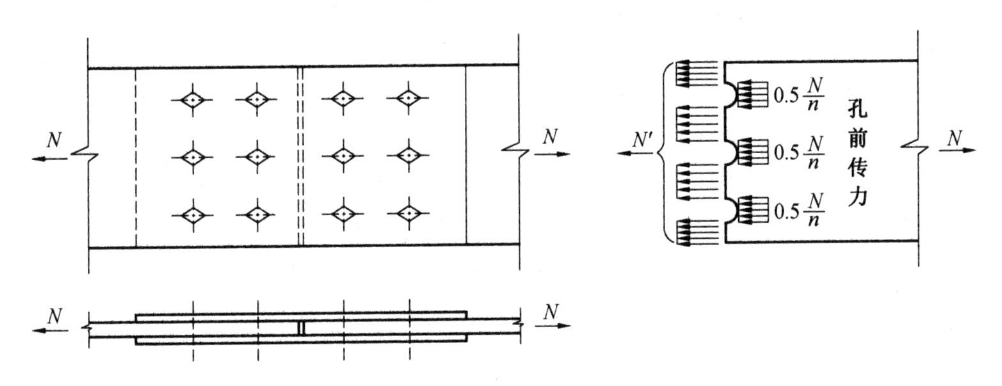

图 4.18　轴心力作用下的摩擦型高强度螺栓连接

能直接传力时，其截面计算如下：

(1) 除采用高强度螺栓摩擦型连接者外，其截面强度按下列公式验算：

毛截面屈服
$$\sigma=\frac{N}{A}\leqslant f_y/r_R=f \tag{4.24}$$

净截面断裂
$$\sigma=\frac{N}{A_n}\leqslant f_u r_R \cdot r_{Ru}=0.7f_u \tag{4.25}$$

式中　N——所计算截面处的拉力设计值(N)；

f_y—— 钢材的屈服强度(N/mm^2)；

r_R—— 钢材的抗力分项系数；

f—— 钢材的抗拉强度设计值(N/mm^2)；

A——构件的毛截面面积(mm^2)；

A_n——构件的最不利净截面面积(mm^2)；

f_u——钢材的抗拉强度最小值(N/mm^2)；

r_{Ru}——相对于 f_u 的附加抗力分项系数。

(2) 采用高强度螺栓摩擦型连接的构件，其毛截面仍按式(4.24)验算，净截面断裂按下式验算：

$$\sigma=(1-0.5\,n_1/n)\frac{N}{A_n}\leqslant 0.7f_u \tag{4.26}$$

(3) 当构件沿全长都有较密螺栓的组合构件时，其截面强度按下式验算：

$$\sigma=\frac{N}{A_n}\leqslant f \tag{4.27}$$

式中 n—— 在连接处,构件一端连接的高强度螺栓数目;

n_1——所计算截面(最外列螺栓处)高强度螺栓数目。

《标准》偏于安全,取$r_R \cdot r_{Ru}=\frac{1}{0.7}$。由式(4.24)和式(4.25)可知,若使有局部削弱拉杆的毛截面部分控制设计,则应满足 $Af\leqslant 0.7f_uA_n$,即

$$\frac{A_n}{A}\geqslant\frac{f}{0.7f_u} \tag{4.28}$$

表 4.1 给出了按上式计算出的各钢号(板厚≤16 mm)的 A_n/A 值。可以看出,对于板厚≤16 mm 的受拉截面杆件,只有 Q235 和 Q355 钢制成的构件,在截面削弱分别不大于 17%和 7%的情况下,才能由毛截面屈服控制,其他全部由净截面断裂控制设计。值得注意的是,在 Q390 之后的高强钢材的 $0.7f_u$ 均小于相应的 f,这就是说由净截面断裂求得的抗拉承载力,均小于净截面屈服承载力。显然这和公式(4.27)不协调,也与《钢结构设计标准》(GB 50017—2017)不协调,与前述净截面断裂验算的原理也是矛盾的。说明 $r_R \cdot r_{Ru}$的取值太过保守,将引起不必要的浪费,经与国外规范对比,将 0.7 改为 0.75 可能更为合理。当屈强比 $f_y/f_u>0.85$ 后,净截面由断裂控制可确保安全。

表 4.1 毛截面控制设计所对应的 A_n/A 值

钢号	Q235	Q355	Q390	Q420	Q460
$f/(\text{N}\cdot\text{mm}^{-2})$	215	305	345	375	410
$f_u/(\text{N}\cdot\text{mm}^{-2})$	370	470	490	520	550
$0.7f_u/(\text{N}\cdot\text{mm}^{-2})$	259	329	343	364	385
A_n/A	0.83	0.93	1.01	1.03	1.07

4.2.3 有效截面及有效截面系数

当拉杆的端部或中间拼接处各板件均能直接传力时,各相应截面是全部有效的。如图 4.19(a)所示的焊接连接节点,翼缘和腹板都有各自的拼接板,在拼接板端部处的拉杆毛截面全部有效。若焊缝连接换成螺栓连接,则该处的净截面全部有效。但有时很难做到上述的连接形式,而是采取部分板件传力的构造,如图 4.19(b)、(c)所示,这时的危险截面就不是全部有效了。

设拉断力为 N,受拉构件的毛截面和净截面面积分别为 A 和 A_n,则有 $N<A_nf_u$,以 $A_e=N/f_u$ 作为有效净截面面积,则定义有效截面系数为

$$\eta=A_e/A_n \tag{4.29}$$

有学者通过试验研究了仅用紧固件连接工字型拉杆翼缘的截面有效性。结合本次试验,以及收集到的上千件受拉试件的试验数据,综合对比,归纳出由紧固件连接的节点处拉杆净截面有效截面系数公式:

$$\eta=1-\bar{x}/l \tag{4.30}$$

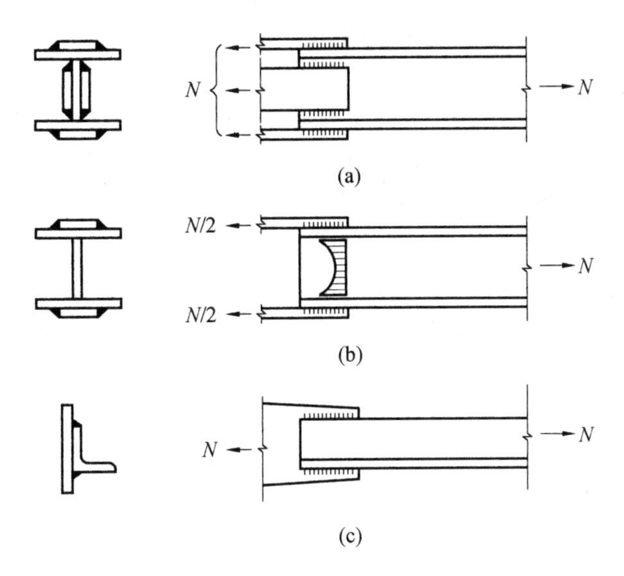

图 4.19　截面连接举例

式中　l——连接长度(从第一个紧固件到最后一个的距离);

$\bar{x}$——从节点板到其连接的拉杆附属面积的形心距离,如图 4.20 所示。

没被节点板直接连接的板件中的拉应力,是通过相邻的直接被连接的板件由剪切变形传过来的,以图 4.19(b)中的腹板为例,其受力类似于图 4.21 的板件在两侧边受集中拉力的情况。没受力前的 A 单元在受力后产生了剪切变形,将侧边的拉应力通过剪应力向中间传递。但是板中的变形总是滞后于两侧边的变形,这种现象称为剪力滞后(shear－lag),板件中的拉应力分布为两边最大,并逐渐向中间减小,如图 4.19(b)中腹板在危险截面处所示。由此可见,没被节点板直接连接的板件,很难做到全截面有效,这种板件的面积占整个拉杆截面的比率越高,受拉截面的效率就越低。

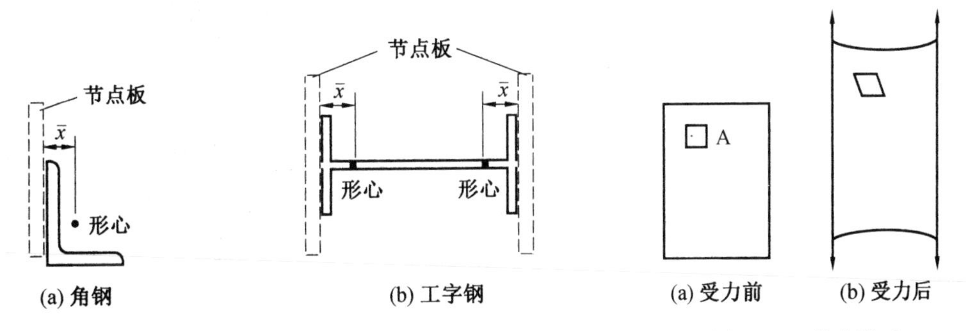

图 4.20　构件与节点板偏心距　　　　图 4.21　剪力滞后

公式(4.30)中的 $\bar{x}$ 就反映了上述关系。以图 4.20(a)为例,整个角钢都是节点板的附属截面。若没被连接的肢越长,其整个截面的形心距节点板的距离 $\bar{x}$ 就越大,截面的效率就越低。又如图 4.20(b)中双节点板连接的工字型截面,每块节点板的附属面为工字钢的一半,相当于由腹板中部切开的 T 型截面,$\bar{x}$ 越大,说明腹板肢所占的比重越大,截面效率越低。也可将 $\bar{x}$ 看作构件的受力偏心距,$\bar{x}$ 越大,弯矩所占的比重越大,抗拉承载力就会越低。当然图 4.20(a)中的角钢,实际是双向偏心受拉,$\bar{x}$ 仅是形象化的比喻而已。

剪力滞后效应也与连接长度 l 有关,连接长度越短,剪力滞后越严重。试验表明,随着紧固件数量的减少,η 值也减少,即连接长度大小与 η 为正相关关系。通过试验,还研究了由侧焊缝与节点板相连接的单角钢拉杆的剪力滞后问题,结果表明式(4.30)仍然适用,只是 l 应取肢背和肢尖焊接长度的平均值。

综上所述,在按净截面断裂设计时,式(4.25)和式(4.26)中的 A_n 应由有效截面面积 A_e 取代。考虑到用焊缝与节点板相连的拉杆也存在有效截面问题,建议将式(4.25)改写为危险截面断裂

$$\sigma=\frac{N}{A_e}\leqslant 0.75f_u \tag{4.31}$$

当紧固件连接时,

$$A_e=A_n \tag{4.32a}$$

当纵向焊缝连接时,

$$A_e=A \tag{4.32b}$$

我国 GB 50017—2017 标准没有直接采用式(4.30)计算 η,而是采用偏于安全的定值,不同截面形式的构件,连接方式的 η 值按表 4.2 确定。

表 4.2 轴心受力构件节点或拼接处危险截面有效截面系数

构件截面形式	连接形式	η	图例
角钢	单边连接	0.85	
工字型、H 型	翼缘连接	0.90	
	腹板连接	0.70	

4.2.4 有关国家的相关规定

1. 美国规范(*Specification for Structure Steel Buildings*, ANSI/AISC 360-10)

受拉构件应按毛截面屈服和净截面拉断两种极限状态进行验算,取两者的较小者。

(1)毛截面屈服

$$P_u \leqslant 0.9F_yA_g \tag{4.33}$$

(2)净截面拉断

$$P_u \leqslant 0.75F_uA_e \tag{4.34}$$

式中　P_u——验算截面处设计拉力；

F_y——钢材屈服强度；

A_g——毛截面面积；

F_u——钢材抗拉强度；

A_e——有效净截面面积。

受拉构件的有效净截面面积 A_e应按下式计算：

$$A_e = A_n \cdot U \tag{4.35}$$

式中　A_n——净截面面积；

U——剪力滞后系数，由表 4.3 查得。

表 4.3　受拉构件连接处的剪力滞后系数

情况	构件种类	剪力滞后系数	举例
1	所有受拉杆件，拉力通过紧固件或焊缝直接传给横截面的每个板件上(情况 4、5 和 6 除外)	$U=1.0$	—
2	除钢板和空心管之外的受拉构件，拉力通过紧固件或纵向焊缝传给部分但不是全部横截面的板件上(对于 H 型钢截面也可按情况 7 处理)	$U=1-\bar{x}/l$	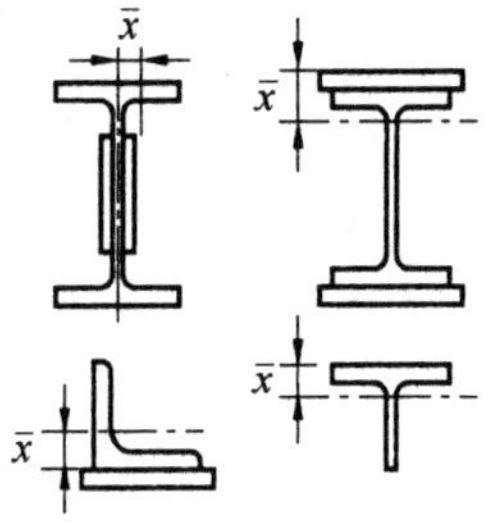 $\bar{x}$
3	所有受拉构件，拉力通过横向焊缝传给部分但不是全部横截面的板件上	$U=1.0$ A_n=直接连接板件的面积	—
4	仅通过纵向焊缝传递拉力的钢板	$U=\frac{3l^2}{3l^2+w^2}\left(1-\frac{\bar{x}}{l}\right)$ $l=(l_1+l_2)/2$	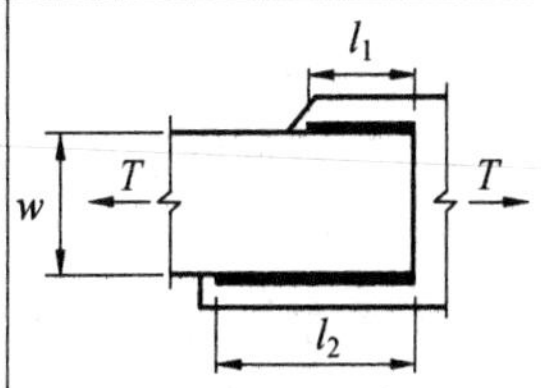 l_1, l_2, w, T
5	仅由中心节点板连接的圆钢管	$l \geqslant 1.3D, U=1.0$ $D \leqslant l < 1.3D, U=1-\frac{\bar{x}}{l}$ $\bar{x}=\frac{D}{\pi}$	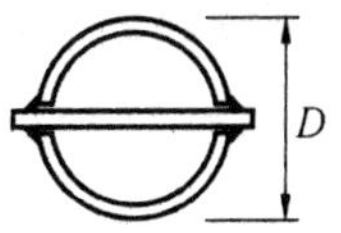 D

续表 4.3

情况	构件种类		剪力滞后系数	举例
6	矩形空心型材	由中心节点板连接	$l \geqslant H, U=4-\frac{\bar{x}}{l}$ $\bar{x}=\frac{B^2+2BH}{4(B+H)}$	H B
		由两侧节点板连接	$l \geqslant H, U=4-\frac{\bar{x}}{l}$ $\bar{x}=\frac{B^2}{4(B+H)}$	H B
7	H型钢截面或由这些截面切出的T型截面（如果U由情况2计算，取大者用之）	翼缘连接，沿受力方向每排紧固件的数量不少于3个	$b_f \geqslant \frac{2}{3}d, U=0.09$ $b_f \geqslant \frac{2}{3}d, U=0.85$	—
		腹板连接，沿受力方向每排紧固件的数量不少于4个	$U=0.70$	—
8	单角钢或双角钢（如果U由情况2计算，取大者用之）	沿受力方向每排紧固件的数量不少于4个	$U=0.80$	—
		沿受力方向每排紧固件的数量为2～3个（对于情况2，则沿受力方向每排紧固件的数量为2个）	$U=0.60$	—

L—连接的长度(mm)；w—板宽(mm)；$\bar{x}$—连接偏心距(mm)；B—垂直于连接板的矩形管的宽度(mm)；H—平行于连接板的矩形管的高度(mm)；D—圆钢管外径(mm)

有两点需要说明：

(1)净截面断裂的分项系数是0.75，这可以使更多的情况下由毛截面屈服控制设计，从而节约钢材。

(2)对紧固件连接拼接板的有效净截面面积要求$A_e=A_n \leqslant 0.85A_g$，其目的是使连接板的净截面断裂控制设计，防止在$A_n/A_g>0.85$的情况下毛截面发生过大的屈服变形。

2. 欧洲规范(*Eurocode3*: *Design of Steel Structure*, BS EN 1993-1-1:2005)

(1)在每个截面上的设计拉力N_{Sd}应满足

$$N_{Sd} \leqslant N_{t,Rd} \tag{4.36}$$

(2)设计抗拉承载力$N_{t,Rd}$应取下述二者的较小值。

①毛截面屈服承载力 $N_{pl.Rd}$ 为

$$N_{pl.Rd}=A\cdot f_y/\gamma_{M0} \tag{4.37}$$

②在紧固件孔洞处净截面拉断承载力 $N_{u.Rd}$ 为

$$N_{u.Rd}=0.9A_{net}\cdot f_u/\gamma_{M2} \tag{4.38}$$

式中　A——毛截面面积；

f_y——钢材的屈服强度；

γ_{M0}——钢材的分项安全系数，$\gamma_{M0}=1.1$；

A_{net}——截面的净截面面积；

f_u——钢材的极限抗拉强度；

γ_{M2}——净截面承载力的分项安全系数，$\gamma_{M2}=1.25$。

(3)对有延性要求的拉杆(如抗震设计中的杆件)，应使$N_{u.Rd}\geqslant N_{pl.Rd}$，即

$$\frac{A_{net}}{A}\geqslant\frac{(f_y/f_u)\cdot(\gamma_{M2}/\gamma_{M0})}{0.9} \tag{4.39}$$

(4)当极限状态不允许连接滑移时，应限制净截面不出现屈服，净截面的 $N_{net.Rd}$应取

$$N_{net.Rd}=0.9A_{net}\cdot f_y \tag{4.40}$$

(5)由一个肢连接的角钢拉杆(图 4.22)，对于等边角钢和长肢相连的不等边角钢，有效截面取角钢的净截面面积；对于短肢相连的不等边角钢，有效截面取与短肢对应的等边角钢的净截面面积。对于有伸出肢与连接板相连的其他截面，如 T 型钢和槽钢等，也可采用类似方法处理。

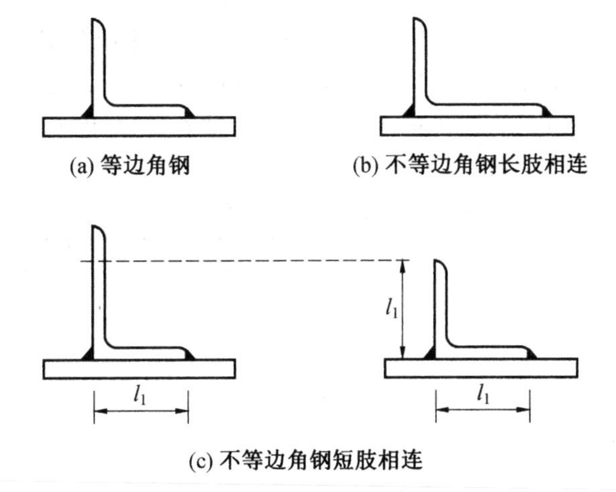

图 4.22　角钢单肢连接的有效截面

有三点说明：

① 净截面断裂的分项系数是 0.9/1.25=0.72；

② 给出了有延性要求的拉杆的设计条件；

③ 给出了极限状态不允许连接滑移的设计要求，即对高强度螺栓摩擦型连接不允许按净截面断裂进行计算，因为被高强度螺栓连接的板件，在净截面处出现过大的屈服变形，板厚会减薄，使预拉力松弛，产生滑移，此时公式(4.26)是否合适值得考虑。

3. 澳大利亚规范(Australian Standard, *Steel Structures*, AS 4100—1998)

(1)承受设计轴向拉力 N^* 的构件应满足

$$N^* \leqslant \phi N_t \tag{4.41}$$

式中 ϕ ——承载力系数,取 0.9;

N_t——名义截面抗拉承载力,取下列二者的小值:

$$N_t = A_g f_y \tag{4.42}$$

$$N_t = 0.85 K_t A_n f_u \tag{4.43}$$

式中 A_g——截面的毛截面面积;

f_y——设计使用的屈服应力;

K_t——与力分布有关的修正系数;

A_n——截面的净截面面积;

f_u——设计使用的抗拉强度。

(2)力的分布。

①杆端均匀传力。当拉杆的端部连接满足下述两项条件时,可认为能够均匀传力,修正系数K_t取 1.0:

a. 构件的每块板件均应被连接,且应按构件的质量中心轴对称布置;

b. 每一板件的连接应至少能按比例传递该板件所能承担的最大设计拉力。

② 杆端不均匀传力。如果端部连接不能满足上述要求,应按拉弯构件进行设计,取$K_t=1.0$。对于下述情况,构件仍可按轴心受拉构件进行设计:

a. 偏心连接的角钢、槽钢和 T 型钢,采用表 4.4 中的相应K_t值,仍可按轴心拉杆设计;表中(v)双角钢拉杆受力如图 4.23 所示,由于偏心力矩 Ne 在节点板和角钢连接的长度内,产生了反力偶 Qg,相互平衡,由此使角钢近乎轴心受拉,修正系数$K_t=1.0$;双槽钢和双 T 型钢情况类似。

表 4.4 受拉构件的修正系数(K_t)

项次	构造情况	修正系数
i	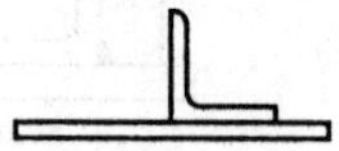	0.75 不等边角钢短肢相连 0.85 其他情况
ii	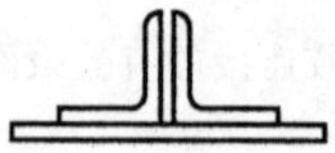	与情况 i 相同
iii		0.85

续表 4.4

项次	构造情况	修正系数
iv	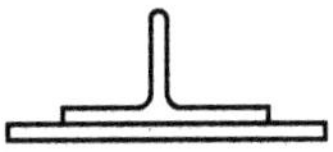	0.90
v	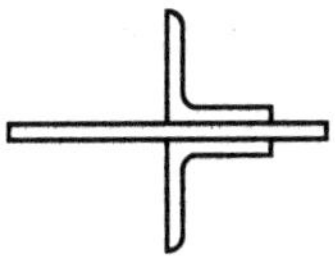	1.0
vi	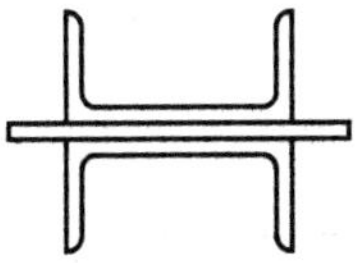	1.0
vii	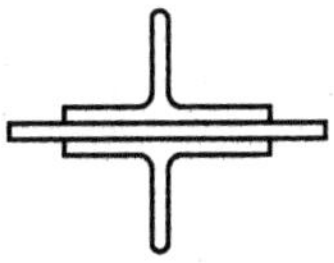	1.0

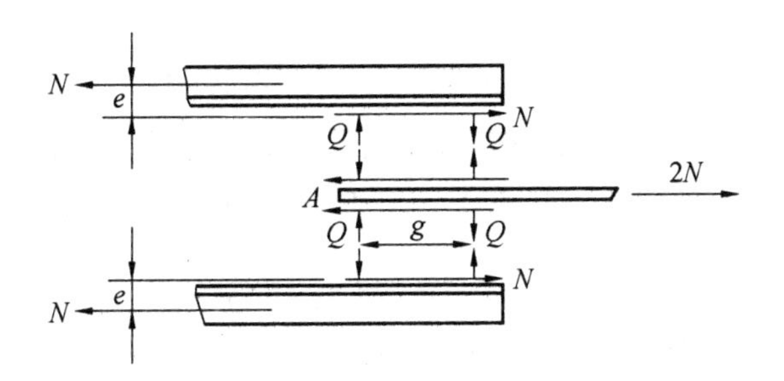

图 4.23　双角钢拉杆受力分析

b. 对称轧制或拼成的工字型和槽型截面拉杆，仅在两翼缘进行连接，并满足在连接处的紧固件首尾间长度，或两侧用焊接连接的每边的纵向焊缝长度不小于构件的高度，且每一翼缘连接能按比例传递该构件所能承担的最大设计拉力的一半时，取 $K_t=0.85$，按轴心拉杆设计。

有两点值得说明：

①净截面断裂的分项系数是 $0.9\times0.85=0.765$；

②对连接部分的分布和受力给出了较详细的规定。

各国有关受拉构件强度承载力的具体规定，虽然大同小异，但也有明显的差别，值得深入研究和参考，并不断完善我国的有关规定。

4.3 受弯构件的极限强度和塑性变形

4.3.1 受弯构件的塑性弯矩

理想无缺陷梁在逐渐增加的荷载作用下，其性能可分为三个工作阶段，如图 4.24 所示。其中，OA 段是具有一定斜率的直线，说明梁具有一定的抗弯刚度，截面内部应力按直线分布，对应弹性工作阶段，A 点代表截面最外边缘屈服，相应的弯矩称为弹性极限弯矩或屈服弯矩(M_y)，即

$$M_y=W_y\cdot f_y \tag{4.44}$$

式中 W_y——梁截面的弹性抵抗矩。

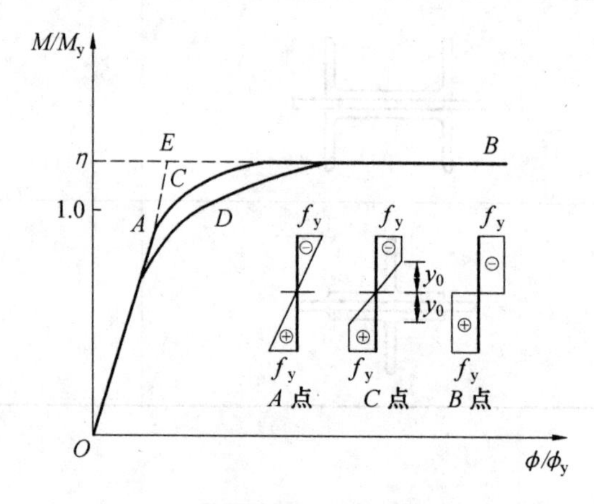

图 4.24 梁截面弯矩和曲率的关系

随着荷载增加，在梁最大弯矩截面，塑性变形由截面边缘逐渐向内扩展，但中间仍为弹性(C 点)，此时梁处于弹塑性工作状态；在弹性核心区，应力按直线分布

$$\sigma=\frac{y}{y_0}f_y \tag{4.45}$$

若荷载进一步增加，则弹性核心不断减小直至消失(B 点)，此时可以认为梁处于塑性流动阶段，即形成塑性铰，对应的弯矩称为全塑性弯矩 M_p，可由下式计算：

$$M_p=W_p f_y=(S_{上,A/2}+S_{下,A/2})f_y \tag{4.46}$$

式中 W_p——截面的塑性抵抗矩。

由于塑性中和轴为构件截面面积平分线(图 4.24)，因此塑性抵抗矩为截面上下半个截面对塑性中和轴的面积矩 $S_{A/2}$之和。

需要说明的是，对于非对称截面受弯构件(图 4.25)，其弹性中和轴与塑性中和轴是不一致的。弹性状态下的中和轴是该截面的形心轴，其两边的面积矩相等；而塑性状态下的中和轴是构件截面面积平分线，其两边的面积相等。

塑性抵抗矩 W_p与弹性抵抗矩 W_y(以截面边缘屈服为准则)的比称为截面形状系数 η，它反映了利用塑性所获得的抗弯能力的提高，即

$$\eta=W_p/W_y=M_p/M_y \tag{4.47}$$

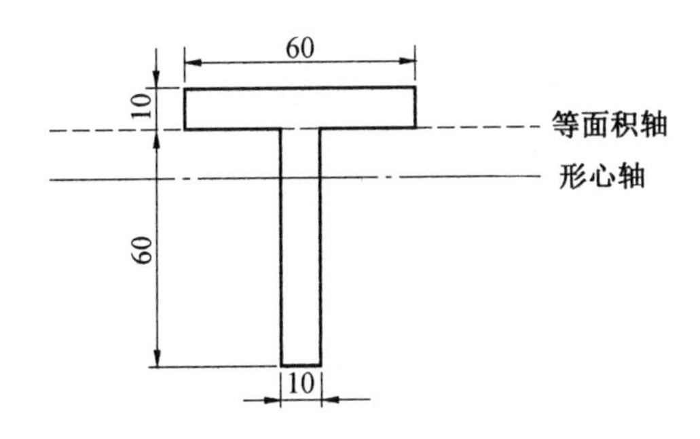

图 4.25　T 型截面的中和轴

对于矩形截面，塑性抵抗矩 $W_p = bh^2/4$，弹性抵抗矩 $W_y = bh^2/6$，因此其截面形状系数为 1.5，意味着利用塑性可以使其抗弯承载力提高 50%。表 4.5 给出了几种常见截面的塑性抵抗矩和截面形状系数。可以看出，中性轴附近的材料面积在总面积中所占的比重越大，利用塑性提高抗弯能力的潜力也越大。

表 4.5　不同截面形状的 W_p 和 η 值

截面形式				
塑性抵抗矩 W_p	$bd^2/4$	$bd^2/12$	$d^3/6$	td^2 ($t \ll d$)
形状系数 η	1.5	2.0	1.7	1.27

对于工字型截面，塑性承载能力也与翼缘和腹板在整个截面面积中所占比重有关。腹板所占比重越大，发展塑性的能力越大。因此对焊接工字梁，当考虑塑性开展时，腹板的高厚比不能取得过大。《钢结构设计标准》(GB 50017—2017)规定：采用塑性设计的受弯构件，形成塑性铰并发生塑性转动的截面，其板件宽厚比限值为 $65\varepsilon_k$，ε_k 为钢号修正系数。工字型截面的形状系数 η 通常大于 1.10；对于轧制的工字钢和 H 型钢，η 可以高达 1.20。

图 4.24 中，ACB 曲线对应于没有残余应力的情况。当截面上有残余应力时，曲线下降为 ODB。由此可见，残余应力并没有降低梁的极限强度，但会使梁的变形发展更快。这与前面对拉杆的分析是一致的。需要说明的是，此处假定钢材为理想弹塑性体，忽略硬化阶段。研究表明，当考虑硬化阶段时，梁的实际承载力还会有所提高。

4.3.2　剪力对塑性弯矩的影响

当梁截面上同时有正应力 σ 和剪应力 τ 时，可以根据弹性屈服准则对截面危险点进行验算

$$\sigma^2 + 3\tau^2 \leqslant f_y^2 = 3f_{vy}^2 \tag{4.48}$$

式中　f_{vy}——钢材剪切屈服强度。

可见，当截面上存在剪应力时，在正应力还未达到 f_y 时就已完全进入塑性了。

由式(4.48)可得表征完全屈服的关系式为

$$\left(\frac{\sigma}{f_y}\right)^2+\left(\frac{\tau}{f_{vy}}\right)^2=1 \tag{4.49a}$$

也可写成

$$\left(\frac{M}{M_p}\right)^2+\left(\frac{Q}{Q_p}\right)^2=1 \tag{4.49b}$$

上式是后续分析的基础。下面以矩形截面梁和工字梁为例，讨论剪力对塑性弯矩的影响。

1. 矩形截面悬臂梁

对图 4.26 所示悬臂梁右端施加集中力 Q，其支座外边缘因受到拉压作用最先进入塑性，并随着 Q 的增大，逐渐向梁的右侧和截面核心区扩展。假定距离支座 x_1 处为塑性区的起点，则由平衡条件得

$$Q(a-x_1)=M_y=\frac{bh^2}{6}f_y \tag{4.50}$$

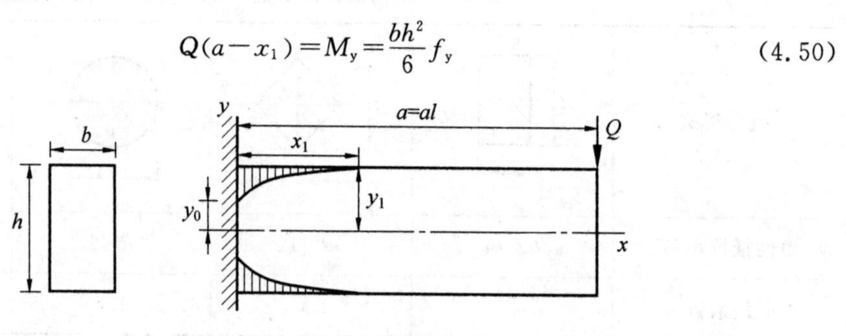

图 4.26　矩形截面悬臂梁

由梁的弹性理论可知，x_1 处的梁截面正应力呈线性分布，如图 4.27(a)所示；剪应力呈抛物线分布，如图 4.27(b)所示；根据式(4.49a)确定的无量纲合成应力如图 4.27(c)所示。最大剪应力位于截面中性轴上，其值为

$$\tau_{\max}=\frac{3}{2}\frac{Q}{bh} \tag{4.51}$$

由式(4.50)和式(4.51)可得 $\tau_{\max}<f_{vy}$ 的条件为 $(a-x_1)/h>0.433$，即在距离荷载作用点大于 $0.433h$ 的截面上，最外层纤维的拉压屈服总是先于核心区的剪切屈服出现。

在 $x<x_1$ 的区域内，外层拉压塑性区不断深入，剪力主要由弹性核心区承担。中性轴上的剪应力不断增大，直至达到屈服剪应力 f_{vy}。假定支座截面处的正应力、剪应力如图 4.28(a)和(b)所示，其中，剪应力以抛物线形式分布于中性轴附近 $2y_0$ 范围内，最大剪应力为 f_{vy}。由弯曲和剪切平衡条件得

$$Qa=M_{ps}=\frac{b}{4}(h^2-4y_0^2)f_y+\frac{2}{3}by_0^2f_y=b\left(\frac{h^2}{4}-\frac{y_0^2}{3}\right)f_y \tag{4.52}$$

$$Q=\frac{4}{3}by_0f_{vy} \tag{4.53}$$

图 4.28(c)所示为由式(4.49)所得的无量纲合成应力分布，与图 4.27(c)相比可以看

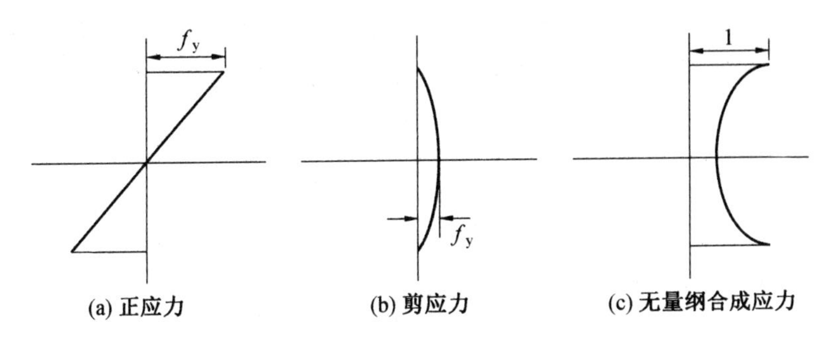

图 4.27　悬臂梁弹性区的应力分布

出，在式(4.52)和式(4.53)定义的弯矩 M 和剪力 Q 的联合作用下，截面的塑性开展较为充分，绝大部分截面均已进入塑性状态。

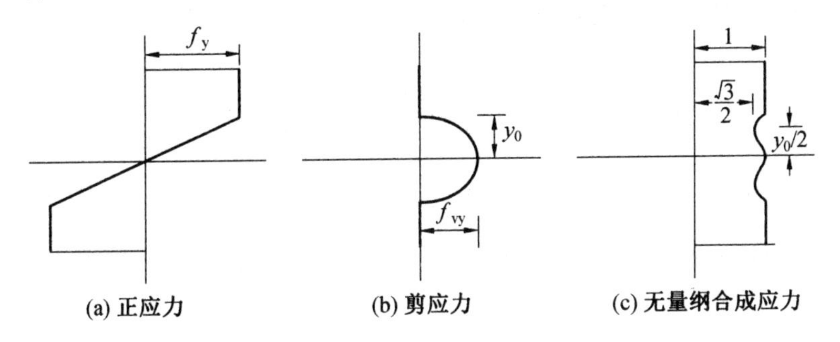

图 4.28　悬臂梁塑性区的应力分布

截面在纯弯作用下的塑性弯矩 M_p 为

$$M_p=\frac{bh^2}{4}f_y \tag{4.54}$$

在纯剪作用下的塑性剪力 Q_p 为

$$Q_p=bhf_{vy} \tag{4.55}$$

由式(4.52)和式(4.54)可得考虑剪力 Q 作用下的悬臂梁可承受塑性弯矩为

$$\frac{M_{ps}}{M_p}=1-\frac{4}{3}\left(\frac{y_0}{h}\right)^2 \tag{4.56}$$

联合式(4.53)和式(4.55)，可得

$$\frac{M_{ps}}{M_p}+\frac{3}{4}\left(\frac{Q}{Q_p}\right)^2=1 \tag{4.57}$$

式(4.57)适用于 $y_0\leqslant h/2$ 的情况，由式(4.53)和(4.55)可得

$$Q/Q_p\leqslant\frac{2}{3} \tag{4.58}$$

将式(4.58)代入式(4.57)可得，考虑剪力 Q 作用下的矩形截面悬臂梁可承受塑性弯矩的下限为纯弯塑性弯矩的 2/3。

2. 工字型截面梁

由于工字型截面梁完全进入塑性时，其正应力和剪应力分布的精确计算比较复杂，故往往采用一些简化图式来分析。

图式(1):假定剪应力仅由腹板承受。对于图 4.29(a)所示的工字型截面梁,图 4.29(b)和(c)假定梁截面的弯曲正应力和剪应力分布与矩形截面梁类似,但剪应力仅限于腹板承受。

腹板的纯弯塑性弯矩为

$$M_{pw}=\frac{t_w h_0^2}{4}f_y \tag{4.59}$$

腹板在纯剪作用下的塑性剪力为

$$Q_{pw}=t_w h_0 f_{vy} \tag{4.60}$$

由式(4.57)可确定腹板在剪力和弯矩共同作用下的塑性弯矩为

$$M_{pw,s}=M_{pw}-\frac{3}{4}\left(\frac{Q}{Q_{pw}}\right)^2 M_{pw} \tag{4.61}$$

叠加翼缘承担的塑性弯矩 $h_1 btf_y$ 后,可得考虑剪力后的梁塑性弯矩为

$$M_{ps}=M_p-\frac{3}{4}\left(\frac{Q}{Q_{pw}}\right)^2 M_{pw} \tag{4.62}$$

式(4.62)成立的条件为

$$Q/Q_{pw}\leqslant\frac{2}{3} \tag{4.63}$$

将式(4.63)代入式(4.62)可得,考虑剪力 Q 作用下的工字型截面梁可承受塑性弯矩的范围为

$$M_p-\frac{1}{3}M_{pw}\leqslant M_{ps}\leqslant M_p \tag{4.64}$$

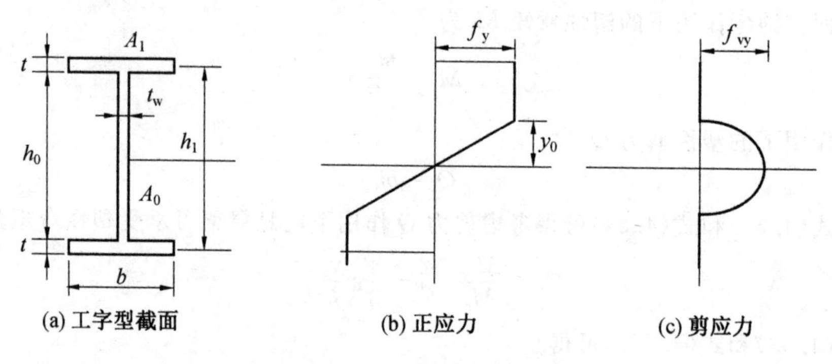

图 4.29　工字型截面应力分布图式(1)

图式(2):假定只有翼缘进入塑性。图 4.29 假定的应力分布图式意味着由弯曲正应力形成的塑性区已延伸到腹板。当只有翼缘进入塑性时,其应力分布图式如图 4.30 所示。腹板剪应力呈抛物线形分布,中性轴处的剪应力为 f_{vy},腹板上下边缘处的剪应力为 τ_1,弯曲正应力为 $\pm\sigma_1$。由式(4.49)可知,腹板边缘处的屈服条件为

$$\left(\frac{\sigma_1}{f_y}\right)^2+\left(\frac{\tau_1}{f_{vy}}\right)^2=1 \tag{4.65}$$

由图 4.29(b)可得剪力为

$$Q=h_0 t_w \tau_1+h_0 t_w\left\{\frac{2}{3}(f_{vy}-\tau_1)\right\} \tag{4.66}$$

由式(4.60)和式(4.66)可得

$$\frac{Q}{Q_{pw}}=\frac{1}{3}\left(2+\frac{\tau_1}{f_{vy}}\right) \tag{4.67}$$

由图 4.29(a)可得截面的塑性弯矩为

$$M_{ps}=M_p-M_{pw}+\frac{t_w h_0^2}{6}\sigma_1 \tag{4.68}$$

将式(4.65)和式(4.67)代入式(4.68)可得

$$M_{ps}=M_p-M_{pw}\left[1-\frac{2}{3}\sqrt{1-\left(3\frac{Q}{Q_{pw}}-2\right)^2}\right] \tag{4.69}$$

由式(4.67)可得式(4.69)成立的条件为

$$\frac{2}{3}\leqslant Q/Q_{pw}\leqslant 1 \tag{4.70}$$

将式(4.70)代入式(4.69)可得，考虑剪力 Q 作用下的工字型截面梁可承受塑性弯矩的范围为

$$M_p-M_{pw}\leqslant M_{ps}\leqslant M_p-\frac{1}{3}M_{pw} \tag{4.71}$$

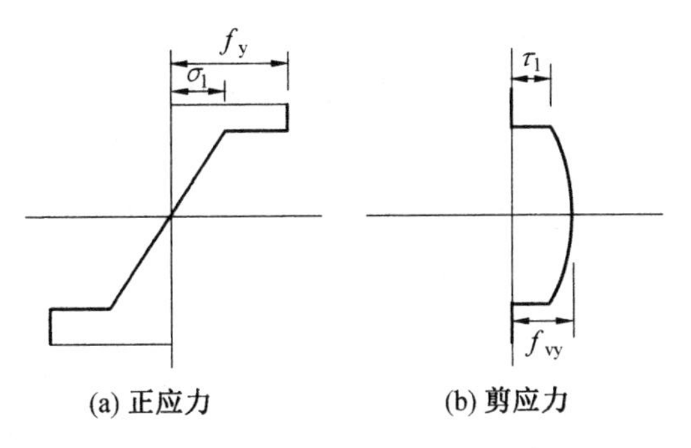

图 4.30　工字型截面应力分布图式(2)

图式(3)：假定剪应力在腹板上均匀分布。图 4.31 所示的应力分布图式，假设翼缘正应力为 f_y，腹板正应力 σ_1 低于屈服应力，同时假设翼缘没有剪应力，剪应力 τ_1 在腹板上均匀分布。σ_1 和 τ_1 满足式(4.65)的屈服条件。考虑剪力 Q 作用的塑性弯矩 M_{ps} 和剪力 Q 可以用 σ_1 和 τ_1 表示为

$$M_{ps}=M_p-\left(\frac{f_y-\sigma_1}{f_y}\right)M_{pw} \tag{4.72}$$

$$Q=\frac{\tau_1}{f_{vy}}Q_{pw} \tag{4.73}$$

由式(4.65)、式(4.72)和式(4.73)可得

$$M_{ps}=M_p-M_{pw}\left[1-\sqrt{1-\left(\frac{Q}{Q_{pw}}\right)^2}\right] \tag{4.74}$$

式(4.74)成立的条件为

$$Q/Q_{pw}\leqslant 1 \tag{4.75}$$

将式(4.75)代入式(4.74)可得，考虑剪力 Q 作用下的工字型截面梁可承受塑性弯矩

的范围为

$$M_p - M_{pw} \leqslant M_{ps} \leqslant M_p \tag{4.76}$$

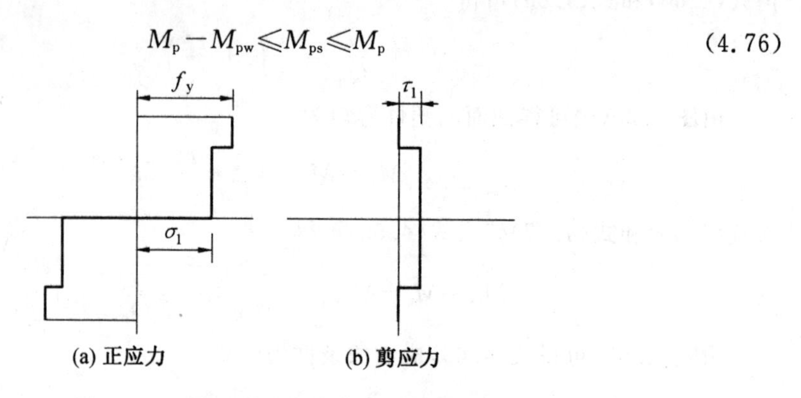

图 4.31　工字型截面应力分布图式(3)

图 4.32 给出了无量纲塑性弯矩$(M_p - M_{ps})/M_{pw}$随无量纲剪力Q/Q_{pw}的变化曲线，其中曲线 1 根据式(4.62)和式(4.69)绘制，曲线 2 根据式(4.74)绘制。可以看出，尽管这两条曲线采用了不同的应力分布图式，但是计算结果差别并不大。在$0 \leqslant Q/Q_{pw} \leqslant 2/3$的范围，曲线 1 给出的折减塑性弯矩相对保守；而在$2/3 \leqslant Q/Q_{pw} \leqslant 1$的范围，曲线 1 和曲线 2 的结果都未必是保守的。这是因为式(4.69)的推导假定忽略了腹板和翼缘连接处的平衡条件，而式(4.74)的推导假定忽略了整个腹板的平衡条件。研究表明，曲线 2 的结果与试验结果吻合较好，且形式简单，故更适于工程应用。

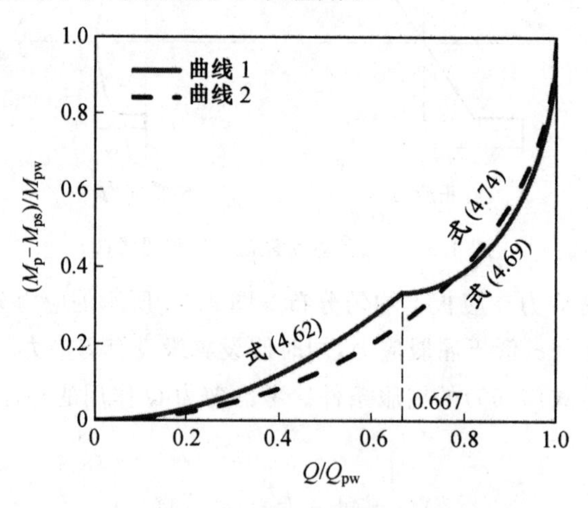

图 4.32　剪力对工字型截面塑性弯矩的影响

剪应力使塑性弯矩降低的程度与梁的荷载类型及高跨比有关。从比较保守的式(4.49a)出发，设$M_{ps} = aQ$，可得

$$\frac{M_{ps}}{M_p} = \frac{1}{\sqrt{1 + M_p^2/(aQ_p)^2}} \tag{4.77}$$

此式左端代表塑性弯矩折减系数，它和$1/a$及M_p/Q_p有关。这两个因素越大，折减的越多。其中，M_p/Q_p则与截面尺寸有关，图 4.29 中A_1/A_0增大，M_p/Q_p随之增大；a与荷载情况有关，可以看成是等效悬臂梁的长度，它的影响通常由无量纲化的a/h_0来表现。

以图 4.29 所示工字型截面为例，将其纯弯塑性弯矩 M_p和纯剪塑性剪力 Q_p表达式代入式(4.77)，得

$$\frac{M_{ps}}{M_p}=\frac{1}{\sqrt{1+3\left(\frac{a}{h_0}\right)^{-2}\left(\frac{A_1}{A_0}+\frac{1}{4}\right)^2}} \tag{4.78}$$

以在跨中承受集中力的简支梁为例，当 $a/h_0=5.0$，$A_1/A_0=1$ 时，由式(4.78)得 $M_{ps}=0.918M_p$；当 $a/h_0=5.0$，$A_1/A_0=0.5$ 时，得 $M_{ps}=0.968M_p$，即塑性弯矩下降 8.2% 和 3.2%。如果梁上承受两个对称集中荷载，当 $a/h_0=3.0$，$A_1/A_0=1$ 时，得 $M_{ps}=0.811M_p$，即塑性弯矩下降 18.9%。可见，荷载分布对塑性弯矩折减程度的影响要大于截面尺寸的影响。

需要说明的是，尽管在一般情况下，当梁截面同时承受弯矩和剪力作用时，应降低设计塑性受弯承载力以考虑剪力的影响，但是当剪力值较低时，不会显著降低其塑性受弯承载力。此外，钢材的应变硬化也会抵消塑性受弯承载力的降低，因此也可假设对于较低的剪力值，无须降低设计塑性受弯承载力。

3. 各国规范规定

(1)我国 GB 50017—2017 标准对于普通钢结构，假定受弯构件的剪力 Q 完全由腹板承受，认为在腹板剪应力小于其设计抗剪强度的前提下，即满足式(4.79)时，考虑到实际材料应变硬化的影响，可以忽略剪应力对梁极限弯矩的影响。

$$Q\leqslant h_w t_w f_v \tag{4.79}$$

式中　h_w、t_w—— 腹板高度和厚度(mm)；

f_v—— 钢材抗剪强度设计值(N/mm²)。

对于需要考虑屈曲后强度的工字型焊接截面梁，如门式刚架梁，在剪力 Q 和弯矩 M 共同作用下，假定当弯矩不超过翼缘最大弯矩 M_f时，腹板不承担弯矩，其所能承受的剪力与不存在弯矩时相同，等于 Q_u，即图 4.33(a)中的 A—B 段；当截面为全部有效的梁边缘屈服时，腹板承受剪应力如图 4.33(b)所示，总剪力为 $0.6Q_u=0.6h_w t_w f_{vy}$，即 D 点；连接 BD，得到相关曲线 $ABDC$。考虑梁腹板上下边缘都有部分屈服区，将 D 点降至取 D'点($0.5Q_u$)，并取二次曲线(虚线)BD'段：

$$\frac{M-M_f}{M_u-M_f}+\left(\frac{Q}{0.5Q_u}-1\right)^2\leqslant 1 \tag{4.80}$$

式中　M_f—— 两个翼缘能承担的弯矩；

M_u—— 梁有效截面能承担的极限弯矩；

Q_u—— 梁腹板能承担的极限剪力。

由此得到工字型截面受弯构件在剪力 V 和弯矩 M 共同作用下的强度计算，应满足下列要求：

当 $Q\leqslant 0.5Q_u$ 时，

$$M\leqslant M_u \tag{4.81a}$$

当 $0.5Q_u< Q\leqslant Q_u$ 时，

$$M\leqslant M_f+(M_u-M_f)\left[1-\left(\frac{Q}{0.5Q_u}-1\right)^2\right] \tag{4.81b}$$

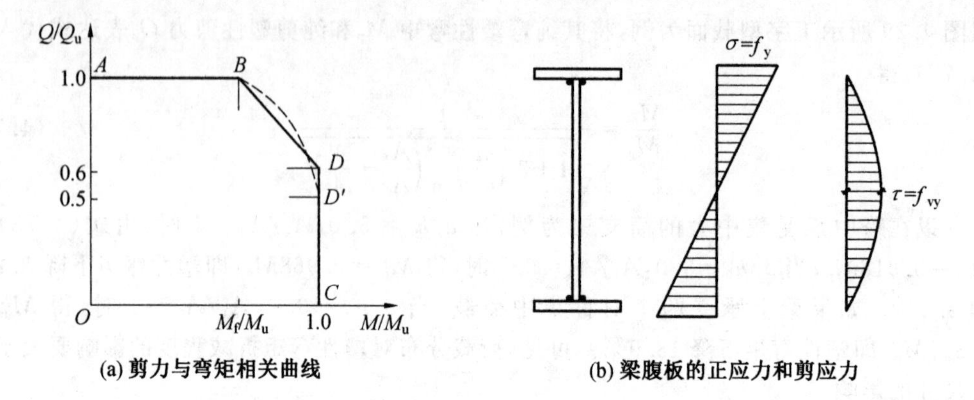

(a) 剪力与弯矩相关曲线　　(b) 梁腹板的正应力和剪应力

图 4.33　考虑屈曲后强度的工字型截面梁

(2)美国 AISC 360－16 规范也采取了类似的思路，规定梁的抗剪强度承载力 Q_n 为

$$Q_n = 0.6 f_y A_w C_{v1} \tag{4.82}$$

式中　f_y—— 钢材屈服强度(N/mm^2)；

A_w—— 腹板面积，等于梁截面高度乘腹板厚度；

C_{v1}—— 腹板剪切强度系数；对于热轧工字钢，且腹板满足 $h/t_w \leqslant 2.24\sqrt{E/f_y}$ 条件时，$C_{v1}=1.0$。

(3)欧洲 EC3 规范规定，当剪力 $Q/Q_p \leqslant 0.5$ 时，可不考虑剪力的影响；当 $Q/Q_p > 0.5$ 时，应按下式计算折减后的塑性弯矩：

$$M_{ps} = M_p - M_{pw}\left(2\frac{Q}{Q_{pw}} - 1\right)^2 \tag{4.83}$$

(4)英国 BS 5950 规范规定，当剪力 $Q/Q_p \leqslant 0.6$ 时，可不考虑剪力的影响；当 $Q/Q_p > 0.6$ 时，应按下式计算折减后的塑性弯矩：

$$M_{ps} = M_p - M_{pw}\left(2.5\frac{Q}{Q_{pw}} - 1.5\right) \tag{4.84}$$

(5)日本《钢结构塑性设计规范》虽未对剪应力做限制，却要求 a/h_0 符合下式要求：

$$1.5\frac{a}{h_0} \geqslant 2\frac{A_1}{A_0} + 1.2 \tag{4.85}$$

4.3.3　受弯构件的塑性变形

1. 梁塑性发展后的挠度

梁受弯进入塑性后，随弯矩增大，塑性逐渐由截面外边缘向中心扩展。设梁截面弹性核的高度为 αh(图 4.34)，则该截面能承受的弯矩为

$$M_\alpha = M_y\left(\eta - \frac{h^2 t_w}{12W_y}\alpha^2\right) \tag{4.86}$$

式中　M_y——梁的屈服弯矩；

W_y——梁截面的弹性抵抗矩；

η——截面形状系数。

沿梁长度方向可分为完全弹性区段和塑性铰区段，如图 4.35(a)所示。在梁的完全

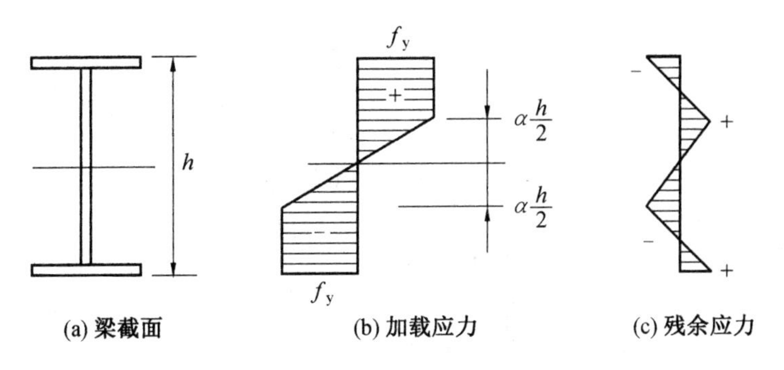

图 4.34　梁截面的塑性开展

弹性区段，挠度可通过下式确定：

$$-\frac{d^2y}{dx^2}=\Phi=\frac{M}{EI} \tag{4.87}$$

而在梁出现塑性铰的区段，曲率 Φ 不再和弯矩 M 成比例，梁的挠度可写成

$$-\frac{d^2y}{dx^2}=\frac{2f_y}{\alpha hE} \tag{4.88}$$

具体求解梁跨中挠度时，可以用曲率面积法，即类似弹性梁的力矩面积法，也可通过连续二次积分求得。

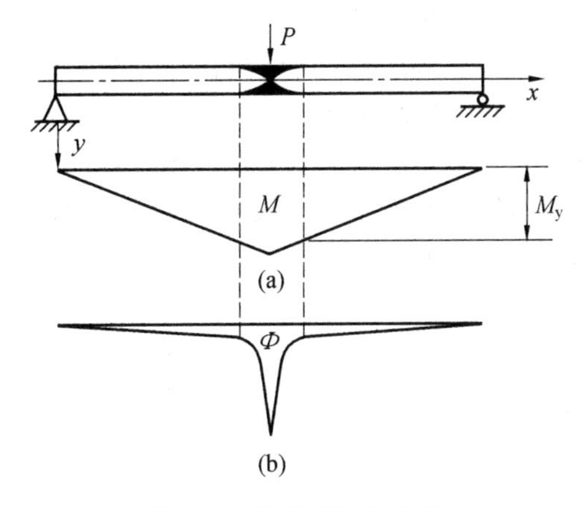

图 4.35　梁的弯矩与曲率

2. 荷载分布的影响

对于图 4.35 所示跨中承受一集中荷载的梁，由于出现塑性铰的区域不大，挠度比完全弹性梁增大不多。图 4.36(a)为这种梁无量纲化的中央截面弯矩 M_α 和跨中挠度 δ 的关系曲线。图中 M_y 为边缘屈服时的弯矩，δ_y 为跨中弯矩等于 M_y 时的挠度。此图按腹板截面面积等于一个翼缘截面面积的梁算得。曲线上 A 点为开始出现塑性的点，B 点则是弹性核只占腹板 1/10 高度(即 $\alpha=0.1$)时的 M_α，其值是 $1.116M_y$，已很接近塑性铰弯矩 $M_p=1.117M_y$。跨中挠度 $\delta=1.28\delta_y$，只比边缘屈服的挠度大 28%。

如果梁在两个四分点处同时承受集中力的作用，从而在跨中形成长度 $l/2$ 的纯弯曲段，则情况要严重得多。由于纯弯曲段内各点同时进入塑性，并且有同样的塑性深度，因此梁刚度大大降低。图 4.36(b)所示为有纯弯曲段梁的 $M_\alpha-\delta$ 无量纲化关系曲线。该梁

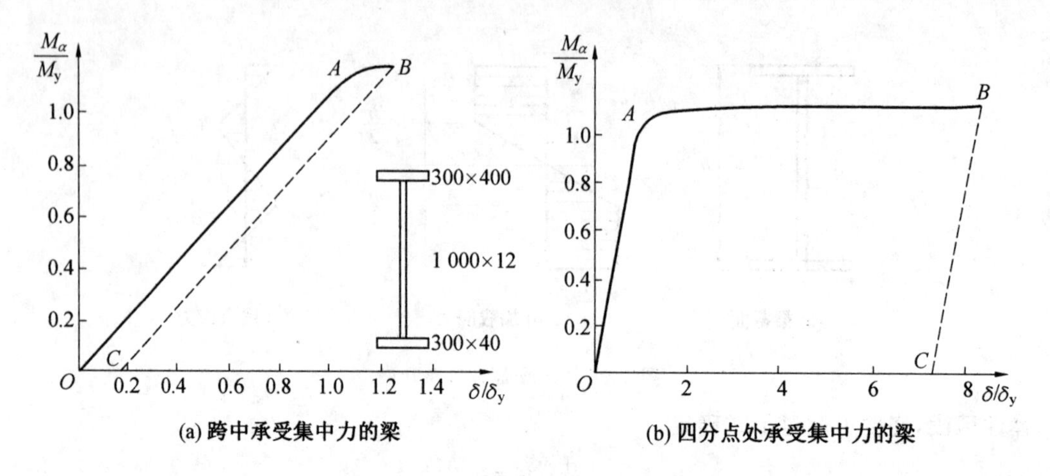

图 4.36　梁跨中弯矩和挠度关系曲线

的截面尺寸和图 4.36(a)完全相同，曲线上 B 点也是弹性核只占腹板高度 1/10 的情况，但其挠度达到 $8.4\delta_y$，比边缘屈服时大 740%。

3. 残余挠度和残余应力

梁在荷载作用下发生塑性变形，卸载时则完全按弹性规律，从而导致梁中存在残余挠度和残余应力。不同的荷载分布形式对塑性变形和残余挠度影响很大。图 4.36 中虚线 BC 平行于弹性工作的直线段 OA，就是从 B 点卸载时的 M_α 和 δ 之间的关系曲线。图中 OC 即代表了残余挠度，显然有纯弯曲段梁要比仅承受一个集中力的梁大得多。

只要梁的荷载以对应于 B 点弯矩的荷载为最大限度，那么在再度加载时梁的工作就完全是弹性的，也就是沿 CB 直线由 C 至 B。尽管挠度重新增大到第一次加载时所达到的值，而没有进一步增加，梁的工作是安全的，但产生过大的塑性变形仍标志着梁已无力继续承载。

在第一次加载和卸载后，梁不仅留下残余挠度，出现塑性变形的截面还留有残余应力。残余应力的图形如图 4.34(c)所示，它的形成与矫直产生的残余应力完全相同。在再度加载时，弹性的线性应力分布和残余应力叠加，所得仍然是第一次加载的应力图形(图 4.34(b))。

4. 过度变形的限制

因过度塑性变形而不适于继续承载也是一种承载力极限状态，但在这方面还没有公认的设计准则。以下介绍几种不同的观点。

(1)限制梁的最大挠度。

$$\delta_n+\delta_r\leqslant\delta_{nl} \tag{4.89}$$

式中　δ_n——在标准荷载作用下梁的挠度；

δ_r——在设计荷载作用之后梁的残余挠度；

δ_{nl}——在标准荷载作用下梁挠度的容许限值。

根据这一准则，梁的塑性开展程度和荷载形式有很大关系。跨中承受一集中荷载的梁，残余挠度 δ_r 很小，可以按全塑性弯矩 M_p 来设计；而在四分点承受两个集中荷载的梁，只能有限度地利用一点塑性。

(2)限制最大变形纤维的应变值。

$$\varepsilon_{max}=\frac{\varepsilon_y}{\alpha}\leqslant\varepsilon_l=0.8\varepsilon_k \tag{4.90}$$

式中　ε_y——材料开始屈服的应变,即 f_y/E;

α——弹性核高度系数(图 4.33(b));

ε_l——应变限值。

从材料强度的极限出发,ε_l可以取为拉伸试样拉断时伸长率的 0.8 倍,大体相当于开始出现颈缩时的伸长率。然而,应变达到这种程度时,挠度就很可观了,所以 ε_l应控制得更严格一些。

(3)限制最大变形纤维的残余应变。

$$\varepsilon_r\leqslant 0.075f_y/E \tag{4.91}$$

即最大残余应变不超过屈服应变 ε_y 的 7.5%。在满足上式时梁的残余挠度有多大呢?后者能够更直观地表明梁是否会在设计荷载作用下出现过度变形。

由材料力学原理可知,对双轴对称的简支梁,当承受均匀弯矩时,跨中最大挠度为

$$\delta=\frac{ML^2}{8EI}=-\Phi\frac{L^2}{8}$$

与残余应变 ε_r 对应的曲率为

$$-\Phi_r=\frac{2\varepsilon_r}{h}$$

则相应的残余挠度为

$$\delta_r=\frac{\varepsilon_r}{h}\frac{L^2}{4} \tag{4.92}$$

将式(4.91)代入式(4.92),并写成相对挠度的形式,可得

$$\frac{\delta_r}{L}=\frac{7.5}{400}\cdot\frac{L}{h}\cdot\frac{f_y}{E}$$

对于不同钢号做成的不同跨高比 L/h 的梁,算得的相对残余挠度见表 4.6。由表可知,在满足式(4.68)时,绝大多数情况下,残余挠度不超过 $L/1\,000$,即小于构件制造的允许初弯曲矢高,可忽略其对承载力的影响。如果梁承受的不是均匀弯矩,残余挠度还要小。

表 4.6　相对残余挠度 δ_r/L

$f_y/(\mathrm{N\cdot mm^{-2}})$	L/h		
	10	20	30
235	1/4 650	1/2 325	1/1 550
345	1/3 170	1/1 585	1/1 055
390	1/2 800	1/1 400	1/935
440	1/2 480	1/1 240	1/830

(4)限制梁的塑性发展系数 γ。

以上准则都不便于在实际设计中应用，因为残余挠度的计算很复杂，控制应变值也不方便。目前许多规范利用梁塑性性能的方法是控制梁截面塑性区的高度，再据此推导出塑性发展系数 γ，使梁截面的抗弯承载力为

$$M_{\alpha}=\gamma M_{y} \tag{4.93}$$

式中　$1.0\leqslant\gamma<\eta$，η 为式(4.47)定义的截面形状系数。

以图 4.37 所示矩形截面梁为例，假设其在弯矩 γM_y 作用下的截面塑性区高度为 βh，中性轴附近弹性核的截面高度为 αh。则由式(4.93)可得参数 α 和 γ 的关系式为

$$\gamma=\frac{bh^2 f_y/4-b\,(\alpha h)^2 f_y/6}{bh^2 f_y/6}=\frac{1}{2}(3-\alpha^2)$$

截面塑性区高度通常取 $h/10\sim h/8$，代入上式可得塑性发展系数 γ 的取值范围为 1.18～1.22。

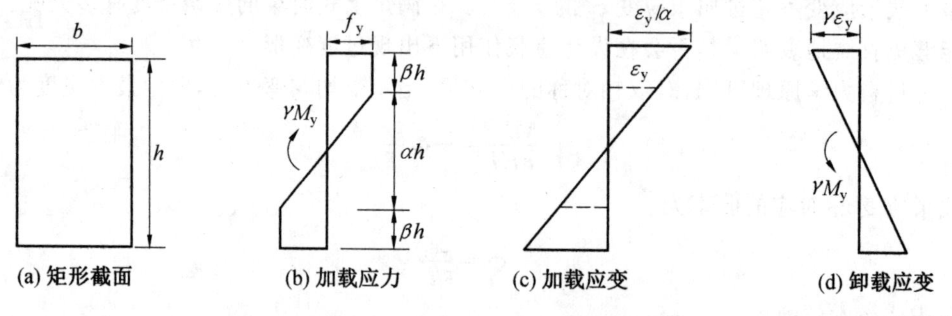

图 4.37　梁塑性发展系数 γ 值的确定图

塑性发展系数 γ 的取值也可结合最大残余应变准则确定。在梁截面边缘受弯进入塑性后，尽管塑性区的应力不再增长，但其应变发展仍符合平截面假定，外边缘的应变为 ε_y/α，ε_y 为屈服应变，如图 4.37(c)所示。卸载时，应力应变关系符合胡克定律，梁截面外边缘的应变为 $-\gamma\varepsilon_y$。综合加载与卸载过程，可得梁截面外边缘的残余应变为

$$\varepsilon_r=\frac{\varepsilon_y}{\alpha}-\gamma\varepsilon_y=\left(\frac{1}{\alpha}-\gamma\right)\varepsilon_y$$

当限定 $\varepsilon_r/\varepsilon_y=0.075$ 时，联立以上二式，解得 $\gamma=1.185$。

欧洲钢结构协会建议的 γ 取值见表 4.7。我国 GB 50017—2017 标准规定，工字型截面(x 轴为强轴，y 轴为弱轴)，$\gamma_x=1.05$，$\gamma_y=1.20$；箱型截面，$\gamma_x=\gamma_y=1.05$。

表 4.7　欧洲钢结构协会建议 γ 系数

截面							
γ	1.093	1.05～1.12	1.185	1.20～1.23	1.20	1.22	1.22～1.29

4.4　偏压构件的强度承载力

4.4.1　单向压弯构件

1. 矩形截面构件

由于轴心压力 N 的存在，压弯构件出现塑性铰的弯矩比梁的塑性弯矩低。降低幅度与 N 和截面形式有关。图 4.38 给出矩形截面压弯构件达到全塑性时的应力分布，受拉屈服区的高度为 αh，相应受压区高度为 $(1-\alpha)h$。把压力图分解为分别和 M、N 相平衡的两部分，可以写出以下截面内力的表达式：

$$N=f_y(1-2\alpha)hb \tag{4.94a}$$

$$M=f_y\alpha(1-\alpha)h^2b \tag{4.94b}$$

截面完全受压屈服时的承载力为

$$N_p=f_yhb \tag{4.95a}$$

截面完全受弯屈服时的承载力为

$$M_p=\frac{bh^2}{4}f_y \tag{4.95b}$$

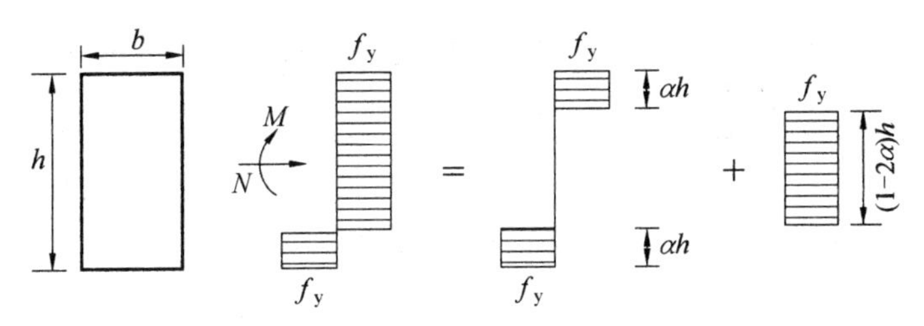

图 4.38　矩形截面压弯杆的塑性应力分布

将式(4.95)代入式(4.94)并消去 α，可得

$$\frac{M}{M_p}+\left(\frac{N}{N_p}\right)^2=1 \tag{4.96}$$

这就是矩形截面压弯构件全塑性条件下 M 和 N 的相关关系。将式(4.96)绘成曲线，如图 4.39 所示。可以看出，在 $N/N_p\leqslant 0.2$ 时，轴力 N 对抗弯承载力 M 的影响很小。

2. 工字型截面构件

图 4.40 给出工字型截面压杆绕强轴受弯达到全塑性时的应力分布，中和轴在腹板内。腹板受拉屈服区的高度为 αh_0，相应受压区高度为 $(1-\alpha)h_0$。

把压力图分解为分别和 M、N 相平衡的两部分，可以写出以下截面内力的表达式：

$$N=f_y(1-2\alpha)ht_w=f_y(1-2\alpha)A_0$$

$$M=f_y[bt(h_0+t)+\alpha(1-\alpha)h_0^2t_w]=f_y[(h_0+t)A_1+\alpha(1-\alpha)h_0A_0]$$

以上两式消去 α，可得

$$M=f_y\left[(h_0+t)A_1+\frac{1}{4}h_0A_0\left(1-\frac{N^2}{A_0^2f_y^2}\right)\right] \tag{4.97}$$

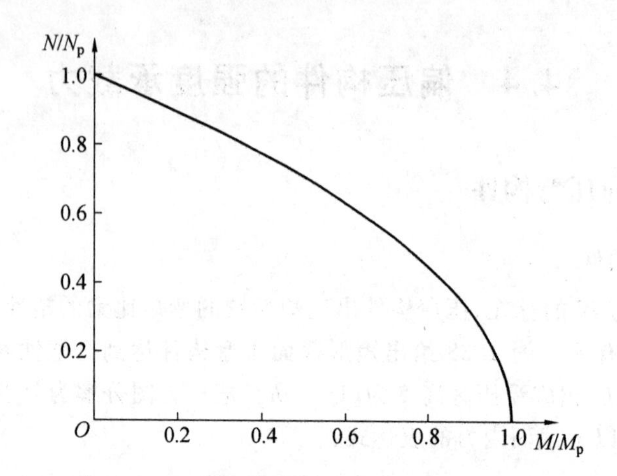

图 4.39 矩形截面 M 和 N 相关曲线

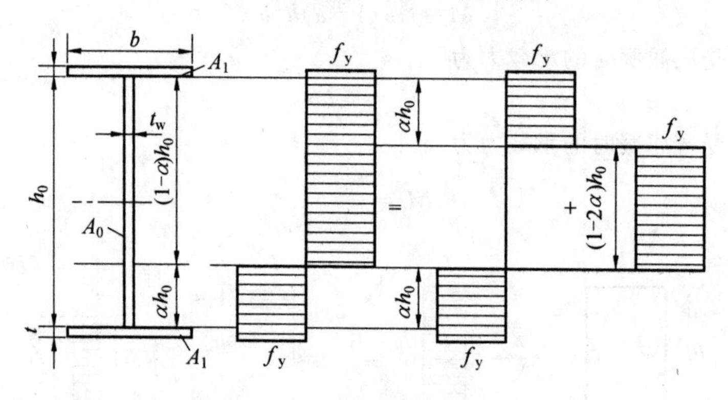

图 4.40 压弯杆的塑性应力分布

令 $\gamma=A_1/A_0$，则

$$A=2A_1+A_0=A_0(1+2\gamma)$$

截面完全受压屈服时

$$N_p=Af_y$$

截面完全受弯屈服时

$$M_p=f_y\left[A_1(h_0+t)+\frac{1}{4}A_0h_0\right]=\frac{N_p}{1+2\gamma}\left[\gamma(h_0+t)+\frac{1}{4}h_0\right]$$

利用以上关系式，由式(4.97)可得出

$$\frac{M}{M_p}+\frac{(1+2\gamma)^2h_0}{4\gamma(h_0+t)+h_0}\left(\frac{N}{N_p}\right)^2=1 \tag{4.98}$$

这就是中和轴位于腹板内时全塑性条件下 M 和 N 的相关关系。由于翼缘厚度 t 比腹板高度 h_0 小很多，略去 t 的影响，上式成为

$$\frac{M}{M_p}+\frac{(1+2\gamma)^2}{1+4\gamma}\left(\frac{N}{N_p}\right)^2=1 \tag{4.99}$$

由该式可知，γ 越大，轴力 N 使 M 降低得越多。当中和轴位于翼缘内时，无量纲化的 M 和 N 的相关关系式也可以求得。

图 4.41 给出强轴受弯时对应于不同的 $\gamma=A_1/A_0$ 值的 M/M_p 和 N/N_p 的相关曲线。

可以看出，曲线都向上凸，γ 越小曲线越高，并以矩形截面为最高限。这种现象可解释为，在强轴受弯时，工字型截面相当于是前面讨论的矩形截面减掉了部分核心区面积，所减掉面积对截面抗压承载力 N_p 的影响要大于对抗弯承载力 M_p 的影响，从而导致相关公式中压力项的影响增大，且 γ 越大影响也越大。

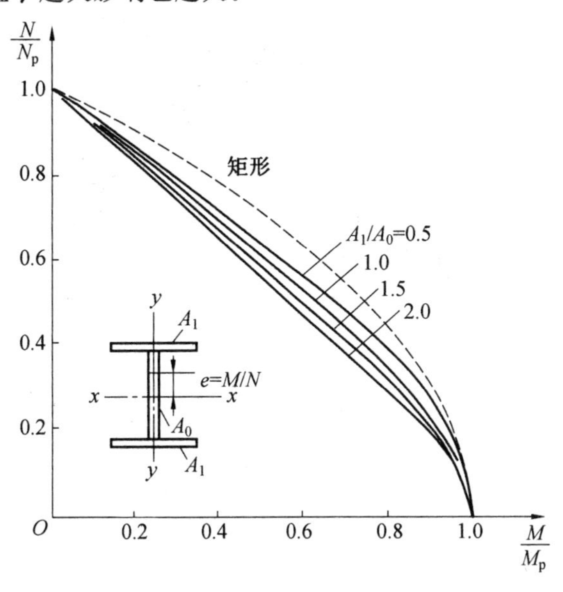

图 4.41　工字型绕强轴相关曲线

用同样方法可以求出工字型截面受压并绕弱轴受弯达到全塑性时 M 和 N 的相关公式和相关曲线(图 4.42)。可以看出：①弱轴受弯相关曲线向上凸的程度比强轴受弯时更甚，说明压力 N 对弱轴受弯的影响小于强轴受弯；②曲线以矩形截面为下限，γ 越小曲线越高，这是因为在弱轴受弯状态下，工字型截面相对于矩形截面保留了核心区面积却减掉翼缘区的面积，显然所减掉面积对截面抗弯承载力 M_p 的影响要大于对抗压承载力 N_p 的影响，从而使相关公式中压力项的影响减弱，且 γ 越小影响越大。

为便于设计，对于强轴受弯的工字型截面柱，相关曲线可以简化为直线公式，即当 $N/N_p \geqslant 0.1$ 时采用

$$\frac{N}{N_p}+0.9\frac{M}{M_p}=1 \tag{4.100}$$

对于热轧 H 型钢，上式系数 0.9 可以改为 0.85(在 $N/N_p \geqslant 0.15$ 范围内)。

对于弱轴受弯的工字型截面，在 $N/N_p \geqslant 0.4$ 范围内采取二次曲线

$$\left(\frac{N}{N_p}\right)^2+0.84\frac{M}{M_p}=1 \tag{4.101}$$

如果弱轴受弯采用直线式(仍在 $N/N_p \geqslant 0.4$ 范围内)

$$\frac{N}{N_p}+0.6\frac{M}{M_p}=1 \tag{4.102}$$

则形式上简单一些，但偏于更安全。简化公式与较精确公式间的关系如图 4.43 所示。

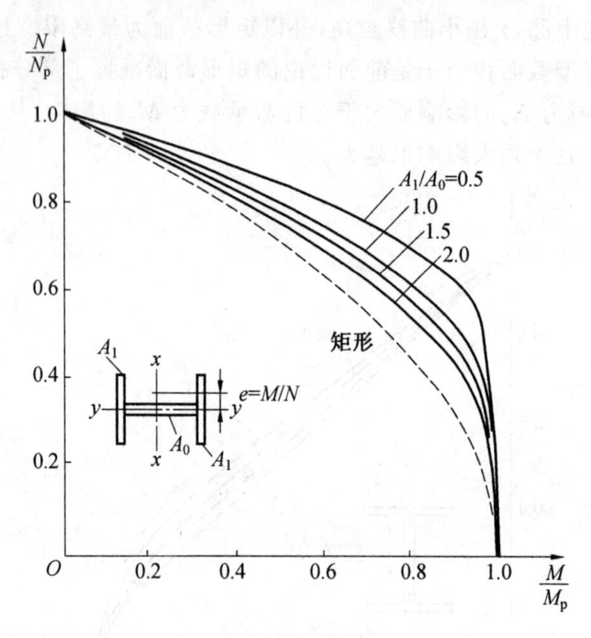

图 4.42　工字型绕弱轴相关曲线

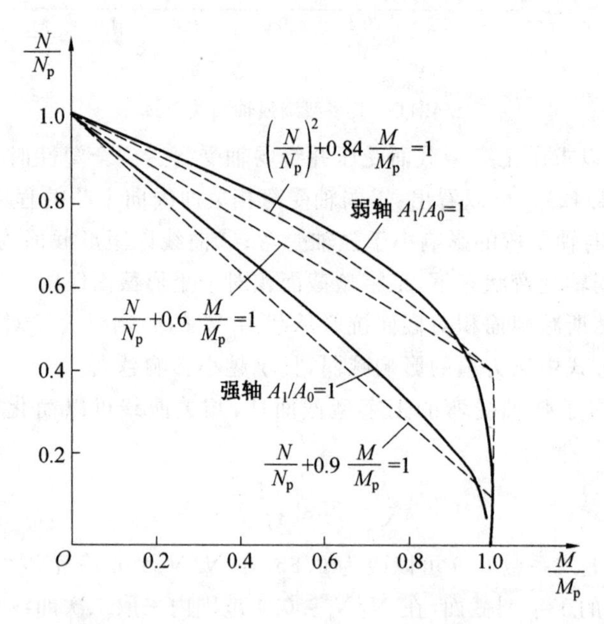

图 4.43　简化公式与 $\gamma=1$ 的相关曲线比较

4.4.2　双向压弯构件

当压杆绕其两主轴同时受弯而达到全塑性时，轴力 N 和两个弯矩 M_x、M_y 之间的相关关系比较复杂，因为截面中和轴的位置和倾角都随 N、M_x 和 M_y 的不同而变化。此时可以采用给定一系列中和轴，计算相应的 N、M_x 和 M_y 的办法，从这些计算结果整理出它们之间的相关关系。这种相关关系不是曲线而是曲面。图 4.44 中用实线表示的曲面是

H 型截面杆的强度相关关系。为便于设计，需要建立接近于相关曲面的简单相关公式。最简单的形式是由强轴弯曲和弱轴弯曲的相关公式相叠加，如

$$\frac{N}{N_{\mathrm{p}}}+0.85\frac{M_x}{M_{\mathrm{p}x}}+0.6\frac{M_y}{M_{\mathrm{py}}}=1 \tag{4.103}$$

此式在 M_x 和 M_y 分别等于零时就是单轴压弯的相关公式。然而，当 N 等于零时，公式并不归结为双轴受弯构件的强度公式。因此，用上式时还需要附上一个条件

$$\frac{M_x}{M_{\mathrm{p}x}}+\frac{M_y}{M_{\mathrm{py}}}\leqslant 1 \tag{4.104}$$

简化公式所表达的曲面如图 4.44 的虚线所示。

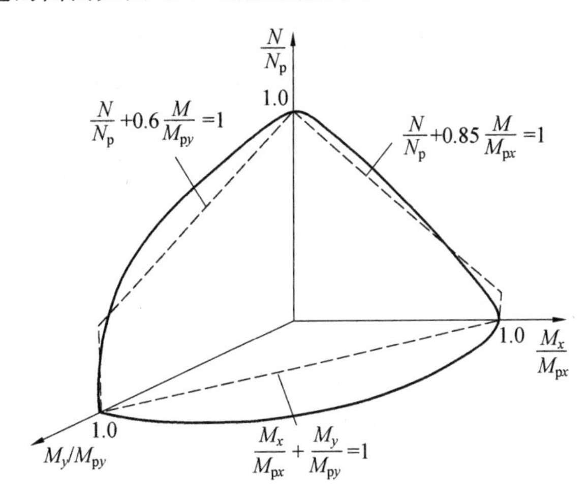

图 4.44　双向压弯构件相关曲线

GB 50017—2017 标准对一般压弯构件只是有限度地利用塑性，强度验算公式为

$$\frac{N}{A_{\mathrm{n}}}+\frac{M_x}{\gamma_x W_{\mathrm{n}x}}+\frac{M_y}{\gamma_y W_{\mathrm{ny}}}\leqslant f \tag{4.105}$$

式中，塑性发展系数 γ_x 和 γ_y 对工字型截面分别取 1.05 和 1.20。

相比于式(4.103)，式(4.105)相当于用 1/1.05＝0.95 来代替 0.85，用 1/1.2＝0.83 代替 0.6，同时还把截面塑性抵抗矩换为弹性抵抗矩。

相关公式(4.103)和实际相关曲面有较大差距。为了更接近实际曲面，可以采用如下的非线性式：

$$\left(\frac{M_x}{M_{\mathrm{pcx}}}\right)^{\alpha}+\left(\frac{M_y}{M_{\mathrm{pcy}}}\right)^{\beta}=1.0 \tag{4.106}$$

式中　M_{pcx} 和 M_{pcy}——兼承压力和单轴弯矩时绕强轴和弱轴的塑性铰弯矩；

α 和 β——常数。

对于热轧工字型钢或 H 型钢，欧洲 EC3 规范建议 $M_{\mathrm{pc}x}$ 和 M_{pcy} 的计算式为

$$M_{\mathrm{pc}x}=1.11M_{\mathrm{p}x}\left(1-\frac{N}{N_{\mathrm{p}}}\right)\quad 且\quad M_{\mathrm{pc}x}\leqslant M_{\mathrm{p}x} \tag{4.107a}$$

当 $N/N_{\mathrm{p}}\leqslant 0.2$ 时，$M_{\mathrm{pcy}}\leqslant M_{\mathrm{py}}$；

当 $N/N_{\mathrm{p}}>0.2$ 时，

$$M_{pcy}=1.56M_{py}\left(1-\frac{N}{N_p}\right)\left(\frac{N}{N_p}+0.6\right) \tag{4.107b}$$

指数 $\alpha=2,\beta=5N/N_p$ 且 $\beta\geqslant1$。也可以偏于安全地取 $\alpha=1,\beta=1$，这时式(4.106)成为另一种形式的直线式。

4.5　极限分析法

4.5.1　概述

前面几节已经介绍了塑性发展对构件强度承载力的影响，本节将探讨塑性发展对结构整体承载力的影响。我们知道，钢材具有良好的延性，在保证结构构件不丧失局部稳定和整体稳定的情况下，当作用在超静定结构上的荷载达到一定数值时，构件中的某一截面会全部进入塑性，此时荷载虽继续增加，但在该截面上的内力(或内力矩)并不增加，即形成可以单向变形的塑性区；结构因塑性区的变形产生内力重分配，继而随着荷载增加又会在新的位置形成塑性区；该过程一直持续到整个结构因具有足够多的塑性区而变为不稳定状态，即形成破坏机构，达到承载能力极限状态。下面通过两个例子来说明上述过程及特点。

【例 4.1】　如图 4.45 所示，结构Ⅰ和结构Ⅱ的所有杆件截面均为 A，弹性模量均为 E，理想弹塑性体，杆件屈服承载力均为 N_y，杆 c 长为 l，杆 a 和 b 长 $\sqrt{2}l$，试分析结构Ⅰ和结构Ⅱ的极限承载力。

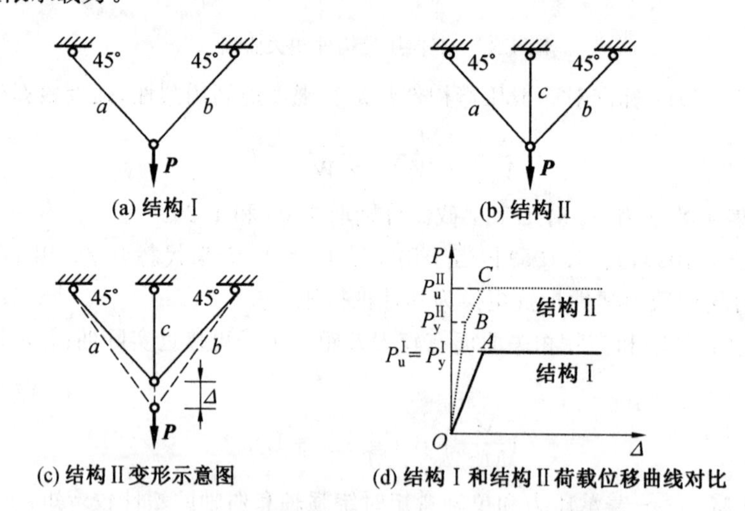

图 4.45　例 4.1 图

结构Ⅰ：由静力平衡条件可得杆 a、b 的内力与外力 P 之间的关系为

$$N_a=N_b=\frac{\sqrt{2}}{2}P$$

由于结构Ⅰ为静定体系，杆件屈服即意味着结构失效，故有

$$P_u^{I}=P_y^{I}=\sqrt{2}N_y$$

结构Ⅱ：假定结构在外力 P 作用下的变形为 Δ（图 4.45(c)），则由变形协调条件可得杆 a、b 的伸长量为 $\Delta/\sqrt{2}$，相应的内力增量为

$$N_a = N_b = \frac{\Delta}{\sqrt{2}\sqrt{2}\,l}EA = \frac{\Delta}{2l}EA$$

杆 c 的内力增量为

$$N_c = \frac{\Delta}{l}EA$$

则由竖向平衡关系可得

$$P = N_c + 2N_a\frac{\sqrt{2}}{2} = \left(1+\frac{\sqrt{2}}{2}\right)N_c$$

当杆 c 屈服时对应的外力为

$$P_y^{\mathrm{II}} = \left(1+\frac{\sqrt{2}}{2}\right)N_y$$

杆 c 屈服后，杆 a 和 b 仍可继续承载。此时，外力增量 ΔP 在结构中引起的内力增量为

$$\Delta N_a = \Delta N_b = \frac{\sqrt{2}}{2}\Delta P$$

当 $N_a + \Delta N_a = N_y$ 时，整个结构进入屈服状态，得

$$P_u^{\mathrm{II}} = (1+\sqrt{2})N_y$$

从本算例可以看出：①考虑塑性发展（即塑性设计）可以实现内力重分配，从而更充分地发挥结构各部分潜能；②如果按弹性设计，结构Ⅱ比结构Ⅰ承载力提高近 21%；而如果按塑性设计，结构Ⅱ比结构Ⅰ承载力提高近 71%；相当于采用塑性设计可使结构Ⅱ的承载力提高 40%。

【例 4.2】 两端固支等截面梁如图 4.46(a)所示，在跨中 1/3 处作用一集中力 $\boldsymbol{F}$，设梁截面的弹性极限弯矩为 M_y，塑性极限弯矩为 M_p，试分别采用弹性设计和塑性设计方法求梁的极限承载力。

弹性分析：由结构力学理论可知，在弹性范围内，该梁的弯矩分布如图 4.46(b)所示，A 点弯矩最大。令 A 点弯矩等于弹性极限弯矩为 M_y，则可得梁的弹性极限承载力为

$$F_y = \frac{27M_y}{4L}$$

塑性分析：假设在 A、B、C 三处形成塑性铰，使梁形成破坏机构（图 4.46(c)）。由平衡条件可知，A 点支反力为 $2F/3$，B 点支反力为 $F/3$。对 C 点取矩，得

$$M_p + M_p = R_A \cdot \frac{L}{3} = \frac{2}{9}FL$$

则梁的塑性极限承载力为

$$F_u = \frac{9M_p}{L}$$

若取 $M_p = 1.14M_y$，则 F_2 是 F_1 的 1.52 倍。可见，受弯构件采用塑性设计所得的承载力提升也是十分可观的，而且分析过程并不复杂。

通过以上两个算例可以看出，这种以整个结构的极限承载力作为结构极限状态的塑

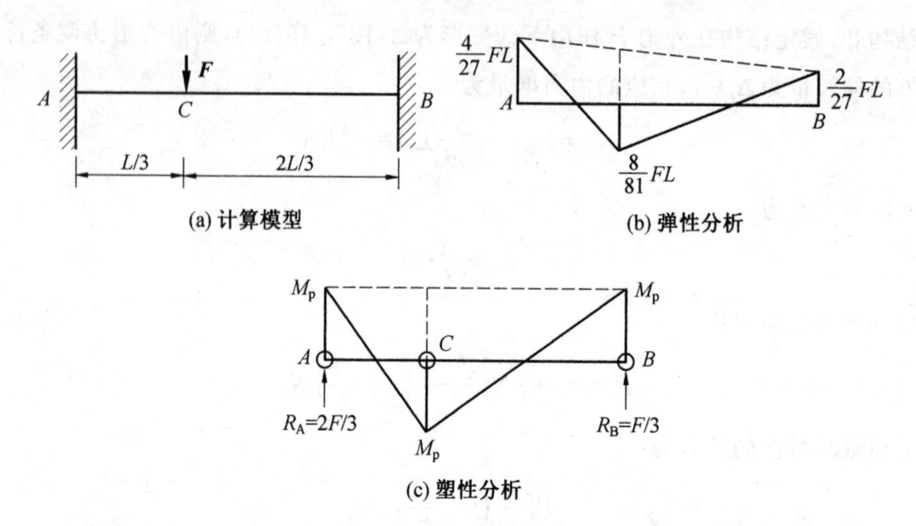

(a) 计算模型　(b) 弹性分析

(c) 塑性分析

图 4.46　例 4.2 图

性设计方法具有如下优点：

(1)与通常的弹性设计方法相比，可以显著节约钢材；

(2)塑性设计方法更符合结构的实际破坏过程，可以对结构整体的安全度有更直观的估计；

(3)塑性设计是以确定结构破坏模式与相应的极限承载能力为基本任务，并不关心结构内力与变形的具体变化过程，因而分析过程较弹性方法更为简捷。

4.5.2 极限分析原理和方法

理想弹塑性体在荷载作用下，当荷载达到某一数值并保持不变的情况下，物体会发生“无限”的变形——进入塑性流动状态，由于只限于讨论小变形的情况，通常所称的极限状态可以理解为是开始产生塑性流动时的塑性状态，而极限荷载也可以理解为达到极限状态时所对应的荷载。如果绕过弹塑性的变形过程，直接求解极限状态下的极限荷载，往往会使问题的求解容易得多，这种分析方法称为结构的塑性极限分析，或简称为极限分析(limit analysis)。

1. 极限分析的基本假设

(1)结构构件以弯曲为主，且钢材是理想的弹塑性体，不考虑强化效应；

(2)所有荷载均按同一比例逐步增加，且不出现卸载情况，即满足简单加载条件；

(3)假设结构平面外有足够的侧向支撑，构件的组成板件满足构造要求，能保证结构中塑性铰的形成及充分的转动能力(rotation capacity)，直到结构形成机构之前，不会发生侧扭屈曲，板件不会发生局部屈曲；

(4)变形足够小，可以不考虑变形所引起的几何尺寸的改变，即采用一阶分析方法，不考虑二阶效应；

(5)分析时假设变形均集中于塑性铰处，塑性铰间的杆件保持原形，该条相当于假定材料为理想刚塑性体，从而使计算简化。

2. 极限分析定理

首先明确两个概念(可接受荷载、可破坏荷载)和三个条件(屈服条件、机构条件和平衡条件):

可接受荷载——荷载达到极限荷载时,结构各截面产生的弯矩均小于或等于各该截面的极限弯矩。

可破坏荷载——能够使结构变成某一机构的荷载。

屈服条件——荷载使某截面产生的弯矩不能超过截面的极限弯矩。

机构条件——结构内部要形成足够数目的塑性铰,使结构整体或其一部分成为机构。

平衡条件——作用在整个结构或任意部分的自由体上的力和力矩的总和应为零,结构到达极限状态形成破坏机构的瞬时,也要满足平衡条件。

仅当同时满足上述三个条件时,塑性分析的结果才是正确的。由此可以引出塑性分析的三个基本定理:上限定理、下限定理和唯一性定理。

(1)上限定理。对于一个给定的结构与荷载系统,在满足机构条件的情况下,由平衡条件求得的荷载均大于或等于极限荷载,即可破坏荷载的极小值是极限荷载的上限值。

(2)下限定理。对于一个给定的结构与荷载系统,在满足屈服条件的情况下,由平衡条件求得的荷载均小于或等于极限荷载,即可接受荷载中的极大值是极限荷载的下限值。

(3)唯一性定理。既是可破坏荷载,又是可接受荷载,则为极限荷载;或同时满足机构条件、屈服条件和平衡条件的荷载,必为极限荷载,如图 4.47 所示。

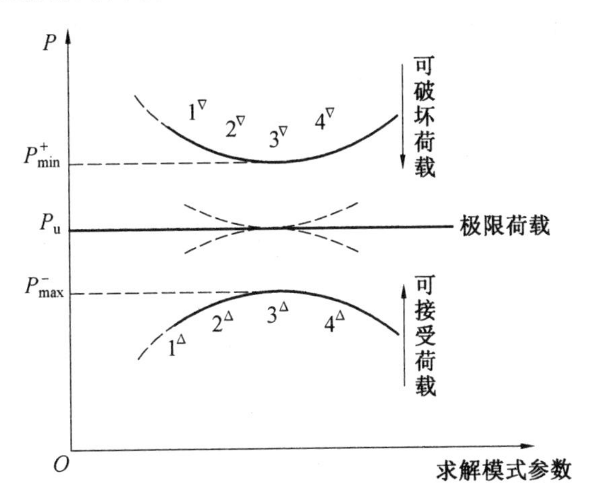

图 4.47　极限分析定理示意图

3. 极限分析方法

基于上述极限分析定理,可有两种分析方法:破坏机构法和极限平衡法。

(1)破坏机构法。

不考虑平衡方面的要求,只考虑机构条件与屈服条件,用上限定理可求出荷载的上限解,称为破坏机构法。其步骤为:

① 确定结构上可能出现塑性铰的位置,一般塑性铰出现在集中力作用处、嵌固支座处和均布荷载作用时剪力为零的地方;

② 画出可能的破坏机构，并找出各塑性铰处的位移关系；

③ 运用虚功原理逐一计算各破坏机构的破坏荷载，其中最小的即为极限荷载的上限值。虚功原理的公式为

$$\sum_{i=1}^{n} P_i \delta_i = \sum_{j=1}^{m} M_{pj} \theta_j \tag{4.108}$$

式中　P_i，δ_i——分别为结构所受的第 i 个外力和在该外力方向上的相应虚位移；

M_{pj}，θ_j——分别为某破坏机构中出现的第 j 个塑性铰处的塑性弯矩和相应的虚转角。

④ 用平衡方程求出弯矩图，并检查是否满足 $-M_{pj} \leqslant M \leqslant M_{pj}$ 的塑性弯矩条件。

【例 4.3】 如图 4.48 所示等截面超静定梁，在梁跨中作用集中力 P，设梁截面塑性极限弯矩为 M_p，试采用破坏机构法求极限荷载 P_u。

解　a. 首先确定可能的塑性铰位置为 A、C。

b. 然后确定破坏机构及各塑性铰处的位移转角关系，如图 4.48(b)所示。

c. 列虚功方程：

$$P_u \times \delta\theta \times \frac{l}{2} = M_p \times 2\delta\theta + M_p \delta\theta$$

可得

$$P_u = \frac{6}{l} M_p$$

如果按弹性设计(图 4.48(c))，其弯矩为

$$P_u = \frac{16}{3l} M_p$$

可以看出，塑性设计的承载力比弹性设计提高 12.5%。

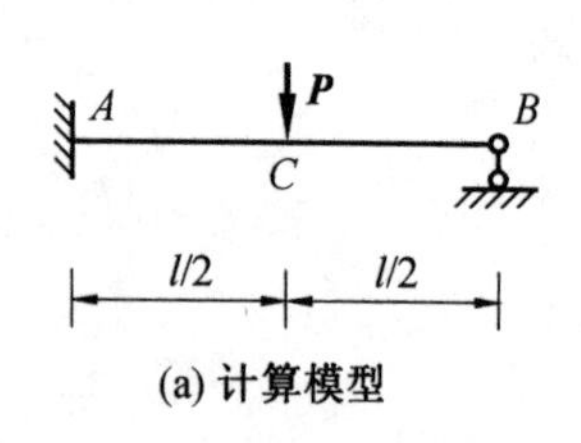

(a) 计算模型

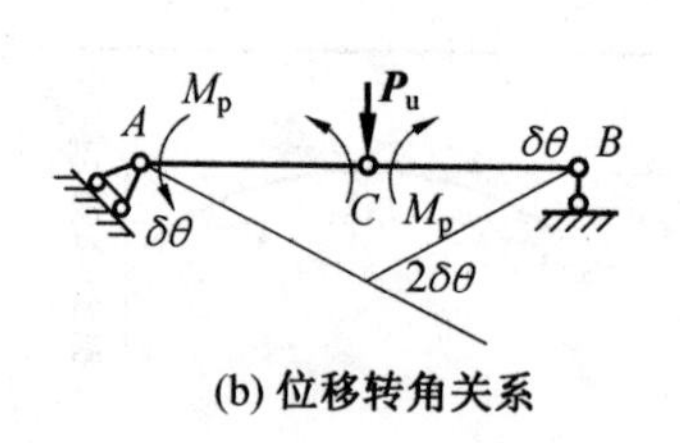

(b) 位移转角关系

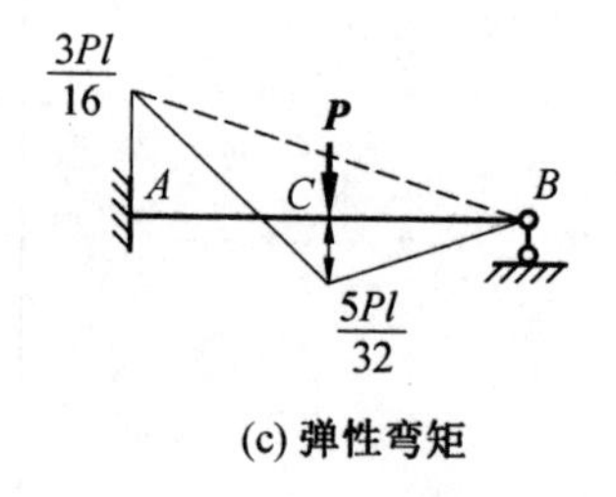

(c) 弹性弯矩

图 4.48　例 4.3 图

(2)极限平衡法(静力法)。

不考虑机构方面的要求，只考虑平衡条件与屈服条件，用下限定理可求出极限荷载的下限解，称为极限平衡法。其步骤为：

① 去掉多余约束，并用未知力代替，将超静定结构化为静定结构(基本体系)；

② 分别按外荷载和未知力在基本体系上画弯矩图；

③ 将弯矩图叠加，并使最大或最小弯矩达到塑性弯矩 M_p 或 $-M_p$；

④ 解平衡方程组，并求出极限荷载；

⑤ 检查是否满足破坏机构条件。

【例 4.4】 以例 4.3 所示等截面超静定梁为例，试采用极限平衡法求极限荷载 P_u。

解　a. 去掉 B 点支座，以支座反力 R_B 代替，使体系转化为静定体系(图 4.49(a))；

b. 分别画出体系在荷载 P 和支座反力 R_B 作用下的弯矩图(图 4.49(b))；

c. 将弯矩图叠加(图 4.49(c))，并使最大弯矩(A 点)和最小弯矩(C 点)达到塑性弯矩 M_{p}；

d. 利用极限状态的平衡可直接求出极限荷载：

$$\sum M_A = 0 \Rightarrow M_{\mathrm{p}} = P_{\mathrm{u}} \times \frac{l}{2} - R_B \times l$$

$$\sum M_C = 0 \Rightarrow M_{\mathrm{p}} = R_B \times \frac{l}{2}$$

$$P_{\mathrm{u}} = \frac{4}{l}\left(M_{\mathrm{p}} + \frac{1}{2}M_{\mathrm{p}}\right) = \frac{6}{l}M_{\mathrm{p}}$$

可以看出，由上限定理和下限定理求得的极限荷载是一致的。根据唯一性定理可知，该荷载即为结构的极限荷载。

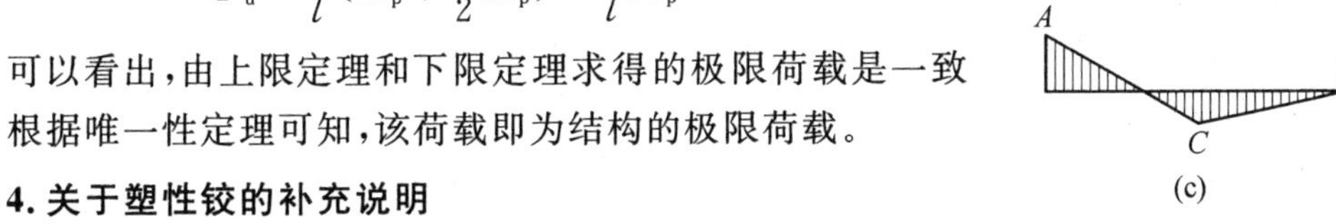

图 4.49　例 4.4 图

4. 关于塑性铰的补充说明

(1)塑性铰的数目要适当，在静定结构中只需一个塑性铰，在超静定结构中，塑性铰的个数 n 一般比超静定次数 r 多一个，即 $n=r+1$；

(2)注意区分结构中原有的铰和设定的塑性铰，塑性铰是单向铰，可在力矩作用方向上传递全部力矩(不能传递大于M_{p}的弯矩)，且允许有任意大的转动，但当荷载反向作用时，塑性铰恢复弹性；一般铰不消耗塑性功，对塑性铰应逐一计算所消耗的塑性功，然后累加；

(3)若杆件上作用有分布荷载，预先无法知道塑性铰的准确位置，可假定塑性铰的位置用待定的几何参数 x 来描述，用机动法求出相应的 $q^* = q^*(x)$，然后由$\frac{\partial}{\partial x}q^*(x)=0$ 确定出 x 值，以及相应的 $q^*_{\min}$，就是最佳上限估值。

4.5.3　连续梁和刚架的极限分析

1. 连续梁的极限荷载

连续梁的极限荷载分析补充两条假定：

(1)梁的各跨均为等截面杆(不同跨的杆件截面可以不同)；

(2)梁各跨所受的荷载方向都相同。

工程中的连续梁大部分都满足这两条假定。

对于连续梁，在各跨等截面、荷载方向相同条件下，破坏机构只能在各跨内独立形成。即对于图 4.50 所示连续梁，可能出现图(a)所示的单跨独立破坏，但不会出现图(b)所示的相邻跨联合破坏。这是因为荷载向下作用，其弯矩图只能是下凹的，如果弯矩为负值，其绝对值必然小于其左边或右边截面弯矩的绝对值。

此外，当支座左右两侧的梁截面极限弯矩不等时，支座截面的极限弯矩应取左右两个值中的较小者。

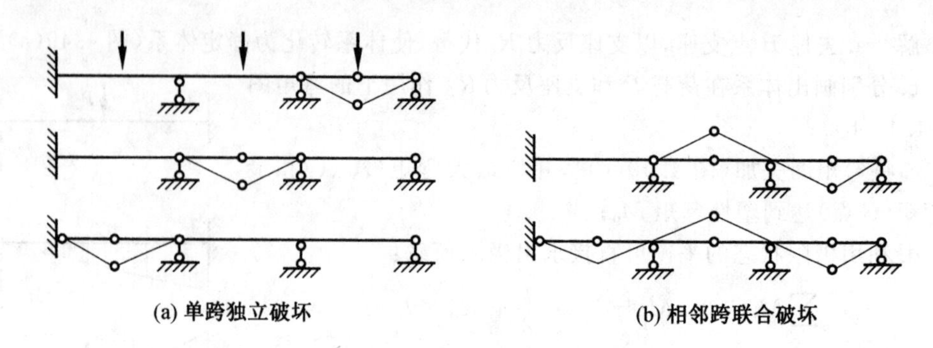

图 4.50 连续梁的破坏机构

以下通过一算例来说明连续梁的极限分析。

【例 4.5】 如图 4.51 所示的连续梁中，各跨均为等截面梁。设 AB 和 BC 跨的正极限弯矩为 M_u，CD 跨的正极限弯矩为 $M'_u=2M_u$；又各跨负极限弯矩为正极限弯矩的 1.2 倍。试求此连续梁的极限荷载 q_u。

解 a. AB 跨破坏

$$\frac{q_1 l^2 \theta_B}{2}-1.2M_u\theta_B-M_u 2\theta_B=0 \quad 得 \quad q_1=6.4\frac{M_u}{l^2}$$

b. BC 跨破坏

$$\frac{q_2 l^2 \theta_B}{4}-1.2M_u\theta_B-1.2M_u\theta_C-M_u 2\theta_B=0 \quad 得 \quad q_2=17.6\frac{M_u}{l^2}$$

c. CD 跨破坏

$$\frac{1.5^2 q_3 l^2 \theta_B}{2}-1.2M_u\theta_B-2M_u 2\theta_B-2.4M_u\theta_B=0 \quad 得 \quad q_3=6.756\frac{M_u}{l^2}$$

根据上限定理可得 $q_u=6.4\dfrac{M_u}{l^2}$。

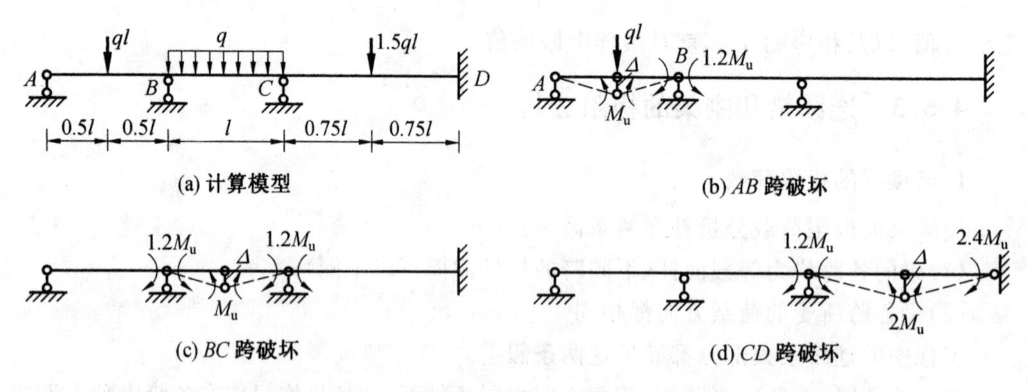

图 4.51 例 4.5 图

2. 刚架的极限荷载

在刚架的极限分析中，一般不考虑轴向力及剪力对屈服条件的影响，屈服条件为 $M=M_p$，梁或柱中的弯矩达到极限弯矩处将产生塑性铰。

可采用 4.5.2 节介绍的破坏机构法和极限平衡法求解刚架的极限荷载。下面通过一个算例来说明。

【例 4.6】 图 4.52 所示门式刚架的所有杆件均具有相同的塑性弯矩 M_p，求其极限荷载 P_u。

解 1　破坏机构法

可能出现塑性铰的位置是点 1、2、3、4 和 5 处。有三种可能的破坏机构如图 4.52 中的(b)、(c)和(d)所示。

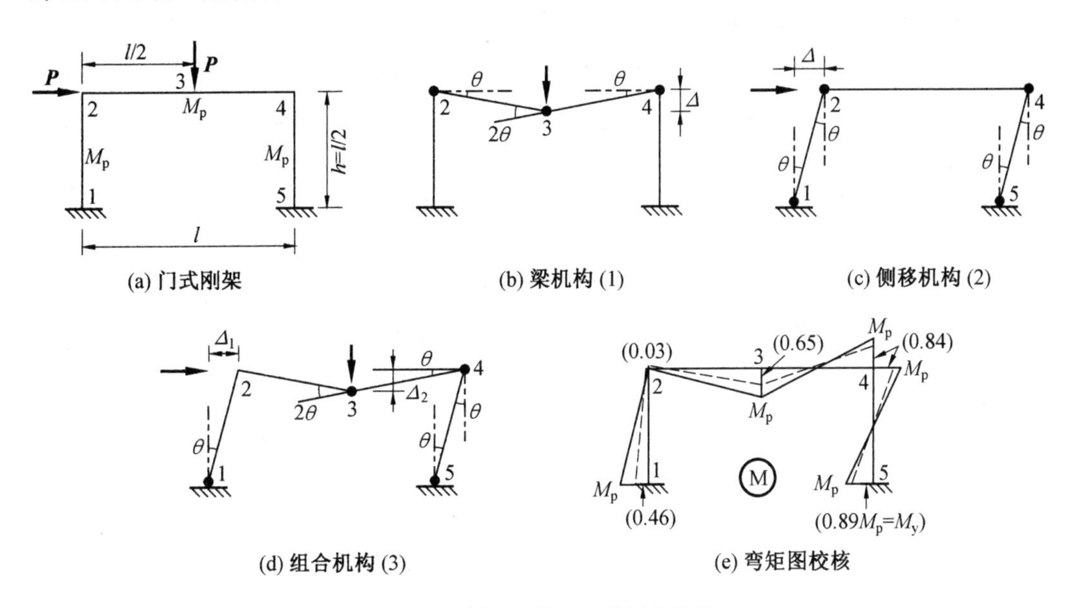

图 4.52　例 4.6 图——破坏机构法

运用虚功原理，对机构(1)有 $P\Delta=P\dfrac{\theta\cdot l}{2}=4M_p\theta$，则 $P_1=\dfrac{8M_p}{l}$。

对机构(2)有 $P\dfrac{\theta\cdot l}{2}=M_p(\theta+\theta+\theta+\theta)$，则 $P_2=\dfrac{8M_p}{l}$。

对机构(3)有 $P\Delta_1+P\Delta_2=M_p(\theta+2\theta+2\theta+\theta)$，即 $P\theta l=6M_p\theta$，则 $P_3=\dfrac{6M_p}{l}$。

故 $P_u=P_3=\dfrac{6M_p}{l}$。

图 4.52(e)为弯矩校核，对机构(3)，所有弯矩 $-M_{pj}\leqslant M\leqslant M_{pj}$，故 P_u 为该结构的极限荷载的上限。图中虚线是弯矩最大点(5 点)的弯矩达到屈服弯矩 $M_y=0.89M_p$ 时弹性状态下结构的弯矩图，由图中可以看出，塑性弯矩的出现顺序是 5→4→3→1。

解 2　极限平衡法

取基本体系如图 4.53(a)所示。外荷载和未知力引起的弯矩图如图(b)、(c)所示。针对 1、2、3、4、5 各点弯矩叠加如下：

$$M_1=M+Vl-Pl \qquad ①$$

$$M_2=M+Vl-\frac{Pl}{2}-\frac{Hl}{2} \qquad ②$$

$$M_3=M+\frac{Vl}{2}-\frac{Hl}{2} \quad ③$$

$$M_4=M-\frac{Hl}{2} \quad ④$$

$$M_5=M \quad ⑤$$

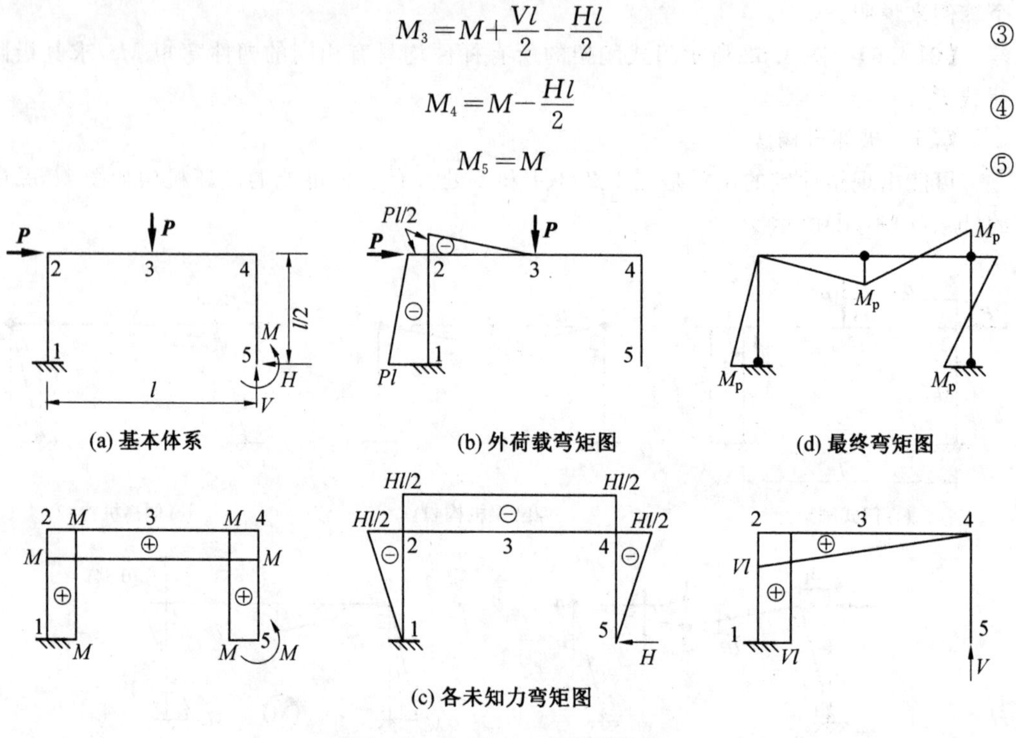

图 4.53　例 4.6——极限平衡法

由(b)、(c)判断 M_5、M_4、M_3 可能先达到塑性弯矩，即假设 $M_5=M_p$、$M_4=-M_p$、$M_3=M_p$，分别代入式⑤、④、③，并求解得

$$M=M_p$$

$$H=\frac{4M_p}{l}$$

$$V=\frac{4M_p}{l}$$

将 M、H、V 各值代入式①、②得

$$M_1=5M_p-Pl$$

$$M_2=3M_p-\frac{Pl}{2}$$

若假设 $M_2=-M_p$，可得 $P=\frac{8M_p}{l}$，$M_1=-3M_p<-M_p$，显然是不对的。

若假设 $M_1=-M_p$，可得 $P=\frac{6M_p}{l}$，$M_2=0$，此时最终弯矩图如图 4.53(d)所示，由图可见满足破坏机构条件。因此其极限荷载为

$$P_u=\frac{6M_p}{l}$$

由于该解既是机构上限解，又是平衡下限解，故该解为真实的极限荷载。

4.6　钢结构的塑性设计

4.6.1　塑性设计方法概述

前面几节介绍了如何在构件设计中利用塑性，从而实现更有效的材料利用。但通常在结构整体分析中，并不考虑构件的塑性开展，仍采用弹性分析方法。这种结构层面与构件层面的分析方法组合称为弹性一塑性设计方法（简称 E－P 法）。这种方法的优点是既确保了分析过程不至于太复杂，又适度利用了钢材的承载潜力，实现了技术可实施性与经济性的平衡，因而是目前各国钢结构设计规范普遍采用的方法。

E－P 法也存在一些不足。首先，结构层面与构件层面的分析假定不一致，可能会导致分析结果与结构真实受力情况不符。这是因为当构件进入弹塑性状态后，其刚度会削弱，从而导致结构中的内力重分配，而弹性分析方法是无法考虑这一影响的。再有，E－P 法只能告诉我们结构从哪里开始破坏，却无法知道结构最终倒塌时的状态，因此也就无法对整个结构的安全冗余度做出评估。

基于上述原因，世界各国一直都在探讨如何将塑性分析引入钢结构设计，即建立塑性一塑性设计方法（简称 P－P 法）。1914 年，匈牙利建成了世界上第一座塑性设计的建筑物，随后英国、加拿大、美国等国均在本国建成了塑性设计的工程。英国在 1948 年第一个把塑性设计方法引进了 BSS499 规范。随后，以英国和美国为中心，迅速地普及塑性设计。现已公认，塑性设计简单、合理，而且可以节约钢材，英国和荷兰的低层建筑几乎全部采用塑性设计，美国和加拿大的大部分低层建筑也应用塑性设计。我国 1988 年的《钢结构设计规范》（GBJ 17—88）开始列入塑性设计，在其后的 2003 版和 2017 版中又进行了不断完善。GB 50017—2017 标准又引入了弯矩调幅设计方法，使钢结构塑性设计能够结合到弹性分析程序中去，将塑性设计实用化。

4.6.2　钢结构塑性设计的条件

（1）我国规范规定塑性设计适用于不直接承受动力荷载的超静定梁、由实腹构件组成的单层框架、水平荷载组合不控制构件截面设计的多层框架和框架一支撑结构中的框架部分。

连续梁是塑性设计及弯矩调幅设计最适合应用的领域，多层框架在水平荷载作为主导可变荷载的荷载组合不控制构件截面设计时也可以应用。对于民用建筑，水平荷载主要指风荷载，不包括地震作用。

构成抗侧力支撑系统的梁、柱构件，均可能承受较大轴力，不适合进行塑性设计和弯矩调幅设计。由于变截面构件的塑性铰位置很难确定，目前的塑性设计仅适用于等直截面梁和等截面框架结构。

一、二层的实腹框架中，构件截面除受弯矩作用外，还有一定的轴力，因而构件实为压弯构件或拉弯构件。轴力的存在将降低截面所能承受的塑性弯矩。但一、二层框架构件中的轴力一般不大，可以认为是以受弯为主，使用简单塑性分析方法进行塑性设计时可略去轴力影响，仅在截面的强度验算中考虑轴力的作用。

对于水平荷载控制设计的结构，如果采用塑性设计则有可能导致结构产生危害较大的侧向残余变形，因此 GB 50017—2017 标准规定塑性设计只能应用于水平力不控制设计的结构中。对框架一支撑结构，按照协同分析，支撑架(核心筒)负担的水平荷载达到80%以上或支撑架(核心筒)实际上能够承担 100%的水平力时，均可以对框架部分进行塑性设计。

由于动力荷载对塑性铰的形成和内力重分配等的影响，目前研究的还不够，故我国标准中限制塑性设计法应用于直接承受动力作用的结构中。

对于双向受弯构件，达到塑性铰弯矩、发生塑性转动后，相互垂直的两个弯矩如何发生塑性流动难以掌握，故目前的塑性设计或弯矩调幅设计只适用于单向受弯的构件。

(2)塑性设计主要是利用在结构中的若干截面处形成塑性铰后，在该截面处发生转动而产生内力重分配，最后形成破坏机构，因此要求钢材必须具有良好的延性。

规范规定按塑性设计的钢结构，其钢材必须满足三个条件：

①屈强比 $f_y/f_u \leqslant 0.85$；

②伸长率 $\delta \geqslant 20\%$；

③具有明显的屈服平台。

这三个条件不但要求钢材具有良好的延性，而且要求具有足够的强化阶段，这是保证塑性铰具有充分的转动能力和板件进入塑性后仍能保持局部稳定所需要的。试验研究表明，由 $f_y/f_u=0.9$ 的钢材制作的连续梁不能实现塑性设计所求得的承载极限，这是因为屈强比偏大的钢材一旦屈服后，钢材的应变硬化模量 E_{st} 也将非常小，即使组成板件的宽厚比再小，也会过早地失去稳定，降低塑性铰处承受弯矩的能力。超静定次数越多的结构，在形成破坏机构时，要求先期出现的塑性铰处的转动角度越大，因此还必须满足伸长率 δ 的要求(图 4.54)。根据工程调研和独立试验实测数据，国产建筑钢材 Q235～Q460 钢的屈强比标准值都小于 0.83，伸长率都大于 20%，故均可采用。但应注意塑性区一般不宜采用屈服强度过高的钢材。

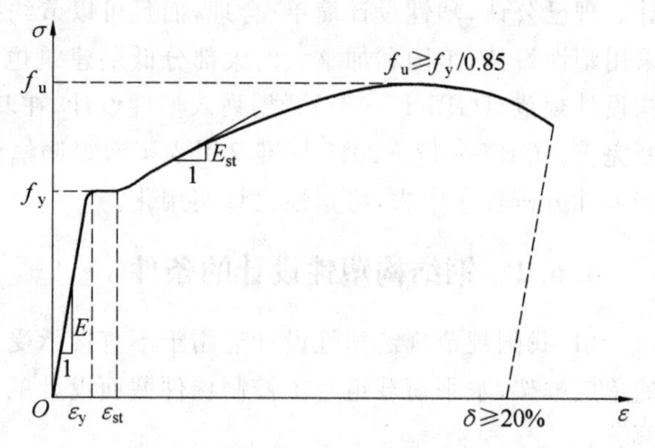

图 4.54　塑性设计对钢材性能的要求

(3)在形成塑性铰处，截面应有充分的转动能力，这就要求更严格地限制板件的宽厚比。

塑性设计的前提是在梁、柱等构件中必须形成塑性铰，且在塑性铰处承受的弯矩等于构件的塑性弯矩，而且在塑性铰充分转动、使结构最终形成破坏结构之前，塑性铰承受的弯矩值不得降低。如果组成构件的板件宽厚比过大，可能在没达到塑性弯矩之前就发生了局部屈曲，或者虽然在达到塑性弯矩形成塑性铰之前没有发生局部屈曲，但是有可能在塑性铰没来得及充分转动，使结构内力重分配并形成机构之前，板件在塑性阶段就发生了局部屈曲，使塑性弯矩降低。

国内外的研究均证明，板件的宽厚比越小，板件在塑性屈服后失稳时的临界应变（反映了塑性变形能力）就越大。因此，要保证塑性铰截面有充分的转动能力，就必须对板件的宽厚比给以较常规设计更严格的限制。GB 50017—2017 标准根据截面承载力和塑性转动变形能力的不同，将截面根据其板件宽厚比分为 5 个等级：

S1 级：可达全截面塑性。

S2 级：可达全截面塑性，但由于局部屈曲，塑性铰转动能力有限。

S3 级：翼缘全部屈服，腹板可发展不超过 1/4 截面高度的塑性，称为弹塑性截面。

S4 级：边缘纤维可屈服，但由于局部屈曲而不能发展塑性，称为弹性截面。

S5 级：在边缘纤维达屈服应力前，腹板可能发生局部屈曲，称为薄壁截面。

图 4.55 所示为由不同宽厚比等级板件组成的工字型截面的弯矩－曲率曲线，其中 $\Phi_p=\dfrac{M_p}{EI}$，$\Phi_{p1}=2\sim3\Phi_p$，$\Phi_{p2}=8\sim15\Phi_p$。GB 50017—2017 标准对塑性设计截面板件的宽厚比规定为：形成塑性铰并发生塑性转动的截面，其截面板件宽厚比等级应采用 S1 级；最后形成塑性铰的截面，其截面板件宽厚比等级不应低于 S2 级截面要求；其他截面板件宽厚比等级不应低于 S3 级截面要求。

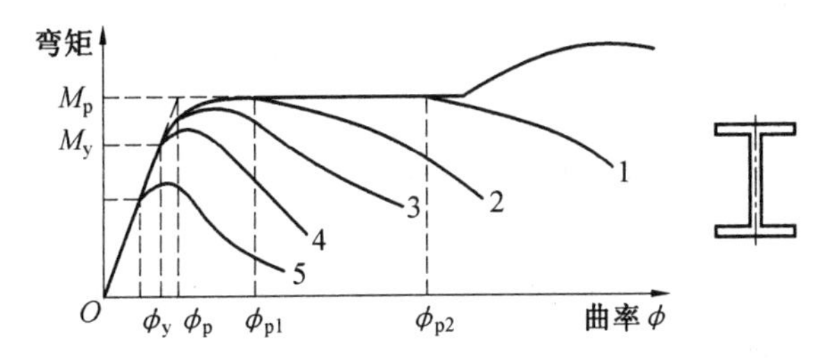

图 4.55　不同板件宽厚比等级截面的弯矩－曲率曲线

（4）应保证构件不失去整体稳定。

按塑性设计要求，已形成塑性铰的截面，在结构尚未达到破坏机构之前必须能继续变形，为了使塑性铰在充分转动中能保持承受塑性弯矩 M_p 的能力，不但要避免板件的局部屈曲，而且必须避免构件的侧向弯扭屈曲，为此，应在塑性铰处及其附近适当距离处设置侧向支承点。试验证明：塑性铰与相邻侧向支承点间的梁段在弯矩作用平面外的长细比 λ_y（简称侧向长细比）越小，塑性铰截面的转动能力 θ/θ_y 就越强（图 4.56），θ_y 为试验测定的塑性铰截面处的最大弹性转角。因此，可用限制侧向长细比 λ_y 作为保证梁段在塑性铰处转动能力的一项措施。

GB 50017—2017 规定，在构件出现塑性铰的截面处，必须设置侧向支承。该支承点与其相邻支承点间构件的长细比 λ_y 应符合下列要求：

当 $-1\leqslant\dfrac{M_1}{W_{px}f}\leqslant0.5$ 时，

$$\lambda_y\leqslant\left(60-40\frac{M_1}{W_{px}f}\right)\sqrt{\frac{235}{f_y}} \tag{4.109}$$

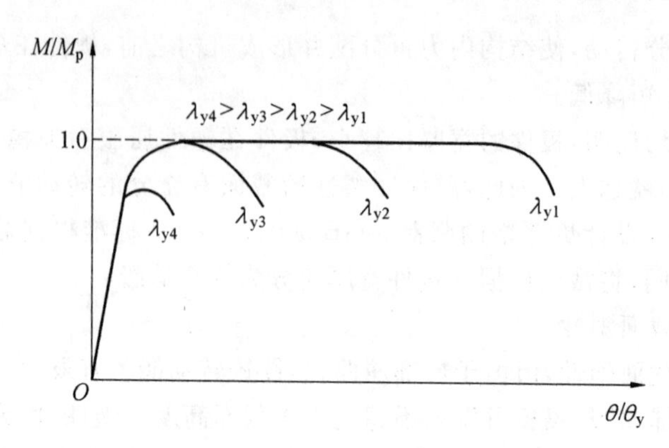

图 4.56 侧向长细比与塑性铰转动能力关系

当 $0.5\leqslant\frac{M_1}{W_{px}f}\leqslant 1.0$ 时，

$$\lambda_y\leqslant\left(45-10\frac{M_1}{W_{px}f}\right)\sqrt{\frac{235}{f_y}} \tag{4.110}$$

式中 W_{px}——对 x 轴的塑性毛截面模量；

λ_y——弯矩作用平面外的长细比，$\lambda_y=l_1/i_y$，l_1 为侧向支承点间距离，i_y 为截面绕弱轴的回转半径；

M_1——与塑性铰相距为 l_1 的侧向支承点处的弯矩，当长度 l_1 内为同向曲率时 $M_1/(W_{px}f)$ 为正，反之为负。

式(4.109)和式(4.110)是以塑性铰处的最大转动能力 $\theta_{max}/\theta_y=10$ 为标准，按试验资料加以简化得到的经验公式。

不出现塑性铰的构件区段，其侧向支承点间距，应按非塑性设计时有关构件弯矩作用平面外的整体稳定计算确定。

除防止侧向弯扭屈曲的要求之外，塑性设计的结构还应考虑下述构造要求：

① 为避免引起过大的二阶效应，受压构件的长细比不宜大于 $130\sqrt{235/f_y}$，这比弹性设计的稍严。

② 所有节点及其连接应有足够的刚度，以保证节点处各构件间的夹角保持不变。为达此目的，采用螺栓的安装接头应避开梁和柱的交接线，或者采用加腋等扩大式接头。构件拼接和构件间的连接应能传递该处最大弯矩设计值的 1.1 倍，且不得低于 $0.5\gamma_x W_x f$，以便使节点强度稍有余量，减少在连接处产生永久变形的可能性。

③ 为了保证在出现塑性铰处有足够的塑性转动能力，当板件采用手工气割或剪切机切割时，应将预期会出现塑性铰部位的边缘刨平。当螺栓孔位于构件塑性铰部位的受拉板件上时，应采用钻成孔或先冲后扩钻孔。这是因为剪切边和冲孔周围带来的金属冷加工硬化，将降低钢材的塑性，从而降低塑性铰的转动能力。

(5) 采用塑性设计的结构或构件，进行正常使用极限状态设计时，采用荷载的标准值，并按弹性理论进行计算；按承载能力极限状态设计时，采用荷载的设计值，用简单塑性理论进行内力分析。

4.6.3　弯矩调幅设计法

弯矩调幅法是在弹性弯矩的基础上，根据需要适当调整某些截面的弯矩值。通常是对那些弯矩绝对值较大的截面弯矩进行调整，然后按调整后的内力进行截面设计，是一种实用的设计方法。

弯矩调幅来源于构件截面的塑性发展而产生的内力重分布，如图 4.57 所示的多跨连续梁。荷载较小时，跨中和支座处的弯矩都线性增加，中间支座的负弯矩大于跨中正弯矩；随着荷载增大，中间支座处的梁达到屈服承载力并进入塑性，此时中间支座处的负弯矩基本不再增加，而跨中弯矩继续增加，直至跨中截面也发展一定程度的塑性。最后支座负弯矩与跨中正弯矩在数值上趋于一致，以达到充分利用材料的目的。以第 2 跨为例，实际操作时，将较大的支座负弯矩数值予以降低（降低幅度分别为 ΔM_2 和 ΔM_3），同时将跨中正弯矩数值予以提高（提高幅度为 $(\Delta M_2+\Delta M_3)/2$），使调整后的支座和跨中弯矩的数值基本相当，并据此设计梁截面。可见，弯矩调幅设计是塑性设计的一种简化形式，但在设计时允许使用弹性分析，直接对弹性内力进行调幅，使得塑性设计能够结合到弹性分析的程序中去，可以使塑性设计更加实用化。

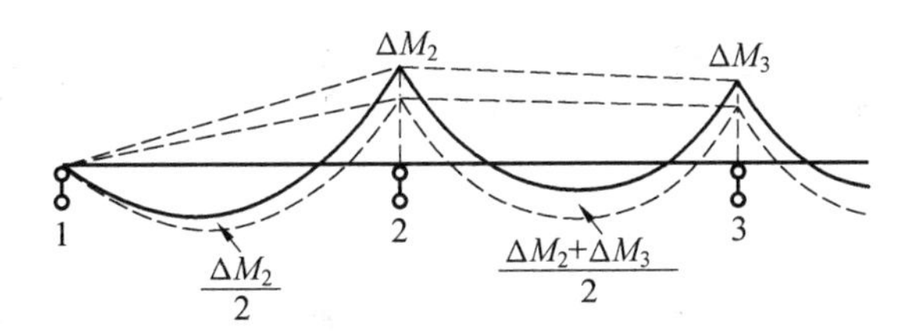

图 4.57　弯矩调幅示意图

对于钢结构而言，弯矩调整的幅度应根据梁两端的负弯矩和跨中正弯矩的数值确定，当正负弯矩的数值差距较大时，调整的幅度可以稍大，反之稍小。最终的结果是使正负弯矩数值趋于一致。目前规定弯矩调幅的最大幅度（支座处降低的弯矩与弹性弯矩的比值）是 20%，而等截面梁形成塑性机构相当于调幅 30%，因此，目前的规定较为保守，确有经验时，调幅幅度可适当增加，但不能超过 30%。

根据《钢结构设计标准》(GB 50017—2017)规定，柱端弯矩及水平荷载产生的弯矩不得进行调幅，这意味着仅对梁在竖向荷载作用下的弯矩进行调幅，将调幅后的弯矩与水平荷载工况进行组合，这种做法与简单塑性理论分析方法相比是偏于保守的，仅有限利用了结构塑性承载力的潜能。

弯矩调幅时，仅梁上形成塑性铰，是一种局部的塑性机构，但会增加梁的挠度，也会降低结构的水平刚度，增加结构侧移。因此，当采用一阶弹性分析进行弯矩调幅设计时，对于连续梁和框架梁，钢梁的调幅幅度限值及变形增大系数可按表 4.8 采用。

表 4.8　钢梁调幅幅度限值及侧移增大系数

调幅幅度限值	梁截面板件宽厚比等级	侧移增大系数
15%	S1 级	1.00
20%	S1 级	1.05

【例 4.7】 如图 4.58(a)所示，$l=6$ m 的三跨连续钢梁，每跨跨中均承受设计值为 $P=500$ kN的集中荷载作用，有足够措施可以确保其整体稳定性，试分别采用简单塑性设计法和弯矩调幅设计法，通过强度验算确定梁的截面尺寸。钢材为 Q235B 级钢，忽略梁自重。

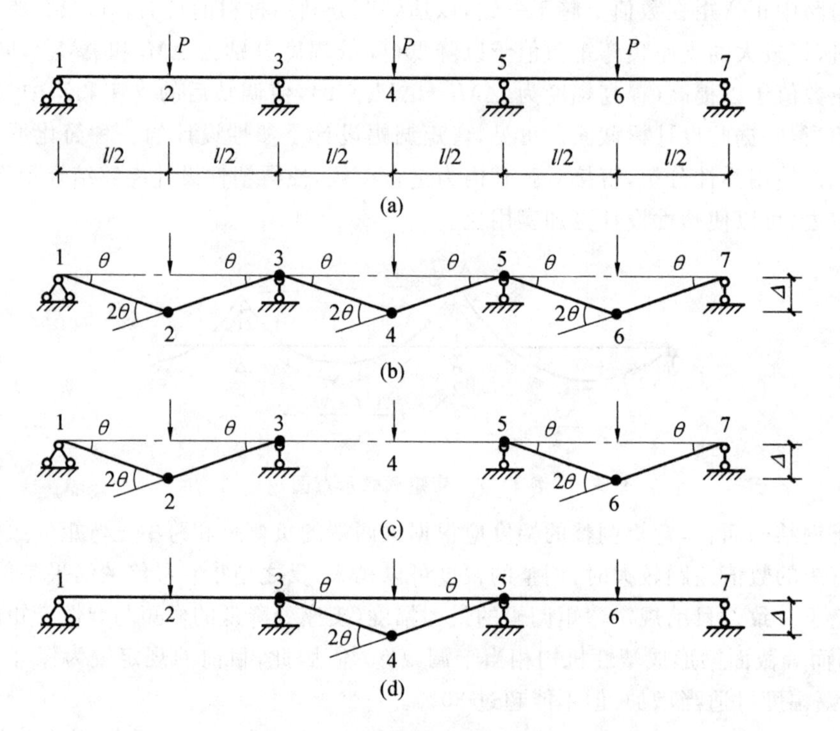

图 4.58　三跨连续梁及其塑性机构

解

1. 使用简单塑性设计方法

(1)极限荷载的计算。

使用破坏机构法计算极限荷载上限，可能出现塑性铰的位置包括各跨跨中的正弯矩处和中间两个支座的负弯矩处。根据对称性，可能出现图 4.58(b)～(d)所示的三种机构。

运用虚功原理，对机构 1(图 4.58(b))有

$$3P\Delta=3P\theta l/2=M_{\mathrm{p}}\cdot 2\theta\cdot 3+M_{\mathrm{p}}\cdot\theta\cdot 4$$

则 $P_1=\dfrac{20}{3}\dfrac{M_{\mathrm{p}}}{l}$；对机构 2(图 4.58(c))有

$$2P\Delta=2P\theta l/2=M_p\cdot 2\theta\cdot 2+M_p\cdot\theta\cdot 2$$

则 $P_2=6\dfrac{M_p}{l}$；对机构 3(图 4.58(d))有

$$P\Delta=P\theta l/2=M_p\cdot 2\theta+M_p\cdot\theta\cdot 2$$

则 $P_3=8\dfrac{M_p}{l}$。

取最小值，显然 $P_u=P_2=6\dfrac{M_p}{l}$。

根据极限平衡法可求出极限荷载的下限也为 $P_u=6\dfrac{M_p}{l}$，这里不再赘述。因此 $P_u=6\dfrac{M_p}{l}$ 即为真正的极限荷载。此时虽然中间跨尚未形成完全的塑性结构，但两个边跨已形成塑性机构，荷载不能继续增加。

(2)连续梁的截面选择。

已知集中荷载设计值 $P=500$ kN，则塑性铰弯矩 $M_p=\dfrac{P_u l}{6}=\dfrac{500\ \text{kN}\times 6\ \text{m}}{6}=500\ \text{kN}\cdot\text{m}$，梁在支座处的最大剪力为 $V=\dfrac{P_u}{2}=\dfrac{500\ \text{kN}}{2}=250\ \text{kN}$。

根据标准规定，当$\dfrac{N}{A_n f}\leqslant 0.15$ 时，塑性铰部位的弯矩设计值应满足

$$M_x\leqslant 0.9W_{npx}f \tag{4.111}$$

式中　W_{npx}——对 x 轴的塑性净截面模量。

根据式(4.111)得所需的塑性截面模量为

$$W_{npx}=\frac{M_x}{0.9f}=\frac{500\times 10^6}{0.9\times 215}=2.58\times 10^6(\text{mm})^3$$

选择焊接 H 型截面 H550×260×10×14，其塑性截面模量为 $2.63\times 10^6\ \text{mm}^3$，满足设计要求。

翼缘宽厚比 $b/t=125/14=8.93<9\varepsilon_k$，腹板高厚比$h_w/t_w=522/10=52.2<65\varepsilon_k$，板件局部稳定满足 S1 级要求。

(3)连续梁的强度验算。

抗剪强度验算：$h_w t_w f_v=522\times 10\times 125\ \text{N}=652.5\ \text{kN}>250\ \text{kN}$，满足要求。

由于 $V<0.5h_w t_w f_v$，所以塑性铰部位的抗弯强度验算不用考虑腹板强度设计值的折减。同时，考虑到梁内无轴力，只要初选的塑性截面模量大于需求值，梁的抗弯强度自然满足式(4.111)的要求，不必另外验算。

2. 使用弯矩调幅设计方法

(1)弯矩调幅。

图 4.59(a)给出了连续梁在设计荷载作用下按弹性计算时的弯矩。显然边跨跨中弯矩数值最大，可通过调幅减小，而支座 3 处的弯矩应通过调幅增大，为使图 4.59(b)所示的边跨跨中与支座位置调整后的弯矩数值基本相等，应满足 $527.3-\Delta M/2=445.5+\Delta M$，则容易求出弯矩调整的幅值 $\Delta M=54.5\ \text{kN}\cdot\text{m}$。

对于边跨跨中位置，向下调幅比例约为 5.2%；对于支座 3 位置，向上调幅比例约为 12.2%，均不超过表 4.8 的限值。得到调幅后的弯矩设计值为 $M_x=500\ \text{kN}\cdot\text{m}$，可以发现这个数值与塑性设计时使用的塑性铰弯矩相等，但这里将按弯矩调幅设计的方法选择并验算截面。

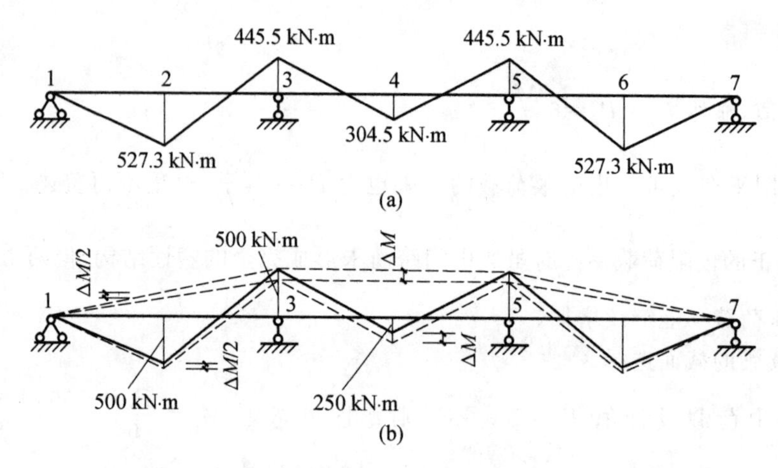

图 4.59　弹性弯矩及弯矩调幅

(2)连续梁的截面选择和验算。

在进行弯矩调幅设计时，当$\dfrac{N}{A_n f}\leqslant 0.15$时，梁弯矩设计值应满足

$$M_x\leqslant\gamma_x W_{nx} f \tag{4.112}$$

据此得到所需的弹性净截面模量为

$$W_{nx}=M_x/(\gamma_x f)=500\times10^6/(1.05\times215)\ \text{mm}^3=2.21\times10^6\ \text{mm}^3$$

可仍选择焊接 H 型截面 H550×260×10×14，因截面无削弱，故其弹性净截面模量为

$$W_{nx}=W_x=2.33\times10^6\ \text{mm}^3>W_{nx,t}$$

板件宽厚比验算及梁的强度验算均能满足要求，此处略。

3. 对比分析

(1)两种设计方法得到的梁截面是相同的，说明对于本三跨连续梁，这两种设计方法基本是等效的。

(2)塑性设计方法使用的弯矩设计值为塑性铰弯矩，是基于边跨梁跨中和支座均形成塑性铰的原则确定的，故两处的弯矩在数值上是相等的。而进行弯矩调幅设计方法时，也是经过弯矩调整，使边跨跨中和支座的弯矩数值趋于相同。因此，两种方法得到的弯矩设计值是相等的。

(3)塑性设计使用的是塑性截面模量，而弯矩调幅设计使用弹性截面模量，对于常用的工字型截面，前者是后者的 1.15～1.17 倍。观察式(4.111)和式(4.112)，右端项系数相差的倍数为 1.05/0.9=1.17。也就是说，弯矩调幅设计使用了较小的弹性截面模量，但使用了更大的系数，两者正好抵消，使连续梁的设计结果与塑性设计基本一致。

(4)塑性设计方法需要按破坏机构法或静力法求解临界荷载，才能反推出所需要的塑性铰弯矩，过程比较复杂。而采用弯矩调幅设计方法时，可以直接使用常用设计软件进行弹性内力计算，然后基于正负弯矩数值基本相等的原则进行弯矩调幅，或按某一百分比（小于表 4.8 限值）直接进行弯矩调幅，使用方便，操作简单。

(5)应该指出，由于本算例设定的前提是三跨跨中的集中力相等，因此当两个边跨形成破坏机构时，荷载不能再继续增加。事实上，中间跨自身尚未形成破坏机构，中间跨尚可单独继续加载，直至中间跨的跨中也形成塑性铰，进一步发挥连续梁的潜力。

思考题与习题

1. 材料试件拉伸试验与短柱试验相比，所得试验结果有何差异？

2. 剪力和轴力对截面受弯极限承载力有何影响？

3. 钢结构塑性设计目前主要应用于以受弯为主的超静定梁和框架中，是否可应用于以受轴力为主的空间桁架中？

4. 试用静力法和破坏机构法求出图 4.60 所示超静定梁的极限荷载。当 $0<\zeta<1$ 时，试求最大极限荷载的作用位置和数值（用 M_p 表示）。

5. 试分别采用弹性方法和塑性方法设计图 4.61 所示刚架结构，比较两种方法所得用钢量。设 $l=3.0$ m，$q=5.0$ kN/m，梁柱截面相同，所有节点均为刚接。不考虑构件自重，也不考虑整体稳定。

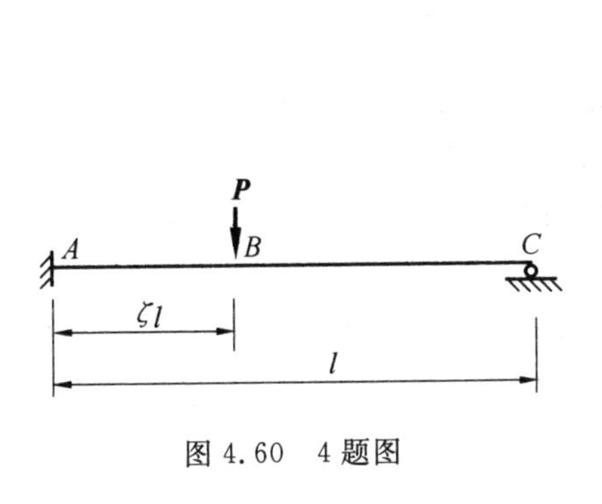

图 4.60　4 题图

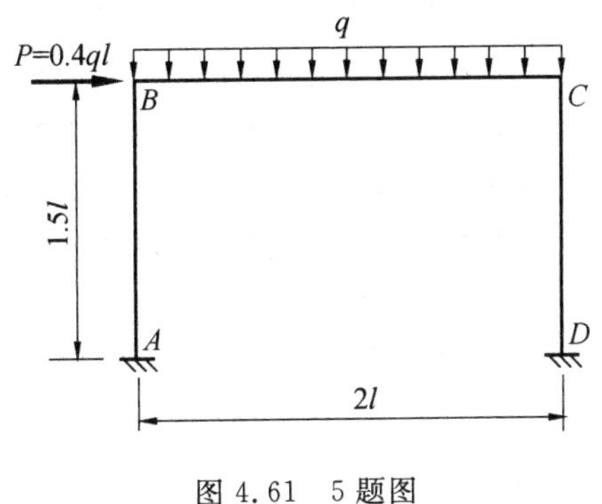

图 4.61　5 题图

第5章 连　接

钢结构的连接方法可分为焊接连接、螺栓连接、铆钉连接和轻型钢结构用的紧固件连接等。连接设计一直是钢结构设计中的重点和难点。一方面，钢结构连接都比较烦琐，细节较多；另一方面，连接区域的受力复杂，往往涉及一些前提假定。本章主要针对目前使用最多的焊接连接和螺栓连接，介绍相关的受力性能和计算假定。

5.1 焊接对钢材组织和性能的影响

5.1.1 焊接连接

焊接连接(welded connection)是钢结构的主要连接方法之一，其本质是两种或两种以上同种或异种材料，通过原子或分子之间的结合和扩散，连接成一体的工艺过程，而促使原子和分子之间产生结合和扩散的方法是加热或加压，或同时加热又加压。

与螺栓连接和铆钉连接相比，焊接连接的优点主要表现在：

(1)成形方便。焊接方法灵活多样，工艺简便；在制造大型、复杂结构和零件时，可化大为小，化复杂为简单，逐次装配焊接而成。

(2)适应性强。不仅可生产微型、大型和复杂的金属构件，也能生产气密性好的高温、高压设备和化工设备，还能实现异种金属或非金属的连接。

(3)生产成本低。与铆接、栓接相比，焊接结构可节省材料10%～20%，并可减少划线、钻孔、装配等工序。

根据焊接过程中两种材料结合时的状态工艺特征，焊接方法可分为三大类：熔焊、压焊和钎焊。

1. 熔焊

熔焊是最常见的焊接方式，是将焊接接头高温加热至熔化状态，由于被焊工件是紧密贴在一起的，在温度场、重力等的作用下，两个工件熔化的溶液会发生混合；待温度降低后，熔化部分凝结，两个工件就被牢固地焊在一起。通常所见的手工电弧焊、自动埋弧焊、气体保护焊等均属于熔焊。

在熔焊的过程中，如果大气与高温的熔池直接接触，大气中的氧就会氧化金属和各种合金元素。大气中的氮、水蒸气等进入熔池，还会在随后冷却过程中在焊缝中形成气孔、夹渣、裂纹等缺陷，恶化焊缝的质量和性能。为了提高焊接质量，人们研究出了各种保护方法。例如，在手工电弧焊中(图5.1(a))，在焊条药皮中加入对氧亲和力大的钛铁粉进行脱氧，就可以保护焊条中有益元素锰、硅等免于氧化而进入熔池，冷却后获得优质焊缝；在自动埋弧焊中(图5.1(b))，施焊端被一层可熔化的颗粒状焊剂所覆盖，电弧完全被埋在焊剂之内，熔化的焊剂熔渣覆盖在熔池表面，凝固形成渣壳，起到隔热和隔绝空气的作用;而气体保护电弧焊(图 5.1(c))则是用氩、二氧化碳等气体隔绝大气,以保护焊接时的电弧和熔池。

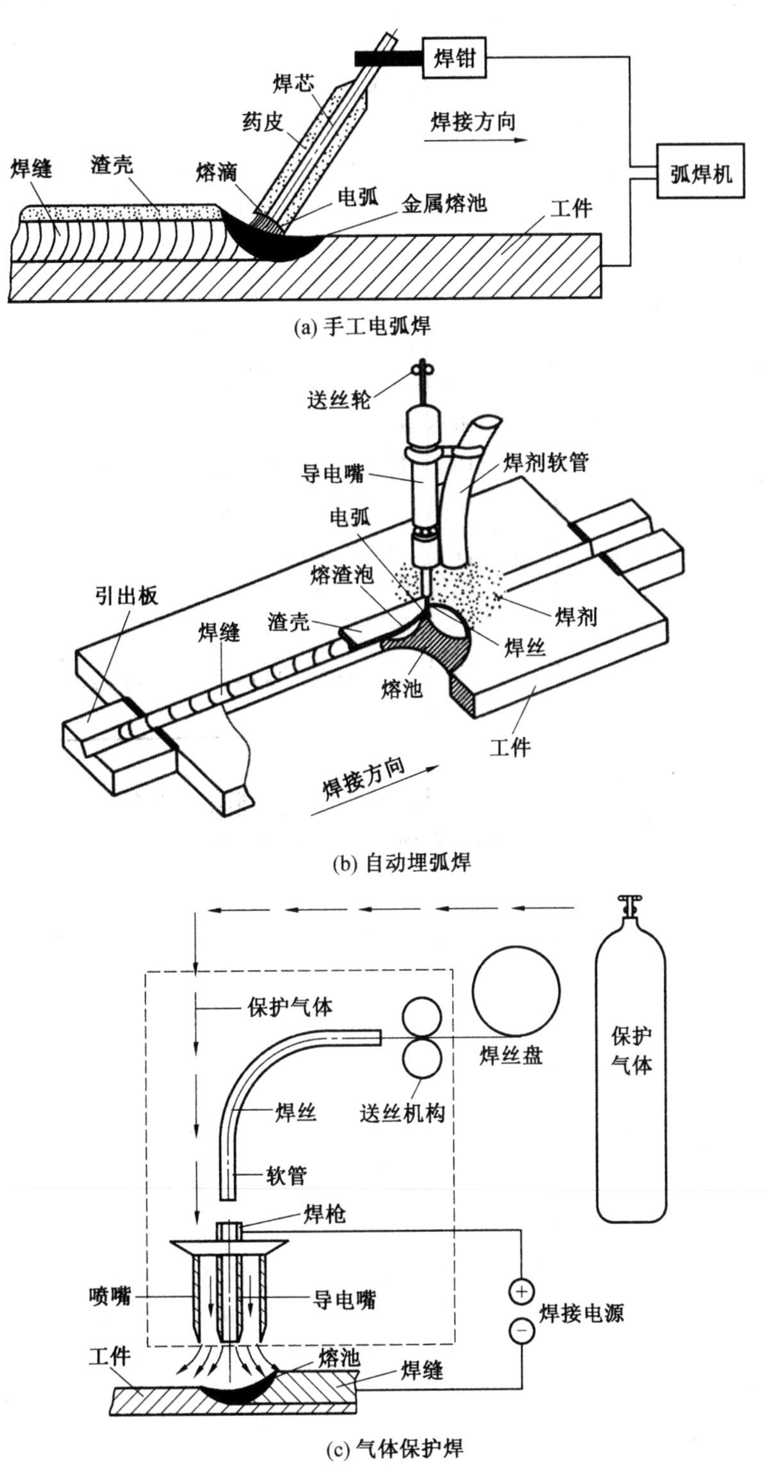

图 5.1　熔焊示意图

2. 压焊

压焊是通过加热等手段,使金属达到塑性状态,加压使其产生塑性变形、再结晶和扩散等作用,使两个分离表面的原子接近到晶格距离(0.3～0.5 nm)形成金属键,从而使两金属连为一体。与熔焊不同,压焊材料结合时的状态为固相,而且不需要加填充材料。多数压焊方法都没有熔化过程,因而没有像熔焊那样的有益合金元素烧损和有害元素侵入焊缝的问题,从而简化了焊接过程,也改善了焊接安全卫生条件。同时由于加热温度比熔焊低、加热时间短,因而热影响区小。许多难以用熔焊焊接的材料,往往可以用压焊焊成与母材同等强度的优质接头。

常用的压焊有电阻焊与摩擦焊。电阻焊(图 5.2(a))是利用电流通过焊件接触点表面电阻所产生的热来熔化金属,再通过加压使其焊合。电阻焊只适用于板叠厚度不大于12 mm的焊接。对冷弯薄壁型钢构件,电阻焊可用来缀合壁厚不超过 3.5 mm 的构件,如将两个冷弯槽钢或C型钢组合成工字型截面构件等。

摩擦焊(图 5.2(b))是在压力作用下使焊接材料相互摩擦(如工件做回转、线性等形式的相对运动,摩擦产生热量),摩擦热使得焊接的接触端面上很快形成热塑性层,接触面及附近区域温度上升,在顶锻压力的作用下,界面处的材料产生塑性变形及流动,最终形成了质量良好的焊接接头。摩擦焊的接头质量好且稳定,焊接过程不发生熔化,属固相热压焊,接头为锻造组织,因此焊缝不会出现气孔、偏析和夹杂、裂纹等铸造组织的结晶缺陷,焊接接头强度远大于熔焊、钎焊的强度,达到甚至超过母材的强度。此外,摩擦焊特别适合异种材料的焊接。

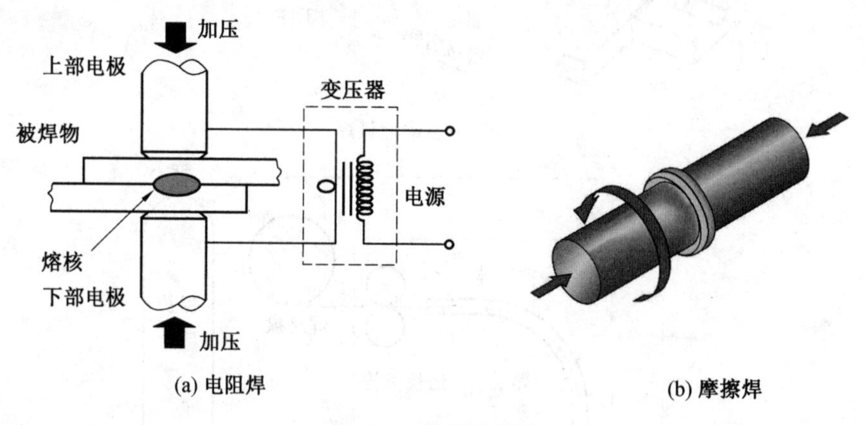

图 5.2　压焊示意图

3. 钎焊

钎焊是使用比工件熔点低的金属材料作钎料,将工件和钎料加热到高于钎料熔点、低于工件熔点的温度,利用液态钎料润湿工件,填充接口间隙并与工件实现原子间的相互扩散,从而实现焊接的方法(图 5.3)。钎料按熔点高低分为软钎料(熔点低于 450 ℃的钎料)和硬钎料(熔点高于 450 ℃的钎料)。软钎料有锡基、铅基、锌基等钎料;硬钎料有铝基、银基、铜基、镍基等钎料。

与熔焊和压焊相比,钎焊时钎料熔化母材不熔化;钎焊接头强度低,工作温度低,但焊接变形小，焊件尺寸精确；可以焊接异种材料。钎焊常用于焊接电子元件和精密机械零件，在钢结构中很少应用。

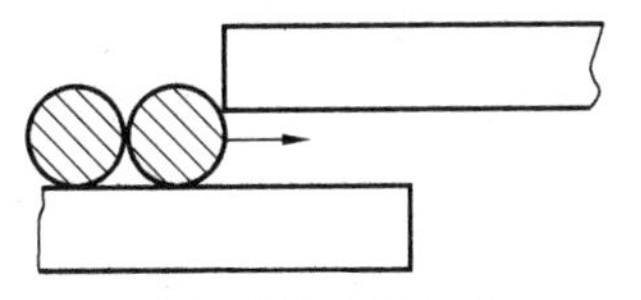

(a) 在焊件接头处安置钎料并进行加热

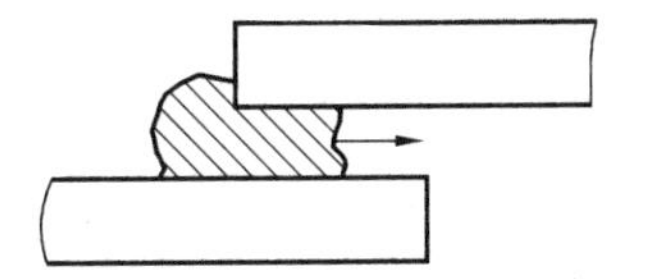

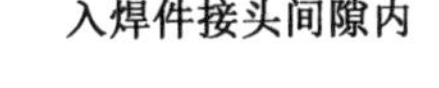

(b) 熔化的钎料开始流入焊件接头间隙内

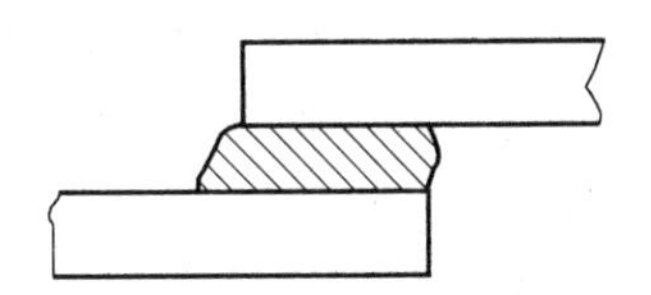

(c) 钎料填满间隙后，与母材相互扩散、凝固形成钎焊接头

图 5.3 钎焊示意图

5.1.2 焊接对钢材的影响

目前在钢结构中应用较多的焊接方式为熔焊。熔焊过程对钢材组织和性能的影响主要体现在以下几方面：

1. 焊缝金属

施焊时堆积的金属由于奥氏体晶粒长得非常粗大，在较快的冷却速度下会形成一种特殊的过热组织，其组织特征为在一个粗大的奥氏体晶粒内形成许多平行的铁素体(渗碳体)针片(图 5.4)，在铁素体针片之间的剩余奥氏体最后转变为珠光体，这种过热组织称为铁素体(渗碳体)魏氏组织(Widmanstatten structure)。魏氏组织不仅晶粒粗大，而且大量铁素体针片形成的脆弱面使金属的韧性急速下降。

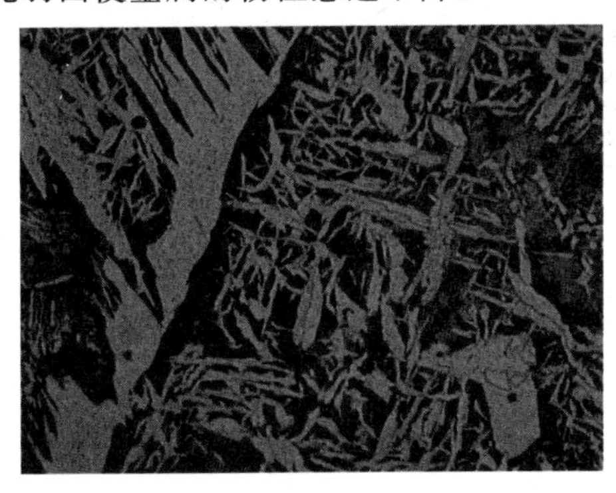

图 5.4 魏氏组织

焊缝金属在碳、氮、氧、氢的含量方面和轧制钢材也有差别。碳含量稍低，而氮、氧、氢稍高。含氮较多会使钢易脆，并对时效敏感。熔焊的金属冷却很快，和沸腾钢锭有些类似，因而含氧量高，气泡和夹杂都较多。如果延长冷却过程，可以降低氧的含量。另外，采用短弧焊、埋弧焊和气体保护焊，使熔化金属和空气更好地隔离，也可以降低氮和氧的含量。

焊缝金属含氢量高，来源于大气和焊条药皮，包括药皮的有机物成分和吸收的水分。当冷却快时，氢能使焊缝金属内部出现微观裂纹。因此，不仅受潮的焊条必须烘干后才能使用，重要的结构还要用低氢型焊条 E4315、E4316 以及 E5015、E5016，以避免出现裂纹。用低氢型焊条得到的焊缝金属，脆性转变温度接近于镇静钢材。

2. 焊接热影响区

熔焊时,不仅焊缝在焊接热源的作用下发生从熔化到固态相变等一系列变化,而且焊缝两侧未熔化的母材也会因焊接热传递的影响而产生组织和性能变化。此外,由母材到焊缝也存在着性能既不同于焊缝又不同于母材的过渡区,这些都会对焊接接头的性能产生影响。

对于低碳钢及低合金高强度钢来说,焊接热影响区可分为熔合区、过热区、相变重结晶区、不完全重结晶区和时效脆化区五部分,如图 5.5 所示。

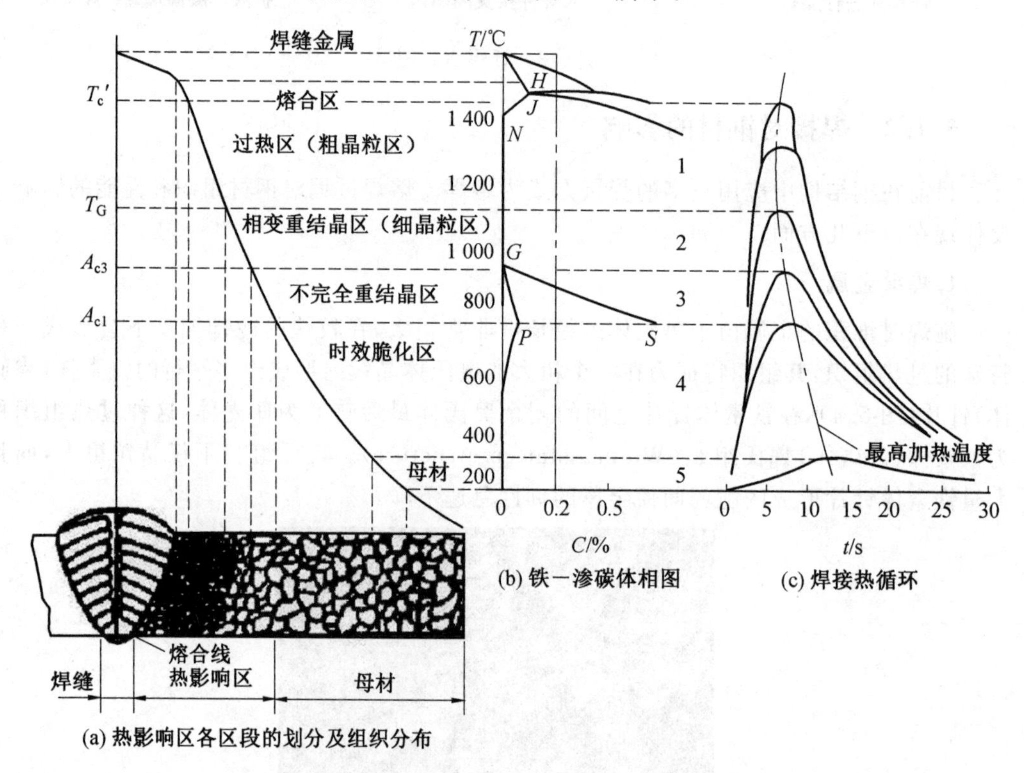

图 5.5 低碳钢焊接热影响区各区段的划分与相图的关系

(1)熔合区的温度处于液相线与固相线之间,是焊缝金属到母材金属的过渡区域,宽度只有 0.1～0.4 mm。焊接时,该区内液态金属与未熔化的母材金属共存;冷却后,其组织为部分铸态组织和部分过热组织,化学成分和组织极不均匀,是焊接接头中力学性能最差的薄弱部位。

(2)过热区的温度在固相线至 1 100 ℃之间,宽度为 1～3 mm。焊接时,该区域内奥氏体晶粒严重长大,冷却后得到晶粒粗大的过热组织,塑性和韧度明显下降。

(3)相变重结晶区的温度在 1 100～900 ℃之间,宽度为 1.2～4.0 mm。焊后空冷使该区内的金属相当于进行了正火处理,故其组织为均匀而细小的铁素体和珠光体,力学性能优于母材。

(4)不完全重结晶区,也称部分正火区,其加热温度在 900～730 ℃之间。焊接时,只有部分组织转变为奥氏体;冷却后获得细小的铁素体和珠光体,其余部分仍为原始组织,因此晶粒大小不均匀,力学性能也较差。

(5)时效脆化区的温度在730～300 ℃之间。因热应力及脆化物析出,经时效而产生脆化现象,在显微镜下观察不到组织上的变化。

在焊接热源作用下,焊件上某点的温度随时间变化的过程称为焊接热循环。当热源向该点靠近时,该点的温度随之升高直到达到最大值,随着热源离开,温度又逐渐降低至室温,该过程可用一条曲线来表示(图5.5(c))。

一般焊接热影响区宽度越小,焊接接头的力学性能越好。影响热影响区宽度的因素有加热的最高温度、相变温度以上的停留时间等。焊件大小、厚度、材料、接头形式一定时,焊接方法的影响很大,表5.1为电弧焊与其他熔焊方法的热影响区比较。

表5.1 焊接低碳钢时热影响区的平均尺寸 mm

焊接方法	各区平均尺寸			总宽度
	过热区	正火区	部分正火区	
手工电弧焊	2.2～3.0	1.5～2.5	2.2～3.0	5.9～8.5
埋弧焊	0.8～1.2	0.8～1.7	0.7～1.0	2.3～3.9
电渣焊	18～20	5.0～7.0	2.0～3.0	25～30
气 焊	21	4.0	2.0	27

3.焊接残余应力和变形

焊接热影响区除了组织变化而引起性能变化外,热影响区宽度对焊接接头中产生的应力与变形也有较大影响。一般来说,热影响区越窄,焊接接头中内应力越大,越容易产生裂纹;热影响区越宽,则变形越大。因此,焊接生产中,在保证焊接接头不产生裂纹的前提下,应尽量减小热影响区的宽度。

由于按等强度原则选择焊条,所以焊缝金属的强度一般不低于母材,其韧度也接近母材,只有塑性略有降低。焊接接头上塑性和韧度最低的区域在熔合区和过热区,这主要是由粗大的过热组织造成的;又由于在这两个区域拉应力最大,所以它们是焊接接头中最薄弱的部位,往往成为裂纹发源地。

按产生时的温度和时间的不同,焊接裂纹可分为:热裂纹、冷裂纹、应力腐蚀裂纹和层状撕裂。裂纹产生的部位有很多,有的出现在焊缝表面,肉眼就能观察到;有的隐藏在焊缝内部,通过探伤检查才能发现;有的产生在焊缝上,有的则产生在热影响区内。常见裂纹的发生部位与形态如图5.6所示。值得注意的是,裂纹有时在焊接过程中产生,有时在焊件焊后放置或运行一段时间后才出现,后一种称为延迟裂纹,这种裂纹的危害性更为严重。

4.改善焊接接头组织和性能的措施

(1)使热影响区的冷却速度适当。

对于低碳钢,采用细焊丝、小电流、高焊速,可提高接头韧度,减轻接头脆化。

(2)采用多层焊。

当用多层焊时,后一次的热量对前一层有退火作用,使晶粒变细,但是顶层受不到退

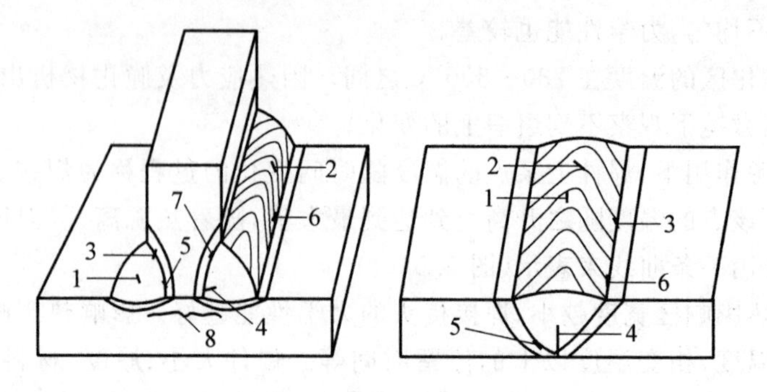

图 5.6　常见焊接裂纹的发生部位与形态

1—焊缝纵向裂纹；2—焊缝横向裂纹；3—熔合区裂纹；4—焊缝根部裂纹；
5—热影响区裂纹；6—焊趾裂纹；7—焊缝下裂纹；8—层状撕裂

火作用，保持堆积时的铸造组织。

(3)进行焊前预热。

和铸锭过程类似，当焊缝金属冷却比较缓慢时，氧和氢的含量就会减少，使之缓冷的一个有效措施是对焊件预先加热至≤200 ℃。预热使焊后冷却过程延长，改善了焊接构件的性能。我国《钢结构焊接规范》(GB 50661—2011)规定，厚度大于 40 mm 的 Q235 钢和厚度大于 20 mm 的 Q355 钢，在焊接时需要预热，最低预热温度控制在 20～100 ℃。此外，当焊接环境温度低于 0 ℃但不低于－10 ℃时，也应采取加热或防护措施，确保焊接过程中焊接接头处各方向不小于 2 倍板厚且不小于 100 mm 范围内的母材温度不低于 20 ℃或最低预热温度。

(4)进行焊后热处理。

焊后进行退火或正火处理也可以细化晶粒，改善焊接接头的力学性能。具体方法见 5.3.3 节。

5.2　角焊缝的性能和计算

5.2.1　角焊缝的应力分布与承载性能试验

1. 角焊缝的应力分布

角焊缝受力后的应力分布很复杂，一般通过试验考察其应力和破坏情况。图 5.7 所示的正面搭接连接外力虽然简单，但焊缝几个截面上的应力分布都不均匀。在角焊缝的焊趾 A 点和根部 B 点都有较大的应力集中。这一方面是由于力线的弯折，另一方面焊根处正好是两焊件接触间隙的端部，相当于裂缝的尖端。应力集中与许多因素有关，如焊趾 A 点的应力集中就是随角焊缝的斜边与水平边的夹角而变的，减小夹角、增大熔深及焊透根部等都可降低应力集中。

应力集中程度可以用应力集中系数 K_T 来衡量：

$$K_T=\frac{\sigma_{max}}{\sigma_0} \tag{5.1}$$

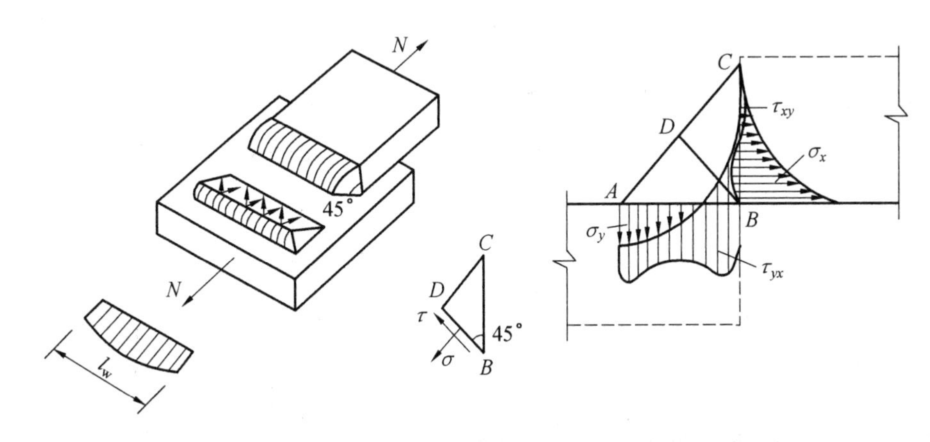

图 5.7　角焊缝的应力分布

式中　σ_{max}——截面中最大应力值；

σ_0——截面中平均应力值。

图 5.8 所示为 T 形接头角焊缝的应力集中系数分布图。其中，图 5.8(a)为未开坡口的 T 形接头，由于焊缝向母材的过渡处形状变化较大且根部没有焊透，在角焊缝的过渡处和根部都有很大的应力集中，最大应力集中系数达 3.378；图 5.8(b)为开坡口并焊透的 T 形接头，应力集中大大降低，应力集中系数均小于 1.0。可见开坡口或采用深熔焊接以保证焊透是降低应力集中的重要措施之一。

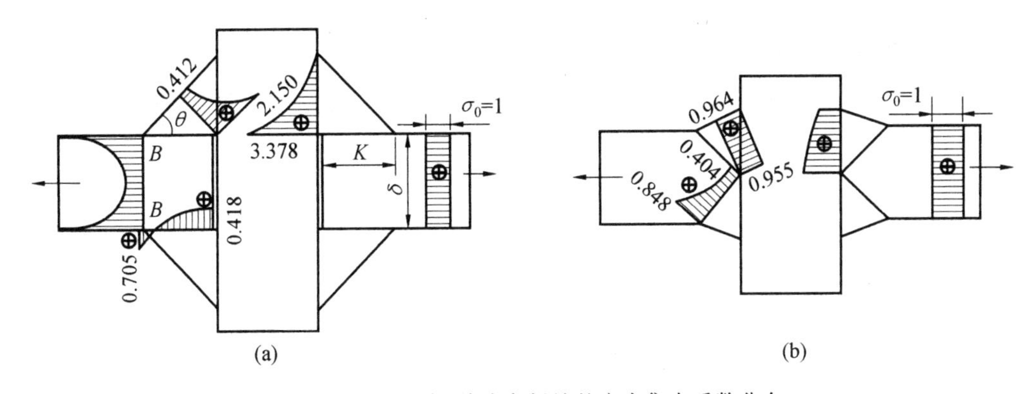

图 5.8　T 形(十字)接头角焊缝的应力集中系数分布

2. 角焊缝的承载性能试验

实际工程中的焊缝往往既受剪又受拉(或压)。为了模拟这种情况并且能够对拉(压)和剪进行不同的组合，Van der Eb 采用了图 5.9(a)的试件。其中斜虚线上的箭头为在相应水平力作用下焊缝受力方向。图(I)和(II)的焊喉仅受拉和受剪；图(III)和(IV)的焊喉分别以受拉和受压为主，并在斜线倾角不等于 45°时伴有横向剪力；图(V)焊喉则以横向剪力为主，伴随少量拉或压力。根据试验结果，绘出焊喉截面上正应力 $\sigma_{\perp}$ 和剪应力 $\tau_{\perp}$ 的相关关系，即图 5.9(c)中虚线所围的带状区域，图中 $\sigma_{\perp}$ 和 $\tau_{\perp}$ 定义如图 5.9(b)所示。

除承载力外，焊缝的变形能力也十分重要，能够承受很大的塑性变形是连接应具有的优良特性。试验表明，随外力作用的角度不同，角焊缝的承载能力和变形能力有较大的变化(图 5.10)；侧焊缝强度低但变形能力大，端焊缝反之；端焊缝的平均破坏强度比侧焊缝

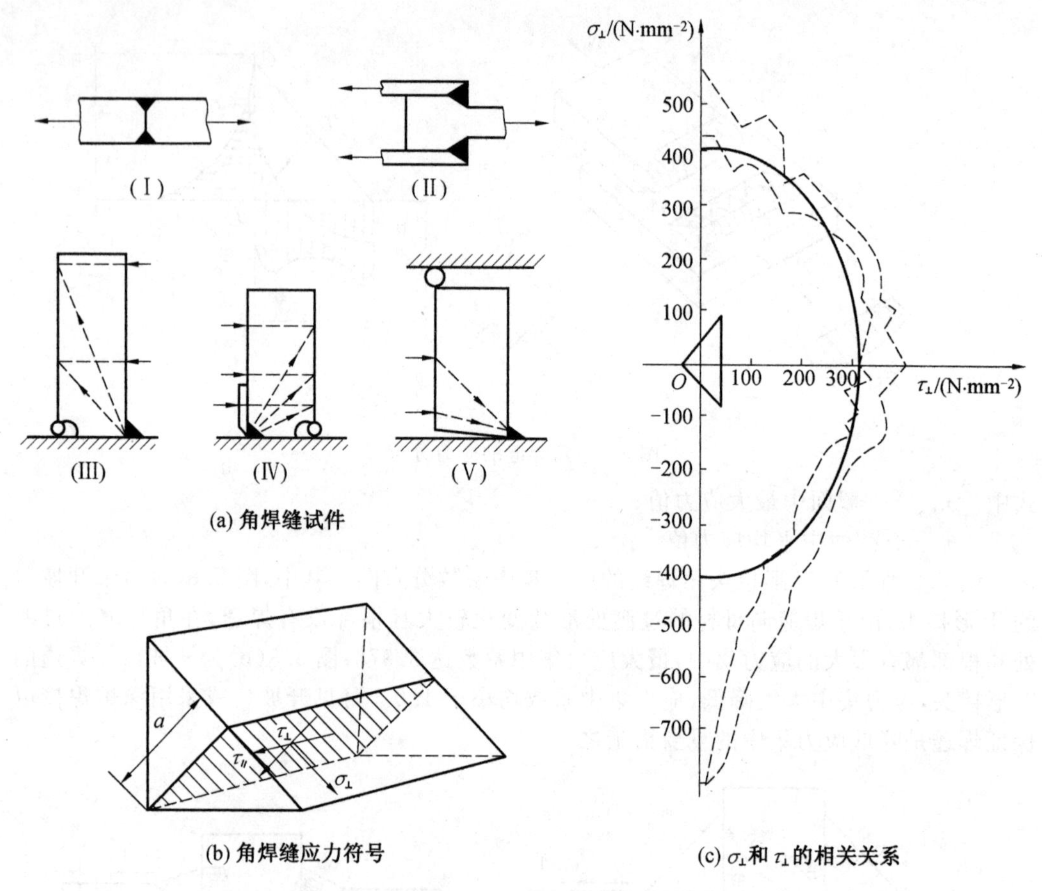

图 5.9　角焊缝应力

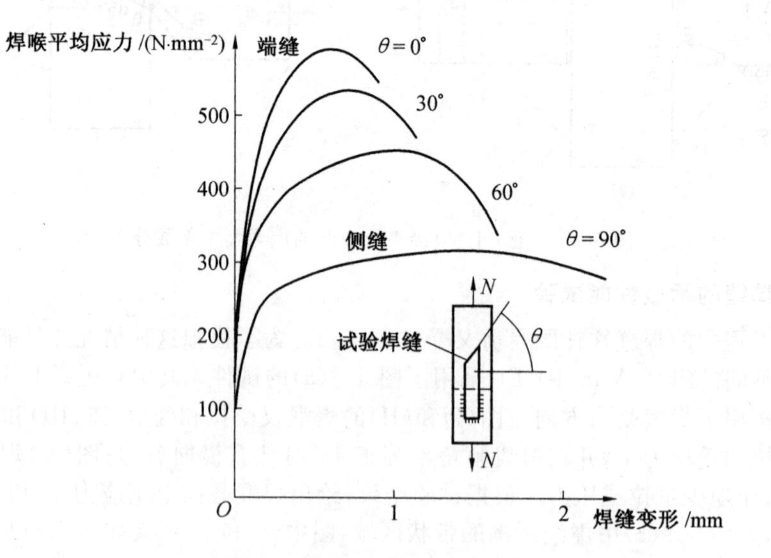

图 5.10　角焊缝荷载与变形关系

高出35%以上；端焊缝和侧焊缝在最大荷载时的变形分别为0.6 mm和1.4 mm。这是因为侧焊缝主要受剪，因而变形模量小，约为$E=70\times10^3\text{N/mm}^2$；而端焊缝不但受剪，而且还受正应力，因而变形模量大，约为$E=147\times10^3\text{N/mm}^2$。

5.2.2　角焊缝承载力计算公式

1. 试验回归公式

图5.9的带状分布的试验相关关系可以用长轴与短轴比为4∶3的椭圆来近似描述，作为实用计算公式的出发点。椭圆方程是

$$\frac{\sigma_\perp^2}{f_{u,w}^2}+\frac{\tau_\perp^2}{(0.75f_{u,w})^2}=1 \tag{5.2}$$

式中　$f_{u,w}$——焊缝金属的抗拉强度。

假设沿焊缝长度方向的剪应力$\tau_{/\!/}$对焊缝承载性能的影响也符合式(5.2)所描述的规律，则通过把椭圆绕其长轴($\sigma_\perp$轴)回转，可得描述三向应力关系的椭球面方程为

$$\frac{\sigma_\perp^2}{f_{u,w}^2}+\frac{\tau_\perp^2}{(0.75f_{u,w})^2}+\frac{\tau_{/\!/}^2}{(0.75f_{u,w})^2}=1 \tag{5.3}$$

此式可改写成

$$\sqrt{\sigma_\perp^2+1.8(\tau_\perp^2+\tau_{/\!/}^2)}\leqslant f_{u,w} \tag{5.3a}$$

2. 规范公式

式(5.3a)是根据欧洲ST37钢(相当于Q235钢)提出的，对于其他钢种，公式左边的系数不是1.8，而是在1.7～3.0之间变化。为使公式能够适用于较多的钢材，同时也为了与母材的能量强度理论的折算应力公式一致，欧洲钢结构协会(ECCS)和国际标准化组织(ISO)将式中的1.8改为3，即

$$\sqrt{\sigma_\perp^2+3(\tau_\perp^2+\tau_{/\!/}^2)}\leqslant f_{u,w} \tag{5.4}$$

我国规范也采用了折算应力公式(5.4)，并引入抗力分项系数，得角焊缝的计算式：

$$\sqrt{\sigma_\perp^2+3(\tau_\perp^2+\tau_{/\!/}^2)}\leqslant\sqrt{3}f_f^w \tag{5.5}$$

式中　f_f^w——规范规定的角焊缝强度设计值，是由角焊缝的抗剪条件确定的，所以$\sqrt{3}f_f^w$相当于角焊缝的抗拉强度设计值。

采用式(5.5)验算焊缝强度需要先求出有效截面上的应力分量$\sigma_\perp$、$\tau_\perp$和$\tau_{/\!/}$，比较复杂。因此，我国规范采用了下述方法进行简化。

以图5.11(a)所示承受互相垂直的N_y和N_x两个轴心力作用的直角角焊缝为例。N_y在焊缝有效截面上引起垂直于焊缝一个直角边的应力σ_f，该应力对有效截面既不是正应力，也不是剪应力，而是$\sigma_\perp$和$\tau_\perp$的合应力。

$$\sigma_f=\frac{N_y}{h_e l_w} \tag{5.6}$$

式中　N_y——垂直于焊缝长度方向的轴心力；

h_e——角焊缝的有效厚度，$h_e=0.7h_f$；

l_w——焊缝的计算长度，考虑起灭弧缺陷，按各条焊缝的实际长度减去$2h_f$计算。

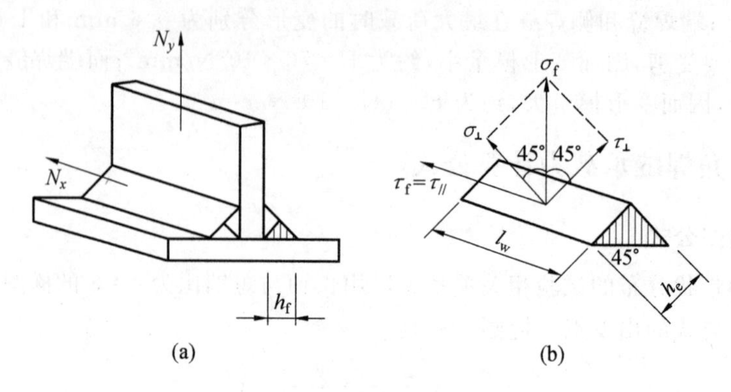

图 5.11　直角角焊缝的计算

由图 5.11(b)知，对直角角焊缝：

$$\sigma_\perp=\tau_\perp=\sigma_f/\sqrt{2} \tag{5.7}$$

沿焊缝长度方向的分力 N_x 在焊缝有效截面上引起平行于焊缝长度方向的剪应力为

$$\tau_f=\tau_{//}=\frac{N_x}{h_e l_w} \tag{5.8}$$

将式(5.7)、式(5.8)代入式(5.5)，可得直角角焊缝在 σ_f 和 τ_f 共同作用下的计算公式为

$$\sqrt{\left(\frac{\sigma_f}{\beta_f}\right)^2+\tau_f^2}\leqslant f_f^w \tag{5.9}$$

式中　β_f——正面角焊缝(即端焊缝)的强度增大系数，$\beta_f=\sqrt{3/2}=1.22$。

对正面角焊缝，$\tau_f=0$，则要求

$$\sigma_f\leqslant 1.22 f_f^w \tag{5.10}$$

对侧面角焊缝，$\sigma_f=0$，则要求

$$\tau_f\leqslant f_f^w \tag{5.11}$$

两者比较，端焊缝的承载能力比侧焊缝高 22%。对于承受动力荷载的端焊缝，考虑到它的变形性能不如侧焊缝，应力集中现象比较严重，故不利用这一增大系数，取 $\beta_f=1.0$，相当于按 σ_f 和 τ_f 的合应力进行计算，即

$$\sqrt{\sigma_f^2+\tau_f^2}\leqslant f_f^w \tag{5.12}$$

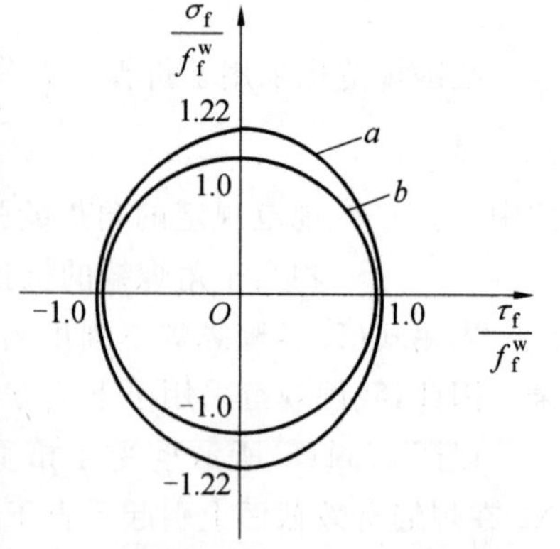

图 5.12　端焊缝考虑和不考虑强度提高的比较

图 5.12 中的曲线 a 和曲线 b 分别代表考虑端焊缝强度提高和不考虑端焊缝强度提高的情况，前者相当于由式(5.9)描述的椭圆，而后者则相当于由式(5.12)描述的圆。由图可见，当 $\sigma_f=0,\tau_f\neq0$ 时，属于侧焊缝受轴心力的情况，两曲线的横坐标均为 1.0，其设计强度条件为式(5.11)。当 $\tau_f=0,\sigma_f\neq0$ 时，属于端焊缝受轴心力的情况，可考虑强度提高 22%。当 $\tau_f\neq0,\sigma_f\neq0$ 时，考虑强度提高后，连接的扩大安全区位于曲线 a 和 b 之间的月牙区。

当垂直于焊缝长度方向有分别垂直于焊缝两个直角边的应力 σ_{fx} 和 σ_{fy} 时(图 5.13)，

可从式(5.9)导出

$$\sqrt{\frac{\sigma_{fx}^2+\sigma_{fy}^2-\sigma_{fx}\sigma_{fy}}{\beta_f^2}+\tau_f^2}\leqslant f_f^w \tag{5.13}$$

式中对使焊缝有效截面受拉的 σ_{fx} 或 σ_{fy} 取为正值,反之取负值。

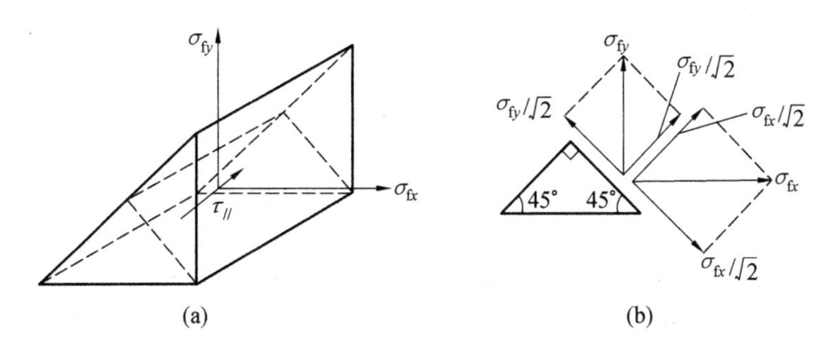

图 5.13　角焊缝 σ_{fx}、σ_{fy}、τ_f 共同作用

由于此种受力复杂的角焊缝还研究得不够,在工程实践中又极少遇到,所以我国 GB 50017—2017 标准建议,这种角焊缝宜采用不考虑应力方向的计算式进行计算,即

$$\sqrt{\sigma_{fx}^2+\sigma_{fy}^2+\tau_f^2}\leqslant f_f^w \tag{5.14}$$

美国 AISC 规范规定,任意角度的角焊缝强度设计值提高系数为 $1+0.5\sin^{1.5}\theta$,θ 为外力在焊缝上的作用方向与焊缝纵轴间的夹角。对于端焊缝 $\theta=90°$,提高系数为 1.5。

3. 角焊缝的有效厚度

我国对直角角焊缝进行的大批试验结果表明:(1)通过角焊缝 A 点的任一辐射面都可能是破坏截面,侧焊缝的破坏以 45°喉部截面居多,端焊缝则多数不在该截面破坏;(2)端焊缝的破坏强度是侧焊缝的 1.35～1.55 倍。据此,偏于安全地假定直角角焊缝的破坏截面在 45°喉部截面处,计算时采用有效厚度 AD,不考虑余高 DE,如图 5.14 所示。

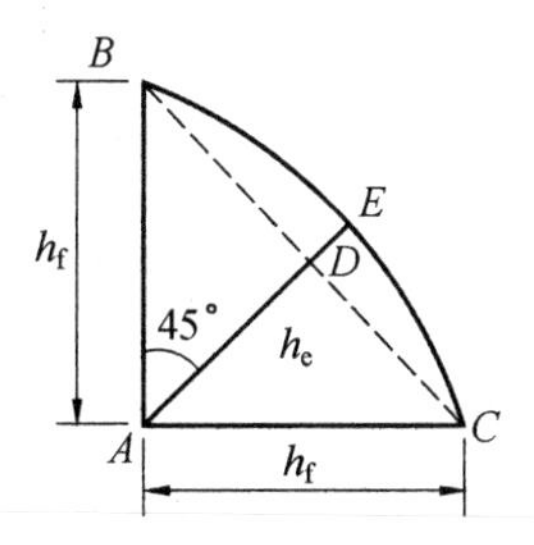

图 5.14　角焊缝截面

角焊缝的承载能力还与熔深有关。当采用气体保护焊或埋弧焊时,可以得到较大的熔深。因此欧洲 EC3 规范规定:(1)对于普通角焊缝(图 5.15(a)),有效厚度可取焊缝区内接三角形中,焊根至焊缝外表面的垂直距离 a;(2)当采用自动焊且能够保证连续而均匀的足够熔深时(图 5.15(b)),有效厚度可以增大到

$$h_e=\min\{1.2a, a+2\ \text{mm}\} \tag{5.15}$$

我国规范不分手工焊和埋弧焊,均统一取有效厚度 $h_e=0.7h_f$,对自动焊来说,这是偏

于保守的。

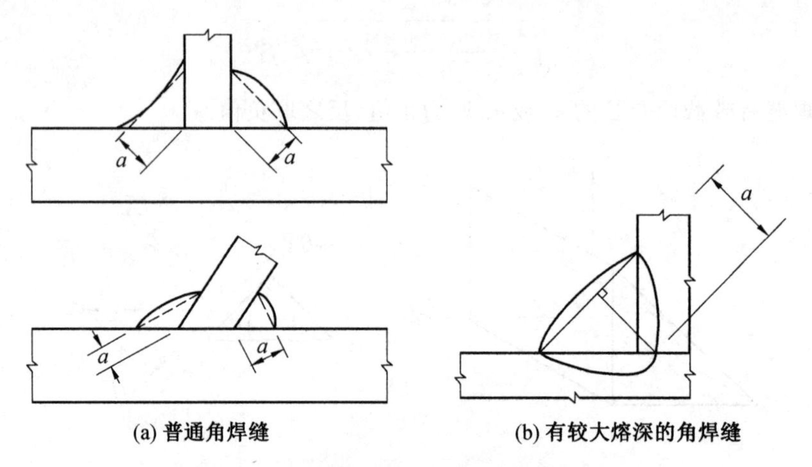

图 5.15 欧洲规范规定的角焊缝有效厚度

5.2.3 焊缝有效长度

1. 侧焊缝的有效长度

侧焊缝的剪应力在弹性阶段沿其长度分布很不均匀，呈现出两端高、中间低的悬链形分布，如图 5.16(a)所示。

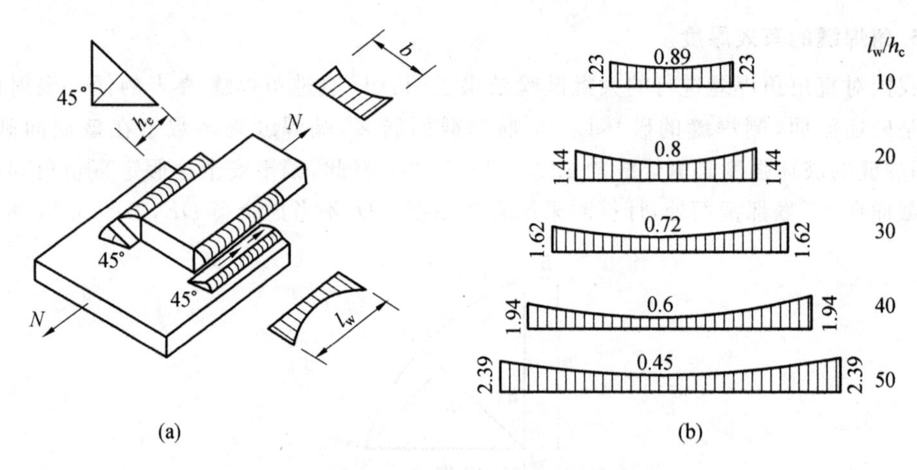

图 5.16 侧焊缝的应力分布

产生这种现象的原因是，搭接板材不是绝对刚体，在外力作用下会产生弹性变形；这种弹性变形的结果，势必会使部分外力功转化为弹性变形能，因而通过搭接区段内各截面的外力是不同的。如图 5.17 所示，上板截面的拉力 F'_x 从左到右逐渐由 F 降至零，而下板截面的拉力 F''_x 从左到右逐渐由零升高到 F，两块板的弹性变形自左至右也会相应地减小和增大。这样两块板各对应点之间的相对位移就不均匀，两端相对位移大，中间相对位移小，因而夹在两板间的焊缝单位长度上所传递的剪切力 q_{xa} 也必然是两端高中间低。

侧面搭接角焊缝应力集中的严重程度主要与搭接长度 L 有关，即焊缝越长，应力分布越不均匀，如图 5.16(b)所示。因此，一般规定侧面角焊缝构成搭接接头的焊缝长度不得大于焊脚长度的 50 倍。如果两个被连接件的截面不相等($A_1 \neq A_2$)，剪应力的分布并不对称于焊缝中点，最大应力值位于小截面一侧的端部，如图 5.18 所示。

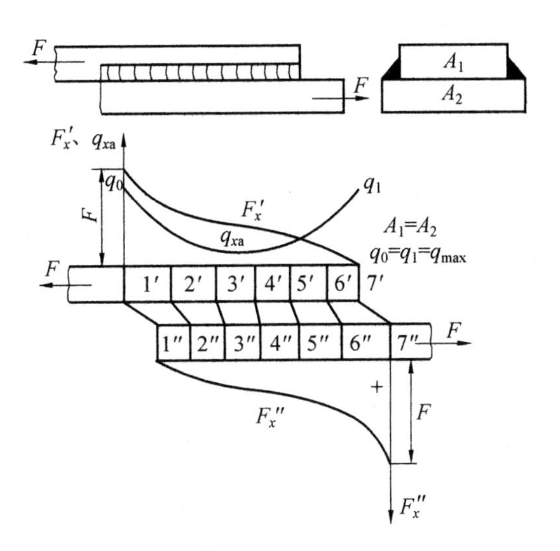

图 5.17 侧焊缝的受力与变形分析

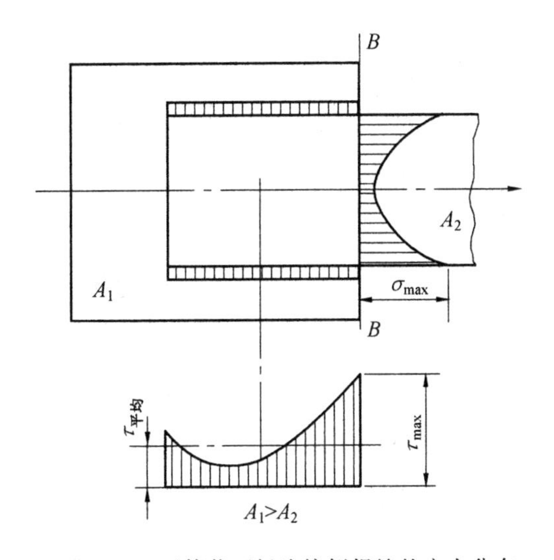

图 5.18 不等截面板连接侧焊缝的应力分布

欧洲 EC3 规范规定：对搭接连接中的角焊缝，当焊缝长度超过 $150h_e$ 时，应对实际长度乘折减系数 β_1

$$\beta_1 = 1.2 - 0.2\frac{l}{150h_e} \leqslant 1.0 \tag{5.16}$$

式中 l——沿传力方向搭接的总长度。

美国 AISC 规范规定：当端部受力侧焊缝的长度超过 $100h_f$ 时，有效长度折减系数 β_2 应按下式确定；当焊缝长度超过 $300h_f$ 时，有效长度取为 $180h_f$。

$$\beta_2 = 1.2 - 0.2\frac{l}{100h_f} \leqslant 1.0 \tag{5.17}$$

我国 GB 50017—2017 标准规定：对于搭接连接中的角焊缝，在计算焊缝强度时可以不考虑超过 $60h_f$ 部分的长度，也可对全长焊缝的承载力进行折减，以考虑长焊缝内力分布不均匀的影响，折减系数 α_f 可按下式计算：

$$\alpha_f=1.5-\frac{l_w}{120h_f}\geqslant 0.5 \tag{5.18}$$

需要说明的是，(1)侧面角焊缝的承载能力和变形能力在动力加荷条件下和静力加荷的基本相同。(2)当内力沿侧焊缝全长分布时，如钢板梁翼缘与腹板之间的焊缝，有效长度不受上面所说的限制。(3)由于侧焊缝的塑性很好，焊缝两端处出现塑性后应力分布逐渐改变，以至于可以拉平，该现象在试验中也得到了证实。

2. 与翼缘连接焊缝的有效长度

角焊缝的应力分布不仅和焊缝本身的变形能力有关，还和所连接构件的刚性有关。图 5.19 所示的工字钢牛腿和工字钢柱子用两条横向角焊缝连接。牛腿端部截面作用有弯矩 M 和剪力 Q。在 M 作用下，柱翼缘发生变形，影响焊缝应力沿其长度的分布；在 Q 作用下，牛腿翼缘发生变形也影响焊缝应力分布。由此可见，焊缝所连构件刚度不均匀造成焊缝应力不均匀，中部应力大，端部应力小，计算长度应该适当减小，否则焊缝中部可能被拉裂。

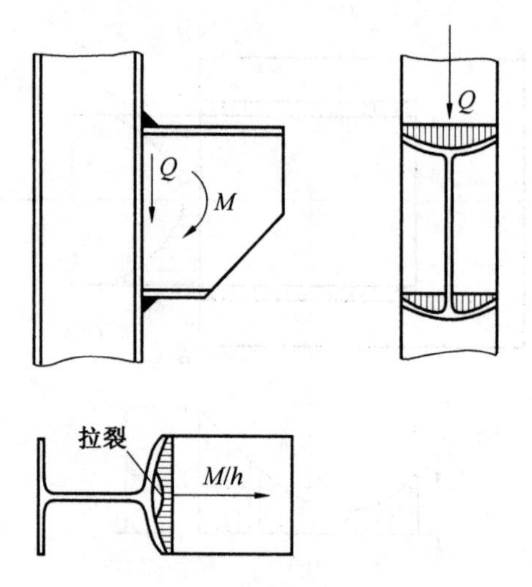

图 5.19　构件变形对焊缝的影响

根据试验研究，在节点板板件(或梁翼缘)拉力作用下，柱翼缘有如两块受线荷载作用的三边嵌固板 $ABCD$、$A'B'C'D'$(图 5.20)，拉力在柱翼缘板的影响长度 $L\approx 12t_f$，每块板所能承受的拉力可近似取为 $3.5t_f^2 f_{y,f}$，同时考虑两嵌固边之间 CC' 范围的受拉板(或梁翼缘)屈服，由此得如下平衡方程：

$$2\times 3.5t_f^2 f_{y,f}+t_p(t_w+2s)f_{y,p}=T \tag{5.19}$$

引入有效宽度 b_e，令

$$b_e t_p f_{y,p}=T \tag{5.20}$$

将式(5.20)代入式(5.19)可得

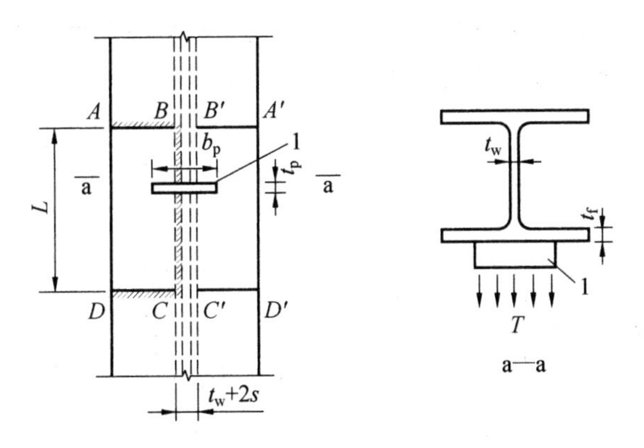

图 5.20　柱翼缘受力示意图

1—受拉板件；T—拉力；L—影响长度

$$t_p f_{y,p}\left[7\frac{t_f^2 f_{y,f}}{t_p f_{y,p}}+(t_w+2s)\right]=b_e t_p f_{y,p} \tag{5.21}$$

得

$$b_e=t_w+2s+7\frac{t_f^2 f_{y,f}}{t_p f_{y,p}} \tag{5.22}$$

式(5.19)～(5.22)即为确定板件或工字型、H 型截面梁的翼缘与工字型、H 型截面柱(未设水平加劲肋)相连时，板件或梁翼缘的有效宽度计算理论基础。

国际焊接学会(IIW)推荐与翼缘连接焊缝的有效长度为

$$b_e=2t_w+ct_f \tag{5.23}$$

式中　t_w 和 t_f——分别为相应工字型截面的腹板和翼缘厚度，对 M 而言 t_f 为柱翼缘厚度，对 Q 而言则为牛腿翼缘厚度；

c——系数，见表 5.2。如果算得的有效长度太小，则宜对柱设置加劲肋以防止变形。

表 5.2　系数 c

钢材屈服点/(N · mm^{-2})	焊缝位置	c
235	受拉翼缘	7
	受压翼缘	10
355	受拉翼缘	5
	受压翼缘	7

欧洲 EC3 规范规定，对于图 5.21(a)所示的 H 型钢翼缘 T 形连接，应按有效宽度 b_e 验算母材和焊缝的强度。

$$b_e=t_w+2r+7t_f \quad 且 \quad b_e\leqslant t_w+2r+7\frac{t_f^2 f_{y,f}}{t_p f_{y,p}} \tag{5.24}$$

式中　$f_{y,f}$——被连接构件的钢材强度；

$f_{y,p}$——连接钢板的强度。

如果所得有效宽度小于实际连接宽度的 0.7 倍，则应对构件翼缘进行加强。

对于图 5.21(b)所示的箱型截面 T 形连接，有效宽度 b_e 为

$$b_e = 2t_w + 5t_f \quad 且 \quad b_e \leqslant 2t_w + 5\frac{t_f^2 f_{y,f}}{t_p f_{y,p}} \tag{5.25}$$

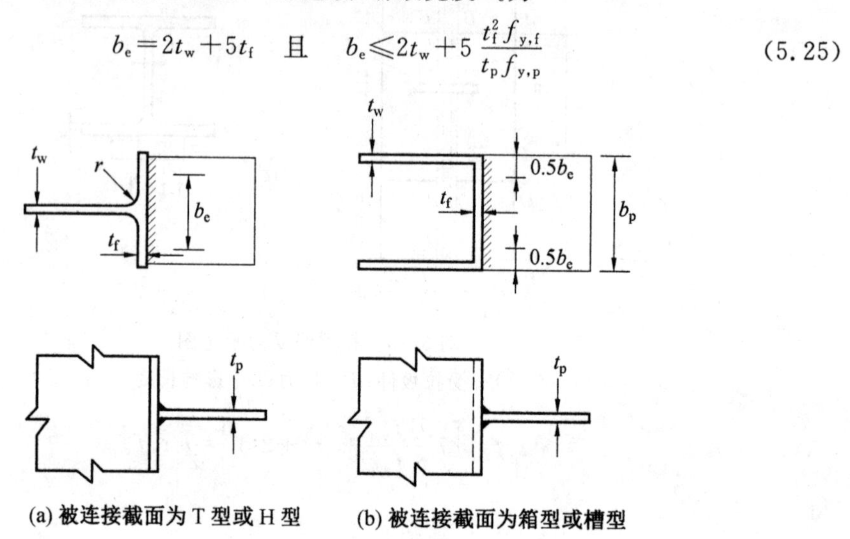

图 5.21　T 形连接的有效宽度

我国 GB 50017—2017 标准考虑到柱翼缘中间和两侧部分刚度不同，难以充分发挥共同作用，翼缘承担的部分应有所折减，故将式(5.22)中的系数 7 改为 5。具体规定为：

(1)工字型或 H 型截面杆件的有效宽度按下式计算：

$$b_e = t_w + 2s + 5kt_f \tag{5.26}$$

$$k = \frac{t_f f_{y,f}}{t_p f_{y,p}} \quad 当 k > 1.0 时取 1.0 \tag{5.27}$$

式中　s——对于被连接杆件，轧制工字型或 H 型截面杆件取为圆角半径 r；焊接工字型或 H 型截面杆件取为焊脚尺寸 h_f。

(2)当被连接杆件截面为箱型或槽型，且其翼缘宽度与连接板件宽度相近时，有效宽度按下式计算：

$$b_e = 2t_w + 5kt_f \tag{5.28}$$

(3)有效宽度 b_e 还应满足式(5.29)的要求；当不满足时，被连接杆件的翼缘应设置加劲肋。

$$b_e f_{u,p} \geqslant b_p f_{y,p} \tag{5.29}$$

式中　$f_{u,p}$——连接板的极限强度；

b_p——连接板宽度。

3. 偏心作用的影响

搭接连接中的焊缝还有一个特殊情况，就是力对焊缝有偏心作用。图 5.22 给出偏心的情况，在平行于板面的平面内有力偶 Ne_1，在垂直于板面的平面内有力偶 Ne_2。对于长焊缝，这些力偶的影响可以忽略。但是如果焊缝过短，不仅焊缝可能破坏，还因焊缝开始处的 C 点处应力高度集中，可能使板被拉断。因此，角焊缝的长度不应过短。GB 50017—2017 标准规定角焊缝的有效长度不小于 $8h_f$ 和 40 mm。

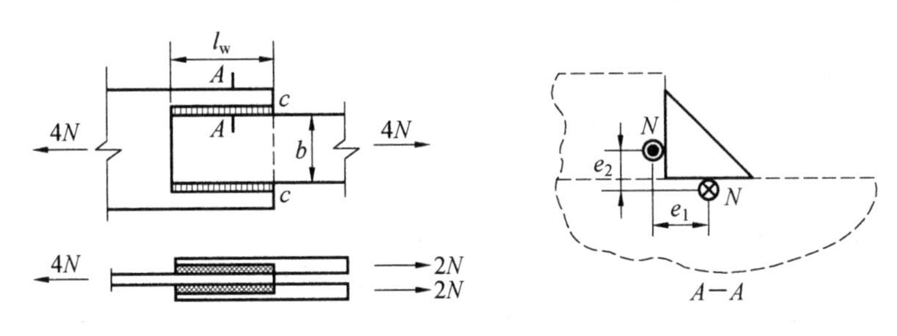

图 5.22　力对焊缝的偏心作用

受拉板搭接连接的试验表明，当仅用侧焊缝连接时，由于存在剪力滞后效应，因此l_w/b越小，则连接的强度越低(图 5.23)，b是两条侧焊缝之间的距离。美国 AISC 规范规定，在这种情况下焊缝长度l_w不应小于b。

设计搭接接头时，通过增加正面角焊缝(即采用联合角焊缝)，不但可以改善应力分布，还可以缩短搭接长度。由于正面角焊缝承担一部分外力，并且正面角焊缝比侧面角焊缝刚度大，变形小，所以侧面角焊缝的切应力分布得到改善。如图 5.24 所示，相较于图 5.18，在 B—B 截面上正应力分布比较均匀，两端点的应力集中得到改善。

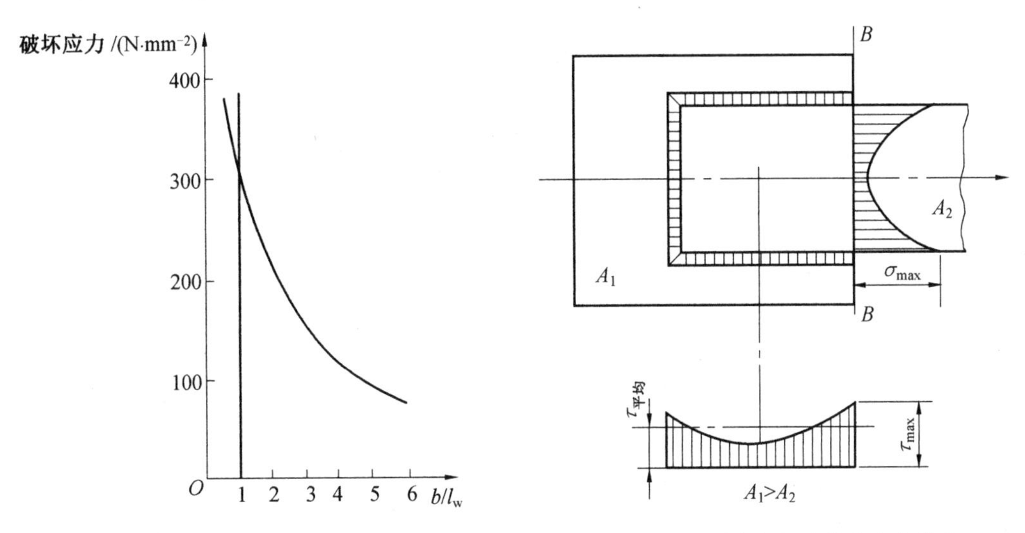

图 5.23　侧焊缝长度对连接强度的影响

图 5.24　联合角焊缝接头应力分布

对于采用正面角焊缝的搭接接头，由于受到偏心荷载作用，在焊缝上会产生附加弯曲应力，导致弯曲变形，如图 5.25 所示。为了减少弯曲应力，GB 50017—2017 标准规定，在搭接连接中，当仅采用正面角焊缝时，其搭接长度不得小于较薄焊件厚度的 5 倍，也不得小于25 mm，以免焊缝受偏心弯矩影响太大而破坏。

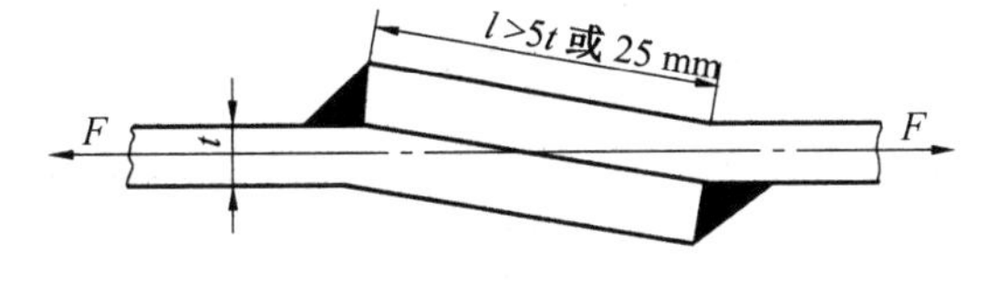

图 5.25　正面角焊缝搭接连接的要求

5.2.4　焊缝群的计算

在钢结构中经常有几条不同尺寸、不同方向的焊缝在一个节点处共同工作。此时确定焊缝群的承载力有两种方法：

(1)弹性法。假定焊缝处于弹性阶段，采用传统的材料力学方法计算应力，当焊缝群的最大应力达到弹性极限时，即认为焊缝群达到极限承载力。

(2)瞬心法。允许焊缝发生弹塑性变形，当远端焊缝单元达到其极限位移时，即认为焊缝群达到极限承载力，此时可基于荷载－变形协调关系确定各个焊缝单元的合力。

1. 弹性法

图 5.26 所示为由钢板通过三面围焊在柱上做的牛腿，三面围焊缝承受偏心力 F，此偏心力在焊缝处产生轴心力 F 和扭矩 $T=F\cdot e$。

按弹性理论假定：①被连接件是绝对刚性的，它有绕焊缝群形心 O 旋转的趋势，而角焊缝本身是弹性的；②角焊缝群上任一点的应力方向垂直于该点与形心 O 的连线，且应力大小与连线长度 r 成正比。

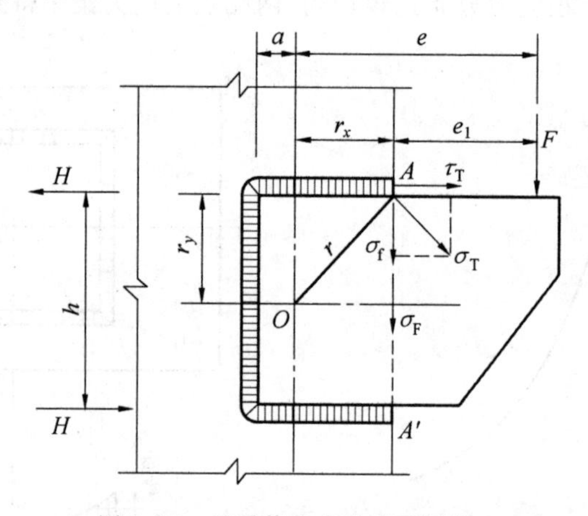

图 5.26　承受偏心力的三面围焊

图 5.26 中，A 点与 A' 点距形心 O 点最远，故 A 点和 A' 点由扭矩 T 引起的剪应力最大。设扭矩 $T=F\cdot e$ 在 A 点产生的应力为 σ_T，其水平分应力 τ_T 和垂直分应力 σ_f 分别为

$$\tau_T=\frac{T\cdot r_y}{I_p},\quad \sigma_f=\frac{T\cdot r_x}{I_p} \tag{5.30}$$

式中　$I_p=I_x+I_y$——有效焊缝截面对其形心的极惯性矩。

轴心力 F 产生的应力按均匀分布于全部焊缝计算：

$$\sigma_F=\frac{F}{\sum(h_e l_w)} \tag{5.31}$$

在 A 点，τ_T 为沿焊缝长度方向，σ_f 和 σ_F 为垂直于长度方向，故验算式为

$$\sqrt{\left(\frac{\sigma_f+\sigma_F}{\beta_f}\right)+\tau_T^2}\leqslant f_f^w \tag{5.32}$$

通过以上分析可以看出，A 点和 A' 点为设计控制点；由于焊缝群其他各处由扭矩 T

引起的剪应力均小于 A 点和 A' 点的剪应力，故其焊缝强度并未用足，计算结果偏保守。

2. 瞬心法

当作用于焊缝群的剪力不通过其形心时，偏心荷载使焊缝所连接的各部分之间产生相对转动和平移。此时可以看成焊缝群绕某一被称为瞬时转动中心（instantaneous center of rotation）的 IC 点产生转动（图 5.27），焊缝应力是结构绕瞬心转动位移的函数。瞬时转动中心的位置取决于荷载偏心距、焊缝群的几何形状以及焊缝群各点处的变形，由于其位置事先不能确定，故需要通过迭代运算解出。

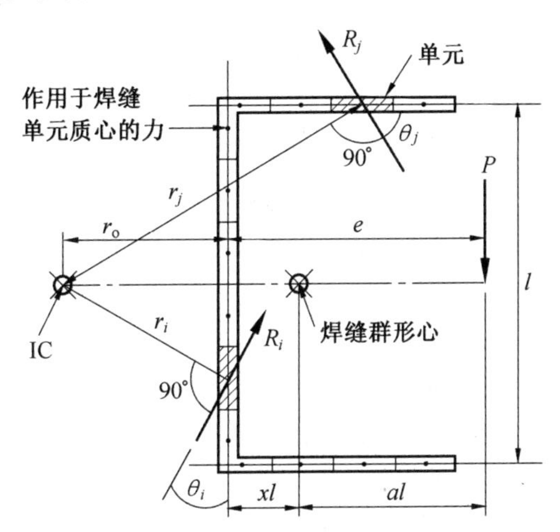

图 5.27　焊缝单元力关系图

把整个焊缝分成若干个小单元，则焊缝群的极限承载力是各焊缝单元的总和。假定每个焊缝单元的受力方向与穿过瞬时中心和焊缝单元质心的直线相垂直，变形与该焊缝单元至瞬时转动中心的距离成正比。研究表明，各焊缝单元的承载力是其强度、方向角和变形协调关系三个函数的乘积，即

$$\mathrm{d}R_n = f(f_{\mathrm{u,w}}) \cdot g(\theta) \cdot h(\Delta)\mathrm{d}A \tag{5.33}$$

式中　$f(f_{\mathrm{u,w}})$——与焊条强度相关的承载力函数；

$g(\theta)$——荷载与方向的函数；

θ——焊缝单元受力方向与焊缝轴的夹角，如图 5.27 所示；

$h(\Delta)$——荷载与变形的函数，如图 5.28 所示；

$\mathrm{d}A$——焊缝单元的焊喉有效面积，$\mathrm{d}A = \Delta x \cdot h_e$。

焊缝群的总承载力为

$$R_{\mathrm{n}} = \int \mathrm{d}R_{\mathrm{n}} = \int f(f_{\mathrm{u,w}}) \cdot g(\theta) \cdot h(\Delta)\mathrm{d}A \tag{5.34}$$

瞬心所在的位置可通过各焊缝单元对瞬心的合力与合弯矩同时达到平衡的方式来确定。

美国 AISC 规范基于以往研究并做适当简化，给出了如下具体计算方法：

把整个焊缝分成若干个小单元，并设定一个瞬时转动中心 IC（图 5.27）。各单元的位移方向垂直于其质心与 IC 点的连线。设距 IC 点最远单元的极限变形为 Δ_{ucr}，则任意单

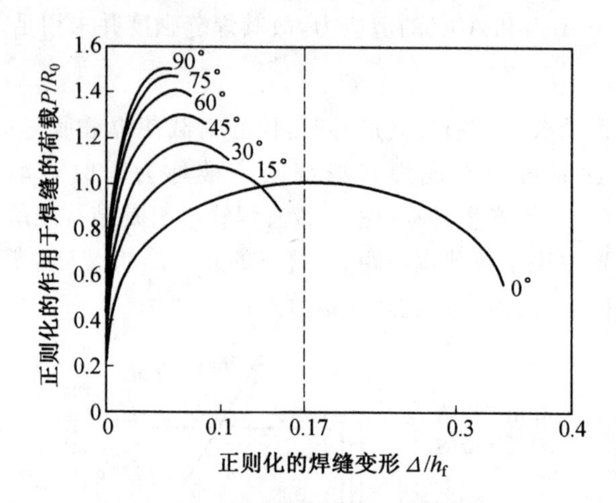

图 5.28 焊缝荷载－变形曲线

元 i 的变形与极限变形呈线性关系，即

$$\Delta_i=\Delta_{ucr}\frac{r_i}{r_{cr}} \tag{5.35}$$

式中 r_i——从 IC 点至单元 i 质心的距离；

r_{cr}——从 IC 点至最远单元质心的距离。

焊缝单元的极限变形与加载角度的关系为

$$\Delta_{ucr}=1.087\ (\theta_{cr}+6)^{-0.65}h_f\leqslant 0.17h_f \tag{5.36}$$

式中 θ_{cr}——最远焊缝单元纵轴与其受力方向的夹角(°)。

焊缝最大承载强度 F_{nw} 与夹角 θ 的关系为

$$F_{nw}=0.6f_u(1+0.5\sin^{1.5}\theta) \tag{5.37}$$

式中 f_u——焊缝金属极限强度；

θ——焊缝纵轴与作用于焊缝单元合力方向的夹角(°)。

焊缝单元 i 在最大承载强度下的最大变形为

$$\Delta_{mi}=0.209\ (\theta_i+2)^{-0.32}h_f \tag{5.38}$$

则焊缝群中第 i 条焊缝单元在荷载作用下的实际应力为

$$F_{nwi}=0.6f_u(1+0.5\sin^{1.5}\theta_i)f(\Delta_i) \tag{5.39}$$

式中 $f(\Delta_i)$——根据试验结果拟合的焊缝荷载－位移无量纲关系式

$$f(\Delta_i)=\left[\frac{\Delta_i}{\Delta_{mi}}\left(1.9-0.9\frac{\Delta_i}{\Delta_{mi}}\right)\right]^{0.3} \tag{5.40}$$

焊缝群的承载力分量 R_{nx} 和 R_{ny} 以及抗扭承载力 M_n，可分别按下式确定：

$$R_{nx}=\sum F_{n\,wix}A_{wei} \tag{5.41a}$$

$$R_{ny}=\sum F_{n\,wiy}A_{wei} \tag{5.41b}$$

$$M_n=\sum\left[F_{n\,wiy}A_{wei}(x_i)-F_{n\,wix}A_{wei}(y_i)\right] \tag{5.41c}$$

式中 A_{wei}—— 第 i 条焊缝单元的焊喉有效面积；

$F_{n\,wix}$—— 第 i 条焊缝单元所承受应力的 x 方向分量；

F_{nwiy}—— 第 i 条焊缝单元所承受应力的 y 方向分量。

当正确定位瞬时中心时，平面内的三个静力平衡公式就可以得到满足：

$$\sum F_x = R_{nx} = 0 \tag{5.42a}$$

$$\sum F_y = P - R_{ny} = 0 \tag{5.42b}$$

$$\sum M = P \cdot L - M_n = 0 \tag{5.42c}$$

式中　L—— 荷载 P 至瞬时转动中心 IC 点的垂直距离，$L = e + r_0$（图 5.27）。

如果不符合式(5.42)的平衡条件，则应调整瞬时转动中心的位置重新计算，直至符合为止。分析表明，采用极限强度法得到的焊缝承载能力比弹性方法提高至少 20%。

上述方法称为瞬心法，其过程可概括如下：

(1)角焊缝群在偏心荷载作用下有绕某一中心转动的趋势，旋转中心并不是固定的，而是不断变化的，所以称其为瞬时旋转中心；

(2)角焊缝被离散为一系列焊缝单元；焊缝单元所受荷载通过其质心，焊缝群的承载力是这些焊缝单元所受荷载之和；

(3)荷载作用下，当某些焊缝单元达到其极限位移时，焊缝群即达到极限承载力；

(4)瞬时旋转中心与焊缝单元质心之间的距离为旋转半径，焊缝单元的位移与旋转半径成正比且相互垂直，至此得到了各焊缝单元的加载角度和节点达到极限承载力时各焊缝单元的位移值；

(5)焊缝单元所受荷载可由焊缝的荷载一位移曲线得到，将各个焊缝单元的所受荷载相加即得到焊缝群在偏心荷载作用下的承载力。

5.3　焊接应力和焊接变形

5.3.1　焊接残余应力

1. 焊接残余应力的成因

焊接残余应力(welding residual stresses)的产生可以用一个简单模型来说明。以图 5.29(a)所示钢棒为例，在自由状态下，钢棒被加热而伸长 Δl，在冷却时又恢复到原始长度 l_0，在整个过程中不存在延伸和收缩阻力，因此在钢棒中不存在内应力。如果换一种边界约束条件，在“自由延伸一限制收缩”的状态下，钢棒被加热时自由延伸，在冷却时其收缩却受到限制，因此冷却后钢棒内将产生拉应力；当拉应力大于材料抗拉强度时，钢棒断裂，如图 5.29(b)所示。如果处于“限制延伸一自由收缩”状态，钢棒受热时不能自由延伸而产生压应力，随温度提高，屈服极限下降并导致“锻粗”，压应力随之下降；在冷却时对收缩没有限制，而“锻粗”部位不能恢复原态，故钢棒缩短，但不存在内应力，如图 5.29(c)所示。如果边界条件变为“限制延伸一限制收缩”，钢棒被加热时延伸受限，产生压应力，温度升高使钢棒的屈服极限下降，直至产生“锻粗”，压应力随之减小；在冷却时其收缩受到限制，导致在钢棒内产生拉应力(收缩应力)，如图 5.29(d)所示。

在两板之间焊一条纵向焊缝，情况要比上述模型复杂得多。焊接过程是一个先局部

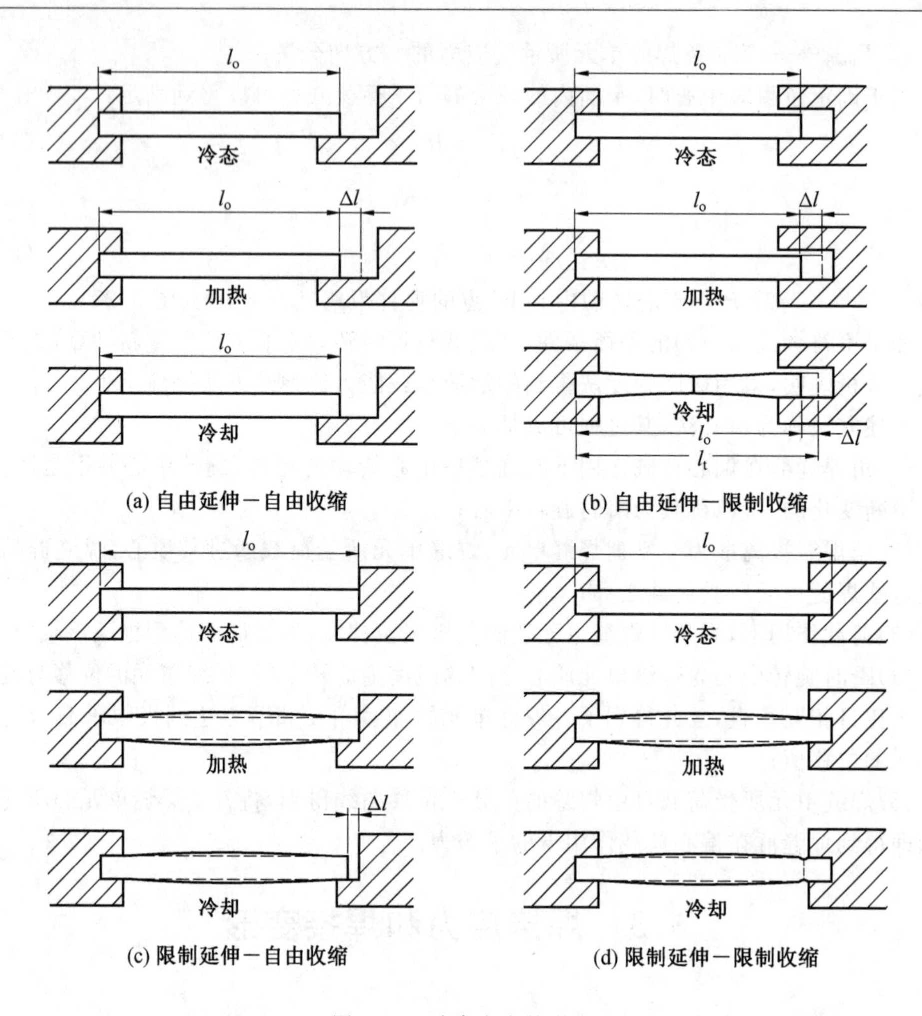

图 5.29　残余应力的形成

加热，然后再冷却的过程。局部热源就是焊条端产生的电弧，在施焊过程中是移动的，因而在焊件上形成一个温度分布很不均匀的温度场。在焊缝及其近旁母材温度最高，可达 1 600 ℃以上，而这以外的区域温度急剧下降(图 5.30)。我们知道，钢材在 600 ℃以上时的弹性模量趋近于零，呈完全塑性；这部分在加热时受到两旁处在弹性状态的材料的制约，得不到应有的伸长，也就是受到热态塑性压缩。在焊后冷却过程中，由于焊缝及近缝区附近的压缩塑性变形不能恢复，因此该处的收缩量也较大，会受到附近低温区的约束；根据平面假设，焊缝及近缝区被拉伸，产生拉应力，其他温度低的部分产生压应力。同样的过程也存在于板材及型材轧制冷却过程中。焊接构件的残余应力和热轧构件一样，在整个截面上拉压两部分应力自相平衡，不同的是焊接构件由于温度梯度很大，冷却后焊缝及其近旁的母材残余拉应力很高，甚至达到材料的屈服强度。

由于有热态塑性压缩，焊接构件除了焊接残余应力外还存在残余变形，如图 5.30 所示的钢板在温度降低到室温后会较原长略有缩短。在对焊接结构的零件下料时，要考虑这种收缩而把材料适当放长。如果这两块板受到相连的刚性部分牵制而不能收缩，则整个构件将产生拉应力，这是另一种焊接残余应力，称为反作用残余应力。在两块互相垂直

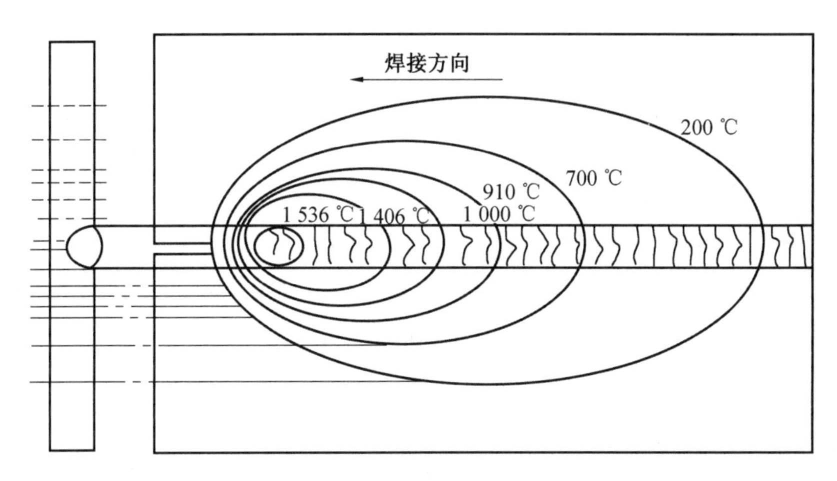

图 5.30　焊接温度场

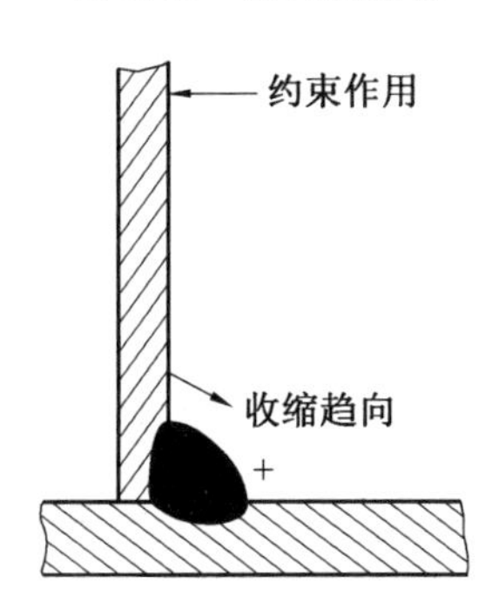

图 5.31　反作用残余应力

板的一侧夹角焊上角焊缝(图 5.31),则焊缝的收缩促使夹角减小。如果这种减小受到约束而不能实现,则焊缝的纵截面内将出现反作用残余拉应力,这种应力有可能使焊缝出现裂纹。

综上所述,产生焊接残余应力和变形的原因有三方面:(1)焊接时在焊件上形成了一个温度分布很不均匀的温度场;(2)焊件各组成纤维的自由变形受到了阻碍(假设钢板是由无数互相联系的钢纤维组成的整体,变形时截面保持平面);(3)施焊时在焊件上出现了冷塑和热塑区。这三个条件缺少其中任何一个,都不能形成残余应力和变形。如果施焊时焊件各处的温度相同,只能产生热变形而无热应力,冷却后热变形消失,不会产生残余应力和变形。假如施焊时的最高温度小于 500 ℃,在焊件中便不会出现冷塑和热塑区,只产生弹性拉压变形,即只有热应力和热变形,冷却后复原,无残余应力和变形。假如焊件的各组成纤维是互不联系的,施焊时将产生按温度曲线分布的不均匀的自由伸长变形,但无应力,冷却后复原,也无残余应力和变形。

2. 焊接残余应力分布

残余应力可以通过理论分析、数值计算和实际测量加以确定。为便于分析,这里将平行焊缝轴线方向的应力称为纵向残余应力 σ_x,垂直焊缝轴线的应力称为横向残余应力 σ_y,厚度方向的残余应力为 σ_z。

(1)纵向残余应力。

图 5.32 所示为低碳钢板对接焊缝的残余应力分布。可以看出,沿焊缝 x 轴方向应力分布不完全相同,焊缝的中间区域,纵向应力为拉应力,其数值可达到材料的屈服应力 σ_s,在板件两端,拉应力逐渐减小至自由边界 $\sigma_x=0$。靠近自由端面Ⅰ—Ⅰ和Ⅱ—Ⅱ截面的 $\sigma_x<\sigma_s$。随着截面离开自由端距离的增大,σ_x 逐渐趋近于 σ_s,板件两端都存在一个残余应力过渡区。在Ⅲ—Ⅲ截面 $\sigma_x=\sigma_s$,此区为残余应力稳定区。图 5.33 所示为三种长度焊缝的纵向残余应力分布情况。可以看出,随着焊缝长度增加稳定区也增长,当焊缝的长度较短时无稳定区,则 $\sigma_x<\sigma_s$。焊缝越短 σ_x 越小。

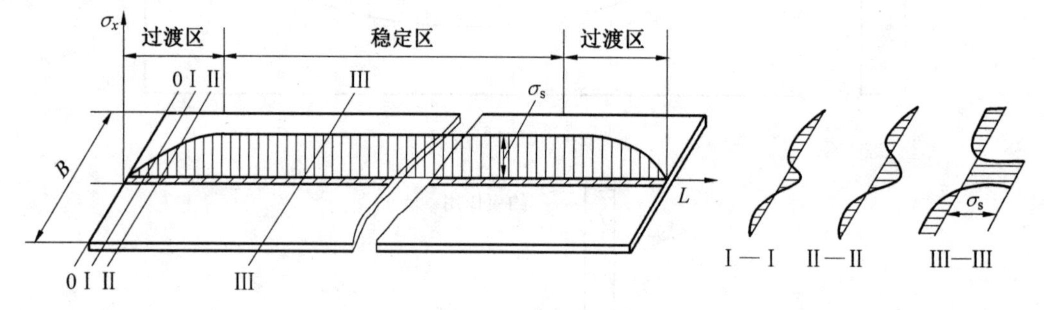

图 5.32　焊缝各截面中 σ_x 的分布

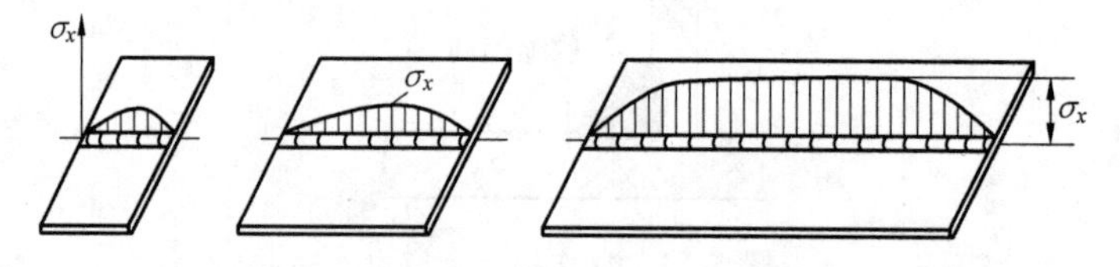

图 5.33　不同长度焊缝中 σ_x 的分布

焊接对接圆筒环焊缝的纵向残余应力(切向应力)分布如图 5.34 所示。它的残余应力分布不同于平板对接,其 σ_x 的大小与圆筒直径、壁厚、圆筒化学成分和压缩塑性变形区的宽度有关。如圆筒直径 L 与壁厚 δ 之比较大时,σ_x 的分布和平板对接相似,当直径比较小时 σ_x 就有所降低。如直径为 1 200 mm、壁厚为 6 mm 的低碳钢圆筒,环缝中的 σ_x 为 210 N/mm^2,而直径为 384 mm,壁厚也为 6 mm 的圆筒环焊缝中的 σ_x 为 115 N/mm^2。

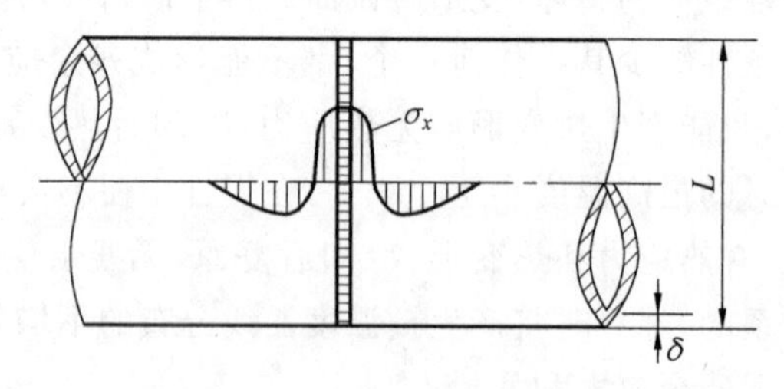

图 5.34　对接圆筒环焊缝的纵向残余应力分布

T 型接头的应力分布较对接接头复杂。图 5.35 所示为 T 型接头不开坡口角焊缝纵向残余应力分布的情况。从图中看出,当翼板厚度 δ 与腹板高度 h 之比较小时,腹板中的纵向残余应力分布相似于板边堆焊,如图 5.35(a)所示,比值较大时与等宽板对接焊时情况相似,如图 5.35(b)所示。

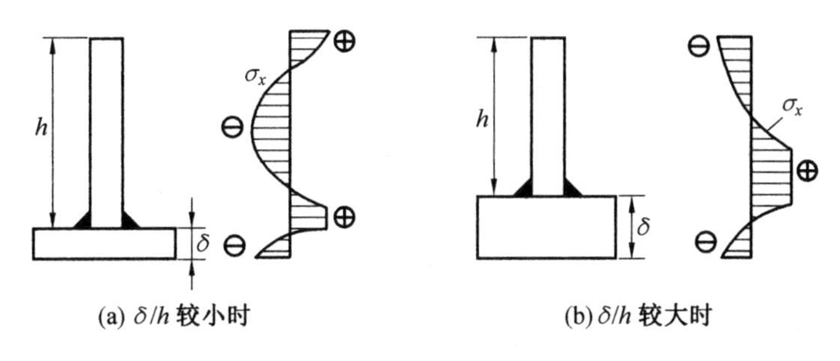

图 5.35　T 型接头不开坡口纵向残余应力分布

(2)横向残余应力。

平板对接焊缝中横向残余应力 σ_y 垂直于焊缝，它的分布与纵向应力 σ_x 的分布规律不同。横向残余应力 σ_y 由两部分组成，一部分是由焊缝及其附近塑性区的纵向收缩引起的横向应力 σ'_y，另一部分是由焊缝及其附近塑性变形区的横向收缩所引起的横向应力 σ''_y。

横向残余应力 σ'_y 产生的原因是，由于焊缝纵向收缩，两块钢板趋向于形成反方向的弯曲变形(图 5.36(a))，但实际上焊缝将两块钢板连成整体，不能分开，于是两块板的中间产生横向拉应力，而两端则产生压应力(图 5.36(b))。σ''_y 产生的原因是，由于先焊的焊缝已经凝固，会阻止后焊焊缝在横向自由膨胀，使其发生横向塑性压缩变形；当焊缝冷却时，后焊焊缝的收缩受到已凝固的焊缝限制而产生横向拉应力，而先焊部分则产生横向压应力，在最后施焊的末端的焊缝中必然产生拉应力(图 5.36(c))。焊缝的横向应力是上述两种应力合成的结果(图 5.36(d))。

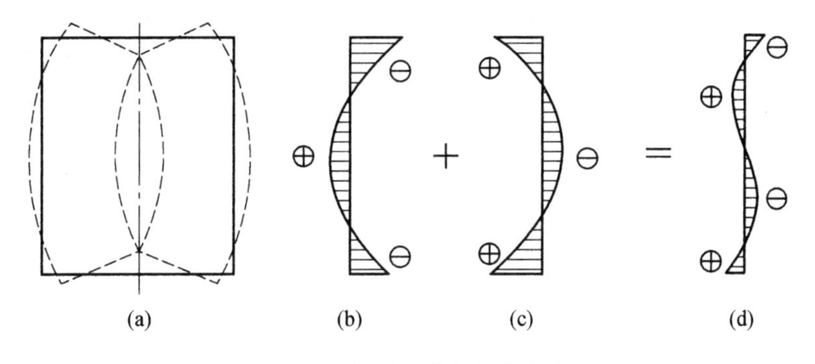

图 5.36　焊缝的横向焊接应力

焊缝的横向应力分布还与焊接速度、焊接方向和顺序等有关。例如，一条焊缝从中间分成两段焊时，先焊的部分受压，后焊的部分受拉(见图 5.37，图中箭头表示焊接方向)，直通焊的尾部 σ''_y 受拉。分段焊的 σ_y 有多次正负反复，拉应力峰值往往高于直通焊。从减小总横向应力 σ_y 来看，应合理地选用不同的分段和不同的焊接方向。图 5.38 所示为横向残余应力沿板宽上的分布，可见焊缝中心应力幅值大，两侧应力幅值小，边缘处应力为零。

(3)厚度方向的残余应力。

在厚钢板的焊接连接中，焊缝需要多层施焊。焊缝成型后，与空气接触的焊缝外层先冷却，并具有一定的强度。而内部的焊缝后冷却，后冷却的焊缝沿垂直于焊件表面方向的

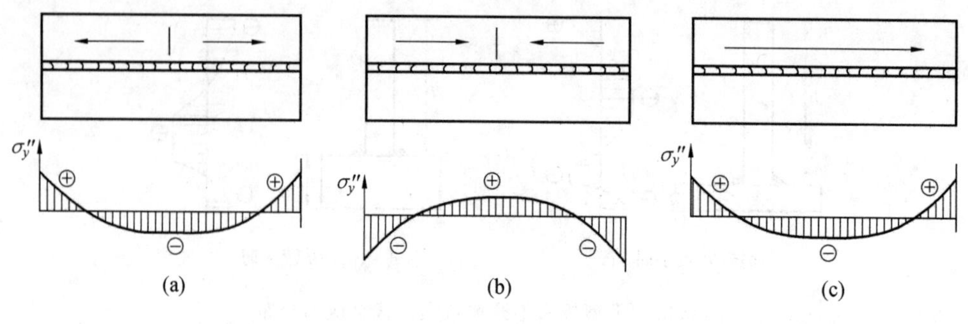

图 5.37　不同焊接方向时 σ''_y 的分布

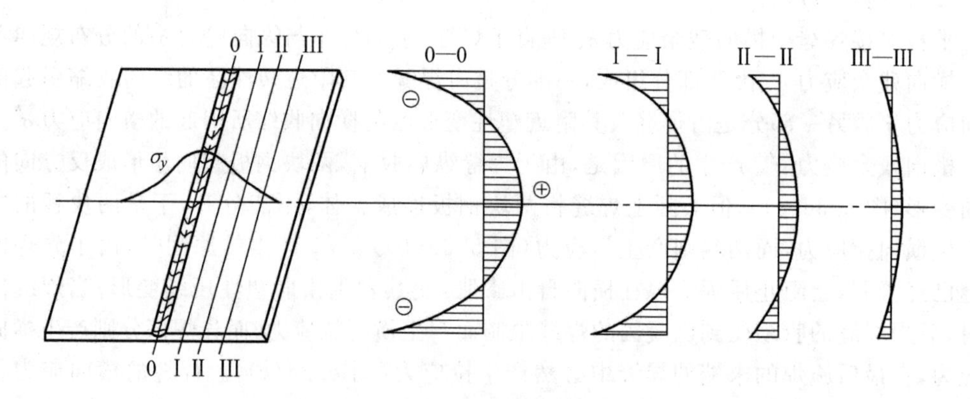

图 5.38　横向应力沿板宽上的分布

收缩受到外面已冷却焊缝的阻碍，因而在焊缝内部形成沿 z 方向的拉应力 σ_z，而外侧则为压应力，如图 5.39 所示。在最后冷却的焊缝中部，这三种应力形成同号三向拉应力，将大大降低连接的塑性。在厚度小于 20 mm 的对接接头结构中，厚度方向 σ_z 应力较小，可以不计。

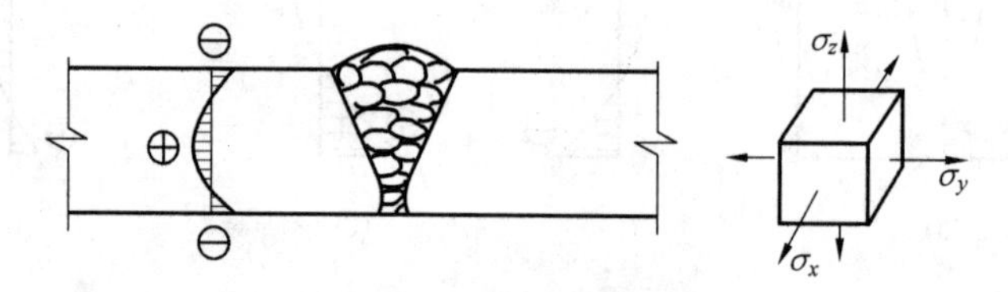

图 5.39　厚板中的焊接残余应力

(4)工字梁中的残余应力。

工字梁是在钢结构中应用较为广泛的一种构件形式。它的加工方法不同，残余应力分布也不同。图 5.40(a)所示为低碳钢焊接工字梁中的纵向焊接残余应力分布情况。由图中看出，在腹板的中间部位是压应力区，而且压应力的数值也较高；在腹板的两端焊缝处和上、下翼板焊缝周围以及板边主要产生的都是残余拉应力，并且腹板和翼板周围拉应力重叠。如果翼板采用火焰切割，焊接后在翼板边缘仍保留有火焰切割所产生的残余拉伸应力(图 5.40(b))。因此，火焰切割下料的翼板边的残余应力与其他切割方法不同。

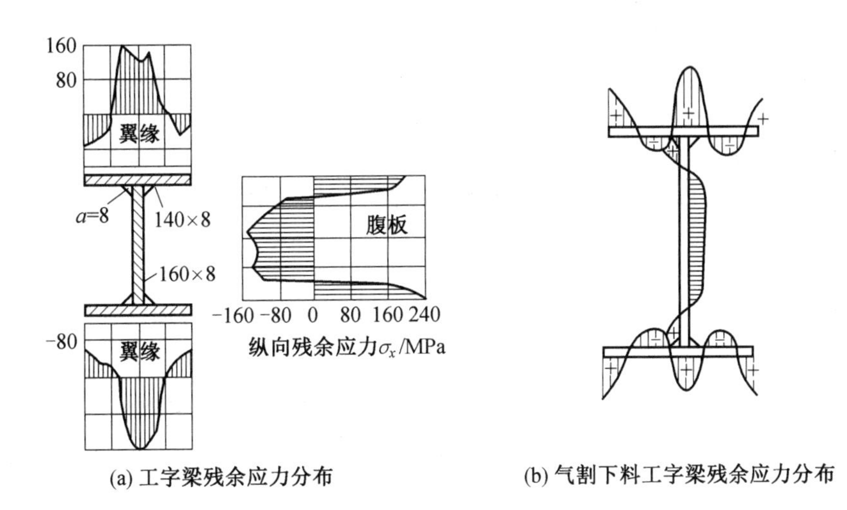

(a) 工字梁残余应力分布　　(b) 气割下料工字梁残余应力分布

图 5.40　焊接工字梁纵向残余应力分布

3. 焊接残余应力对结构的影响

(1)对静载强度的影响。

以图 5.32 所示平板对接焊接为例，焊缝纵向残余应力在横截面中部为拉应力，两侧为压应力。焊件在外拉力的作用下，焊件内部的应力分布将发生变化，焊件两侧受压应力会随着外拉力的增加逐渐减小而转变为拉应力，而焊件中的拉应力则会与外力叠加，进一步增大。如果焊件是塑性材料，当叠加力达到材料的屈服强度 σ_s 时，局部会发生塑性变形，在这一区域应力不再增加，通过塑性变形焊件截面的应力可以达到均匀化(图 5.41(a))。由于初始内应力是平衡的，即拉应力和压应力的面积相等，所以使构件截面完全屈服所需要施加的外力与无内应力而使构件完全屈服所需要施加的外力是相等的。因此，塑性良好的金属材料，焊接残余应力的存在并不影响焊接结构的静载强度。

在塑性差的焊件上，当外荷载增加时，由于材料不能发生塑性变形，因而应力峰值不断增加，一直达到材料的断裂极限 σ_b，局部首先发生开裂，最终导致结构整体破坏(图 5.41(b))。由此可知，焊接残余应力的存在将明显降低脆性材料钢结构的静载强度。

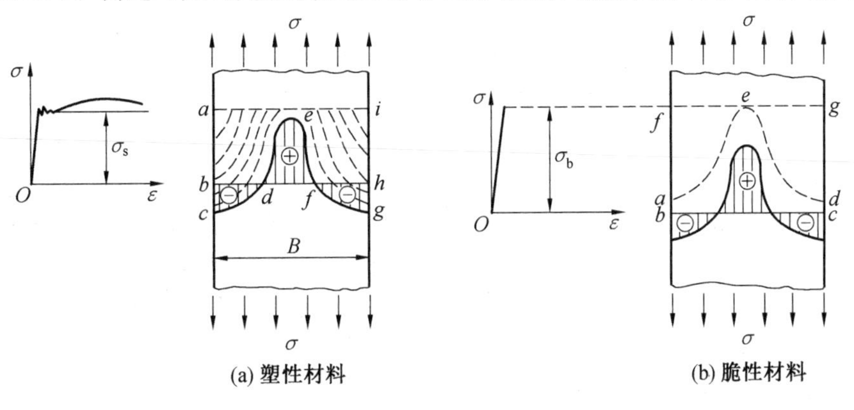

(a) 塑性材料　　(b) 脆性材料

图 5.41　焊缝残余应力对静载强度的影响

(2)对结构刚度的影响。

为便于分析,将图 5.32 所示的残余应力简化为图 5.42(a)所示分布。设钢板厚为 t,宽为 B,弹性模量为 E,残余拉应力区宽为 b,大小为 σ_1,残余压应力区宽度为 $B-b$,大小为 σ_2。考虑三种情况:

情况一:无残余应力。在外拉力 P 作用下,结构的伸长量为

$$\Delta L=\frac{PL}{B\cdot t\cdot E} \tag{5.43a}$$

在结构拉应力未超过屈服点 σ_s 的情况下,加载－卸载路径为图 5.42(b)中的 O—S—O。

情况二:残余拉应力 σ_1 已达到材料屈服点 σ_s。在外拉力 P 的作用下,由于残余拉应力部分已进入塑性,故该部分的刚度为零,则结构的伸长量为

$$\Delta L'=\frac{PL}{(B-b)\cdot t\cdot E} \tag{5.43b}$$

结构卸载时所有截面材料都回复到弹性状态,收缩量为 ΔL,即结构整体相对于卸载前伸长了 $\Delta L'-\Delta L$,加载－卸载路径为图 5.42(b)中的 O—1—2。

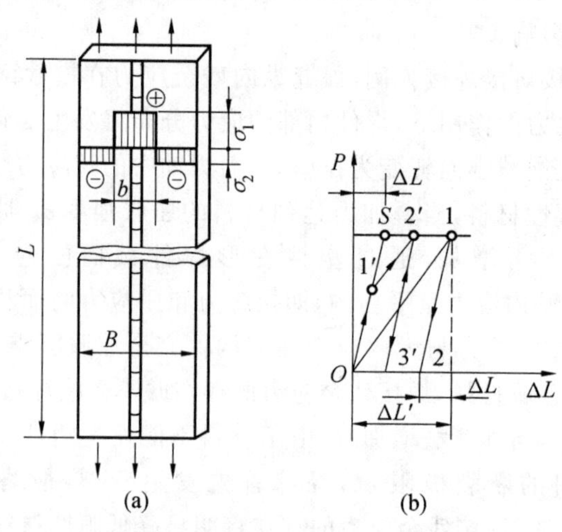

图 5.42　残余内应力对刚度的影响

情况三:残余拉应力 σ_1 小于材料屈服点 σ_s。结构的变形将经历两个阶段,第一阶段为结构全截面参与工作,此时的结构刚度与情况一相同;当残余拉应力区的应力达到材料屈服点 σ_s 后,结构刚度与情况二相同。则结构的加载－卸载路径为图 5.42(b)中的 O—1′—2′—3′。

比较以上三种情况不难发现,焊接残余应力会使构件的刚度降低,而且在卸载后构件的原来尺寸也不能完全恢复,对结构工作不利。刚度的降低程度与 b/B 的比值有关,b 所占的比例越大,对刚度的影响也越大。但当焊接构件经过一次加载和卸载后,如再加载,只要其大小不超过前一次,残余应力就不再起作用了。

(3)对受压杆件稳定性的影响。

焊接工字钢柱(H 型)中的残余压应力(图 5.43(a))和外载引起的压应力叠加达到材料的屈服点 σ_s 时,这部分截面就丧失进一步承受外载的能力,削弱了有效截面面积(图

5.43(b))。可见,残余压应力的存在会使工字钢柱的稳定性明显下降,提前发生局部或整体失稳。

焊接残余应力对压杆稳定性的影响还与残余应力的分布有关。由图 5.43 可以看出,受压焊接柱的弹性区与残余拉应力相对应,如果能使残余拉应力区远离截面中性轴,则会大大提高有效截面惯性矩,从而提高临界应力。

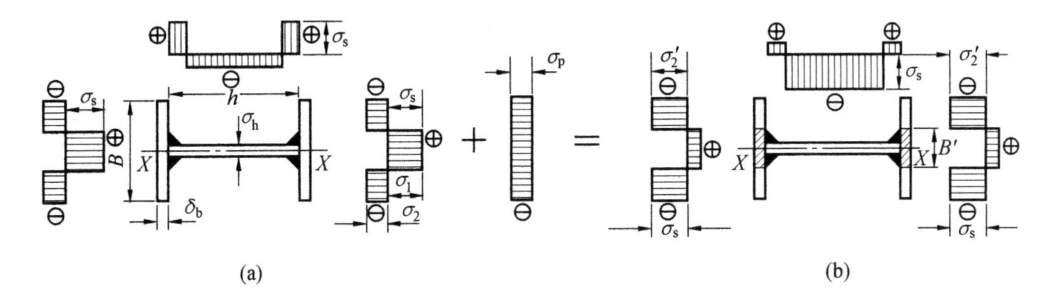

图 5.43　残余内应力对压杆稳定的影响

图 5.44 所示为 H 型焊接杆件的应力分布。如果 H 型杆件中的翼板采用火焰切割,或者翼板是由几块钢板叠焊起来的,则可能在翼板边缘产生拉应力,其失稳临界应力比一般焊接的 H 型截面柱高。

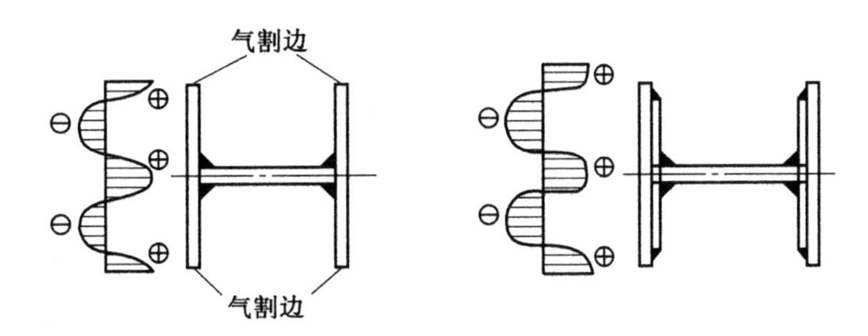

图 5.44　带火焰切割边及带翼板的 H 型杆件的应力分布

图 5.45 所示为对应力释放后杆件、气割板焊成的杆件和轧制板焊成的杆件三者稳定承载力的试验结果比较。可以看出,气割板焊成的杆件的稳定承载力明显高于轧制板焊成的杆件,接近于应力释放后的杆件,验证了前述推论。

(4)对低温冷脆的影响。

焊接残余应力对低温冷脆的影响经常是决定性的,必须引起足够的重视。在厚板和具有严重缺陷的焊缝中,以及在交叉焊缝的情况下,产生了阻碍塑性变形的三向拉应力,使裂纹更容易发生和发展。

(5)对疲劳强度的影响。

在焊缝及其附近的主体金属残余拉应力通常达到钢材屈服点,此部位正是形成和发展疲劳裂纹最为敏感的区域。因此,焊接残余应力对结构的疲劳强度有明显不利影响。

(6)对构件加工尺寸精度的影响。

对尺寸精度要求高的焊接结构,焊后一般都采用切削加工来保证构件的技术条件和装配精度。通过切削加工把一部分材料从构件上去除,使截面面积相应减小,同时也释放

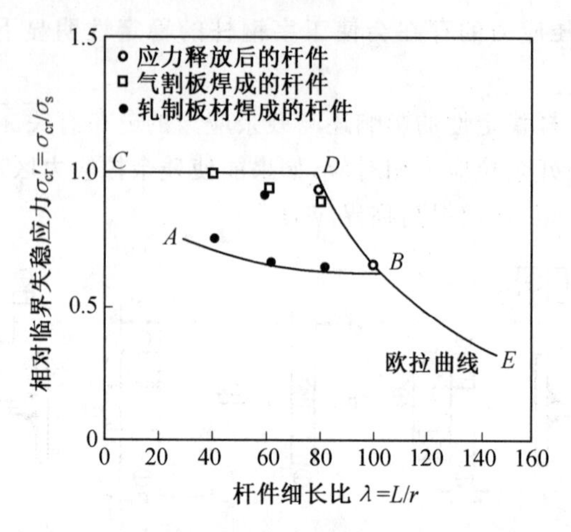

图 5.45　残余应力对焊接杆件受压失稳强度的影响

了部分残余应力，使构件中原有残余应力的平衡被破坏，引起构件变形。如图 5.46 所示，在 T 型焊件上切削腹板上表面，切削后去除压板，T 型焊件就会产生上挠变形，影响焊件的精度。为防止因切削加工产生的精度下降，对精度要求高的焊件，在切削加工前应对焊件先进行消除应力退火，再进行切削加工，也可采用多次分步加工的办法来释放焊件中的残余应力和变形。

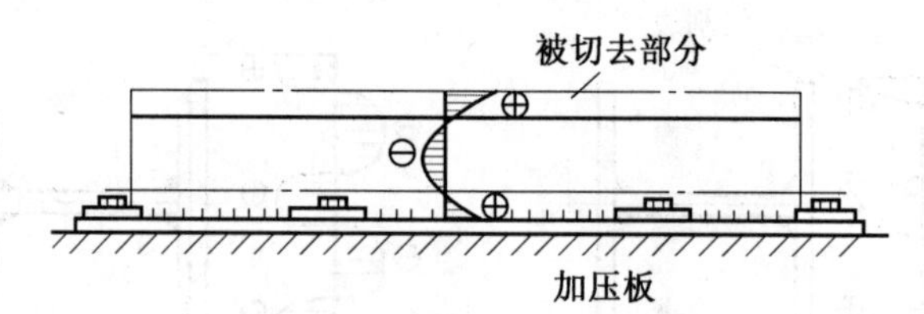

图 5.46　切削加工引起内应力释放和变形

(7)对应力腐蚀裂纹的影响。

金属材料在某些腐蚀介质和拉应力的共同作用下发生的延迟开裂现象(图 5.47(a))，称为应力腐蚀裂纹。应力腐蚀破坏是一个自发的过程，只要把金属材料置于特定的腐蚀介质中，同时承受一定的应力，就可能产生应力腐蚀破坏。它往往在远低于材料屈服点的应力下和即使是很微弱的腐蚀环境中以裂纹的形式出现，是一种低应力下的脆性破坏，危害极大。

焊件在特定的腐蚀介质中，尽管拉应力不一定很高，也会产生应力腐蚀开裂。残余拉应力大小对腐蚀速度有很大的影响。焊接残余应力与外荷载产生的拉应力叠加后的拉应力值越高，产生应力腐蚀裂纹的倾向就越高，发生应力腐蚀开裂的时间就越短(图 5.47(b))。所以，在腐蚀介质中服役的焊件，首先要选择抗介质腐蚀性能好的材料，此外可以对钢结构的焊缝及其周围处进行锤击，使焊缝延展开，消除焊接残余应力；在条件允许时，还可在使用前进行消除应力退火等处理。

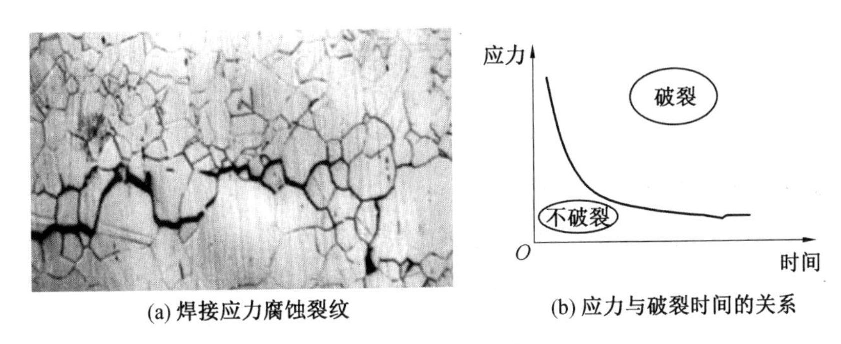

(a) 焊接应力腐蚀裂纹　　(b) 应力与破裂时间的关系

图 5.47　焊接应力腐蚀

5.3.2　焊接残余变形

1. 焊接残余变形的种类

焊接残余变形(welding residual deformations)产生的根本原因有两方面：一是压缩塑性变形，即焊缝近缝区金属在高温下的自由变形受到阻碍，产生了压缩塑性变形；二是收缩变形，即焊缝区液态金属在冷却过程中形成固态焊缝，产生收缩变形。

焊接残余变形包括纵、横向收缩，弯曲变形，角变形，扭曲变形和翘曲变形等(图 5.48)，且通常是几种变形的组合。残余变形会使构件的安装发生困难，甚至有可能使构件的工作性能劣化。例如，图 5.49 所示为两块厚度不同的金属板材进行搭接焊，加热、收缩使较薄的板材发生了局部凸起，而厚板则基本未发生变形。此时在外荷载的作用下，焊缝 1 承受的荷载远远大于焊缝 2，使焊缝 1 超载，造成搭接接头单边超载而过早地使整个构件破坏。因此对于残余变形要加以限制，当变形超过验收规范的规定时，必须进行校正。

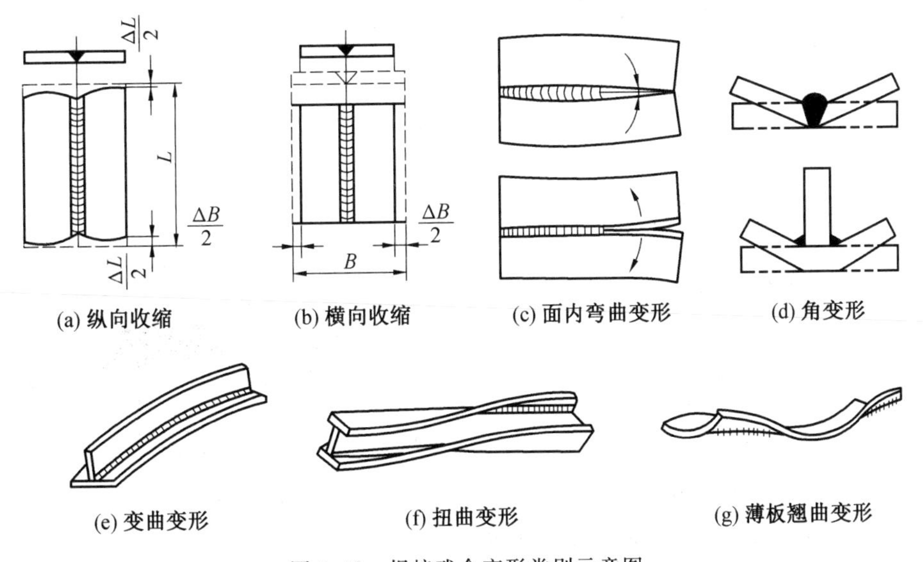

(a) 纵向收缩　(b) 横向收缩　(c) 面内弯曲变形　(d) 角变形

(e) 变曲变形　(f) 扭曲变形　(g) 薄板翘曲变形

图 5.48　焊接残余变形类别示意图

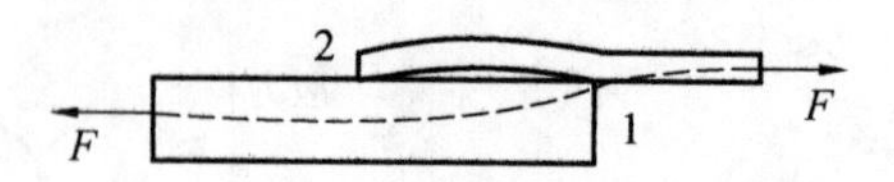

图 5.49　焊接变形对搭接接头受力的影响

2. 焊接变形量的估算

焊接变形量的影响因素很多，计算起来比较烦琐，为此，人们在长期的生产实践中不断摸索，由理论—实践—理论，不断地总结经验，推导出一些变形量估算公式，供参考。

(1)纵向收缩变形。

①板对接焊缝纵向收缩量为

$$\Delta L=0.006\times\frac{L}{t} \tag{5.44}$$

式中　ΔL——纵向收缩量(mm)；

L——焊缝长度(mm)；

t——板件厚度(mm)。

②角焊缝纵向收缩量为

$$\Delta L=0.05\times\frac{A_{\mathrm{w}}L}{A} \tag{5.45}$$

式中　A_{w}——焊缝截面面积(mm^2)；

A——焊件截面面积(mm^2)。

(2)横向收缩变形。

①板对接焊缝的横向收缩量为

$$\Delta B=0.18\frac{A_{\mathrm{w}}}{t}+0.05b \tag{5.46}$$

式中　ΔB——接头横向收缩量(mm)；

b——焊根部间隙(mm)。

②角焊缝的横向收缩量为

$$\Delta B=C\frac{h_{\mathrm{f}}^2}{t} \tag{5.47}$$

式中　C——系数，单面焊时 $C=0.075$，双面焊时 $C=0.083$；

h_{f}——焊缝尺寸(mm)。

(3)角变形量。

T 型接头翼板角变形为

$$\Delta b=0.2\frac{Bh_{\mathrm{f}}^{1.3}}{t^2} \tag{5.48}$$

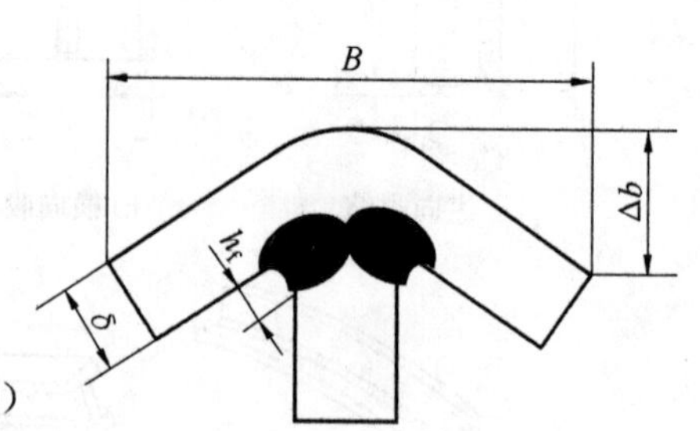

图 5.50　T 型接头焊缝的角变形

式中　Δb——角变形量(mm)；

B——翼板宽(mm)，如图 5.50 所示。

5.3.3 减少焊接应力和变形的方法

1. 合理的焊缝设计

(1)合理选择焊缝的尺寸和形式。

在保证结构承载能力的条件下,设计时应尽量采用较短的焊缝长度和较小的焊脚尺寸;因为焊缝尺寸大,不但焊接量大,而且焊接变形和焊接应力也大。断续焊缝和连续焊缝相比,优先采用断续焊缝;角焊缝与对接焊缝相比,优先采用角焊缝;对于复杂的结构最好采用分部组合焊接。

(2)尽可能减少不必要的焊缝。

在设计焊接结构时,常采用加劲肋来提高板结构的稳定性和刚度;但是为了减轻自重采用薄板,不适当地大量采用加劲肋,反而不经济;因为这样做不但增加了装配和焊接的工作量,而且易引起较大的焊接变形,增加校正工时。这方面一个可行的做法是采用压型板(或波纹板)来提高平板的刚性和稳定性,减少加劲肋的数量。图5.51所示的波纹腹板钢梁就利用了波纹板的截面特性,避免了加劲肋的设置,并且获得了更佳的承载性能。

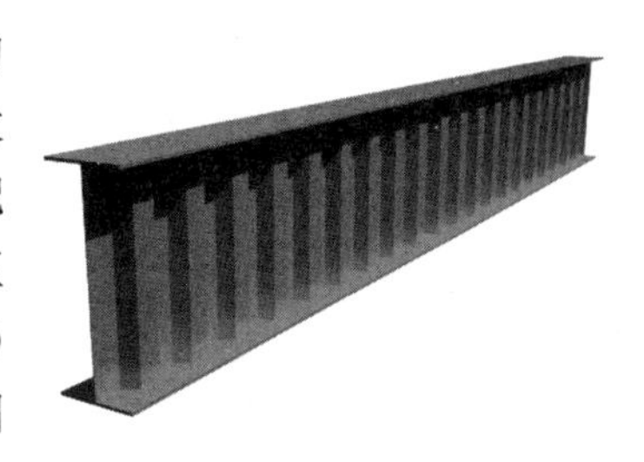

图 5.51 波纹腹板钢梁

(3)合理安排焊缝的位置。

安排焊缝时尽可能对称于截面中性轴,或者使焊缝接近中性轴(图 5.52(a)、(c)),这对减少梁、柱等构件的焊接变形有良好的效果。而图 5.52 中的(b)和(d)是不正确的。

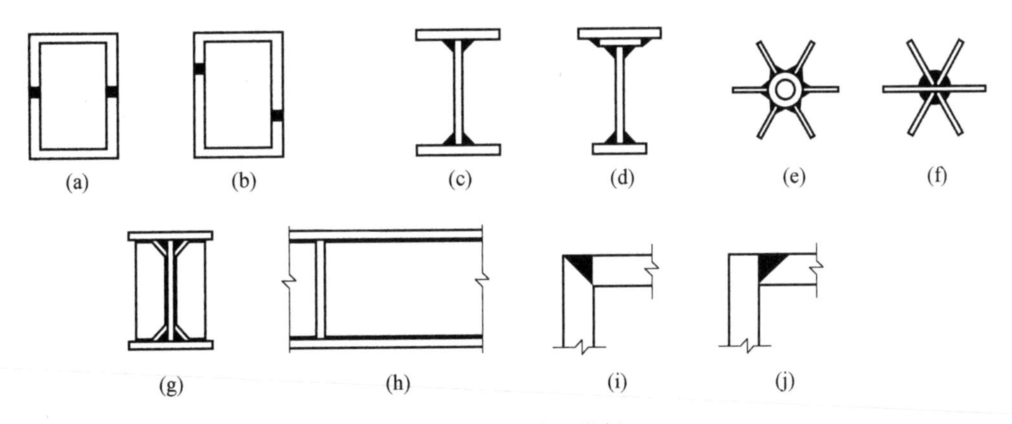

图 5.52 焊缝布置举例

(4)尽量避免焊缝的过分集中和交叉。

如几块钢板交汇一处进行连接时,应采用图 5.52(e)的方式,避免采用图 5.52(f)的方式,以免热量集中,引起过大的焊接变形和应力,恶化母材的组织构造。又如图 5.52(g)中,为了让腹板与翼缘的纵向连接焊缝连续通过,加劲肋进行切角,其与翼缘和腹板的连接焊缝均在切角处中断,避免了三条焊缝的交叉。

(5)尽量避免在母材厚度方向的收缩应力。

如图 5.52(i)的构造措施是正确的,而图 5.52(j)的构造常引起厚板的层状撕裂(由约束收缩焊接应力引起)。

2. 合理的工艺措施

(1)采用合理的焊接顺序和方向。尽量使焊缝能自由收缩,先焊工作时受力较大的焊缝或收缩量较大的焊缝。如图 5.53(a)所示在工地焊接工字梁的接头时,应先焊受力最大的翼缘对接焊缝 1,再焊腹板对接缝 2,最后焊腹板与翼缘之间的角焊缝 3。又如图 5.53(b)所示的拼接板的施焊顺序:先焊短焊缝 1、2,最后焊长焊缝 3,可使各长条板自由收缩后再连成整体。上述措施均可有效降低焊接应力。

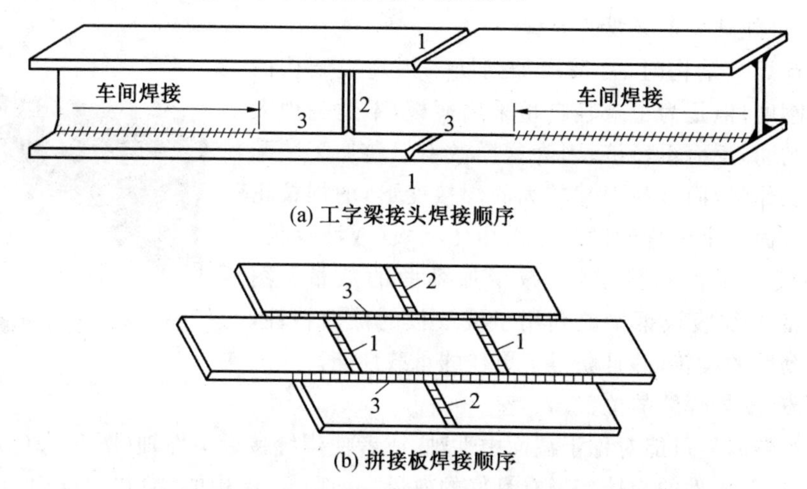

图 5.53 按焊缝布置确定焊接次序

(2)采用反变形法减小焊接变形或焊接应力。事先估计好结构变形的大小和方向,然后在装配时给予一个相反方向的变形与焊接变形相抵消,使焊后的构件保持设计的要求。例如图 5.54 所示为焊前反变形的设置。

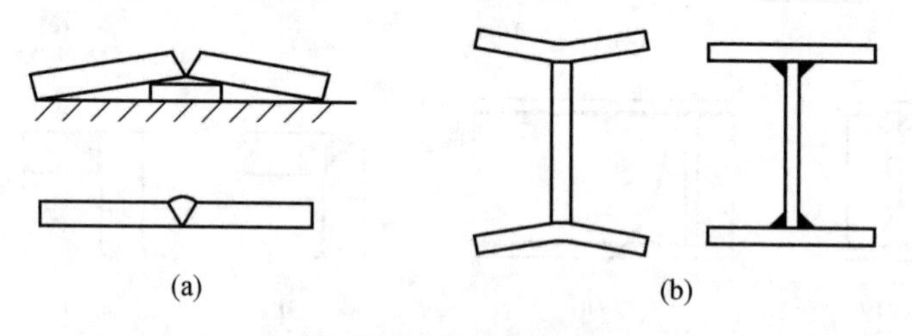

图 5.54 焊前反变形

(3)锤击或辗压焊缝,使焊缝得到延伸,从而降低焊接应力。锤击或辗压焊缝均应在刚焊完时进行。锤击应保持均匀、适度,避免锤击过分产生裂纹。

(4)对于小尺寸焊件,焊前预热,或焊后回火加热至 600 ℃ 左右,然后缓慢冷却,可以消除焊接应力和焊接变形。也可采用刚性固定法将构件加以固定来限制焊接变形(图 5.55),但这样会使焊接残余应力增加。

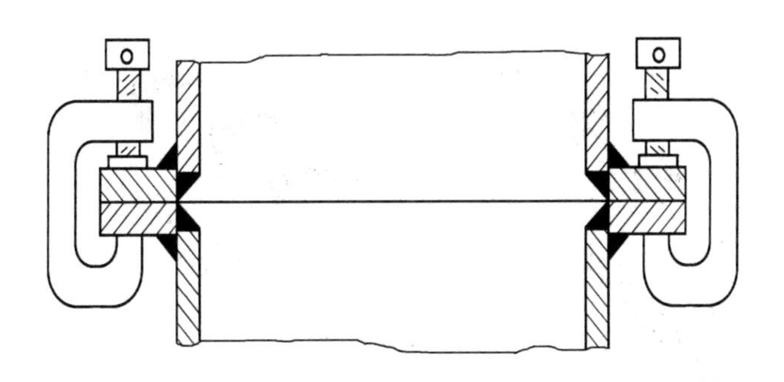

图 5.55 刚性固定法焊接法兰盘

3. 焊接残余变形的矫正方法

焊接残余变形的矫正方法可分为加热矫正和机械矫正，以及两种方法的组合运用。

(1)加热矫正法。

加热矫正法可分为点状加热、线状加热和三角形加热。加热温度一般在 600～800 ℃。同一加热位置的加热次数不应超过两次，以免造成材料脆化。

对于薄板波浪变形，可以采用点状加热方式，如图 5.56 所示。加热火焰应朝向鼓起的板面。对于长构件的侧向弯曲变形，可以采用三角形加热方式，如图 5.57 所示。根据变形大小掌握加热三角形底边的宽度和间距。变形大，则宽度大、间距小。

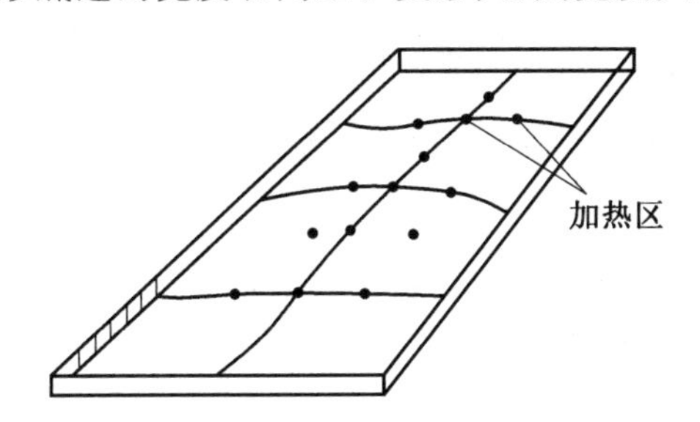

图 5.56 薄板结构点状火焰加热矫正

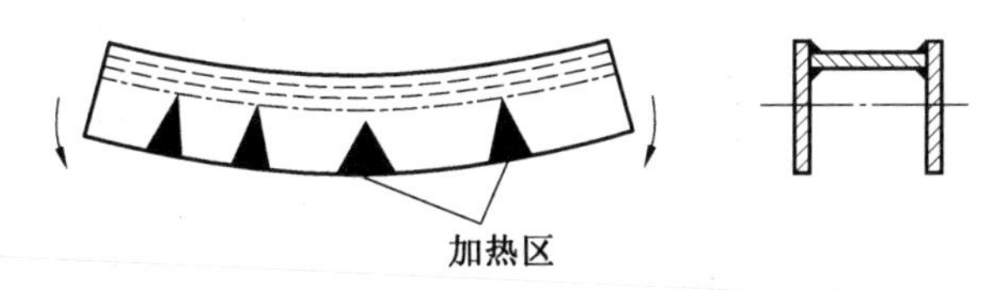

图 5.57 长构件侧弯变形的三角形加热矫正

对于长构件的正弯变形，可以在鼓起的翼板上进行横向线状(或带状)加热，加热宽度一般为板厚的 0.5～2 倍，而在腹板上进行三角形加热，如图 5.58 所示。对于 H 型和箱型的翼缘角变形，可以在上下翼缘外侧表面，沿纵向焊缝的背面进行线状加热，并以火焰的摆动达到与变形量相适应的宽度，如图 5.59 所示。

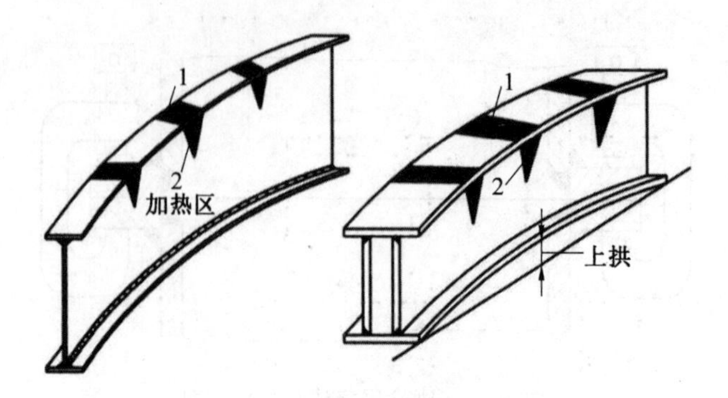

图 5.58 H 型与箱型构件正弯曲变形的热矫正

1—外拱翼缘线状加热；2—腹板三角形加热

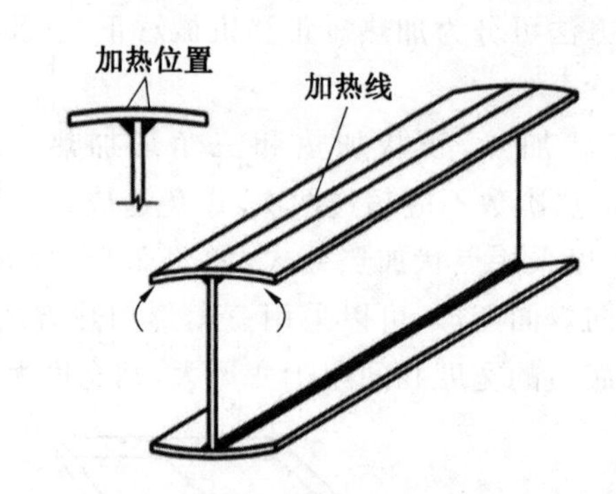

图 5.59 H 型钢翼缘角变形的线状加热矫正

(2)机械矫正法。

角变形的机械矫正如图 5.60 所示，其中图 5.60(a)是用螺旋加力器矫正角变形；图 5.60(b)是用千斤顶加力矫正角变形；图 5.60(c)是用翼缘专用辊压机矫正角变形。H 型钢纵向移动通过辊压轮可以达到连续、平缓矫正的较好效果。

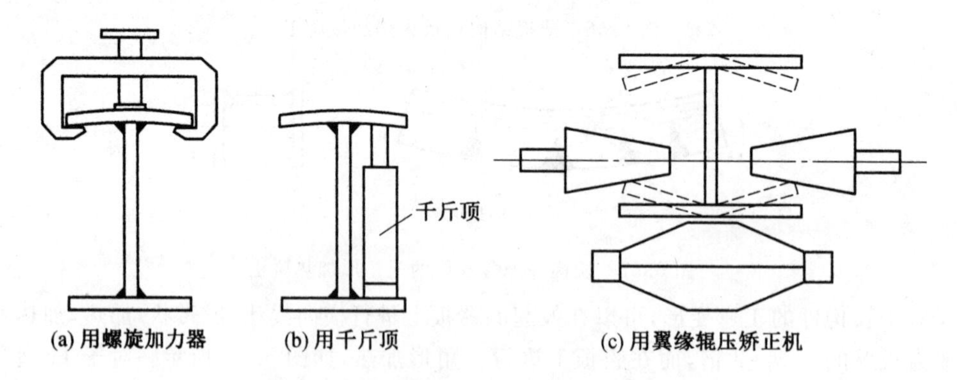

图 5.60 H 型钢翼缘角变形施力矫正法示意

长构件的正弯变形用螺旋压力器、压力机或千斤顶加反力架，对构件逐段进行反弯曲即可，如图 5.61 所示。

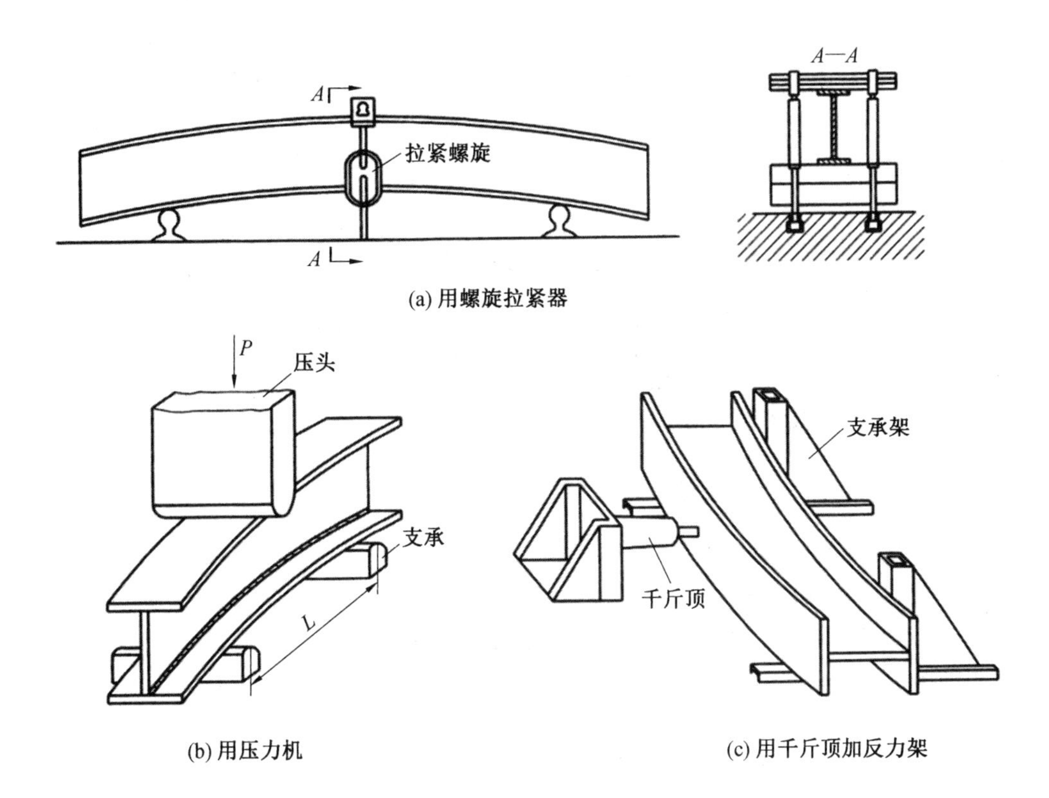

图 5.61　H 型钢弯曲变形施力矫正法示意

4. 消除焊接应力的方法

对于需要避免应力腐蚀，或需要经过机械加工以保证精确外形尺寸，或要求在动荷载疲劳荷载下工作，不产生低应力脆性断裂的构件，可以在焊后采取适当方法降低或消除残余应力。消除残余应力的方法有热处理、锤击、振动法和加载法等。

(1)热处理。

热处理方法包括整体高温回火和局部回火。整体回火一般采用加热炉进行，当构件尺寸受炉体限制时，也可采用炉外整体热处理方法进行。用这种方法可以消除 80%～90%的焊接应力。在各种应力消除方法中以整体回火处理的效果最好，同时有改善金属组织性能的作用，在构件和容器的消除应力中应用较为广泛。对于接头形式较简单的构件，可以采取加热器局部加热接头两侧一定范围的方法消除应力，局部加热的方法能降低焊接应力的峰值，使应力分布比较平缓，起到部分消除焊接应力的目的。

消除残余应力的效果主要取决于焊件整体或局部加热温度、焊件的成分和组织、保温时间长短、冷却速度以及焊后焊件的状态等。图 5.62 所示为低碳钢在不同温度下，经过不同时间的保温，残余应力消除的效果。可以看出，回火温度越高，保温时间越长，残余应力越小。对碳钢及低合金钢，加热温度为 580～680 ℃，保温时间一般根据每毫米板厚保温 1～2 min 计算，但总时间不少于 30 min，最长不超过 3 h。

(2)振动法。

振动法是利用偏心轮和变速马达组成激振器，使钢结构焊件在激振器作用下发生共振产生循环应力，当动应力与构件本身的残余应力叠加达到或超过材料的屈服极限时，构件就会发生局部或整体的弹塑性变形，同时降低并均匀化构件内部的残余应力，最终达到防止构件变形与开裂、稳定构件尺寸与几何精度的目的。这种方法所用设备简单，处理成本低，时间比较短，没有高温回火给金属表面造成的氧化问题。振动法一般应用于要求尺寸精度稳定的构件消除应力，在刚性固定状态下焊接的构件，如在焊后卸开夹具之前进行振动时效处理，则刚性卡具拆除后构件的变形可以得到一定的控制。

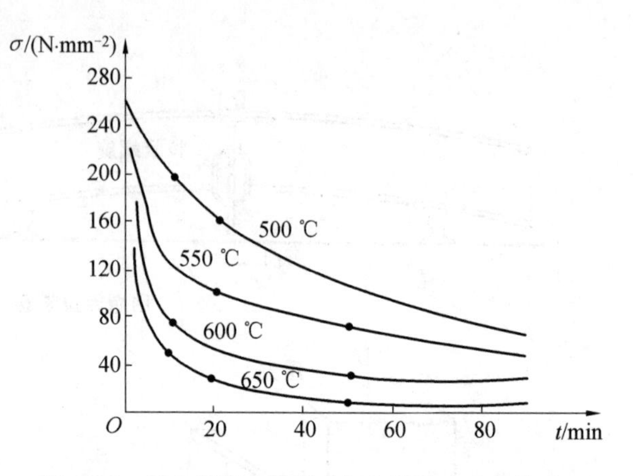

图 5.62　回火温度和保温时间与消除应力的关系

图 5.63 所示是截面为 30 mm×50 mm 一侧堆焊的试件，经过 $\sigma_{max}=128\ N/mm^2$ 和 $\sigma_{min}=5.6\ N/mm^2$ 多次应力循环后，残余应力的变化情况。可以看出，经过多次循环加载后，焊件中的残余应力逐渐降低。

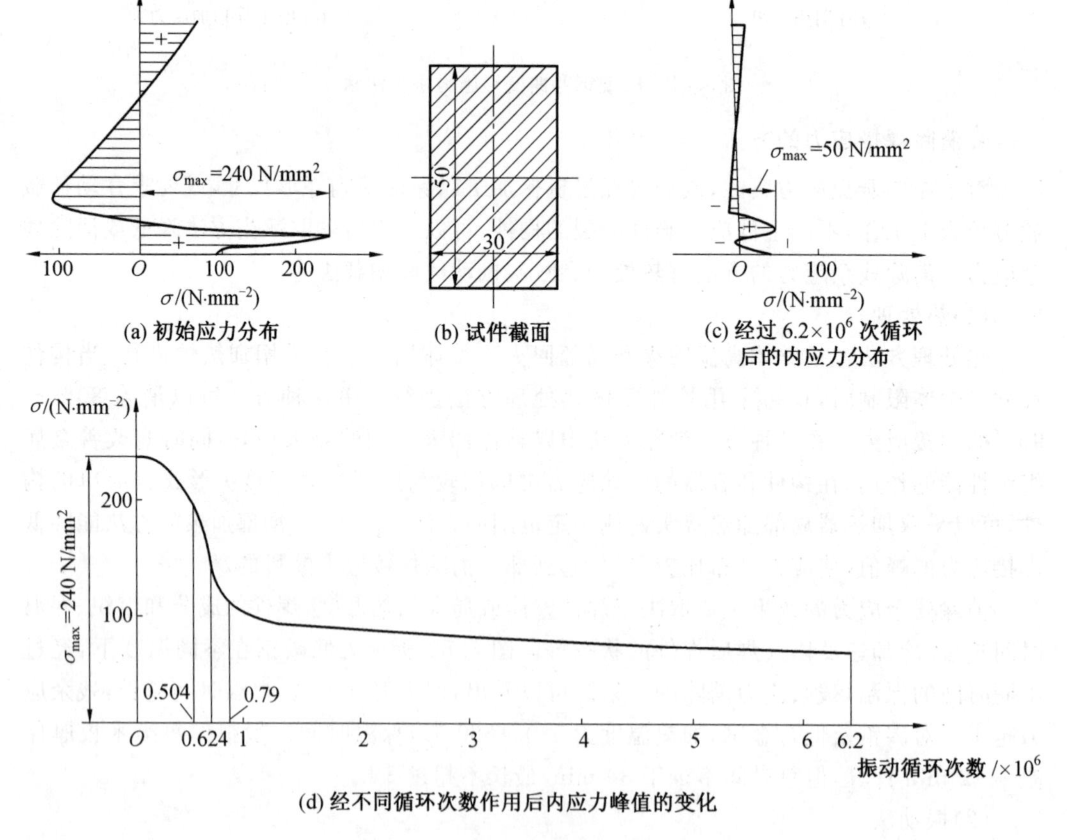

图 5.63　循环次数与消除应力的效果

(3)锤击法。

焊后采用带小圆头面的手锤锤击焊缝及近缝区,保持均匀、适度,避免因打击力量过大造成加工硬化或将焊缝锤裂。另外,焊后要及时锤击,除打底层不宜锤击外,其余焊完每一层或每一道都要进行锤击。

5.3.4 焊接残余应力的测定

残余应力的检测技术始于20世纪30年代,主要可分为有损检测法和无损检测法。有损检测法主要有盲孔法、环芯法和云纹干涉法等。无损检测法主要包括磁弹性法、X射线衍射法、超声波法和扫描电子声显微镜等。从测试原理上也可将检测方法分为应力释放法和物理方法。

1.应力释放法

应力释放法的原理是利用构件在机加工后应力部分释放,会产生变形并重新分布应力来达到平衡,利用应力应变关系求出应力。具体又可分为切条法、切割法、剥层法、盲孔法、套孔法等。

(1)切条法。

切条法是一种完全破坏性的测试方法,它在20世纪40年代由Johnston和Luxion在美国Leigh大学的Fritz实验室首先采用。此方法的试验流程如图5.64所示,即首先按条块试件的尺寸间隔划好线,在每个单元条上钻一对间隔250 mm小孔并量测标距,记录初始读数(图5.64(a));然后依次将构件切割成图5.64(b)和图5.64(c)的形状,最后考察残余应力沿厚度方向的变化,将块进一步切成条,如图5.64(d)所示。依据广义胡克定律,切割前后每一单元条上两点之间距离的改变,正是小块离开整体前纵向平均残余应力的体现。利用应变仪测量标距的变化,依据胡克定律即可求出相应的残余应力大小。将每个单元条上所求得的应力组合起来,即可获得整个截面上的残余应力分布。

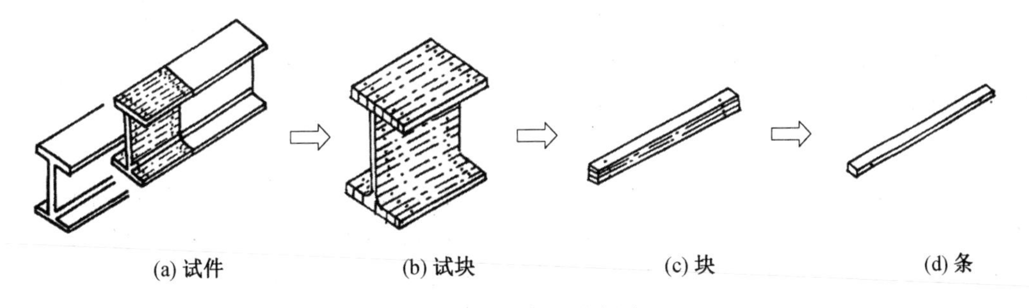

图5.64 切条法示意图

(2)切割法。

切割法的原理与切条法相同,可以认为是切条法的进一步拓展。具体方法是:在欲测部位划出20 mm×20 mm的方格将测点围在正中,在方格内一定方向上贴应变计和应变花;然后用铣床或手锯慢速切割方格线,使被测点与周围部分分离;切割后,再测应变计得到的释放应变,其与构件原有应变量值相同、符号相反,因此计算应力时,应将所得值乘负号。

释放后的残余应力计算方法如下：

①如果已知构件的残余应力为单向应力状态，只要在主应力方向贴一个应变片(图5.65(a))即可。分割后得释放应变 ε，由胡克定律可知其残余应力为

$$\sigma=-E\varepsilon \tag{5.49}$$

②如果构件上残余应力方向已知，则在测点处沿主应力方向粘贴两个应变片 1 和 2 (图 5.65(b))。分割构件后测出 ε_1 和 ε_2，计算残余主应力为

$$\begin{cases}\sigma_1=-\dfrac{E}{1-\mu^2}(\varepsilon_1+\mu\varepsilon_2)\\ \sigma_2=-\dfrac{E}{1-\mu^2}(\varepsilon_2+\mu\varepsilon_1)\end{cases} \tag{5.50}$$

③如果被测点残余主应力方向未知，则需贴三向应变花(图 5.65(c))。沿虚线切割开，测出 ε_0、ε_{45}、ε_{90}，再按下式计算主应力及其方向：

$$\begin{cases}\sigma_{1,2}=-\dfrac{E}{2}\left[\dfrac{\varepsilon_0+\varepsilon_{90}}{1-\mu}\pm\dfrac{1}{1+\mu}\sqrt{(\varepsilon_0-\varepsilon_{90})^2+(\varepsilon_0+\varepsilon_{90}-2\varepsilon_{45})^2}\right]\\ \tan 2\phi=\dfrac{\varepsilon_0+\varepsilon_{90}-2\varepsilon_{45}}{\varepsilon_{90}-\varepsilon_0}\end{cases} \tag{5.51}$$

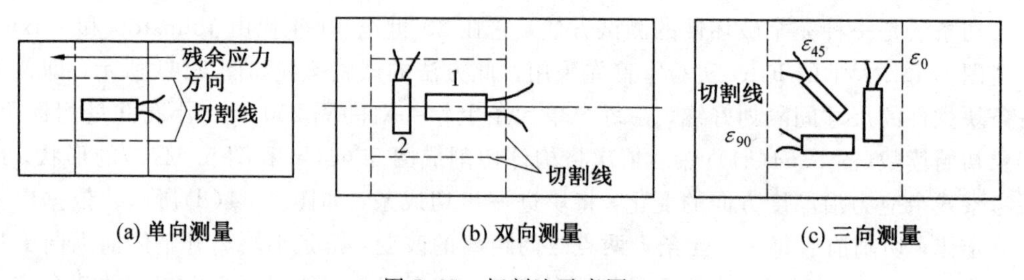

图 5.65　切割法示意图

采用切条法或切割法测定焊接残余应力时，一般是测定焊件某一区域的残余应力状态，需要把待测区域逐条逐块分割，工作量大且复杂，且测定后的焊件不能再用，所以该方法不适合用于测定实际工程结构的焊接残余应力。但是该方法理论依据严密、测定技术简单、测量结果可靠，所以被广泛用来作为校核其他测定理论的可靠方法。

(3)剥层法。

本方法也是一种完全破坏性的方法，主要用于测量沿壁厚方向分布的纵向残余应力。其原理是：当具有内应力的物体被铣削(也可以采用化学腐蚀方法)一层后，该物体将产生一定的变形，根据变形量的大小，可以推算出被铣削层内的应力；这样逐层铣削，每铣削一层，测一次变形，根据每次剥层所测得的变形差值即可算出各层在剥层前的内应力。需要注意的是，这样算出的内应力还不是原始内应力，因为这样算得的第 n 层内应力，实际上只是已铣削去 $n-1$ 层后存在于该层中的内应力。因每切去一层，都要使该层的应力发生一次变化。要求出第 n 层中的原始内应力就必须扣除在它前面的 $n-1$ 层的影响。

图 5.66 表示一圆柱体轴对称残余应力分布的剥层方法。当剥去第一层面积 a_1 后，相当于释放了 σ_1 的应力，由平衡条件 $\sigma_1 a_1-\sigma A_1=0$ 得

$$\sigma_1=\sigma\frac{A_1}{a_1}=E\frac{l_1-l}{l}\frac{A_1}{a_1}$$

同样,剥去应力为σ_2的a_2层,由$\sigma_1 a_1+\sigma_2 a_2-\sigma A_2=0$得

$$\sigma_2=\frac{EA_2(l_2-l)}{la_1}-\frac{EA_1(l_1-l)}{la_2}$$

则剥去应力为σ_n 的第 n 层面积a_n 后,释放的应力 σ_n 为

$$\sigma_2=\frac{E}{la_n}[A_n(l_n-l)-A_{n-1}(l_{n-1}-l)] \tag{5.52}$$

利用本法测内应力有较大的加工量和计算量,但是它有一个很大的优点,就是可以测定内应力梯度较大的情况。

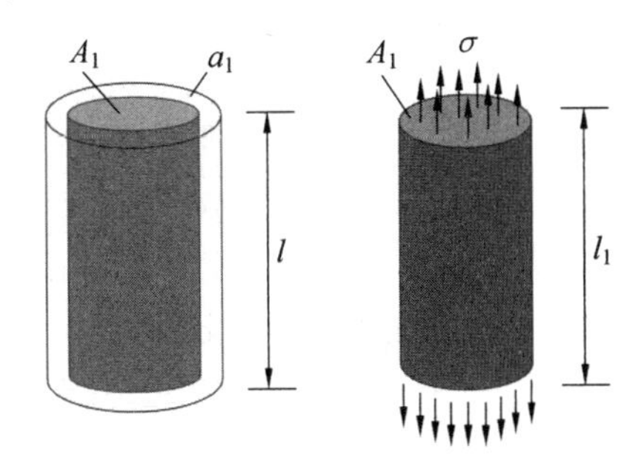

图 5.66 剥层法测内应力

(4)盲孔法。

盲孔法的原理是在有一定初应力的构件表面钻一个直径 $2R$(2 mm)、深度 $h(h>2R)$ 的小盲孔,在盲孔附近表面由于释放部分应力而产生位移和应变;测得孔附近的弹性应变增量,就可以用弹性力学原理来推算出小孔处的残余应力。具体步骤如下:在离钻孔中心一定距离处粘贴几个应变片,应变片之间保持一定角度;然后钻孔,测出各应变片的应变增加量。图 5.67 共有三个应变片,每片间隔 45°,主应力和它的方向可按下式计算:

$$\begin{cases}\sigma_{1,2}=\dfrac{E}{4}\left[\dfrac{\varepsilon_0+\varepsilon_{90}}{A}\mp\dfrac{1}{B}\sqrt{(\varepsilon_0-\varepsilon_{90})^2+(\varepsilon_0+\varepsilon_{90}-2\varepsilon_{45})^2}\right]\\ \tan 2\phi=\dfrac{\varepsilon_0+\varepsilon_{90}-2\varepsilon_{45}}{\varepsilon_0-\varepsilon_{90}}\end{cases} \tag{5.53}$$

式中 ϕ——最大主应力方向与应变片 A 参考轴的夹角;

A、B——应变释放系数,可按下式确定:

$$A=-\frac{1+\mu}{2}\frac{1}{a^2} \tag{5.54}$$

$$B=-\frac{1+\mu}{2}\left[\frac{4}{1+\mu}\frac{1}{a^2}-\frac{3}{a^4}\right] \tag{5.55}$$

$$a=\frac{r_1+r_2}{2R} \tag{5.56}$$

盲孔法是测量材料表面附近残余应力的半无损检测方法,主要用于应力沿深度变化不大,并且其大小不超过材料屈服强度一半的情况。该方法需在表面安装应变计,并在应变计附近钻孔,测量所释放的应变后再通过应变算出应力;钻孔深度要达到孔径的 1.2～2 倍,此时可认为应力已完全释放。此外,该方法测量直径和钻孔直径的比值 r 增加时,测量灵敏度显著下降,此时测量的应力变小,根据经验一般要保证比值 a 在 2.5～3.4

之间。

盲孔法的优点在于：对材料破坏性较小，可以测量较小范围内的应力，可以广泛地应用于各种零部件和构件的实际测量中；适于测量梯度变化比较大的残余应力场，如焊接应力场。但盲孔法也有其自身的缺点：①盲孔法测量的应力释放属于部分释放，释放应变测量灵敏度只有切割法的 25%，因此盲孔法测量精度低，不太适合低水平残余应力测量；②盲孔法测量的仅仅是表面残余应力，无法测量材料内部的残余应力。

(5)套孔法。

套孔法也称为环芯法，是盲孔法的一种“由内而外”的变形。盲孔法是钻一个中心孔并测量由此产生的周围表面变形，而套孔法是测量由于切割周围材料中的环形槽而引起的中心区域变形。具体方法为，在工件上加工一个环形槽(内径 15 mm，外径 20 mm)，从而将工件对环芯周围的约束去掉，应力则被随之释放(图 5.68)。如果在环形孔内部预先贴上应变片，则可测出释放后的应变量，算出内应力。一般情况下，环形孔的深度只要达到(0.3～0.5)D，应力即可基本释放，本法的破坏性较小。

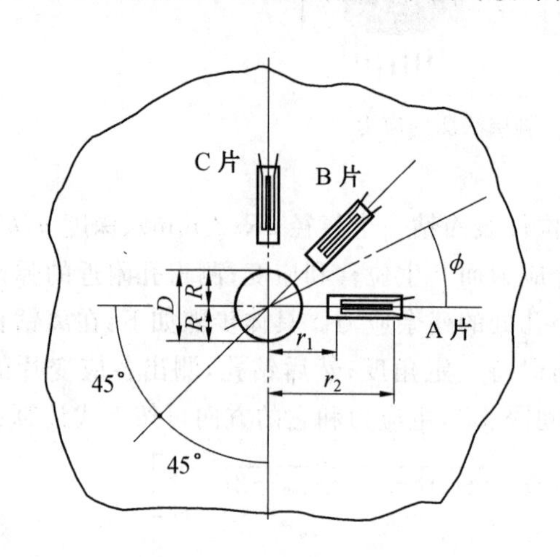

图 5.67　盲孔法测内应力

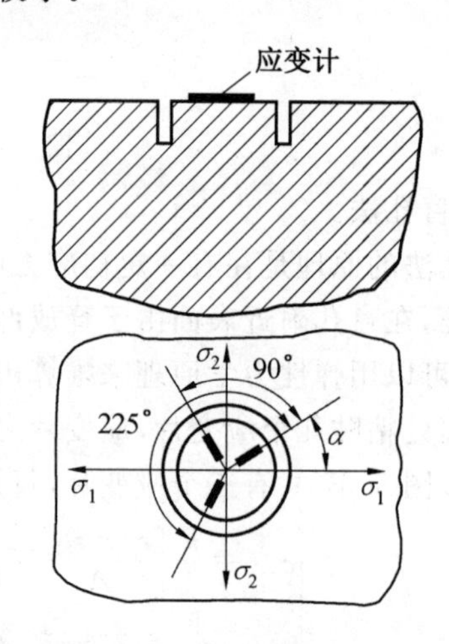

图 5.68　套孔法测内应力

2. X 射线衍射法

本法原理是金属材料在弹性应力作用下，晶粒中晶面间距的变化与应力大小成正比。利用 X 射线测定仪可以测出晶格尺寸的大小，则可不破坏物体而直接测算出内应力的数值。

当 X 射线以掠角 θ 入射到晶面上时(图 5.69)，如能满足布拉格方程

$$2d\sin\theta = n\lambda \tag{5.57}$$

式中　d——晶面间距；

λ——X 射线的波长；

n——任一整数。

则 X 射线在反射角方向将因干涉而加强，据此可求出 d 值。用 X 射线以不同方向入射物体表面，可测出不同方向的 d 值，从而求得表面内应力。

X 射线法测定应力的特点：

(1)它是一种无损的应力测试方法。它测量的仅仅是弹性应变而不包含塑性应变(因为工件塑性变形时晶面间距并不改变,不会引起衍射线的位移)。

(2)被测面直径可以小到1～2 mm。因此可以用于研究一点的应力和梯度变化较大的应力分布。

(3)由于穿透能力的限制,一般只能测深度在10 μm左右的应力,所以只是表面应力。

(4)对于能给出清晰衍射峰的材料,例如退火后细晶粒材料,本方法可达10 MPa的精度,但对于淬火硬化或冷加工材料,其测量误差将增大许多倍。

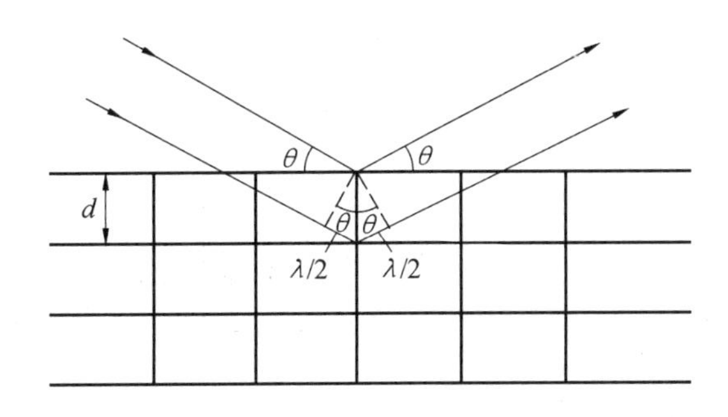

图5.69 X射线衍射法测应力

物理方法还有电磁法和硬度法。电磁法利用不同晶体的磁化能量与其受应力产生弹性变形有关的原理,测出内应力。后一种方法比较粗略,只能做定性分析。

此外还有腐蚀法,即利用金属在不同应力下的腐蚀速度不同,由裂纹出现的时间来判断内应力值;用涂光弹性薄膜或脆性漆钻孔测应变或看裂纹走向,测算内应力。后者可定性确定最大残余应力的位置、应力方向和应力状态。

5.4 高强度螺栓抗剪连接

高强度螺栓连接是通过对高强度螺栓施加紧固力将构件或板件连成整体的连接方式。钢结构中的高强度螺栓常采用材料强度等级为8.8级的45号钢,或材料强度等级为10.9级的40硼(40B)和20锰钛硼(20MnTiB)钢经调质热处理制成。近年来还出现了强度等级更高的12.9级乃至14.9级高强度螺栓。与焊接连接相比,高强度螺栓连接具有施工精度高,拆装方便;能承受动力荷载,耐疲劳,韧性和塑性好;连接紧密,可减小连接腐蚀危险等优点。

5.4.1 高强度螺栓的预拉力

高强度螺栓连接与普通螺栓连接的主要区别就是要对螺栓施加预拉力,预拉力越大,其承载能力就越大,接头的效率也越高。当然,预拉力也并非越大越好,其大小要综合考虑螺栓的屈服强度、抗拉强度、折算应力、应力松弛以及生产和施工的偏差等因素。

1. 影响高强度螺栓预拉力的因素

高强度螺栓分大六角头型(图 5.70(a))和扭剪型(图 5.70(b))两种。安装时通过特别的扳手,以较大的扭矩上紧螺帽,使螺杆产生很大的预拉力。拧紧螺帽时螺栓同时受到由预拉力引起的拉应力和由螺纹力矩引起的扭转剪应力作用,因此螺栓在拧紧过程中及拧紧后是处在复合应力状态下工作的。根据第四强度理论,高强度螺栓预拉力确定准则是螺栓中的拉应力 σ 和扭矩产生的剪应力 τ 所形成的折算应力不超过螺栓的屈服强度 f_{yb},即

$$\sqrt{\sigma^2+3\tau^2}\leqslant f_{yb} \tag{5.58}$$

需要说明的是,高强度螺栓的拉伸应力应变曲线没有明显的屈服平台,通常取残余变形值为 0.2%时的应力为名义屈服强度。

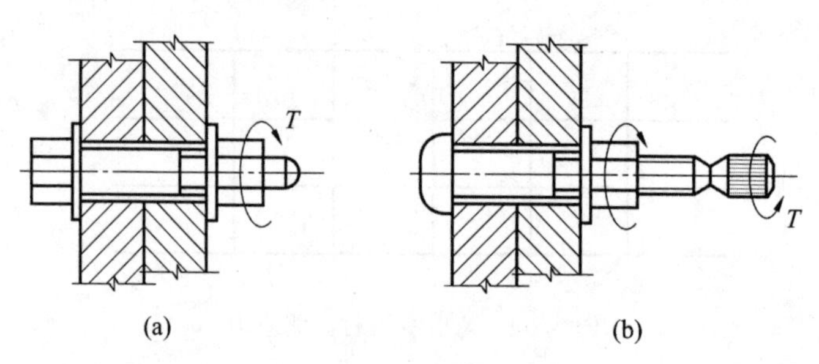

图 5.70 高强度螺栓

试验研究表明,由于剪应力的影响,螺栓的屈服强度和抗拉强度较单纯受拉时有所降低,一般降低 9%～18%。考虑到剪应力相对拉应力较小,在确定螺栓预拉力时,剪应力对螺栓强度的影响通常是用折算应力系数 η 来考虑,即

$$\sqrt{\sigma^2+3\tau^2}=\eta\sigma \tag{5.59}$$

系数 η 可取 1.15～1.25。

除折算应力系数外,在确定螺栓设计预拉力时还应考虑应力松弛系数和偏差影响系数。国内外试验研究结果表明,高强度螺栓终拧后会出现应力应变松弛现象,这个过程会持续 30～45 h 后稳定下来,大部分松弛发生在最初 1～2 h 内,大量实测结果统计分析得到,在具有 95%保证率的情况下,螺栓应变松弛为 8.4%。因此,螺栓应力松弛系数取 0.9,也就是螺栓的施工预拉力比设计预拉力高 10%。此外,高强度螺栓生产、扭矩系数等施工参数测试以及紧固工具、量具等都存在着一定的偏差,因此,综合考虑偏差影响系数取 0.9。

2. 各国规范关于高强度螺栓预拉力的规定

(1)我国 GB 50017—2017 标准取 $\eta=1.2$,$f_{yb}=0.9f_{ub}$,再引进应力松弛系数 0.9 和偏差影响系数 0.9,确定预拉力设计值为

$$P_0=\frac{0.9\times0.9\times0.9}{1.2}A_e f_{ub}\approx0.6A_e f_{ub} \tag{5.60}$$

式中 A_e——螺栓的有效截面面积;

f_{ub}——螺栓最小抗拉强度;对 8.8 级,取 830 N/mm^2,对 10.9 级,

取1 040 N/mm²。

(2)美国钢结构规范(AISC 360—16)规定高强度螺栓的预拉力值为

$$P_0 = 0.7 f_{ub} A_e \tag{5.61}$$

(3)欧洲钢结构规范(EN 1993—1—1)规定高强度螺栓的预拉力值为

$$P_0 = 0.7 F_{ub} A_s \tag{5.62}$$

式中　F_{ub}——螺栓标称抗拉强度;对 8.8 级,取 $F_{ub}=800$ N/mm²,对 10.9 级,取 $F_{ub}=1\ 000$ N/mm²;

A_s——螺栓的应力面积,虽然计算方法不同,但计算结果与有效截面面积 A_e 基本一致。

表 5.3 给出了钢结构规范规定的高强度螺栓预拉力设计值比较。可以看出,我国规范规定的高强度螺栓预拉力比美国规范低约 15%,比欧洲规范低约 10%。美国规范的预拉力高于欧洲规范是因为美国规范采用的是螺栓的抗拉强度最小值,而欧洲规范采用的是螺栓的抗拉强度公称值。

表 5.3　钢结构规范规定的高强度螺栓预拉力设计值 P_0

螺栓等级	螺栓直径/mm	高强度螺栓预拉力/kN		
		我国	美国	欧洲
8.8 级	16	80	91	88
	20	125	142	137
	24	175	205	198
	30	280	326	314
10.9 级	16	100	114	110
	20	155	179	172
	24	225	257	247
	30	355	408	393

5.4.2　承受轴心剪力的螺栓连接

1. 螺栓受剪连接的荷载—变形曲线

受剪连接是最常见的螺栓连接传力方式。图 5.71 所示为一个典型的螺栓受剪连接的荷载—变形曲线,变形 δ 指 a、b 两点的相对变形。该曲线给出了螺栓受剪连接由开始加载至连接破坏的全过程,经历了以下四个阶段:

(1)摩擦传力的弹性阶段。在加载之初,荷载靠构件间接触面的摩擦力传递,螺栓杆与孔壁之间的间隙保持不变,连接工作处于弹性阶段,对应 $N-\delta$ 曲线上的 O—1 段。由于板件间摩擦力的大小取决于螺杆中的预拉力,故高强度螺栓的弹性承载力较普通螺栓高很多。

(2)滑移阶段。随荷载增大,连接中的剪力达到构件间摩擦力的最大值,板件间产生

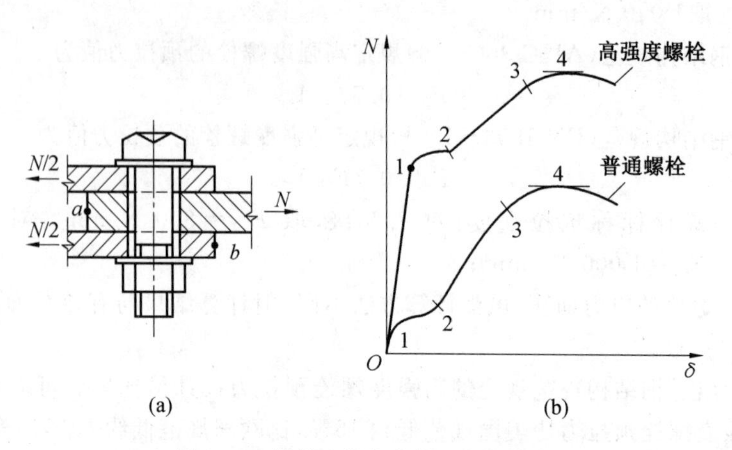

图 5.71　抗剪连接的荷载－变形曲线

O—1 为摩擦传力的弹性阶段；1—2 为滑移阶段；2—3 为栓杆传力的弹性阶段；3—4 为连接破坏阶段

相对滑移，其最大滑移量为螺栓杆与孔壁之间的间隙，直至螺栓与孔壁接触，对应于 $N-\delta$ 曲线上的 1—2 段。

(3)栓杆传力的弹性阶段。荷载继续增加，连接所承受的外力主要靠栓杆与孔壁接触传递。栓杆除主要受剪力外，还有弯矩和轴向拉力，而孔壁则受到挤压。由于栓杆的伸长受到螺帽的约束，增大了板件间的压紧力，因此板件间的摩擦力也随之增大，所以 $N-\delta$ 曲线呈上升状态。达到“3”点时，曲线开始明显弯曲，表明螺栓或连接板达到弹性极限，此阶段结束。

(4)连接破坏阶段。随着螺栓剪切变形的加大，其紧固轴力逐渐减小，摩擦力也逐渐消失，最后可能的破坏形式有：①栓杆被剪断(图 5.72(a))；②栓杆和板件承压破坏(图 5.72(b))；③板件冲剪破坏(图 5.72(c))；④板件被拉断(图 5.72(d))。上述第③种破坏形式可由螺栓端距构造措施保证；第④种破坏属于构件的强度验算。因此，螺栓受剪连接验算只需要考虑①、②两种破坏形式。

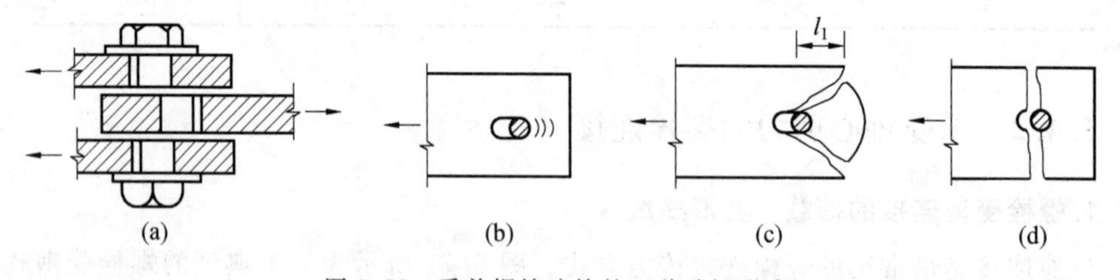

图 5.72　受剪螺栓连接的四种破坏形式

2. 受剪螺栓连接的极限承载力

(1)我国 GB 50017—2017 标准按承载力极限状态的不同，将高强度螺栓连接分为摩擦型连接(slip-critical connection)和承压型连接(bearing-type connection)两种。摩擦型连接是依靠高强度螺栓的预紧力，在被连接件间产生摩擦阻力来传递剪力，以剪力达到最大静摩阻力(图 5.71(b)中的 1 点)为承载力极限状态。承压型连接是依靠螺杆抗剪和螺杆与孔壁承压来传递剪力，允许板件间出现相对滑动，以螺杆受剪或孔壁承压破坏(图

5.71(b)中 4 点)为承载力极限状态。

基于以上定义,确定摩擦型连接高强度螺栓的受剪承载力设计值为

$$N_v^b = 0.9 n_f \mu P_0 \tag{5.63}$$

式中 0.9——抗力分项系数 γ_R 的倒数,即取 $\gamma_R = 1/0.9 = 1.111$;

n_f——传力摩擦面数目,单剪时取 1,双剪时取 2;

P_0——高强度螺栓的设计预拉力,按式(5.60)确定;

μ——摩擦面抗滑移系数,按表 5.5 采用。

可以看出,摩擦型连接的受剪承载力与螺栓所受预拉力、摩擦面的抗滑移系数以及连接的传力摩擦面数有关。

高强度螺栓承压型连接的计算方法与普通螺栓连接相同,由栓杆受剪和孔壁承压两种破坏模式控制,先分别计算,再取其小值进行设计:

栓杆受剪:

$$N_v^b = n_v \frac{\pi d^2}{4} f_v^b \tag{5.64a}$$

孔壁承压:

$$N_c^b = d \sum t \cdot f_c^b \tag{5.64b}$$

式中 n_v——受剪面数目,单剪取 1,双剪取 2;

d——螺栓杆直径;

$\sum t$——在不同受力方向中一个受力方向承压构件总厚度的较小值;

f_v^b、f_c^b——螺栓的抗剪和承压强度设计值,$f_v^b = 0.3 f_{ub}$,$f_c^b = 1.26 f_u$。

为了说明以不同极限状态进行高强度螺栓连接承载力计算的差别,以图 5.71(a)所示高强度螺栓抗剪连接为例,假设螺栓为 10.9 级,直径 20 mm,接触面采用喷砂处理,左侧连接板厚 10 mm,右侧连接板厚 20 mm,钢材均为 Q235B。

按摩擦型高强度螺栓连接计算其受剪承载力为

$$N_v^b = 0.9 n_v \mu P = 0.9 \times 2 \times 0.40 \times 155 = 112 \text{ (kN)}$$

按承压型高强度螺栓连接计算其受剪和承压承载力为

$$N_v^b = n_v \frac{\pi d^2}{4} f_v^b = 2 \times \pi \times 10^2 \times 310 = 195 \text{ (kN)}$$

$$N_c^b = d \sum t \cdot f_c^b = 20 \times 20 \times 470 = 188 \text{ (kN)}$$

比较上面三个公式的计算结果可以看出,按承压型高强度螺栓连接计算的承载力较摩擦型连接高出约 50%以上;由于摩擦型高强度螺栓连接是以出现滑动作为承载力极限状态,螺栓的潜力不能充分发挥出来,故所需螺栓数量比以破坏作为极限状态的承压型连接增加较多。

虽然采用承压型连接的接头在理论上会有 1.5~2.0 mm 的滑移量,但实际上由于在安装时会存在微小的不对中现象,因此螺栓在被拧紧之前就已经和孔壁接触,处于承压状态,因此很多时候连接在活荷载作用下并不滑动,或滑动很小。国外研究发现,承压型连接的接头平均滑动量都小于 0.8 mm,因此不会影响结构的正常使用。鉴于这种情况,应

该推广应用承压型连接以降低结构造价。当然，在十分重要的结构和承受动力荷载的结构中，还是要用摩擦型连接。这时应尽可能提高摩擦面抗滑系数 μ，以使每个螺栓发挥更大作用。

(2)美国 AISC 规范将高强度螺栓连接分为三种类型：紧贴型(snug-tightened)、预拉型(pretensioned)和摩擦型(slip-critical)。紧贴型连接的高强度螺栓无须预拉力，要求螺母从初始位置拧紧到所有被连接构件紧密接触即可；这是一种较经济的安装方式，大部分承受静力荷载的连接都可以采用。预拉型连接要求高强度螺栓具有充分预拉力(与摩擦型相同)，但连接面只要求清除油污和浮锈，不需要做其他特殊处理。这两种螺栓连接均属于承压型连接，不过预拉型连接的应用范围比我国规范的承压型连接广，可用于直接承受冲击力、反方向荷载作用及某些受拉疲劳的连接节点。摩擦型连接与我国规范的摩擦型连接相当，但是规定摩擦型连接中的螺栓和承压型连接螺栓一样，要进行螺栓的抗剪、抗拉及孔壁承压的计算。这样做有两个原因：一是当连接中有 3 个或以上螺栓时，由于制作、安装误差或构件自重等原因会有一个或多个螺栓与孔壁接触，故一般不会产生滑移；二是保证在摩擦型连接中，即使产生滑移(即摩擦型连接失效)后，螺栓和连接板件也不会破坏。

(3)欧洲 EC3 规范根据螺栓受力状态及其极限状态的破坏形式，将抗剪螺栓连接分为三类：承压型(A 类)、正常使用极限状态防滑移型(B 类)和承载能力极限状态防滑移型(C 类)。其中 A 类相当于我国的承压型连接，但不需要施加预拉力；C 类相当于我国的摩擦型连接；B 类要求在荷载达到标准值时不出现滑动，而极限荷载时转为承压型，是我国规范中所没有的。

3. 摩擦面处理及抗滑移系数

在摩擦型连接中，连接板摩擦面的状态对接头的抗滑移承载力影响很大，表面粗糙度以及浮锈、油污等杂质会引起摩擦力的变化，因此，必须对连接板表面进行处理。目前常用的摩擦面处理方法见表 5.4。

表 5.4　常用的摩擦面处理方法

序号	处理方法	推荐工艺	备注
1	喷砂(丸)	铸钢丸(粒径为 1.2～1.7 mm，硬度为 HRC40～60)或石英砂(粒径为 1.5～2 mm，硬度为 HRC50～60)，压缩空气的工作压力为 0.5～0.8 MPa，喷嘴直径为 8～10 mm，喷嘴距板表面 200～300 mm	表面为银灰色，粗糙度为 45～50
2	喷砂(丸)后生赤锈	喷砂(丸)工艺同上，露天生锈 60～90 d，组装前除浮锈	表面为锈黄色，粗糙度为 50～55
3	喷砂(丸)后生涂涂料	喷砂(丸)工艺同上，涂装工艺见相关技术标准	表面为涂料色
4	原轧制表面清除浮锈	钢丝刷(电动或手动)除锈方向与接头受力方向垂直	表面无浮锈及尘土、油污、涂料、焊接飞溅等

摩擦面的抗滑移性能可以用抗滑移系数来表征。抗滑移系数为滑动力与法向压力的比值，可按下式计算：

$$\mu=\frac{N_{\mathrm{t}}^{\mathrm{b}}}{n_{\mathrm{f}}\sum P_{\mathrm{i}}} \tag{5.65}$$

式中　μ—— 抗滑移系数；

$N_{\mathrm{t}}^{\mathrm{b}}$—— 螺栓接头承受的滑移荷载；

n_{f}—— 摩擦面数量；

$\sum P_i$—— 与一侧滑移荷载对应的高强度螺栓设计预拉力实测值总和。

摩擦面抗滑移系数可通过标准试件测试得到，它除了与摩擦面处理方法有关外，还受以下因素影响：

(1)连接板母材强度。从摩擦力的原理来看，两个粗糙面接触时，接触面相互啮合，摩擦力就是所有这些啮合点的切向阻力总和。因此，母材钢种强度和硬度越高，克服粗糙面所需的抗滑移力就越大。试验表明，Q345 钢比 Q235 钢的抗滑移系数高 10%以上，因此，规范对不同钢种规定了不同的抗滑移系数。

(2)连接板的厚度和螺栓孔距。试验研究表明，抗滑移系数随连接板厚度的增加而趋于减少，同时随着孔距的加大也会减小，这是各国都采用标准试件来测试抗滑移系数的原因。

(3)环境温度。高环境温度会引起高强度螺栓预拉力的松弛，同时也会使摩擦面状态发生变化，因此对高强度螺栓连接的环境温度应加以限制。试验结果表明，当温度低于 100 ℃ 时，影响很小；当温度在 100～150 ℃时，螺栓预拉力损失约为 10%；当温度超过 150 ℃ 时，承载力降低显著，必须采取隔热防护措施。因此，规范规定，当环境温度在 100～150 ℃时，连接承载力降低 10%；环境温度超过 150 ℃时，应采取隔热降温措施。

(4)摩擦面干燥程度。连接在潮湿或淋雨条件下拼装会降低 μ 值，故应采取有效措施保证连接表面的干燥。

(5)摩擦面重复使用。高强度螺栓连接产生滑移后，栓孔周围的粗糙面会变得平滑光亮；摩擦面二次使用时，抗滑移系数会降低 15%左右。

我国 GB 50017—2017 标准推荐采用的接触面处理方法及相应的 μ 值见表 5.5。

表 5.5　钢材摩擦面的抗滑移系数 μ 值

连接处构件接触面的处理方法	构件的钢材牌号		
	Q235 钢	Q345 钢或 Q390 钢	Q420 钢或 Q460 钢
喷硬质石英砂或铸钢棱角砂	0.45	0.45	0.45
抛丸(喷砂)	0.40	0.40	0.40
钢丝刷清除浮锈或未经处理的干净轧制面	0.30	0.35	—

美国 AISC 规范规定，A 级表面(未经涂装的、无轧制氧化皮的钢材表面，或喷砂处理后进行 A 级涂装的钢材表面，或热镀锌表面以及粗糙的表面)抗滑移系数 $\mu=0.3$；B 级表

面(喷砂后未经涂装的钢材表面,或喷砂后进行 B 级涂装的钢材表面)抗滑移系数 $\mu=0.5$。

4. 孔型影响

高强度螺栓孔的孔型分为标准圆孔、大圆孔和槽孔三类。标准圆孔的孔径通常比螺栓公称直径大 1.5～2 mm。这主要是考虑连接面一旦产生滑移,便可很快进入螺栓受剪和钢板承压受力状态,尽可能减小结构位移。在此前提下,钢构件的加工要求螺栓孔的孔径、孔的圆度、垂直度、孔间距达到较高的精度,这样安装时螺栓才能自由穿入。

为了便利安装,有时需要把孔放大或加长。大圆孔和槽孔统称为扩大孔,槽孔又分为孔长向与受力方向垂直和孔长向与受力方向平行两种情况。采用扩大孔时,只允许在芯板或盖板其中之一按相应的扩大孔型制孔,其余仍按标准圆孔制孔;当盖板采用大圆孔、槽孔时,为减少螺栓预拉力松弛,应增设连续型垫板或使用加厚垫圈。

GB 50017—2017 中对于孔径的规定见表 5.6。

表 5.6　高强度螺栓连接的孔型尺寸匹配　mm

<table>
<tr><td colspan="3">螺栓公称直径</td><td>M12</td><td>M16</td><td>M20</td><td>M22</td><td>M24</td><td>M27</td><td>M30</td></tr>
<tr><td rowspan="4">孔型</td><td>标准孔</td><td>直径</td><td>13.5</td><td>17.5</td><td>22</td><td>24</td><td>26</td><td>30</td><td>33</td></tr>
<tr><td>大圆孔</td><td>直径</td><td>16</td><td>20</td><td>24</td><td>28</td><td>30</td><td>35</td><td>38</td></tr>
<tr><td rowspan="2">槽孔</td><td>短向</td><td>13.5</td><td>17.5</td><td>22</td><td>24</td><td>26</td><td>30</td><td>33</td></tr>
<tr><td>长向</td><td>22</td><td>30</td><td>37</td><td>40</td><td>45</td><td>50</td><td>55</td></tr>
</table>

扩大孔对高强度螺栓性能的影响主要表现在：

(1)降低了螺栓的预拉力。在相同预拉力下,仍用标准垫圈时,由于垫圈厚度和外径的限制,覆盖钢板的脱空部位加大,致使紧固螺栓时垫圈变形增大,螺栓预拉力损失加大。图 5.73 为试验测得的 M20 螺栓各种孔型的预拉力－时间松弛曲线。其中,槽孔 1 为拉力与槽孔长轴平行,槽孔 2 为拉力与槽孔长轴垂直,大圆孔 1 的直径大于大圆孔 2 的直径。可以看出,高强度螺栓约 80％的预拉力损失发生在终拧后 24 h 内,至 15～30 d(360～720 h)基本稳定;随着螺栓孔尺寸的增大,高强度螺栓的预拉力损失也随之增加;大圆孔与标准孔相比,螺栓的预拉力损失增加 10％～20％,槽孔与标准孔相比预拉力损失增加 50％～100％。

(2)使摩擦面抗滑系数降低。由于螺栓孔扩大,通过垫圈(或盖板)传递到连接面上的有效受压面积减小,因此孔边压应力增加,把板表面原来存在的微小起伏压平,从而降低了扩大孔的抗滑移承载力。图 5.74 为根据试验得到的扩大孔抗滑移系数随不同孔型面积变化拟合曲线,可以看出,随孔面积增大,抗滑移系数呈下降趋势。

(3)当摩擦被克服后连接的滑动加大。为此,放大孔不能应用于承压型连接,槽孔可以用于承压型连接,但必须使长边垂直于受力方向。

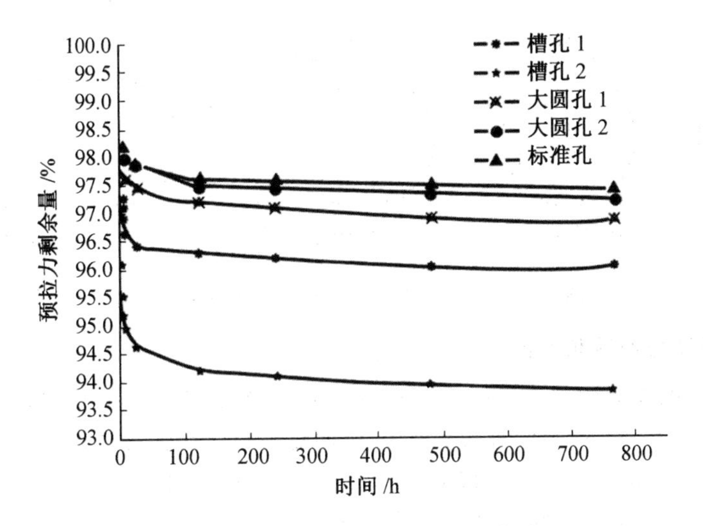

图 5.73 螺栓预拉力一时间松弛曲线

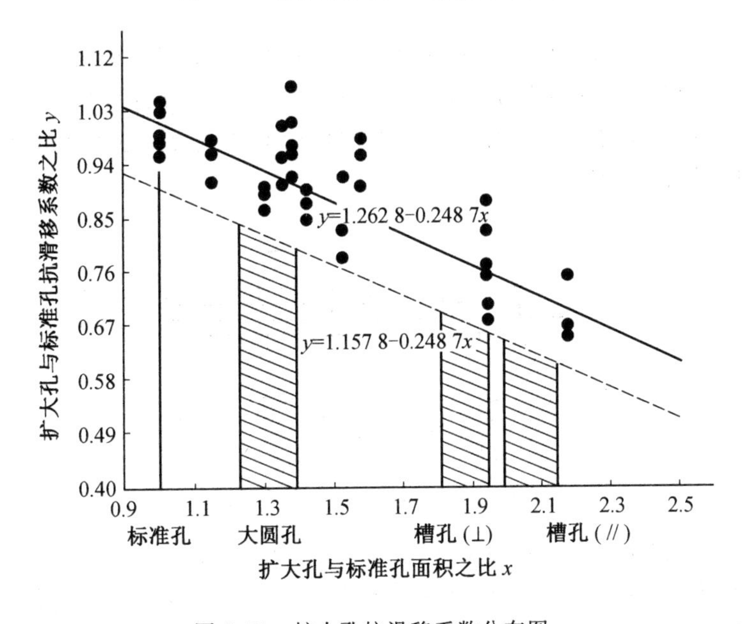

图 5.74 扩大孔抗滑移系数分布图

我国钢结构标准 GB 50017—2017 规定,在计算高强度螺栓摩擦型连接的受剪承载力时需考虑孔型的影响,孔型系数 k 对标准孔取 1.0,大圆孔取 0.85,内力与槽孔长向垂直时取0.7,内力与槽孔长向平行时取 0.6。

美国 AISC 360－16 规范也允许采用标准孔、大圆孔和槽孔,其槽孔又分成短槽孔和长槽孔,如图 5.75 所示。大圆孔和长槽孔只能用于摩擦型连接,承压型连接也可以采用短槽孔,但螺栓的受剪力方向必须与槽孔的长度方向垂直。在计算摩擦型连接抗剪承载力设计值时要考虑孔型的影响,孔型系数 φ 按下列规定取值:①标准孔或剪力与孔长垂直的短槽孔,孔型系数取 1.0;②扩大孔或剪力与孔长平行的短槽孔,孔型系数取 0.85;③长槽孔,孔型系数取 0.7。

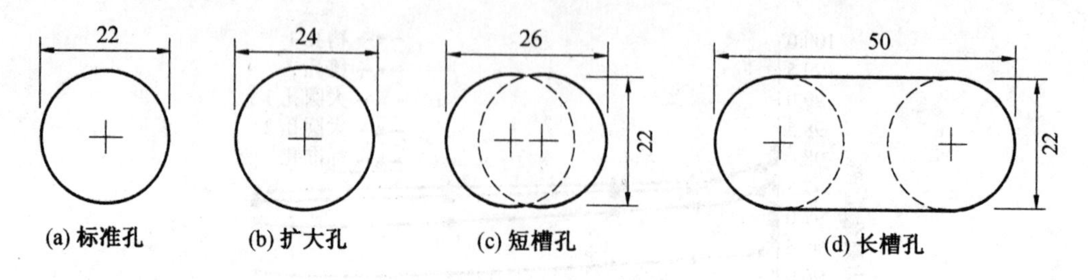

图 5.75 螺栓孔型(以直径 20 mm 的螺栓为例)

5. 连接强度与连接长度的关系

试验证明，螺栓群的受剪连接承受轴心力时，与侧焊缝的受力相似，在长度方向各螺栓受力是不均匀的(图 5.76)，两端受力大，中间受力小。当连接长度 $l_1 \leqslant 15d_0$(d_0为螺孔直径)时，由于连接进入弹塑性阶段后，内力发生重分布，螺栓群中各螺栓受力逐渐接近，故可认为轴心力 N 由每个螺栓平均分担，即螺栓数 n 为

$$n = N / N_{\min}^{b} \tag{5.66}$$

式中 $N_{\min}^{b}$——一个螺栓受剪承载力设计值与承压承载力设计值的较小值。

当 $l_1 > 15d_0$时，连接进入弹塑性阶段后，由于连接过长，端部螺栓所连接的板层之间变形差太大，导致螺栓内力还未达到均匀，端部螺栓就会因变形过大而破坏，随后其他螺栓也会由外向里依次破坏。

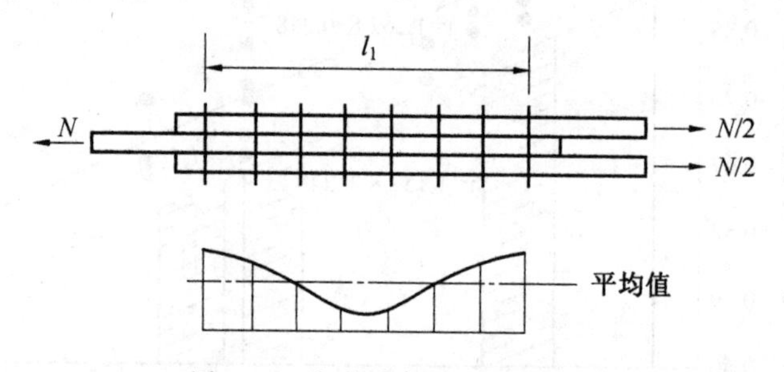

图 5.76 长接头螺栓的内力分布

图 5.77(a)给出根据试验资料整理成的连接强度和连接长度 l_1 的关系曲线。图中纵坐标是破坏时螺栓平均剪应力，横坐标是连接长度 l_1。可以看出，当 $l_1 > 30$ cm(约为螺栓直径的 15 倍)时，连接的强度明显下降，开始下降较快，后来逐渐缓和。根据这一试验结果，欧洲钢结构规范采用图 5.77(b)所示的折减系数 β，即

$$\beta = 1 - \frac{l_1 - 15d}{200d} \tag{5.67}$$

式中 d——螺栓直径，$0.75 \leqslant \beta \leqslant 1.0$。当 $l_1 > 15d$ 时，螺栓的承载力乘 β 系数。

我国 GB 50017—2017 标准的规定和欧洲相似，但不用螺栓直径而用孔径 d_0。当 $l_1 > 15d_0$时，应将螺栓的承载力设计值乘折减系数

$$\beta = 1.1 - \frac{l}{150d_0} \geqslant 0.7 \tag{5.68}$$

美国 AISC 360—16 规范对连接长度没有加以限制，但是规定当承压型螺栓连接沿轴向受力方向的连接长度 $l_1 > 965$ mm 时，螺栓的名义抗剪强度应乘折减系数 0.833，以

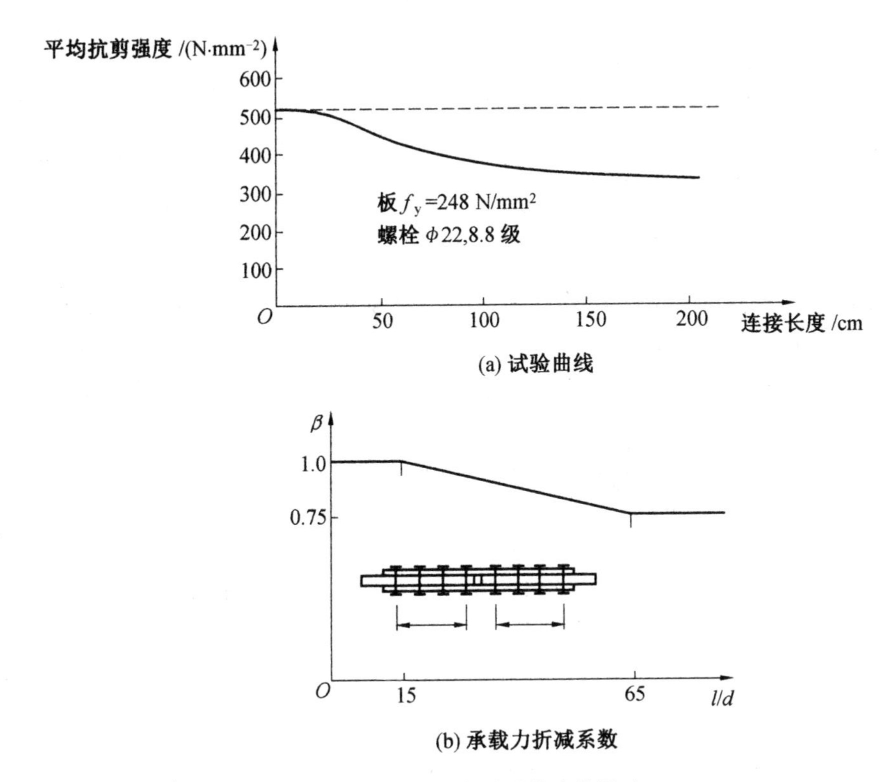

图 5.77　连接长度对承载力的影响

考虑长接头中螺栓内力分布不均匀的影响，摩擦型连接不考虑折减。

以 8.8 级 M20 高强度螺栓按承压型连接（螺栓间距 80 mm）为例，分别按照我国 GB 50017—2017 标准和美国 AISC 360－16 规范计算了连接抗剪承载力随接头长度的变化情况（图 5.78）。其中，按 AISC 360－16 计算抗剪承载力时，分别考虑了螺杆有螺纹和无螺纹处受剪两种情况。可以看出，GB 50017—2017 标准对于螺栓的抗剪承载力计算结果相对保守，与 AISC 360－16 有螺纹截面受剪情况接近，但安全储备更多，特别是长接头

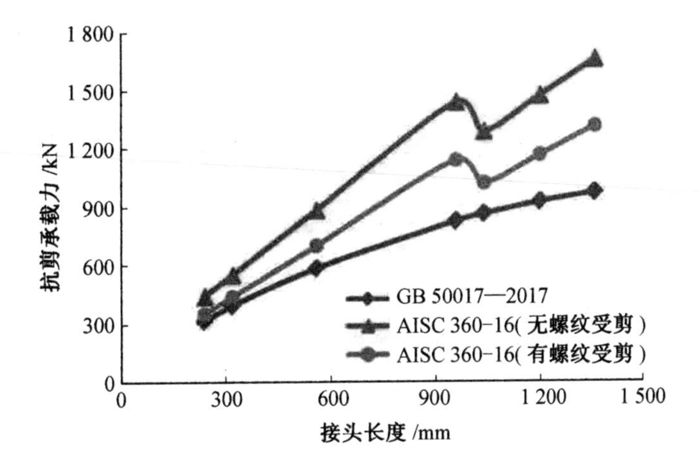

图 5.78　中美规范关于螺栓连接长度对承载力影响的比较

的承载力折减较多。

5.4.3 承受偏心剪力的螺栓连接

承受偏心剪力的螺栓群连接是工程中常见的连接形式。基于对螺栓群承载极限状态的界定不同,有两种计算方法,弹性法和瞬心法。

1. 弹性法

弹性法也称“矢量法”,是从螺栓的弹性工作阶段出发,假定:①在扭矩的作用下连接板的旋转中心在螺栓群的形心,则每个螺栓受力的大小与其至螺栓群形心的距离成正比,受力方向与螺栓至形心的连线垂直;②在轴心力的作用下每个螺栓平均受力。

以图 5.79 所示的螺栓群承受偏心剪力情形为例。剪力 P 的作用线至螺栓群中心线的距离为 e,故螺栓群同时受到轴心力 P 和扭矩 $T=P\cdot e$ 的联合作用。在扭矩 T 作用下,第 i 个螺栓所受剪力 N_{iT}的大小与该螺栓至形心点 O 的距离 r_i成正比,方向与旋转半径垂直,由此可得扭矩平衡方程和受力协调方程分别为

$$N_{1T}\cdot r_1+N_{2T}\cdot r_2+\cdots+N_{iT}\cdot r_i+\cdots=T$$

$$\frac{N_{1T}}{r_1}=\frac{N_{2T}}{r_2}=\cdots=\frac{N_{iT}}{r_i}=\cdots$$

由以上二式得

$$\frac{N_{1T}}{r_1}(r_1^2+r_2^2+\cdots+r_i^2+\cdots)=\frac{N_{1T}}{r_1}\sum r_i^2=T \tag{5.69}$$

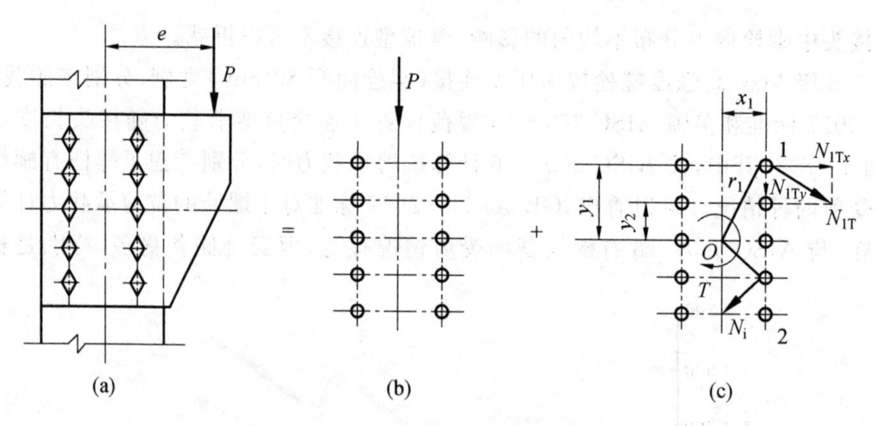

图 5.79 偏心受剪的螺栓群

由此得到距 O 点最远处螺栓所受的最大剪力为

$$N_{1T}=\frac{T\cdot r_1}{\sum r_i^2} \tag{5.70}$$

将 N_{1T}分解为水平分力和垂直分力,即

$$N_{1Tx}=N_{1T}\cdot\frac{y_1}{r_1},\quad N_{1Ty}=N_{1T}\cdot\frac{x_1}{r_1} \tag{5.71}$$

在轴心力 P 作用下可认为每个螺栓平均受力,即

$$N_{1P}=P/n \tag{5.72}$$

由此可得受力最大螺栓所承受的合力 N_1 为

$$N_1=\sqrt{N_{1Tx}^2+(N_{1Ty}+N_{1P})^2}\leqslant N_{\min}^{b} \tag{5.73}$$

显然，按弹性法进行的连接设计由距 O 点最远的螺栓的承载能力控制，其他螺栓不能充分发挥作用，计算结果偏于保守。

2. 瞬心法

与承受偏心剪力作用的焊缝群类似，螺栓群的计算也可从极限状态的概念出发，采用瞬时转动中心法（简称瞬心法）。瞬心法假定：①在扭矩作用下连接并非绕螺栓群形心转动，而是绕某一点即瞬心转动；②单个螺栓的受力与其到瞬心的距离成正比，方向与螺栓和瞬心的连线垂直，如图 5.80 所示。其中，O 为螺栓群的形心，C 表示瞬心位置；C 点至 O 点的距离为 r_0。

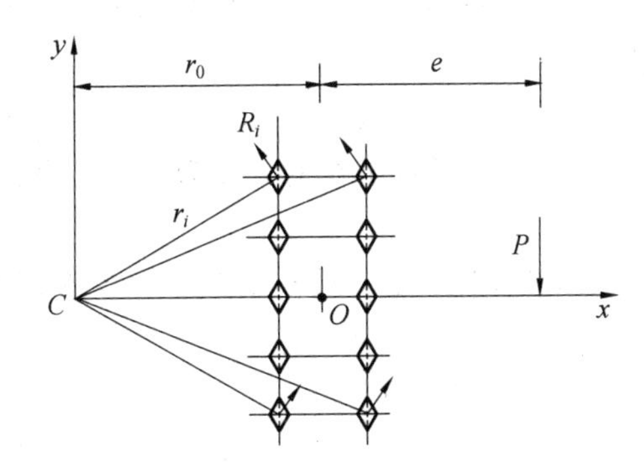

图 5.80　偏心受剪螺栓群按极限状态计算

可建立 2 个包含未知数 r_0 和 P 的平衡方程

$$\sum_{i=1}^{n} R_i\cos\theta_i-P=0 \tag{5.74a}$$

$$\sum_{i=1}^{n} R_i\cdot r_i-P(e+r_0)=0 \tag{5.74b}$$

式中　r_i——第 i 个螺栓到瞬心的距离；

θ_i——第 i 个螺栓与瞬心连线与 x 轴的夹角；

R_i——第 i 个螺栓的抗剪承载力标准值，由其荷载－变形关系确定：

$$R_i=R_u\ (1-e^{-10\Delta_i})^{0.55} \tag{5.75}$$

式中　R_u——螺栓的抗剪承载力极限值，$R_u=0.7f_{ub}A_b$，其中 f_{ub} 为螺栓的极限抗拉强度，A_b 为螺栓的受剪截面面积；

Δ_i——第 i 个螺栓的变形，与该螺栓到瞬心的距离成正比，即

$$\Delta_i=\frac{r_i}{r_{\max}}\Delta_{\max} \tag{5.76}$$

式中　$\Delta_{\max}$——螺栓在抗剪承载力极限值作用下的最大变形，可根据螺栓抗剪试验确定。

以美标 $\phi 19$ 的 A325 螺栓（相当于我国的 8.8 级螺栓）为例，$\Delta_{\max}=8.6$ mm。

由上式可知，r_0 与螺栓的排列布置、螺栓数、外荷载作用的位置及方向有关，需要利用

计算机迭代完成，求出 r_0 后通过回代便可求出 P 值。试验表明，采用瞬心法分析高强度螺栓偏心受剪连接更符合实际受力情况，承载力可提高 20% 左右；但考虑到瞬心法计算过程复杂，故规范仍采用了弹性计算方法。

5.5　高强度螺栓抗拉连接

5.5.1　螺栓内力变化

高强度螺栓在承受外拉力前，螺杆中已有很高的预拉力 P，板层之间则有压力 C，而 P 与 C 维持平衡(图 5.81(a))。当对螺栓施加外拉力 N 时，栓杆在板层之间的压力未完全消失前被拉长，此时螺杆中拉力增量为 ΔP，同时把压紧的板件拉松，使压力 C 减少 ΔC(图 5.81(b))。根据平衡条件有

$$N = \Delta P + \Delta C \tag{5.77}$$

可见，外拉力是由螺栓和承压板共同承担的。作为一个受力整体，外拉力是如何在螺栓和承压板之间分配的呢？

假定在外拉力 N 作用下，螺栓伸长 Δe，板也伸长 Δe。N 在螺栓和板之间的分配与两者的刚度 k_b 和 k_p 成比例。由 $\Delta e = \frac{\Delta C}{k_p} = \frac{\Delta P}{k_b}$，可知

$$\Delta P = \frac{k_b}{k_b + k_p} N \tag{5.78a}$$

$$\Delta C = \frac{k_p}{k_b + k_p} N \tag{5.78b}$$

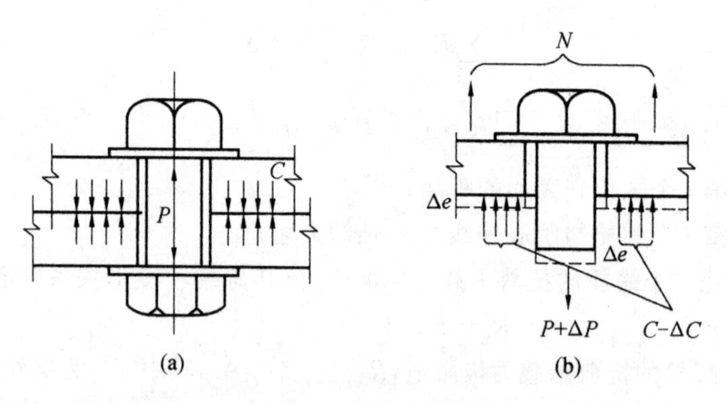

图 5.81　高强度螺栓受拉

以上关系适用于板层之间压紧的情况。当压力刚好消失时，式(5.78b) 左端即为 C，由 $C = P_0$，得

$$\frac{N}{k_b + k_p} = \frac{P_0}{k_p} \tag{5.79}$$

将上式代入式(5.78a)，则当板层之间的压力完全消失时，螺栓的拉力增量为

$$\Delta P = \frac{k_b}{k_p} P_0 \tag{5.80}$$

设螺栓和承压板的弹性模量均为 E,有效承载面积分别为 A_b 和 A_p,则

$$k_b = EA_b, \quad k_p = EA_p \tag{5.81}$$

将式(5.81)代入式(5.80)得

$$\Delta P = \frac{A_b}{A_p} P_0 \tag{5.82}$$

由于施加预拉力后螺栓孔四周压紧的板面积比螺栓截面大得多,近似取 $A_p = 10A_b$,则 $\Delta P = 0.1P_0$,这就是说,直到 N 使板拉开时,螺栓拉力最多比预拉力大10%,显然这一增量不会造成螺栓拉断。当板完全分开后,螺栓的受力情况就和没有加过预拉力的螺栓相同。图5.82给出受拉螺栓内力变化的情况:有预拉力的螺栓遵循折线 ABC,没有预拉力的螺栓遵循直线 OBC。BC 一段对两种螺栓是共同的,说明螺栓的破坏荷载并未因预拉力而有所下降。

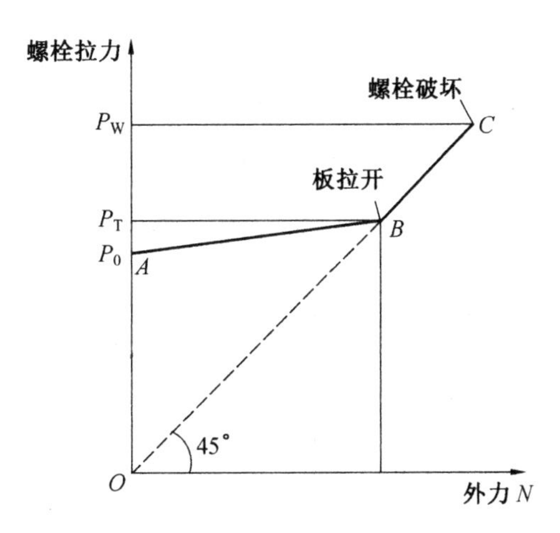

图5.82 高强度螺栓拉力的变化

5.5.2 撬力作用

1. 撬力的来源

高强度螺栓受拉连接一般是通过T形连接件、法兰盘或连接板等部件来实现拉力传递的,如图5.83所示。其中图5.83(a)的连接板较厚且设置了加劲肋,连接刚度较大,变形可以忽略,此时螺栓的受力与前一节分析基本一致;而图5.83(b)的连接板较薄,在拉力作用下会发生弯曲变形,产生杠杆效应,使螺栓受到撬力(prying force)Q 的附加作用,栓杆实际内力增大(图5.83(c))。

撬力 Q 对螺栓的影响可以通过图5.84所示的试验结果来了解。当外拉力 $N \leqslant 0.5P_0$ 时,不出现撬力;当 $N > 0.5P_0$ 时,撬力 Q 开始出现,起初增加缓慢,以后逐渐加快,到临近破坏时因螺栓开始屈服而又有所下降。由于撬力 Q 的存在,连接所能承受外拉力的极限值由 N_u 下降到 N'_u。因此,在螺栓受拉连接设计中应考虑撬力的影响。

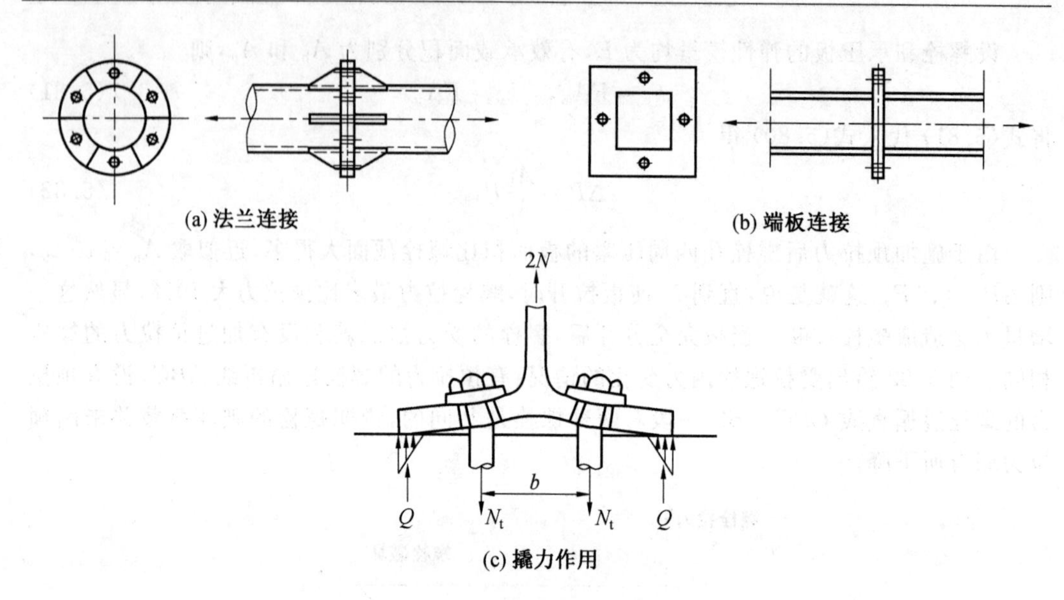

图 5.83　高强度螺栓受拉连接节点

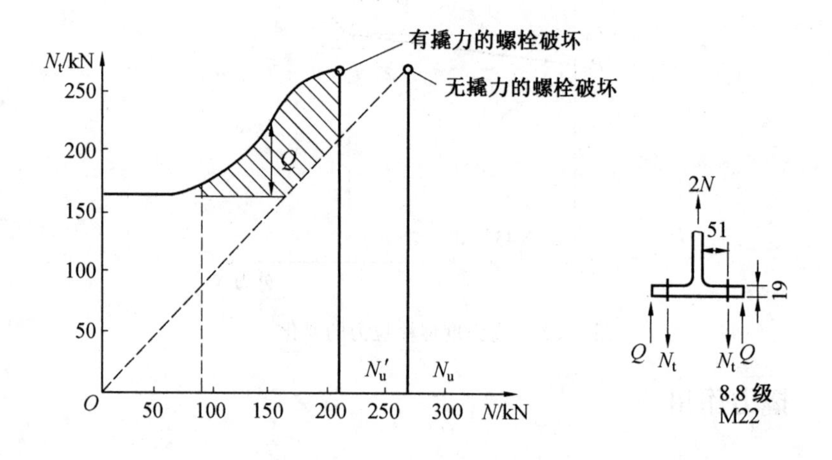

图 5.84　高强度螺栓的撬力影响

2. 撬力作用分析

以图 5.85(a) 所示的阴影部分 T 形连接件为例。假定翼缘与腹板连接处弯矩 M_1 与翼缘板栓孔中心净截面处弯矩 M'_2 均达到塑性弯矩值，由平衡条件得

$$B = Q + N_t \tag{5.83a}$$

$$M'_2 = Qe_1 \tag{5.83b}$$

$$M_1 + M'_2 = N_t e_2 \tag{5.83c}$$

式中　N_t—— 一个螺栓分担的轴向拉力。

引入净截面系数 δ：

$$\delta = 1 - d_0/b \tag{5.84}$$

式中　b——T 形连接翼缘板上一个螺栓覆盖宽度；

　　　d_0—— 螺栓孔径。

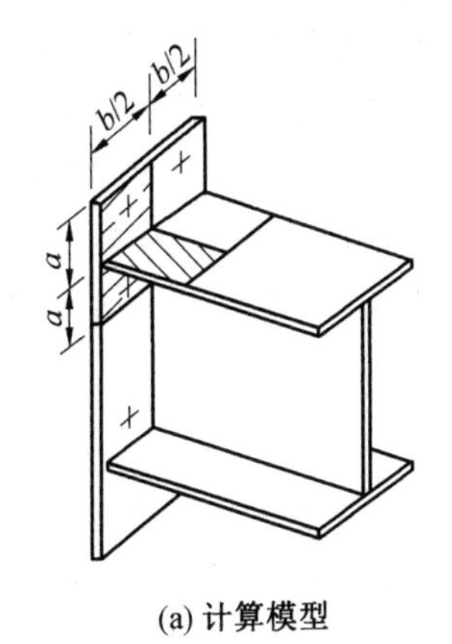

(a) 计算模型

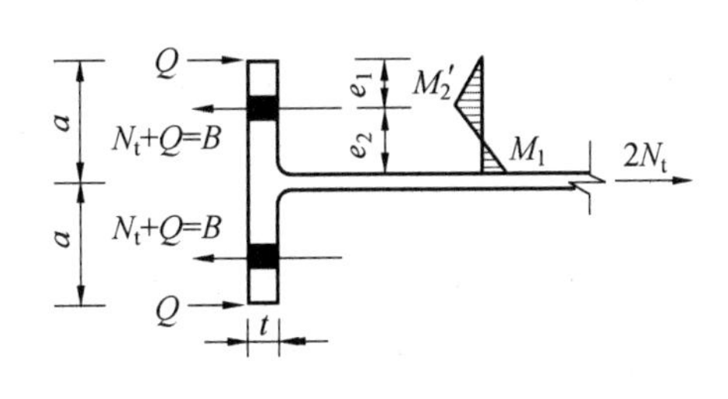

(b) T 形件计算简图

图 5.85　撬力作用计算模型

$$M'_2 = \delta M_2 \tag{5.85}$$

式中　M_2—— 作用在翼缘板螺栓处毛截面的塑性弯矩。

由此，式(5.83c) 可以写为

$$M_1 + \delta M_2 - N_t e_2 = 0 \tag{5.86}$$

令 $\alpha = M_2/M_1$，代入式(5.86) 可得

$$M_1 = \frac{N_t e_2}{1 + \alpha\delta} \tag{5.87}$$

由式(5.83b) 得

$$\alpha\delta M_1 = Q e_1 \tag{5.88}$$

将式(5.87) 代入式(5.88) 得

$$Q = \frac{\alpha\delta}{1 + \alpha\delta} \cdot \frac{e_2}{e_1} N_t \tag{5.89}$$

将式(5.89) 代入式(5.83a)，得到

$$B = \left(1 + \frac{\alpha\delta}{1 + \alpha\delta} \cdot \frac{e_2}{e_1}\right) N_t \tag{5.90}$$

通过以上推导可以看出，确定 Q 值时是依据平衡条件和板与螺栓变形协调条件，并以螺栓达到抗拉极限时 T 型构件翼缘和腹板连接圆角边缘处截面出现塑性铰为极限状态。

T 形连接翼缘板截面的塑性弯矩 M_1 为

$$M_1 = \frac{bt^2 f_y}{4} \tag{5.91}$$

将式(5.91) 代入式(5.87) 得到

$$t = \sqrt{\frac{4N_t e_2}{b f_y (1 + \alpha\delta)}} \tag{5.92}$$

式(5.92) 即为计入撬力影响后 T 型受拉件翼缘板厚度计算公式。当 $\alpha = 0$ 时，$Q = 0$，表示没有杠杆力作用。此时板厚为 t_c，螺栓受力 N_t 可以达到 N_t^b，以钢板设计强度 f 代替屈服强度 f_y，得到 T 型件可不考虑撬力影响的最小厚度为

$$t_c = \sqrt{\frac{4N_t^b e_2}{bf}} \tag{5.93}$$

撬力 $Q=0$ 意味着T型件翼缘在受力中不产生变形，有较大的抗弯刚度，此时，按欧洲规范要求 t_c 不应小于 $(1.8\sim2.2)d$（d 为螺栓直径），这在实际工程中很不经济。故工程设计中宜适当考虑撬力并减少翼缘板厚度。当翼缘板厚度小于 t_c 时，T形连接件及其连接应考虑撬力的影响，此时计算所需的翼缘板较薄，但T型件刚度较弱，连接螺栓会承受附加撬力 Q，从而会增大螺栓直径或提高强度级别。此时，也可考虑采用加劲肋加强翼缘，如图5.83(a)所示。

3. 我国GB 50017—2017标准相关规定

我国《钢结构设计标准》采取了不直接计算撬力的思路，通过将螺栓的抗拉强度设计值降低20%来考虑撬力影响，相当于考虑了撬力 $Q=0.25N_t$。据此规定单个摩擦型高强度螺栓的受拉承载力设计值为

$$N_t^b=0.8P_0 \tag{5.94a}$$

单个承压型高强度螺栓的受拉承载力设计值为

$$N_t^b=0.48A_e f_{ub} \tag{5.94b}$$

式中　P_0—— 高强度螺栓的设计预拉力，按式(5.60)确定；

A_e—— 螺栓的有效截面面积；

f_{ub}—— 螺栓最小抗拉强度。

结合式(5.60)不难发现，式(5.94a)和式(5.94b)是等价的，即摩擦型高强度螺栓、承压型高强度螺栓和普通螺栓的受拉承载力设计值计算公式是一样的。

4. 欧洲EC3规范

欧洲EC3规范规定，对于可能产生撬力的T形连接节点或其他节点形式，当在设计时利用了撬力作用（即翼缘板较薄）时，应采用适当的方法计算撬力作用。因而在确定单个螺栓的抗拉承载力设计值时无须再考虑撬力的影响，即

$$F_{t,Rd}=\frac{k_2A_sF_{ub}}{1.25} \tag{5.95}$$

式中　F_{ub}—— 螺栓标称抗拉强度；

A_s—— 螺栓的应力截面面积；对于埋头螺栓，$k_2=0.63$，其他 $k_2=0.9$。

通过与式(5.62)比较可以发现，两者基本是一致的。

美国AISC 360－16规范对于撬力作用的处理方式与欧洲EC3规范类似，这里不再赘述。

5.6　承受拉剪联合作用的螺栓连接

5.6.1　拉－剪相关公式

承受拉剪联合作用的螺栓的极限承载力可根据试验资料整理出螺栓破坏时剪力和拉力相关曲线，从而提出计算公式。图5.86给出两组8.8级高强度螺栓试验的结果，其三角形试验点和实曲线为剪切面经过栓杆部分，圆形试验点和虚曲线为剪切面经过螺纹部

分的连接。两条曲线都接近于椭圆，可以简化为椭圆曲线，短轴和长轴的比分别为 0.82 和 0.64。

为了得出普遍适用的关系，把拉力和剪力无量纲化。若拉力 N_t 和剪力 N_s 分别除以各自单独作用时的承载能力 N_t^b 和 N_s^b，则椭圆转化为圆，即

$$\left(\frac{N_s}{N_s^b}\right)^2+\left(\frac{N_t}{N_t^b}\right)^2=1 \tag{5.96}$$

显然，这一相关关系应该发生在螺栓受剪的截面。而且，拉力 N_t 应包含撬力作用，否则 N_t^b 要采用较低值，并注意连接板的刚度。

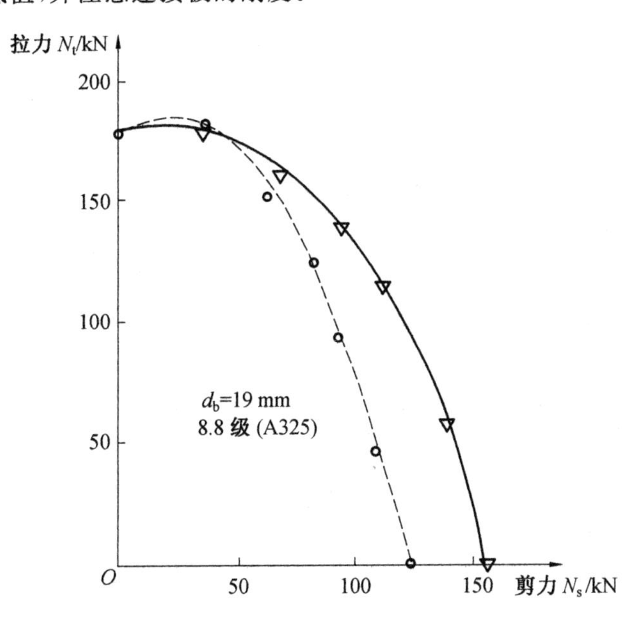

图 5.86　螺栓拉力和剪力相关曲线

5.6.2　拉－剪承载力验算

1. 我国 GB 50017—2017 标准

(1) 对于同时承受剪力和拉力作用的高强度螺栓承压型连接，承载力应符合下列公式的要求：

$$\sqrt{\left(\frac{N_s}{N_s^b}\right)^2+\left(\frac{N_t}{N_t^b}\right)^2}\leqslant 1.0 \tag{5.97a}$$

$$N_s\leqslant N_c^b/1.2 \tag{5.97b}$$

式中　N_s^b、N_t^b、N_c^b—— 分别为单个螺栓的抗剪、抗拉和承压承载力设计值。

由于有拉力时板叠之间压紧力减小，承压强度随之下降，故式(5.97b) 中有系数 1.2。

可以看出，高强度螺栓承压型连接是以承载力极限值作为设计准则，其最后破坏形式与普通螺栓相同，即栓杆剪断或连接板挤压破坏。但要注意的是的，当剪切面在螺纹处时，其受剪承载力设计值应按螺栓螺纹处的有效面积计算。

(2) 对于同时承受剪力和拉力作用的高强度螺栓摩擦型连接，5.5 节中曾经提到按极限状态法外加拉力不应超过 $0.8P_0$，即认为 N_t 达到 $0.8P_0$ 时摩擦力完全消失。因此，在验算剪力作用时螺栓预拉力应由 $P_0-1.25N_t$ 代替，即

$$N_s \leqslant 0.9n_f\mu P_0\left(1-\frac{N_t}{0.8P_0}\right) \tag{5.98a}$$

式中　n_f—— 传力的摩擦面数；

μ—— 摩擦面的抗滑系数。

上式也可以改写为

$$\frac{N_s}{N_s^b}+\frac{N_t}{N_t^b}\leqslant 1.0 \tag{5.98b}$$

GB 50017—2017 标准即用此直线相关关系。

2. 欧洲 EC3 规范

(1) 对于承受拉剪联合作用的承压型螺栓连接，应符合下列公式的要求：

$$\frac{N_s}{N_s^b}+\frac{N_t}{1.4N_t^b}\leqslant 1.0 \tag{5.99}$$

可以看出，欧标采取了相对保守的方式，用两段直线来替代根据试验得到的椭圆关系曲线，如图 5.87 所示。

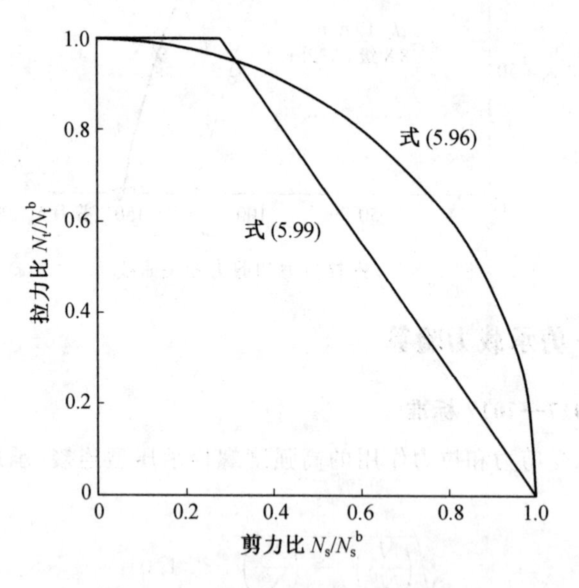

图 5.87　欧标承压型螺栓拉剪连接相关曲线

(2) 对于承受拉剪联合作用的摩擦型螺栓连接，抗剪验算公式为

$$N_s \leqslant 0.8n_f\mu P_0\left(1-\frac{N_t}{1.25P_0}\right) \tag{5.100a}$$

式(5.100a) 也可以改写成类似式(5.98b) 的相关公式形式，即

$$\frac{N_s}{N_s^b}+\frac{N_t}{1.25N_t^b}\leqslant 1.0 \tag{5.100b}$$

为考察国标和欧标公式的差异，以抗剪承载力基本一致的 10.9 级螺栓为例，假定剪

切面在螺纹处,并将公式改写为以 $f_{ub}A_s$ 为分母的无量纲形式。这里 A_s 为应力面积,相当于螺纹处的有效截面面积,其约为螺栓毛截面面积的 0.78 倍。此外,欧标采用的是螺栓标称抗拉强度,国标采用的是螺栓最小抗拉强度,后者为前者的 1.04 倍。综合考虑以上因素,对于承受拉剪联合作用的承压型螺栓连接,国标和欧标公式可分别写为

$$\left(\frac{N_s}{0.4f_{ub}A_s}\right)^2+\left(\frac{N_t}{0.5f_{ub}A_s}\right)^2\leqslant 1.0 \tag{5.101a}$$

$$\frac{N_s}{0.4f_{ub}A_s}+\frac{N_t}{f_{ub}A_s}\leqslant 1.0 \tag{5.101b}$$

对于承受拉剪联合作用的摩擦型螺栓连接,国标和欧标公式可分别写为

$$\frac{N_s}{0.56\mu f_{ub}A_s}+\frac{N_t}{0.5f_{ub}A_s}\leqslant 1.0 \tag{5.102a}$$

$$\frac{N_s}{0.56\mu f_{ub}A_s}+\frac{N_t}{0.9f_{ub}A_s}\leqslant 1.0 \tag{5.102b}$$

图 5.88(a) 为根据式(5.101) 绘制的承压型螺栓拉剪连接相关曲线。可以看到,国标为椭圆形式,而欧标为直线形式;在低拉力区,国标算得的抗剪设计值较欧标略高,而在高拉力区则相反。这主要是由于 GB 50017—2017 考虑撬力影响对抗拉设计值折减较多,使得椭圆的长轴缩短。图 5.88(b) 为根据式(5.102) 绘制的摩擦型螺栓拉剪连接相关曲线。可以看到,国标和欧标均为直线形式;国标由于抗拉承载力的折减,因此抗滑移承载力整体上相较欧标偏低。

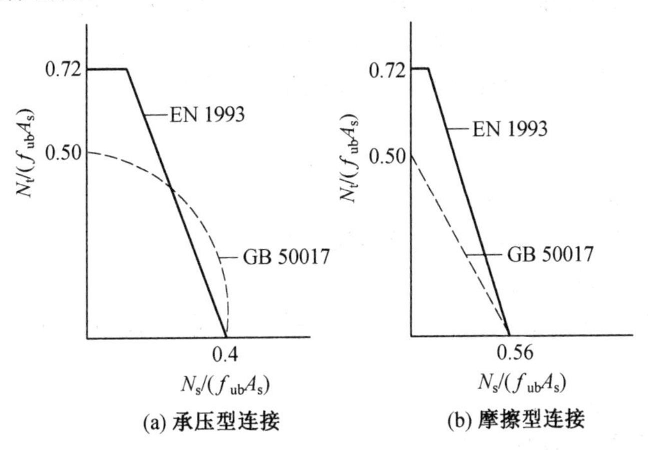

图 5.88　国标和欧标的螺栓拉剪连接承载力比较

3. 美国 AISC 360－16 规范

(1) 对于承压型螺栓连接同时承受剪力和拉力的情况,考虑螺栓剪应力的影响,按下式计算螺栓抗拉承载力标准值:

$$R_n=F'_{nt}A_b \tag{5.103}$$

$$F'_{nt}=1.3F_{nt}-\frac{F_{nt}}{\phi F_{nv}}f_{rv}\leqslant F_{nt} \tag{5.104}$$

式中　F'_{nt}—— 考虑剪应力影响的螺栓抗拉强度标准值;

　　　F_{nt}—— 单个螺栓抗拉强度标准值;

F_{nv}—— 单个螺栓抗剪强度标准值；

f_{rv}—— 荷载组合产生的剪应力；

ϕ —— 系数，取 $\phi = 0.75$。

式(5.104)实际上是相关公式 $\frac{f_{rv}}{\phi F_{nv}} + \frac{f_{rt}}{\phi F_{nt}} \leqslant 1.3$ 的变形(令 $F'_{nt} = f_{rt}/\phi$)。当荷载产生的应力(无论是拉应力还是剪应力)小于等于螺栓相应强度设计值的30%时，可以忽略其影响。由图5.89可以看出，美国AISC 360规范是用三段直线来替代椭圆关系曲线。

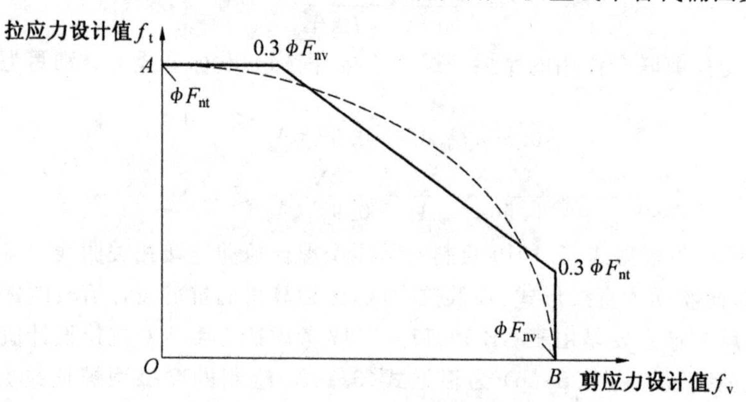

图5.89　承压型螺栓连接同时受拉受剪

(2) 对于摩擦型连接同时承受剪力和拉力的情况，每个螺栓的抗滑移承载力为

$$R_n = \mu D_u h_f T_b n_s \times k_{sc} \tag{5.105}$$

式中　k_{sc}—— 考虑拉力引起螺栓预紧力降低的折减系数

$$k_{sc} = 1 - \frac{T_u}{D_u T_b n_b} \tag{5.106}$$

式中　μ —— 摩擦面抗滑移系数；

T_u—— 按照荷载组合得到的拉力设计值；

T_b—— 螺栓最小预拉力；

D_u—— 反映实际螺栓预拉力平均值与规定的螺栓最小预拉力的比值，取 $D_u = 1.13$；

n_s—— 摩擦面个数；

n_b—— 承受拉力的螺栓根数；

h_f—— 考虑填板影响的系数。没有填板或只有一个填板时，$h_f = 1.0$；有不少于两个填板时，$h_f = 0.85$。

填板主要用于两不等高工字型截面梁用盖板搭接连接时的高度调整；当两梁高度相差不大时，可仅设置单填板(图5.90(a))；当两梁高度相差较大时，可在一侧设置两个填板(图5.90(b))。

从上面公式可以看出，中、美两国规范规定的摩擦型高强度螺栓在剪力和拉力的同时作用下，其抗滑移连接设计值均分别乘折减系数 $(1 - N_t/0.8P_0)$ 和 $(1 - T_u/1.13T_b n_b)$。在相同外拉力设计值作用下，$(N_t/0.8P_0)/(T_u/1.13T_b n_b) \approx 1.65$，所以中国规范公式中的折减系数比美国规范公式中的折减系数要大。研究表明，在相同剪力和轴向拉力设计值作用下，按照中国规范设计的摩擦型连接螺栓数量要比按美国规范计算的数量大20％～30％。

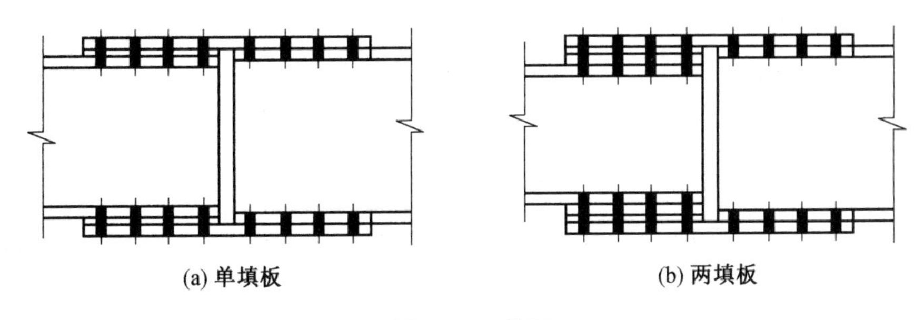

图5.90　填板

5.7　栓焊混合连接

栓焊混合连接是指在连接接头中同时采用高强度螺栓连接和角焊缝连接共同承受剪力作用的连接，优点是可以提高节点承载力，缩小节点几何尺寸。栓焊混合连接目前在工程中已得到较多应用，如纯螺栓连接的焊缝补强、柱牛腿的连接等(图5.91)。

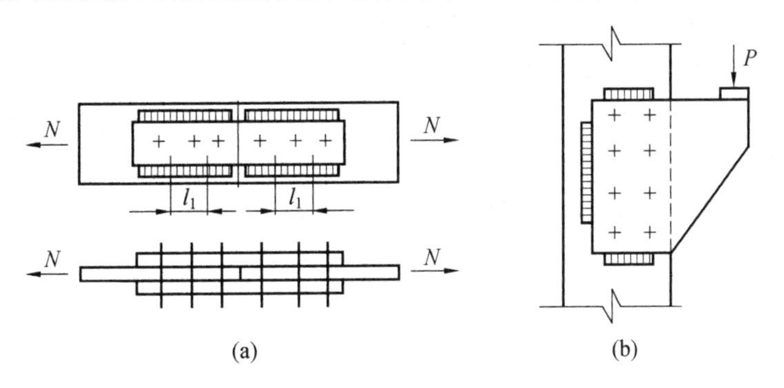

图5.91　栓焊混合连接

5.7.1　栓焊协同工作机理

1. 螺栓与焊缝变形能力分析

两种连接手段在同一剪切面上能够协同工作到什么程度，要从它们的荷载－变形关系来考察。图5.92所示为不同抗剪连接方式的荷载－位移曲线，可以看出，焊接的变形能力不如螺栓连接，侧面角焊缝的极限变形大约相当于有预拉力的高强度螺栓连接滑动结束时的变形。

当焊接和高强度螺栓一起用时，连接所能承受的极限荷载大约相当于焊接的极限荷载加上螺栓连接的抗滑荷载，图5.93(a)的曲线叠加清楚地表明这一点。如果要使螺栓起更大的作用，则需要采用紧密配合的螺栓，把滑动量减到可以忽略的程度。这时，曲线的叠加将如图5.93(b)所示，连接的承载能力有很大提高，但紧密配合的螺栓施工比较困难。如果把未加预拉力的螺栓和焊接用在同一剪面上，由于螺栓滑动很早，不能起多少作用。因此,把普通螺栓和焊缝用在同一个剪切面上显然是不适宜的。另外,正面角焊缝的延性很低,不宜和高强度螺栓共用。如果共用,在焊缝断裂时螺栓的作用几乎一点都不能发挥。

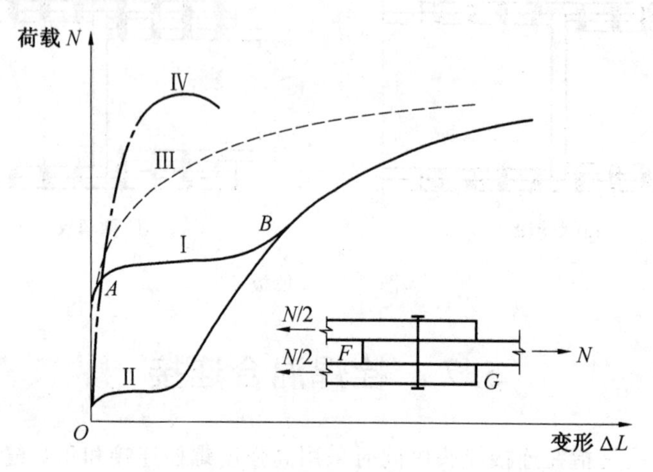

图 5.92 抗剪连接的荷载－位移曲线

Ⅰ—螺栓有预拉力;Ⅱ—螺栓未加预拉力;Ⅲ—紧密配合的螺栓,有预拉力;Ⅳ—焊接

图 5.93(c) 给出连接螺栓较多而焊缝较短的情况。如果连接以板件滑移为极限状态,则承载力为焊缝断裂和滑移力之和;如果滑移不作为极限状态,则承载力为螺栓剪断(或板承压破坏)的承载力,焊缝实际不起作用。反之,如果焊缝较长而螺栓较少,也是不合适的。因此,在栓焊混合连接设计时,高强度螺栓和焊缝应按各自抗剪承载力设计值之比不超过 3 的要求进行配置,以免两种连接的承载力相差过大,使承载力低的一方发挥不出作用。

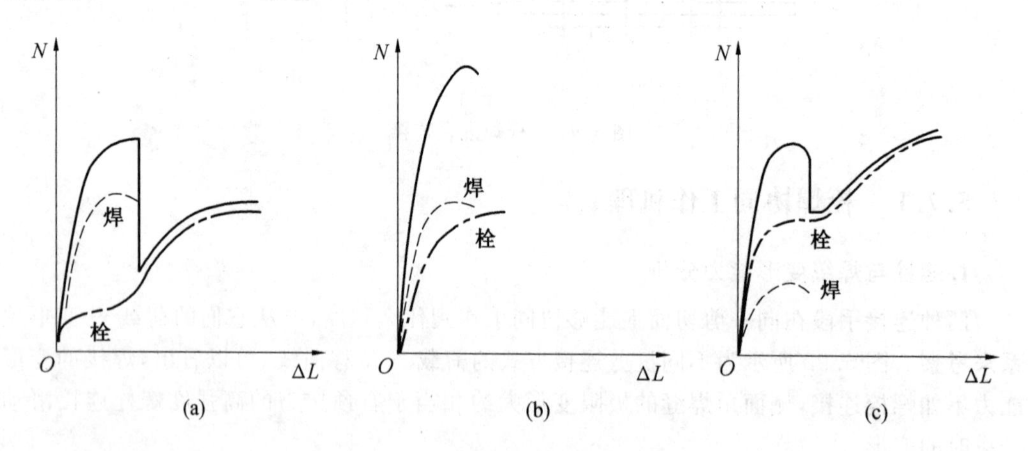

图 5.93 混合连接承载力分析

焊缝和高强度螺栓在承受静力荷载时能够较好地协同工作,但在承受产生疲劳作用的重复荷载却并不如此。混合连接的疲劳寿命和仅有焊缝的连接差不多。这是因为,侧焊缝端部存在剪应力集中,疲劳裂纹会先在该部位出现并继续扩展。因此,在承受疲劳作用的构件中,用图 5.91(a) 所示焊缝来加强已有的高强度螺栓连接将事与愿违,抗疲劳强

度不但不能提高，甚至还会降低。但是，如果所加焊缝局限在图 5.91(a) 中的 l_1 范围内，情况会有所不同，因为那里焊缝应力低，不至于先破坏。

2. 栓焊混合连接施工

焊缝和高强度螺栓共用时，还有一个施工顺序问题。如果先施焊而后上紧螺栓，板层间有可能因焊接变形而产生缝隙，拧紧时不易达到需要的预拉力。如果先上紧螺栓而后施焊，高温会使螺栓预拉力下降。研究表明，当螺栓受热温度在 100 ～ 150 ℃ 时，螺栓预应力的损失约为 10%，温度超过此范围松弛损失会增大，且这种损失在短时间内就会发生。

以图 5.94 所示 H 型钢腹板连接为例，工厂内焊接环境温度为 30 ℃ 时，采用 CO_2 保护焊(热输出量相对较小)，实测外侧边排螺栓的温度达到 100 ℃ 以上，围焊角部的螺栓温度可超过 150 ℃，持续高温的时间达到 20 min。如果在现场阳光暴晒之下，采用手工电弧焊，则螺栓的温度会更高，持续时间也会更长。

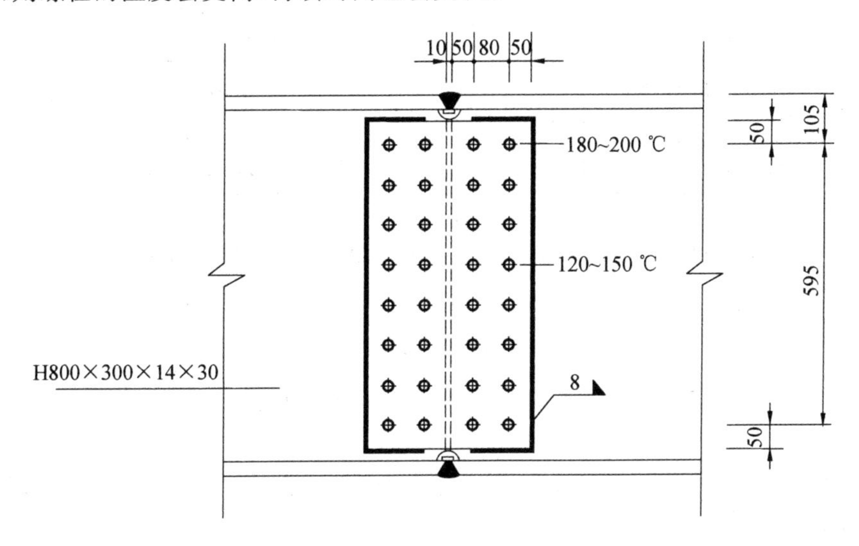

图 5.94　焊缝附近螺栓温度实测

综上，栓焊混合连接的施工顺序应为先栓后焊。为克服焊接热作用对栓焊抗滑移性能的影响，对加固补强节点，应在焊接 24 h 后对距焊缝 100 mm 范围内的高强度螺栓予以补拧，补拧扭矩为螺栓的终拧扭矩。对于新制作安装的混合连接节点，可先初拧至设计预拉力的 60%，再行施焊，待焊缝冷却后对全体螺栓进行终拧。

5.7.2　栓焊混合连接承载力计算

1. 中国规范

行业标准《钢结构高强度螺栓连接技术规程》(JGJ 82—2011) 规定栓焊并用连接的受剪承载力应按下列公式计算：

(1) 高强度螺栓与侧焊缝并用连接(图 5.95(a))

$$N_{wb} = N_{fs} + 0.75N_{bv} \tag{5.107}$$

式中　N_{bv}—— 连接接头中摩擦型高强度螺栓连接受剪承载力设计值(kN)；

N_{fs}—— 连接接头中侧焊缝受剪承载力设计值(kN)；

N_{wb}—— 连接接头的栓焊并用连接受剪承载力设计值(kN)。

(2) 高强度螺栓与侧焊缝及端焊缝并用连接(图 5.95(b))

$$N_{wb}=0.85N_{fs}+N_{fe}+0.25N_{bv} \tag{5.108}$$

式中　N_{fe}—— 连接接头中端焊缝受剪承载力设计值(kN)。

此外，栓焊并用连接的构造还应符合下列规定：

(1) 平行于受力方向的侧焊缝端部起弧点距板边应不小于 h_f，且与最外端的螺栓距离应不小于 $1.5d_0$；同时侧焊缝末端应连续绕角焊不小于 $2h_f$ 长度；

(2) 栓焊并用连接的连接板边缘与焊件边缘距离应不小于 30 mm；

(3) 高强度螺栓摩擦型连接不宜与端焊缝单独并用。

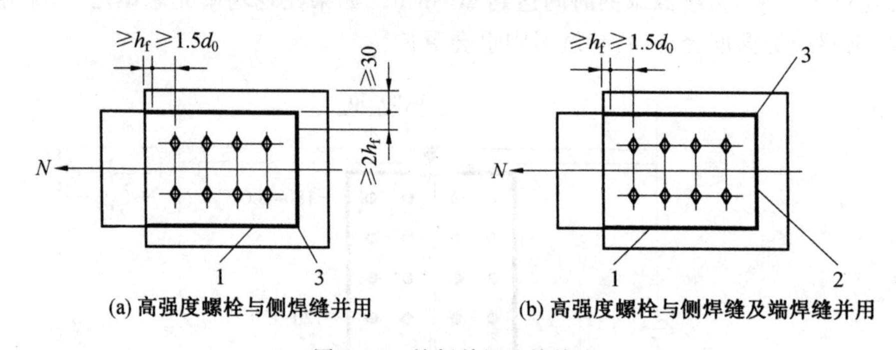

图 5.95　栓焊并用连接接头

1—侧焊缝；2—端焊缝；3—连续绕焊

在既有高强度螺栓摩擦型连接上新增角焊缝进行加固补强时，其设计应符合下列规定：

(1)高强度螺栓摩擦型连接和角焊缝连接应分别承担加固焊接补强前的荷载和加固焊接补强后新增加的荷载；

(2)当加固前进行结构卸载或加固焊接补强前的荷载小于高强度螺栓摩擦型连接承载力设计值 25%时，可按式(5.107)和式(5.108)进行设计。

2. 美国 AISC 360－16 规范

美国 AISC 360－16 规范规定，在抗剪连接设计中，只有在充分考虑了共同连接面上螺栓与焊缝的变形协调条件后，才可以采用栓焊混合连接。此时，混合连接的强度 ϕR_n 可视为摩擦型高强度螺栓连接的名义抗滑强度与侧焊缝的名义抗剪强度之和，同时还应符合以下要求：

(1)混合连接的抗力分项系数 $\phi=0.75$；

(2)侧焊缝在混合连接中的强度分担比例应不低于 50%；

(3)高强度螺栓在混合连接中的强度分担比例应不低于 33%。

在对结构采用焊接进行改造时，既有的摩擦型高强度螺栓在满足抗滑连接预紧条件的前提下，可用于承担改造时的荷载，而焊缝只需要承担新增的荷载，并且焊缝在混合连接中的强度分担比例应不低于25%。

思考题与习题

1. 焊接连接和高强度螺栓连接各有何优缺点？如何在设计中做到合理使用？
2. 在钢结构设计中，对残余应力问题是如何处理的？
3. 试定量分析撬力作用对高强度螺栓抗拉连接承载性能的影响。
4. 试分析中美钢结构规范在焊接连接和螺栓连接承载力计算方面相关规定的差异。
5. 除通常采用的焊接连接和螺栓连接外，在钢结构中还有哪些可采用的连接方式？

第 6 章　节点设计

钢结构构件通过节点相互连接、协同工作，形成结构整体；节点在钢结构体系中居于枢纽地位，其对结构整体的安全性、经济性和可建造性均会产生重要影响，具体表现在：(1)即使每个构件都能满足安全使用的要求，如果节点设计处理不当，率先发生破坏，也会引起整个结构的破坏，而且节点破坏的后果较构件破坏更为严重；(2)如果节点构造与结构的计算简图不一致，就会改变结构或构件的受力状态，导致分析结果不可靠；(3)节点连接用钢量通常会占到主结构钢材用量的 10％～15％，对工程造价影响较大；(4)节点连接的难易程度还会影响到工程施工的质量和进度。

尽管节点如此重要，但其设计理论却远不如构件成熟，这主要是因为节点形式多样且受力状态较为复杂，不易精确地分析其工作状态。所以，在节点设计时既要遵循力学基本原理，也要综合考虑其合理性和可行性，遵循下列基本原则：

(1)安全可靠。节点应满足承载力极限状态要求，具有足够的强度和刚度，有明确的传力路线和可靠的构造保证；传力应均匀、分散，尽可能减少应力集中现象；应防止焊缝与螺栓等连接部位开裂引起节点失效，或节点变形过大造成结构内力重分配；对于构造复杂的重要节点应通过有限元分析确定其承载力，并宜进行试验验证。

(2)符合结构计算假定。节点构造应尽可能使结构实际受力与计算简图一致，要避免因节点构造不恰当而改变结构或构件的受力状态；当构件在节点偏心相交时，还应考虑局部弯矩的影响；拼接节点应保证被连接构件的连续性。

(3)便于制作、运输、安装。减少节点类型，尽量做到定型化、标准化；拼接的尺寸应留有调节的余地；尽量方便施工时的操作，如：避免工地焊缝的仰焊、设置安装支托等；节点构造还要便于使用维护，防止积水、积尘，并采取有效的防腐、防火措施。

(4)经济合理。要在对用材、制作、施工等方面综合考虑后，确定最经济的方案；要在省工时与省材料之间选择最佳平衡，而不应单纯理解为用钢量的节省。

6.1　构件的拼接

6.1.1　等截面拉压杆

等截面轴心受力构件的拼接是最简单的构造之一，分为在制造工厂完成的拼接和在施工工地完成的拼接两种情况。

1. 工厂拼接

(1)拉杆。可以采用直接对焊(图 6.1(a))或拼接板加角焊缝(图 6.1(b))。直接对焊时焊缝质量必须达到一、二级质量标准，否则要采用拼接板加角焊缝。

(2)压杆。可以采用直接对焊或拼接板加角焊缝。

直接对焊对尺寸要求高，拼接板加角焊缝对尺寸精度要求不高。采用拼接板加角焊缝时，构件的翼缘和腹板都应有各自的拼接板和焊缝，使传力尽量直接、均匀，避免应力过分集中。确定腹板拼接板宽度时，要留够施焊纵焊缝时操作焊条所需的空间，如图 6.1(b)中的 α 角不应小于 30°。

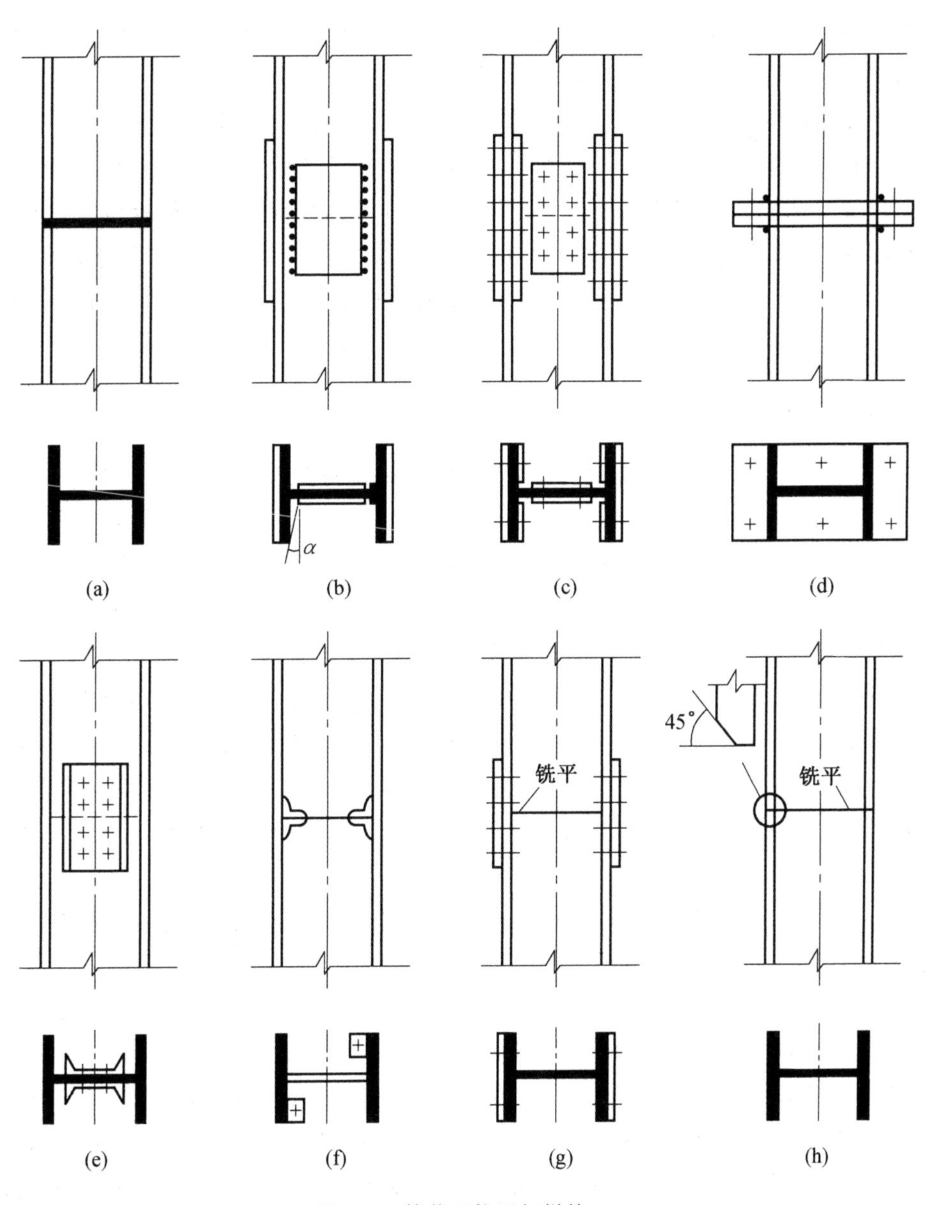

图 6.1　等截面拉压杆拼接

2. 工地拼接

(1)拉杆。拼接板加高强度螺栓(图 6.1(c)，现场拼接方便)或端板加高强度螺栓(图 6.1(d)，建筑少用)。高强度螺栓宜用摩擦型。

(2)压杆。可以采用焊接(图 6.1(e)、(f))或上、下段接触面刨平顶紧直接承压传力(图 6.1(g)、(h))。用焊接时,上段构件要事先在工厂做好坡口,下段(或上、下两段)带有定位零件(槽钢或角钢),保证施焊时位置正确。上、下段接触面刨平顶紧直接承压传力时应辅以少量焊缝和螺栓,使其不能错动。这种方案适用于板件很厚的重型柱,要求接触面平整,并和轴线垂直;因此,制造时必须保证应有的精度。若构件有可能出现拉力和剪力,要靠焊缝或螺栓及板来传递,需加以计算。

拼接设计的原则为:(1)内力设计,注意均匀传力问题;(2)等强度原则,即拼接材料和连接件都能传递断开截面的最大内力;如翼缘的拼接板及其焊缝(或螺栓)能传递 $N_f = A_f \cdot f$,即翼缘面积乘设计强度;(3)保证构件的整体刚度,特别是压杆的拼接,应注意不致因连接变形降低构件刚度造成容易屈曲的弱点;如主要依靠承压面传力的拼接,宜尽量接近杆的支承点,其距离不超过杆件计算长度的 20%,以免因截面移动而对杆的承载力有较大影响。

6.1.2 变截面柱

(1)直接对焊(图 6.2(a))适用于腹板不变、只改变翼缘厚度的情况。可节省钢材,尤其适用于高层结构。

(2)上下段柱共同焊于一块平板(图 6.2(b)),适用于腹板宽度变化不大的情况。设上段翼缘所能承受的最大内力为 N_f,则板必须能承受弯矩 $N_f \cdot e$ 和剪力 N_f,并由此确定它的厚度。如果构件受拉不宜采用此方案,以免造成层间撕裂。

(3)截面变化较大但一侧翼缘外表平齐(图 6.2(c)),另一翼缘下应设加劲肋,否则平板受弯矩太大,需要很厚才能满足要求。加劲肋承受上段翼缘的力 N_f,并通过焊缝把此力传给下段的腹板。焊缝长度要能够传递力 N_f。同时,假设 N_f 以每侧 30°角扩散到腹板上。若下段腹板厚度为 t_1,N_f 的分布宽度为 b_1,则 $N_f/(b_1 \times t_1)$ 不应超过腹板的设计强度。

(4)上下段柱中线对齐(图 6.2(d)),可利用纵横加劲肋形成一工字梁,以减小下柱腹板的负担。

(5)上下段柱之间设变截面段(图 6.2(e)),要求平板能承受水平力。上板承受因翼缘倾斜而出现水平压力 $N_f \cdot \tan\alpha$,下板则承受水平拉力 $N_f \cdot \tan\alpha$。

(6)当柱下段为宽大的格构式柱时,它的上部应设置实腹的肩梁,这种肩梁可以做成单腹板或双腹板的,前者在构造上与图 6.2(d)类似;后者是箱型截面(图 6.2(f)),平面外刚度和扭转刚度较好,用于有重型吊车的厂房柱,在纵向力作用下可保证上下段形成一个连续构件。

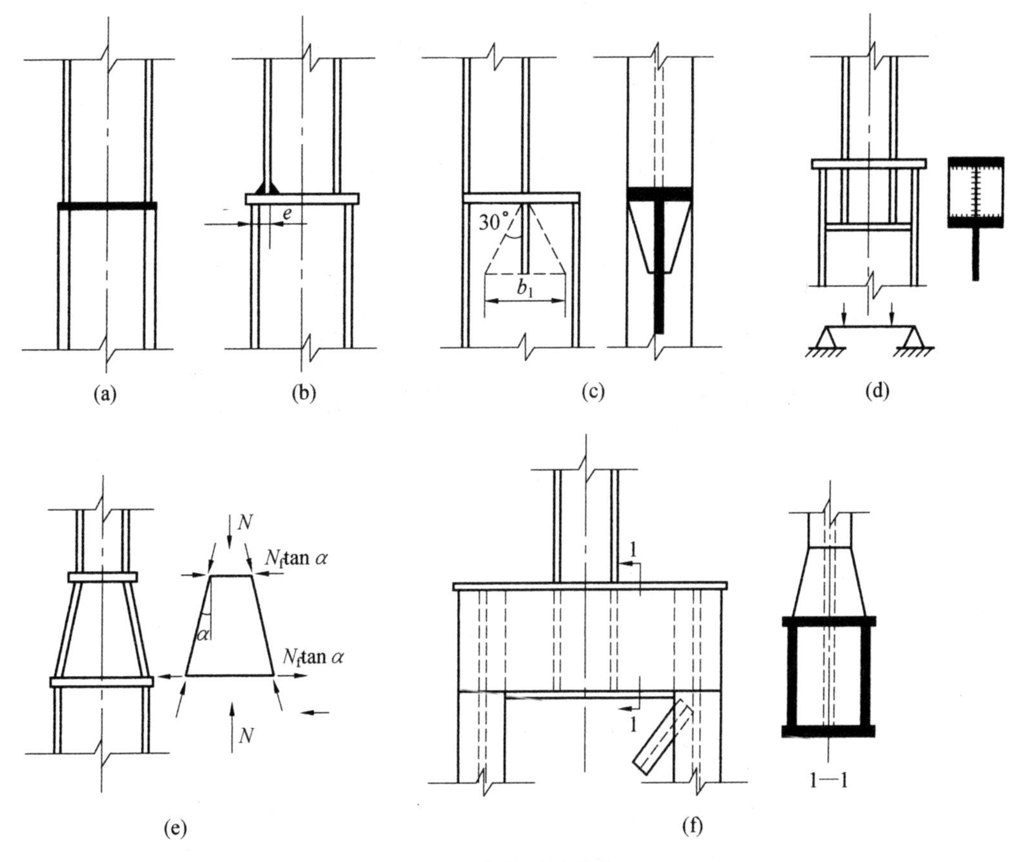

图 6.2　变截面柱拼接

6.1.3　梁

梁和拉、压杆受力方式虽然不同，但构造上却有很多共同点。

1. 按拼接方式分类

(1)对接焊缝的拼接(图 6.3(a))，焊缝质量应达到检验标准一、二级；

(2)由于翼缘与腹板连接处不易焊透，可仅对翼缘用对接焊缝，腹板用拼接板和螺栓(图 6.3(b))，拼装比较方便；

(3)全部用拼接板及高强度螺栓连接(图 6.3(c))，适用于工地拼接；

(4)端板连接(图 6.3(d))，高强度螺栓数量少，工地拼装更为方便，受压区可只设少量螺栓，靠两板承压传力，受拉区则应有足够螺栓；由于螺栓还承受剪力，故宜采用摩擦型高强度螺栓。

2. 按施工条件分类

工厂拼接主要是受到钢材规格和现有钢材尺寸限制而进行的拼接，其构造要求有：

(1)翼缘和腹板的拼接位置最好错开，和加劲肋的位置也要错开，以避免焊缝集中(图 6.4(a))；

(2)翼缘和腹板的拼接焊缝一般采用对接焊缝，施焊时要使用引弧板；

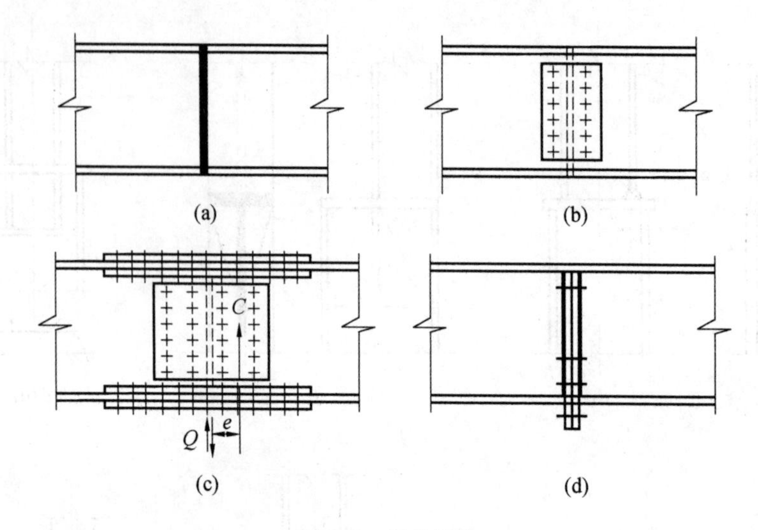

(a)　(b)　(c)　(d)

图 6.3　梁的拼接

(3)对于满足一、二级质量检验的焊缝不需要进行验算；

(4)对于满足三级质量检验的焊缝需要进行验算，当焊缝强度不足时可采用斜焊缝(图 6.4(b))，当 θ 满足 $\tan\theta \leqslant 1.5$ 时，可以不必验算。

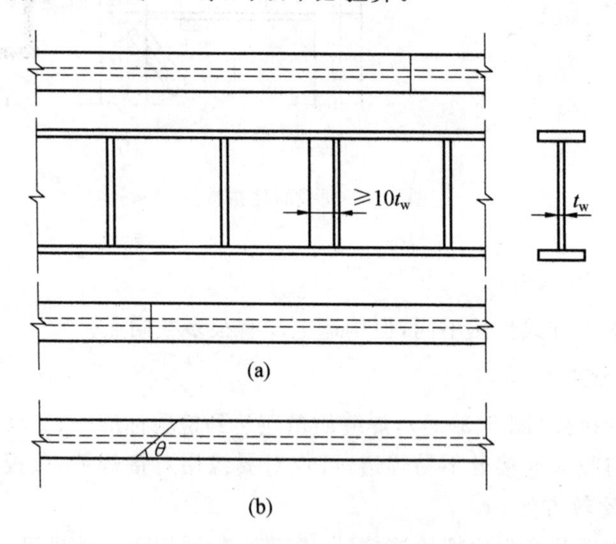

(a)

(b)

图 6.4　梁工厂拼接

工地拼接主要是受到运输和安装(起重)条件限制而进行的拼接，其构造要求有：

(1)为了便于运输，拼接位置一般在同一截面(图 6.5(a))，但也可做成焊缝不在同一截面的接头(图 6.5(b))；

(2)为了使翼缘板在焊接过程中有一定的伸缩余地，以减少焊接残余应力，可在工厂预留约 500 mm 长度不焊，待在工地将接头焊好后再焊；

(3)对于铆接梁和较重要的或受动力荷载作用的焊接大型梁，工地拼接常采用高强度螺栓连接。

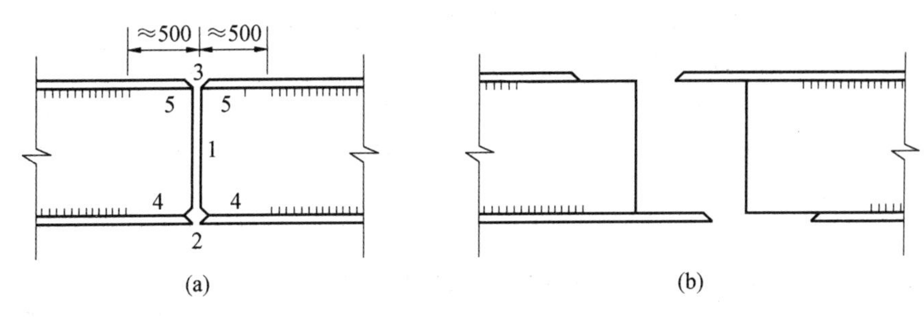

图 6.5　梁工地拼接

3. 拼接计算方法

计算梁的拼接可有两种方法：

(1)等强设计，断开截面的翼缘和腹板都有相应的拼接材料和连接件，它们所能传递的力不低于翼缘和腹板所能传递的最大内力；这种拼接可以设置在梁的任一截面。

(2)按构件实际内力计算，翼缘按在具体荷载组合下的内力计算，腹板按荷载组合下的剪力 Q 和按刚度分配到腹板上的弯矩 M_w 进行计算

$$M_w = M\frac{I_w}{I} \tag{6.1}$$

式中　I_w——腹板截面惯性矩；

I——整个梁截面的惯性矩。

由于螺栓群重心 C 偏离断开截面(图 6.3(c))，还应加上偏心力矩 $Q \cdot e$。承受静力荷载的梁，按具体内力计算时，还可稍加简化，即由翼缘的拼接担负全部弯矩，腹板的拼接只担负剪力及其偏心力矩。简化的前提是翼缘能够承担该截面的最大弯矩。图 6.3(d)的拼接则可把弯矩化成作用在梁上、下翼缘的一对力偶，其下翼缘的拉力可以由最下面两行螺栓承受，剪力则由全部螺栓共同承受。

6.2　次梁与主梁的连接

次梁与主梁的连接有铰接和刚接两种。若次梁按简支梁计算，在连接节点处只传递次梁的竖向支座反力，则其连接为铰接；若次梁按连续梁计算，连接节点除传递次梁的竖向支座反力外，还能同时传递次梁的端弯矩，则其连接为刚接。次梁与主梁的连接形式按其连接相对位置的不同，又可分为叠接和平接两种。

6.2.1　次梁与主梁铰接

1. 叠接

叠接是把单跨次梁直接放在主梁上，如图 6.6(a)所示，并用焊缝或螺栓固定其相互间位置。当次梁支座反力较大时，应在主梁支承次梁的位置设置支承加劲肋，以避免主梁腹板承受过大的局部压力。主梁腹板横向加劲肋的间距要结合次梁的支承位置来确定。这种连接的优点是构造简单，次梁安装方便；缺点是主次梁结构所占空间大，其使用常受

到限制。在该连接中,焊缝或螺栓只是起到安装固定作用,通常不用计算。

当次梁在主梁上连续通过时(图 6.6(b)),由于次梁本身是连续的,次梁支座弯矩可以直接传递,因此相当于是简支在主梁上。当次梁荷载较大或主梁上翼缘较宽时,可在主梁支承次梁处设置焊于主梁中心的垫板,以保证次梁支座反力以集中力的形式传给主梁,避免主梁受扭作用(图 6.6(c))。

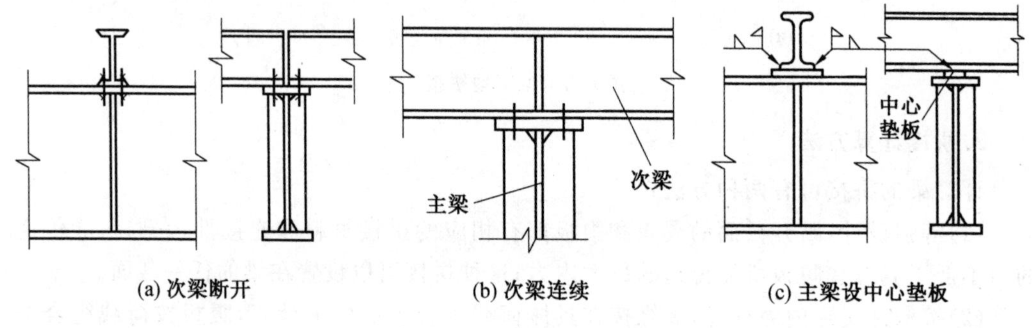

(a) 次梁断开　(b) 次梁连续　(c) 主梁设中心垫板

图 6.6　次梁与主梁叠接

2. 平接

平接是将次梁连接在主梁的侧面,可以直接连在主梁的加劲肋(图 6.7(a))、短角钢(图 6.7(b))和承托(图 6.7(c))上。次梁顶面根据需要可以与主梁顶面相平,或比主梁顶面稍低。平接可以降低结构高度,故在实际工程中应用较为广泛。

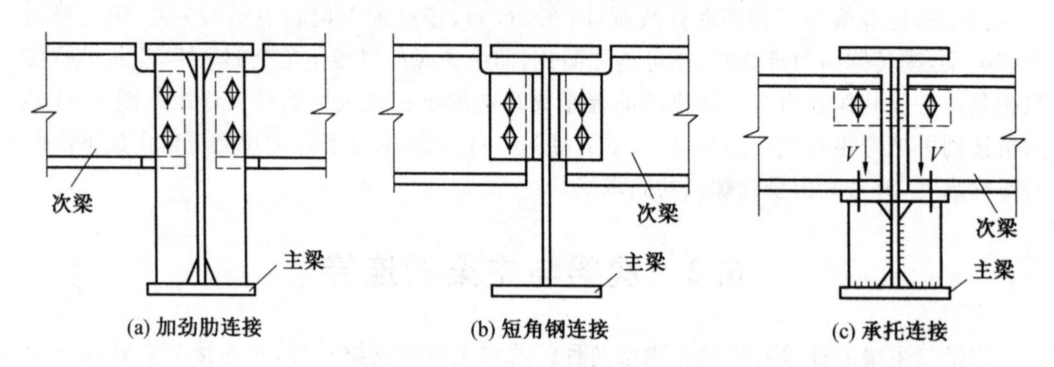

(a) 加劲肋连接　(b) 短角钢连接　(c) 承托连接

图 6.7　次梁与主梁平接(铰接)

图 6.7(a)、(b)中的连接构造,需将次梁的翼缘局部切除。考虑到连接处有一定的约束作用,并非理想铰接,通常将次梁支座反力值加大 20%～30%进行连接计算。当次梁的支座反力较大,用螺栓连接不能满足要求时,可采用工地焊缝连接承受支座反力,此时螺栓仅起安装和临时固定位置的作用。

图 6.7(c)适用于次梁支座反力较大的情况。支座反力全部由承托传递,支座反力引起的压力在承托上面按三角形分布,反力合力作用点位于承托顶板外边缘 $a/3$ 处。次梁端部的腹板应采取适当的固定措施防止支座处截面的扭转。

6.2.2　次梁与主梁刚接

次梁与主梁刚接时，由于连接节点除传递次梁的竖向支反力外，还要传递次梁的梁端弯矩，当主梁两侧的次梁梁端弯矩相差较大时，会使主梁受扭，对主梁不利。因此，只有当主梁两侧次梁的梁端弯矩差较小时，才采用这种连接方式。

次梁与主梁的刚接常采用平接形式。此时，次梁连接在主梁的侧面，并与主梁刚接，两相邻次梁成为支承于主梁侧面的连续梁(图 6.8)。为此，两跨次梁之间必须保证能够传递其支座弯矩。图 6.8(a)为采用高强度螺栓连接，次梁的腹板连接在主梁的加劲肋上；为传递弯矩，次梁上翼缘应设置连接盖板，下翼缘的连接板分成两块，焊在主梁腹板的两侧。图 6.8(b)为次梁支承在主梁的承托上，采用焊接连接，在次梁的上翼缘设有连接盖板，而下翼缘的连接板则由支托的平板代替。为避免仰焊，连接盖板比上翼缘窄，托板比下翼缘宽。

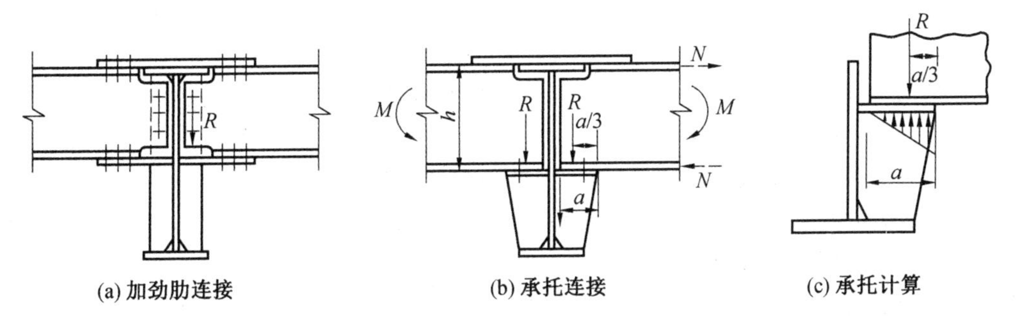

图 6.8　次梁与主梁平接(刚接)

次梁支座负弯矩 M 可以分解为上翼缘拉力和下翼缘压力的力偶 $N=M/h$(h 为次梁高度)。计算时，次梁上、下翼缘与连接板的螺栓连接或焊接连接要满足承受 N 力的要求。次梁的竖向支座反力 R 则通过螺栓传给主梁腹板加劲肋，或直接通过次梁梁端承压传给主梁的承托。次梁的竖向支座反力 R 在承托顶板上的作用位置可视为距承托外边缘 $a/3$ 处，承托顶板上的压力为三角形分布(图 6.8(c))。

6.3　梁和柱的连接

6.3.1　梁柱连接分类

根据梁柱连接的转动刚度($M-\theta$ 关系)，可划分为柔性连接、半刚性连接和刚性连接三种。本节讨论如何定量划分这三类连接。

1. 梁柱连接的基本特征

图 6.9 给出了八种不同的连接构造，它们的 $M-\theta$ 曲线示于图 6.10。其中，用两端 T 型钢连接的⑤转动刚度最好，可以认为是刚性连接。用端板的法兰盘式连接①和②，刚度次之；梁上下翼缘用角钢或角钢和钢板连于柱的⑥和⑧，刚度再次。这四种可认为是半刚性连接。仅把梁腹板用单角钢③、双角钢④或端板⑦连于柱的，转动刚度很小，属于柔性

连接。

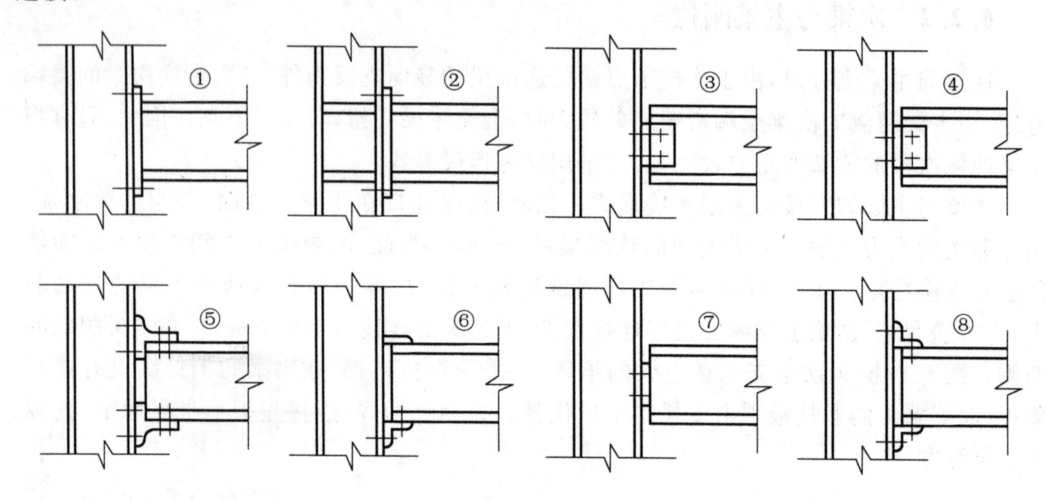

图 6.9　梁柱连接

由图 6.10 所示的 $M-\theta$ 曲线，可以看出连接的特性由下列三项指标来表征：抗弯强度、转动刚度、延性（转动能力）。

抗弯强度是连接承载力的主要项目，此外还有抗剪强度。刚性连接从理论上来说，承受弯矩和剪力的能力应该不低于梁的承载能力，即不低于梁的塑性铰弯矩和腹板全塑性剪力。地震区的框架应该要求更高，体现“强连接－弱构件”的原则。对于柔性连接则只要求其抗剪能力。半刚性连接介于刚性和柔性连接之间，必须具有一定的抗弯能力。

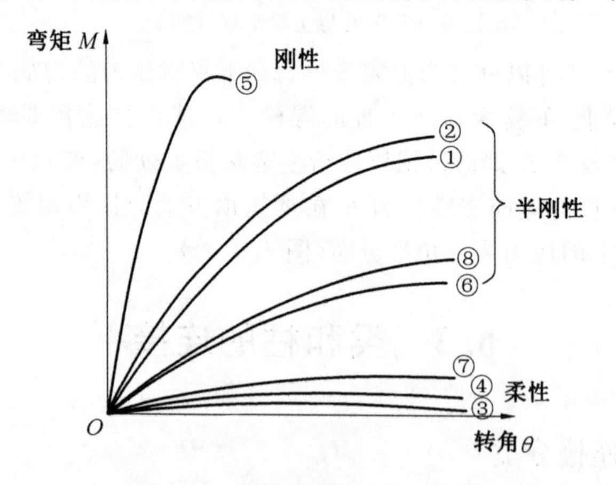

图 6.10　梁柱连接的 $M-\theta$ 曲线

连接的转动刚度由 $M-\theta$ 曲线的斜率来体现。研究表明，转动刚度不是常量，其对框架变形和承载力都有影响。对变形的影响需要结合正常使用极限状态进行分析。为此，应考察连接的初始刚度 R_{ki} 或标准荷载作用下的割线刚度 R_{ks}（图 6.11）。刚性连接的刚度，理论上需要达到无限大，但实际上只要达到一定限值就可以看作是刚性连接，问题在于如何从数量上做出界定。

转动能力属于延性指标，塑性设计的框架要求塑性铰部位有一定的转动能力，以便后续的内力重分布能够出现(参见本书第 4 章)。地震区的框架为了耗散地震能量,对转动能力要求更高。

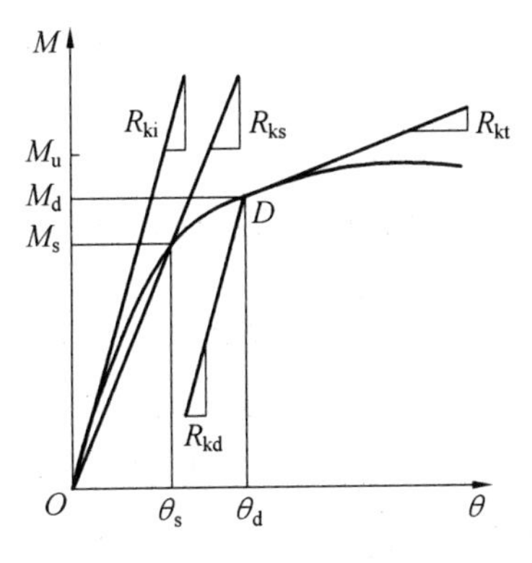

图 6.11　转动刚度

需要说明的是,半刚性连接的 $M-\theta$ 关系在实际加载过程中一般是非线性的。这种非线性来自多种因素,具体包括:

(1)连接组成材料本身不连续。连接是由螺栓及型钢,如角钢、T 型钢等组合配置而成。这种形式在不同的加载阶段,各组件之间会产生相对滑移和错动。

(2)连接组合中一些组件产生局部屈服,是引起连接非线性的主要因素。

(3)连接组合中的孔眼、扣件以及构件之间的承压接触所引起的应力和应变集中。

(4)连接附近处,梁和柱的翼缘和腹板的局部屈曲。

(5)在外荷载影响下结构整体的几何变化。

如果改变弯矩方向,连接将会卸载,但所走的是不同的路径,它几乎是线性的,其斜率等于 $M-\theta$ 曲线的初始斜率。为了可靠地计算框架的效应,必须恰当地模拟连接的这种加载/卸载特性。

2. 梁柱连接基于刚度的分类

针对半刚性连接和刚性连接分界,有学者提出两项判定准则,分别针对正常使用极限状态和承载能力极限状态。前者是

$$\Delta_s=\frac{\delta_s-\delta_r}{\delta_r}\leqslant 0.05 \tag{6.2}$$

式中　δ_s——所考察半刚性连接框架的位移;

δ_r——相应的理想刚性连接框架的位移。

满足式(6.2)时,框架刚度比理想条件下降 5%以内,在正常使用阶段可以看成是刚性连接。

第二个准则是

$$\Delta_u=\sqrt{\frac{(F_{ur}-F_{us})^2}{F_{ur}^2}+\frac{(\delta_{us}-\delta_{ur})^2}{\delta_{ur}^2}}\leqslant 0.07 \tag{6.3}$$

式中　F_{us} 和 F_{ur}——分别为半刚性和刚性连接框架的承载极限;

δ_{us} 和 δ_{ur}——到达承载极限时的 δ_s 和 δ_r。

式(6.3)综合了承载力的差别和位移的差别，0.07 相当于$\sqrt{0.05^2+0.05^2}$。满足此式时框架综合性能比理想条件降低的程度在可接受的范围内。

欧洲 EC3 规范规定，梁柱连接节点的转动刚度小于等于 0.5 倍被连接梁线刚度时，可视为柔性连接，即

$$K_z \leqslant 0.5 i_b \tag{6.4}$$

式中 K_z——节点弯矩达到与之相连的梁的塑性极限弯矩的 2/3 时的割线刚度；

i_b——梁线刚度。

对有侧移框架，如果连接的弯矩－曲率关系位于图 6.12(a)所示曲线之上，则梁柱连接可以看成是刚性的。对无侧移框架，如果连接的弯矩－曲率关系位于图 6.12(b)所示曲线之上，则梁柱连接可以看成是刚性的。其中，$\bar{m}$ 为无量纲化的弯矩承载力界限值，$\bar{m}=M_u/M_{bp}$；M_u为连接所能承受的最大弯矩；M_{bp}为梁的全塑性弯矩；$\bar{\phi}$ 为无量纲转角，$\bar{\phi}=\phi \cdot i_b/M_{bp}$，$\phi$ 为节点转角，i_b为梁线刚度。

图 6.12(a)曲线可表示为

$$\bar{m} \leqslant \frac{2}{3}\text{时}，\bar{m}=25\bar{\phi} \tag{6.5}$$

$$\frac{2}{3} \leqslant \bar{m} \leqslant 1\text{ 时}，\bar{m}=\frac{4}{7}+\frac{25}{7}\bar{\phi} \tag{6.6}$$

图 6.12(b)曲线可表示为

$$\bar{m} \leqslant \frac{2}{3}\text{时}，\bar{m}=8\bar{\phi} \tag{6.7}$$

$$\frac{2}{3} \leqslant \bar{m} \leqslant 1\text{ 时}，\bar{m}=\frac{3}{7}+\frac{20}{7}\bar{\phi} \tag{6.8}$$

式(6.5)相当于规定对有侧移框架，刚性连接最小转动刚度 K_z 为 $25EI_b/l_b$；式(6.7)相当于规定对无侧移框架，刚性连接最小转动刚度 K_z 为 $8EI_b/l_b$。

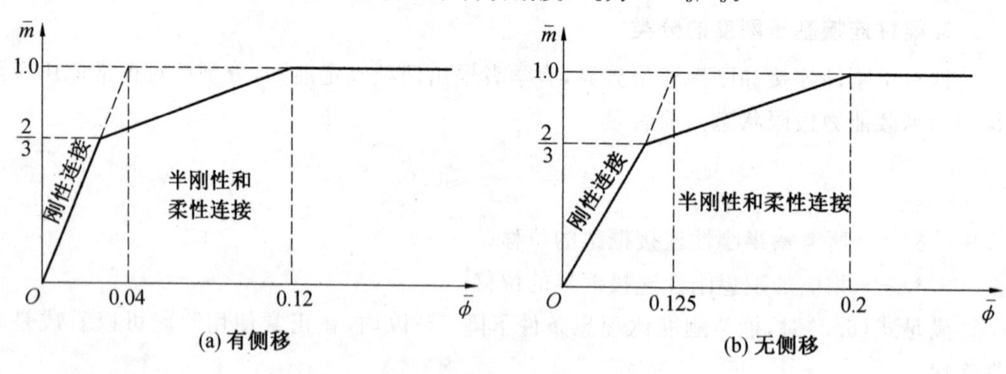

图 6.12 欧洲 EC3 规范对梁柱刚接的分界

3. 梁柱连接基于强度的分类

梁柱连接节点根据连接的强度分为以下四类：

(1)铰接连接。连接有足够的转动能力，且其极限弯矩不大于被连接梁的塑性弯矩的 25%。

(2)等强连接。连接有足够的转动能力,且其极限弯矩至少等于被连接梁的塑性弯矩。

(3)欠强连接。连接有足够的转动能力,且其极限弯矩为被连接梁塑性弯矩的0.25~1.0倍。

(4)超强连接。连接的极限弯矩至少等于被连接梁塑性弯矩的1.2倍,此时不要求检验连接的转动能力。

4. 梁柱连接的综合分类

根据刚度和强度进行的分类见表6.1。图6.13所示为几种分类的连接弯矩一转角关系。不同的梁柱连接分类适用于不同的分析需求。例如,弹性分析对刚度的准确模拟很重要,而在弹塑性分析时,则不仅要模拟刚度还要模拟强度。

表 6.1　梁柱连接分类

刚度	强度			
	铰接	欠强	等强	超强
柔性	柔性一铰接	柔性一欠强		
半刚性	半刚性一铰接	半刚性一欠强	半刚性一等强	
刚性		刚性一欠强	刚性一等强	刚性一超强

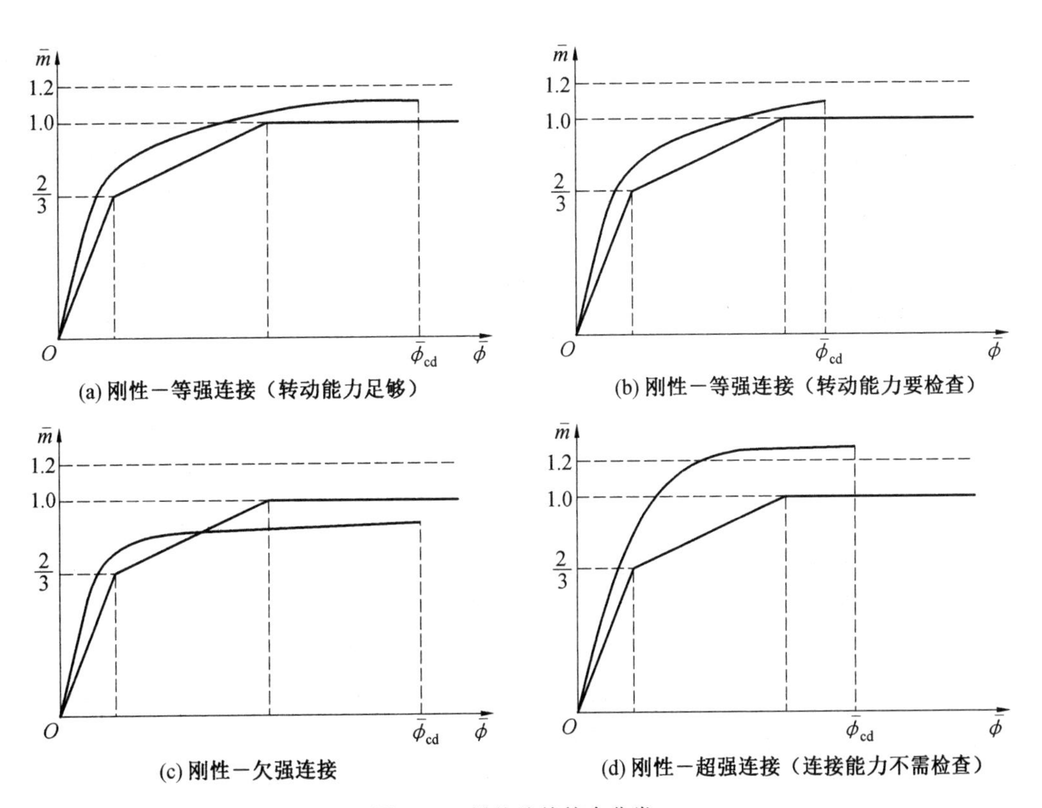

(a) 刚性一等强连接（转动能力足够）

(b) 刚性一等强连接（转动能力要检查）

(c) 刚性一欠强连接

(d) 刚性一超强连接（连接能力不需检查）

图 6.13　梁柱连接综合分类

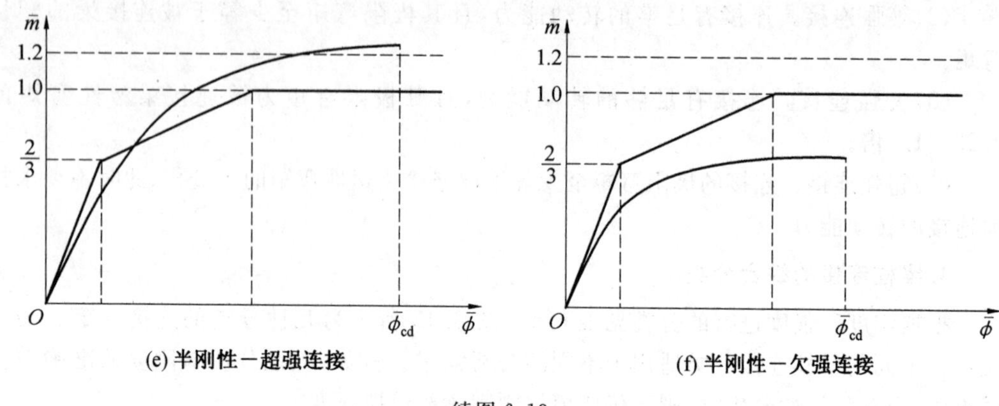

续图 6.13

6.3.2　柔性连接构造

1. 梁支承于柱顶

图 6.14 为梁支承在柱顶的柔性连接构造。梁的支座反力通过柱顶板传给柱身，顶板与柱身采用焊缝连接。每个梁端与柱采用螺栓连接，使其位置固定在柱顶板上。顶板厚度一般取 16～20 mm。

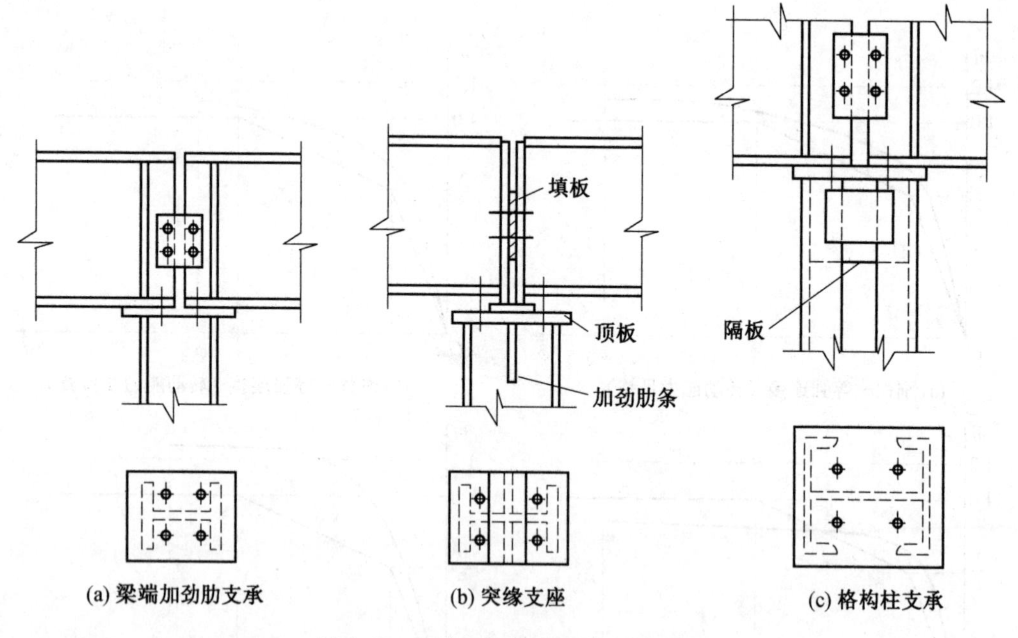

图 6.14　梁支承于柱顶的柔性连接构造

在图 6.14(a)中，梁端加劲肋对准柱的翼缘板，使梁的支座支力通过梁端加劲肋直接传给柱的翼缘。这种连接形式构造简单，施工方便，适用于相邻梁的支座反力相等或差值较小的情况。当两相邻梁支座反力不等且相差较大时，柱将产生较大的偏心弯矩。设计时柱身除按轴心受压构件计算外，还应按压弯构件进行验算。两相邻梁在调整、安装就位后，用连接板和螺栓在靠近梁下翼缘处连接起来。

在图 6.14(b)中，梁端采用突缘支座，突缘板底部刨平(或铣平)，与柱顶板直接顶紧，梁的支座反力通过突缘板作用在柱身的轴线附近。这种连接即使两相邻梁支座反力不相等时，对柱所产生的偏心弯矩也很小，柱仍接近轴心受压状态。梁的支座反力主要由柱的腹板来承受，所以柱腹板的厚度不能太薄。在柱顶板之下的柱腹板上应设置一对加劲肋以加强腹板。加劲肋与柱腹板的竖向焊缝连接要按同时传递剪力和弯矩计算，因此加劲肋要有足够的长度，以满足焊缝强度和应力均匀扩散的要求。加劲肋与顶板的水平焊缝连接应按传力需要计算。为了加强柱顶板的抗弯刚度，在柱顶板中心部位加焊一块垫板。为了便于制造和安装，两相邻梁之间预留 10～20 mm 间隙。在靠近梁下翼缘处的梁支座突缘板间填以合适的填板，并用螺栓相连。

在图 6.14(c)为梁支承在格构式柱顶的柔性连接构造。为了保证格构式柱两单肢受力均匀，不论是缀条式还是缀板式柱，在柱顶处应设置端缀板，并在两个单肢的腹板内侧中央处设置竖向隔板，使格构式柱在柱头一段变为实腹式。这样，梁支承在格构式柱顶连接构造可与实腹式柱同样处理。

2. 梁支承于柱侧面

图 6.15(a)～(e)给出几种典型的梁和 H 型柱的侧面柔性连接，包括用连接角钢、端板和承托三种方式。连接角钢和端板都只把梁的腹板和柱相连，连接角钢也可用焊于柱上的板代替。连接角钢和端板或是放在梁高度中央(图(a))，或是偏上放置(图(b)，(c))。偏上的好处是梁端转动时上翼缘变形小，对梁上面的铺板影响小。

当梁的支座反力较大时，可采用(d)图所示的连接构造。梁的支座反力直接传给承托。为避免柱腹板承受较大弯矩，承托一般用厚钢板制作，有时为了安装方便，也可采用加劲后的角钢。承托的顶面应刨平，和梁端顶紧并以局部承压传力。考虑到梁端支座反力偏心的不利影响，承托与柱的连接焊缝按 1.25 倍梁端支座反力来计算。在需要用小牛腿时，则应如(e)图所示做成工字型截面，并把它的两块翼缘都焊于柱翼缘，使偏心力矩 $M=R \cdot e$ 以力偶的形式传给柱翼缘。

用角钢连于柱腹板的梁(图 6.15(a))，在进行螺栓验算时应注意：通常将柱腹板中央作为梁的支承点，此时和柱腹板相连的 A 列螺栓只承受剪力，而和梁腹板相连的 B 列螺栓则除 R 力外还承受力矩 $M=R \cdot e$；如果反过来，认为梁支点在 B 列螺栓的中线上，则 A 列螺栓承受 R 和 M，不过这样一来，传到柱上的荷载也将是偏心的，会使柱腹板受弯，这是很不利的。用角钢连于柱翼缘的梁(图 6.15(b))，通常认为支点在柱翼缘表面。A、B 列螺栓受力的情况和连于柱腹板时的相同。当然这时传给柱的荷载是偏心的，在计算柱子时应予考虑。如果把梁支点看作是在柱轴线上，那么 A、B 两列螺栓都要承受力矩，是不可取的。

柔性连接构造应保证梁端能转动，可由下列措施实现：

(1)控制连接角钢的厚度，梁腹板不超过 10 mm 者，角钢厚度用 8 mm，其他情况用 10 mm；

(2)B 列采用不加预拉力的高强度螺栓，为使其能滑动，甚至可以采用短槽孔，不过这样做意味着以 B 列为支点；

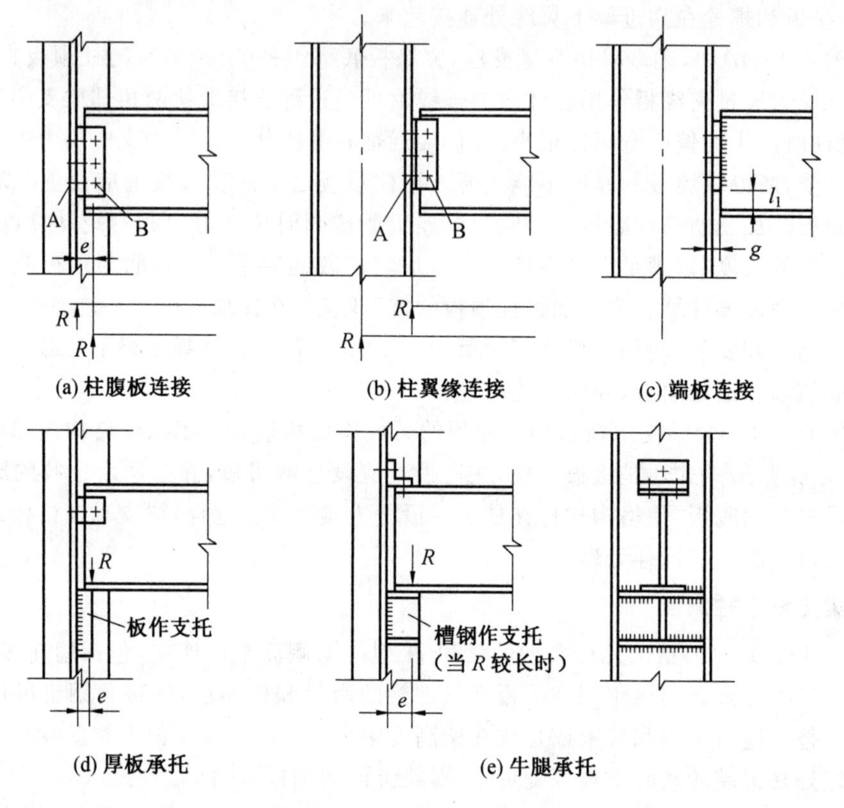

图 6.15　梁与柱的柔性连接

(3)梁端和柱之间留出缝隙,使梁有转动的余地。当连接角钢或连接板偏上时,下翼缘纵向位移较大,缝隙宽度 g 应不小于图 6.15(c)中 l_1 的 1/33。

6.3.3　半刚性连接构造

半刚性连接的优点是:(1)一般的刚架,梁端弯矩大于跨中弯矩,采用半刚性连接节点,梁端弯矩就可以向跨中分布,使得梁端弯矩和跨中弯矩接近,减小梁的截面;(2)目前的震害调查表明,半刚性连接节点很少在地震作用下破坏;(3)半刚性连接节点在现场一般采用螺栓连接,安装速度快。半刚性连接的缺点是:降低框架的抗侧刚度,因此主要应用于双重抗侧力结构中,水平力主要由支撑体系承担的结构,或水平力水平位移不控制设计的低层结构。

图 6.16 为多层框架梁与柱的半刚性连接节点。在图(a)中,梁端上、下翼缘处各用一个角钢作为连接件,并采用高强度螺栓摩擦型连接将角钢的两肢分别与梁和柱连接,这种连接属于半刚性连接。图(b)为梁端焊一端板,端板用高强度螺栓与柱翼缘连接,常称为端板连接。试验结果表明,图(b)比图(a)的转动刚度大,当图(b)中的连接端板足够厚且螺栓布置合理、数量足够时,端板连接对梁端的约束可以达到刚性连接的要求。

对于图 6.16(a)所示的角钢连接,受拉一侧的连接角钢在弯矩作用下,不仅竖肢变形,水平肢也变形,如图 6.17 所示。图中 θ_j 可达 5θ,因此连接的刚度比用端板稍低。试验

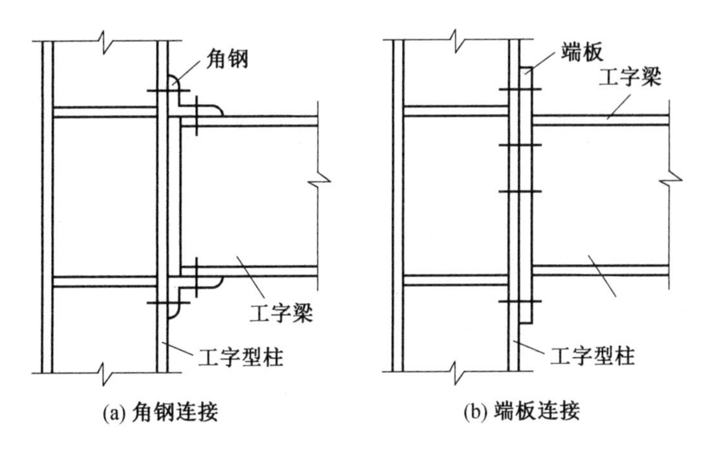

图 6.16　梁与柱的半刚性连接

表明,拉侧角钢竖肢确有撬力存在,竖肢上螺栓宜只设一行,因增加第二行不起多大作用,角钢水平肢则宜用两行螺栓。根据试验和有限元分析,角钢连接所能受的最大弯矩为

$$M_u = \frac{lt^2}{2} f_y \left(\frac{h+g}{l} + 1 \right) \tag{6.9}$$

式中　l, t——角钢的长度和厚度;

g——螺栓线至角钢背的距离;

h——梁的高度。

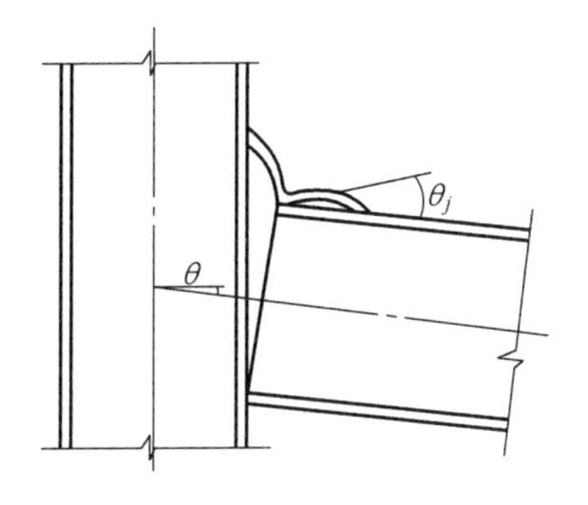

图 6.17　受拉侧角钢变形

对于图 6.16(b)所示的端板连接,其刚度和端板的厚度有直接关系。当端板厚度大且柱设有加劲肋时,端板连接甚至可以看成刚性连接。这类连接最好由端板形成机构控制,即在螺栓断裂之前先在端板形成机构,从而使连接具有较好的延性,不致在突然超载时(如发生地震)使螺栓断裂。

以图 6.18 所示的梁柱连接用外伸端板高强度螺栓连接节点为例,端板被工字型截面和加劲肋划分成若干板块,各板块的边界条件有悬臂板(一边固定支承)、两相邻边支承和三边支承等。端板厚度可根据螺栓的拉力或承载力要求由塑性铰线理论求得。伸臂类端板(即无加劲肋外伸部分)的塑性铰线分布如图 6.19(a)所示,螺栓线上有一条正弯矩塑性铰线,而在端板和梁翼缘外侧有一条负弯矩塑性铰线。

采用塑性铰线理论,令外力功小于等于内力功可得到

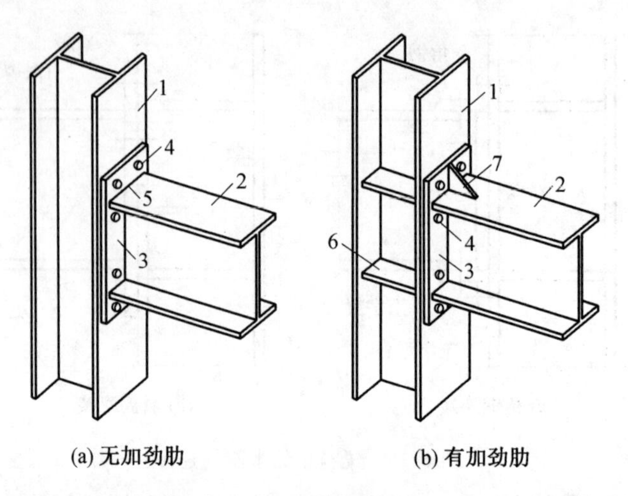

图 6.18　梁柱端板连接节点

1—柱；2—梁；3—端板；4—高强度螺栓；5—焊缝；6—柱横向加劲肋；7—端板加劲肋

$$2N_t \cdot \Delta = m_p b\varphi_y + m_p b\varphi_y$$

式中　Δ——梁翼缘提离柱表面的距离；

$\varphi_y = \Delta / e_f$——塑性铰线的塑性转动角度；

$m_p = t_p^2 f_y / 4$——端板塑性铰线的塑性弯矩；

N_t——螺栓拉力设计值(按照等强考虑可以取 N_t 为一个高强度螺栓受拉承载力设计值)；

e_f——螺栓中心到梁翼缘的距离；

b——端板宽度(忽略螺栓孔径对端板截面的削弱)；

t_p——端板厚度；

f_y——端板材料屈服强度。

从上式得到

$$N_t = \frac{b t_p^2 f_y}{4 e_f} \tag{6.10}$$

以板的弹性极限弯矩代替板的塑性极限弯矩，并用钢材的强度设计值代替标准值，即得到端板厚度设计公式：

$$t_{p1} = \sqrt{\frac{6 e_f N_t}{bf}} \tag{6.11}$$

对两相邻边支承的板，如图 6.19(b)所示，设螺栓处的弯曲虚位移为 Δ，则可以建立如下虚功方程：

$$\frac{\Delta}{e_w} m_p (e_f + c + c) + \frac{\Delta}{e_f}\left(\frac{1}{2}b + d\right) m_p + m_p \Delta \frac{e_f^2 + e_w^2}{e_f e_w} = N_t \Delta$$

从而得到

$$t_p = \sqrt{\frac{4 e_f e_w N_t}{2(c e_f + d e_w + e_f^2 + e_w^2) f_y}}$$

式中　e_w——螺栓中心至腹板边缘的距离；

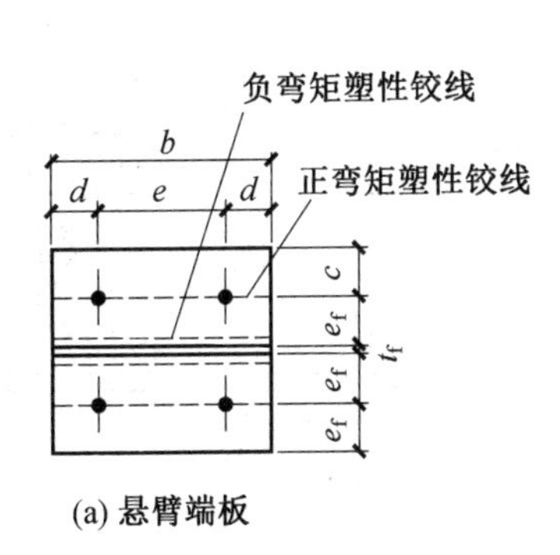

(a) 悬臂端板

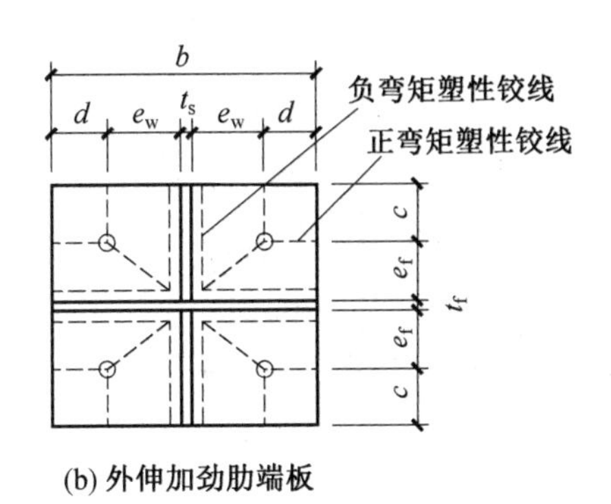

(b) 外伸加劲肋端板

图 6.19　梁柱端板连接节点

c,d——分别为螺栓到端板边的距离。

令 $c=e_w,d=0.5b-e_w$，且以板的弹性极限弯矩代替板的塑性极限弯矩，并用钢材的强度设计值代替标准值，得到

$$t_{p2}=\sqrt{\frac{6e_f e_w N_t}{[e_w b+2e_f(e_f+e_w)]f}} \tag{6.12}$$

式(6.12)除以式(6.11)，得到有加劲端板厚度与无加劲端板厚度的比值，并考虑到一般情况下，$e_f \approx e_w, b \approx 4 \times e_w$，则

$$\frac{t_{p2}}{t_{p1}}=\sqrt{\frac{be_w}{e_w b+2e_f(e_w+e_w)}}\approx\frac{1}{\sqrt{2}}$$

这表明，端板加劲肋使端板厚度降低到无加劲时的 0.7 倍。

6.3.4　刚性连接构造

1. 多层框架的刚性连接

梁与柱节点的刚性连接就是要保证将梁端的弯矩和剪力可以有效地传给柱子。图 6.20(a)所示为多层框架工字型梁和工字型柱全焊接刚性连接。梁翼缘与柱翼缘采用坡口对接焊缝连接。为了能够俯焊并且焊透，施焊时在梁翼缘下面需要有小衬板(可以带在柱上)。在梁腹板两端上、下角处还要各开 $r=30\sim35$ mm 的半圆孔。梁翼缘焊缝承受由梁端弯矩产生的拉力和压力；梁腹板与柱翼缘采用角焊缝连接以传递梁端剪力。这种全焊接节点的优点是省工省料，缺点是梁需要现场定位、工地高空施焊，不便于施工。为了消除上述缺点，可以将框架横梁做成两段，并把短梁段在工厂制造时先焊在柱子上，如图 6.20(b)所示，在施工现场再采用高强度螺栓摩擦型连接将横梁的中间段拼接起来。框架横梁拼接处的内力比梁端处小，因而有利于高强度螺栓连接的设计。但短梁段焊在柱上，会使柱运输不很方便，需要采取措施防止被碰坏。图 6.20(c)为梁腹板与柱翼缘采用连接角钢和高强度螺栓连接，并利用高强度螺栓兼作安装螺栓。横梁安装就位后再将梁的上、下翼缘与柱的翼缘用坡口对接焊缝连接。这种节点连接包括高强度螺栓和焊缝两种连接件，要求它们联合或分别承受梁端的弯矩和剪力，常称为混合连接。

对于全焊的刚性连接，柱翼缘在其厚度方向受拉，容易造成层间撕裂，采用时应特别慎重。在柱翼缘较厚时，应进行超声探伤检查，若在节点部位有分层则不能用。为了避免

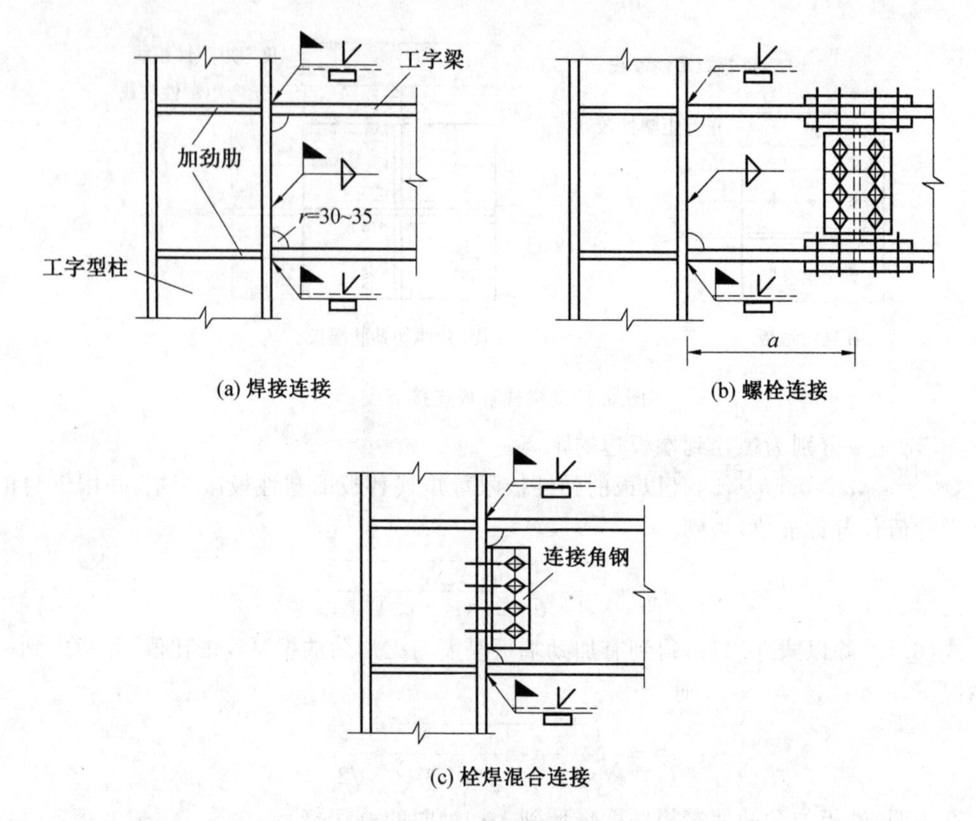

图 6.20　梁与柱的刚性连接

柱翼缘出现层间撕裂的危险,可以用两段 T 型构件加强柱翼缘,如图 6.21(a)所示。在梁翼缘传来的拉力作用下,柱翼缘不是在厚度方向受拉,而是受弯。至于连于柱腹板的梁(图 6.21(b)),翼缘不和柱腹板直接焊,而是事先用对接焊缝焊上窄板,再和柱翼缘焊接,从而避免腹板在厚度方向受拉。

刚性连接的计算,除梁翼缘和腹板都直接焊于柱者外,经常让梁翼缘的连接传递全部弯矩,腹板的连接件则只传递剪力,也可以由托座传递剪力。然而研究表明,图 6.20(a)的梁端处,翼缘不仅承受弯矩引起的正应力,还承受很大一部分剪应力。梁端应力分布和一般梁截面不同,原因是变形受到约束(包括剪切引起的翘曲变形和泊松效应的横向变形)导致翼缘超负荷,而腹板几乎大部分没有应力。同时,变形约束还使翼缘焊缝三轴受拉,失去延性。

当柱为冷弯方管时,梁也可直接焊于柱壁,但是梁宽度通常比柱宽度小,在不用加劲板(横隔板)的条件下梁端弯矩会使壁板受弯而产生明显变形,满足不了刚性连接的要求。然而在方管尺寸不大的情况下,设置横隔施工很不方便。有学者提出了从外部加劲的措施,即在梁端两侧焊上短 T 型钢或短角钢,使其宽度和柱宽度相同,如图 6.22(a)所示。这样,梁端弯矩可以有很大一部分直接传到与梁腹板平行的柱壁,从而使与梁相连的柱壁变形大为减小。有限元分析和试验都表明,用 T 型钢加劲的梁柱连接刚性很好(图 6.22(b)),甚至比用横隔的效果还要好。

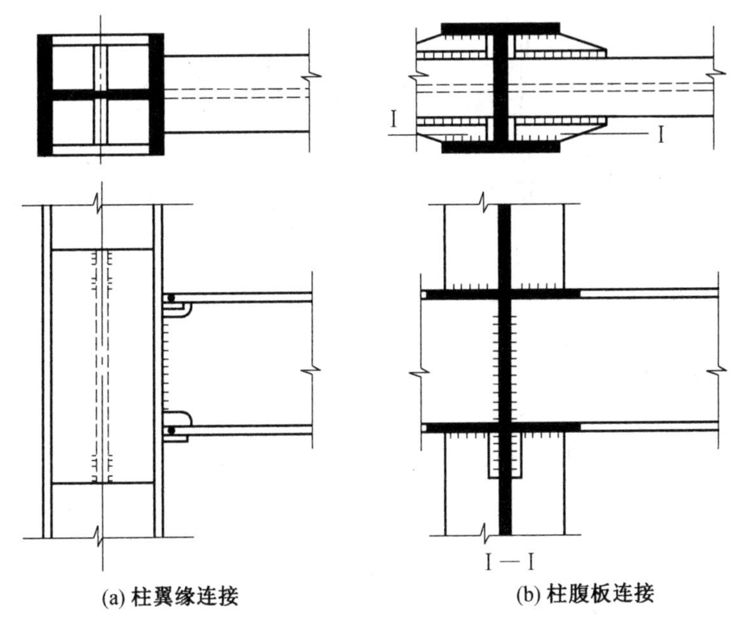

(a) 柱翼缘连接　　(b) 柱腹板连接

图 6.21　防止层间撕裂的连接构造

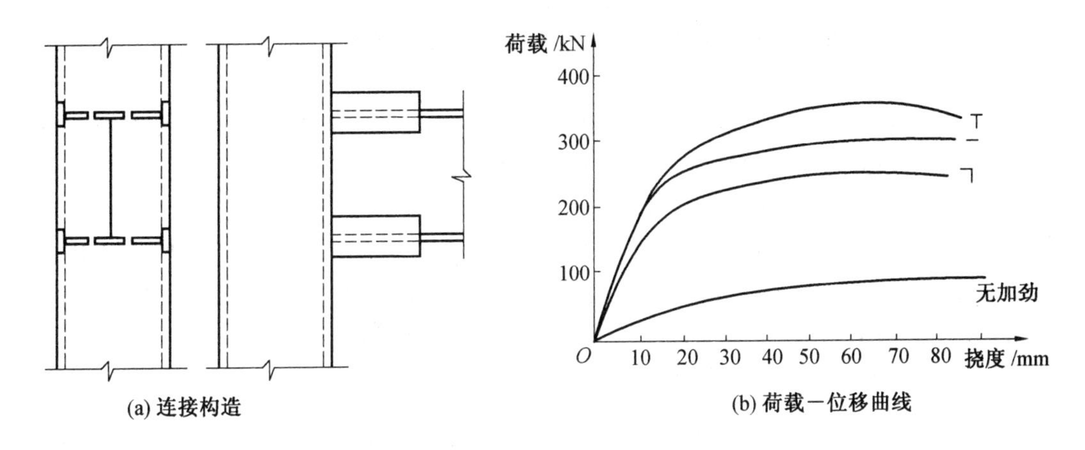

(a) 连接构造　　(b) 荷载一位移曲线

图 6.22　冷弯方管柱和梁的刚性连接

2. 无加劲柱在节点区的计算

设计刚性和半刚性连接时，需要考虑柱是否应设置加劲肋及如何设置的问题。不设加劲肋的柱，在到达极限状态时可能出现的破坏形式是腹板在梁翼缘传来的压力作用下屈服或屈曲，以及翼缘在梁翼缘传来的拉力作用下弯曲而出现塑性铰或连接焊缝被拉开。图 6.23 表示腹板压屈和翼缘弯曲的情况。此外，梁翼缘传来的力还会使柱腹板受剪，这些都需要核算。

(1)受压区柱腹板屈服。

梁受压翼缘传来的力是否足以使柱腹板屈服，要在腹板和翼缘连接焊缝(或圆角)的边缘处计算。根据圣维南原理，腹板边缘处压应力的假定分布长度为

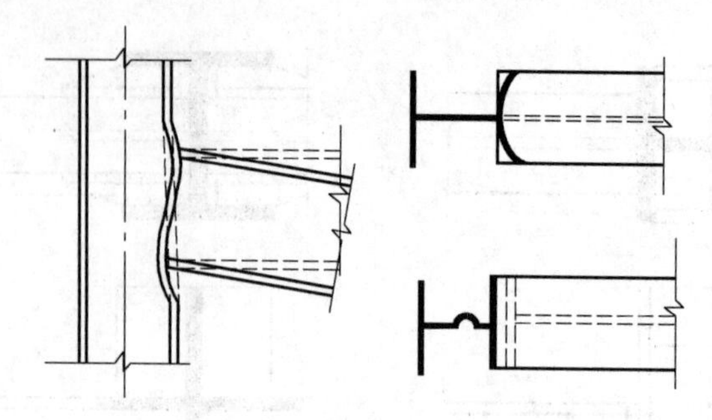

图 6.23 无加劲肋的柱的极限状态

$$b_e = t_b + 5(t_c + r_c) \tag{6.13}$$

式中符号如图 6.24(a)所示。

如果只考虑力 C 的作用，按照梁受压翼缘与柱腹板在有效宽度 b_e 范围内等强条件，柱腹板厚度 t_w 应不小于

$$t_w = \frac{A_{fb} f_b}{b_e f_c} \tag{6.14}$$

式中 A_{fb}——梁受压翼缘的截面面积；

f_b、f_c——分别为梁和柱钢材抗拉、抗压强度设计值；

b_e——在垂直于柱翼缘的集中压力作用下，柱腹板计算高度边缘处压应力的假定分布长度；

r_c——自柱顶面至腹板计算高度上边缘的距离，对轧制型钢截面取柱翼缘边缘至内弧起点间的距离，对焊接截面取柱翼缘厚度；

t_b——梁受压翼缘厚度。

按式(6.14)计算时忽略了柱腹板对轴向(竖向)内力的影响，因为在主框架节点中，框架梁的支座反力主要通过柱翼缘传递，而连于柱腹板上的纵向梁的支座反力一般较小，可忽略不计。因此，我国规范以及日本和美国规范均不考虑柱腹板竖向应力的影响。

当考虑柱腹板存在竖向应力时，欧洲 EC3 规范采用下列公式：

$$t_w = \frac{C}{b_e \cdot f} \cdot \frac{1}{1.25 - 0.5\sigma_n / f} \text{且} \ t_w = \frac{C}{b_e \cdot f} \tag{6.15}$$

式中 σ_n——柱腹板最大轴向应力；

f——钢材的设计强度。

(2)受压区柱腹板屈曲。

当柱宽度较大时，柱腹板受压区可能在边缘未屈服前屈曲。如何计算此时的临界应力来确定腹板厚度，目前还没有通用的方法。比较简单的算法是按单向受压的四边简支板(图 6.24(b))临界应力公式计算，即

$$\sigma_c = \frac{\pi^2 E}{12(1-\upsilon^2)} \cdot \left(\frac{t_w}{h}\right)^2 \cdot \left(m + \frac{1}{m}\frac{h^2}{a^2}\right)^2$$

近似取 $a = h_c$，当 $m=1$ 或 $m=2$ 时都近似可得到

$$\sigma_c = \frac{4\pi^2 E}{12(1-\upsilon^2)} \cdot \left(\frac{t_w}{h_c}\right)^2$$

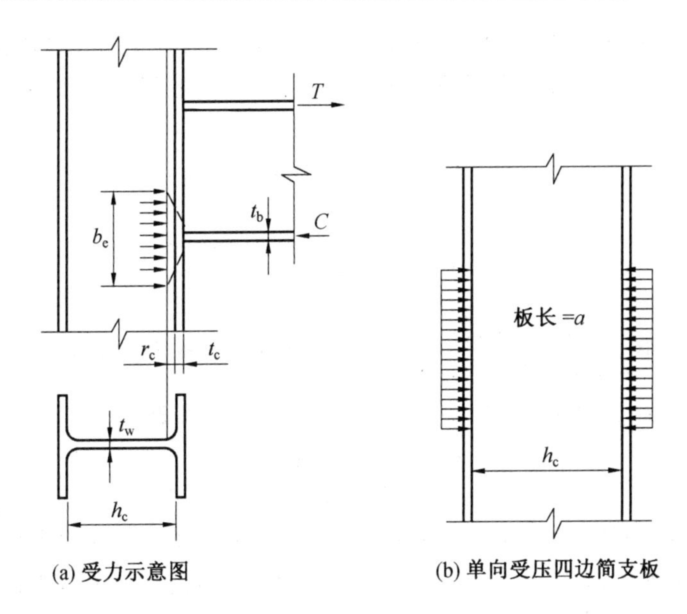

图 6.24　柱腹板受压区的计算

令临界应力 σ_c 等于材料的屈服点 f_y，可得不致在屈服前先屈曲的宽厚比为

$$\frac{h_c}{t_w} \leqslant \sqrt{\frac{\pi^2 E}{12(1-\upsilon^2) f_y}} = \frac{860}{\sqrt{f_y}}$$

式中屈服点 f_y（N/mm²），若代入 Q235 钢的 235 N/mm²，则得

$$\frac{h_c}{t_w} \leqslant 56\sqrt{\frac{235}{f_y}}$$

以上算法没有考虑腹板纵向压应力的影响，比较粗糙。GB 50017—2017 标准偏于安全地取长度 $a=\infty$，并取 $m=1$，则可得

$$\frac{h_c}{t_w} \leqslant 28\sqrt{\frac{235}{f_y}}$$

GB 50017—2017 标准把上式中的 28 改为 30，得到

$$t_w \geqslant \frac{h_c}{30}\sqrt{\frac{f_y}{235}} \tag{6.16}$$

如果柱腹板受压区的计算结果不会出现屈服，那么受拉区自然也不会出现屈服。因此，柱受拉区只需验算翼缘及其焊缝。

(3)受拉区柱翼缘屈服。

考虑极限状态下，在梁受拉翼缘处，柱翼缘板受到梁翼缘传来的拉力 $T=A_{ft} f_b$（A_{ft} 为梁受拉翼缘截面面积，f_b 为梁钢材抗拉强度设计值）。T 由柱翼缘板的三个组成部分承担，中间部分(分布长度为 $m=t_w+2r_c$)直接传给柱腹板的力为 $f_c t_b m$，其余由两侧 $ABCD$ 部分的板件承担(图 6.25)。根据试验研究，拉力在柱翼缘板上的影响长度 $L\approx 12t_c$，并可将此受力部分视为三边固定一边自由的板件，在固定边将因受弯而形成塑性铰。因此可用屈服线理论导出此板的承载力设计值为 $p=C_1 f_c t_c^2$，式中 C_1 为系数，与梁柱翼缘的几何尺寸有关。对实际工程中常用的宽翼缘梁和柱，$C_1=3.5\sim5.0$，可偏安全地取 $p=$

$3.5f_c t_c^2$。则柱翼缘板受拉时的总承载力为 $2\times3.5f_c t_c^2+f_c t_b m$。考虑到翼板中间和两侧部分的抗拉刚度不同，难以充分发挥共同工作，可乘 0.8 的折减系数后再与拉力 T 相平衡，即

$$0.8(7f_c t_c^2+f_c t_b m)\geqslant A_{ft}f_b$$

由此得到

$$t_c\geqslant\sqrt{\frac{A_{ft}f_b}{7f_c}\left(1.25-\frac{f_c t_b m}{A_{ft}f_b}\right)}\tag{6.17}$$

在式(6.17)中 $\dfrac{f_c t_b m}{A_{ft}f_b}=\dfrac{f_c t_b m}{b_b t_b f_b}=\dfrac{f_c m}{b_b f_b}$，$m/b_b$ 越小，t_c 越大。按统计分析，$f_c m/(b_b f_b)$ 的最小值约为 0.15，以此代入，即得 $t_c\geqslant0.396\sqrt{A_{ft}f_b/f_c}$，即

$$t_c\geqslant0.4\sqrt{\frac{A_{ft}f_b}{f_c}}\tag{6.18}$$

如果以上计算不能满足，就需要对柱腹板设置横向加劲肋。加劲肋既加强腹板，也加强翼缘。加劲肋厚度取梁翼缘厚度的 0.5～1.0 倍。研究表明，在非地震区的结构，厚度为 $0.5t_b$ 的加劲肋足够防止柱腹板屈服和屈曲。如果仅仅是拉力作用的验算不满足，则在端板连接中可以仅用小板对柱翼缘加强，如图 6.26 所示。这种方式比腹板加劲肋省工省料。

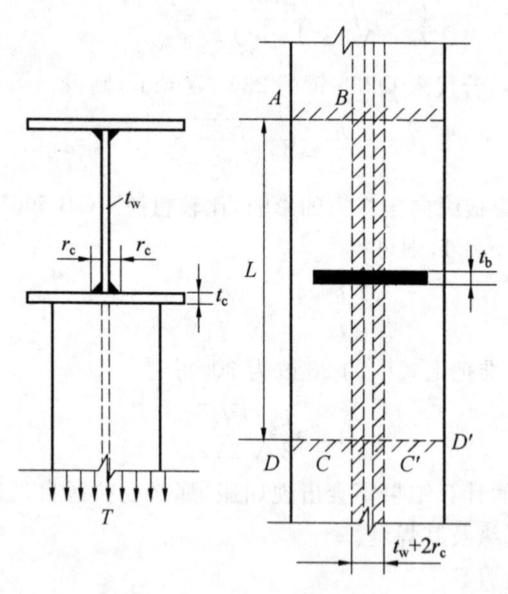

图 6.25　柱受拉区的计算

3. 有加劲柱在节点区的计算

有加劲肋的刚性连接节点域如图 6.27(a)所示，是由柱翼缘板和腹板横向加劲肋所包围的区域。节点域处于节点的核心部位，在梁与柱之间拉、压、弯、剪各种作用交汇下，表现出极其复杂的应力状态。若节点域先于梁、柱屈服，将导致钢框架承载力降低；但若节点域设计过强，则不利于其耗能能力的发挥。研究表明，节点域在周边剪力和弯矩作用

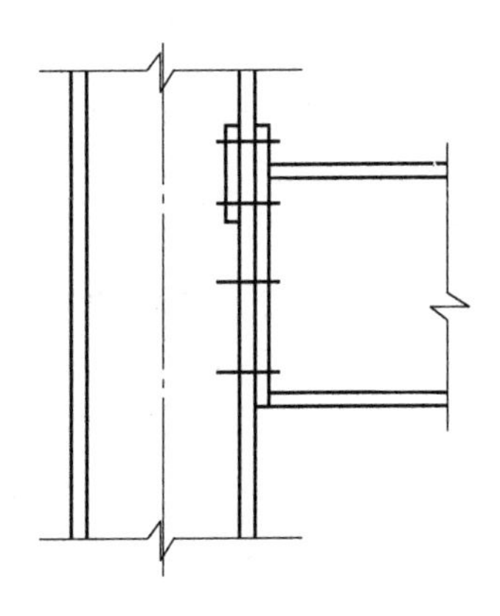

图 6.26　柱受拉区翼缘的加强

下，存在屈服和局部屈曲的可能性，故应验算其抗剪强度和稳定性。

节点域在梁端弯矩作用下将产生较大的剪力。设梁端弯矩仅由梁翼缘板承受，柱腹板上边加劲肋受力如图 6.27(b)所示，则有

$$\tau h_{c1} t_w = \frac{M_{b1} + M_{b2}}{h_{b1}} - V_{c1}$$

即

$$\tau = \frac{M_{b1} + M_{b2}}{h_{b1} h_{c1} t_w} - \frac{V_{c1}}{h_{c1} t_w} \tag{6.19}$$

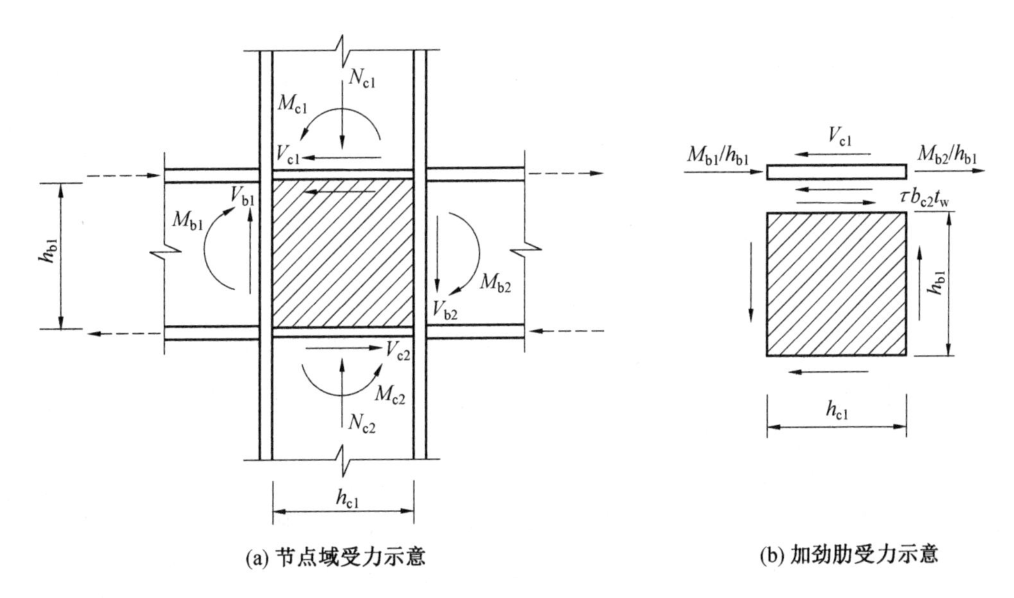

图 6.27　梁与柱刚性连接的节点域

忽略柱剪力 V_{c1} 的影响，则节点域抗剪强度可按下式验算：

$$\frac{M_{b1} + M_{b2}}{V_p} \leqslant f_{ps} \tag{6.20}$$

式中　M_{b1}、M_{b2}——分别为节点两侧梁端弯矩设计值；

h_{c1}、h_{b1}——柱翼缘中心线之间的宽度和梁翼缘中心线之间的高度；

t_w——柱腹板厚度；

V_p——节点域腹板的体积，柱为工字型截面时，$V_p = h_{b1} h_{c1} t_w$；柱为箱型截面时，$V_p = 1.8 h_{b1} h_{c1} t_w$；

f_{ps}——节点域的抗剪强度。

按照板壳稳定理论，节点域受剪可能发生弹性屈曲，因此其抗剪承载力与宽厚比紧密相关。GB 50017—2017 标准建议节点域的受剪正则化宽厚比可按下式计算：

当 $h_c \geqslant h_b$ 时

$$\lambda_{n,s} = \frac{h_b/t_w}{37\sqrt{5.34+4\ (h_b/h_c)^2}}\sqrt{\frac{f_y}{235}} \tag{6.21a}$$

当 $h_c < h_b$ 时

$$\lambda_{n,s} = \frac{h_b/t_w}{37\sqrt{4+5.34\ (h_b/h_c)^2}}\sqrt{\frac{f_y}{235}} \tag{6.21b}$$

由于节点域四周有较强的弹性约束，节点域屈服后，剪切承载力仍可提高。根据相关试验研究，节点域的抗剪承载力与其宽厚比紧密相关。正则化宽厚比 0.52 以下，节点域的剪应力 τ 达到 $4/3f_v$ 时，节点域仍能保持稳定，因此可将节点域屈服剪应力提高到 $4/3f_v$。f_v 为钢材抗剪强度设计值。另外考虑正则化宽厚比 0.8 为塑性和弹塑性屈曲的拐点，此时抗剪强度不再适合取 $4/3f_v$，只能取 f_v。因此，正则化宽厚比在 0.6～0.8 之间作为过渡段，抗剪强度也在 $4/3f_v$ 和 f_v 之间插值处理。考虑到节点域腹板不宜过薄，正则化宽厚比上限取为 1.2。

综合以上情况，GB 50017—2017 标准规定，节点域的抗剪强度 f_{ps} 应根据节点域受剪正则化宽厚比 $\lambda_{n,s}$ 按下列情况取值：

(1)当 $\lambda_{n,s} \leqslant 0.6$ 时，$f_{ps} = \frac{4}{3} f_v$。

(2)当 $0.6 < \lambda_{n,s} \leqslant 0.8$ 时，$f_{ps} = \frac{1}{3}(7-5\lambda_{n,s}) f_v$。

(3)当 $0.8 < \lambda_{n,s} \leqslant 1.2$ 时，$f_{ps} = [1-0.75(\lambda_{n,s}-0.8)] f_v$。

当柱承受较大的压力 N_c 时(轴压比大于 0.4)，应采用按照钢材的 Mises 屈服准则折算的抗剪设计强度，即将 f_v 乘 $\sqrt{1-(N_c/N_{cy})^2}$，以考虑柱压力 N_c 对节点域抗剪承载力的影响，式中 N_{cy} 为柱的屈服轴压承载力。

节点域以受剪为主，在遭遇大震时，合理的节点域厚度将使其进入塑性状态，最大限度地消耗地震力。若节点域太厚，不能发挥其耗能作用；若太薄，则框架的侧向位移太大。当横向加劲肋厚度不小于梁的翼缘板厚度时，节点域的厚度可按受剪正则化宽厚比 $\lambda_{n,s} \leqslant 0.8$ 控制。

当柱腹板节点域不满足抗剪强度要求时，柱腹板应予补强。如图 6.28 所示，对焊接 H 型组合柱，宜将柱腹板在节点域范围内更换为较厚板件。加厚板件应伸出柱上、下横向加劲肋(即梁上、下翼缘高度处)之外各 150 mm，并采用对接焊缝将其与上、下柱腹板拼接。

图 6.29 给出另外两种可行的补强方案，其一是加设斜向加劲肋，其二是在腹板两侧

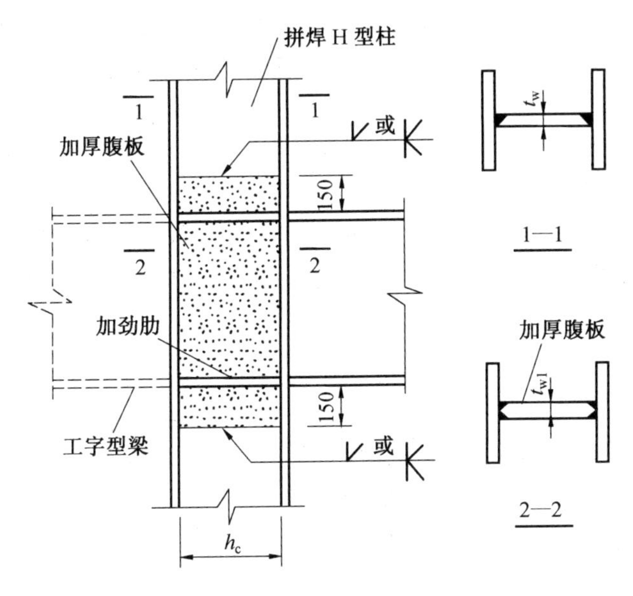

图 6.28　节点域腹板的加厚

焊上板来加厚。斜向加劲肋主要承受节点域的剪应力，与仅设置水平加劲肋相比，能有效抑制节点域的剪切变形，其刚度也改善明显，但滞回性能相对略差对抗震耗能不利，比较适合于轻型结构。贴焊补强钢板方案比较适合轧制 H 型钢或工字型钢，加焊的板可和柱腹板同宽，用角焊缝连于柱翼缘，但板的背面要切成斜棱，以让开柱翼、腹交接处的圆角或焊缝，也可在板边切坡口，用坡口焊连接。补强板还需与柱腹板采用塞焊连成整体。加强板的厚度应按理论厚度与实际厚度的差值选取，不能随便放大，且不小于 6 mm。

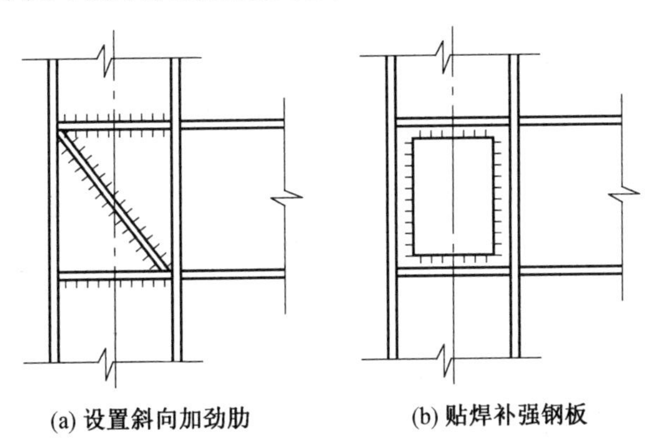

图 6.29　两种加劲方案

4. 单层刚架的梁柱连接

单层钢框架横梁与柱的连接通常都是刚性的，柱脚则可做成铰接或固定，它们可以统一称为单层刚架。单跨的单层刚架横梁与柱节点的连接如图 6.30 所示。(a)图中虽然横梁延伸到柱上，实际上和柱延伸上去的多层刚架全焊节点没有很大区别。(b)图则和变截面柱用板拼接的构造(图 6.2(b))接近。(c)～(f)图的四种构造都属于加腋节点，即在节点附近把梁高度逐渐放大。加腋的目的有二：一是提高梁端截面抵抗弯矩的能力，

(c)～(e)图都属此类；二是增大梁端截面螺栓连接的力臂，如(f)图。在(f)图中，由于梁的端板没有向上伸出，抗拉螺栓的位置较低，端板如不向下伸长，端截面就没有足够的抵抗弯矩的能力。(g)图虽然和(f)图一样在工地用螺栓连接，但在梁上翼缘上面有板传递拉力，就不需要为增大力臂而加腋。加腋可以是圆弧形或斜角形，前者比较费工，不如后者普遍。在(f)图中受拉的两行螺栓之间有小加劲肋分别对柱和梁的端板加强。(h)图是轻型门式刚架常用的连接形式，梁的端板外伸，螺栓有足够的力臂，楔形变截面梁无须为承担弯矩而加腋；为了保证连接的刚度，螺栓的预拉力和柱在梁翼缘处的加劲肋都不可少。(i)图把竖放的钢板改为横放，安装更方便。

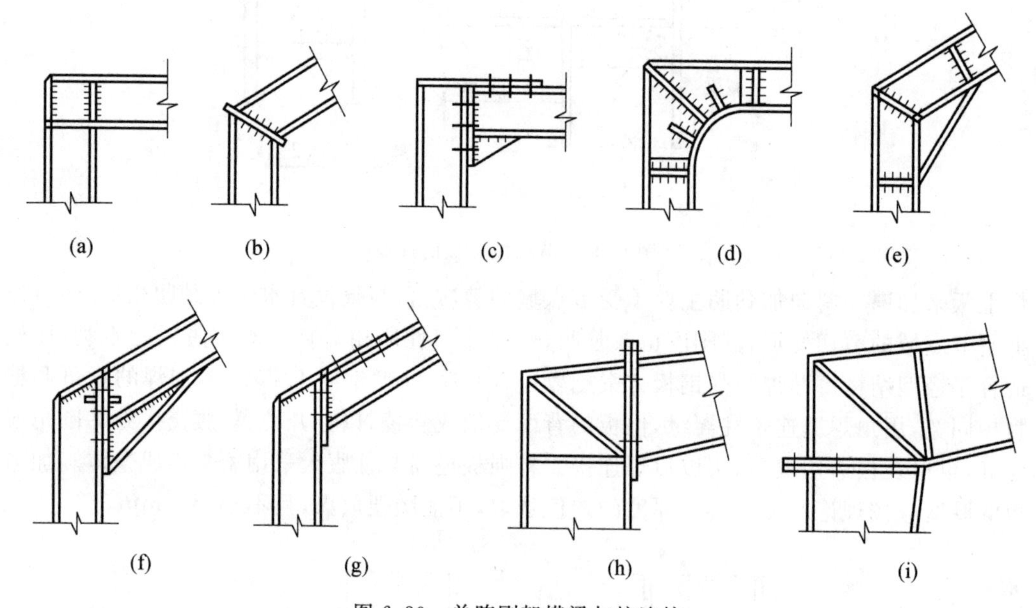

图 6.30　单跨刚架横梁与柱连接

对多跨单层刚架，边柱上端的连接和单跨者相同，中柱上端的连接可以采用图 6.31 给出的构造形式。(a)、(b)图都是全焊的，其中(a)图是不加腋的，适用于跨度较小的刚架，(b)图则适用于跨度较大的刚架。(c)图为在工地用螺栓连接的方案，和图 6.30(f)同一类型。也可以和图 6.30(h)类似，梁端板外伸而省去加腋。人字形横梁的脊节点，可以做成图 6.32 所示的构造形式。脊截面的高度都适当增大，和在梁端加腋类似。

关于加腋的柱顶节点，如果横梁原有的内侧翼缘不延伸至节点，如图 6.33(a)所示，则倾斜的内侧翼缘的截面面积 A_{2b} 应比原翼缘截面面积 A_{1b} 放大。由平行于梁轴的力的平衡关系可得

$$A_{2b}=A_{1b}/\cos\beta \tag{6.22}$$

但如果 β 角小于 20°，则 A_{2b} 比 A_{1b} 只增大 6%，在实际设计中往往忽略其差别。

在节点中心处应设置加劲肋 CD 承受两个内翼缘传来压力的合力，由平衡条件

$$f_y A_{st}\cos\theta+f_y A_{2c}\sin\alpha=f_y A_{2b}\cos(\beta+\gamma)$$

可得加劲肋截面面积

$$A_{st}=\frac{A_{2b}\cos(\beta+\gamma)-A_{2c}\sin\alpha}{\cos\theta} \tag{6.23}$$

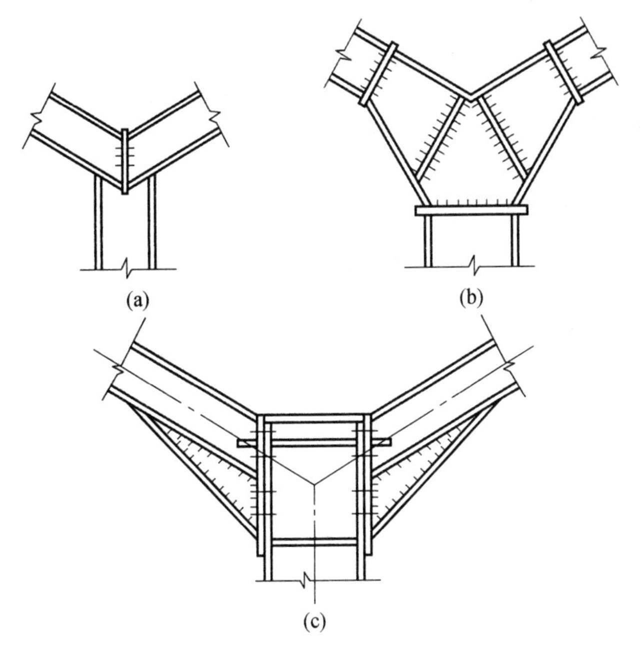

图 6.31　刚架中柱上端节点

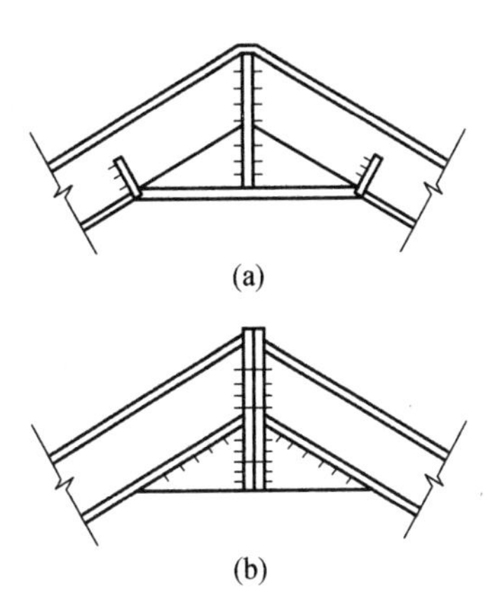

图 6.32　人字横梁的脊节点

如果不设置加劲肋 CD，则不仅两内翼压力的合力可能使腹板受压屈曲，还因两内翼不在同一平面内而相互产生横向力作用。如图 6.33(d)所示，柱内翼的压力 N_c 分为平行和垂直于梁内翼的分力 N_{c1} 和 N_{c2}，后者使梁内翼产生弯曲。梁内翼的压力 N_b 也对柱内翼起相同的作用。依此类推，在 A、B 两点柱和梁截面开始放大处，内翼也出现转折，因此也需要设置加劲肋。如果不设加劲肋，就应对腹板稳定和翼缘弯曲做出计算。

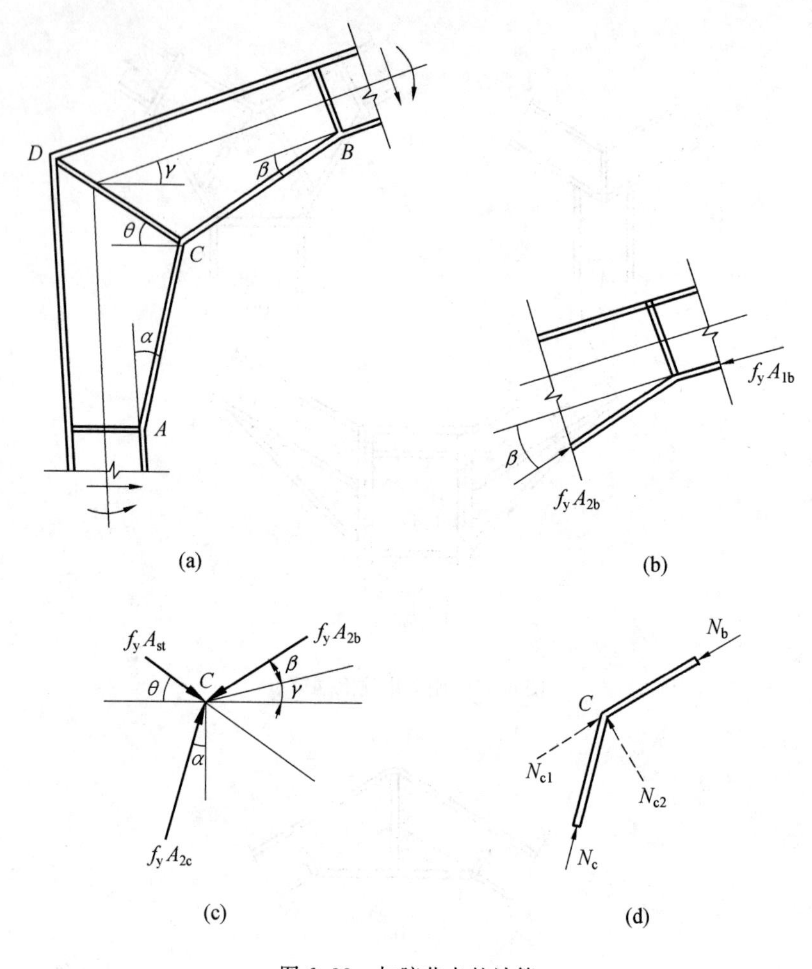

图 6.33　加腋节点的计算

6.4　柱　脚

6.4.1　柱脚的构成

柱脚(Column bases)的作用是将柱的下端固定于基础,并将柱身所受的内力传给基础。基础一般由钢筋混凝土做成,强度远比钢材低。为此,需要将柱身的底端放大,以增加其与基础顶部的接触面积,使接触面上的压应力小于或等于基础混凝土的抗压强度设计值。根据柱脚与基础的连接方式不同,可分为铰接和刚接两种形式。

1. 铰接柱脚

图 6.34 是几种常用的铰接柱脚形式,主要用于轴心受压柱。图 6.34(a) 在柱子下端直接与底板焊接。柱子压力由焊缝传给底板,由底板扩散并传给基础。由于底板在各方向均为悬臂,在基础反力作用下,底板抗弯刚度较弱。所以这种柱脚形式只适用于柱子轴力较小的情况。当柱子轴力较大时,通常采用图 6.34(b)、(c)、(d)所示的柱脚形式。在

柱子底板上设置靴梁、隔板和肋板，底板被分隔成若干小的区格。底板上的靴梁、隔板和肋板相当于这些小区格板块的边界支座，改变了底板的支承条件，使底板的最大弯矩值变小。柱子轴力通过竖向角焊缝传给靴梁，靴梁再通过水平角焊缝传给底板。图 6.34(b)中，靴梁焊在柱翼缘的两侧，在靴梁之间设置隔板，以增加靴梁的侧向刚度。图 6.34(c)是格构柱仅采用靴梁的柱脚形式。图 6.34(d)在靴梁外侧设置肋板，使柱子轴力向两个方向扩散，通常在柱的一个方向采用靴梁，另一方向设置肋板，底板宜做成正方形或接近正方形。此外，在设计柱脚中的连接焊缝时，要考虑施焊的方便与可能性。

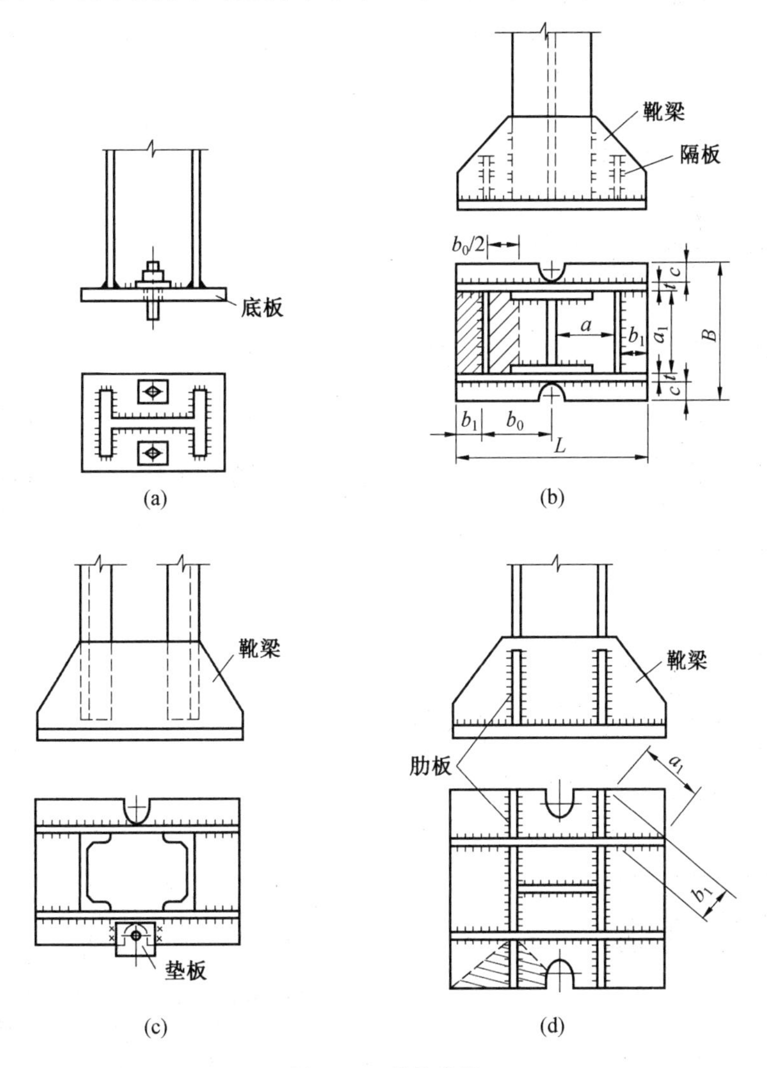

图 6.34　铰接柱脚

柱脚通过预埋在基础上的锚栓来固定。铰接柱脚只沿着一条轴线设置两个连接于底板上的锚栓(图 6.34)，锚栓固定在底板上，对柱端转动约束很小，承受的弯矩也很小，接近于铰接。底板上的锚栓孔的直径应比锚栓直径大 0.5～1.0 倍，并做成 U 形缺口，待柱子就位并调整到设计位置后，再用垫板套住锚栓并与底板焊牢。在铰接柱脚中，锚栓不需计算。

2. 外露式刚接柱脚

刚接柱脚按柱脚位置分外露式、外包式、埋入式和插入式四种。图 6.35 是几种常用的外露式刚接柱脚形式，主要用于框架柱(压弯构件)。对于单根实腹式框架柱，当柱子受力较小时，可以采用图 6.35(a)、(b)所示的柱脚形式，此时柱脚直接与底板焊接，并采用加劲肋加强底板的抗弯能力。当框架柱受力较大时，可采用图 6.35(c)、(d)所示的设置靴梁的刚接柱脚。图 6.35(c)是整体式刚接柱脚，用于实腹柱和肢间距离小于 1.5 m 的格构柱。当格构柱肢间距离较大时，采用整体式柱脚是不经济的，这时多采用分离式柱脚，如图 6.35(d)所示，每个分肢下的柱脚相当于一个轴心受力铰接柱脚，两柱脚之间用膈材联系起来。

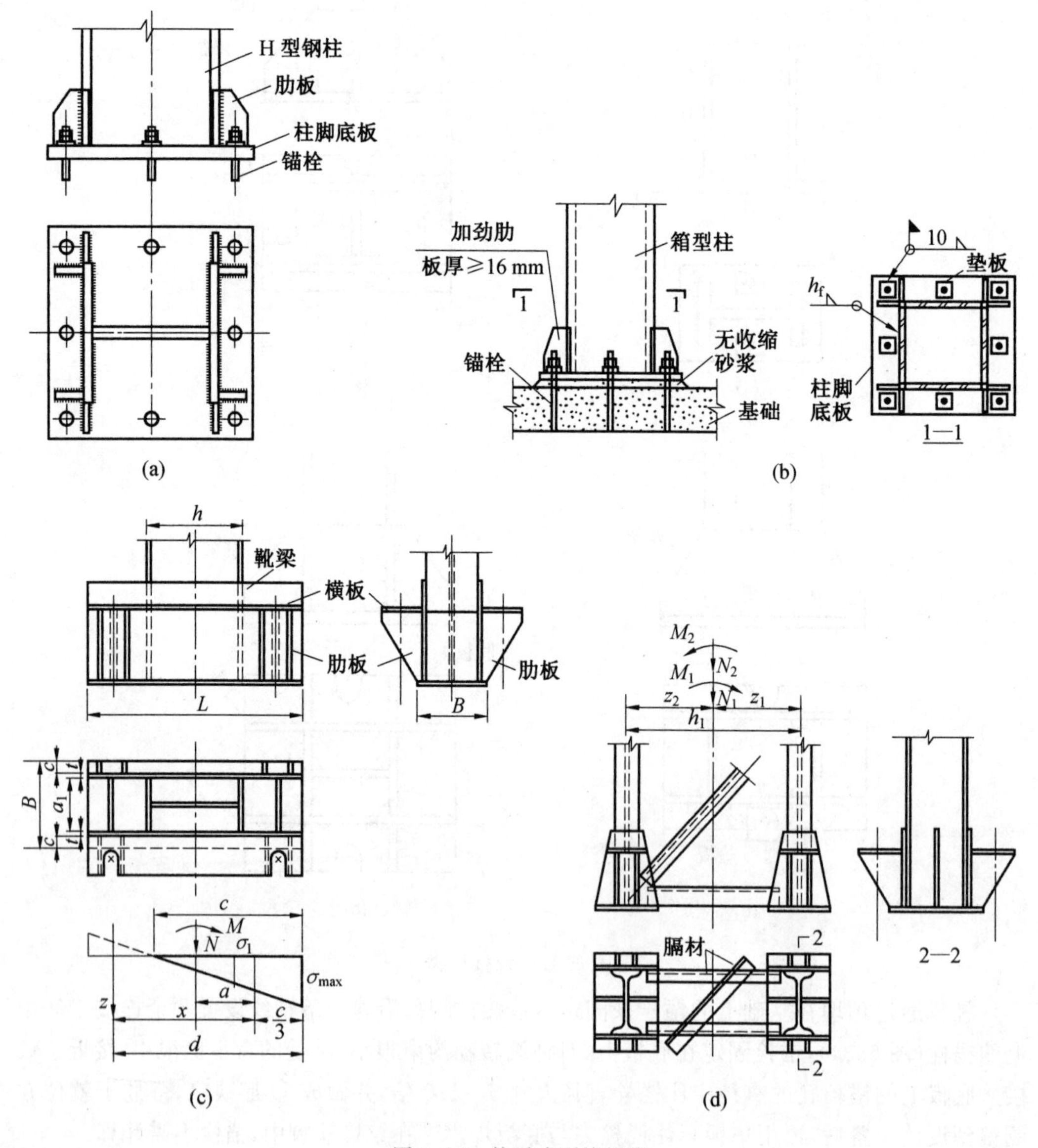

图 6.35 外露式刚接柱脚

刚接柱脚中，靴梁沿柱脚底板长边方向布置，锚栓布置在靴梁的两侧，并尽量远离弯矩所绕轴线。锚栓要固定在柱脚具有足够刚度的部位，通常是固定在由靴梁挑出的承托上。在弯矩作用下，刚接柱脚底板中拉力由锚栓来承受，所以锚栓的数量和直径需要通过计算决定。靴梁在柱脚弯矩作用下变形很小，能够传递弯矩，符合刚接柱脚的要求。为了便于柱子的安装，锚栓不宜穿过柱脚底板。

柱脚锚栓不宜用于承担柱脚底部的水平反力(即剪力)。柱脚的剪力主要依靠底板与基础之间的摩擦力来传递(摩擦系数可取 0.4)。当仅靠摩擦力不足以承受水平剪力时，应在柱脚底板下面设置抗剪键，如图 6.36 所示，抗剪键可用方钢、短 T 型钢做成。也可将柱脚底板与基础上的预埋件用焊接连接。

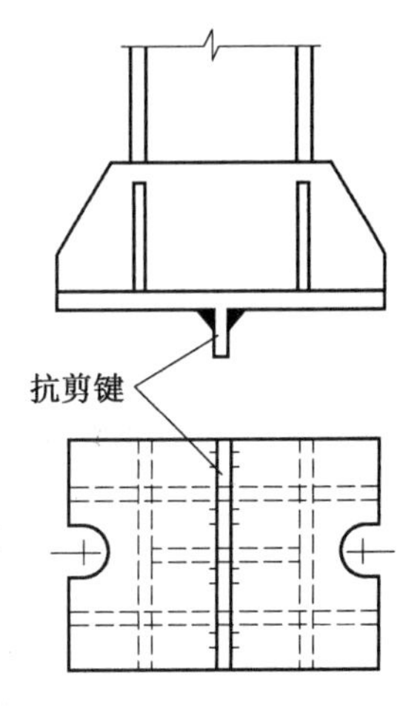

图 6.36　柱脚的抗剪键

3. 外包式刚接柱脚

外包式柱脚是将钢柱置于混凝土构件上又伸出钢筋，在钢柱四周外包一段混凝土柱，如图 6.37 所示。柱脚底板应位于基础梁或筏板的混凝土保护层内，底板厚度不宜小于 16 mm。柱脚混凝土的外包高度，H 型截面柱不宜小于柱截面高度的 2 倍，矩形管柱或圆管柱宜为矩形管截面长边尺寸或圆管直径的 2.5 倍。柱在外包混凝土的顶部箍筋处应设置水平加劲肋或横隔板。主筋应伸入基础进行锚固，四角主筋两端加弯钩，下弯段宜与钢柱焊接。为了加强柱脚整体性，宜在外包部分的柱表面设置栓钉。锚栓直径不宜小于16 mm，且应有足够的锚固深度。

外包式柱脚属于钢和混凝土组合结构，在柱脚范围内，轴力、弯矩和剪力由外包层混凝土和钢柱脚共同承担(图 6.38(a))。钢柱向外包混凝土传递内力在顶部钢筋处实现，外包混凝土部分可按钢筋混凝土悬臂梁设计。

(1)轴力的传递。由于布置了栓钉，在向下的钢柱轴力作用下，必然会有一部分轴力传递到混凝土上，因此钢柱轴力向下逐渐变小，而混凝土内轴力逐渐变大，如图 6.38(b)所示。传递到混凝土内的轴力的上限按照钢截面和外包混凝土截面的轴压刚度进行分配。由于外包混凝土的高度较小，而栓钉是一种柔性抗剪连接件，钢－混凝土的界面将产生滑移，传递到混凝土的压力将更小，一般为 20%～30%，但也受到钢截面的轴压承载力和混凝土截面的轴压承载力之比的限制。

(2)弯矩的传递。弯矩的传递与轴力的传递完全不同，因为弯矩正比于抗弯刚度，由于外包混凝土和钢柱在侧向弯曲时具有相同的弯曲曲率，即使两者界面上没有栓钉，两者的弯矩也要按照各自的抗弯刚度进行分配。由于外包混凝土截面的刚度较钢柱大很多，因此在柱脚底部，即使钢柱深入基础，柱脚的弯矩也大部分由外包混凝土承受(图 6.38(c))。

(3)剪力的分布。柱承受的总剪力为 Q，按照常理，钢柱承担一部分，外包混凝土柱承担一部分。但通过图 6.38(d)的剪力图可以发现，外包混凝土柱要比钢柱承担的剪力还要大，其值为

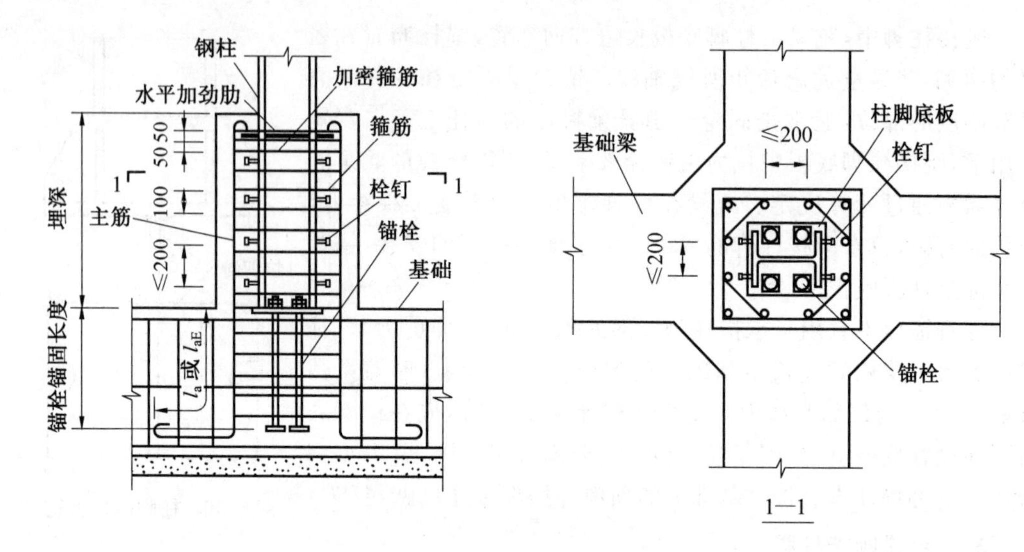

图 6.37　外包式柱脚

$$Q=M/h_r$$

式中　h_r——从上部第一支箍筋起算的到钢柱底板底面的距离。

注意钢柱被外包的部分，由于弯矩在减少，因此钢柱承担的剪力是反向的，这也是混凝土部分承担的剪力反而比内力分析得到的剪力还要大的原因(图 6.38(d))。

外包式柱脚典型的破坏模式(图 6.39)有：(1)钢柱的压力导致顶部混凝土压坏；(2)外包混凝土剪力引起的斜裂缝；(3)主筋在外包混凝土锚固区破坏；(4)主筋弯曲屈服。其中，前三种破坏模式会导致承载力急剧下降，变形能力较差。因此外包混凝土顶部应配置足够的抗剪补强钢筋，通常集中配置 3 道构造箍筋，以防止顶部混凝土被压碎和保证水平剪力传递。外包式柱脚箍筋按 100 mm 的间距配置，以避免出现受剪斜裂缝，并应保证钢筋的锚固长度和混凝土的外包厚度。

随外包柱脚加高，外包混凝土上作用的剪力相应变小，但主筋锚固力变大，可有效提高破坏承载力，故外包混凝土高度通常取柱宽的 2.5 倍及以上。

4. 埋入式刚接柱脚

将钢柱直接埋入钢筋混凝土构件(如地下室墙、基础梁等)中的柱脚称为埋入式柱脚。钢柱脚底板应设置锚栓与下部混凝土连接。研究表明，在埋入部分的柱表面设置栓钉，对于传递弯矩和剪力没有支配作用，但对于抗拉，由于栓钉受剪，能传递内力。因此对于有上拔力的柱，宜设栓钉，其数量和布置按计算确定。栓钉直径一般不小于 16 mm(通常为 19 mm)，栓钉长度约 $4d$(d 为栓钉直径)，沿柱轴向和水平向栓钉的间距不应大于 200 mm，栓钉至钢柱边缘的边距不小于 35 mm。

柱脚所受的侧向剪力和弯矩主要依靠基础内混凝土对钢柱翼缘的侧向承压力所产生的侧向抵抗矩承担。为防止钢柱在混凝土侧压力下被压坏，在混凝土基础顶面，钢柱应设置水平加劲肋或横隔板(图 6.40)。柱脚底板厚度可据计算确定，且不宜小于 16 mm。

5. 插入式刚接柱脚

插入式柱脚是指钢柱直接插入已浇筑好的杯口内，经校准后用细石混凝土浇灌至基

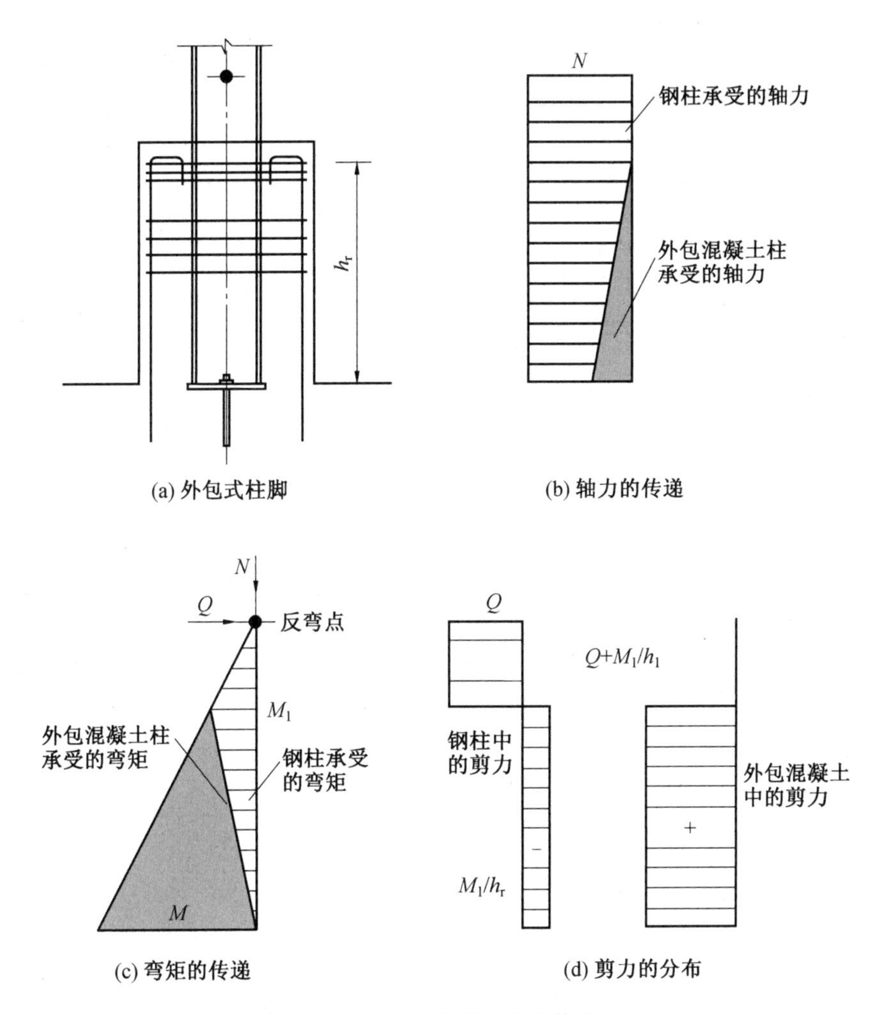

图 6.38　外包式柱脚中力的传递

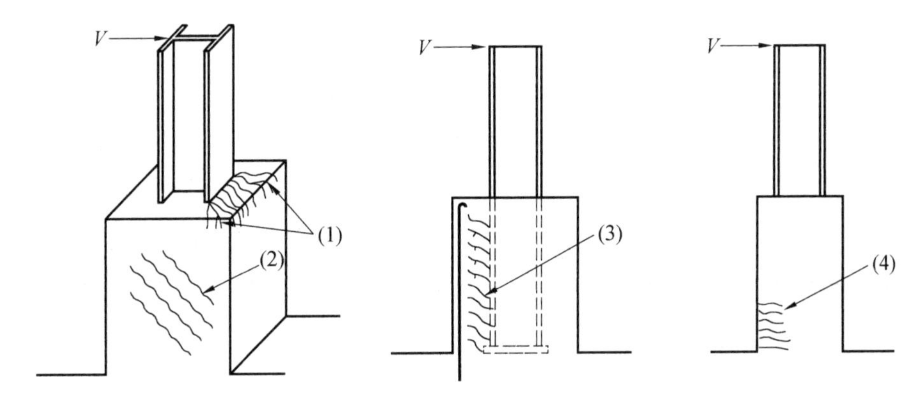

图 6.39　外包式柱脚的主要破坏模式

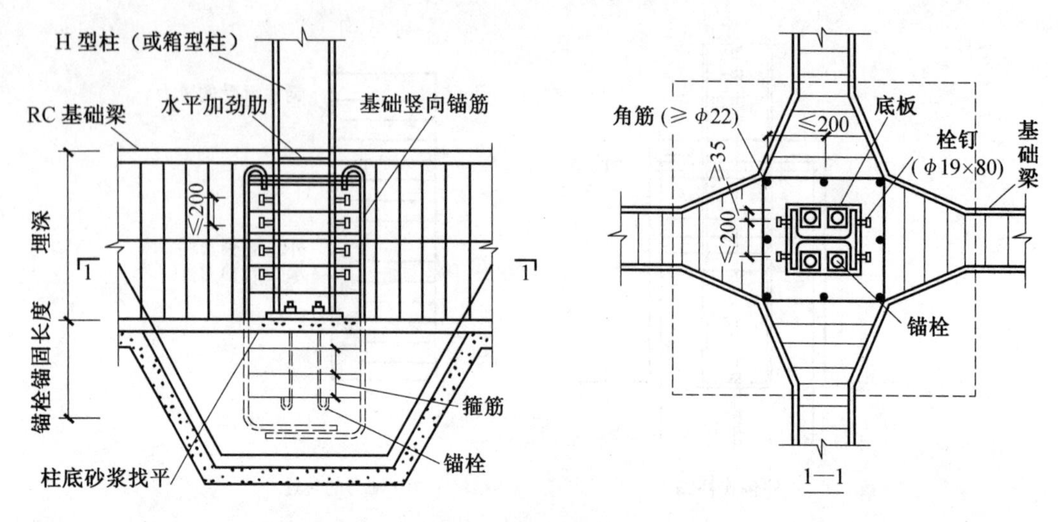

图 6.40 埋入式柱脚

础顶面(图 6.41)。这种柱脚形式在单层工业厂房工程中应用较多,具有构造简单、节约钢材、安装调整快捷、安全可靠等优点。柱脚作用力的传递机理与埋入式柱脚基本相同。钢柱下部的弯矩和剪力,主要通过二次浇灌的细石混凝土对钢柱翼缘的侧向压力所产生的弯矩来平衡,轴向力由二次浇灌层的黏结力和柱底反力承受。最小埋入深度 $d_{\min}$ 可根据柱子截面尺寸确定,具体参见表 6.2。

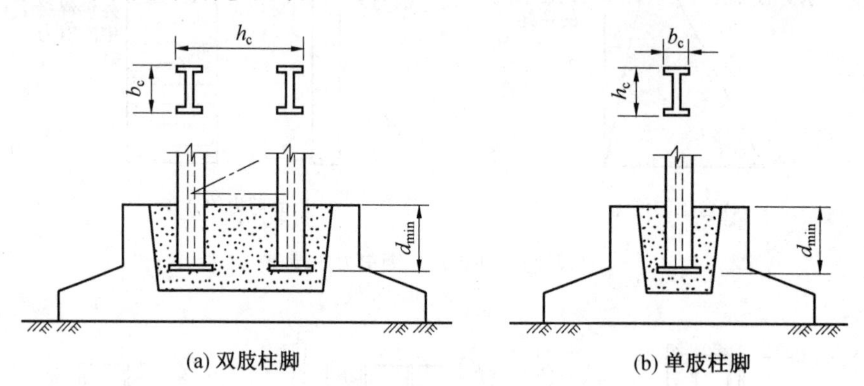

图 6.41 插入式柱脚

表 6.2 钢柱插入杯口的最小深度

柱截面形式	实腹柱	双肢格构柱(单杯口或双杯口)
最小插入深度 $d_{\min}$	$1.5h_c$ 或 $1.5D$	$0.5h_c$ 和 $1.5b_c$(或 D)的较大值

注:①实腹 H 型柱或矩形管柱的 h_c 为截面高度(长边尺寸),b_c 为柱截面宽度,D 为圆管柱的外径;
②格构柱的 h_c 为两肢垂直于虚轴方向最外边的距离,b_c 为沿虚轴方向的柱肢宽度。

6.4.2 轴心受压柱的柱脚计算

1. 底板平面尺寸

底板的平面尺寸取决于基础材料的抗压能力,即必须使基础混凝土压力不超过其承压设计强度。传统的计算方法假设基础对底板的压应力是均匀分布的，则底板的面积(图 6.34(b))按下式计算：

$$A=L\times B\geqslant\frac{N}{f_c}+A_0 \tag{6.24}$$

式中　L、B——底板的长度和宽度；

N——柱的轴心压力；

f_c——基础所用混凝土的抗压强度设计值；

A_0——锚栓孔的面积。

根据构造要求定出底板的宽度：

$$B=a_1+2t+2c \tag{6.25}$$

式中　a_1——柱截面已选定的宽度或高度；

t——靴梁厚度，通常取 10～14 mm；

c——底板悬臂部分的宽度，通常取锚栓直径的 3～4 倍；锚栓常用直径为 20～24 mm。

底板的长度为 $L=A/B$。底板的平面尺寸 L、B 应取整数。根据柱脚的构造形式，可以取 L 与 B 大致相同。

与传统计算方法不同，实际上当柱的两翼缘把压力集中传递到底板上时，底板下面的压力 P 按弹性地基梁算得的分布图形如图 6.42 所示，即在两翼板之下比较集中，混凝土基础破坏形式呈图 6.43(a)所示的倒棱锥体。把锥底化为矩形，分布面积可按下式计算：

H 型截面柱，无加劲肋(图 6.43(b))

$$A_b=0.9a(b+3t_p) \tag{6.26a}$$

H 型截面柱，翼缘有三角形肋(图 6.43(c))

$$A_b=0.75a(b+3t_p) \tag{6.26b}$$

式中　a 和 b——分别为柱截面高度和宽度，有肋时 a 包括两肋在内；

t_p——底板厚度。

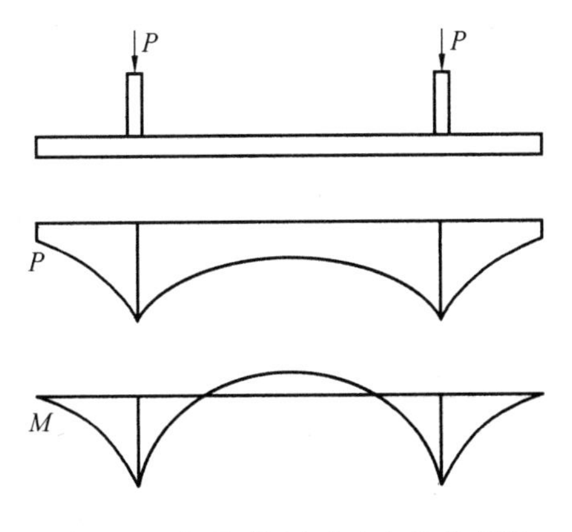

图 6.42　底板下压力分布和底板弯矩

对于构造更加复杂的柱脚，假定计算承压面积由靴梁板和肋板的每一侧取有效外伸宽度 c 组成，如图 6.43(d)、(e)所示。有效外伸宽度是指在这个宽度范围内基础反力是均匀分布的，而其他地方的反力被简化为 0。设 $c=nt_{\mathrm{p}}$，按弹性地基梁计算，得 n 的近似值为

$$n=\sqrt[3]{\frac{E_1}{6E_0}} \tag{6.27}$$

式中　E_1 和 E_0——钢底板的弹性模量和基础混凝土的变形模量。

当混凝土强度等级在 C15 至 C30 之间变动时，n 在 1.62 和 1.39 之间变动，因此可统一取为

$$c=1.5t_{\mathrm{p}} \tag{6.28}$$

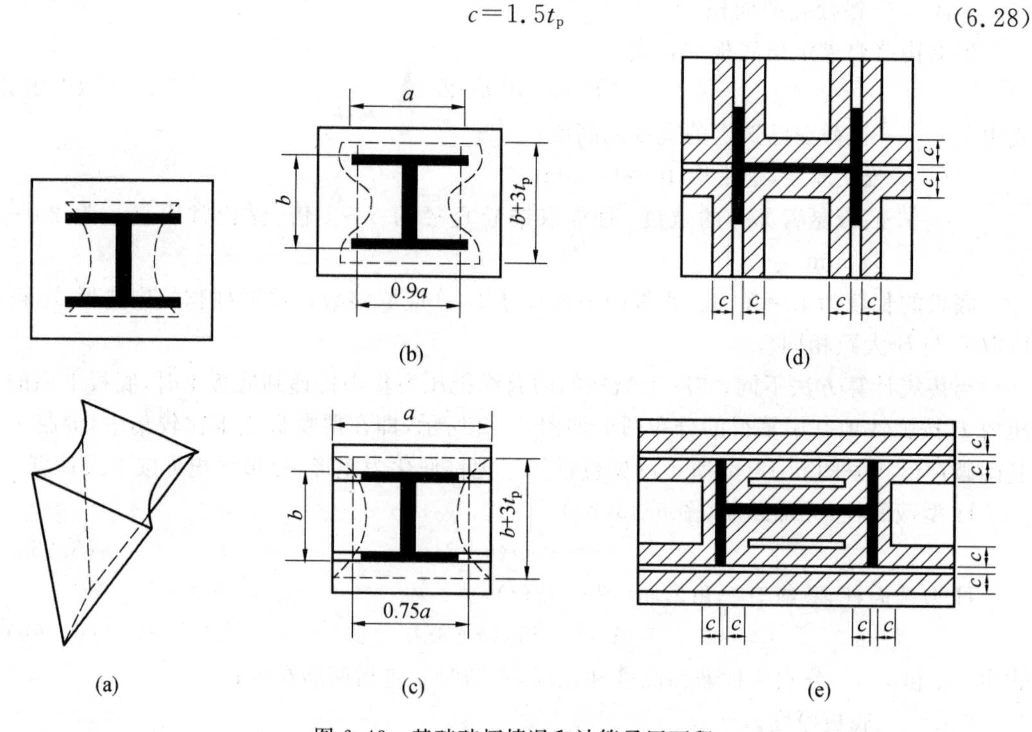

图 6.43　基础破坏情况和计算承压面积

另一种思路是，按照悬臂外伸板来计算底板，假定板根部受弯屈服时基底反力达到混凝土抗压强度，即

$$\frac{1}{2}f_{\mathrm{c}}c^2=\frac{1}{6}t_{\mathrm{p}}^2f_{\mathrm{y}}$$

则

$$c=t_{\mathrm{p}}\sqrt{\frac{f_{\mathrm{y}}}{3f_{\mathrm{c}}}}$$

式中　f_{c}——基础混凝土抗压强度；

f_{y}——钢底板的屈服强度。

欧洲 EC3 规范即采用了第二种思路，取有效外伸宽度为

$$c=t_{\mathrm{p}}\sqrt{\frac{f_{\mathrm{y}}}{3f_{\mathrm{j}}\gamma_{\mathrm{M0}}}} \tag{6.29}$$

式中　γ_{M0}——抗力分项系数，取 1.1；

f_j——基底抗压强度，按下式计算：

$$f_j=\beta \cdot k \cdot f_{cd} \tag{6.30}$$

式中　f_{cd}——基础混凝土受压设计强度；

β——连接系数，可取 2/3，条件是底板下灌浆层厚度不大于钢底板最小宽度的 0.2 倍，且灌浆强度不低于基础混凝土强度的 0.2 倍；

k——局部承压的提高系数，可以取 1.0，也可以按下式计算：

$$k=\sqrt{\frac{a_1 b_1}{ab}} \tag{6.31}$$

式中　a 和 b——钢底板的长和宽；

a_1 和 b_1——有效面积的尺寸。

a_1取以下四者中的较小值：

$$a_1=a+2a_r;\quad a_1=5a;\quad a_1=a+h;\quad a_1=5b_1 \text{ 且 } a_1<a$$

b_1取以下四者中的较小值：

$$b_1=b+2b_r;\quad b_1=5b;\quad b_1=b+h;\quad b_1=5a_1 \text{ 且 } b_1\geqslant b$$

以上式中符号参见图 6.44。分析表明，按式(6.29)算得的 c 比式(6.28)的稍大。

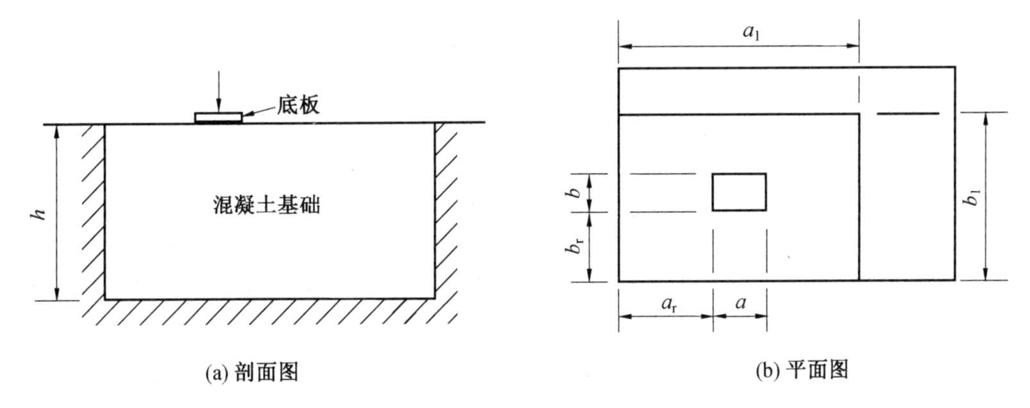

图 6.44　有效面积计算示意图

2. 底板的厚度

底板的厚度由板的抗弯强度决定。可以把底板看作是一块支承在靴梁、隔板、肋板和柱端的平板，承受从基础传来的均匀反力。靴梁、隔板、肋板和柱端面看作是底板的支承边，并将底板分成不同支承形式的区格，其中有四边支承、三边支承、两相邻边支承和一边支承。在均匀分布的基础反力作用下，各区格单位宽度上的最大弯矩为：

四边支承板：

$$M=\alpha \cdot q \cdot a^2 \tag{6.32}$$

三边支承板及两相邻边支承板：

$$M=\beta \cdot q \cdot a_1^2 \tag{6.33}$$

一边支承(悬臂)板：

$$M=\frac{1}{2}q \cdot c^2 \tag{6.34}$$

式中 q——作用于底板单位面积上的压力；

a——四边支承板中短边的长度；

α——系数，板的长边 b 与短边 a 之比，查表 6.3；

a_1——三边支承板中自由边的长度；两相邻支承板中对角线的长度，见图 6.34 中(b)、(d)；

β——系数，由 b_1/a_1，查表 6.4，b_1 为三边支承板中垂直于自由边方向的长度或两相邻边支承板中的内角顶点至对角线的垂直距离，见图 6.34 中(b)、(d)；当三边支承板 b_1/a_1 小于 0.3 时，可按悬臂长为 b_1 的悬臂板计算；

c——悬臂长度。

表 6.3 四边支承板弯矩系数 α

b/a	1.0	1.1	1.2	1.3	1.4	1.5	1.6	1.7	1.8	1.9	2.0	3.0	≥4.0
α	0.048	0.055	0.063	0.069	0.075	0.081	0.086	0.091	0.095	0.099	0.102	0.119	0.125

表 6.4 三边支承板及两相邻边支承板弯矩系数 β

b_1/a_1	0.3	0.4	0.5	0.6	0.7	0.8	0.9	1.0	1.2	≥1.4
β	0.026	0.042	0.058	0.072	0.085	0.092	0.104	0.111	0.120	0.125

经过计算，取各区格板中的最大弯矩 $M_{\max}$，按下式确定底板的厚度 t：

$$t \geqslant \sqrt{\frac{6M_{\max}}{f}} \tag{6.35}$$

为了使底板具有足够的刚度，以满足基础反力均匀分布的假设，底板厚度一般为 20～40 mm，最小厚度不宜小于 14 mm。合理的设计应使各区格板的弯矩值基本相近；如果区格板的弯矩值相差很大，则应调整底板尺寸或重新划分区格。

以上方法是假定基础反力均匀分布。如果按弹性地基梁理论，算得的底板单位宽度的最大弯矩为

$$m=0.44cp \tag{6.36}$$

式中 p——靴梁板(肋板)单位宽度的压力

$$p=\frac{1.26N}{\sum l} \tag{6.37}$$

其中，1.26 为不均匀系数。

欧洲 EC3 规范从图 6.43(e)压力分布情况出发，取底板单位宽度弯矩为

$$m=f_{\mathrm{j}}c^2/2 \tag{6.38}$$

式中的 $f_{\mathrm{j}}c$ 接近于 $p/2$，所以此式大致相当于

$$m=0.25cp \tag{6.39}$$

由于欧洲 EC3 规范的 c 较大，由式(6.39)算得的 m 和式(6.36)的相差不多。

3. 靴梁、隔板及肋板的计算

在柱脚制造时，柱身往往做得稍短一些，如图 6.34(c)所示，在柱身与底板之间仅采

用构造焊缝相连。在焊缝计算时，假定柱端与底板之间的连接焊缝不受力，柱端对底板只起划分底板区格支承边的作用。柱压力 N 是由柱身通过竖向焊缝传给靴梁，再传给底板。焊缝计算包括：柱身与靴梁之间竖向连接焊缝承受柱压力 N 作用的计算；靴梁与底板之间水平连接焊缝承受柱压力 N 作用的计算。同时要求，每条竖向焊缝的计算长度不大于 $60h_f$。

靴梁的高度根据靴梁与柱身之间的竖向焊缝长度来确定，其厚度略小于柱翼缘板厚度。

在底板均布反力作用下，靴梁按支承于柱侧边的双悬臂简支梁计算。根据靴梁所承受的最大弯矩和最大剪力，验算其抗弯和抗剪强度。

隔板应具有一定的刚度，才能起支承底板和侧向支撑靴梁的作用。为此，隔板的厚度不得小于宽度的1/50，且厚度不小于10 mm。

隔板按支承在靴梁侧边的简支梁计算，承受由底板传来的基础反力作用，荷载按图6.34(b)所示阴影面积的底板反力计算。根据其承受的荷载，计算隔板与底板之间的连接焊缝（隔板内侧不易施焊，仅有外侧焊缝）、验算隔板强度、计算隔板与靴梁之间的焊缝。隔板的高度由其与靴梁连接的焊缝长度决定。

肋板按悬臂梁计算，荷载按图6.34(d)所示的阴影面积的底板反力计算。应计算肋板及其连接的强度。在底板向上压力的作用下，肋板的自由边可能受压屈曲（图6.45），应予以注意。荷载合力 P 的临界值可以写成一般受压板的屈曲荷载的形式，即

$$P_{cr}=\frac{k_e\pi^2 Et^3}{12(1-v^2)l} \tag{6.40}$$

式中 系数 k_e 根据试验结果，可取为

$$k_e=3.2-3.0(l/h)+(l/h)^2$$

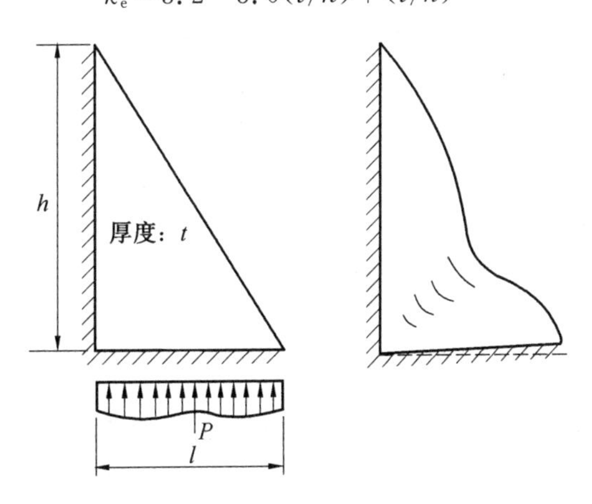

图6.45 三角形肋板屈曲情况

此外，还需考虑屈服条件

$$P_y=k_y f_y lt \tag{6.41}$$

式中 系数 k_y 根据试验结果，可取为

$$k_y=1.39-2.20(l/h)+1.27\,(l/h)^2-0.25\,(l/h)^3$$

令板的临界应力不低于材料的屈服点，可得宽厚比限值：

当 $0.5 \leqslant l/h \leqslant 1.0$ 时

$$\frac{l}{t} \leqslant \frac{656}{\sqrt{f_y}} = 42.8\sqrt{\frac{235}{f_y}} \tag{6.42a}$$

当 $1.0 \leqslant l/h \leqslant 2.0$ 时

$$\frac{l}{t} \leqslant \frac{656(l/h)}{\sqrt{f_y}} = 42.8\,\frac{l}{h}\sqrt{\frac{235}{f_y}} \tag{6.42b}$$

由式(6.42)算得的 $l/t\sqrt{f_y}$ 和理论计算及试验结果的对比如图 6.46 所示。理论计算包括荷载边及支承边同为嵌固和同为简支两种情况，式(6.42)相当于弹性嵌固。

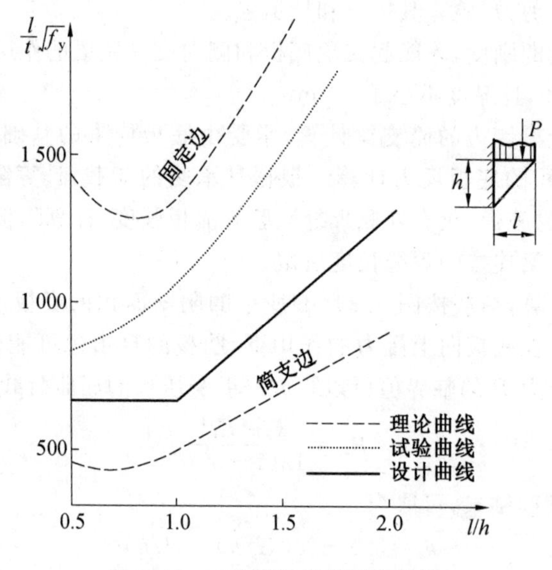

图 6.46　三角形肋板宽厚比限值

6.4.3　框架柱的柱脚计算

框架柱多采用刚接柱脚。有时，单层框架也采用铰接柱脚，其构造和计算与轴心受压柱的铰接柱脚相似。所不同的是铰接柱脚还要承受剪力。如果水平剪力超过底板与基础间的摩擦力，铰接柱脚一般要采取抗剪构造措施，如图 6.36 所示。

1. 整体式柱脚

(1)底板的计算。

图 6.35(c)为整体式柱脚构造图。柱脚的传力过程与轴心受压柱脚类似，即柱子内力由柱身传给靴梁，再传至底板。但是，由于框架柱脚同时有弯矩和轴心压力作用，底板下的压力不是均匀分布的，并且可能出现拉力。如果底板下出现拉力，则此拉力由锚栓来承受。

假定柱脚底板与基础接触面的压应力成直线分布，底板下基础的最大压应力按下式计算：

$$\sigma_{\max} = \frac{N}{BL} + \frac{6M}{6L^2} \leqslant f_c \tag{6.43}$$

式中　N、M——使基础一侧产生最大压应力的内力组合值；

B、L——底板的宽度、长度；

f_c——混凝土的抗压强度设计值。

根据底板下基础的最大压应力不超过混凝土抗压强度设计值的条件，即可确定底板面积。一般先按构造要求决定底板宽度 B，其中悬伸宽度 C 一般取 20～30 mm，然后求出底板的长度 L。

底板厚度的计算方法与轴心受压柱脚相同。虽然底板各区格所承受的压应力不是均匀分布的，但是在计算各区格底板的弯矩值时，可以偏于安全地按该区格的最大压应力计算。底板的厚度一般不小于 20 mm。

(2)锚栓的计算。

底板另一侧的应力为

$$\sigma_{\min}=\frac{N}{BL}-\frac{6M}{6L^2} \tag{6.44}$$

当最小应力 $\sigma_{\min}$ 出现负值时，说明底板与基础之间产生拉应力。由于底板和基础之间不能承受拉应力，此时拉应力的合力由锚栓承担。根据对混凝土受压区压应力合力作用点的力矩平衡条件 $\sum M=0$，可得锚栓拉力 Z 为

$$Z=\frac{M-Na}{x} \tag{6.45}$$

式中　M、N——使锚栓产生最大拉力的内力组合值；

a——柱截面形心轴到基础受压区合力点间的距离；

x——锚栓位置到基础受压区合力点间的距离。

$$a=\frac{L}{2}-\frac{c}{3},\quad x=d-\frac{c}{3},\quad c=\frac{\sigma_{\min}}{\sigma_{\max}+|\sigma_{\min}|}L$$

每个锚栓所需要的有效截面面积为

$$A_e=\frac{Z}{nf_t^a} \tag{6.46}$$

式中　n——柱脚受拉侧锚栓数；

f_t^a——锚栓的抗拉强度设计值。

锚栓直径不小于 20 mm。锚栓下端在混凝土基础中用弯钩或锚板等锚固，保证锚栓在拉力 Z 作用下不被拔出。锚栓承托肋板按悬臂梁设计，高度一般不小于 350～400 mm。

(3)靴梁、隔板、肋板及其连接焊缝的计算。

柱身与靴梁连接焊缝承受的最大内力 N_1 按下式计算：

$$N_1=\frac{N}{2}+\frac{M}{h}$$

靴梁的高度由靴梁与柱身之间的焊缝长度确定，其高度不宜小于 450 mm。靴梁按双悬臂简支梁验算截面强度，荷载按底板上不均匀反力的最大值计算。

靴梁与底板之间的连接焊缝按承受底板下不均匀基础反力的最大值设计。在柱身范围内，靴梁内侧不易施焊，故仅在靴梁外侧布置焊缝。

隔板、肋板及其连接的设计与轴心受压柱脚相似，只是荷载按底板下不均匀反力相应受荷范围的最大值计算。

2. 分离式柱脚

图 6.35 (d)为分离式柱脚的构造图。这种柱脚可以认为是由两个独立的轴心受压柱脚所组成。每个分肢的柱脚都是根据其可能产生的最大压力，按轴心受压柱脚进行设计。受拉分肢的全部拉力由锚栓承担并传至基础。

分离式柱脚的两个独立柱脚所承受的最大压力为：

右肢：
$$N_R=\frac{N_1 \cdot Z_2}{h_1}+\frac{M_1}{h_1}$$

左肢：
$$N_L=\frac{N_2 \cdot Z_1}{h_1}+\frac{M_2}{h_1}$$

式中 N_1、M_1——使右肢产生最大压力的柱内力组合值；

N_2、M_2——使左肢产生最大压力的柱内力组合值；

Z_1、Z_2——分别为右肢、左肢至柱轴线的距离；

h_1——两分肢轴线距离。

每个柱脚的锚栓也按各自的最不利内力组合换算成的最大拉力计算。

6.4.4 锚栓

柱脚通过预埋在基础上的锚栓来固定。锚栓按柱脚是铰接还是刚接进行布置和固定。对于铰接柱脚，锚栓应尽量布置在底板中心轴附近，对柱端转动约束很小，承受的弯矩也很小，通常不需要计算。底板上的锚栓孔的直径应比锚栓直径大 0.5～1.0 倍，待柱子就位并调整到设计位置后，再用垫板套住锚栓并与底板焊牢。

刚接柱脚中，靴梁沿柱脚底板长边方向布置，锚栓布置在靴梁的两侧，并尽量远离弯矩所绕轴线。锚栓要固定在柱脚具有足够刚度的部位，通常是固定在由靴梁挑出的承托上。在弯矩作用下，刚接柱脚底板中拉力由锚栓来承受，所以锚栓的数量和直径需要通过计算决定。靴梁在柱脚弯矩作用下变形很小，能够传递弯矩，符合刚接柱脚的要求。

根据埋入端形状的不同，锚栓有 J 型、端板型等(图 6.47)。J 型锚栓是依靠黏结锚固作用传力，可能从混凝土中拔出。端板型锚栓是依靠端板承压传力，但是端板越大，端板底面高度处基础混凝土有效抗拉截面越小，这种锚栓在我国得到广泛应用。欧美国家则主张避免在锚栓端头上设置钢板来提高抗拔出强度，因为埋入长度足够的锚栓受拉力时，将使锚栓从端板四周起以放射状朝外部的圆锥体混凝土拔出至混凝土表面，端板对增强锚栓抗拉承载力所起的作用与增加埋深是一样的，而且后者的制作成本更低。增大端板反而由于离混凝土基础或柱外边线的边距和锚栓净间距过小，引起基础混凝土截面严重削弱。

锚栓也可以像高强度螺栓那样施加预拉力，预拉力使柱底板紧紧连接于混凝土上，使柱脚转动刚度明显增大。锚栓通常被预拉到其承载力的 80%左右，外弯矩作用后，受拉侧底板下压力减小，而受拉锚栓的拉力增加很少，与高强度螺栓的受力机理相同。

下面讨论锚栓在几种典型受力状态下的性能。

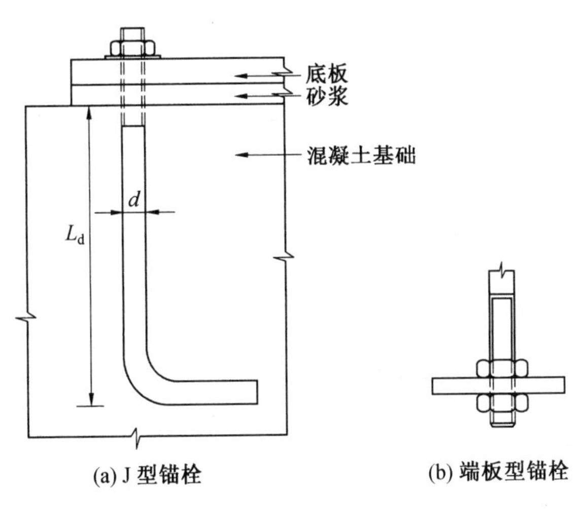

图 6.47　锚栓类型

1. 锚栓仅受拉力

在拉力荷载作用下，锚栓破坏形式有三种。

(1)锚栓杆达到抗拉承载力极限。锚栓的拉断承载力为

$$T_{u1}=f_yA_e \tag{6.47}$$

式中　A_e——锚栓有效抗拉面积；

f_y——锚栓屈服强度，转换为设计公式时要改为抗拉强度设计值 f_t^a，Q235 锚栓 $f_t^a=140\ \text{N/mm}^2$，相当于在普通螺栓强度设计值 170 N/mm² 的基础上又乘 0.82 的系数。这是因为，柱脚底板的平面外刚度有限，在锚栓的拉力作用下会发生翘曲变形，同时锚栓受拉变形，减弱锚栓的锚固作用；为了避免这种情况又不致使底板过厚，故把锚栓的抗拉承载力降低，以控制底板不致发生过大变形。

(2)基础混凝土与锚杆的黏结破坏。取黏结应力与混凝土抗拉强度 f_t 相同，则有

$$T_{u2}=\pi dL_d f_t \tag{6.48}$$

式中　d——锚栓杆直径；

L_d——锚固长度(由 $T_{u2}=T_{u1}$ 决定)。

由于黏结强度低，为防止黏结破坏，要求采用较大埋入深度。也可以通过构造措施防止这种破坏，在埋入端端头设置螺母大小的六角头。这种措施可节省用钢量 30%～40%，因此美欧等都采用有钉头的锚栓，很少采用 J 型。带端板的锚栓因使基础混凝土水平截面削弱太多也很少使用。

(3)圆锥形混凝土达到抗拉承载极限。锚栓埋深不够且混凝土强度等级较低时会发生破坏。这时锚栓抗拉承载力由垂直于圆锥体表面的名义受拉应力决定(图 6.48)。假设破坏面以 45°角从锚栓端头开始向外拓展，混凝土的抗拉强度为 f_t。拉应力沿破坏锥体面的分布是变化的，在埋设的最底端最大，在混凝土表面为 0。试验表明，破坏面上混凝土平均抗拉应力为 $2/3f_t$，并视整个破坏面的应力相同。采用水平投影面进行计算，混凝土抗拉力计算简化为

$$T_{u3}=0.66\pi f_t L_d(L_d+d_0/2) \tag{6.49a}$$

式中　d_0——锚栓钉头直径。

位于混凝土柱边缘的锚栓只能产生部分锥形混凝土破坏面，受拉抗力也会减少。当为锚栓群时，应考虑各锚栓破坏锥体相互重叠的情况，取

$$T_{u3}=0.66 f_t A_{ce} \tag{6.49b}$$

式中　A_{ce}——从属于该锚栓群的锥体水平投影面积。

由 $T_{u1}=T_{u2}$ 和 $T_{u1}=T_{u3}$ 可以确定锥体破坏决定的埋入长度。不过上面讨论的是锚栓锚固在未配筋混凝土中的情况，如果混凝土内配了钢筋，则锥体破坏面与钢筋相交，钢筋承担所有拉力，锚栓的埋入深度可以有所减小。

2. 锚栓仅受剪力

我国规范不允许锚栓参与抗剪，而欧美等国充分依赖锚栓抗剪，并且有专门的(因为埋深小而不能用于抗拉的)抗剪锚栓。剪力由锚栓通过承压传给周围混凝土，剪力使锚栓受弯，锚栓弯曲使混凝土压碎。试验表明，若不存在底板，高度约为螺栓直径 1/4 的楔形混凝土块能自由形成并完全压碎，此时锚栓节点的抗剪刚度急剧减小(图 6.49)。上部无约束的楔体在受力作用下，将向上翻转。实际上，柱底板或基础顶部盖板能限制混凝土楔体的移动，楔体就不能上移，在底板下产生向上的挤进压力，增加了由底板施加的压力，锚栓内也随之产生拉力。

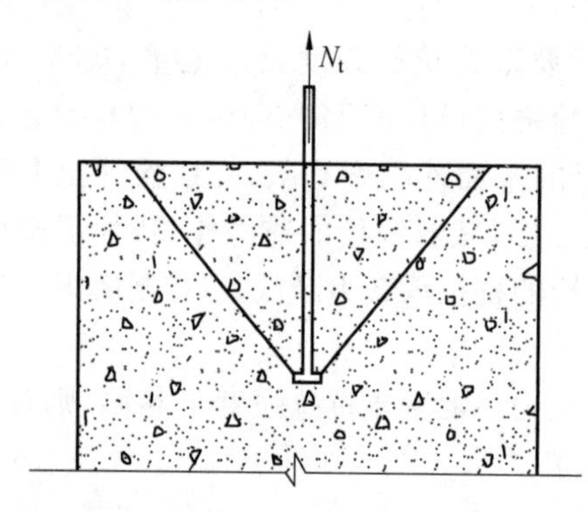

图 6.48　受拉锚栓的锥体拔出

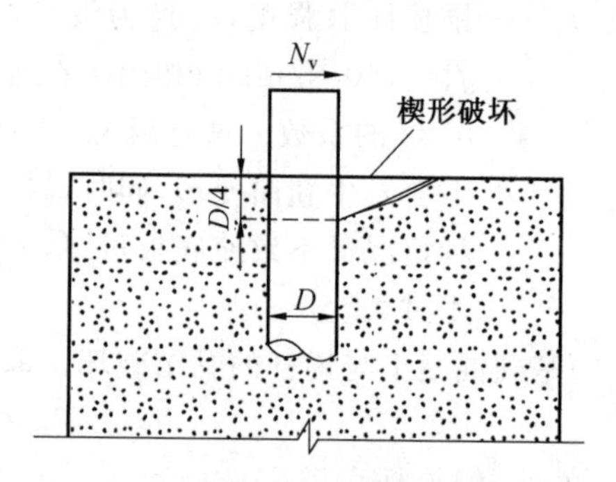

图 6.49　锚栓受剪时混凝土的楔形破坏

锚栓节点的抗剪刚度也与剪力的作用线和混凝土表面之间的距离有关(图 6.50)。当距离增大时，锚栓弯曲变形很明显，抗剪刚度减小。例如，当底板与基础混凝土之间有一层较弱的砂浆层隔开时(图 6.50(a))，砂浆的存在使得剪力作用下锚栓能较自由地弯曲变形。当锚栓在剪力作用下向一侧倾斜时，锚栓中形成斜拉力，锚栓依然依靠混凝土的锚固作用来抗剪。若锚栓群组通过一块底板承受剪力，且底板埋置在混凝土中(图 6.50(c))，荷载将以更加有效的方式传递开，因为此时底板下的混凝土受到更大的约束，而且底板边缘混凝土通过承压形成抗剪能力。

当剪力作用线靠近边界时，锚栓抗剪能力受到边距有限的限制，破坏形式将是一个半锥体被劈开(图 6.51)。半锥体的顶点处在混凝土表面的锚栓承压面处。若锚栓边距不足，可通过设置加强箍筋来防止此类剪切破坏。

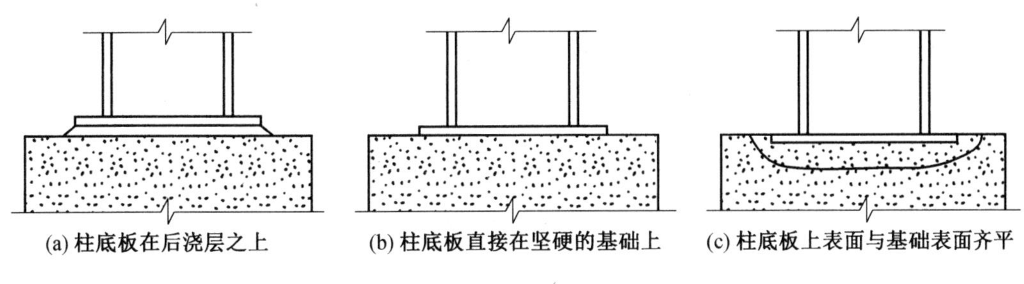

图 6.50 柱底板和基础相对位置

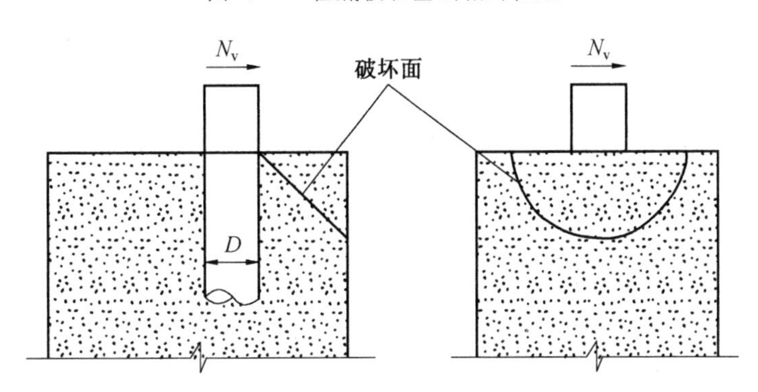

图 6.51 锚栓受剪时边距不足导致的基础破坏

3. 锚栓既受拉力又受剪力

柱脚节点同时受拉和受剪时，柱脚的破坏形式可能有以下几种：

(1)受拉侧锚栓屈服，柱脚在有或没有微小滑移的情况下，刚体转动不断发展。

(2)基础外伸边缘尺寸过小，致使在底板压力作用下的混凝土基础边缘外被压裂。

(3)混凝土抗压强度不足，在压力作用下基础发生局部承压破坏。

(4)锚栓端部的锚固力不足，整个锚栓呈锥体拔出。

(5)锚栓黏结力不足被拔出。

(6)基础混凝土抗剪强度不足，使锚栓周围的混凝土沿 45°斜线剪坏。

(7)锚栓受剪弯曲时，与锚栓接触的混凝土产生永久变形而破坏。

第一种锚栓屈服破坏时，混凝土部分是完好的，柱脚与基础共同工作，只要锚栓钢材的延伸率比较大，就可以保证柱脚有稳定的变形能力，符合抗震对节点变形能力的要求。其余几种破坏形式都与混凝土的破坏有关，不能保证柱脚与基础共同工作，而且在破坏前也没有较大的变形，因此应在基础设计中通过设置足够的尺寸和配置足够的加强筋，保证这些破坏不出现。

美国 ACI 349 规范以锚栓屈服为破坏控制条件，规定锚栓承载力设计值应大于或等于拉力和剪力共同作用下的等效拉力：

$$CN_v + N_t \leqslant \phi f_y A_e \tag{6.50}$$

式中 $\phi=0.9$，相当于我国抗力分项系数的倒数；

C——剪切系数，等于摩擦系数和$\sqrt{3}$乘积的倒数，其值为：

当柱底板的顶面与基础混凝土表面齐平时取 $C=1/0.9=1.11$(摩擦系数为 0.52)；

当柱底板的底面与基础混凝土表面齐平时取 $C=1/0.7=1.43$(摩擦系数为 0.40)；

当柱底板下面有水泥砂浆垫层时取 $C=1/0.55=1.82$(摩擦系数为 0.32)。

美国根据柱底板与混凝土表面的相对关系对摩擦系数取不同的值，无疑是一个合理的处理方式。

6.5　连接板节点

连接板节点是钢结构中多杆汇交时经常采用的一种节点形式，各杆件通过节点板相互连接，内力通过各自的杆端焊缝(或螺栓)传至节点板，并汇交于节点中心而取得平衡。钢桁架腹杆与弦杆的连接、厂房柱间支撑在交叉点处的连接、梁通过腹板与柱的连接等，均属于此类节点。连接板节点具有传力明确、构造简单和制造、安装方便等优点。

6.5.1　连接板件在拉剪作用下的强度

1. 块状撕裂破坏

当构件通过焊缝或螺栓相连进行传力时，在焊缝或螺栓的强度满足承载力要求时，除了因构件截面削弱过多而导致构件沿整个横截面拉断外，还有可能出现节点处连接板件被拉剪而破坏，如图 6.52 所示。此时，平行于拉力作用线的纵向截面受剪，而垂直拉力作用线的截面受拉。因此，这种破坏方式也称为块状撕裂破坏(block shear failure)。当被连接的板件厚度较小或螺栓孔对界面削弱较大时，就有可能发生此种破坏，应予验算。

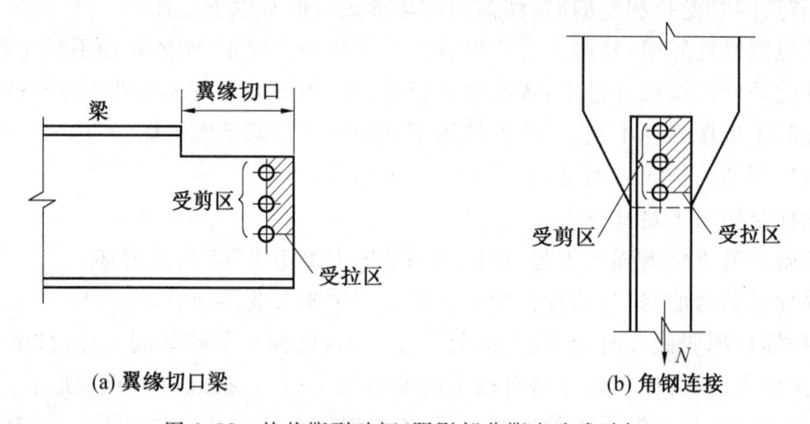

图 6.52　块状撕裂破坏(阴影部分撕去造成破坏)

根据我国对双角钢杆件桁架节点板的试验，其中大多数是弦杆和腹杆均为双角钢的 K 形节点，仅少数是竖杆为工字钢的 N 形节点。抗拉试验共有 6 种不同形式的 16 个试件。所有试件的破坏特征均为沿最危险的线段撕裂破坏，即图 6.53 中的$\overline{BA}$—$\overline{AC}$—$\overline{CD}$二折线撕裂，其中$\overline{AB}$、$\overline{CD}$与节点板的边界线基本垂直。

在图 6.53 中，沿 $BACD$ 撕裂线割取自由体，由于板内塑性区的发展引起的应力重分布，假定在破坏时撕裂面上各线段的应力 σ'_i 在线段内均匀分布且平行于腹杆轴力，根据平衡条件并忽略很小的 M 和 V，则

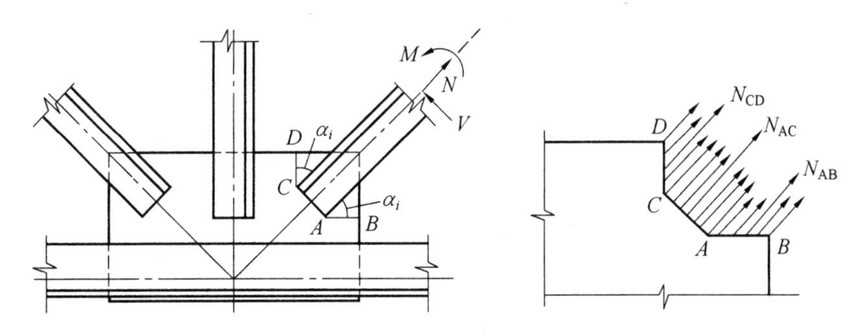

图 6.53　节点板受拉计算简图

$$\sum N_i = \sum \sigma'_i \cdot l_i \cdot t = N$$

式中　l_i——第 i 撕裂段的长度；

t——节点板厚度。

设 α_i 为第 i 段撕裂线与腹杆轴线的夹角，则第 i 段撕裂面上的平均正应力 σ_i 和平均剪应力 τ_i 为

$$\sigma_i = \sigma'_i \sin\alpha_i = \frac{N_i}{l_i t}\sin\alpha_i$$

$$\tau_i = \sigma'_i \cos\alpha_i = \frac{N_i}{l_i t}\cos\alpha_i$$

假定当各撕裂段上的折算应力 σ_r 同时达到抗拉强度 f_u 时，试件破坏，即

$$\sigma_r = \sqrt{\sigma_i^2 + 3\tau_i^2} = \frac{N_i}{l_i t}\sqrt{\sin^2\alpha_i + 3\cos^2\alpha_i} = \frac{N_i}{l_i t}\sqrt{1 + 2\cos^2\alpha_i} \leqslant f_u \tag{6.51}$$

令 $\eta_i = 1/\sqrt{1 + 2\cos^2\alpha_i}$，则

$$N_i \leqslant \eta_i l_i t f_u \leqslant \eta_i A_i f_u$$

$$\sum N_i = \sum \eta_i A_i f_u \geqslant N_u \tag{6.52}$$

式中　A_i——第 i 段撕裂面的净截面面积。

该公式符合破坏机理，其计算值与试验值之比平均为 87.5%，略偏于安全且离散性较小。

2. 中国规范规定

我国钢结构 GB 50017—2017 标准规定，对于如图 6.54 所示的连接节点处板件在拉、剪作用下的强度应按下列公式计算：

$$\frac{N}{\sum(\eta_i A_i)} \leqslant f \tag{6.53}$$

式中　N——作用于板件的拉力；

A_i——第 i 段破坏面的截面面积，$A_i = t l_i$，当为螺栓连接时，应取净截面面积；

t——板件厚度；

l_i——第 i 破坏段的长度，应取板件中最危险的破坏线长度；

η_i——第 i 段的拉剪折算系数，$\eta_i = \dfrac{1}{\sqrt{1 + 2\cos^2\alpha_i}}$；

α_i——第 i 段破坏线与拉力轴线的夹角。

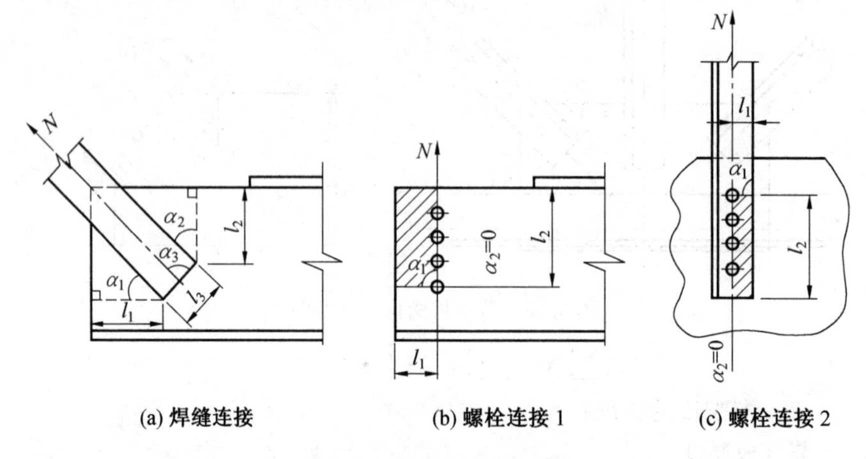

图 6.54　板件的拉剪撕裂

3. 美国规范规定

美国 AISC 360－16 规范规定，块状撕裂承载力可以按照一个或多个沿受力方向的受剪破坏路径和一个与拉力垂直的受拉破坏路径确定，承载力设计值为

$$\phi R_n = 0.6F_uA_{nv} + U_{bs}F_uA_{nt} \leqslant 0.6F_yA_{gv} + U_{bs}F_uA_{nt} \tag{6.54}$$

式中　A_{nt}、A_{gv}、A_{nv}——分别为受拉净截面面积、受剪毛截面面积、受剪净截面面积；

ϕ——分项系数，取 $\phi=0.75$；

U_{bs}——系数，当拉应力为均匀分布时，$U_{bs}=1$；否则取 $U_{bs}=0.5$，如图 6.55 所示。其中，梁端多排螺栓连接中拉应力的分布是不均匀的，因为大部分剪力会由靠近梁端的那排螺栓来承受。对于图 6.55 没有说明的情况，U_{bs} 可取 $1-e/l$，其中 e 是荷载与作用于形心的抗力之间的偏心距，l 是撕裂块在偏心方向的长度。

式(6.48)要求 $0.6F_uA_{nv} \leqslant 0.6F_yA_{gv}$，这是因为块状撕裂是一种断裂破坏，而不是屈服破坏；如果 $0.6F_uA_{nv} > 0.6F_yA_{gv}$，则在受拉面发生撕裂破坏后，剪切面将发生毛截面屈服破坏。这里的思路与第 4 章受拉构件的处理方式类似，即毛截面对应屈服极限状态，净截面对应拉(剪)断破坏。

4. 欧洲规范规定

欧洲 EC3 规范规定，对于如图 6.52 所示的螺栓连接节点板，其有效抗块状撕裂承载力设计值可按下式确定：

$$V_{eff,Rd} = f_{vy}A_{v,eff}/1.1 \tag{6.55}$$

式中　$A_{v,eff}$——有效抗剪面积，可按下式确定：

$$A_{v,eff} = t \cdot L_{v,eff} \tag{6.56}$$

式中

$$L_{v,eff} = L_v + L_1 + L_2 \text{ 且 } L_{v,eff} \leqslant L_3$$

$$L_1 = a_1 \text{ 且 } L_1 \leqslant 5d$$

$$L_2 = (a_2 - kd_{o,t})(f_u/f_y)$$

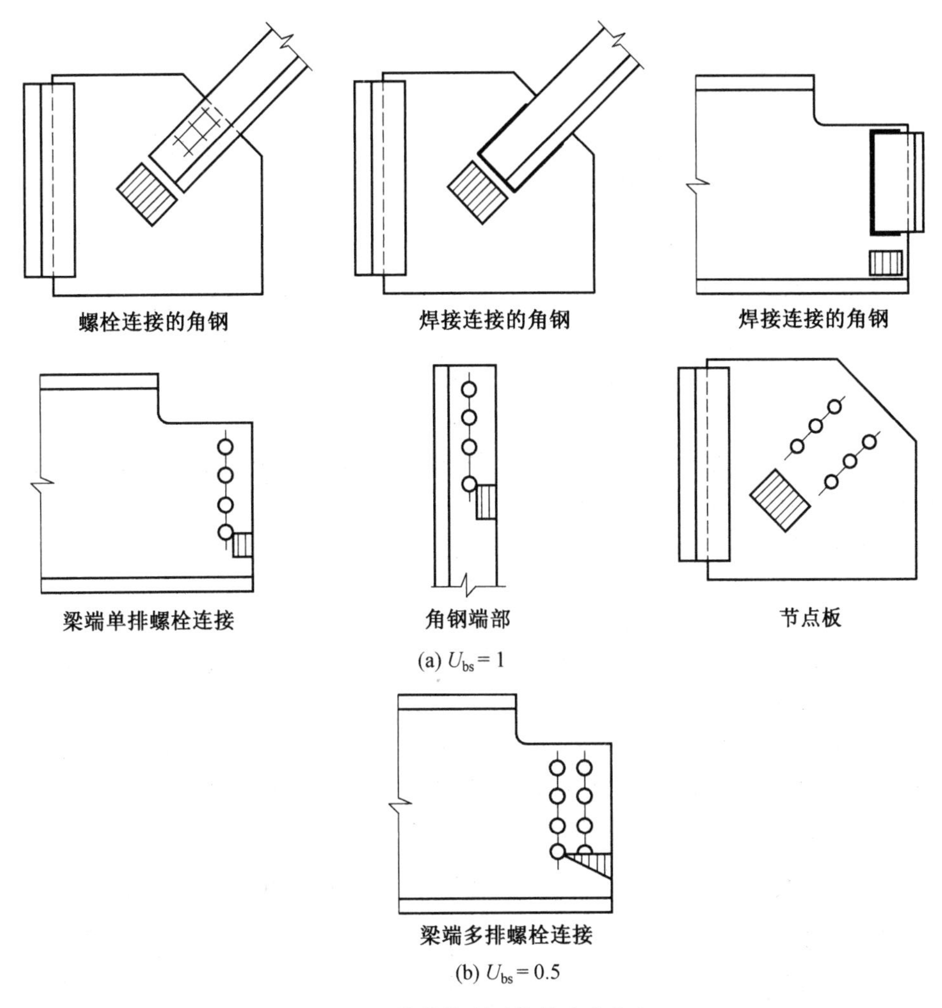

图 6.55　块状撕裂时的拉应力分布

$$L_3=L_v+a_1+a_3 \text{且} L_3<(L_v+a_1+a_3-nd_{o,v})(f_u/f_y)$$

以上各式中，a_1、a_2、a_3 和 L_v 如图 6.56 所示，d 为螺栓标称直径，$d_{o,t}$ 为受拉面上的螺栓孔尺寸，$d_{o,v}$ 为受剪面上的螺栓孔尺寸，n 为受剪面上的螺栓孔数量，t 为腹板厚度；k 为系数，对于单排螺栓 $k=0.5$，对于双排螺栓 $k=2.5$。

6.5.2　桁架节点板的强度计算

考虑到桁架节点板的外形常不规则，采用前述方法计算较麻烦，还无法计算节点板的疲劳。我国规范参照国外多数国家的经验，并经过试验验证，建议桁架节点板(杆件轧制 T 型和双板焊接 T 型截面者除外)的强度除可按式(6.53)计算外，也可用有效宽度法计算。该法认为腹杆轴力 N 将通过连接件在节点板内按照某一个应力扩散角传至连接件端部与杆轴相垂直的一定宽度范围内(图 6.57)，该宽度称为有效宽度。在试验研究中，假定 b_e 范围内的节点板应力达到 f_u，并令 $b_e t f_u=N_u$(N_u 为节点板破坏时的腹杆轴力)，按此法拟合的结果：当应力扩散角 $\theta=27°$ 时精确度最高，计算值与试验值的比值平均为

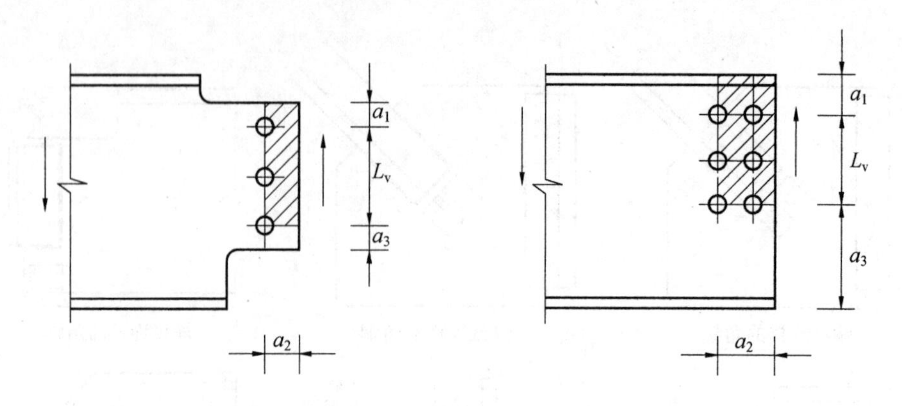

图 6.56　块状撕裂的有效抗剪面积

98.9%；当 $\theta=30°$ 时此比值为 106.8%。考虑到国外多数国家对应力扩散角均取 30°，为与国际接轨且误差较小，故建议取 $\theta=30°$。

有效宽度法按下式计算：

$$\sigma=\frac{N}{b_e t}\leqslant f \tag{6.57}$$

式中　b_e——板件的有效宽度；当用螺栓（或铆钉）连接时，应减去孔径，孔径应取比螺栓（或铆钉）标称尺寸大 4 mm。

有效宽度法计算简单，概念清楚，适用于腹杆与节点板的多种连接情况，如侧焊、围焊和铆钉、螺栓连接等。当桁架弦杆或腹杆为 T 型钢或双板焊接 T 型截面时，节点构造方式有所不同，节点内的应力状态更加复杂，式(6.53)和式(6.57)均不适用。

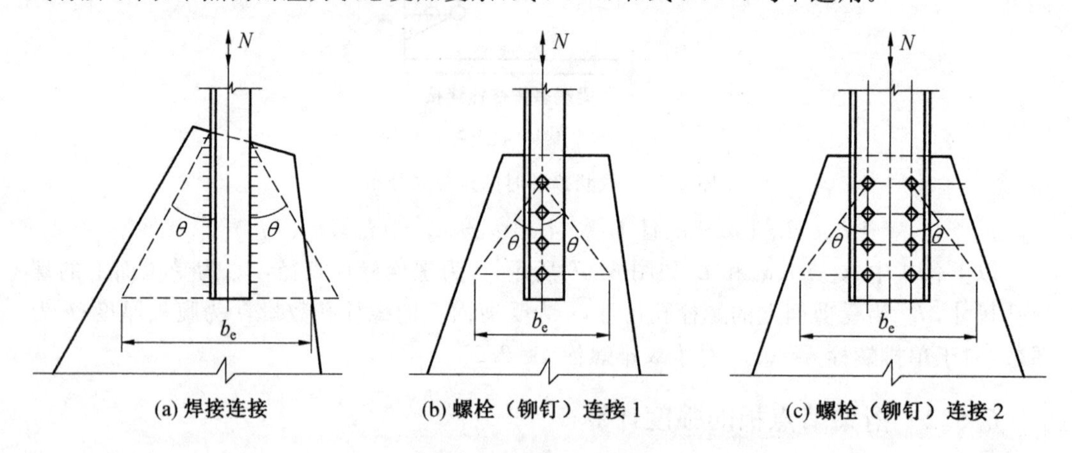

(a) 焊接连接　　(b) 螺栓（铆钉）连接 1　　(c) 螺栓（铆钉）连接 2

图 6.57　板件的有效宽度

（注：θ 为应力扩散角，焊接及单排螺栓时可取 30°，多排螺栓时可取 22°）

采用上述方法，通过大量的参数分析，编制了单壁式桁架节点板厚度与腹杆内力的关系表（表 6.5），可通过腹杆内力直接查得节点板厚度，无须计算。

表 6.5　单壁式桁架节点板厚度选用表

桁架腹板内力或三角形屋架弦杆端节点内力 N/kN	≤170	171～290	291～510	511～680	681～910	911～1 290	1 291～1 770	1 771～3 090
中间节点板厚度 t/mm	6	8	10	12	14	16	18	20

表 6.5 的适用范围为：

(1)适用于焊接桁架的节点板强度验算，节点板钢材为 Q235，焊条 E43；当节点板为 Q355 钢时，其厚度可较表列数值适当减小 1～2 mm，但板厚不得小于 6 mm；

(2)节点板边缘与腹杆轴线之间的夹角应不小于 30°；

(3)节点板与腹杆用侧焊缝连接，当采用围焊时，节点板的厚度应通过计算确定；

(4)对无竖杆相连且无加劲肋加强的节点板，可将受压腹杆的内力乘增大系数 1.25 后再查表求节点板厚度。

6.6　钢管相贯节点

钢管构件(包括圆管、方管和矩形管等)与开口截面构件相比，具有较高的抗压和抗扭承载能力，且两个方向的抗弯承载能力相等或相近，因而在大跨度桁架结构中应用较多。管结构中主管与支管的连接可采用直接焊接管节点，也称相贯节点，即在节点处主管保持连续，其余支管通过端部相贯线加工后，不经任何加强措施，直接焊接在主管外表的节点形式。这种节点形式简单、美观，节约钢材，还可形成封闭空间，节约防腐涂料，因而应用十分广泛。但由于在节点处多杆汇交，形成空间三维薄壁结构，应力分布十分复杂，极限承载力确定是设计中的难题。

6.6.1　钢管相贯节点的构造形式

在相贯节点中，当节点交汇的各杆轴线处于同一平面时，称为平面相贯节点，否则称为空间相贯节点。平面管节点主要有 T、Y、X 形，有间隙的 K、N 形和搭接的 K、N 形；空间管节点主要有 TT、XX 和 KK 形。图 6.58 给出了主管、支管均为圆管的相贯节点构造形式。图 6.59 给出了主管为方(矩)形管，支管为方(矩)形管或圆管的相贯节点构造形式。需要说明的是，将相贯节点分为 Y 形(包括 T 形)、K 形(包括 N 形)和 X 形，不仅是根据节点外观，也是基于节点不同的传力方式。在 Y 形(包括 T 形)节点中，支管构件的冲切力 $P_r\sin\theta$ 与弦杆构件中的抗剪力平衡；在 K 形(包括 N 形)节点中，支管构件的冲切力 $P_r\sin\theta$ 主要由同侧的其他支管构件平衡；在 X 形节点中，支管构件的冲切力 $P_r\sin\theta$ 穿过弦杆与另一侧的支管构件平衡。

图 6.58 和图 6.59 中 a 为汇交于同一节点的支管间间隙；p 为搭接支管与主管的相贯长度，q 为两支管间搭接部分延伸至主管表面时的长度，q 与 p 的比值代表搭接率；e 为支管轴线交点与主管轴线间的偏心矩，当偏心位于无支管一侧时，定义为 $e>0$，反之 $e\leqslant 0$。这些参数均对节点的工作性能有影响。

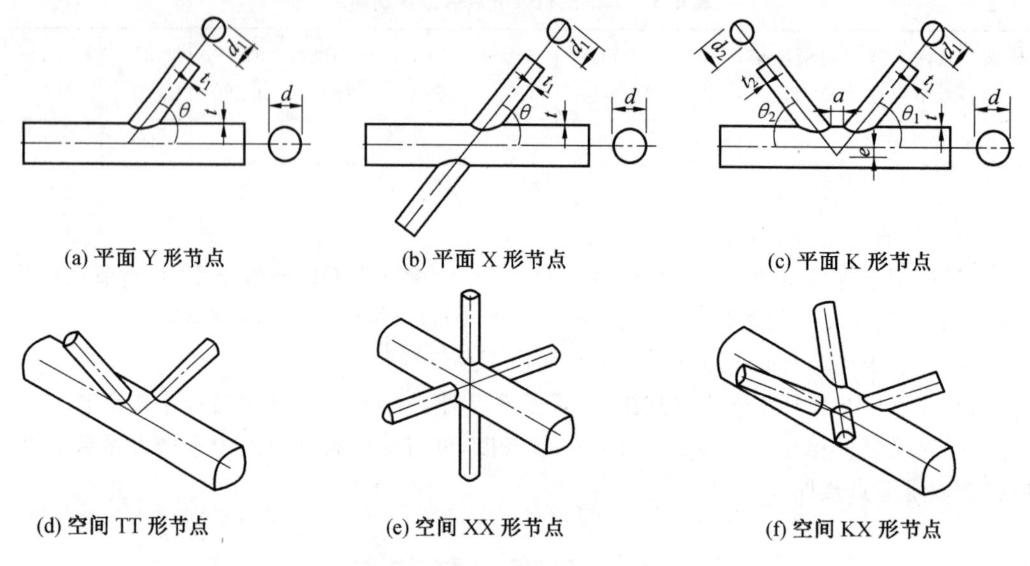

图 6.58　圆管结构的节点形式

影响节点强度和刚度的重要几何和力学参数还有：主管的径厚比(或宽厚比)；支管和主管间的直径比(或宽度比)β_i；各支管轴线与主管轴线间的夹角 θ_i；对空间节点还有主管轴线平面处支管间的夹角 ϕ，以及钢材的屈服强度和屈强比、主管的轴压比等。

试验研究表明，节点的承载能力与节点的构造形式和上述参数间的关系十分复杂，为了确保安全和简化计算，根据工程适用范围和试验研究的范围，在标准 GB 50017—2017 中提出了一系列构造要求和参数限制。

(1)杆件径厚比(宽厚比)。

当受压圆管的直径与壁厚之比或受压矩形管的宽度与厚度之比较大时，可能出现局部屈曲。圆管壁厚在弹性范围局部屈曲临界应力的理论值为

$$\sigma_{cr}=1.21E\frac{t}{d} \tag{6.58}$$

式中　d——外径；

　　t——壁厚。

如果令上式的临界应力等于钢材屈服强度，可得到 $d/t=1\ 060$(Q235 钢)。但这只是理想情况，实际上管壁屈曲对缺陷十分敏感，只要管壁局部稍有凹凸，临界应力就会比理论值下降若干倍，何况钢管通常在弹塑性状态下屈曲，因此大部分国家的规范都根据试验将圆钢管的容许径厚比定为 100。同理，方钢管的宽厚比也略偏安全地取与箱型截面轴压构件相同，即容许宽厚比为 40。

(2)支管与主管的尺寸关系。

当主管采用冷成型方(矩)形管时，其弯角部位的钢材受加工硬化作用产生局部变脆，不宜在此部位焊接支管；另外，如果支管与主管同宽，弯角部位的焊缝构造处理困难，那么支管宽度宜小于主管宽度。支管的壁厚也应小于主管的壁厚。

为了保证施焊条件，便于焊根熔透，也有利于减少尖端处焊缝的撕裂应力，主管与支

管或支管轴线间的夹角不宜小于 30°。支管与主管的连接节点处宜避免偏心；偏心不可避免时（如为使支管间隙 a 满足不小于两支管壁厚之和的要求而调整支管位置），其值不宜超过下式的限制：

$$-0.55\leqslant e/D(\text{或 } e/h)\leqslant 0.25 \tag{6.59}$$

式中　e——偏心距（图 6.59）；

D——圆管主管外径（mm）；

h——连接平面内的方（矩）形管主管截面高度（mm）。

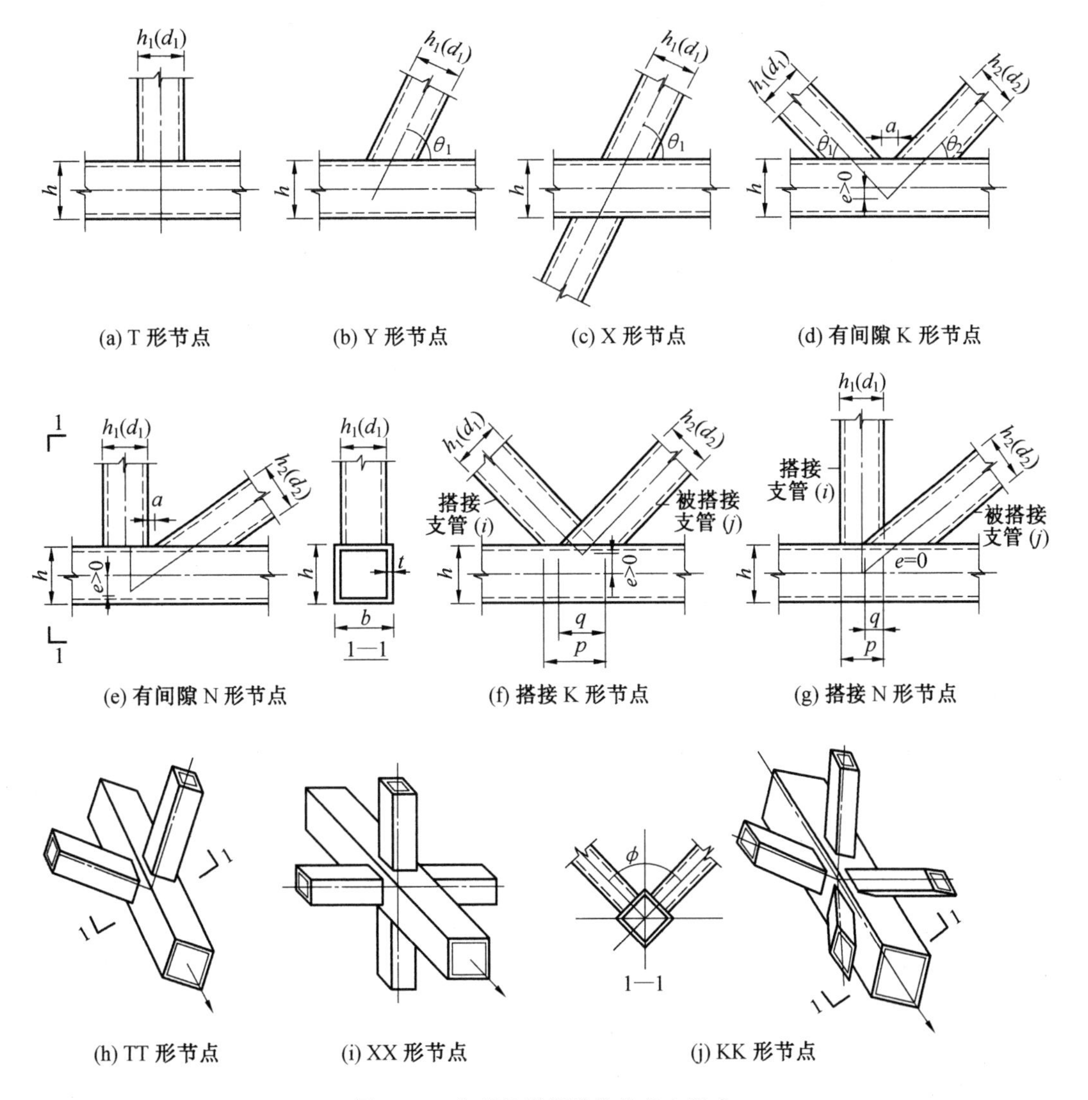

图 6.59　方（矩）形管结构的节点形式

(3)K 形或 N 形搭接节点。

对于图 6.59(f)、(g)所示支管搭接的平面 K 形或 N 形节点，两支管间应有足够的搭接区域以保证支管间内力平顺地传递。定义搭接率为

$$\eta_{ov}=q/p\times100\% \tag{6.60}$$

对不同学者试验研究结果的统计分析表明(图 6.60),搭接率小于 25%时,K 形搭接节点的承载力可能会有较大程度的降低,故节点搭接率应控制在 25%～100%之间。

支管互相搭接时,从传力合理、施焊可行的原则出发,需注意不同搭接支管(位于上方)与被搭接支管(位于下方)的相对关系。当互相搭接的支管外部尺寸不同时,外部尺寸较小者应搭接在尺寸较大者上;当支管壁厚不同时,较小壁厚者应搭接在较大壁厚者上。实际工程中还可能遇到外部尺寸较大支管反而壁厚较小的情况,此时应使外部尺寸较大管置于下方,对被搭接支管在搭接处的管壁承载力进行计算。不能满足强度要求时,被搭接部位应考虑加劲措施。

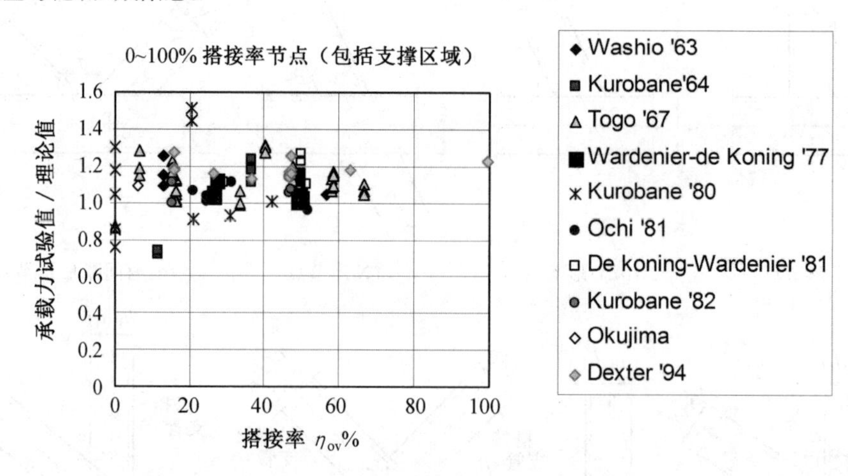

图 6.60 搭接率对节点承载力的影响

6.6.2 相贯焊缝的计算

1. 支管与主管的连接焊缝形式

支管和主管的连接焊缝应沿全周连续焊接,焊缝尺寸应适中,形状合理。焊缝形式可沿全周采用角焊缝,或部分采用对接焊缝,部分采用角焊缝,其中支管管壁与主管管壁之间的夹角大于或等于 120°的区域宜采用对接焊缝或带坡口的角焊缝。由于全部采用对接焊缝在某些部位施焊困难,故不予推荐。

支管端部焊缝位置可分为 A、B、C 三个区域,如图 6.61 所示。当各区均采用角焊缝时,其形式如图 6.62 所示;当 A、B 两区采用对接焊缝而 C 区采用角焊缝(因 C 区管壁夹角小,采用对接焊缝不易施焊)时,其形式如图 6.63 所示。各种焊缝均宜切坡口,坡口形式随主管壁厚、管端焊缝位置而异。支管壁厚小于 6 mm 时可不切坡口。

支管互相搭接时,从传力合理、施焊可行的原则出发,需注意不同搭接支管(位于上方)与被搭接支管(位于下方)的相对关系。当互相搭接的支管外部尺寸不同时,外部尺寸较小者应搭接在尺寸较大者上;当支管壁厚不同时,较小壁厚者应搭接在较大壁厚者上。实际工程中还可能遇到外部尺寸较大支管反而壁厚较小的情况,此时应使外部尺寸较大管置于下方,对被搭接支管在搭接处的管壁承载力进行计算,不能满足强度要求时,被搭接部位应考虑加劲措施。

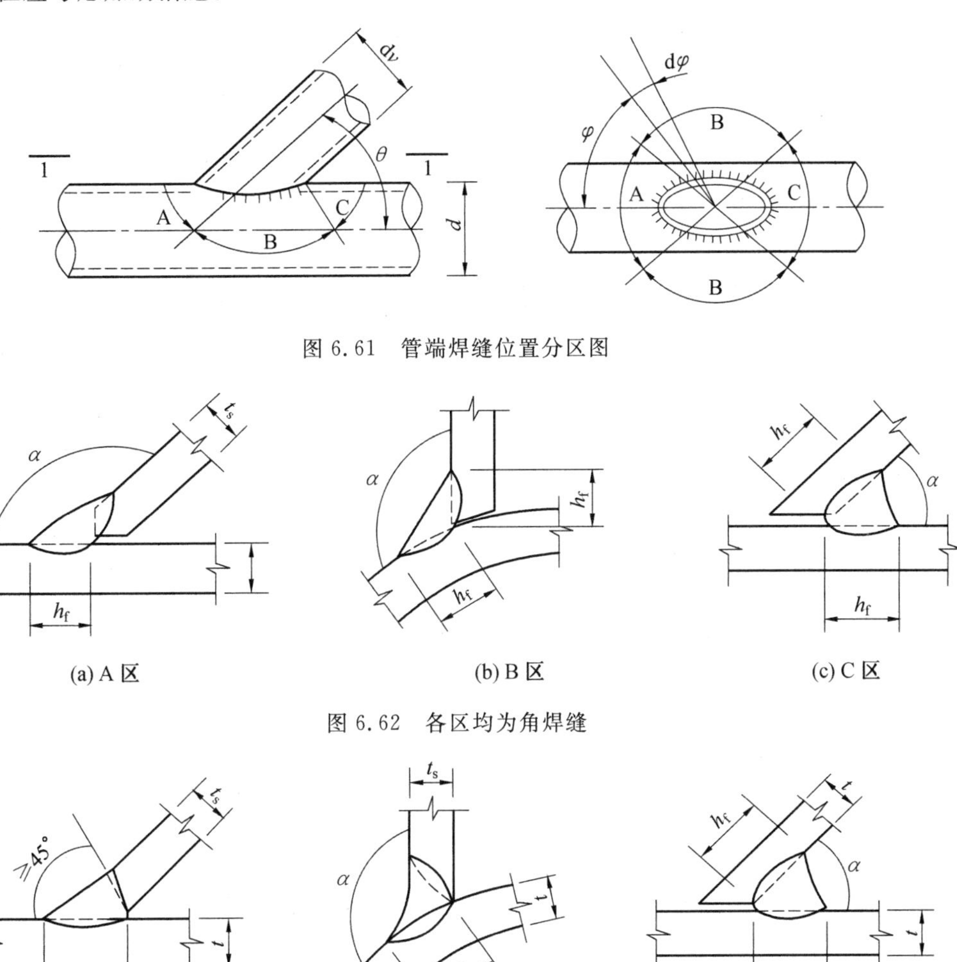

图 6.61　管端焊缝位置分区图

图 6.62　各区均为角焊缝

图 6.63　A、B 区为对接焊缝，C 区为角焊缝

在保证节点设计承载力大于支管设计内力的条件下，通常角焊缝焊脚尺寸达到 1.5 倍支管厚度时可以满足承载要求；但当支管设计内力接近支管设计承载力时，角焊缝尺寸需达到 2 倍支管厚度才能满足承载要求。角焊缝尺寸应由计算确定，但焊脚尺寸不宜大于支管壁厚的 2 倍，以防止过度焊接的不利影响。

在搭接型连接中，位于下方的被搭接支管在组装、定位后，与主管接触的一部分区域被搭接支管从上方覆盖，称为隐蔽部位（图 6.64）。隐蔽部位无法从外部直接焊接，施焊十分困难。国内外相关试验研究表明，在单调荷载作用下，当搭接率大于或等于 25%时，隐蔽部分焊接与否对节点部位弹性阶段的变形以及极限承载力没有显著影响；但在节点承受低周往复荷载时，如果发生很大的非弹性变形，会导致承载后期节点性能的劣化。因此，对于圆钢管相贯节点，当搭接支管轴线在同一平面内时，除需要进行疲劳计算的节点、按中震弹性设计的节点以及对结构整体性能有重要影响的节点外，被搭接支管的隐蔽部位可不焊接；被搭接支管隐蔽部位必须焊接时，允许在搭接管上设焊接手孔（图6.65(a)），在隐蔽部位施焊结束后封闭；或将搭接管在节点近旁处断开，隐蔽部位施焊后再接上其余管段（图 6.65(b)）。

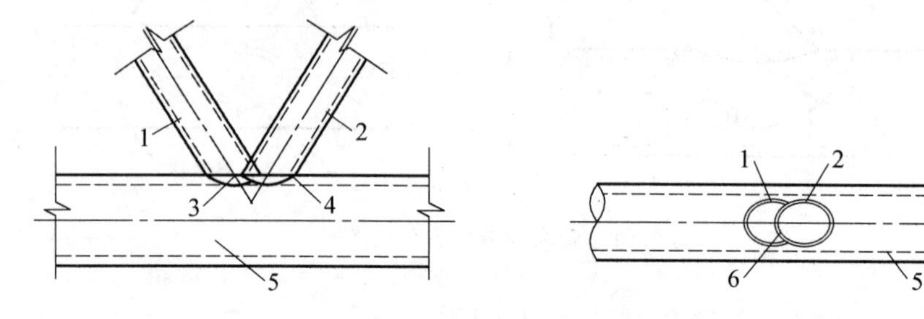

图 6.64　搭接连接的隐蔽部位

1—搭接支管；2—被搭接支管；3—趾部；4—跟部；5—主管；6—被搭接支管内隐蔽部分

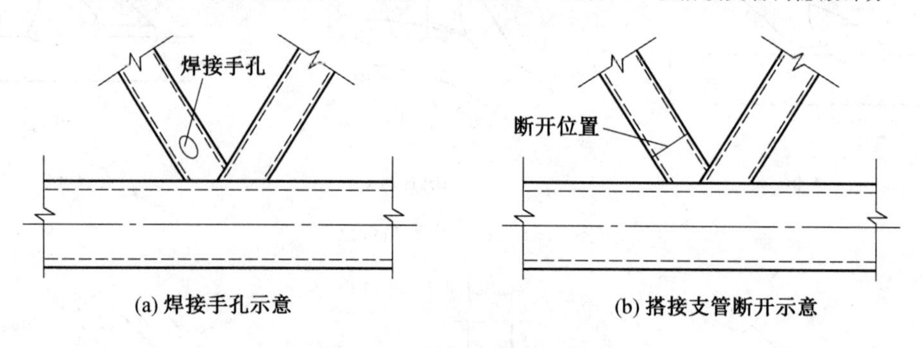

图 6.65　隐蔽部位施焊方法

K 形搭接节点的隐蔽部位焊接时，在搭接率小于 60%时，受拉支管在下时承载力略高；但如隐蔽部位不焊接，则其承载力大为降低。相反，受压支管在下时，无论隐蔽部位焊接与否，其承载力均变化不大（$<7\%$），综合考虑，建议搭接节点中，承受轴心压力的支管宜在下方。

2. 连接焊缝在轴力作用下的强度计算

支管与主管间的连接焊缝可视为全周角焊缝，按 $\sigma_f = N/h_e l_w \leqslant f_t^w$ 进行计算。焊缝的计算厚度 h_e 沿相贯线是变化的。经分析表明，当支管轴心受力时，平均计算厚度可取 $0.7h_f$。为计算钢管相贯节点焊缝截面的几何特性，将焊缝有效截面的形成方式假定如下：焊缝有效截面的内边缘线即为主管与支管外表面的相贯线，外边缘线则由主管外表面与半径为 r_1 且同支管共轴线的圆柱面相贯形成（图 6.66），其中 $r_1 = d/2 + 0.7h_f \sin\theta$。

焊缝的计算长度按管节点处的刚度区分为以下情况：

(1)对于圆管节点，由于节点刚度较大，支管轴力可认为沿主管的相贯线均匀分布，取相贯线长度为焊缝的计算长度：

当 $d_i/d \leqslant 0.65$ 时

$$l_w = (3.25d_i - 0.025d)\left(\frac{0.534}{\sin\theta_i} + 0.466\right) \tag{6.61a}$$

当 $d_i/d>0.65$ 时

$$l_w=(3.81d_i-0.389d)\left(\frac{0.534}{\sin\theta_i}+0.466\right) \tag{6.61b}$$

式中　d、d_i——主管和支管的外径；

θ_i——支管轴线与主管轴线的夹角。

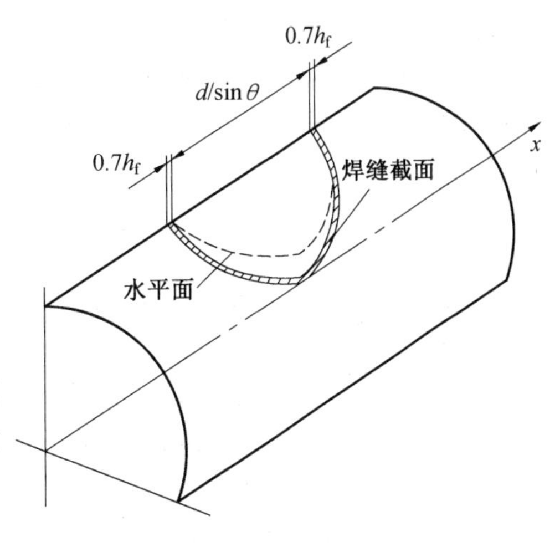

图 6.66　焊缝截面分布

(2)对于矩形管节点，以有间隙的 K 形和 N 形节点为例，当支管与主管的轴线夹角 θ_i 较大时，支管截面中垂直于主管轴线的侧边受力是不均匀的，靠近主管侧壁的部分，支承刚度较大，受力较大，远离主管侧壁部分，支承刚度较小，受力较小；但当 θ_i 角较小时，主管对支管截面各部分的支承刚度比较均匀，可认为相贯线全长参加工作。据此，连接焊缝的计算长度可按下式计算；

当 $\theta_i\geqslant 60°$时，

$$l_w=\frac{2h_i}{\sin\theta_i}+b_i \tag{6.62a}$$

当 $\theta_i\leqslant 50°$时，

$$l_w=\frac{2h_i}{\sin\theta_i}+2b_i \tag{6.62b}$$

当 $50°<\theta_i<60°$时，l_w按插值法确定。

对于 T、Y 和 X 形节点，偏于安全不考虑支管宽度方向的两个边参加传力，此时

$$l_w=\frac{2h_i}{\sin\theta_i} \tag{6.63}$$

式中　h_i、b_i——支管的截面高度和宽度。

(3)当主管为矩形管、支管为圆管时，焊缝计算长度取为支管与主管的相贯线长度减去 d_i。

当为搭接的 K 形和 N 形节点时，应考虑搭接部分的支管之间的连接焊缝能很好地传递内力。与主管之间的连接焊缝可根据实际情况确定。一般情况下，可偏于安全地取为主管与支管交线之和，减去被搭接支管的趾部宽度后的长度。公式 $\sigma_f=N/h_e l_w\leqslant f_t^w$ 中的力 N 取为二支管轴力沿主管方向的分力之和。

6.6.3　相贯节点的破坏模式

管节点是空间封闭薄壳结构，其传力特点是支管将荷载直接传给主管，受力比较复杂。因支管的轴向刚度较大，而主管的横向刚度却相对较小，在支管压力或拉力作用下，对于不同的节点形式、几何尺寸和受力状态，可能发生不同的破坏形式。试验研究和理论分析表明，节点的破坏形式主要有：①与支管相连的主管壁因形成塑性铰线产生过大的变形而失效(图 6.67(a))；②与支管相连的主管壁因冲切而失效(图 6.67(b))；③受拉支管

或焊缝在节点处被拉断(图 6.67(c));④受压支管在节点处的局部屈曲失效(图 6.67(d));⑤有间隙的 K 形和 N 形节点中主管在间隙处的剪切破坏(图 6.67(e));⑥邻近 T 形、Y 形和 X 形连接中受压支管处的主管侧壁的局部屈曲失效等(图 6.67(f))。

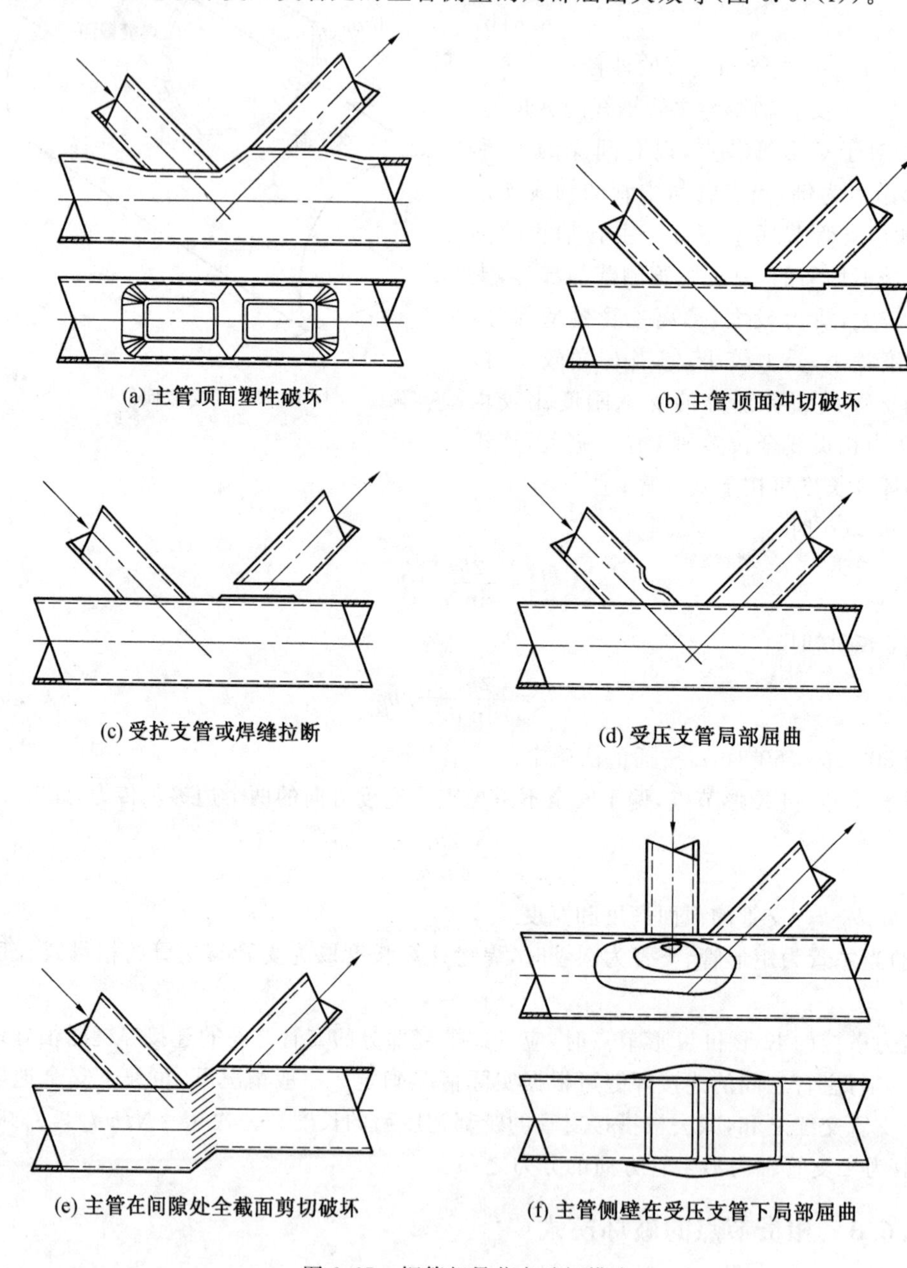

图 6.67　钢管相贯节点破坏模式

针对不同钢管相贯节点形式及破坏模式,一般有下列破坏准则:

(1)极限荷载准则——节点产生破坏、断裂。

(2)极限变形准则——变形过大。

对于具有图 6.68 中曲线 1 变形特征的节点,如一些受压节点,极限荷载被定义为最大荷载值。对于荷载随变形而不断增加(曲线 2)的其他一些节点,极限荷载被定义为与变形极限对应的荷载值。管节点在达到极限荷载之前往往已产生过度的塑性变形,从而不适于继续承载。因此,目前国际上公认的准则为极限变形准则,即取使主管管壁产生过度的局部变形时管节点的承载力为其最大承载力,并以此来控制支管的最大轴向力。

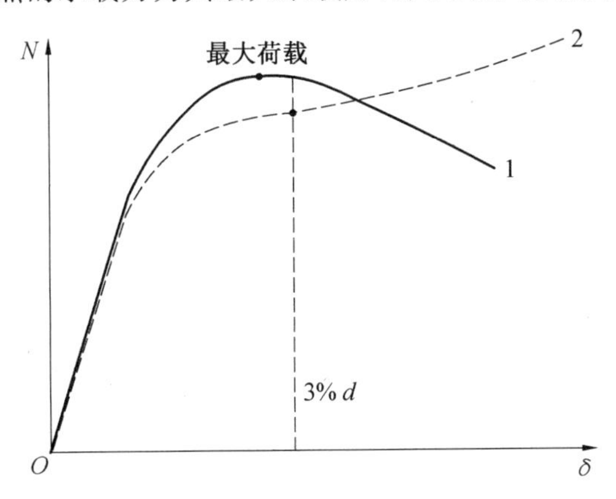

图 6.68　荷载一位移曲线

对于以主管平壁形成塑性铰线的破坏模式,应考虑两种极限状态的验算。取主管表面局部变形达到主管宽度 b(或直径 d)的 3%时的支管内力为节点的承载力极限状态;取局部变形为 $0.01b$(或 $0.01d$)的支管内力为节点正常使用极限状态。至于由哪个极限状态起控制作用,应视承载力极限状态的承载力与正常使用极限状态的控制力的比值 k 而定。若 k 值小于折算的总安全系数,则承载力极限状态起控制作用;反之,由正常使用极限状态起控制作用。

节点的几种破坏模式有时会同时发生。从理论上确定主管的最大承载力非常复杂,目前主要通过大量试验再结合理论分析,采用数理统计方法得出经验公式来控制支管的轴心力。

6.6.4　相贯节点承载力计算

以主、支管均为矩形管的 T 形节点为例,当支管与主管的宽度相差较大时,塑性铰线模型是管节点最主要的失效模式。

假设主管不受轴力作用的 T 形节点失效时形成的塑性铰线如图 6.69 所示,支管下端各点的变形均为 Δ。θ_i 代表塑性铰线两侧折面之间的夹角,其大小与 Δ 和 α 角有关。假设钢材符合理想弹塑性材料,则单位长度上的塑性铰线弯矩为

$$m_{\mathrm{p}}=\frac{t^2 f_{\mathrm{y}}}{4}$$

设支管所围面积在位移 Δ 的基础上发生虚位移 $\delta\Delta$,各塑性铰线处将发生虚转角:

$$\delta\theta_i=C_i(\alpha)\cdot\delta\Delta$$

式中　α——待定角度,$C_i(\alpha)$是与 α 有关的几何参数,反映各塑性铰线与 α 的几何关系。

例如对图 6.69 中的 ag、ce、df、bh 各塑性铰线而言,$C_i(a)=\dfrac{2}{b-b_1}$;对 ab、cd、

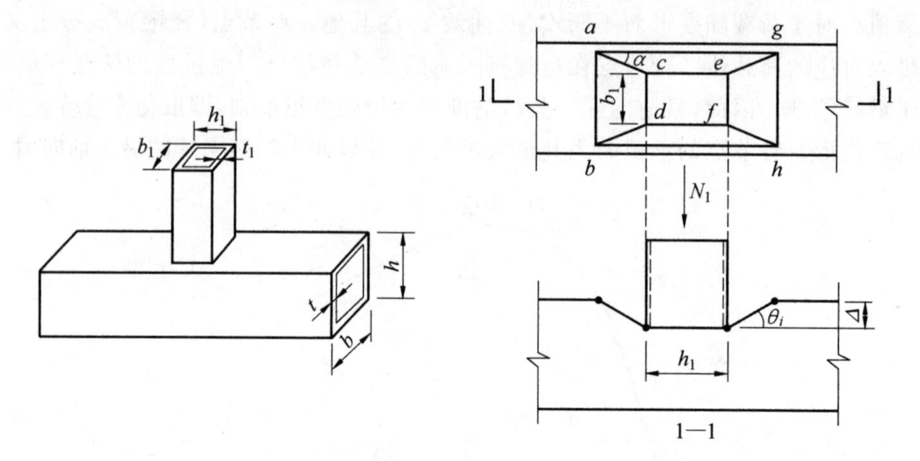

图 6.69　T 形管节点的塑性铰线模型

ef、gh 各线，$C_i(a)=\dfrac{2\tan a}{b-b_1}$。

由虚功原理有

$$N\delta\Delta=\sum m_{\mathrm{p}}l_i\delta\theta_i=m_{\mathrm{p}}\delta\Delta\sum l_iC_i(\alpha)$$

消除 $\delta\Delta$，并令 $\dfrac{\partial N}{\partial a}=0$，可求得 α 角，进而求得通用的节点承载力公式：

$$N^*=\frac{t^2f_{\mathrm{y}}}{1-\beta}[2\eta+4(1-\beta)^{0.5}]\tag{6.64}$$

式中　$\eta=h_1/b$；$\beta=b_1/b$。

也可将上式变为我国规范的表达形式：

$$N^*=\frac{2t^2f_{\mathrm{y}}}{c}\left(\frac{h_1}{bc}+2\right)\tag{6.65}$$

式中　$c=(1-\beta)^{0.5}$。

研究表明，β 较小的 T 形管节点的荷载位移曲线如图 6.70 所示。如果允许出现较大的变形，该节点可承受很大的荷载。有些文献建议按主管表面相对变形限制确定节点的极限状态：

当 $\Delta_{0.03}=0.03b$ 时，为承载力极限状态，对应的荷载 N^* 为节点的极限承载力；

当 $\Delta_{0.01}=0.01b$ 时，为正常使用极限状态，对应的荷载 N_k 为正常使用标准强度。

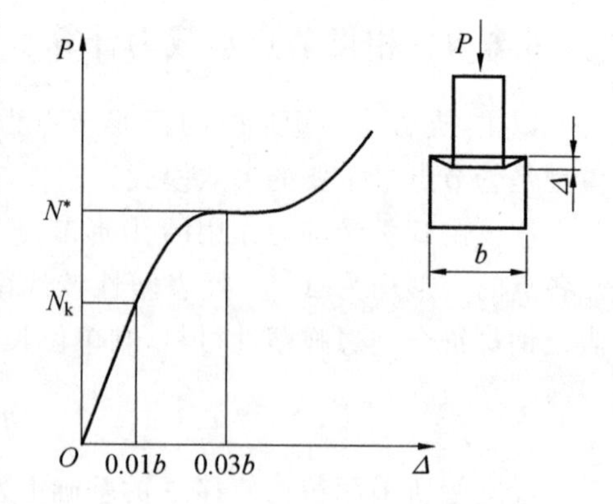

图 6.70　β 较小的 T 形管节点荷载位移曲线

大量的有限元算例分析和试验结果证明，式(6.64)或式(6.65)所给出的管节点承载力正好和按 $\Delta_{0.03}$ 确定的极限承载力 N^* 相吻合。因此按上述公式计算管节点的极限承载力是合理的。

假设 k 为管节点的安全系数，则当 $N^* \leqslant kN_k$ 时，满足了承载力极限状态 N^* 就自动满足了正常使用极限状态 N_k，可免去变形计算。欧洲规范的 $k \approx 1.5$，大多数情况下，可满足上式要求。但当 $\beta < 0.6$，$b/t > 15$ 时，$k = 1.5$ 已不能满足上式要求，此时常由正常使用极限状态起控制作用。为了避免计算变形的麻烦，我国规范将 N^* 乘 0.9 的系数，即相当于将 k 由 1.5 扩大到 1.7，再考虑弦杆受轴力作用时的影响参数 ψ_n，以钢材设计强度 f 替代屈服强度 f_y，式(6.65)变为

$$N^* = \frac{1.8t^2 f}{c}\left(\frac{h_1}{bc} + 2\right) \cdot \psi_n \tag{6.66}$$

式中　ψ_n——弦杆轴力影响参数；主管受压时，$\psi_n = 1.0 - \dfrac{0.25\sigma}{\beta f}$；主管受拉时，$\psi_n = 1.0$；

σ——节点两侧主管轴心压应力的较大绝对值。

经分析，按式(6.60)算得的 N^* 基本上均小于 $1.7N_k$。

式(6.60)是当 $\beta < 0.85$ 时，主、支管均为方(矩)形管的T形节点的承载力计算公式，此时的破坏模式为主管与支管相连一面发生弯曲塑性破坏。

当 $\beta = 1.0$ 时，节点主要发生主管侧壁屈曲破坏，支管在节点处的承载力设计值为

$$N_{u1} = 2t^2 f_k\left(\frac{h_1}{t} + 5\right) \cdot \psi_n \tag{6.67}$$

式中　f_k——主管强度设计值；当支管受拉时，$f_k = f$；当支管受压时，$f_k = 0.8\varphi f$；

φ——轴心受压构件的稳定系数，可根据下式计算的长细比确定：

$$\lambda = 1.73\left(\frac{h}{t} - 2\right) \tag{6.68}$$

对于所有 $\beta \geqslant 0.85$ 的节点，支管荷载主要由平行主管的支管侧壁承担，另外两个侧壁承担的荷载较少，需按式(6.69)计算“有效宽度”失效模式控制的承载力。这里的“有效宽度”是指，由于弦杆连接面的变形，垂直于弦杆纵轴的支管管壁全宽并非完全有效，由此产生的不均匀内力分布会使受压支管过早产生局部屈曲或受拉支管过早屈服失效。

$$N_{u1} = 2.0(h_1 - 2t_1 + b_{e1})t_1 f_1 \tag{6.69}$$

$$b_{e1} = \frac{10t}{b} \cdot \frac{t f_y}{t_1 f_{y1}} \cdot b_1 \leqslant b_1 \tag{6.70}$$

当 $0.85 \leqslant \beta \leqslant 1 - 2t/b$ 时，主管表面还存在冲剪破坏的可能，需按式(6.71)验算节点抗冲剪的承载能力。由于主管表面冲剪破坏面应在支管外侧与主管壁内侧，因此进行冲剪承载力验算的范围是 $\beta = 1 - 2t/b$。

$$N_{u1} = 2.0(h_1 + b'_{e1})t f_v \tag{6.71}$$

$$b'_{e1} = \frac{10}{b/t} \cdot b_1 \leqslant b_1 \tag{6.72}$$

式中　f_1——支管钢材抗拉(抗压和抗弯)强度设计值；

f_v——主管钢材抗剪强度设计值。

式(6.66)、式(6.67)、式(6.69)和式(6.71)是主、支管均为方(矩)形管的T形节点在支管和主管不同宽度比 β 时的承载力计算公式，其他圆管和方(矩)形管直接焊接管节点的承载力计算公式见《钢结构设计标准》(GB 50017—2017)，此处不再赘述。

6.6.5 相贯节点的加强

无加劲节点直接焊接节点不能满足承载能力要求时，在节点区域采用管壁厚于杆件部分的钢管是提高其承载力有效的方法之一，也是便于制作的首选办法。此外也可以采用其他局部加强措施，如在主管内设实心的或开孔的横向加劲板，在主管外表面贴加强板，在主管内设置纵向加劲板，在主管外周设环肋等。加强板件和主管是共同工作的，但其共同工作的机理分析复杂，因此在采取局部加强措施时，除能采用验证过的计算公式确定节点承载力或采用数值方法计算节点承载力外，应以所采取的措施能够保证节点承载力高于支管承载力为原则。

1. 设置横向加劲板

当支管以承受轴力为主时，可在主管内设 1 道或 2 道加劲板（图 6.71(a)、(b)）。当节点需满足抗弯连接要求时，应设 2 道加劲板。加劲板中面宜垂直主管轴线。当主管为圆管，设置 1 道加劲板时，加劲板宜设置在支管与主管相贯面的鞍点处；设置 2 道加劲板时，加劲板宜设置在距相贯面冠点 $0.1D_1$ 附近（图 6.71(b)），D_1 为支管外径；主管为方管时，加劲肋宜设置 2 块（图 6.72）。有限元数值计算结果表明，设置主管内的横向加劲板对提高节点极限承载力有显著作用，但在单一支管的下方如设置第 3 道加劲板所取得的增强效应就不明显了。

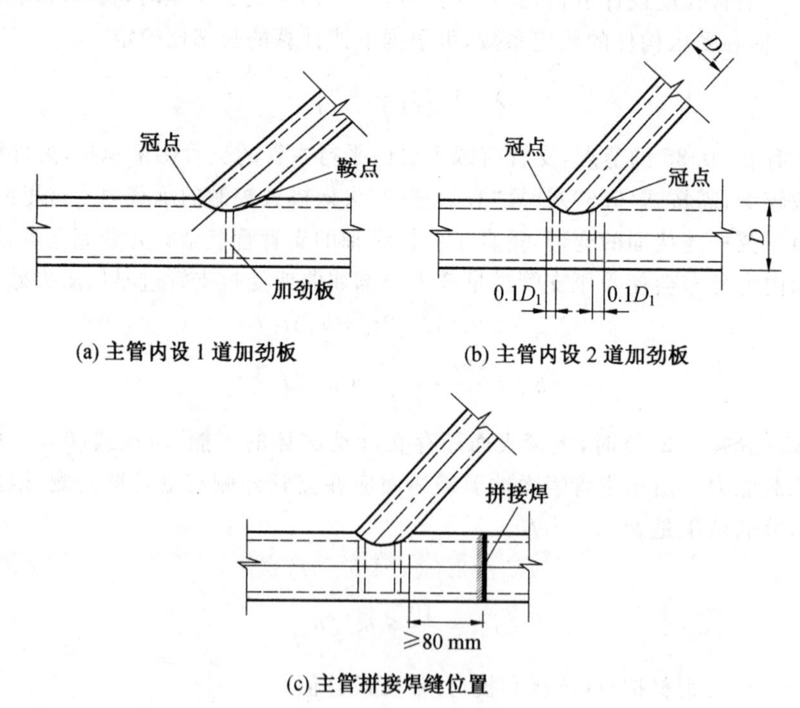

图 6.71　支管为圆管时横向加劲板的位置

加劲板厚度不得小于支管壁厚，也不宜小于主管壁厚的 2/3 和主管内径的 1/40；加劲板中央开孔时，环板宽度与板厚的比值不宜大于 15。加劲板宜采用部分熔透焊缝焊接，主管为方管的加劲板靠支管一边与两侧边宜采用部分熔透焊接，与支管连接反向一边可不焊接。

当主管直径较小，加劲板的焊接必须断开主管钢管时，主管的拼接焊缝宜设置在距支管相贯焊缝最外侧冠点 80 mm 以外处（图 6.71(c)）。

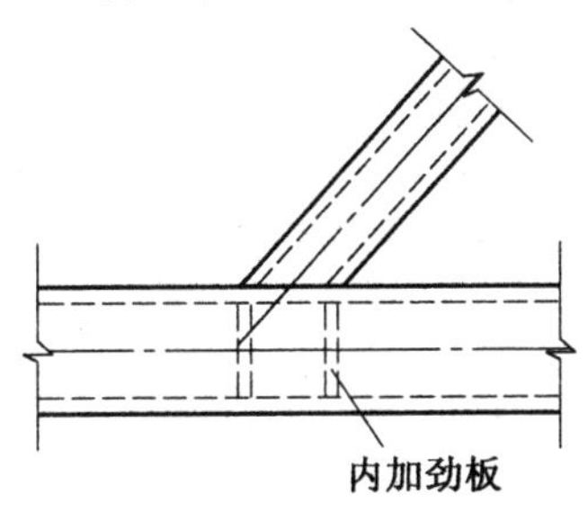

图 6.72　支管为方管或矩形管时内加劲板的位置

2. 贴加强板

钢管直接焊接节点采用主管表面贴加强板的方法加强时，主管为圆管的表面贴加强板方式，适用于支管与主管的直径比 β 不超过 0.7 时，此时主管管壁塑性可能成为控制模式。加强板宜包覆主管半圆（图 6.73(a)），长度方向两侧均应超过支管最外侧焊缝 50 mm以上，但不宜超过支管直径的 2/3，加强板厚度不宜小于 4 mm。

主管为方(矩)形管时，如为提高与支管相连的主管表面的抗弯承载力，可采用该连接表面贴加强板的方式（图 6.73(b)），如主管侧壁承载力不足，则可采用主管侧表面贴加强板的方式。加强板厚度不宜小于支管最大厚度的 2 倍。加强板宽度 b_p 宜接近主管宽度，并预留适当的焊缝位置。加强板长度 l_p 可按下列公式确定：

T、Y 和 X 形节点：

$$l_p \geqslant \frac{h_1}{\sin\theta_1} + \sqrt{b_p(b_p - b_1)} \tag{6.73a}$$

K 形间隙节点：

$$l_p \geqslant 1.5\left(\frac{h_1}{\sin\theta_1} + a + \frac{h_2}{\sin\theta_2}\right) \tag{6.73b}$$

式中　l_p、b_p——加强板的长度和宽度；

h_1、h_2——支管 1、2 的截面高度；

b_1——支管 1 的截面宽度；

θ_1、θ_2——支管 1、2 轴线和主管轴线的夹角；

a——两支管在主管表面的距离。

主管为方(矩)形管且在与主管两侧表面设置加强板（图 6.73(c)）时，K 形间隙节点的加强板长度 l_p 可按式(6.73b)确定，T 和 Y 形节点的加强板长度 l_p 可按下式确定：

$$l_p \geqslant \frac{1.5h_1}{\sin\theta_1} \tag{6.73c}$$

加强板与主管应采用四周围焊。对 K、N 形节点焊缝有效高度不应小于腹杆壁厚。焊接前宜在加强板上先钻一个排气小孔，焊后用塞焊将孔封闭。

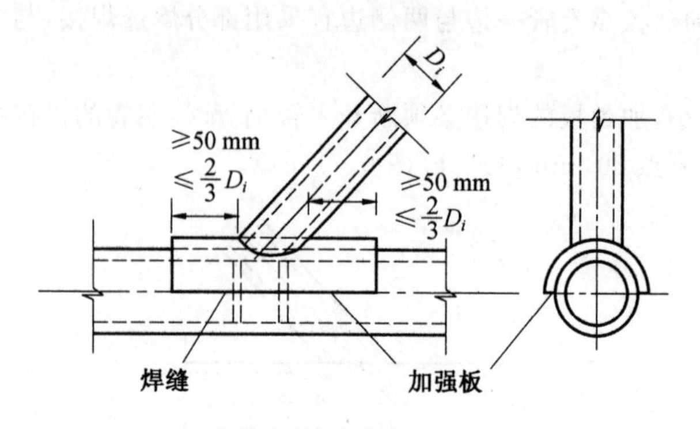

(a) 圆管表面的加强板

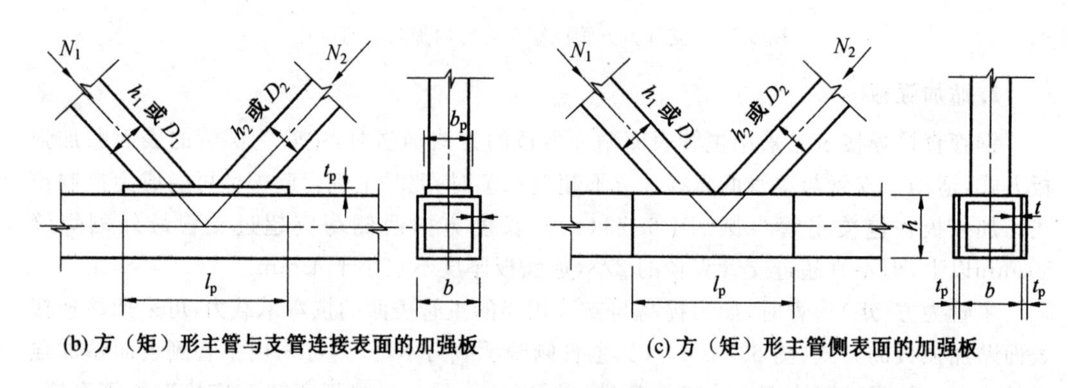

(b) 方（矩）形主管与支管连接表面的加强板　　(c) 方（矩）形主管侧表面的加强板

图 6.73　主管外表面贴加强板的加劲方式

3. 设置纵向加劲板或环肋

在主管内设置纵向加劲板(图 6.74(a))时应使加劲板与主管管壁可靠焊接，当主管孔径较小难以施焊时，应在主管上下开槽后将加劲板插入焊接。目前的研究还未提出针对这种构造的节点承载力计算公式。纵向加劲板也可伸出主管外部连接支管或其他开口截面的构件(图 6.74(b))。在主管外周设环肋(图 6.75)也有助于提高节点强度，但可能影响外观；目前其受力性能的研究很少。

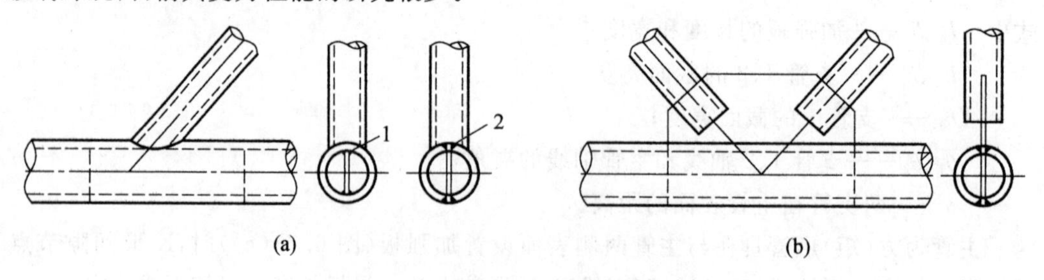

图 6.74　主管内纵向加劲的节点

1—内部焊接；2—开槽后焊接

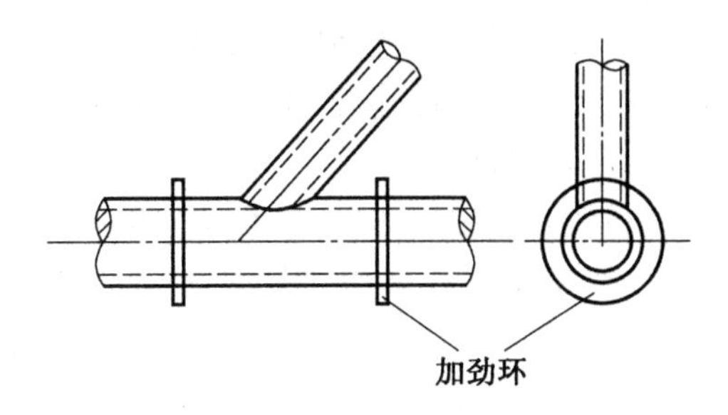

图 6.75 主管外周设置加劲环的节点

4. 局部加强节点的承载力确定

(1)局部加强的圆钢管相贯节点。

研究表明，当支管受压时，加强板和主管分担支管传递的内力，但并非如此前文献认为的那样，可以用加强板的厚度加上主管壁厚代入强度公式；根据计算结果回归分析，采用图 6.73(a)加强板的节点承载力，是无加强时节点承载力的$(0.23\tau_r^{1.18}\beta^{-0.68}+1)$倍，其中 τ_r 是加强板厚度与主管壁厚的比值。计算也表明，当支管受拉时，由于主管对加强板有约束，并非只有加强板在起作用，根据回归分析，用图 6.73(a)加强板的节点承载力是无加强时节点承载力的 $1.13\tau_r^{0.59}$ 倍。

(2)局部加强的方(矩)形管相贯节点。

对于主管与支管相连一侧采用加强板(图 6.73(b))的节点，支管在节点加强处的承载力设计值为：

① 支管受拉的 T、Y 和 X 形节点

$$N_{ui}=1.8\left(\frac{h_i}{b_p c_p \sin\theta_i}+2\right)\frac{t_p^2 f_p}{c_p \sin\theta_i} \tag{6.74}$$

$$c_p=(1-\beta_p)^{0.5} \tag{6.75}$$

$$\beta_p=b_i/b_p \tag{6.76}$$

式中 f_p——加强板强度设计值；

c_p——参数，按式(6.75)计算。

② 对支管受压的 T、Y 和 X 形节点，当 $\beta_p\leqslant 0.8$ 时可按下式进行加强板的设计：

$$l_p\geqslant 2b/\sin\theta_i \tag{6.77}$$

$$t_p\geqslant 4t_1-t \tag{6.78}$$

③ 对 K 形间隙节点，可按 GB 50017—2017 标准中相应的公式计算承载力，这时用 t_p 代替 t，用加强板设计强度 f_p 代替主管设计强度 f。

对于侧板加强的 T、Y、X 和 K 形间隙方管节点(图 6.73(c))，可按 GB 50017—2017 标准中相应的计算主管侧壁承载力的公式计算，此时用 $t+t_p$ 代替侧壁厚 t，A_i 取为 $2h(t+t_p)$。

思考题与习题

1. 试分析不同连接方式(焊接、栓接和混合连接)对钢结构节点构造的影响。

2. 钢框架梁柱连接中节点域钢板厚度的确定需要考虑哪些因素?

3. 试举例说明在何种情况下采用柔性连接、刚性连接和半刚性连接。

4. 试采用塑性分析理论分析柱脚底板厚度。

5. 试分析针对桁架节点板块状撕裂破坏,中美欧规范相关规定的异同点。

6. 钢管相贯节点有哪些破坏模式?试探讨针对不同破坏模式所采用的设计分析策略。

参 考 文 献

[1] 崔忠圻,覃耀春. 金属学及热处理[M]. 北京:机械工业出版社,2014.
[2] 罗邦富. 建筑结构钢材[M]. 北京:中国建筑工业出版社,1981.
[3] 陈绍蕃. 钢结构设计原理[M]. 3 版. 北京:科学出版社,2005.
[4] 张耀春,周绪红. 钢结构设计原理[M]. 2 版. 北京:高等教育出版社,2020.
[5] 邓增杰, 周敬恩. 工程材料的断裂与疲劳[M]. 北京: 机械工业出版社, 1995.
[6] 沈成康. 断裂力学[M]. 上海:同济大学出版社,1996.
[7] 丁遂栋, 孙利民. 断裂力学[M]. 北京: 机械工业出版社, 1997.
[8] 张安哥,朱成九,陈梦成. 疲劳、断裂与损伤[M]. 成都:西南交通大学出版社,2006.
[9] 杨新华,陈传尧. 疲劳与断裂[M]. 武汉:华中科技大学出版社, 2018.
[10] 姚卫星. 结构疲劳寿命分析[M]. 北京:国防工业出版社,2003.
[11] 舒兴平. 高等钢结构分析与设计[M]. 北京:科学出版社,2006.
[12] 童根树. 钢结构设计方法[M]. 北京:中国建筑工业出版社,2007.
[13] HORNE M R. Plastic theory of structure [M]. 2nd ed. Oxford: Pergamon Press, 1979.
[14] SALMON C G, JOHNSON J E. Steel structures: Design and behavior[M]. 5th ed. Englewood Cliffs: Prentice Hall Press, 2008.
[15] 美国钢结构协会. 建筑钢结构设计规范:ANSI/AISC 360－10[S]. 中国钢结构协会,译. 北京:冶金工业出版社,2016.
[16] 张庆芳. 中美欧钢结构设计标准差异分析与算例[M]. 北京:中国建筑工业出版社,2022.
[17] 韦利科维奇,席尔瓦. 欧洲规范:建筑钢结构设计应用与实例[M]. 易平,译. 北京:中国建筑工业出版社,2018.
[18] 周观根,姚谏. 建筑钢结构制作工艺学[M]. 北京:中国建筑工业出版社,2011.
[19] 侯兆新. 高强度螺栓连接设计与施工[M]. 北京:中国建筑工业出版社,2012.
[20] 中华人民共和国住房和城乡建设部. 钢结构设计标准: GB 50017—2017[S]. 北京: 中国建筑工业出版社,2017.
[21] 中华人民共和国住房和城乡建设部. 高层民用建筑钢结构技术规程: JGJ 99—2015 [S]. 北京:中国建筑工业出版社,2015.
[22] 中华人民共和国住房和城乡建设部. 钢结构高强度螺栓连接技术规程: JGJ 82—2011[S]. 北京:中国建筑工业出版社,2011.
[23] 中华人民共和国住房和城乡建设部. 钢结构焊接规范:GB 50661—2011[S]. 北京: 中国建筑工业出版社,2012.
[24] American Institute of Steel Construction (AISC). Specification for structural steel

building, ANSI/AISC 360－16[S]. Chicago: AISC, 2016.

[25] European Committee for Standardization (CEN). Eurocode 3: Design of steel structures: Part 1-1: General rules and rules for buildings: EN 1993-1-1[S]. Brussels: CEN,2005.

[26] European Committee for Standardization (CEN). Eurocode 3: Design of steel structures: Part 1-8: Design of joints: EN 1993-1-8[S]. Brussels: CEN,2005.

[27] European Committee for Standardization (CEN). Eurocode 3: Design of steel structures: Part 1-10: Material toughness and through-thickness properties: EN 1993-1-10[S]. Brussels: CEN,2005.

[28] TRAHAIR N S,BRADFORD M A,NETHERCOT D A, et al. The behaviour and design of steel structures to EC3 [M]. 4th ed. New York: Taylor & Francis, 2008.

[29] 王春刚. 单轴对称冷弯薄壁型钢受压构件稳定性能分析与试验研究[D]. 哈尔滨: 哈尔滨工业大学,2007.

[30] 徐忠根, 沈祖炎. 残余应力的测定方法[J]. 华南建设学院西院学报, 1994, 2(2): 60-67.

[31] 李元齐, 孙思, 沈祖炎, 等. 高建钢厚壁 H 型钢残余应力测试研究[J]. 建筑钢结构进展,2010,12(5):19-24.

[32] 王敬烨,张海军,刘文武. 中欧钢结构规范螺栓连接承载力比较[J]. 钢结构,2013, 28(2): 50-58.

[33] 刘源景. 中美钢结构用高强度螺栓及其连接的比较[J]. 钢结构,2013, 28(1): 59-65.

名词索引

A

B

C

D

F

G

H

I

J

K

L

M

N

P

Q

R

S

T

V

W

X

Y

Z